AF570619

Schwellnuß
Produktionscontrolling

Produktionscontrolling

Strategie, Investition, Kosten und Kennzahlen

von

Dr. Axel-Georg Schwellnuß

Verlag Franz Vahlen GmbH

Dr. Axel-Georg Schwellnuß ist Unternehmensberater und Verwalter der Professur für Rechnungswesen und Controlling am Institut für Duale Studiengänge der Fakultät Management, Kultur und Technik der Hochschule Osnabrück in Lingen.

ISBN Print: 978 3 8006 6150 3
ISBN E-PDF: 978 3 8006 6151 0
ISBN ePub: 978 3 8006 6152 7

Satz: Fotosatz Buck
Zweikirchener Str. 7, 84036 Kumhausen
Druck und Bindung: Beltz Grafische Betriebe GmbH
Am Fliegerhorst 8, 99947 Bad Langensalza
Umschlaggestaltung: Ralph Zimmermann – Bureau Parapluie
Bildnachweis: ©sdecoret
©tolkacher.andrey.stock@gmail.com
(alle depositphotos.com)

Gedruckt auf säurefreiem, alterungsbeständigem Papier
(hergestellt aus chlorfrei gebleichtem Zellstoff)

Vorwort

Im Fokus dieses Buches stehen **produzierende Unternehmen.** Hierzu gehören Unternehmen, deren Kern der Geschäftstätigkeit in der Herstellung von materiellen Gütern liegt. Angefangen mit der Produktion von Gütern, die als Vorleistungsgüter in nachfolgenden Produktionsstufen des eigenen oder anderer Unternehmen wiedereingesetzt werden, über Investitionsgüter, die für den Herstellungsprozess benötigt werden, bis hin zu Herstellern von Gebrauchs- und Verbrauchsgütern wird eine breite Palette von Unternehmen angesprochen, die einen **großen Anteil an der Wertschöpfung vieler Volkswirtschaften und zahlreiche Beschäftigte** haben.

Solche Güter werden in **Industriebetrieben und in Handwerksunternehmen** hergestellt. In rechtlicher Hinsicht wird anhand bestimmter Kriterien, der technischen Betriebsausstattung, der Arbeitsteilung und Spezialisierung, der fachlichen Qualifikation der Mitarbeiter, der Anforderungen an den Inhaber und der mit der Betriebsgröße verbundenen Überschaubarkeit des Betriebes differenziert, ob es sich um ein industrielles oder handwerkliches Unternehmen handelt. Für **betriebswirtschaftliche Fragestellungen** ist diese Differenzierung relativ unerheblich. Beide Unternehmensformen müssen sich in einer Marktwirtschaft gleichermaßen bewähren. Betriebswirtschaftliche Instrumente, die für die eine Unternehmensform sinnvoll sind, empfehlen sich auch für die jeweils andere Form. Auch die Unternehmensgröße selbst sollte nicht darüber entscheiden, ob betriebswirtschaftliche Instrumente sinnvoll sind oder nicht. Konzerngebundene Industrieunternehmen, eigenständige große oder kleine industrielle Unternehmen sowie Handwerksbetriebe stehen grundsätzlich vor den gleichen strategischen, taktischen und operativen Herausforderungen, denen sich Unternehmen stellen müssen. Zu trennen ist diese Problematik von der Frage, in welchem Umfang man für betriebswirtschaftliche Aufgaben **eigenes Personal** benötigt. In kleineren Unternehmen wird man schon allein aus Auslastungsgründen auf die Einstellung von spezialisierten Mitarbeitern vielfach verzichten und bei Bedarf auf das Angebot der vielen Beratungsunternehmen zurückgreifen.

Wie ist dieses Werk aufgebaut? Das Buch folgt einem **ganzheitlichen Ansatz.** Bevor überhaupt produziert werden kann, ist zu entscheiden, was produziert werden soll. Darin schließen sich Standortentscheidungen und der Aufbau einer Produktionsstätte an. Bis zu dieser Stelle wird bereits vieles festgelegt, was später nur unter Inkaufnahme oft hoher finanzieller Belastungen wieder geändert werden kann. Auch große Industriekonzerne können bei dem Aufbau eines neuen Produktionsstandorts scheitern. Betrachtet man einen gegebenen Standort, dann ist die Strategie turnusmäßig oder aufgrund bestimmter Anlässe, zum Beispiel aufgrund der gegenwärtigen Corona-Krise, zu hinterfragen. Im Einklang mit der Strategie ist die Produktion in taktischer Hinsicht weiterzuentwickeln. Produkt- und Prozessinnovationen müssen gefunden werden, verbunden mit neuen Investitionen. Umgekehrt ist eine für ein Unternehmen nicht mehr sinnvolle Produktion zu beenden, durch

Einstellung oder Verkauf an Dritte. Krisenbedingt können temporäre Stilllegungen zielunterstützend sein. Nicht außen vor bleibt das operative Tagesgeschäft, für dessen Steuerung betriebswirtschaftliche Instrumente zum Einsatz kommen.

Die bis jetzt aufgezeigten Managementaufgaben müssen erkannt und einer Entscheidung zugeführt werden. Sowohl bei der **Problemerkennung** als auch bei der **Problemlösung hilft das Controlling.** Controlling lässt sich verkürzt als zielorientierte Unterstützung der Führung von Unternehmen verstehen. Controlling kann die Geschäftsführung unterstützen, aber auch die nachgelagerten Führungsebenen. Mit wichtigen Informationen für die eigene Arbeit unterstützt das Controlling auch Mitarbeiter außerhalb der Führungsebenen, so zum Beispiel die Arbeitsvorbereitung oder den Vertriebsaußendienst. Controlling kann von Controllern im Unternehmen wahrgenommen, es kann aber auch von allen Beschäftigten selbst angewendet werden. Dies gilt insbesondere für kleinere Unternehmens ohne eigene Controller oder Controllingabteilung. Nicht nur für selten anfallende Aufgaben setzen kleine und große Unternehmen externe Controller, die für diese Aufgaben über ein großes Erfahrungsspektrum verfügen, ein.

In die Erstellung dieses Buches sind langjährige und vielfältige Erfahrungen des Autors in Konzernen, großen und kleinen Industrieunternehmen und dem Handwerk zuzurechnende Unternehmen eingeflossen. Grundlage sind Tätigkeiten im Controlling, der Geschäftsführung und der Beratung von Unternehmen. Aufgrund der parallel betriebenen und jetzt hauptberuflichen Lehrtätigkeit an Hochschulen verbindet dieses Werk in besonderer Weise theoretisches und praktisches Wissen. Für die Veröffentlichung und die hervorragende Unterstützung und Betreuung beim Schreiben dieses Werkes (es handelt sich letztendlich auch um einen Produktionsprozess) danke ich dem Verlag Vahlen und insbesondere Herrn Dennis Brunotte.

Lingen, im Dezember 2020 *Axel-Georg Schwellnuß*

Inhaltsverzeichnis

Abkürzungen und Symbole

AC	Actual Cost
AZ	Auszahlung
C_0	Kapitalwert zum Zeitpunkt 0
CEO	Chief Executive Officer
CFO	Chief Financial Officer
CO_2	Kohlenstoffdioxid
DB	Deckungsbeitrag
EBIT	Earnings before interests and taxes
EK	Eigenkapital
EKR	Eigenkapitalrentabilität
enth.	enthalten
entn.	entnommen
et al.	und andere
EW	Endwert
EZ	Einzahlung
EZÜ	Einzahlungsüberschuss
EV	Earned Value
FK	Fremdkapital
FKZ	Fremdkapitalzinssatz
FMEA	Fehlermöglichkeits- und Einflussanalyse
früh.	frühest
GE	Geldeinheiten
ggf.	gegebenenfalls
ggü.	gegenüber
GKR	Gesamtkapitalrentabilität
h	hour
i	Kalkulationszinssatz
i. e. S.	im engen Sinn
i. w. S.	im weiten Sinn
IT	Informationstechnologie
K	Kosten
Kap.	Kapitel
kfr.	kurzfristig
k_v	variable Kosten pro Mengeneinheit
K_f	fixe Kosten einer Periode
K^p	Plankosten einer Periode
K_v	variable Kosten einer Periode
lfr.	langfristig
ME	Mengeneinheit
p	Absatzpreis pro Mengeneinheit
PV	Planned Value

r_i	Menge eines Produktionsfaktors
S.	Seite
spät.	spätest
St.	Stück
stat.	statisch
Std.	Stunde
Su.	Summe
T	Tausend
x	Menge (zum Beispiel Stück, Liter, m^2, Stunden)
U	Umsatz einer Periode
VG	Verschuldungsgrad
vgl.	vergleiche
z. B.	zum Beispiel
ZÜ	Zahlungsüberschuss

1 Produzierende Unternehmen

Zur Einstimmung in das Thema

Dieses Buch folgt einem ganzheitlichen Ansatz. Thema sind produzierende Unternehmen. Bevor produziert wird, muss zunächst bestimmt werden, was produziert werden soll. Gerade unsere schnelllebigen Märkte zeigen, dass man immer wieder neu überlegen muss, welche Produktionstätigkeiten lohnend sind. In der globalisierten Welt kommt hinzu, dass man auch dem Produktionsstandort selbst eine besondere Bedeutung widmen sollte. Nicht ohne Grund findet man überall in der Welt lokale Häufungen bestimmter Unternehmen. Neun der zehn gemäß ihrer Börsennotierung wertvollsten Unternehmen der Welt haben ihren Sitz in den Vereinigten Staaten. Produzierende Unternehmen, bei denen die Lohnkosten einen hohen Kostenfaktor darstellen, findet man gehäuft in den verschiedenen asiatischen Ländern. Andere Unternehmen brauchen das kreative Umfeld, wie es in Deutschland beispielsweise Regionen wie München oder Berlin bieten. Der Aufbau eines neuen Produktionsstandorts darf keine Fehlinvestition werden. Wichtig ist, Probleme beim Aufbau eines Standorts rechtzeitig zu erkennen und dann gegenzusteuern. Besteht ein Produktionsstandort, ist dieser weiterzuentwickeln. Hierzu gehören ständige Innovationen bei den Prozessen und Produkten, Investitionen, aber auch die Aufgabe eines Standorts, wenn man erkennt, dass das investierte Kapital sinnvoller verwendet werden kann. Die laufende Produktion soll effektiv und effizient stattfinden. Diese Themen sind Inhalt dieses Buches. Im ersten Kapitel werden einige praktische und theoretische Grundlagen zu produzierenden Unternehmen behandelt.

Produzierende Unternehmen stehen für einen wesentlichen Teil der Wertschöpfung. Abgrenzen lassen sich produzierende Unternehmen von **Handels- und Dienstleistungsunternehmen**. Der Begriff „Produktion“ wird häufig auch für Leistungserstellungsprozesse in Dienstleistungsunternehmen benutzt. In Abgrenzung hierzu wird in der Literatur, sofern Leistungserstellungsprozesse in Dienstleistungsunternehmen ausdrücklich ausgeklammert bleiben sollen, die Produktion auf **industrielle Produktionsprozesse** beschränkt. Das Buch folgt diesem Ansatz, allerdings mit der additiven Berücksichtigung von **Handwerksbetrieben**. Anders als zwischen Industrie- und Dienstleistungsunternehmen bestehen zwischen industriellen und handwerklichen Unternehmen hinsichtlich der Art der Leistungserstellung und der Art der erstellten Erzeugnisse viele Gemeinsamkeiten, aber auch Unterschiede.

Für eine **Zuordnung von Unternehmen zur Industrie oder zum Handwerk** ist eine Gesamtbetrachtung notwendig. Ein einzelnes Kriterium reicht nicht aus. Sowohl in Handwerk als auch Industrie werden zur Leistungserstellung **Maschinen** eingesetzt. Dominieren Maschineneinsatz und Automatisierung die Leistungserstellung, dann handelt es sich eher um einen Industriebetrieb, kommt es eher auf das Geschick und die handwerklichen Fähigkeiten der Beschäftigten an, dann spricht das für ein handwerklich orientiertes Unternehmen. Die **Arbeitsteilung** ist in der Industrie deutlich ausgeprägter als im Handwerk. **Auftragsfertigung** gibt es sowohl im Handwerk als auch der Industrie, die ausschließliche **Produktion auf Lager** ist ein grundlegendes Kennzeichen für Industriebetriebe. Als abschließendes Kriterium sei die **Betriebsgröße**, gemessen an der Anzahl der Beschäftigten, der räumlichen

Ausdehnung und Anzahl der Produktionsorte sowie wirtschaftliche Größen wie Umsatz und betriebsnotwendiges Kapital, genannt.

Ausgeklammert bleiben bei dieser Sichtweise Handels- und Dienstleistungsunternehmen. Dennoch sollten – wie die folgenden Ausführungen noch zeigen werden – sich insbesondere **Handelsunternehmen** auch mit produzierenden Unternehmen auseinandersetzen. In einer digitalisierten und globalisierten Welt müssen Handelsunternehmen – wenn nicht aus eigenem Interesse, dann aber spätestens auf Druck ihrer Kunden – die **Produktionsprozesse ihrer Lieferanten** hinterfragen. Umgekehrt wird von produzierenden Unternehmen zunehmend verlangt, ihre **Kunden** nicht nur mit ihren Erzeugnissen zu beliefern, sondern auch zu prüfen, wofür diese Kunden die Erzeugnisse benötigen (siehe das folgende Praxisbeispiel). Will man den daraus möglicherweise resultierenden Problemen als produzierendes Unternehmen aus dem Wege gehen, dann wird es immer wichtiger, proaktiv über das Unternehmen mit der Öffentlichkeit zu kommunizieren, um die Akzeptanz in der Breite der Gesellschaft nicht zu verlieren.

Praxisbeispiel: Zur Nachhaltigkeit und Wahrnehmung der Aktivitäten von Siemens in der Öffentlichkeit

„Das erste Quartal des Geschäftsjahrs startete wie erwartet verhalten. Zugleich steht Siemens im Mittelpunkt der Klimadebatte. Aktivisten der Bewegung »Fridays for Future« und andere Umweltorganisationen meldeten sich lautstark zu Wort. Sowohl in den sozialen Medien als auch auf der Straße. Und das tun sie auch hier auf und am Rande der Hauptversammlung.

Unser Beitrag zur Nachhaltigkeit Siemens steht im Mittelpunkt der Klimadebatte. Aber leider nicht, weil wir bis 2030 klimaneutral sein wollen. Schon vor knapp fünf Jahren verpflichteten wir uns als erstes großes Industrieunternehmen der Welt dazu. Auch nicht deshalb, weil wir heute schon fast die Hälfte der Strecke bis zur Klimaneutralität erfolgreich zurückgelegt haben. Und schon gar nicht deshalb, weil wir es unseren Kunden ermöglichen, CO_2 einzusparen. Im abgelaufenen Geschäftsjahr waren es Einsparungen in Höhe von fast 640 Millionen Tonnen CO_2. Das entspricht übrigens 80 Prozent der gesamten CO_2-Emissionen Deutschlands.

Nein. Wir stehen im Mittelpunkt, weil wir einen Auftrag angenommen haben. Wir liefern die Signaltechnik für die Zugverbindung zwischen einer Kohlemine und einem Ausfuhrhafen. Darüber hat die Öffentlichkeit viel diskutiert und geschrieben. Und es gibt dazu viele Meinungen und Emotionen."

Aus der Rede des Siemens-Chefs Joe Kaeser auf der Hauptversammlung am 05.02.2020 in München

Produzierende Unternehmen und Geschäftsmodelle

Unternehmen lassen sich unter verschiedensten Gesichtspunkten systematisieren, betrachten und analysieren. In Abgrenzung zu Handels- und Dienstleistungsunternehmen liegt das **Sachziel produzierender Unternehmen in der Produktion von Gütern**. In marktwirtschaftlich orientierten Wirtschaftssystemen bestimmen Unternehmen unter Beachtung gegebener Rahmenbedingungen eigenständig, wie sie ihre unternehmerische Tätigkeit gestalten wollen. Sie entscheiden darüber, welche Güter in welcher Form im Markt angeboten und in welchem Umfang Vorprodukte zugekauft werden sollen. Entscheidungen sind über geeignete Produktionsstandorte, die Rechtsform und die organisatorische Konzeption zu treffen.

Unternehmen basieren auf **Geschäftsmodellen**. Ein Geschäftsmodell beschreibt, wie sich ein Unternehmen im Wettbewerb behaupten will. Unternehmen können auf einem nur temporär begrenzt nutzbaren Geschäftsmodell (zum Beispiel zeitlich befristete Arbeitsgemeinschaften mehrerer Unternehmen bei größeren Straßenbauprojekten) basieren, sie können aber auch – und das dürfte für die Mehrheit der Unternehmen gelten – grundsätzlich dauerhaft im Markt bestehen wollen. Im letztgenannten Fall muss das Geschäftsmodell im Zeitablauf entsprechend veränderbar und anpassbar sein, da nicht davon ausgegangen werden kann, dass ein einmal konzipiertes Geschäftsmodell im Zeitablauf unverändert beibehalten werden kann. Alternativ kann aus Sicht eines Unternehmens ein nicht mehr wettbewerbsfähiges Geschäftsmodell auch aufgegeben und durch ein neues Geschäftsmodell ersetzt werden. Große Unternehmen oder Konzerne können auch mehrere Geschäftsmodelle betreiben.

Produktionsprozesse sind auch für Unternehmen relevant, die – strenggenommen betrachtet – bestimmte Produktionen nicht vornehmen oder gar nicht selbst produzieren

Produzierende Unternehmen sind Inhalt dieses Kapitels und Thema dieses Buches. Sich mit produzierenden Unternehmen in betriebswirtschaftlicher Hinsicht zu beschäftigen bedeutet aber nicht, dass man selbst Teil des Managements oder gar Eigentümer eines bestimmten Unternehmens ist. In der globalisierten Welt werden immer häufiger **Dritte für Produktionsprozesse in anderen Unternehmen verantwortlich** gemacht. Das gilt beispielsweise für Hersteller von Nahrungsmitteln, die für Produktionsprozesse ihrer Zulieferer aus Sicht der allgemeinen Öffentlichkeit mit in Verantwortung stehen. Diese Problematik betrifft auch Handelsunternehmen beispielsweise aus dem Textilsektor, die ihre unter Eigennamen hergestellten Kollektionen ausschließlich beziehungsweise im Wesentlichen in Unternehmen außerhalb des eigenen Konzerns herstellen lassen. Die „Grenze zwischen Produktion und Handel ist längst fließend", titelte hierzu *„Die Zeit"* im November 2016 (https://www.zeit.de/2016/47/textilhersteller-online-auftritt-e-commerce, 28.07.2020). Diese Entwicklung, im Markt angebotene Leistungen in anderen Unternehmen herstellen zu lassen, bleibt nicht auf die Textilbranche beschränkt. *Apple* und andere Hersteller von elektrotechnischen Geräten lassen ihre Produkte auch in nicht zum Konzern zugehörigen Unternehmen, so etwa dem im chinesischen Shenzhen tätigen Unternehmen *Foxconn*, fertigen.

Der *Volkswagenkonzern* fertigt im Vergleich zu wesentlichen Wettbewerbern, insbesondere *Toyota*, viele Komponenten im eigenen Konzern, aber aufgrund der Vielfalt und globalen Aufstellung des Konzerns nicht in einem einzigen Werk (https://www.vdi-nachrichten.com/fokus/die-krux-mit-der-fertigungstiefe, 28.07.2020). Werksstandorte, die Leistungen aus anderen Werken des Konzerns beziehen, werden sich dementsprechend auch für die anderen Werksstandorte interessieren und gegebenenfalls ihren Einfluss ausüben. Hinzu kommt in diesen Konzernen, dass über Zertifizierungen auch auf Zulieferer außerhalb des eigenen Konzerns Einfluss genommen wird. Nicht unerwähnt bleiben soll der Druck, den Handelsunternehmen auf Hersteller ausüben können, wenn diese sich bei den turnusmäßig anstehenden Einkaufsgesprächen nicht im Sinne des Handels bewegen. Sortimente bestimmter Hersteller können nicht nur schlechter platziert, sondern temporär oder gar langfristig aus dem Angebot des Handelskonzerns genommen werden.

In einer globalen und vernetzten Welt sind Unternehmen gezwungen, sich mit der Produktion, die grundsätzlich im eigenen Hause aber auch außerhalb realisiert werden kann, auseinanderzusetzen. Natürlich differieren konkrete Fragestellungen. Streng operative, im Extremfall tagtäglich zu treffende Entscheidungen spielen bei einer Fertigung außerhalb des eigenen Unternehmens eine tendenziell untergeordnete Rolle.

1.1 Das Produktionssystem

Sachziel produzierender Unternehmen ist die Erstellung von **Leistungen**. Bei den im Rahmen der Produktion erbrachten Leistungen sind Absatzleistungen von internen Leistungen, zum Beispiel die Erzeugung von elektrischer Energie mithilfe von Dampfturbinen, zu unterscheiden. Bei der Produktion handelt es sich um einen Faktorkombinations- und Wertschöpfungsprozess. Als **Subsystem** des Unternehmens ist die Produktion zwischen Beschaffung und Absatz eingebettet. Leistungsprozesse in der Beschaffungs- und Absatzphase zählen nicht zur Produktion. Wie die folgende Abbildung zeigt, benötigt die Produktion als Input Leistungen seitens des Beschaffungssystems, Absatzleistungen als Output der Produktion sind vom Vertrieb im Markt zu veräußern.

Abb. 1.1: Elemente des Produktionssystems

Input

Das Produktionssystem agiert nicht selbst auf den Beschaffungsmärkten. Der für die Produktion benötigte Input erfolgt für materielle und immaterielle Einsatzfaktoren durch das Beschaffungssystem, das Personalsystem sorgt für die Bereitstellung des für die Produktion benötigten Personals. In der Literatur findet für den Input der Begriff **Produktionsfaktor** weite Verwendung.

Produktionsfaktoren können entgeltlich, aber auch unentgeltlich eingesetzt werden. **Unentgeltlich nutzbare Produktionsfaktoren** sind frei verfügbare und verwendbare Güter. Diese lassen sich als öffentliche Güter bezeichnen. Kennzeichen öffentlicher Güter ist, dass Dritte von der Nutzung nicht ausgeschlossen sind. Öffentliche Güter können beispielsweise die nächtliche Beleuchtung öffentlicher Plätze, öffentliche Parkanlagen oder die Natur selbst sein. Der Gesetzgeber kann für die Nutzung, die Verwendung oder den Verbrauch öffentlicher Güter ein Entgelt verlangen, damit verlieren diese Güter ihren ursprünglichen Charakter. Die Nutzung, der Verbrauch oder die Belastung von in der Natur enthaltenen Gütern wie Luft oder Wasser kann gesetzlich eingeschränkt werden. So fallen für die Verwendung von Wasser und die Ableitung von Abwasser seit Langem Entgelte an. Zum Schutz des Klimas hat der Bundestag im November 2019 ein Gesetz angenommen, in dem Klimaschutzziele gesetzlich normiert werden und Belastungen des Klimas durch Entgelte beschränkt werden sollen.

Für die Masse der Produktionsfaktoren müssen seitens der Unternehmen **Entgelte** erbracht werden. Damit erhalten die Produktionsfaktoren einen Wert, der im Rechnungswesen des Unternehmens abzubilden ist. Das Rechnungswesen enthält für die Führung und das Controlling eines Unternehmens wesentliche Informationen. Darüber hinaus dienen öffentlich einsehbare Teile des Rechnungswesens, insbesondere der Jahresabschluss, externen Interessenten und Adressaten der Rechnungslegung als grundlegende Informationsquelle.

Üblicherweise wird in Unternehmen differenziert erfasst, wann die Produktionsfaktoren aus Sicht des Unternehmens verfügbar sind (zum Beispiel Eingang der Rohstoffe im Lager) und wann sie tatsächlich im Produktionsprozess eingesetzt werden. Die grundsätzliche Verfügbarkeit führt zu **Ausgaben**, der spätere Verbrauch zu **Aufwand oder Kosten**, je nachdem ob der Verbrauch durch Instrumente des externen oder internen Rechnungswesens dokumentiert wird. Bei bestimmten Produktionsfaktoren ist der Zeitpunkt der Verfügbarkeit und des Verbrauchs identisch, insbesondere beim Bezug und zeitlich simultanen Verbrauch von Strom eines externen Anbieters. Zugegangene Produktionsfaktoren, die noch nicht verbraucht wurden, werden als **Vermögensgegenstände** des Unternehmens in der Bilanz ausgewiesen.

In Anlehnung an *Erich Gutenberg* (vgl. *Gutenberg* 1983, S. 3–5) differenziert man die Produktionsfaktoren in Elementarfaktoren und dispositive Faktoren. Zu den **Elementarfaktoren** zählen die objektbezogene menschliche Arbeitsleistung, die Werkstoffe sowie die Betriebsmittel. Während Werkstoffe, hierzu zählen insbesondere Rohstoffe, Hilfsstoffe und Betriebsstoffe, im Produktionsprozess verbraucht werden, können Betriebsmittel, beispielsweise Maschinen oder Gebäude, über einen längeren Zeitraum genutzt werden. Von Menschen erbrachte objektbezogene Arbeitsleistungen können entsprechend den zwischen Arbeitnehmern und Unternehmen geschlossenen Verträgen im Produktionsprozess eingebracht werden. Die **dispositiven Faktoren** können unter dem Begriff Management zusammengefasst werden.

Wichtig ist die **Finanzierung** eines Unternehmens. Jede unternehmerische Tätigkeit verlangt finanzielle Mittel. Probleme bei der Finanzierung eines Unternehmens können zur **Insolvenz** führen. Die Beschaffung von Produktionsfaktoren verursacht Auszahlungen, die zeitlich gesehen vor den Einzahlungen liegen, die mit dem Output eines Unternehmens nach einem Verkauf erzielt werden können. Besonders deutlich wird dieser Sachverhalt bei der Beschaffung einer Maschine, die mehrere Jahre zur Leistungserstellung genutzt werden kann. Mit dem Kauf der Maschine verpflichtet sich das Unternehmen zur Bezahlung des Kaufpreises für diese Maschine. Die entsprechende Auszahlung erfolgt zeitnah zur Beschaffung. Einzahlungen erhält das Unternehmen allerdings erst danach über mehrere Jahre verteilt, aufgrund der Verkäufe der Erzeugnisse, die mit der Maschine hergestellt wurden. Zur Finanzierung dieser und anderer Sachverhalte stehen einem Unternehmen eine Vielzahl von Instrumenten bereit, die effizient eingesetzt werden müssen. Eine **Kapitalflussrechnung** ist ein adäquates Instrument zur Fundierung von Finanzierungsentscheidungen. Kapitalmarktorientierte Unternehmen sind zur Aufstellung einer Kapitalflussrechnung verpflichtet. Unabhängig davon dient sie als unterjähriges Instrument im Finanzcontrolling.

Throughput

Unter Throughput versteht man die Transformation der Produktionsfaktoren zu **Zwischen- und Endprodukten** sowie innerbetrieblichen Leistungen. Sie ist wesentlicher Teil der betrieblichen Wertschöpfung. **Innerbetriebliche Leistungen** werden im Produktionsbereich im Rahmen der Leistungserstellung benötigt, handelt es sich beispielsweise um Energie, kann diese Leistung auch in Unternehmensbereichen außerhalb der Produktion Verwendung finden. Zwischenprodukte und die im Produktionsprozess verbleibenden innerbetrieblichen Leistungen müssen bekannt, mengenmäßig erfasst und bewertet werden, damit sie adäquat gemanagt werden können.

Mit **Produktionsfunktionen** werden Zusammenhänge zwischen dem Verbrauch von Produktionsfaktoren und dem im Transformationsprozess entstehenden Output beschrieben. Die Relation zwischen dem Einsatz von Produktionsfaktoren und dem Output kennzeichnet die **Produktivität**:

$$\text{Produktivität} = \frac{\text{Output}}{\text{Input}}$$

Um einen bestimmten Output entsprechend dem **Minimumprinzip** zu erhalten, ist der Input zu minimieren. Bei dem **Maximumprinzip** ist bei gegebenem Produktionsfaktoreinsatz ein hoher Output zu erzielen. Da eine bloße Addition der Einsatzmengen der Produktionsfaktoren aufgrund ihrer Unterschiedlichkeit nicht zielführend ist, sind **Teilproduktivitäten** aus Sicht des mengenmäßig zu bestimmenden Produktionsfaktoreinsatzes zu berechnen. Die **Arbeitsproduktivität** zeigt das Verhältnis zwischen Output und der dafür notwendigen durch Beschäftigte des Unternehmens geleisteten Arbeitsmenge. Die Arbeitsmenge kann in Zeiteinheiten gemessen oder in Form der Anzahl der eingesetzten Mitarbeiter bestimmt werden. Ferner ist eine Aussage dahingehend zu treffen, welche Mitarbeiter in die Berechnung einbezogen werden sollen. Will man die Produktion eines Unternehmens betrachten, dann bietet es sich an, ausschließlich die in der Fertigung tätigen Mitarbeiter einzubeziehen. Mit dieser Kennzahl lassen sich Produktionswerke untereinander vergleichen. Bei der Interpretation dieser Kennzahl ist zu beachten, dass Abweichungen bei der Fertigungstiefe der Werksstandorte berücksichtigt werden müssen. Gleiches gilt für den Werksvergleich bei nicht einheitlichem Output.

Die Berechnung von Teilproduktivitäten kann für weitere Produktionsfaktoren vorgenommen werden. Bei der **Maschinenproduktivität** wird das Verhältnis von Output und eingesetzten Maschinen oder der angefallenen Maschinenstunden berechnet. Hierbei ist es sinnvoll, nicht die Anzahl oder die Maschinenstunden unterschiedlichster Maschinen zu addieren, sondern diese Kennzahl ausschließlich für bestimmte Maschinenarten, beispielsweise CNC-Maschinen oder Roboter, zu berechnen. Die Kennzahlen Arbeitsproduktivität und Maschinenproduktivität müssen im Zusammenhang gesehen werden. Werden in einem Unternehmen für viele Tätigkeiten Maschinen eingesetzt, die in einem anderen Unternehmen mit weniger Maschinen aber mehr Mitarbeitern erledigt werden, dann hat man im ersten Unternehmen für die Arbeitsproduktivität einen höheren und für die Maschinenproduktivität einen niedrigeren Wert als in dem anderen Unternehmen.

Setzt man die Anzahl der hergestellten Erzeugnisse in Relation zu den dafür eingesetzten Rohstoffen, ergibt sich die **Rohstoffproduktivität**. In der Fleisch- und Wurstwarenindustrie und bei anderen Herstellern von Lebensmitteln findet man Angaben zur Rohstoffproduktivität auf den Verkaufsverpackungen. Benötigt man für ein Endprodukt mehr als 100 % eines Einsatzstoffes, typischerweise bei der Herstellung von Salami und dem Einsatz des dafür benötigten Schweinefleisches, dann findet sich aufgrund des Verarbeitungsprozesses der Rohstoff nicht in vollem Umfang im Endprodukt wieder. Beträgt die Rohstoffproduktivität für das Schweinefleisch beispielsweise 0,97, dann benötigt man für die Produktion von 1,0 kg Salami 1,031 kg Schweinefleisch. Da im Endprodukt nicht nur Schweinefleisch, sondern weitere Bestandteile enthalten sind, kann die Rohstoffproduktivität alternativ nur auf den Schweinefleischanteil im Endprodukt berechnet werden. Liegt der Schweinefleischanteil bei 80 %, dann nimmt die Rohstoffproduktivität den Wert 0,78 an. Handelt es sich im Vergleich zu den anderen Rohstoffanteilen um einen kostenintensiven Rohstoff, dann kann durch Reduzierung des Schweinefleischanteils im Endprodukt und Erhöhung der Rohstoffproduktivität die Wirtschaftlichkeit verbessert werden.

Bewertet man Input und Output in Geldeinheiten, drückt das die **Wirtschaftlichkeit** der produktiven Tätigkeit aus:

$$\text{Wirtschaftlichkeit} = \frac{\text{Leistung}}{\text{Kosten}}$$

Neben der Bestimmung der Wirtschaftlichkeit auf Basis von Größen der Kostenrechnung können auch andere Wertgrößen, zum Beispiel Erträge und Aufwendungen, zur Berechnung herangezogen werden. Anders als bei den differenziert zu ermittelnden Produktivitäten lässt sich die Wirtschaftlichkeit für ein Erzeugnis insgesamt berechnen. Die Kosten beinhalten alle für das Erzeugnis relevanten Produktionsfaktoren, die in Geldeinheiten berechnet werden. Bei gegebenen Kosten bestimmt der Wertansatz für die Leistung den Wert der Wirtschaftlichkeit. Dies ist von Bedeutung, wenn Leistungen noch nicht dem Verkauf zugeführt wurden.

Ergänzend zur Berechnung der Produktivität und Wirtschaftlichkeit kann die Effizienz der Produktion anhand von **Rentabilitäten** bestimmt werden. Basierend auf dem verbreiteten **DuPont-Kennzahlensystem** ergibt sich die Spitzenkennzahl Return on Investment (ROI) durch Multiplikation der Kennzahlen Umsatzrentabilität und Kapitalumschlagshäufigkeit:

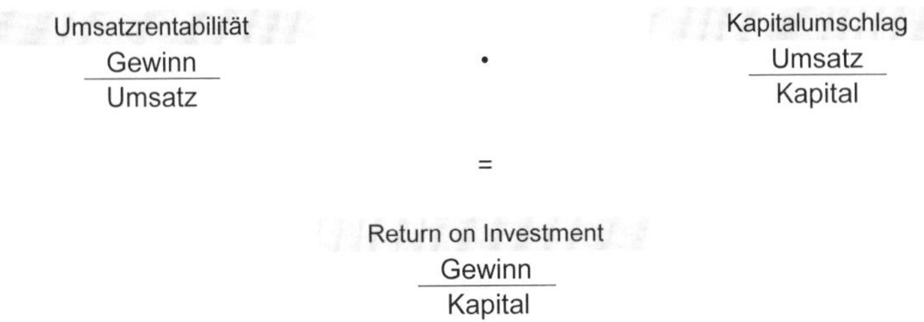

Abb. 1.2: Return on Investment als Produkt von Umsatzrentabilität und Kapitalumschlag

Neben den bereits betrachteten Zielgrößen sind von Unternehmen und somit auch mit der Produktionstätigkeit, weitere Rahmenbedingungen und Zielsetzungen zu beachten. Zur Vermeidung der Zahlungsunfähigkeit und den damit verbundenen Folgen, ist auf die jederzeitige **Aufrechterhaltung der Zahlungsfähigkeit** zu achten. Die **Nachhaltigkeit** der unternehmerischen Tätigkeit spielt nicht erst in der heutigen Zeit eine bedeutende Rolle. Im Unterschied zu früher, muss heutzutage nachhaltiges Handeln proaktiv nach außen erfolgreich kommuniziert werden.

Produktionsfunktionen veranschaulichen den Zusammenhang zwischen Produktionsfaktoren und Output. Ausgangspunkt der in der Theorie entwickelten Produktionsfunktionen ist die Produktivität. Für einen bestimmten Output benötigt man verschiedene Produktionsfaktoren in bestimmten Mengen. Hinsichtlich der **Austauschbarkeit der Produktionsfaktoren** kann zwischen limitationalen und substitutionalen Produktionsfunktionen differenziert werden:

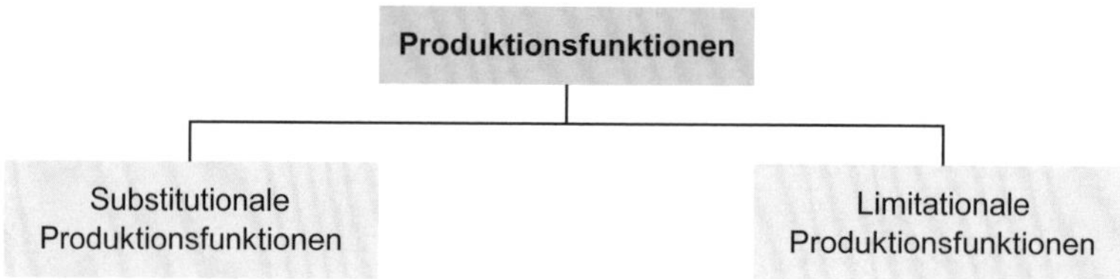

Abb. 1.3: Austauschbarkeit der Produktionsfaktoren in Produktionsfunktionen

Im Gegensatz zu limitationalen Produktionsfunktionen können bei **substitutionalen Produktionsfunktionen** höhere Ausbringungsmengen durch veränderte Einsatzmengen nur eines Produktionsfaktors bei Konstanz der anderen Produktionsfaktoren erzielt werden. Verringert sich alternativ die Einsatzmenge eines Produktionsfaktors, kann dies durch Erhöhung der Einsatzmenge eines anderen Produktionsfaktors ausgeglichen werden, wenn die Leistungsmenge insgesamt unverändert bleiben soll. Zu unterscheiden ist zwischen partieller und totaler Substitutionalität. Bei partieller Substitutionalität kann im Gegensatz zu einer totalen Substitutionalität nicht vollständig auf einen Produktionsfaktor verzichtet werden.

Als Beispiel für eine substitutionale Produktionsfunktion gilt eine Produktionsfunktion nach dem Ertragsgesetz. Bei dieser, auch als Produktionsfunktion vom Typ A bezeichneten Funktion, handelt es sich um eine Produktionsfunktion mit partieller Substitutionalität. Für **landwirtschaftliche Produktionsprozesse** gilt, dass die Verringerung eines Produktionsfaktors innerhalb bestimmter Grenzen durch vermehrten Einsatz anderer Produktionsfaktoren ausgeglichen werden kann. Folgende Abbildung zeigt für einen Produktionsfaktor, wie sich Mengenvariationen auf den Output auswirken können:

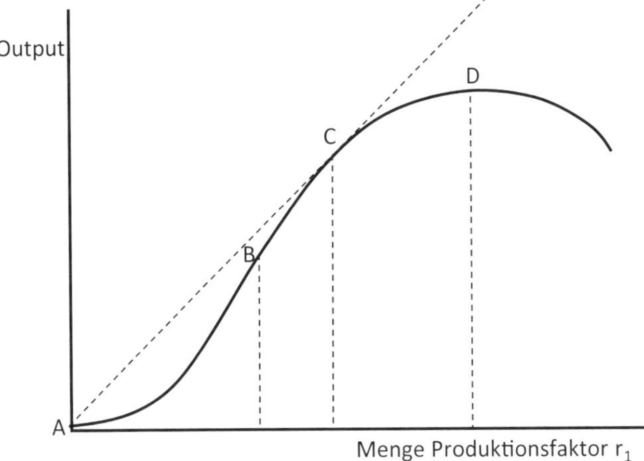

Abb. 1.4: Produktionsfunktion nach dem Ertragsgesetz

Man erkennt an obenstehender Abbildung, dass die Ertragskurve einen progressiven Verlauf im Bereich zwischen den Punkten A und B hat. Der Ertrag bei Erhöhung des Produktionsfaktors r_1 und Konstanz der anderen Produktionsfaktoren nimmt überproportional zu. Die maximale Produktion ist im Punkt D erreicht. Zwischen den Punkten B und D besteht nur noch ein degressiver Kurvenverlauf und Ertragszuwachs.

Die Wurzeln der Entwicklung ertragsgesetzlicher Produktionsfunktionen liegen im 18. Jahrhundert und basieren auf Überlegungen zum Produktionsfaktoreinsatz bei landwirtschaftlichen Produktionsprozessen. Relevant sind substitutionale Produktionsfunktionen auch in der heutigen Zeit bei industriellen Produktionsprozessen, wenn ein bestimmtes Endprodukt durch den substitutionalen Einsatz von Produktionsfaktoren erzielt werden kann. Solche Verhältnisse liegen beispielsweise bei der industriellen Produktion von **Convenience-Produkten** in der **Nahrungsmittelindustrie** vor und werden von Herstellern intensiv genutzt. Anteile teurer Produktionsfaktoren können je nach Preisentwicklung in bestimmten Mengen durch günstigere Produktionsfaktoren substituiert werden, ohne dass es sich aus Sicht vieler Kunden um ein anderes Produkt handelt. Vergleichbares gibt es in der **Textilindustrie.** Wollprodukte aus Schurwolle können variierbare Beimischungen aus Kunstfasern enthalten, um die Produkte günstiger im Markt anbieten zu können.

Kennzeichnend für **limitationale Produktionsfaktoren** (Produktionsfunktionen vom Typ B) ist, dass durch eine partielle Variation der Einsatzmenge eines Produktionsfaktors eine Erhöhung der Ausbringungsmenge nicht bewirkt werden kann. Das Endprodukt verlangt den Einsatz von Produktionsfaktoren im gleichen Verhältnis. Ein Beispiel für eine solche Produktionsfunktion ist die **Leontief-Produktionsfunktion.** Zur Herstellung einer bestimmten Ausbringungsmenge sind Produktionsfaktoren in immer gleichen Mengenverhältnis notwendig. Das gilt beispielsweise für die zu verwendenden Rohstoffe in einem bestimmten Erzeugnis, wenn Variationen der Rohstoffmischung oder Materialzusammensetzung sofort zu einem anderen Erzeugnis oder zu einem Abfallprodukt führen. Besteht ein Tisch aus einer rechteckigen Tischplatte und jeweils vier Tischbeinen sowie jeweils vier Verbindungsstücken, mit denen die Tischbeine an der Tischplatte befestigt werden, und verfügt man über 17 Tischplatten, 50 Tischbeine und 60 Verbindungsstücke, dann lassen sich mit diesen Produktionsfaktoren 12 Tische herstellen. Die Tischbeine sind der limitierende Faktor. Da ein Tisch vier Tischbeine benötigt, bleibt ein Restbestand von zwei Tischbeinen übrig. Auch bei den anderen Produktionsfaktoren ergeben sich Restbestände.

Kennzeichnend für die **Gutenberg-Produktionsfunktion** ist die Differenzierung zwischen Potenzialfaktoren und Repetierfaktoren (vgl. *Gutenberg* 1983, S. 326–337). Zu den Potenzialfaktoren zählen die im Produktionsprozess eingesetzten Maschinen. Die für die Produktion benötigten Rohstoffe und die für den Betrieb der Maschinen benötigte Energie und andere Betriebsstoffe sind Beispiele für Repetierfaktoren. Der Einsatz der Betriebsstoffe bestimmt die technischen Eigenschaften einer Maschine und diese wiederum beeinflussen die Produktionsmengen. Es kommt also nicht zu einer direkten Beziehung zwischen Faktoreinsatzmengen und Output. Nur bei einer konstanten Leistungsintensität einer Maschine ergeben sich konstante Produktionskoeffizienten. Um den Produktionsertrag zu erhöhen, können bei **intensitätsmäßiger Anpassung** Maschinen mit höherer Leistung gefahren werden. Bei intensitätsmäßiger Anpassung verändert sich der Verbrauch an Betriebsstoffen. Bei **zeitlicher Anpassung** wird die Einsatzzeit der Maschinennutzung verändert, beispielsweise durch Überstunden oder die Einführung einer zusätzlichen Schicht. Investitionen in neue Maschinen führen zu einer **mengenmäßigen Anpassung** bei unveränderter Intensität und gleichbleibender zeitlichen Nutzung.

Output

Der Output ist das Ergebnis des Produktionsprozesses. Hinsichtlich der **Stufe in einer Wertschöpfungskette** kann es sich um Zwischen- oder Endprodukte handeln. Zwischenprodukte können im Unternehmen für den Weiterverarbeitungsprozess eingesetzt werden. Bei manchen Erzeugnissen handelt es sich sowohl um Zwischen-, als auch um Endprodukte. Hersteller von Autoreifen beliefern Autohersteller mit ihren Erzeugnissen und sind aus deren Sicht ein Zwischenprodukt, über den Autoteilehandel wendet man sich an Endkunden, aus deren Sicht man ein Enderzeugnis anbietet. Endprodukte können nach verschiedenen Kriterien klassifiziert werden. Hinsichtlich der späteren Nutzung kann zwischen Verbrauchs- und Gebrauchsgütern klassifiziert werden, hinsichtlich der Nutzer oder Käufer zwischen privaten Kunden, Firmenkunden oder Kunden aus dem öffentlichen Sektor, wobei innerhalb dieser Gruppen weitere Differenzierungen angebracht sein können, so beispielsweise bei Firmenkunden nach der Unternehmensgröße, der Region oder der Branchenzugehörigkeit. Handelt es sich bei den aus einem Kuppelproduktionsprozess hervorgehenden Output um Abfallstoffe oder andere unerwünschte Auswirkungen, dann gilt es diesen Output zu begrenzen.

Nach dem Anstoß für die Produktion kann zwischen Auftragsfertigung und Marktproduktion unterschieden werden. **Auftragsfertigung** liegt vor, wenn im Auftrag eines Kunden produziert wird. Verbunden ist diese Form der Fertigung häufig mit besonderen Anforderungen, die individuell bei der Produktion für bestimmte Kunden zu beachten sind. Ein anderer Grund kann die fehlende Lagerfähigkeit eines Erzeugnisses sein, was bei vorzeitiger Produktion dazu führen würde, bei ausbleibenden Kunden Waren grundsätzlich immer wieder vernichten zu müssen. Um die Abhängigkeit der Produktion von eingehenden Aufträgen zu reduzieren, gilt es, durch einen aus Kunden- und Unternehmenssicht adäquaten Auftragsbestand, Auslastungsschwankungen abzufedern. Eine weitere Möglichkeit, zu einer ausgeglichenen Auslastung zu kommen kann die Schaffung und Erhöhung eines für verschiedene Aufträge einsetzbaren und zwischenzulagernden Vorfertigungsanteils sein, der allerdings zu zusätzlichen Lagerkosten führt. Eine **Marktproduktion** basiert auf Annahmen über mögliche Verkäufe in der Zukunft. Bei ausreichend hohen Produktionskapazitäten führt diese Produktion zu Lagerbeständen. Vor dem Hintergrund eines adäquaten Lieferbereitschaftsgrads und dafür notwendiger Lagerbestände ergibt sich die dem Absatz vorauseilende Produktion aus Einschätzungen über die zukünftige Nachfrage. Bei **Abrufaufträgen** bestehen Vereinbarungen zwischen Kunden und produzierendem Unternehmen, die frei gestaltet werden können. So können Absatzmengen für einen bestimmten Zeitraum fest vorgegeben oder im gewissen Umfang variabel sein. Konkrete Abnahmezeitpunkte können fixiert oder noch offen sein. Vor dem Hintergrund der konkreten Vertragsgestaltung muss ein Unternehmen entscheiden, in welcher Form Abrufaufträge abgearbeitet werden sollen.

1.2 Erscheinungsformen der Produktion

Produktionssysteme können nach verschiedenen Kriterien differenziert werden. Als Differenzierungsmerkmale bieten sich Kriterien an, die am Erzeugnis, an den Produktionsfaktoren oder an der Produktion selbst anknüpfen. Am **Erzeugnis** anknüpfend kann man zwischen Fließ- und Stückgüterproduktion, ein- und mehrteiliger Produktion und weiteren Kriterien differenziert werden. Hinsichtlich der **Produktionsfaktoren** ist die Unterscheidung zwischen einer material-, arbeits- und anlagenintensiven Fertigung vor dem Hintergrund der Auslastung und Flexibilität der Fertigung sinnvoll. In Orientierung der der **Produktion** zugrundeliegenden Technologie können chemische, biologische oder physikalische Technologien unterschieden werden. Weitere am Produktionsprozess angelehnte Differenzierungen können in einer ein- oder mehrstufigen Produktion sowie der Differenzierung in Massen-, Sorten-, Serien- und Einzelfertigung als auch in der Kategorisierung der Produktion unter organisatorischen Aspekten gesehen werden.

Massen-, Sorten- und Serienfertigung, Einzelproduktion

Hinsichtlich der Anzahl der von einem Unternehmen produzierten Erzeugnisse lassen sich **Einprodukt- von Mehrproduktunternehmen** unterscheiden. Von einer **Massenproduktion** spricht man, wenn ausschließlich ein bestimmtes Gut dauerhaft gefertigt wird. In diesem Falle handelt sich gleichzeitig um ein Einproduktunternehmen. Ein typisches Beispiel hierzu ist die Produktion von Energie mit bestimmten Technologien. Kennzeichnend für die Massenfertigung ist ein hoher Automatisierungsgrad. Zu Produktionsstillständen kommt es bei Massenfertigung im Rahmen der Instandhaltung der Produktionsanlagen. Betreibt ein Unternehmen an verschiedenen Standorten eine Massenproduktion oder parallel an einem Standort mehrere Massenproduktionen, so handelt es sich aus Sicht des Unternehmens um eine mehrfache Massenproduktion.

Die **Sortenproduktion** unterscheidet sich von der Massenproduktion dahingehend, dass unterschiedliche Varianten eines Grundproduktes abwechselnd auf den Produktionsanlagen hergestellt werden. Die zusätzlich zur Massenproduktion zu lösenden betriebswirtschaftlichen Probleme sind zum einen in der Gestaltung der Rüstvorgänge und der damit verbundenen Rüstkosten sowie in der Festlegung optimaler Auftragsgrößen und Sortenreihenfolgen zu sehen. Massenproduktion und Sortenproduktion kennzeichnen ein homogenes Produktionsprogramm. Bei der Sortenproduktion sind die Unterschiede zwischen den produzierten Gütern derart gering, sodass nicht von grundsätzlich unterschiedlichen Gütern gesprochen wird. Anders ist dieser Sachverhalt bei Serienproduktion zu sehen. Bei der **Serienproduktion** und der **Einzelproduktion** werden unterschiedliche Güter auf gleichen Produktionsanlagen hergestellt. Es handelt sich um ein heterogenes Produktionsprogramm. Aufgrund der Heterogenität werden die Umrüstvorgänge im Vergleich zur Sortenproduktion umfangreicher sein und die damit verbundenen Kosten entsprechend höher.

Grundsätzlich können alle vorstehend dargestellten Produktionsformen aufgrund **vorliegender Kundenaufträge** oder unabhängig von konkreten Kundennachfragen für einen zunächst noch **anonymen Markt** produziert werden. Sollen beziehungsweise können bei Massenproduktion die Güter nicht zwischenzeitlich gelagert werden, wird nur produziert, wenn Anfragen seitens der Kunden vorliegen. Bei Einzelproduktion muss nicht immer ein Kundenauftrag vorliegen, wie teilweise in der Literatur behauptet wird. Produzierende Unternehmen sind nicht nur große Industrieunternehmen, sondern auch produzierende Unternehmen im Handwerk. Bei einer schlechteren Auftragslage kann es für einen solchen Betrieb durchaus sinnvoll sein, zur Auslastung der vorhandenen Kapazitäten und zur Sicherung der Beschäftigung der Belegschaft individuelle Einzelstücke, zum Beispiel im Bereich höherwertiger Möbel, herzustellen und diese in den Ausstellungsräumen potenziellen Interessenten zu präsentieren.

Organisation der Fertigung

Kennzeichen der **Baustellenfertigung** ist die **Ortsgebundenheit der Produktion**. Typisch ist diese Produktion im Hoch- und Tiefbau. Das Endprodukt wird direkt am vorgesehenen Standort, an dem die spätere Nutzung erfolgen soll, erstellt. Bei Baustellenfertigung ist unter wirtschaftlichen und technischen Gesichtspunkten zu entscheiden, in welchem Umfang Teile der Produktion direkt auf der Baustelle stattfinden oder in den Produktionshallen des den Auftrag durchführenden Unternehmens vorgefertigt werden sollen. So kann es aus qualitativen Gründen sinnvoll sein, bestimmte Schweißarbeiten witterungsgeschützt in den Räumlichkeiten des Unternehmens zu erbringen und erst im Anschluss an diese Arbeiten die vorgefertigten Teile zur Baustelle zu bringen. Aufgrund der Besonderheiten jeder Baustelle ist ein effektives und effizientes Baustellencontrolling für den Erfolg eines Bauprojektes entscheidend. Neben der Baustellenfertigung besteht auch bei der Förderung von Rohstoffen ein vorbestimmter Ort, an dem die Produktion stattzufinden hat. Produktionsmittel müssen zum Produktionsort verbracht werden. Ein Beispiel für eine ortsgebundene Fertigung stellt das Verlegen von Schienen für den Zugverkehr dar.

Unter einer **Werkstatt** versteht man einen Ort, an dem Verrichtungen einer bestimmten Art zusammengefasst werden. Grenzt man in einem metallverarbeitenden Betrieb Blechbiegemaschinen, Laserschneidanlagen, Schweißplätze und Schleifmaschinen jeweils räumlich voneinander ab, dann handelt es sich um eine Werkstattfertigung. Entsprechend dem Verrichtungsprinzip sind gleichartige Anlagen zusammengefasst. Von Vorteil ist dieses Organisationsprinzip, wenn keine einheitliche Auftragsstruktur vorliegt. Lassen sich trotz unterschiedlicher Auftragsstruktur bestimmte häufig auftretende Arbeitsreihenfolgen herauskristallisieren, dann sind die einzelnen Werkstätten entsprechend anzuordnen. In der einzelnen Werkstatt selbst verbleibt es beim Verrichtungsprinzip.

Dem **Prozessfolgeprinzip** entsprechend werden die Arbeitsplätze in der Reihenfolge der vorzunehmenden Arbeitsschritte angeordnet. Anwendbar ist dieses Prinzip, wenn weitgehend einheitliche Produkte zu fertigen sind. In der Stahlindustrie folgt der Produktionsablauf aus technologischen Gründen dem Fließprinzip. Setzt sich ein Erzeugnis aus einzelnen Komponenten zusammen, dann wirken sich organisatorische Gesichtspunkte auf die Reihenfolge der Arbeitsschritte aus. Bei Fließsystemen ohne zeitliche Bindung spricht man von einer Reihenproduktion. Bei einer **Reihenfertigung** bestehen zwischen den einzelnen Arbeitsschritten Vorratspuffer, da ein wechselndes Produktionsprogramm keine genauen zeitlichen Abstimmungen zulässt. Bei einer **Fließfertigung** gibt es die zeitliche Taktung und aufeinander abgestimmte Kapazitäten. Es gibt einen kontinuierlichen Materialfluss zwischen den Arbeitsschritten. Bei einer **Zentrenproduktion** handelt es sich um eine Kombination der Werkstatt- und der Fließfertigung. Teile der Fertigung werden zu Gruppen zusammengefasst und beispielsweise in Fertigungsinseln bearbeitet.

1.3 Literaturhinweise zum ersten Kapitel

Corsten, H.; Gössinger, R.: Produktionswirtschaft, 14. Aufl., Berlin/Boston 2016.

Fandel, G.: Produktions- und Kostentheorie, 8. Aufl., Berlin/Heidelberg 2010.

Günther, H.; Tempelmeier, H.: Produktion und Logistik, 12. Aufl., Norderstedt 2016.

Gutenberg, E.: Grundlagen der Betriebswirtschaftslehre, Bd. 1: Die Produktion, 24. Aufl., Berlin 1983.

Kiener, S.; Maier-Scheubeck, N.; Obermaier, R.; Weiß, M.: Produktionsmanagement, 11. Aufl., Berlin/Boston 2018.

Kummer, S.; Grün, O.; Jammernegg, W.: Grundzüge der Beschaffung, Produktion und Logistik, Hallbergmoos 2019.

Nebl, T.: Produktionswirtschaft, 7. Aufl., München 2011.

Schweitzer, M.: Industriebetriebslehre, 2. Aufl., München 1994.

Steven, M.: Handbuch Produktion, Stuttgart 2007.

Vahrenkamp, R.: Produktionsmanagement, 6. Aufl., München 2008.

2 Controlling in produzierenden Unternehmen

Controlling und Controllinginstrumente

Controlling hat sich zu einem wichtigen Führungsinstrument entwickelt und sicherzustellen, dass Unternehmen in betriebswirtschaftlicher Hinsicht zielorientiert geführt werden. Nicht im Blindflug, sondern gestützt auf qualifizierten Analysen unter Nutzung der besten betriebswirtschaftlichen Instrumente. Die alle Unternehmensbereiche ergreifende Digitalisierung muss auch im Controlling aktiv genutzt werden. Mehr Daten liegen in Echtzeit vor, im Controlling können die Führungsebenen zeitnäher Controllinginformationen nutzen.

In diesem Kapitel werden die dominierenden Controllingkonzeptionen thematisiert und Controlling aus dem Blickwinkel der Unternehmenspraxis betrachtet. Darüber hinaus werden Grundlagen zu den wichtigsten Instrumenten im Controlling dargestellt.

In diesem Kapitel wird das Controlling aus theoretischem und praktischem Blickwinkel heraus betrachtet. Beides ist notwendig, will man verstehen, was Controlling bewirken soll. In der Theorie kann man durch Begrenzungen und dem Setzen von Prämissen im Rahmen der Modellbildung in gewissem Umfang die Realität ausblenden. In der Praxis ist das in dieser Form nicht möglich, da man sich in der Realität behaupten muss. Controlling in der Unternehmenspraxis ist also ungleich komplexer in der Unterstützung der Unternehmensführung als theoretische Controllingkonzeptionen dies erahnen lassen.

2.1 Controlling in der Unternehmenspraxis

Träger der Unternehmensführung: Geschäftsführung, Vorstand, Führungsebenen und Eigentümer

Zwischen **Controlling und Unternehmensführung** gibt es einen engen Zusammenhang. Für die Führung eines Unternehmens lässt sich auch der Begriff des Managements verwenden. Hinsichtlich der Führung kann zwischen einer institutionellen und einer funktionellen Perspektive differenziert werden. In **institutioneller Hinsicht** versteht man unter Unternehmensführung den Personenkreis, der ein Unternehmen führt. Da es in Unternehmen üblicherweise mehrere Führungsebenen gibt, gehören zum Führungskreis nicht nur die Geschäftsführung oder der Vorstand, sondern auch nachgelagerte Führungsebenen, zum Beispiel Bereichsleiter, Abteilungsleiter, Werksleiter oder Meister, sofern diese Führungsfunktionen ausüben. Da nicht alle Problemstellungen mit allen Führungsebenen besprochen werden, gibt es häufig einen engen und einen erweiterten Führungskreis. Bei dem Führungspersonal einschließlich Geschäftsführung handelt es sich um Beschäftigte des Unternehmens, die für ihre Arbeitsleistungen eine Vergütung erhalten.

Das Management eines Unternehmens wird darüber hinaus maßgeblich von den **Eigentümern** eines Unternehmens bestimmt. Ein neu zu gründendes Unternehmen entsteht erst, wenn potenzielle Eigentümer die Entscheidung treffen, idealerweise basierend auf einer tragfähigen Geschäftsidee, ein Unternehmen ins Leben zu rufen. Erst dann können Mitarbeiter in diesem Unternehmen eine Tätigkeit aufnehmen und werden Banken bereit sein, das Unternehmen mit Fremdkapital zu unterstützen. Eigentümer sind nicht nur bei der Gründung eines Unternehmens gefragt, sondern auch in den darauffolgenden Phasen der Existenz des Unternehmens. Unternehmen müssen sich im Zeitablauf weiter entwickeln, frisches Kapital wird häufig für weiteres Wachstum benötigt, dass von den Eigentümern bereitzustellen ist. Sind Eigentümer dazu nicht bereit, kann ein Unternehmen relativ schnell im Markt an Bedeutung verlieren, bis hin zur Abwicklung oder Insolvenz des Unternehmens.

Eigentümer beteiligen sich in unterschiedlicher Form am Management von Unternehmen. In **kleineren, mittelständisch strukturierten Unternehmen (KMU)** sind Geschäftsführung und Eigentümer oft identisch. Die Anzahl solcher Unternehmen ist nicht unerheblich. So betrachtet das Bundesministerium für Wirtschaft und Energie den Mittelstand als Erfolgsmodell: „Mittelständische Unternehmen sind der Erfolgsfaktor der deutschen Wirtschaft: Über 99 Prozent aller Unternehmen in Deutschland sind Mittelständler. Sie erwirtschaften mehr als die Hälfte der Wertschöpfung, stellen fast 60 Prozent aller Arbeitsplätze und rund 82 Prozent der betrieblichen Ausbildungsplätze bereit." (https://www.bmwi.de/Redaktion/DE/Dossier/politik-fuer-den-mittelstand.html, 28.07.2020). Solche Unternehmen aus betriebswirtschaftlichen Überlegungen auszugrenzen, wird der Unternehmenswirklichkeit nicht gerecht, wie obenstehende Zahlen verdeutlichen. Zu kurz kommt der Aspekt der Identität zwischen Eigentümern und Managern, wenn man im Rahmen der Differenzierung zwischen internen und externen **Anspruchsgruppen** an Unternehmen die Manager auf der einen Seite der internen Anspruchsgruppe und die Eigenkapitalgeber auf der anderen Seite der externen Anspruchsgruppe zuordnet (vgl. *Vahs/Schäfer-Kunz* 2015, S. 16). *Ralf Dillerup/Roman Stoi* differenzieren in diesem Zusammenhang zwischen Anspruchsgruppen und **Einflussgruppen** (vgl. *Dillerup/Stoi* 2016, S. 120 f.). Eigentümer bilden gemeinsam mit Führungskräften und Mitarbeitern die Anspruchsgruppe. Eigentümer erwarten neben der Verzinsung des im Unternehmen eingesetzten Kapitals und den damit verbundenen Risiken einen daraus resultierenden Einfluss auf die Unternehmensführung, der in unterschiedlicher Form wahrgenommen werden kann. Bei hohen Anteilen am Eigenkapital besteht ein größerer Einfluss als bei geringen Anteilen, die typische Kleinaktionäre an großen börsennotierten Aktiengesellschaften halten. Man darf den Bekanntheitsgrad von Gesellschaften aufgrund deren Größe nicht mit der Anzahl von Unternehmen und deren gesamtwirtschaftlicher Bedeutung verwechseln.

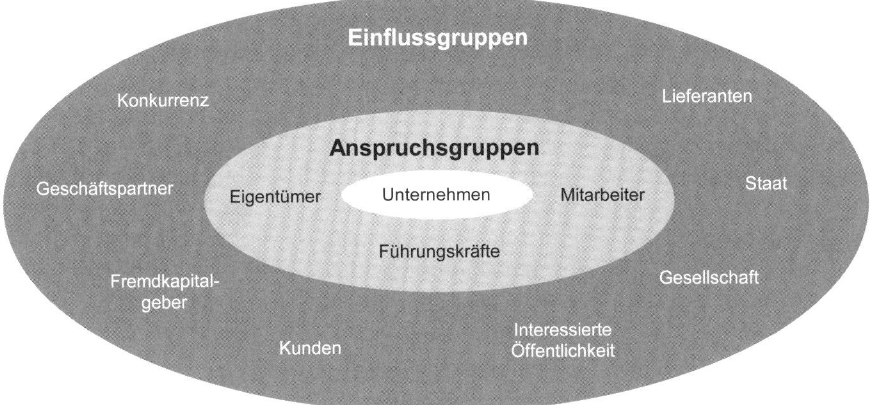

Abb. 2.1: Stakeholder von Unternehmen (entn. aus *Dillerup/Stoi* 2016, S. 121)

In nicht von Eigentümern geführten Unternehmen können Geschäftsführung oder Vorstand nur in dem Rahmen tätig werden, wie es die Eigentümer zulassen. In **Aktiengesellschaften** üben die Eigentümer ihre Interessen über den Aufsichtsrat und in den Hauptversammlungen aus. Die Hauptversammlung bestimmt etwa über die Verwendung des Bilanzgewinns und die Entlastung der Mitglieder von Vorstand und Aufsichtsrat. Der Aufsichtsrat hat die Geschäftsführung zu überwachen. Die Geschäftsführung selbst obliegt zwar nicht dem Aufsichtsrat, jedoch kann durch Satzung oder Aufsichtsrat bestimmt werden, dass bestimmte Arten von Geschäften nur mit Zustimmung des Aufsichtsrats vorgenommen werden dürfen.

Praxisbeispiel: Zur Mitwirkung des Aufsichtsrats im BMW-Konzern (Auszüge aus dem Bericht des Aufsichtsrats):

„Seitens des Aufsichtsrats haben wir den Vorstand bei der Leitung und Weiterentwicklung des Unternehmens eingehend beraten und die Geschäftsführung laufend und gründlich überwacht."

„Der Aufsichtsrat erörterte die aktuelle Lage und die Strategie hinsichtlich der direkten Geschäftstätigkeit und der Joint Ventures des Unternehmens in China. Dabei erläuterte der Vorstand insbesondere seine Pläne zum Ausbau der lokalen Produktion durch das Joint Venture BMW Brilliance Automotive Ltd. (BBA) und zur Erhöhung der Beteiligung an BBA. Der Aufsichtsrat unterstützt das strategisch bedeutsame Vorhaben des Vorstands, die Beteiligung an dem Joint Venture BBA bis 2022 um 25 Prozentpunkte auf 75 % des Kapitals zu erhöhen, und erteilte hierfür seine Zustimmung."

„Wir beschäftigten uns zudem intensiv mit der Planung zur Entwicklung des Unternehmens im Zeitraum von 2019 bis 2024. Dabei ging der Vorstand auch auf die volatilen weltwirtschaftlichen und politischen Rahmenbedingungen und ihren Einfluss auf die Planung ein. Zudem wurden Risikoszenarien und ihre möglichen Auswirkungen auf die längerfristige Planung dargestellt. Der Aufsichtsrat prüfte die Planung zur längerfristigen Geschäftsentwicklung der BMW Group gründlich und erteilte ihr seine Zustimmung."

BMW Geschäftsbericht 2018, S. 126

Ziele der Unternehmensführung

Ziele sind Ergebnis von Vereinbarungen oder Vorgaben über erwünschte, in der Zukunft liegende Zustände seitens der Entscheidungsträger eines Unternehmens. Hierzu zählen Eigentümer, Geschäftsführung und sonstige am Führungsprozess beteiligte Beschäftigte des Unternehmens. Eine Differenzierung zwischen diesen am Führungsprozess beteiligten Gruppen ist insofern wichtig, als dass die Interessen der Beteiligten nicht grundsätzlich gleichgerichtet sind. Voraussetzung für die Nutzung von Zielen als Führungsinstrument ist die vorhergehende Festlegung der zu verfolgenden Ziele. So ist nicht immer auszuschließen, dass in bestimmten Situationen erst im Nachhinein formulierte Ziele der Rechtfertigung für vorheriges Handeln dienen sollen. Sicherlich stehen ökonomische Zielsetzungen im Vordergrund von Unternehmen. Unternehmen agieren nicht im luftleeren Raum, sondern unterhalten Beziehungen zu den Stakeholdern. Der Sitz einer Gesellschaft liegt in einem Staat, die wirtschaftliche Tätigkeit kann sich über eine Vielzahl von Staaten mit unterschiedlichen Gesellschaftssystemen erstrecken. Dauerhaft wird eine unternehmerische Tätigkeit hinsichtlich ökonomischer Zielsetzungen nur dann erfolgreich sein, wenn die Stakeholder des Unternehmens mit in das Zielsystem einbezogen werden. Neben ökonomischen Zielsetzungen werden entsprechend der folgenden Abbildung soziale und ökologische Aspekte als die ökonomische Ebene ergänzende Ziele berücksichtigt.

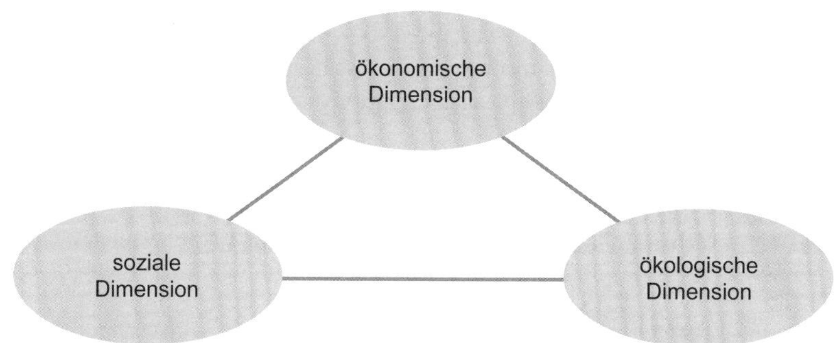

Abb. 2.2: Dimensionen von Unternehmenszielen (entn. aus *Schierenbeck/Wöhle* 2016, S. 76)

Die **ökonomischen Ziele** lassen sich in Sachziele und Formalziele differenzieren. Zu den Sachzielen gehören die **Leistungsziele**. Heruntergebrochen auf die wichtigsten Bereiche in einem Unternehmen lassen sich Leistungsziele für den Einkauf, die Logistik, die Produktion und den Absatz formulieren. Beispiele sind Aussagen zum Produktions- und Absatzprogramm in quantitativer und qualitativer Hinsicht, zu den vorzuhaltenden Kapazitäten oder zu den zu bearbeitenden Märkten und Marktanteilen. **Erfolgsziele** lassen sich als Formalziel mit den Instrumenten des internen und externen Rechnungswesens bestimmen. Je zugrundeliegendem Rechenwerk und der dem Rechenwerk konkret entnommenen Positionen differieren die als Erfolg zu bezeichnenden Größen. Basiert der Erfolg auf Wertansätzen des externen Rechnungswesens, dann hängt die konkrete Ausprägung des Erfolgs auch von den rechtlichen Regelungen ab, die für das externe Rechnungswesen gelten. Gehören Unternehmen zu einem an der Börse notierten Konzern, dann muss ein solches

Unternehmen für den Einzelabschluss in Deutschland nationale Rechnungslegungsvorschriften, für den Konzernabschluss des Mutterunternehmens jedoch internationale Rechnungslegungsvorschriften anwenden. Obwohl es sich in beiden Fällen um externe Rechnungslegungsvorschriften handelt, gibt es Unterschiede im Erfolgsausweis in beiden Abschlüssen, beispielsweise aufgrund der unterschiedlichen Rechnungslegungsvorschriften für im Unternehmen abzuwickelnde Projekte. Basiert der Erfolg auf Daten des internen Rechnungswesens, dann bestimmt das Unternehmen allein den Erfolgsinhalt.

Der Erfolg kann als absolute oder relative Größe bestimmt werden. Breite Verwendung, insbesondere für einzelne Geschäftsbereiche, hat die Kennzahl EBIT (Earnings before interests and taxes) gefunden. Als Erfolgsziel eignet sich aber auch der Umsatz, Kosten oder die Wertschöpfung. Als relative Größen bieten sich die Umsatzrentabilität und Kapitalrentabilitäten an. Kapitalrentabilitäten setzen eine Erfolgsgröße in Beziehung zu einer Kapitalgröße. Als relatives Erfolgsziel für ein Unternehmen insgesamt ist die Eigenkapitalrentabilität oder die Gesamtkapitalrentabilität weit verbreitet.

Die **Eigenkapitalrentabilität** kann über den **Verschuldungsgrad** maßgeblich beeinflusst werden. Der Verschuldungsgrad (VG) ergibt sich aus dem Quotienten Fremdkapital (FK) dividiert durch das Eigenkapital (EK). Bei einem Verschuldungsgrad von 16 setzt ein Unternehmen 16mal soviel Fremdkapital wie Eigenkapital ein, bei einem Verschuldungsgrad von 4 lediglich das 4fache Fremdkapital im Verhältnis zum Eigenkapital. Die folgende Abbildung zeigt bei einem Gesamtkapital von 1.100 Geldeinheiten (GE) sowie einem Fremdkapitalzinssatz (FKZ) von 6 % für alternative Gesamtkapitalrentabilitäten (GKR) und Verschuldungsgrade die Auswirkungen auf das Eigenkapital. Die Eigenkapitalrentabilität (EKR) ergibt sich aufgrund folgender Berechnung:

$$\text{EKR} = \text{GKR} + (\text{GKR} - \text{FKZ}) \cdot \text{VG}$$

Die Gesamtkapitalrentabilität liegt im Beispiel zwischen 5 % und 15 %. Der Verschuldungsgrad wirkt sich hebelartig auf die Eigenkapitalrentabilität aus (Leverage-Effekt), die Werte von –15 % bis 159 % aufweist.

Fall	Gesamtkapital (GK)	Verschuldungsgrad (VG)	Eigenkapital (EK)	Eigenkapitalquote (EKQ)	Fremdkapital (FK)	Fremdkapitalzinsen (FKZ)	Ergebnis nach Zinsen	Gesamtkapitalrentabilität (GKR)	Eigenkapitalrentabilität (EKR)
I	1.100	16	64,71	5,9%	1.035,29	62,12	102,88	15,0%	159,0%
II	1.100	4	220,00	20,0%	880,00	52,80	112,20	15,0%	51,0%
III	1.100	18	57,89	5,3%	1.042,11	62,53	47,47	10,0%	82,0%
IV	1.100	3	275,00	25,0%	825,00	49,50	60,50	10,0%	22,0%
V	1.100	20	52,38	4,8%	1.047,62	62,86	-7,86	5,0%	-15,0%
VI	1.100	2	366,67	33,3%	733,33	44,00	11,00	5,0%	3,0%

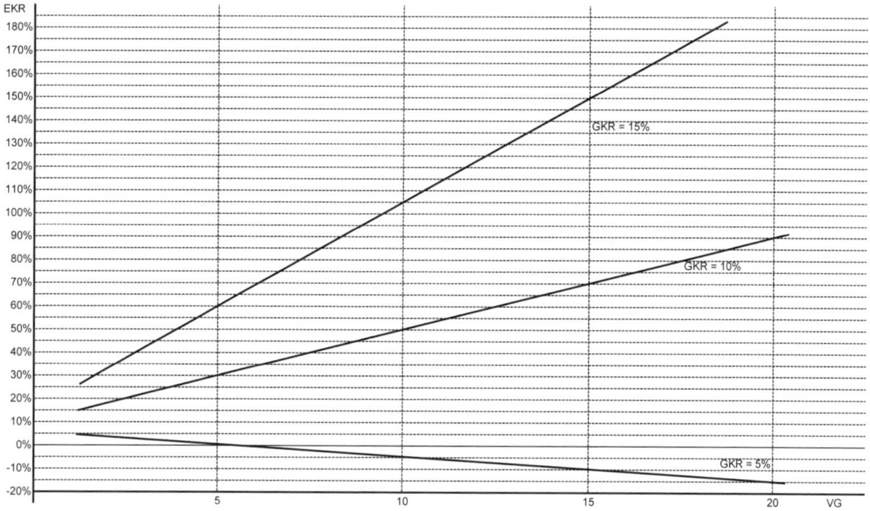

Abb. 2.3: Auswirkungen des Verschuldungsgrads auf die Eigenkapitalrentabilität

Aufgaben der Unternehmensführung

Die Führung von Unternehmen ist eine in die Zukunft gerichtete Aufgabe. Führung basiert auf Vorstellungen über zukünftige Entwicklungen und Aktivitäten, die im Unternehmen angestrebt werden. Diese können in schriftlich formulierten **Planungen** dargelegt werden, die anschließend zu realisieren sind. Im Sinne eines geschlossenen Regelkreises wird die Umsetzung durch **Kontrollen** überwacht. Werden die in den Planungen formulierten Ziele nicht oder nicht vollständig erreicht, ist über adäquate Anpassungsmaßnahmen zu entscheiden. Auch kann die nachträgliche Abänderung der hinter einer Planung stehenden Ziele oder gar der Abbruch eines geplanten Projektes sinnvoll sein, wenn man erkennt, dass eine Realisierung nicht mehr sinnvoll ist.

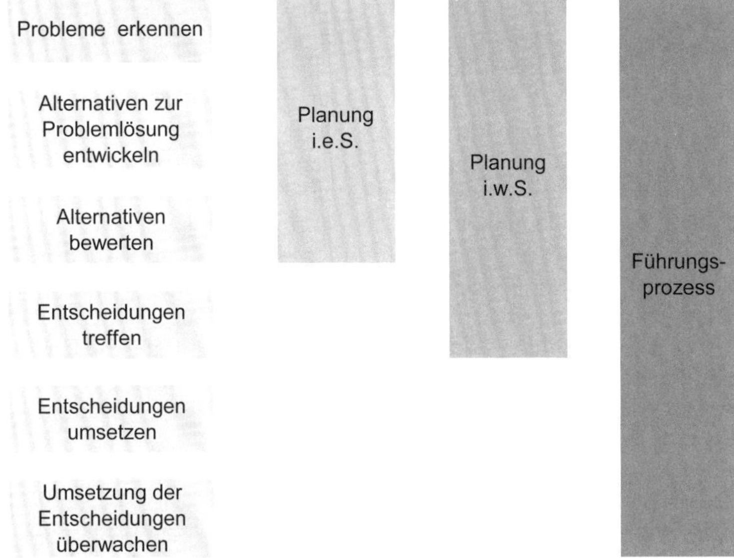

Abb. 2.4: Phasen des Führungsprozesses

2.1.1 Controllingkonzeptionen in der Theorie

Führungsunterstützung und Ziele

Ralf Dillerup/Roman Stoi sehen im Controlling **eine die Unternehmensführung unterstützende Funktion**. Der Grund für die Unterstützung der Unternehmensführung durch Controlling wird mit der Komplexität der zu bewältigenden Aufgaben begründet (vgl. *Dillerup/Stoi* 2016, S. 54 f.). Dieser Führungsaspekt ist kennzeichnend für viele der in der Theorie entwickelten Controllingkonzeptionen. *Péter Horváth et al.* sehen im Controlling eine Führungsfunktion (vgl. *Horváth et al.* 2020, S. 37), *Thomas Reichmann et al.* betonen die Unterstützung von Führungsaufgaben durch das Controlling (vgl. *Reichmann et al.* 2017, S. 19), *Laurenz Lachnit/Stefan Müller* sprechen von einer zentralen Unternehmensführungsservicefunktion (vgl. *Lachnit/Müller* 2012, S. 2). So grundlegend der Führungsaspekt in der Literatur für das Controllingverständnis ist, so gibt es im Detail jedoch gewisse Unterschiede.

Der Führungsaspekt findet im Controllingverständnis von *Jürgen Weber/Utz Schäffer* im Vergleich zu anderen in der Literatur entwickelten Controllingkonzepten eine besondere Beachtung. Der die Führung eines Unternehmens wahrnehmende Personenkreis verfügt nur über begrenzte kognitive Fähigkeiten. Wollens- und/oder Könnensbeschränkungen können zu Rationalitätsdefiziten führen. Durch Controlling soll gewährleistet werden, dass „die Wahrscheinlichkeit erhöht wird, dass die Realisierung der Führungshandlungen den antizipierten Zweck-Mittel-Beziehungen trotz der genannten Defizite entspricht“ (*Weber/Schäffer* 2016, S. 27). Controlling dient der **Sicherung der Rationalität** der Unternehmensführung.

Ein weiterer Unterschied der theoretischen Controllingkonzeptionen liegt in der verfolgten **Zielsetzung** im Rahmen der Unterstützung der Unternehmensführung. Als die Führung unterstützende Funktion leiten sich die Controllingziele aus den Arbeitsbereichen ab, in denen das Controlling die Unternehmensführung unterstützt. Einer von *Hans-Ulrich Küpper et al.* erstellten Übersicht über Controllingkonzeptionen (vgl. *Küpper et al.* 2013, S. 16 f.) dominieren erfolgszielorientierte Zielsetzungen. *Thomas Reichmann et al.* erwähnen neben dem Erfolg als weitere Zielsetzungen die Rentabilität, Produktivität und die Liquidität. (vgl. *Reichmann et al.* 2017, S. 3). *Péter Horváth et al.* begründen in der jüngsten Auflage ihres Standardwerks zum Controlling die Abkehr von ihrer ursprünglich allein auf das Ergebnisziel fokussierten Zielsetzung und definieren Controlling nunmehr als „Subsystem der Führung, das Planung und Kontrolle sowie Informationsversorgung systembildend und systemkoppelnd zielorientiert koordiniert und so die Adaption und Koordination des Gesamtsystems unterstützt". Die in älteren Auflagen erfolgte Beschränkung auf das Erfolgsziel wurde aufgegeben (*Horváth et al.* 2020, S. 62).

Planung

Planung und die damit verbundene Kontrolle werden als wesentliche Aufgabenbereiche in Controllingkonzeptionen bezeichnet. Planung lässt sich in Anlehnung an eine Formulierung von *Jürgen Wild* als „systematisches, zukunftsbezogenes Durchdenken und Festlegen von Zielen, Maßnahmen, Mitteln und Wegen zur zukünftigen Zielerreichung" beschreiben (*Wild* 1982, S. 13). Planungen können auf **Vorgaben** oder **Prognosen** basieren. Nicht selten findet man in der Literatur eine Differenzierung in eine operative und eine strategische Planung (vgl. z. B. *Jung*, 2014, S. 17 f.) *Ralf Dillerup/Roman Stoi* erwähnen darüber hinaus die normative Planung als eine der strategischen Planung vorgelagerten Planungsebene (*Dillerup/Stoi* 2016, S. 351). Gegenstand des normativen Managements sind Visionen, Werte, Unternehmenskultur, Mission und Leitbild. Diese primär qualitativen Fragestellungen sind vom Controlling methodengestützt zu begleiten (vgl. *Eschenbach/Siller* 2011, S. 146 f.). Einer taktischen Planung wird in der Literatur nicht immer die gleiche Bedeutung beigemessen wie der operativen und der strategischen Planung (so insbesondere *Britzelmeier* 2017, S. 322). Andere Autoren hingegen sehen in einer taktischen Planung ein wesentliches Element ihrer Controllingkonzeption (vgl. *Küpper et al.* 2013, S. 136–138; *Weber/Schäffer* 2016, S. 274, 275).

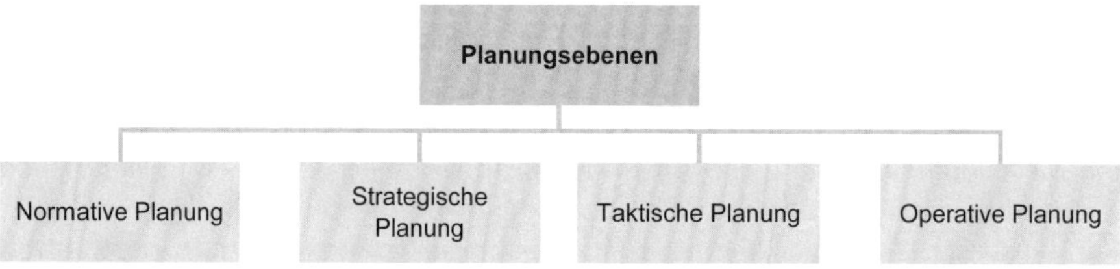

Abb. 2.5: Planungsebenen

Kontrolle

Kontrolle ist neben Prüfung Teil der Überwachungsfunktion. Bei Überwachungsaktivitäten im Controlling handelt es sich um Kontrollen, die interne Revision führt dagegen Prüfungen durch. Kontrollen sind im Gegensatz zu Prüfungen dadurch gekennzeichnet, dass diese in den betrieblichen Ablauf integriert sind, währenddessen bei den von Revisoren vorgenommenen Überwachungsvorgängen Prozessunabhängigkeit unterstellt werden kann. (vgl. *Schwellnuß* 1991, S. 19–21). Das Risiko, Überwachungsergebnisse zu manipulieren, ist folglich bei Revisoren geringer als bei Controllern.

Hans-Ulrich Küpper et al. folgend sind Kontrollen mehr als der bloße „Vergleich eines eingetretenen Ist mit einem vorgegebenen Soll" (*Weber, Schäffer* 2016, S. 270; vgl. *Küpper et al. 2013*, S. 254). Differenziert man zwischen realisierten, prognostizierten und angestrebten Größen, also zwischen Ist-, Wird- und Sollgrößen, so sind Kontrollen in jeder Kombination dieser Begriffe denkbar. Beispielsweise lassen sich die **Ist-Werte einer Periode mit den Ist-Werten einer anderen Periode** vergleichen. Ein Vergleich zwischen **Ist- und Sollwerten** informiert über den Umfang einer Abweichung zwischen einem angestrebten Zustand und dem tatsächlich realisierten Zustand. Besteht eine solche Abweichung, dann kann diese negativ, aber auch positiv beurteilt werden, nämlich dann, wenn man im Ist einen noch besseren Zustand erreicht hat, als den Zustand, der erreicht werden sollte. Bei einer negativen Beurteilung der Abweichung ist von Nachteil, dass man durch Anpassungsmaßnahmen den Sollwert nicht mehr erreichen kann, da der Vorgang oder Zeitraum bereits abgeschlossen wurde. Es handelt sich somit um eine reine **Ergebniskontrolle**.

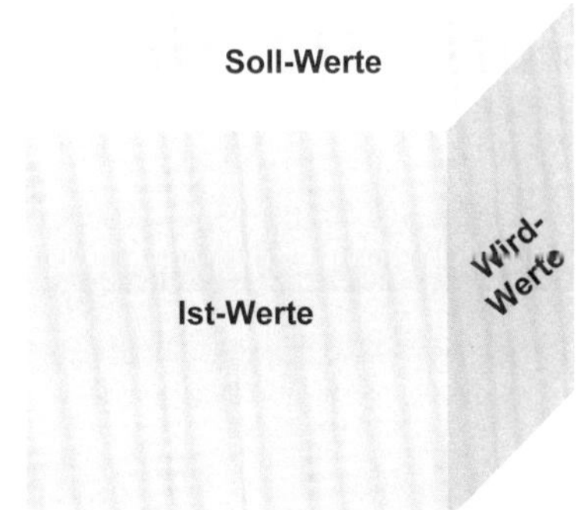

Abb. 2.6: Vergleichswerte

Anders ist dieser Sachverhalt zu sehen, wenn Vergleiche zwischen **Wird- und Sollwerten** durchgeführt werden. Wird-Werte basieren auf Prognosen. Abweichungen zwischen Wird- und Sollwerten zeigen dem Management, in welchem Umfang angestrebte Ergebnisse vermutlich nicht erreicht werden. Liegen die Wird-Werte über den Soll-Werten, wird man darin weniger einen Anpassungsbedarf sehen, als wenn die Wird-Werte unter den Soll-Werten liegen. Aber auch, wenn die Wird-Werte über den Soll-Werten liegen, muss das nicht immer positiv gesehen werden, nämlich dann nicht, wenn ein gegenwärtiges Überschreiten der Soll-Werte zu einem Unterschreiten der Soll-Werte an anderer Stelle führt. Beispielhaft genannt sei ein Automobilhersteller, bei dem die Absatzprognose bei einem bestimmten, aber leider renditeschwachen, Automodell zu einer positiven Abweichung führt, die vermutlich ausschließlich zu Lasten eines anderen, aber renditestärkeren Automodells erreicht wird. Liegen solche Prognosen und Abweichungsanalysen rechtzeitig vor, dann kann das Management Anpassungsmaßnahmen ergreifen, um solche Fehlentwicklungen zu vermeiden.

Bei Vergleichen zwischen Wird- und Sollwerten handelt es sich um **Planfortschrittskontrollen**, wenn nach Erreichen eines bestimmten Teilabschnitts oder Meilensteins, eines Zeitraums oder Projektes, Kontrollen durchgeführt werden. Grundlage der Prognose der Wird-Werte können, müssen aber nicht zuvor festgestellte Abweichungen zwischen Ist- und Sollwerten sein, die bei den bereits fertig gestellten Teilabschnitten festgestellt wurden.

Kontrollen informieren in erster Linie über den **Grad der Zielerreichung** geplanter Sachverhalte. Werden die Ziele nicht erreicht, kann das lediglich zur Kenntnis genommen werden. Das wird nicht selten der Fall sein, wenn Abweichungen als geringfügig klassifiziert werden. Deutliche Abweichungen werden zumindest zu Überlegungen führen, wie die negativen Auswirkungen von Abweichungen reduziert werden können. Im Idealfall werden diese Anpassungsmaßnahmen umgesetzt. Konsequenz festgestellter Abweichungen kann aber auch sein, dass ein Plan nachträglich korrigiert und an die Ist-Situation besser angepasst wird. Um einen solchen Anpassungsbedarf bei wiederholten Planungen zu reduzieren, liegt im **Erzielen von Lerneffekten** für zukünftige Planungen eine weitere wichtige Aufgabe durchzuführender Kontrollen. Nicht unerwähnt bleiben soll, dass die bloße Kenntnis über mögliche Kontrollen der **Verhaltensbeeinflussung** der Beschäftigten im Unternehmen dient. Plankonformes Verhalten wird gefördert, vorsätzliche Manipulationen werden verhindert.

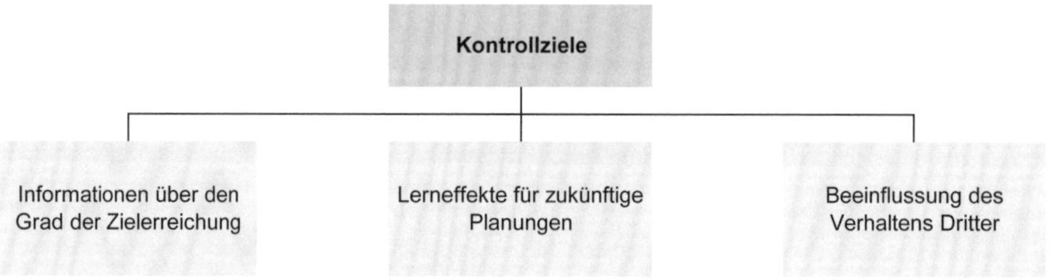

Abb. 2.7: Mit Kontrollen verbundene Ziele

Koordination

Der **Koordinationsaspekt** findet in der Controllingliteratur eine breite Betrachtung. Koordination bedeutet, Sachverhalte aufeinander abzustimmen. Eine koordinierte Unternehmensführung kann als selbstverständlich angesehen werden, erfolgt sie jedoch nicht, dann muss Koordination besondere Erwähnung finden. *Péter Horváth et al.* betonen „die Koordination des Planungs- und Kontrollsystems mit dem Informationsversorgungssystem", die sich – in Anlehnung an das umfassendere Koordinationsverständnis von *Hans-Ulrich Küpper* – „koordinierend auf alle Teilsysteme der Führung auswirkt" (*Horváth et al.* 2020, S. 63). *Hans-Ulrich Küpper* bezieht das Personal- und das Organisationssystem ausdrücklich mit in den Aufgabenkatalog des Controllings ein und sieht in einer Begrenzung des Controllings auf die Koordinationsaufgabe die Gewähr, dass Aktivitäten ohne Koordinationsaspekt nicht als Controlling anzusehen sind (vgl. *Küpper et al.* 2013, S. 32 f.). Streng betrachtet könnte man zu dem Schluss kommen, dass eine Planung in einem kleineren Unternehmen, unter der Prämisse, dass Koordinationsaspekte dort nicht im Fokus stehen, keine Aufgabe des Controllings wäre, Planungsaktivitäten in einem entsprechend komplexen und einen hohen Koordinationsbedarf aufweisenden Konzern aber als Controlling zu betrachten sind.

Wertschöpfung

Wolfgang Becker et al. sehen den Zweck von Unternehmen in der Erfüllung der Erwartungen der Interessengruppen. Wichtige, von Unternehmen zu erfüllende Zwecke sind die Bedarfsdeckung, die Entgelterzielung und die Bedürfnisbefriedigung. Gestützt auf der Überlegung, dass die dauerhafte Existenz von Unternehmen mit einer entsprechenden Wertschöpfung verbunden ist, wird die **wertschöpfungsorientierte Controllingkonzeption** entwickelt. Der Vorteil der Wertschöpfungsorientierung als Leitlinie für das Controlling wird in der Vermeidung der Problematik der engen Erfolgszielorientierung und damit Beschränkung des Controllings auf erwerbswirtschaftliche Unternehmen gesehen. (vgl. *Becker* et al. 2014, S. 53 f.)

2.1.2 Controlling aus dem Blickwinkel der Unternehmenspraxis

Ziele, Planung und Kontrolle

Entsprechend den in der Theorie erarbeiteten Controllingkonzeptionen zählen auch in der Praxis **Planung und Kontrolle** zu den zentralen Aufgaben des Controllings. Einer empirischen Untersuchung zufolge beschäftigen sich Controller rund ein Drittel ihrer Arbeitszeit mit Planungen und Kontrollen, fasst man strategische Planungen und Kontrollen mit Budget-, Mittelfrist- und Investitionsplanungen sowie -kontrollen zusammen:

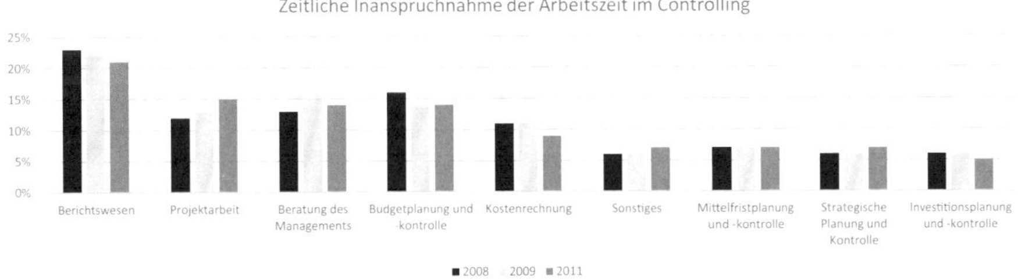

Abb. 2.8: Aufgabenspektrum der Controller im Zeitablauf (entn. aus *Weber, Janke* 2013, S. 18)

Planungen im Sinne von **Vorgaben** unterstellen, dass die Zukunft gestaltet werden kann. Vorgaben sollen anspruchsvoll, aber grundsätzlich erreichbar sein. Grundlage für Vorgaben sind Zielvorstellungen des Unternehmens. Eine fundierte Bestimmung erreichbarer Zielvorstellungen eines Unternehmens setzt eine qualifizierte Auseinandersetzung mit der gegebenen, aktuellen Situation eines Unternehmens voraus. Aus Shareholdersicht dominieren **finanzielle Zielsetzungen**, die oft im Erreichen bestimmter ergebnisbasierter Kennzahlen gesehen werden. Shareholder sind an der Wertentwicklung ihrer Beteiligung an Unternehmen interessiert, die sich aus dem Wert des Unternehmens, zum Beispiel bei Börsennotierung an der Börse, und den laufenden Zahlungen aufgrund der Gewinnausschüttungen ergibt. Größere Bekanntheit und Verbreitung hat hierbei die Kennzahl Economic Value Added (EVA®) *(EVA® ist ein eingetragenes Warenzeichen der Unternehmensberatungsgesellschaft Stern Stewart & Co)*, eine Übergewinnkennzahl, gewonnen, die von vielen Unternehmen (in Version der Beratungsgesellschaft Stern Stewart & Co oder in abgewandelter Form) berichtet wird.

Praxisbeispiel: Zur wertorientierten Unternehmensführung im Volkswagen-Konzern

- „Das finanzielle Zielsystem des Volkswagen Konzerns sieht als Kernelement die **kontinuierliche und nachhaltige Steigerung des Unternehmenswertes** vor. Um den Ressourceneinsatz im Konzernbereich Automobile effizient zu gestalten und dessen Erfolg zu messen, nutzen wir seit vielen Jahren ein wertorientiertes Steuerungskonzept mit der relativen Kennzahl Kapitalrendite (RoI) und der absoluten Erfolgsgröße Wertbeitrag, eine an den Kapitalkosten ausgerichtete Kennzahl.
- Der Wertbeitrag entspricht dem **Economic Value Added** (EVA®). EVA® ist ein eingetragenes Warenzeichen der Unternehmensberatungsgesellschaft Stern Stewart & Co.
- Die **Kapitalrendite** dient in der strategischen und operativen Steuerung als konsistente Zielvorgabe. Übersteigt die Kapitalrendite den vom Markt geforderten Kapitalkostensatz, ergibt sich eine Wertsteigerung des investierten Vermögens beziehungsweise ein positiver Wertbeitrag.
- Mit dem Konzept der wertorientierten Steuerung kann der Erfolg des Konzernbereichs Automobile und einzelner Geschäftseinheiten beurteilt werden. Darüber hinaus wird so die Ertragskraft unserer Produkte, Produktlinien und Projekte – etwa neuer Werke – messbar."

Volkswagen Geschäftsbericht 2019, S. 125

Neben primär finanziellen Zielsetzungen verfolgen Unternehmen **weitere Ziele**. Zwei Gründe sind dafür maßgebend. Dies sind zum einen die in der Zukunft liegende Unsicherheit und zum anderen die als berechtigt betrachteten Interessen der Stakeholder eines Unternehmens. Eine ausschließliche Orientierung an finanziellen Zielgrößen weist einen zu geringen Bezug zum konkreten Geschäftsmodell eines Unternehmens auf. Mit der beispielsweise im Bayer-Konzern aufgestellten Forderung nach Investitionen in ein Portfolio starker, wertschöpfender Geschäftsfelder lässt sich zudem ein direkter Bezug zu der in der Theorie entwickelten wertschöpfungsorientierten Controllingkonzeption feststellen.

Planungen auf Basis von Vorgaben dienen der Zielerreichung und Verhaltenssteuerung. Vorgabenbasierte Planungen sind ein Instrument zur Verbesserung der Wirtschaftlichkeit in Unternehmen. Ambitionierte Zielsetzungen führen bei Nichterreichung zu entsprechend hohen Abweichungen. Bei Planungen auf Basis von **Prognosen** geht es um eine realistische Einschätzung der zukünftigen Entwicklung. Da das Risiko negativer Abweichungen als geringer anzusehen ist, eignet sich eine auf Prognosen basierende Planung besser als Grundlage für eine **integrierte Gesamtplanung** in einem Unternehmen. Bei einer integrierten Gesamtplanung werden die Beziehungen aller wesentlichen Einflussgrößen in einem Planungsmodell berücksichtigt.

Planungen benötigen Unternehmen für zukünftige Perioden und für einzelne vom Management zu treffenden Entscheidungen. Planungen beeinflussen einen von diesen Planungen betroffenen Personenkreis. Controller in Unternehmen müssen bei ihrer Arbeit berücksichtigen, dass von Planungen betroffene Beschäftigte im Unternehmen den Planungsprozess und damit das Planungsergebnis in ihrem Sinne beeinflussen werden. Vor diesem Hintergrund müssen Controller bei ihrer praktischen Tätigkeit in Unternehmen grundsätzlich den **Wahrheitsgehalt der an sie herangetragenen Informationen** kritisch prüfen.

Kontrollen lassen sich als eine **aus Planungsprozessen abgeleitete Aufgabe** verstehen. Ziel einer Planung ist deren Umsetzung. Ob beziehungsweise in welchem Umfang eine Umsetzung gelungen ist oder nicht, lässt sich anhand von Kontrollen feststellen. Somit lässt sich nicht nur die Planung, sondern auch die damit verbundene Kontrolle als **zukunftsbezogene Aufgabe** verstehen. Es geht bei Kontrollen nicht in erster Linie darum festzustellen, wer etwas falsch gemacht hat oder wo etwas falsch gemacht wurde, sondern darum, die Umsetzung der Planung, zum Beispiel auch durch frühzeitig initiierte Anpassungsmaßnahmen, zu unterstützen.

Reporting

Entsprechend der vorstehenden empirischen Untersuchung beansprucht das Berichtswesen beziehungsweise **Reporting** fast ein Viertel der maßgeblichen Arbeitszeit des Controllers. Hinzu kommt noch die Arbeitszeit der Berichtsempfänger, deren Arbeitszeit durch die Beschäftigung mit dem Reporting nicht über Gebühr beansprucht werden soll. Inhalt des Berichtswesens sind Informationen für die Berichtsempfänger. In theoretischen Controllingdefinitionen dominiert anstelle des Begriffs Berichtswesen der Begriff **Informationsversorgung** (vgl. zum Beispiel *Horváth et al.* 2020, S. 189, *Reichmann et al.* 2017, S. 17).

Berichte können nach verschiedenen Kriterien differenziert werden. Berichte können auf **Veranlassung** des Berichtsempfängers, bei auftretenden Abweichungen oder als regelmäßiger Bericht erstellt werden. Beispiel für einen Bericht auf Veranlassung des Berichtsempfängers ist eine Marktanalyse für ein neues Produkt, ein Bericht bei auftretenden Abweichungen kann durch eine ungeplante Unterbrechung des Produktionsprozesses bedingt sein, während regelmäßige Berichte nach bestimmten Zeitabschnitten erfolgen. Zum Beispiel berichten Unternehmen monatlich über die wirtschaftliche Lage sowie täglich über Umsätze, Absätze, Auftragseingänge, Produktionsmengen, Produktionszeiten.

Abb. 2.9: Kriterien zur Differenzierung von Berichten

Das Reporting kann in schriftlicher, aber auch in mündlicher **Form** erfolgen. Schriftliche Berichte können in ausgedruckter Form oder IT-basierter Form gestaltet sein. Vorteil IT-basierter Berichte ist, dass der Berichtsempfänger mit Drill-down-Funktionen nähere Informationen zu gegebenen Sachverhalten abrufen kann, sofern diese gewünscht sind. Für ein effizientes Durcharbeiten gegebener Informationen sind somit die Grundlagen geschaffen. Ferner benötigt man keine Ablage, IT-gestützte Berichte sind jederzeit an jedem Ort verfügbar und sollten heute der Standard im Reporting des Controllings sein.

Diese größere Flexibilität IT-gestützter Berichte führt direkt zum **Berichtsinhalt.** Berichtsinhalte können Texte, Tabellen und Grafiken sein. Tabellen und Grafiken sollten mit aussagekräftigen Kommentaren versehen sein. Kommentare sind Wertungen und Interpretationen zu bestimmten Sachverhalten. Eine heute sich immer stärker verbreitende Form von Wertungen sind Darstellungen mittels Ampelsymbolen, Trendpfeilen oder anderen grafischen Gestaltungsmöglichkeiten, die in Excel-basierten oder mit anderer Software erstellten Berichten Verwendung finden können.

Business Unit One										
Sales T€	Jan 20	Feb 20	Mar 20	Apr 20	May 20	Jun 20	Jul 20	......	Dec 20	YtD
Plan	1.110	1.170	1.250	1.335	1.280	1.110	1.250	......	1.110	14.855
Forecast						1.220	1.150	......	1.070	14.589
Actual	1.054	905	1.230	1.380	1.310					5.879
Prev. Year	999	1.080	1.188	1.295	1.212	1.089	1.185	......	987	14.135
Act (FC) ./. Plan	-56	-265	-20	45	30	110	-100	......	-40	-266
in %	-5,0%	-22,6%	-1,6%	3,4%	2,3%	9,9%	-8,0%	......	-3,6%	-1,8%
	➡	⬇	⬆	⬆	⬆	⬆	⬇		➡	⬆

Deviation > -2%	⬆
Deviation < -2%, > -6%	➡
Deviation < -6%	⬇

Abb. 2.10: Beispiel zur Verwendung grafischer Symbole im Bericht

Vorstehendes Beispiel zeigt einen Berichtsauschnitt mit Informationen über die aktuelle Situation im angefangenen laufenden Geschäftsjahr, ergänzt um vergleichende vergangenheitsbezogene Informationen. Wichtiger sind für das Management in der Regel aber die zukunftsbezogenen Informationen, da dieser Zeitraum noch beeinflusst werden kann. Zukunftsbezogen sind zum einen die ursprünglichen Vorgaben und die fundierten Einschätzungen, wie sich die nächsten Monate wohl tatsächlich entwickeln werden. **Abweichungen zwischen Forecast und Vorgaben** sind der eigentliche Ansatzpunkt für das Management, die weitere Entwicklung des Unternehmens zu gestalten. Sie sind ein wichtiges Managementinstrument. In der Praxis ist festzustellen, dass heutzutage etwa im Rahmen des monatlichen Reporting seitens des Controllings in vielen Unternehmen auch jeweils ein Forecast bis zum Ablauf der operativen, normalerweise einjährigen Planungsperiode erstellt wird. Das gilt nicht nur für mittlere und große Unternehmen beziehungsweise Konzerne, sondern auch für kleinere Unternehmen, wenn diese das Controlling in Form eines externen Controllings an ein dafür qualifiziertes Beratungsunternehmen vergeben haben. Früher war die Erstellung monatlicher Forecasts in Unternehmen deutlich geringer ausgeprägt, was sich sicherlich auch mit den sich ständig verbessernden Möglichkeiten des IT-Einsatzes in Unternehmen begründen lässt. So beschränkten sich vor einigen Jahrzehnten auch große Unternehmen noch häufig auf einen Forecast pro Quartal oder auch nur auf einen halbjährlichen Forecast.

Zu ergänzen sind die Informationen zum Forecast um qualitative Aussagen über die Eintrittswahrscheinlichkeit der prognostizierten Daten. Diese Angaben über die

Sicherheit der Prognosen können prozentual gegeben werden (Eintrittswahrscheinlichkeit zum Beispiel hoch oder 80 %), sie können aber auch inhaltlich gegeben werden, beispielsweise in der Form, dass die Abhängigkeit eines Prognosewerts vom Verhalten bestimmter Kunden, Lieferanten oder Gegebenheiten im Produktionsbereich gezeigt wird.

Die im Zeitalter der Digitalisierung nicht mehr wegzudenkenden Möglichkeiten der Nutzung der IT ist aber nur eine Seite, qualifizierte Forecasts zu erstellen. Auf der anderen Seite basiert ein qualifizierter Forecast auf den Prognosefähigkeiten der diese Prognosen durchführenden Beschäftigten im Unternehmen. Das sind nicht nur die Beschäftigten im Controlling, sondern auch Fachleute in Vertrieb, Produktion und Einkauf. Prognosen sind umso qualifizierter, je besser die tatsächlich den Erfolg bestimmenden Einflussfaktoren im Unternehmen bekannt sind. Zum anderen eröffnen heute IT-Lösungen große Datenmengen (Big Data) qualifizierter zu nutzen als früher.

Maßgebend für den Bericht in inhaltlicher Hinsicht ist der **Informationsbedarf** des Berichtsempfängers. Im Controlling könnte man der Ansicht sein, dass man aufgrund der vorhandenen Fachkompetenz den Berichtsinhalt alleine festlegen könnte. Ziel ist jedoch nicht, dass ein Bericht erstellt wird, sondern dass er gelesen beziehungsweise durchgearbeitet wird und dass die im Bericht enthaltenen Informationen dem Berichtsempfänger im Rahmen seiner Arbeit wesentlich weiterhelfen. Berichte sollen **Handlungsmöglichkeiten und -notwendigkeiten** sowie deren **Auswirkungen** erkennen lassen.

Potenzielle Informationen, die vom Berichtsempfänger nicht verwendet werden, erfüllen die vorstehende Zielsetzung nicht. Ein Bericht muss also eine Nutzerorientierung aufweisen und in der knapp bemessenen zur Verfügung stehenden Arbeitszeit des Berichtsempfängers sinnvoll eingesetzt werden können. Das spricht dafür, Berichte in **Abstimmung mit den Informationsempfängern** zu entwickeln. Berichte enthalten dann nur noch die wesentlichen Informationen und keine offensichtlichen „Zahlenfriedhöfe" mehr. Das Management wird nicht mit Daten, Informationen und umfangreichen Formulierungen überschüttet, die in der zur Verfügung stehenden Zeit vom Informationsempfänger nicht vernünftig durchgearbeitet werden können. Ein „Information Overload" wird vermieden (vgl. *Weber, Schäffer* 2016, S. 97).

Hinsichtlich der **Berichtsempfänger** kann zwischen frei zugänglichen Berichten und auf gewisse Personengruppen beschränkte Berichte differenziert werden. Im Controlling werden fast ausschließlich Berichte erstellt, die auf einzelne Personen oder Gruppen von Personen beschränkt sind. Der Grund liegt in den Berichtsinformationen, die beispielsweise Hinweise zur weiteren Unternehmensentwicklung oder über wichtige Wettbewerber geben, die nicht für die allgemeine Öffentlichkeit bestimmt sind. Controllingberichte unterliegen nicht selten einer Geheimhaltungspflicht, die nicht nur gegenüber der allgemeinen Öffentlichkeit gilt, sondern auch innerhalb des Unternehmens. Arbeiten einzelne Controller in einem Konzern beispielsweise an bestimmten Übernahmestrategien, so gilt die Geheimhaltungspflicht auch gegenüber den anderen Controllern im Konzern und gegebenenfalls auch gegenüber Vorstandsmitgliedern mit anderem Verantwortungsbereich.

Ergänzende Rahmenbedingungen des Controllings

Controlling in der Unternehmenspraxis muss den vielfältigen Anforderungen gerecht werden, die sich aus dem Umfeld aber gegebenenfalls auch aus dem Unternehmen selbst heraus ergeben. Grundlegende Unterschiede zu den in der Theorie erarbeiteten Controllingkonzeptionen ergeben sich daraus nicht, wohl aber eine umfassendere und der Unternehmenspraxis gerechter werdende Sichtweise.

Im Rahmen der Führungsunterstützung ist zu berücksichtigen, dass Unternehmen **Berichtspflichten** unterliegen, die im Bereich des externen Rechnungswesens angesiedelt sind. Sämtliche wirtschaftlich relevanten Aktivitäten im Unternehmen haben Auswirkungen auf diese Rechenwerke, die grundsätzlich beachtet werden müssen. So verändern beispielsweise Investitionen die Bilanzsumme und damit wichtige Kennzahlen, die insbesondere für externe Kapitalgeber entscheidend sind. Eine in strategischer Hinsicht und mithilfe einer Investitionsrechnung als vorteilhaft angesehene Investition wird man in der Unternehmenspraxis gegebenenfalls nicht realisieren, wenn sich die abschlussbezogenen Kennzahlen dadurch deutlich ins Negative verändern.

Für Konzerne, die im Rahmen der Erstellung des Konzernabschlusses eine **Segmentberichterstattung** gemäß IFRS 8 aufstellen, ist zur Abgrenzung der Segmente grundsätzlich der sogenannte Management Approach maßgeblich. Die Angaben der Unternehmen zu ihren Geschäftssegmenten basieren auf Berichten des Controllings.

Unternehmen erweitern ehemals im Vordergrund stehendes ökonomisches Denken zunehmend um **ethische Aspekte**. Unternehmensethik steht im Spannungsfeld zwischen Moral und Ökonomie. Zu beantworten ist die Frage, ob man in bestimmten Situationen gegen ethisch-moralische Vorstellungen zu Gunsten eines höheren Gewinns verstoßen darf? Werden ethisch-moralische Werte im Unternehmen überzeugend „gelebt", dann beeinflussen sie in positiver Hinsicht das Denken und Handeln aller Mitarbeiter. Das Unternehmen gewinnt an Glaubwürdigkeit und beeinflusst damit langfristig den tatsächlichen wirtschaftlichen Erfolg. So bekennen sich Unternehmen ausdrücklich in internen Richtlinien auf die Einhaltung ethischer Anforderungen.

Praxisbeispiel: Ethics & Compliance Organisation von Airbus

„Der Airbus Ethics & Compliance Officer leitet ein eigenes Team von Fachkräften mit Verantwortung für den Entwurf und die Umsetzung von Richtlinien und Prozessen des Compliance-Programms, die Überwachung seiner Wirksamkeit und die Bereitstellung von Unterstützung, Beratung und Fachwissen innerhalb Airbus.

Die Ethics & Compliance Organisation ist Teil der Rechts- und Compliance Abteilung (Legal & Compliance) unter Letztverantwortung des Airbus General Counsels. Der Airbus General Counsel berichtet als Mitglied des Airbus Executive Committees an den CEO und das Board of Directors. Der Airbus Ethics & Compliance Officer berichtet zur Wahrung der Unabhängigkeit sowohl an den Airbus General Counsel als auch an das Ethics & Compliance Committee des Boards."

Entnommen aus der Antikorruptionsrichtlinie von Airbus, S. 9

Unter **Nachhaltigkeit** versteht man, aktuelles Handeln daran zu orientieren, dass dadurch die Möglichkeiten zukünftigen Handelns (späterer Generationen) nicht eingeschränkt werden. Nachhaltigkeit wird üblicherweise in die drei Aspekte ökonomische, ökologische und soziale Nachhaltigkeit differenziert. Nachhaltiges Denken ist in vielen Unternehmen verbreitet.

Praxisbeispiel: Nachhaltigkeit bei BMW

„Die BMW Group ist nicht nur in der Automobilindustrie, sondern auch branchenübergreifend einer der Vorreiter in der Nachhaltigkeit. Langfristiges Denken und verantwortungsvolles Handeln bilden seit jeher die Grundlage der eigenen Identität und des wirtschaftlichen Erfolgs der BMW Group. Bereits 1973 führte das Unternehmen in der Automobilbranche die Funktion eines Umweltbeauftragten ein. Heute legt das aus allen Mitgliedern des Vorstands bestehende Nachhaltigkeitsboard die strategische Ausrichtung mit verbindlichen Zielen fest. Seit 2001 verpflichtet sich die BMW Group dem Umweltprogramm der Vereinten Nationen, dem UN Global Compact und der Cleaner Production Declaration."

BMW Geschäftsbericht 2018, S. 30

Unternehmen existieren nicht losgelöst von ihrem **wirtschaftlichen Umfeld**. Das Umfeld unterliegt ständigen Veränderungen. Einfach aus dem Blickwinkel von Unternehmensführung und Controlling ist es, wenn sich die Veränderungen stetig und vorhersehbar entwickeln und somit im Rahmen der Planung einfach zu berücksichtigen sind. In den meisten Branchen dürfte die weitere Entwicklung aber weniger vorhersehbar sein. Auch dürfen disruptive Entwicklungen nicht ausgeklammert bleiben, will man schwerwiegende Krisensituationen vermeiden. Unternehmen müssen sich mit gesamtwirtschaftlichen und konjunkturellen Einflussfaktoren sowie politischen und gesetzlichen Einflussnahmen auseinandersetzen. Darüber hinaus sind einzelwirtschaftliche Sachverhalte außerhalb des eigenen Unternehmens, zum Beispiel Absatzeinbrüche bei wichtigen Kunden, ausbleibende Lieferungen von Lieferanten, planungstechnisch zu berücksichtigen.

Um die damit verbunden **Risiken** im Griff zu haben, müssen Unternehmen auf ausreichende **Flexibilität und Anpassungsfähigkeit** achten. Das bedeutet, dass auch Unerwartetes eintreten kann und dass man in gewissem Umfang darauf vorbereitet sein sollte.

Praxisbeispiel: Aus einem Interview im Handelsblatt, 09.02.2016 mit Kasper Rorsted, Vorsitzender des Vorstands, Henkel (heute Vorstandsvorsitzender Adidas)

Handelsblatt: Herr Rorsted, die Aussichten für die Weltwirtschaft trüben sich ein, China schwächelt, ebenso die Schwellenländer und die USA. Was heißt das für ein global agierendes Unternehmen wie Henkel?

Kasper Rorsted: Ich bin da weniger pessimistisch. Wir leben in einer volatilen Welt und ich bin überzeugt davon, dass wir **kein dauerhaftes, stabiles Wachstum** mehr sehen werden. Die Herausforderung liegt darin, **kurzfristig auf die Veränderungen und Umbrüche zu reagieren** und trotzdem seine langfristige Strategie nicht aus dem Blick zu verlieren. Wenn wir Schwankungen sehen, reagieren wir eher schnell darauf und warten nicht, dass es morgen vielleicht besser wird. Das haben wir in den vergangenen acht Jahren immer getan. Das heißt, **wir passen dann Kapazitäten an.**

Entnommen aus Handelsblatt vom 09.02.2016

2.2 Grundlegende für die Produktion relevante Controllinginstrumente

Um den vielfältigen Aufgaben im Controlling gerecht zu werden, besteht ein breites Spektrum an Instrumenten. Hat man sich in früherer Zeit im Controlling primär auf typische Instrumente des **Managerial Accountings** beschränkt, insbesondere die Kostenrechnung und Investitionsrechnung, entwickelte sich in den 1990er-Jahren ein Umdenken hinsichtlich der **Unterstützung der strategischen Unternehmensführung** mit dem Ergebnis, dass heutzutage das strategische Controlling uneingeschränkt zum Aufgabenbereich des Controllings zählt. Weniger ausgeprägt wird in der Controllingliteratur der Bereich des **externen Rechnungswesens** thematisiert. Die Notwendigkeit, sich im Produktions-Controlling auch mit dem externen Rechnungswesen zu beschäftigen, liegt unter anderem darin, dass die Auswirkungen von Geschäftsvorfällen sich in den Zahlen des externen Rechnungswesens widerspiegeln und davon externe Stakeholder, beispielsweise Banken, ihre Entscheidungen abhängig machen. So können manche Unternehmen eigentlich sinnvolle Investitionen nicht tätigen, wenn aufgrund von Bilanzrelationen Banken eine Finanzierung verweigern oder nur mit hohen Auflagen unterstützen.

2.2.1 Strategische Instrumente zur Analyse und Planung

Strategische Unternehmensführung dient der langfristig orientierten Führung von Unternehmen. Neben den Interessen der Shareholder stehen auch Interessen der Stakeholder im Fokus. Ressourcen und Maßnahmen sind im Unternehmen so einzusetzen, dass die Ziele des Unternehmens erreicht werden. Die Unterstützung der Unternehmensführung bei der Wahrnehmung ihrer strategischen Aufgaben ist Aufgabe des strategischen Controllings.

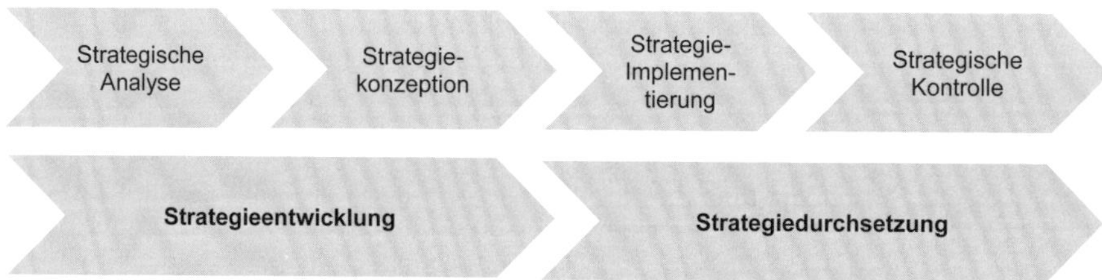

Abb. 2.11: Prozess der strategischen Unternehmensführung

Kenntnisse über die **Erfolgsfaktoren** der unternehmerischen Tätigkeit sind eine wichtige Grundlage der strategischen Unternehmensführung. Unter Erfolgsfaktoren versteht man Größen, die den Erfolg oder Misserfolg eines Unternehmens direkt beeinflussen. Die Erfolgspotenziale eines Unternehmens sollen positiv beeinflusst werden. Unterstellt wird eine hohe Korrelation zwischen Unternehmenserfolg und Erfolgsfaktoren, die im Rahmen des **PIMS-Projektes** (Profit Impact of Market Strategies) empirisch untersucht wurde. Das PIMS-Projekt hat seine Wurzeln im General Electric Konzern. In diesem, vergleichsweise diversifizierten Konzern wollte man herausfinden, aus welchen Gründen man mit manchen Geschäftseinheiten erfolgreicher ist als mit anderen. An den über viele Jahre betriebenen Studien, die später von der Harvard Business School und anschließend vom Strategic Planning Institute/Cambridge unternehmensübergreifend fortgeführt wurden, beteiligten sich weltweit zahlreiche Unternehmen mit einer Vielzahl von strategischen Geschäftseinheiten.

Im Rahmen dieses Projekts wurde der Erfolg anhand der Kennzahlen Return on Investment (ROI) und Return on Sales (ROS) bestimmt. Untersucht wurde über viele Jahre hinweg der Einfluss vieler Daten, insbesondere Marktwachstum, Kunden, Preisentwicklung, Käuferverhalten, Marktanteil, Investitionen, Kapazitätsauslastung, Produktivität, Budgets auf diese beiden Größen. Die Investitionsintensität, der relative Marktanteil und die relative Produktqualität sind drei der zentralen Größen mit einer hohen Korrelation zum Erfolg. Letztendlich handelt es sich bei dieser sehr langjährigen Studie um eine vergangenheitsbezogene Analyse. Strategien müssen jedoch zukunftsbezogen entwickelt werden. Vorteile im Wettbewerb hat ein Unternehmen erst dann, wenn es sich positiv von anderen Unternehmen abgrenzen kann, wenn es also über andere Eigenschaften verfügt als die anderen Unternehmen. Auf ganz anderen Rahmenbedingungen basierende neuartige Geschäftsmodelle werden durch das PIMS-Projekt nicht entsprechend abgedeckt (vgl. *Homburg* 2017, S. 441–445).

Eine **SWOT-Analyse** verbindet eine Analyse der externen Unternehmensumwelt mit den unternehmensinternen Stärken (**S = Strengths**) und Schwächen (**W = Weaknesses**). Die Stärken-Schwächen-Analyse basiert auf einer Analyse des individuellen Geschäftsmodells eines Unternehmens durch das deutlich werden soll, auf welche Art und Weise sich der Erfolg in einem Unternehmen einstellen soll. Die folgende Abbildung enthält ein stark verkürztes und anonymisiertes Beispiel für eine Stärken-Schwächen-Analyse aus der Beratungspraxis für ein mittelständisches Unternehmen aus dem Logistikbereich.

Im Rahmen der **Umweltanalyse** gilt es, Chancen (**O = Opportunities**) und Risiken (**T = Threats**) vor dem Hintergrund der im Unternehmen bestehenden Stärken und Schwächen optimal zu nutzen beziehungsweise zu vermeiden. Mögliche Analysebereiche sind die wirtschaftlichen und politischen Verhältnisse, die die Freiheitsgrade der unternehmerischen Tätigkeit maßgeblich bestimmen. Besondere Bedeutung kommt der **Konkurrenzanalyse** zu. Zu analysieren sind die aktuellen und potenziellen Wettbewerber, die auch aus ganz anderen Branchen kommen können. Nach Klärung der strategischen Stoßrichtungen der Wettbewerber ist eine Stärken-Schwächen-Untersuchung wichtiger Wettbewerber Teil der Konkurrenzanalyse, bei der das Leistungsangebot, die Kundenbeziehungen sowie produktions- und technologische Aspekte der Wettbewerber in die Analyse einbezogen werden. Abgerundet wird die Umweltanalyse mit einer Analyse der Kunden und der Beschaffungsmärkte.

Kriterien	Stärken	Schwächen	Sofort-Maßnahmen
Finanzen	• Keine Stärken	• Eigenkapitalverzehr durch zu hohe Entnahmen, die nicht erwirtschaftet wurden • Finanzierung verschiedener Investitionen über das Kontokorrentkonto	• Schnelle Ertragsverbesserungen zur Sicherung der Kapitaldienstfähigkeit und der notwendigen Entnahmen • Gespräche mit den beteiligten Banken über Tilgungsstreckungen
Organisation / Personal / Rechnungs-wesen / Controlling	• Langjährige Erfahrung als Logistik-Dienstleister (20 Jahre) • Geringe Fluktuation, verlässlicher Mitarbeiterstamm	• Keine Transparenz über die wirtschaftliche Situation des Unternehmens (z.B. Finanzmittelbedarf nicht konkretisiert, keine qualifizierte Planung) • Schlechte Transparenz im operativen Geschäft hinsichtlich der Fahrzeugdisposition, Deckungsbeiträge je LKW, Mitarbeiter, Kunde, Tour nicht bekannt • Keine Statistiken, Auswertungen, Kennzahlen z.B. hinsichtlich Auslastungsgrad je Tour, Anzahl der Touren, gefahrene km, die schnelle Hinweise auf Produktivitätsprobleme geben können • Keine adäquate Kalkulation und Nachkalkulation	• Einführung einer einfachen Kostenstellenrechnung (1 LKW = 1 Kostenstelle) • Einführung einer Kostenträgerrechnung (ABC-Analyse, A- und B-Kunden als gesonderte Kostenträger) • Ermittlung von Deckungsbeiträgen und Kennzahlen
Produktivität / Leistung / Kosten	• Nicht feststellbar	• Zu hohes Lohnniveau im Vergleich zur Branche (siehe Kennzahlenanalyse und Angaben zu Monatsgehältern des Speditions-, Lager- und Transportgewerbes) • Keine klaren Zielvorstellungen über Ertrag und zukünftige Entwicklung • Bisher keine Messung der Produktivität • Im Vergleich zur Branche geringe Produktivität: Umsatz je Mitarbeiter deutlich unter Branchendurchschnitt	• Prüfung flexibler Lohnkonzepte • Messung und regelmäßige Überprüfung der Produktivität jedes LKW / Mitarbeiters • Entwicklung von Maßnahmen zur Produktivitätsverbesserung (Unternehmensberatung) • Begleitende Überprüfung der Umsetzung der aufgestellten Planung und initiierten Maßnahmen durch externes Controlling der Unternehmensberatung
Vertrieb	• Solvente, langjährige Kunden, kein nennenswerter Wertberichtigungsbedarf	• Zum Teil zu lange Zahlungsziele bei wichtigen Kunden	• Preisvereinbarungen und Konditionen (insbesondere bei langen Zahlungszielen) mit Kunden genauer prüfen
Nachfolge-regelung	• Mittelfristige Übernahme durch den Sohn des Inhabers von beiden Seiten gewünscht und sinnvoll	• Der derzeitige Inhaber und Geschäftsführer kann aus gesundheitlichen Gründen die Tätigkeit nur noch begrenzt fortführen. Nachfolgeregelung noch nicht konkret formuliert und vereinbart, aber angedacht.	• Die Unternehmensübergabe sollte in Kürze konkretisiert und vereinbart werden. Organisatorische Veränderungen sollten bereits vom Sohn unterstützt werden.

Abb. 2.12: Beispiel Stärken-Schwächen-Analyse für eine Spedition

Im Rahmen der SWOT-Analyse wird die interne Kriterien berücksichtigende Stärken-Schwächen-Analyse mit der externen Chancen-Risiko-Analyse zusammengeführt, um daraus strategische Stoßrichtungen abzuleiten. Chancen sollten, sofern das Unternehmen über entsprechende Stärken verfügt, tatsächlich genutzt werden, Schwächen sollten in diesem Bereich abgebaut oder wenigstens reduziert werden. Umweltbereiche, die Risiken aufweisen, sind bei eigenen Schwächen zu meiden beziehungsweise abzusichern, wenn das Unternehmen über entsprechende Stärken verfügt.

Portfolioanalysen haben sich in der Betriebswirtschaftslehre zu einem universellen Analyseinstrument entwickelt. In einer Portfolioanalyse werden Sachverhalte anhand bestimmter Kriterien differenziert und zugeordnet sowie daraus Strategien über das weitere Vorgehen begründet abgeleitet. In der Praxis verbreitet ist das von der Boston Consulting Group entwickelte Marktwachstums-Marktanteils-Portfolio. Investieren sollte man nach diesem Portfolio in Wachstumsmärkten, sofern hohe, relative Marktanteile realisiert werden können. Devestitionen sind umgekehrt in schrumpfenden Märkten und bei sich verringernden Marktanteilen in Angriff zu nehmen. Eine Weiterentwicklung des Marktwachstums-Marktanteils-Portfolios ist in dem Marktattraktivitäts-Wettbewerbsvorteil-Portfolio (McKinsey) zu sehen. Die interne und externe Dimension berücksichtigt in diesem Portfolio nicht nur ein einzelnes Kriterium, sondern eine Vielzahl von Kriterien, die gewichtet betrachtet werden. Im **Technologie-Portfolio** sind die Dimensionen die Technologieattraktivität (externes Kriterium) und die technologische Ressourcenstärke (internes Kriterium). Die Technologieattraktivität wird durch das Weiterentwicklungspotenzial, die Anwendungsbreite und Kompatibilität bestimmt. Die technologische Ressourcenstärke bestimmt sich durch den Beherrschungsgrad der Technologien, die Potenziale (Personal, Sach- und Finanzmittel) zur Weiterentwicklung der Technologien sowie der Geschwindigkeit, mit der im Vergleich zum Wettbewerb das Unternehmen sich technisch weiterentwickeln kann. Wie bei den anderen Portfolien resultieren auch bei diesem Portfolio Empfehlungen zu Investitionen und Devestitionen.

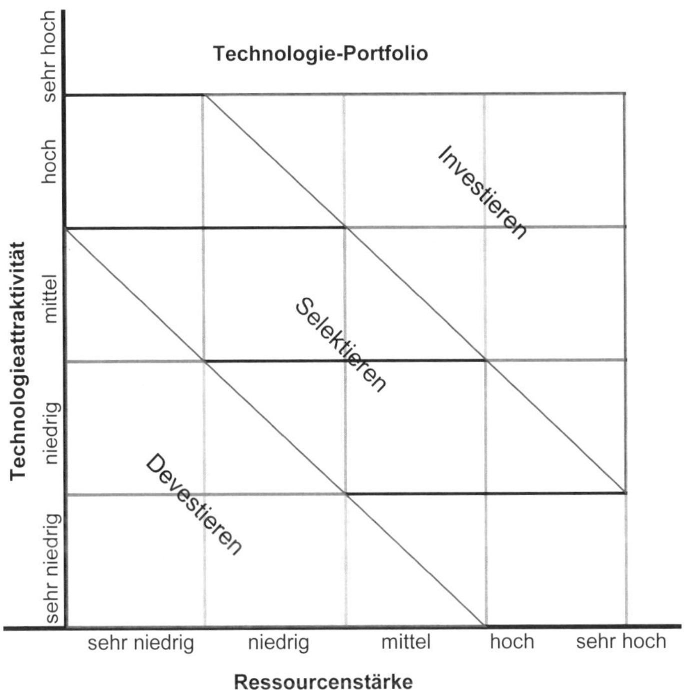

Abb. 2.13: Technologieportfolio

Seit den 1990er-Jahren hat die von *Robert Kaplan/David Norton* entwickelte **Balanced Scorecard** eine hohe Verbreitung in Theorie und Unternehmen gefunden. Neben finanziellen Kennzahlen werden nicht-finanzielle Kennzahlen aus insgesamt vier verschiedenen Perspektiven einbezogen, die sich gegenseitig bedingen. Für die jeweiligen Perspektiven werden Ziele formuliert und Kennzahlen bestimmt, mit denen die Ziele gemessen werden können. Anschließend werden Vorgaben für die Kennzahlen gegeben und Maßnahmen formuliert, mit denen die Vorgaben erreicht werden sollen.

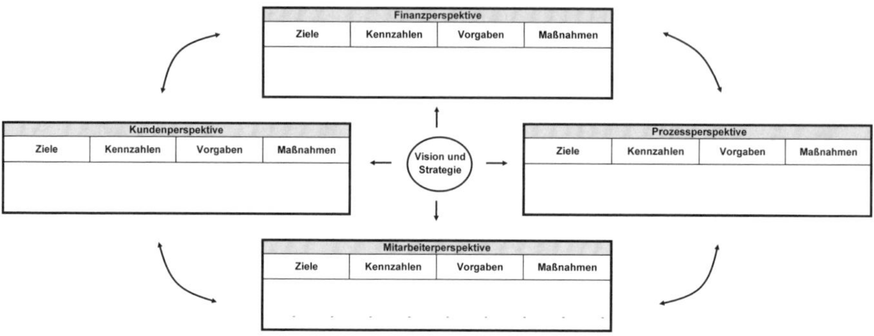

Abb. 2.14: Balanced Scorecard

2.2.2 Externes Rechnungswesen und darauf basierende finanzielle Kennzahlen

Das betriebliche Rechnungswesen lässt sich in ein externes und ein internes Rechnungswesen differenzieren. Das externe Rechnungswesen richtet sich an externe Adressaten des Unternehmens, also Kapitalgeber, Lieferanten, Kunden, Mitarbeiter sowie die Gesellschaft insgesamt. Damit die Information der externen Adressaten gewährleistet ist, gibt es Regeln, die bei der Erstellung der Rechenwerke einzuhalten sind. Hierzu zählen etwa in Gesetzesform kodifizierte Regelungen entsprechend dem deutschen Handelsgesetzbuch (HGB) oder auf internationaler Ebene die International Financial Reporting Standards (IFRS).

Die externen Rechnungslegungsvorschriften sind nicht statisch, sondern unterliegen dauernden Anpassungen seitens des Gesetzgebers oder der Standardsetter im Fall der internationalen Rechnungslegungsvorschriften. Die internationalen Rechnungslegungsvorschriften umfassen eine in den letzten Jahren ständig erweiterte Anzahl von Standards, wodurch der Regelungsumfang immer weiter ausgebaut wird. Es ist nicht erkennbar, dass sich dieser Prozess des weiteren Ausbaus langsam dem Ende neigt. Das externe Rechnungswesen fungiert nicht nur als Instrument der Rechnungslegung gegenüber Dritten, sondern ist auch ein wichtiges internes Informationsinstrument für das Management selbst. Unterstellt wird, dass Unternehmen, wären sie nicht gezwungen aufgrund von Vorschriften Rechnungen zu erstellen, diese Rechnungen trotzdem als freiwilliges Managementinstrument aufstellen würden. Der einzige Unterschied wäre, dass man aufgrund fehlender gesetzlicher Vorschriften frei in der Gestaltung dieser Rechnungen wäre.

Bilanz

Grundlegendes Instrument des externen Rechnungswesens ist sicherlich die **Bilanz**. Für Kapitalgesellschaften gibt es mit dem § 262 Abs. 2 und 3 HGB ein vorgegebenes Gliederungsschema. Neben Rechnungsabgrenzungsposten sind die Hauptpositionen auf der Aktivseite das Anlagevermögen und das Umlaufvermögen, auf der Passivseite das Eigenkapital, die Rückstellungen und die Verbindlichkeiten. Entsprechend den internationalen Rechnungslegungsvorschriften gibt es mit den beiden Hauptpositionen non-current assets und current assets auf der Aktivseite eine mit dem HGB vergleichbare Untergliederung, die Untergliederung auf der Passivseite weicht jedoch deutlich von den Regelungen im HGB ab. Ähnlich den assets sind auch die liabilities in non-current liablities und current liabilities zu untergliedern. Durch diese Gliederungsvorschrift bleibt es dem Leser einer IFRS-Bilanz erspart, selbst das Fremdkapital hinsichtlich der Fristigkeit in Form von Kennzahlen zusammenzustellen.

Eine der zentralen Größen der Bilanz ist das Eigenkapital. Eine der wichtigsten Kennzahlen – gerade wenn es um Finanzierungen geht – ist die **Eigenkapitalquote**. Eine zu geringe Eigenkapitalquote führt zu höheren Finanzierungskosten des Fremdkapitals oder verhindert im Extremfall die weitere Finanzierung mit zu verzinsendem Fremdkapital. Auf der anderen Seite ist das Eigenkapital letztendlich aber nur der Saldo zwischen Vermögen und Fremdkapital. Je nachdem, wie die Ansatz- und Bewertungswahlrechte genutzt werden, ergibt sich Eigenkapital in anderer Höhe und andere Bewertungen für die darauf basierenden Kennzahlen. An diesem einfachen Beispiel wird vielleicht deutlich, wie wichtig es ist, das externe Rechnungswesen nicht nur als bloßes Ergebnis von Buchungsvorgängen zu verstehen, sondern seitens des Controllings explizit in Überlegungen zur Führung eines Unternehmens einbezogen werden muss.

Gewinn- und Verlustrechnung

Die **Gewinn- und Verlustrechnung** ist mit der Bilanz eng verbunden. Die Gewinn- und Verlustrechnung enthält Aufwendungen und Erträge, die Differenz zwischen beiden Größen ergibt den Gewinn, der das Eigenkapital entsprechend verändert. In den internationalen Rechnungslegungsvorschriften ist dieser Sachverhalt komplexer geregelt. Es gibt ein statement of comprehensive income (Gesamtergebnisrechnung), das aus zwei Elementen besteht, dem profit or loss (Gewinn beziehungsweise Verlust) und einem **other comprehensive income** (sonstiges Ergebnis). Bei der letztgenannten Größe handelt es sich um direkt in das Eigenkapital gebuchte Aufwendungen und Erträge. Ein Beispiel hierfür sind gains (Erträge) oder losses (Aufwendungen) aus der Neubewertung von Sachanlagen (IAS 16.39 f.) und immateriellen Vermögenswerten (IAS 38.85 f.).

Unabhängig von den konkreten Rechnungslegungsvorschriften kann alternativ die Gewinn- und Verlustrechnung nach dem **Gesamtkostenverfahren oder dem Umsatzkostenverfahren** erstellt werden. Beide Verfahren führen zu demselben Ergebnis. War traditionell in Deutschland das Gesamtkostenverfahren vorherrschend ist gegenwärtig eine stärkere Tendenz zum Umsatzkostenverfahren in größeren deutschen Unternehmen im Rahmen der veröffentlichten Rechnungslegung festzustellen. Bei dem Umsatzkostenverfahren werden den Umsätzen einer Periode die dafür entsprechenden Aufwendungen gegenübergestellt. Über Bestandsveränderungen informiert die Gewinn- und Verlustrechnung nach dem Umsatzkostenverfahren nicht. Wenn die Herstellkosten gemessen am Umsatz beispielsweise im Volkswagen-Konzern rund 80 % ausmachen und dieser Wert in nur einer einzigen Position gezeigt wird, darf die Aussagekraft einer nach dem Umsatzkostenverfahren aufgestellten Gewinn- und Verlustrechnung durchaus kritisch hinterfragt werden. Aus Sicht des hier zu behandelnden Produktionsbereichs mag eine nach dem Gesamtkostenverfahren aufgestellte Gewinn- und Verlustrechnung die aussagekräftigere Variante sein, da sie über die insgesamt in einer Periode angefallenen

Aufwendungen informiert und nicht nur über die Aufwendungen, die den Umsätzen gegenübergestellt werden.

Ein zentrales Ziel einer Gewinn- und Verlustrechnung ist die **Gewinnermittlung**. Der Gewinnausweis ist abhängig vom Zeitpunkt der Umsatzrealisation. Ein extremes aber einfaches Beispiel soll den Sachverhalt verdeutlichen. Die Ingenieure eines Unternehmens entwickeln ein Erzeugnis in Periode A, das in Periode B produziert wird. Im Vertrieb bemüht man sich erfolgreich um den Verkauf des Erzeugnisses in Periode C, die Auslieferung erfolgt durch einen beliebigen, kleinen Spediteur in Periode D. Der Kunde bezahlt die Rechnung voraussichtlich in Periode E. Der Umsatz und damit der Gewinn wird in Periode D angezeigt, da der Gefahrenübergang durch Auslieferung in dieser Periode erfolgt ist. Sollte der Kunde später den Rechnungsbetrag nicht begleichen, hat das auf den Umsatz- und Gewinnausweis in Periode D keinen Einfluss mehr. Ob der Geschäftsvorfall insgesamt als erfolgreich zu betrachten ist, zeigt sich letztendlich erst in der Periode, in der tatsächlich der Zahlungseingang erfolgt. Unterstellt wird bei dieser Vorgehensweise, dass es wahrscheinlich ist, dass der wirtschaftliche Nutzen aus dem Verkauf dem Unternehmen zum vereinbarten Termin auch tatsächlich zufließt. Andersherum stellt sich die Frage nach dem Erfolgsausweis in den Perioden A, B und C. Da man in diesen drei Perioden keinen Gewinnbeitrag ausgewiesen hat, haben die Beschäftigten im Entwicklungsbereich, in der Produktion und im Vertrieb letztendlich keinen Beitrag zur Gewinnerzielung geleistet, der vollständig erst in der Periode D, in der der externe Spediteur tätig ist, gezeigt wird. Aus Sicht der Produktion und der anderen Bereiche sicherlich keine befriedigende Situation. Dieses Beispiel zeigt, dass eine an der externen Gewinn- und Verlustrechnung orientierte Unternehmensbeurteilung nur eingeschränkte Aussagekraft hat. Im internen Controlling müssen Wege gefunden werden, diese Problematik zu lösen. Im Rahmen der Bilanzierung langfristiger Fertigungsaufträge in der internationalen Rechnungslegung gibt es Ansätze, die gegebenenfalls für Zwecke im Controlling weiter ausgebaut werden können.

Kapitalflussrechnung

Eine **Kapitalflussrechnung** gehört für kapitalmarktorientierte Kapitalgesellschaften entsprechend den handelsrechtlichen Rechnungslegungsvorschriften sowie für Unternehmen, die entsprechend den internationalen Rechnungslegungsvorschriften bilanzieren, zu den zwingend aufzustellenden Rechenwerken. Die Kapitalflussrechnung ist gleichzeitig ein wichtiges Controllinginstrument, was sich beispielsweise darin zeigt, dass größere Unternehmen dieses Instrument im Controlling seit vielen Jahren intensiv einsetzen, lange bevor es durch externe Rechnungslegungsvorschriften verpflichtend wurde.

BASF-Bericht 2019
Kapitalflussrechnung [a] (Millionen €)

	2019	2018
Ergebnis nach Steuern und nicht beherrschenden Anteilen	8.421	4.707
Abschreibungen auf immaterielle Vermögenswerte und Sachanlagen	4.218	3.750
Veränderung der Vorräte	479	-1.249
Veränderung der Forderungen	25	-394
Veränderung der geschäftsbedingten Verbindlichkeiten und sonstigen Rückstellungen	906	1.113
Veränderung der Pensionsrückstellungen, Vermögenswerten aus überdeckten Pensionsplänen und sonstigen Posten	-5.941	78
Gewinne (–)/Verluste (+) aus Abgängen von langfristigen Vermögenswerten und Wertpapieren	-634	-66
Cashflow aus betrieblicher Tätigkeit	**7.474**	**7.939**
Auszahlungen für immaterielle Vermögenswerte und Sachanlagen	-3.824	-3.894
Auszahlungen für Finanzanlagen und Wertpapiere	-1.126	-1.210
Auszahlungen für Akquisitionen	-239	-7.362
Einzahlungen aus Devestitionen	2.600	107
Einzahlungen aus dem Abgang von langfristigen Vermögenswerten und Wertpapieren	1.399	555
Cashflow aus Investitionstätigkeit	**-1.190**	**-11.804**
Kapitalerhöhungen/-rückzahlungen und sonstige Eigenkapitaltransaktionen	1	3
Aufnahme von Finanz- und ähnlichen Verbindlichkeiten	10.357	6.366
Tilgung von Finanz- und ähnlichen Verbindlichkeiten	-13.699	-3.389
Gezahlte Dividende		
an Aktionäre der BASF SE	-2.939	-2.847
andere Gesellschafter	-125	-174
Cashflow aus Finanzierungstätigkeit	**-6.405**	**-52**
Liquiditätswirksame Veränderung der Zahlungsmittel und Zahlungsmitteläquivalente	**-121**	**-3.917**
Veränderung der Zahlungsmittel und Zahlungsmitteläquivalente		
aufgrund von Umrechnungseinflüssen	37	69
Änderungen des Konsolidierungskreises	20	–
Zahlungsmittel und Zahlungsmitteläquivalente am Jahresanfang [b]	**2.519**	**6.495**
Zahlungsmittel und Zahlungsmitteläquivalente am Jahresende [b]	**2.455**	**2.519**

a Die Kapitalflussrechnung wird im Konzernlagebericht unter Finanzlage erläutert. Sonstige Angaben zum Cashflow sind in Anmerkung 29 des Anhangs enthalten.
b In den Jahren 2019 und 2018 weichen die Zahlungsmittel und Zahlungsmitteläquivalente in der Kapitalflussrechnung vom Wert in der Bilanz ab, da dort 2019 die Zahlungsmittel und Zahlungsmitteläquivalente des Bauchemiegeschäfts (21 Millionen €) und des Pigmentgeschäfts (7 Millionen €) und 2018 die Zahlungsmittel und Zahlungsmitteläquivalente des Öl-und-Gas-Geschäfts (219 Millionen €) in die Veräußerungsgruppen umgegliedert wurden.

Abb. 2.15: Kapitalflussrechnung am Beispiel des BASF-Konzerns
(Quelle: *BASF Geschäftsbericht 2019*)

Im Unterschied zur Gewinn- und Verlustrechnung unterliegt die Kapitalflussrechnung einer deutlich geringeren Manipulationsgefahr. Bewertungen, die im Rahmen von Abschreibungsbemessungen und Rückstellungsbildungen das Ergebnis in einer Gewinn- und Verlustrechnung beeinflussen, wirken sich in einer Kapitalflussrechnung nicht aus. Zentrale Information in einer Kapitalflussrechnung ist der Stand der Zahlungsmittel und Zahlungsmitteläquivalente sowie die in einer Periode erwirtschafteten entsprechenden Mittel. Diese ergeben sich aus der Addition der oben angegebenen drei Cashflows. Die Cashflows zeigen im Einzelnen, wie liquide Mittel eingesetzt beziehungsweise erwirtschaftet wurden. Man unterscheidet bei der Ermittlung des Cashflows aus betrieblicher Tätigkeit zwischen der im Beispiel gezeigten indirekten Methode und der seltener praktizierten direkten Methode, bei der direkt die Einzahlungen aus der Umsatztätigkeit und Auszahlungen für verschiedene Einkäufe angegeben werden.

Kennzahlen

Ein Abschluss selbst liefert bereits in verdichteter Form Informationen über ein Unternehmen. Ein noch höherer Verdichtungsgrad wird mithilfe von **Kennzahlen** basierend auf den Zahlen des Jahresabschlusses erreicht. Im Verlauf dieses Kapitels wurde bereits die Kennzahl Eigenkapitalquote thematisiert. Bei dieser Kennzahl handelt es sich um eine Gliederungskennzahl. **Gliederungskennzahlen** sind relative Kennzahlen, bei denen Anteile angegeben werden. Welchen Anteil hat eine im Zähler eines Bruches genannte Größe an der im Nenner genannten Größe, wobei die Größe im Zähler Teil der umfassenderen Größe im Nenner ist. Ist die Größe im Zähler nicht Teil der Größe im Nenner spricht man von einer **Beziehungskennzahl**. Ein Beispiel hierfür ist die Kennzahl Anlagendeckung, bei der berechnet wird, in welchem Umfang das Anlagevermögen mit Eigenkapital oder aus der Summe von Eigenkapital und langfristigem Fremdkapital finanziert ist. Bei anderen Beziehungskennzahlen werden beispielsweise Größen der Gewinn- und Verlustrechnung einzelnen Bilanzpositionen gegenübergestellt, so zum Beispiel bei den Kennzahlen Return on Investment, Gesamtkapitalrentabilität oder Eigenkapitalrentabilität.

2.2.3 Statische und dynamische Investitionsrechnungen

Investitionen sind maßgebend für die zukünftige Entwicklung von Unternehmen. Im Volkswagen Konzern sollen beispielsweise in den nächsten fünf Jahren alleine in die Elektromobilität rund 30 Milliarden Euro investiert werden (vgl. *Volkswagen Geschäftsbericht 2018*, S. 9). Hinsichtlich des Investitionsgrundes lassen sich Erst- und Erweiterungsinvestitionen, Ersatzinvestitionen, Rationalisierungsinvestitionen und aus sonstigen Gründen erfolgende Investitionen, beispielsweise aufgrund gesetzlicher Vorschriften oder aus Umweltschutzgründen, unterscheiden. Investitionsentscheidungen in Unternehmen basieren in der Regel auf Investitionsbeurteilungen seitens des Controllings. Investitionen müssen im Einklang mit der Strategie eines Unternehmens stehen. Fehlinvestitionen sind zu vermeiden. Gleiches gilt für ethisch bedenkliche Investitionen, beispielsweise Investitionen in Ländern, in denen Kinderarbeit in eigenen Fabriken nicht ausgeschlossen werden kann.

In Unternehmen sind Investitionsentscheidungen auf unterschiedlichen Ebenen zu treffen. In größeren Unternehmen wird über die **Vorteilhaftigkeit einzelner Investitionsprojekte** oft dezentral aus mehreren, sich gegenseitig ausschließenden Alternativen eine Vorentscheidung getroffen. Die endgültige Investitionsentscheidung erfolgt jedoch zentral, in dem aus Sicht des gesamten Unternehmens das **optimale Investitionsprogramm** zusammengestellt wird. Man spricht in diesem Fall von sich gegenseitig nicht ausschließenden Alternativen. Darüber hinaus gibt es Berechnungsmodelle zur Bestimmung der **optimalen Nutzungsdauer** und zur Bestimmung des **optimalen Ersatzzeitpunktes** für Investitionen.

Statische Investitionsrechenverfahren

Ein zentrales Instrument zur Beurteilung von Investitionen sind Investitionsrechnungen. Man unterscheidet zwischen statischen Investitionsrechenverfahren und dynamischen Investitionsrechenverfahren. Wendet man **statische Investitionsrechenverfahren** an, dann reduziert man den Nutzungszeitraum einer Investition auf ein

Jahr. Dieses Jahr kann ein typisches Jahr sein, es können aber auch die durchschnittlichen Zahlen für ein Jahr ermittelt werden, die sich während der gesamten Nutzungsdauer einer Investition ergeben. Weniger sinnvoll wäre es, sich ausschließlich auf das erste Nutzungsjahr zu beschränken, da sich zu Beginn der Nutzungsdauer Anlaufschwierigkeiten einstellen können oder die Zahlen aus anderen Gründen, zum Beispiel geringerer Absatz im ersten Jahr bei Erweiterungsinvestitionen, nicht als typisch anzusehenden sind. Rechengrößen sind Kosten und Erlöse. Konkrete Zahlungszeitpunkte bleiben unberücksichtigt.

In der Literatur wird bisweilen die Ansicht vertreten, dass statische Investitionsrechenverfahren keine sinnvollen Verfahren zur Beurteilung der Vorteilhaftigkeit von Investitionen sind. *Dietrich Adam* folgend ist den Ergebnissen der statischen Investitionsrechnung „nur ein eingeschränktes Vertrauen entgegenzubringen" (*Adam* 2000, S. 117). Andere Autoren, denen hier zugestimmt wird, sehen in den statischen Investitionsrechnungen zwar keine adäquaten Verfahren für anspruchsvolle Entscheidungssituationen, wohl aber für entsprechend einfach zu entscheidende Investitionsprobleme, zum Beispiel der Auswahl zwischen Alternativen unter Kostengesichtspunkten bei Ersatzinvestitionen oder als Hilfsmittel für erste Einschätzungen auch komplexerer Investitionsprojekte, bevor anschließend nach getroffenen Vorentscheidungen dynamisch geplant wird (vgl. *Pape* 2018, S. 328).

Zu den Verfahren der statischen Investitionsrechnungen zählen die Kostenvergleichsrechnung, die Gewinnvergleichsrechnung, die Rentabilitätsrechnung und die Berechnung der Amortisationszeit. Die **Kostenvergleichsrechnung** kann zur Anwendung kommen, wenn ausschließlich Kostenunterschiede zwischen zwei sich gegenseitig ausschließenden Investitionsalternativen bestehen. Treten Erlösunterschiede auf, kann die Gewinnvergleichsrechnung eingesetzt werden. Bei der **Gewinnvergleichsrechnung** müssen anders als bei der Kostenvergleichsrechnung sämtliche Kosten berücksichtigt werden, insbesondere auch Abschreibungen und Zinsen. Aus diesem Grund ist grundsätzlich nach der Gewinnvergleichsrechnung jedes Investitionsprojekt sinnvoll, dass einen Gewinn aufweist. Bei der statischen Variante der **Rentabilitätsrechnungen** berechnet man die Rentabilität, indem man den Gewinn vor Ansatz von Zinskosten dem durchschnittlich gebundenen Kapital gegenüberstellt. Will man mithilfe der Rentabilitätsrechnung zwei sich gegenseitig ausschließende Alternativen miteinander vergleichen, ist bei unterschiedlichem Kapitalbedarf der Ansatz von sogenannten Differenzinvestitionen sinnvoll (vgl. *Reichmann et al.* 2017, S. 312). Bei der **Amortisationszeit** wird der Zeitraum berechnet, in dem der Kapitaleinsatz zurückfließt. Um den Rückfluss auf Basis von Erlösen und Kosten zu bestimmen, müssen die Kosten um solche Größen korrigiert werden, die nicht mit Zahlungen verbunden sind aber den Gewinn schmälern. Das ist bei den kalkulatorischen Abschreibungen der Fall. Können zwischen den so ermittelten Rückflüssen auf Jahresbasis keine signifikanten Unterschiede festgestellt werden, dann kann die Durchschnittsmethode zur Berechnung der Amortisationszeit zur Anwendung kommen. Weisen die Rückflüsse in den einzelnen Jahren größere Unterschiede auf, erreicht man mit der kumulativen Methode zur Berechnung der Amortisationszeit bessere Ergebnisse.

Dynamische Investitionsrechnungen

Grundlage **dynamischer Investitionsrechnungen** sind Zahlungen. Betrachtet wird grundsätzlich der gesamte Nutzungszeitraum einer Investition. Der Nutzungszeitraum kann um Zeiträume ergänzt werden, die beispielsweise für den Rückbau von nicht mehr benötigten Produktionsanlagen heute schon erkennbar sind und zu Zahlungen führen. Der gesamte zu planende Zeitraum wird in einzelne **Perioden** unterteilt, für die die Zahlungen bestimmt werden. Durch Auf- und Abzinsungen der Zahlungen will man eine Vergleichbarkeit von Zahlungen zu unterschiedlichen Zeitpunkten erreichen. Üblicherweise umfasst eine Periode ein Jahr. Grundsätzlich könnte man in zeitlicher Hinsicht auch differenzierter planen, indem man den Planungszeitraum in Halbjahre, Quartale oder Monate einteilt. Rechentechnisch ist damit kein nennenswerter Mehraufwand verbunden, da die Berechnungen softwaregestützt erfolgen. Von Vorteil wäre, dass etwa saisonale Verläufe innerhalb eines Jahres konkretere Berücksichtigung finden könnten. Auf der anderen Seite mag eine solche Vorgehensweise letztendlich aber nur zu einer Scheingenauigkeit führen, da aufgrund der mit mehrjährigen zukünftigen Investitionen verbundenen hohen Unsicherheiten monatsgenaue Prognosen der Zahlungen nicht einfach erstellbar sein dürften.

Bleibt man bei einer Unterteilung der Perioden in Jahre, dann beginnen Investitionen mit dem Anfall der **Anschaffungsauszahlungen**. Ziehen sich die Anschaffungsauszahlungen – etwa beim Aufbau eines neuen Produktionsstandorts – über einen längeren Zeitraum hin, dann ist die zeitliche Streuung der Anschaffungsauszahlungen im Rechenmodell entsprechend zu berücksichtigen. Nach Inbetriebnahme des abgeschlossenen Investitionsprojekts beginnt die tatsächliche Nutzungsphase. Für die einzelnen Perioden der Nutzungsphase prognostiziert man die **Zahlungsüberschüsse** als Differenz zwischen Einzahlungen und Auszahlungen. Im Rechenmodell werden diese Zahlungsüberschüsse üblicherweise zum Ende eines jeden Jahres angesetzt und im Rechenmodell später auf- oder abgezinst.

Alternativ zu Zahlungen werden in der Unternehmenspraxis bei Anwendung dynamischer Investitionsrechenverfahren oft **Einnahmen und Ausgaben** angesetzt. Aufgrund von Zahlungszielen bestehen Differenzen zwischen Ein- und Auszahlungen sowie Einnahmen und Ausgaben. Am Beispiel der Personalausgaben soll dies verdeutlicht werden. In den Personalausgaben eines Jahres sind den letzten Monat betreffend Lohnsteuern enthalten, die streng genommen der aktuellen Rechtslage entsprechend erst im folgenden Jahr an das Finanzamt abgeführt werden. Vereinfachend verzichtet man in solchen Fällen auf eine genaue Berücksichtigung konkreter Zahlungszeitpunkte in Hinblick auf eine vereinfachte Modellaufstellung.

Dynamischen Investitionsrechenverfahren liegt folgende allgemeine Formel zugrunde:

$$C_0 = -AZ_0 + (EZ_1 - AZ_1) \cdot \frac{1}{(1+i)^1} + (EZ_2 - AZ_2) \cdot \frac{1}{(1+i)^2} + \ldots$$
$$+ (EZ_{n-1} - AZ_{n-1}) \cdot \frac{1}{(1+i)^{n-1}} + (EZ_n - AZ_n) \cdot \frac{1}{(1+i)^n}$$

AZ und EZ stehen für die Auszahlungen beziehungsweise Einzahlungen einer konkreten Periode (n). Perioden sind indexiert und beginnen mit der Periode 0 für die Anschaffungsauszahlung. Die annahmegemäß zum Ende eines jeweiligen Jahres anfallenden Zahlungsüberschüsse als Differenz der Einzahlungen und Auszahlungen werden mit dem Abzinsungsfaktor multipliziert, um die vom Zahlungszeitpunkt abhängige unterschiedliche Wertigkeit der Zahlungen zu berücksichtigen. Der zur Anwendung kommende **Kalkulationszinssatz** (i) kann als zu erreichende Mindestverzinsung verstanden werden. Die Mindestverzinsung ergibt sich aus dem Opportunitätskostenprinzip und resultiert aus alternativen Möglichkeiten des Investors das Kapital zu verwenden. Da in Unternehmen viele zu finanzierende Investitionen anstehen, konkurrieren die finanziellen Mittel, die für bestimmte Projekte benötigt werden mit dem Kapitalbedarf anderer Projekte. Der Kalkulationszinssatz sollte von Zeit zu Zeit, etwa bei grundlegenden strategischen Veränderungen im Unternehmen, überprüft werden. Setzt man in die obige Formel die Werte für ein Investitionsprojekt ein, dann erhält man den **Kapitalwert** der Investition. Verteilt man den Kapitalwert unter Berücksichtigung von Zinseszinseffekten mit folgender Formel

$$\text{Annuität} = C_0 \cdot \frac{(1+i)^n \cdot i}{(1+i)^n - 1}$$

gleichmäßig auf die Nutzungsdauer, dann berechnet man die **Annuität** einer Investition. Die Annuitätenmethode ist zwar weniger gebräuchlich, das berechnete Ergebnis vielleicht aber anschaulicher, da die Annuität der in Euro ausgedrückte jährliche Vorteil im Sinne eines Gewinns aus dem Investitionsprojekt ist. Grundsätzlich ist nach der Kapitalwert- oder der Annuitätenmethode eine Investition dann vorteilhaft, wenn der Kapitalwert oder die Annuität größer Null ist.

In der Praxis ist die Kenntnis über die Rentabilität eines Investitionsprojektes von entscheidender Bedeutung. Zur Berechnung der Rentabilität wird in der Literatur häufig auf die **Interne Zinsfuß-Methode** verwiesen (vgl. zum Beispiel *Fischer et al.* 2015, S. 20). Bei der Internen Zinsfuß-Methode ist die eingangs stehende Ausgangsgleichung zu den dynamischen Investitionsrechenverfahren nach dem in der Formel mit „i" bezeichneten Zinssatz aufzulösen. *Hans Paul Becker* folgend ist „das Auflösen der Gleichung problematisch, da eine allgemeine Lösungsformel für Gleichungen höheren Grades, mit n größer 4, nicht existiert" (*Becker* 2016, S. 64). Ähnlich *Bernd Britzelmaier* empfiehlt *Hans Paul Becker* die lineare Interpolation zur Lösung der Problematik (vgl. *Britzelmaier* 2017, S. 221; *Becker* 2016, S. 64). Vor dem Hintergrund, dass mit dem allgemein bekannten Newton-Verfahren ein seit sehr langer Zeit einfach zu handhabendes Verfahren zur Lösung nichtlinearer Gleichungen existiert und mit dem Tabellenkalkulationsprogramm Excel Renditen in Sekundenschnelle berechnet werden können, erscheinen auf Basis einer linearen Interpolation basierende Lösungsansätze in der Literatur als nicht zielführend.

Die Problematik der Internen Zinsfuß-Methode liegt vielmehr an anderer Stelle. Mathematisch gesehen ist die Aussage nicht falsch, dass sich der interne Zinsfuß durch Nullsetzen der Kapitalwertfunktion ergibt. Betriebswirtschaftlich gesehen ist diese Aussage aber nicht sinnvoll, da aufgrund des vollkommenen Kapitalmarkts unterstellt wird, dass zu dem auf diese Art und Weise berechneten Zinssatz Gelder angelegt und aufgenommen werden können. Plant man in einem Unternehmen mehrere Investitionen, die unterschiedliche interne Zinsfüße aufweisen, beispielsweise 5 %, 10 % und 20 %, dann kann man annahmegemäß die jährlichen Überschüsse der drei Alternativen unterschiedlich ertragreich im Unternehmen verwenden, nämlich zu 5 %, 10 % oder 20 %, eine sicherlich nicht überzeugende Vorstellung.

Mit der **Baldwin-Methode**, die in der Literatur auch als **Modifizierte Interne Zinsfuß-Methode** bezeichnet wird, gibt es seit Langem eine befriedigende Lösung zu dieser Problematik. Das Problem der von einem einzelnen Investitionsprojekt abhängigen Verzinsung der zwischenzeitlichen Zahlungsüberschüsse wird gelöst, in dem man entsprechend der folgenden Formel die Zahlungsüberschüsse mit einem unternehmenseinheitlichen Kalkulationszinssatz verzinst.

$$\text{Rentabilität} = \sqrt[n]{\frac{\sum_{t=1}^{n}(EZ_t - AZ_t)\cdot(1+i)^{n-t}}{AZ_0}} - 1$$

Das folgende Beispiel zeigt für eine einfache Zahlungsreihe die sich ergebenden Renditen, je nachdem ob man die Rendite auf Basis einer linearen Interpolation, mithilfe des Newton-Verfahrens oder der Modifizierten Internen Zinsfuß-Methode bestimmt. Die Anschaffungsauszahlung soll 900.000 € betragen. Die Zahlungsüberschüsse (ZÜ) für die Perioden t_1 bis t_8 sind der folgenden Tabelle zu entnehmen:

Periode	1	2	3	4	5	6	7	8
ZÜ (€)	280.000	350.000	400.000	400.000	380.000	360.000	340.000	300.000

Tab. 2.1: Zahlungsüberschüsse für ein Investitionsobjekt

Bei der aus heutiger Sicht nicht mehr empfehlenswerten Methode der linearen Interpolation muss man zwei Zinssätze finden, bei denen sich für den einen Zinssatz ein negativer und für den anderen Zinssatz ein positiver Kapitalwert ergibt. So könnte man als Ausgangszinssatz 10 % wählen und den Kapitalwert berechnen. Der Kapitalwert beträgt 971.120 €. Um die **lineare Interpolation** durchzuführen benötigt man einen negativen Kapitalwert, den man bei einem höheren Kalkulationszinssatz erhalten kann. Wählt man 20 % als Kalkulationszinssatz, dann erhält man jedoch wiederum einen positiven Kapitalwert. Das gleiche gilt, wenn man als Zinssatz 30 % wählt, der Kapitalwert beträgt dann immer noch 112.493 €. Erst bei einem Kalkulationszinssatz von 40 % wird der Kapitalwert mit –100.484 € negativ, sodass man das Verfahren der linearen Interpolation anwenden kann. Die Investitionsrendite (r) beträgt in diesem Fall 35,28 % und ergibt sich aufgrund folgender Berechnung:

$$r = 30\% - 112.493 \bullet \frac{40\% - 30\%}{-100.484 - 112.493}$$

Bei der linearen Interpolation handelt es sich um ein Näherungsverfahren. Auch das im Vergleich hierzu im folgenden benutzte Newton-Verfahren ist ein Näherungsverfahren, mit dem relativ schnell – idealerweise mit Unterstützung eines Tabellenkalkulationsprogramms – eine in mathematischer Hinsicht gute Annäherung an die Rendite einer Investition gefunden werden kann. Hierzu benötigt man zunächst die Kapitalwertfunktion (in T€):

$$KW(r) = -900 + 280 \cdot \frac{1}{(1+r)^1} + 350 \cdot \frac{1}{(1+r)^2} + 400 \cdot \frac{1}{(1+r)^3} + 400 \cdot \frac{1}{(1+r)^4} + 380 \cdot \frac{1}{(1+r)^5} + 360 \cdot \frac{1}{(1+r)^6} + 340 \cdot \frac{1}{(1+r)^7} + 300 \cdot \frac{1}{(1+r)^8}$$

sowie die erste Ableitung der Kapitalwertfunktion:

$$KW'(r) = -280 \cdot \frac{1}{(1+r)^2} - 700 \cdot \frac{1}{(1+r)^3} - 1.200 \cdot \frac{1}{(1+r)^4} - 1.600 \cdot \frac{1}{(1+r)^5} - 1.900 \cdot \frac{1}{(1+r)^6} - 2.160 \cdot \frac{1}{(1+r)^7} - 2.380 \cdot \frac{1}{(1+r)^8} + 2.400 \cdot \frac{1}{(1+r)^9}$$

Bei dem Newton-Verfahren handelt es sich um ein iteratives Verfahren, bei dem man nach relativ wenigen Iterationen ein Ergebnis mit ausreichender Genauigkeit erzielt. Von einem frei gewählten Ausgangszinssatz wird der Quotient aus Kapitalwertfunktion und erster Ableitung der Kapitalwertfunktion subtrahiert und erhält einen näher an der mathematisch tatsächlichen Rendite liegenden Zinssatz. Diese Vorgehensweise wird sodann einige Male wiederholt.

Wählt man im Beispiel als Ausgangszinssatz 10 % und setzt diesen in die Kapitalwertfunktion und die erste Ableitung der Kapitalwertfunktion ein, dann erhält man als Kapitalwert 971.120 € und für die erste Ableitung den Wert –6.879.459 €. Der Quotient zwischen beiden Werten beträgt –14,12 %. Subtrahiert man diesen vom Ausgangszinssatz, dann erhält man 24,12 % als verbesserten Zinssatz. Diese Berechnung ist nun wiederholt durchzuführen, indem man den ursprünglichen Ausgangszinssatz durch den verbesserten Zinssatz ersetzt. Als nächsten verbesserten Zinssatz erhält man 32,64 % und bei einer weiteren Iteration 34,70 %. Man erkennt, dass die Verbesserungen immer geringer werden. Eine weitere Iteration führt noch zu 34,79 %. Bei Beschränkung der Prozentzahl auf zwei Nachkommastellen verändern weitere Iterationen das Ergebnis nicht mehr. Die Berechnungen lassen sich in wenigen Sekunden durchführen, sofern man die entsprechenden Formeln in einem Tabellenkalkulationsprogramm hinterlegt hat. Die Berechnung lässt sich dann sogar schneller durchführen als die ungenauere lineare Interpolation, da man nicht zuerst einen Zinssatz finden muss, der zu einem positiven Kapitalwert und einen anderen Zinssatz finden muss, der zu einem negativen Kapitalwert führt. Noch schneller funktioniert die Berechnung, wenn man im Tabellenkalkulationsprogramm Excel die vorinstallierte Funktion IKV nutzt.

Trotzdem besteht bei einer derartigen Renditeberechnung in betriebswirtschaftlicher Hinsicht das Problem der Verzinsung zwischenzeitlicher Zahlungsüberschüsse zum berechneten internen Zinssatz, was der betrieblichen Realität nicht gerecht wird. Wendet man die Modifizierte Interne Zinsfuß-Methode auf das Beispiel an, dann sind zunächst die Zahlungsüberschüsse mit dem kalkulatorischen Zinssatz zum Ende der Nutzungsdauer der Investition zu verzinsen und aufzusummieren. Der zum Ende der Nutzungsdauer erzielbare Zahlungsüberschuss in Höhe von 300.000 € ist nicht mehr aufzuzinsen, da es sich bereits um einen Wertansatz handelt, der zum Ende der Nutzungsdauer anfällt. Der zum Ende der siebten Periode anfallende Zahlungsüberschuss in Höhe von 340.000 € ist genau eine Periode lang aufzuzinsen, der erste Zahlungsüberschuss in Höhe von 280.000 € kann im Unternehmen sieben Perioden lang im Sinne des Unternehmens verwendet werden und ist entsprechend aufzuzinsen. Insgesamt ist folgende Berechnung durchzuführen, um den Endwert (EW) der Zahlungsüberschüsse bei einem angenommenen, unternehmensindividuellen Zinssatz von 10 % zu erhalten:

$$EW(10\%) = 280 \cdot (1+10\%)^7 + 350 \cdot (1+10\%)^6 + 400 \cdot (1+10\%)^5 + 400 \cdot (1+10\%)^4$$
$$+ 380 \cdot (1+10\%)^3 + 360 \cdot (1+10\%)^2 + 340 \cdot (1+10\%)^1 + 300 = 4.011 \text{ T€ bzw. } 4.010.911 \text{ €}$$

Die Rendite der Beispielinvestition erhält man durch Nutzung der Wurzelformel:

$$\sqrt[8]{\frac{4.010.911}{900.000}} - 1 = 20{,}54\%$$

Wie man unschwer erkennt, liegen bei gleichem Zahlenmaterial die Renditen entsprechend der klassischen Internen Zinsfuß-Methode mit 34,79 % und der Modifizierten Internen Zinsfuß-Methode mit 20,54 % weit auseinander. Auf das Ergebnis der linearen Interpolation soll an dieser Stelle nicht nochmals eingegangen werden. Das im Vergleich hohe Ergebnis von 34,79 % kommt beispielsweise zustande, weil entsprechend der Methodik der klassischen Internen Zinsfuß-Methode unterstellt wird, dass der zum Ende des ersten Jahres erzielbare Zahlungsüberschuss von 280.000 € in jedem der folgenden sieben Jahre jeweils 34,79 % erwirtschaftet und nicht wie normalerweise üblich in dem Unternehmen bloße 10 %. Daraus resultiert allein für diesen Zahlungsüberschuss ein Endwert von 280.000 € • $(1 + 34{,}79\,\%)^7 = 2.262.963$. Führt man diese Berechnung auch für die anderen Zahlungsüberschüsse durch und addiert die Beträge, dann erhält man 9.804.096 €. Würde man diesen Wert in der oben angegebenen Wurzelformel im Zähler anstelle des anderen Werts einsetzen, dann würde man wieder als Rendite die 34,79 % erhalten. Fazit: Da die Renditeberechnung nach der Modifizierten Internen Zinsfuß-Methode zu betriebswirtschaftlich sinnvollen Ergebnissen führt, die immer noch weit verbreitete klassische Interne Zinsfuß-Methode jedoch nicht, verbietet sich der Einsatz der klassischen Internen Zinsfuß-Methode in Unternehmen.

Steuern in der Investitionsrechnung

Steuern sind grundsätzlich in Investitionsrechnungen anzusetzen. In dynamischen Investitionsrechnungen reduzieren Steuern die periodischen Zahlungsüberschüsse. In der betriebswirtschaftlichen Steuerlehre differenziert man zwischen Ertrag-, Substanz- und Verkehrsteuern. Hinzu kommen Verbrauchsteuern und Zölle. Steuergegenstand bei der Grundsteuer als eine der wesentlichen **Substanzsteuern** ist der Grundbesitz. Liegt dieser vor, sind die damit verbundenen Auszahlungen entsprechend den anderen Auszahlungen eines Investitionsprojekts anzusetzen. **Zölle** sind mit der Einfuhr von Gegenständen in ein Zollgebiet verbunden und in Wirtschaftlichkeitsuntersuchungen anzusetzen.

Verkehrsteuern fallen bei rechtlichen oder wirtschaftlichen Verkehrsvorgängen an. Relevant sind vor allem die Umsatzsteuer und die Grunderwerbsteuer. Während die

Grunderwerbsteuer mit dem Erwerb von Grundstücken und Gebäuden verbunden ist und somit die Anschaffungsauszahlungen erhöhen, gilt die Umsatzsteuer rechtlich als Verkehrsteuer, wirtschaftlich jedoch als Verbrauchsteuer (vgl. *Schneeloch et al.* 2016, S. 13). Da zu erhaltende Umsatzsteuer mit der zu leistenden Umsatzsteuer monatlich verrechnet wird und der Saldo zeitnah entweder an das Finanzamt zu überweisen ist beziehungsweise erstattet wird, erübrigt sich in der Unternehmenspraxis der Ansatz der Umsatzsteuer im Investitionskalkül. Auch in der theoretischen Literatur wird die Umsatzsteuer als „durchlaufender Posten" angesehen und ein Ansatz in der Investitionsrechnung nicht gefordert.

Ein Beispiel für eine echte **Verbrauchsteuer** ist die Stromsteuer, die in der Bundesrepublik Deutschland außer dem Gebiet von Büsingen und ohne die Insel Helgoland erhoben wird. Die Steuer entsteht durch Entnahme von Strom im Versorgungsgebiet aus dem Versorgungsnetz von im Steuergebiet ansässigen Versorgern. Auch Eigenversorger von Strom unterliegen mit der Entnahme von Strom zum Selbstverbrauch dem Stromsteuergesetz. Es gibt Steuerbefreiungen und Steuerermäßigungen. Auf Antrag wird bestimmten Unternehmen des produzierenden Gewerbes, beispielsweise für die Herstellung von Glas und Glaswaren, keramischen Erzeugnissen, keramischen Wand- und Bodenfliesen und -platten sowie weiteren Erzeugnissen die Stromsteuer erstattet. Bei der Berechnung der Vorteilhaftigkeit verschiedener Investitionsprojekte ist dieser Sachverhalt entsprechend zu berücksichtigen.

Bei den **Ertragsteuern** handelt es sich um Steuern, deren Höhe von einem Überschuss abhängt, der nach bestimmten rechtlichen Regelungen zu berechnen ist. Im Einzelnen ist dementsprechend zu prüfen, welche Unterschiede zwischen den in dynamischen Investitionsrechnungen anzusetzenden Zahlungen und den Regelungen zur steuerrechtlichen Gewinnermittlung bestehen. Aus pragmatischen Gründen wird man sich in der Praxis auf wesentliche Unterschiede beschränken müssen, um den Aufwand für die Erstellung der Investitionsmodelle in Grenzen zu halten. Stehen Investitionsprojekte in mehreren Ländern zueinander im Wettbewerb, muss der steuerlichen Gewinnermittlung aufgrund der landesspezifischen Besonderheiten bei der Besteuerung jedoch besondere Aufmerksamkeit gewidmet werden.

Abschreibungen sind kein Bestandteil dynamischer Investitionsrechenmodelle. Sie basieren nicht auf Auszahlungen, sondern ergeben sich aus einer Verrechnung der Anschaffungskosten von Vermögensgegenständen des Anlagevermögens auf die Nutzungsdauer. Die Anschaffungskosten zur Berechnung der Abschreibungen können, müssen aber nicht mit den Anschaffungsauszahlungen für ein Investitionsprojekt zu Beginn der Nutzungsdauer identisch sein. Wird einem Investor vom Maschinenhersteller ein langfristiges Zahlungsziel gewährt, dann fallen die Anschaffungsauszahlungen nicht im Zeitpunkt Null, sondern verteilt über einen längeren Zeitraum an. Die Anschaffungskosten sind also höher als die zum Start des Investitionsprojekts anzusetzenden Auszahlungen für die Maschine. Umgekehrt können neben den Anschaffungsauszahlungen für die Maschine zu Investitionsbeginn Auszahlungen für Vorräte anstehen, die im Investitionskalkül angesetzt werden müssen, aber nicht abgeschrieben werden.

Abschreibungen sind jedoch ein wesentlicher Baustein im Rahmen der steuerlichen Gewinnermittlung und beeinflussen dementsprechend die Zahlungen für die vom

Ertrag abhängigen Steuern. Von den politischen Vertretern eines Landes werden die ansetzbaren Abschreibungen gar als Instrument gesehen, die Investitionspolitik von Unternehmen und damit die konjunkturelle Situation eines Landes zu beeinflussen. Entscheidend für die zu berechnenden Abschreibungen sind die Anschaffungskosten, die Nutzungsdauer sowie das Abschreibungsverfahren, mit dem letztendlich die Anschaffungskosten auf die Nutzungsdauer eines Investitionsprojekts verteilt werden. Die Nutzungsdauertabellen des Bundesministeriums der Finanzen geben eine Orientierung bezüglich der betriebsgewöhnlichen Nutzungsdauer einzelner Anlagegüter. Gemäß §7 Abs. 1 S. 1 EStG ist bei Wirtschaftsgütern, deren Verwendung oder Nutzung sich auf einen Zeitraum von mehr als einem Jahr erstreckt, jeweils für ein Jahr der Teil der Anschaffungs- oder Herstellungskosten abzusetzen, der bei gleichmäßiger Verteilung dieser Kosten auf die Gesamtdauer der Verwendung oder Nutzung auf ein Jahr entfällt. Die Absetzung für Abnutzung (AfA) erfolgt in gleichen Jahresbeträgen.

Die nach steuerlichen Grundsätzen zu berechnenden Abschreibungen mindern neben anderen anzusetzenden Aufwendungen den Gewinn. Darüber hinaus ergeben sich Unterschiede zwischen Auszahlungen der Investitionsrechnung und steuerlicher Gewinnermittlung aufgrund von Rückstellungen. Gründe für die Bildung von Rückstellungen im Zusammenhang mit Investitionsprojekten können zum Beispiel spätere Rückbauverpflichtungen oder erst im Nachhinein zu ergreifende verpflichtende Maßnahmen zum Schutz der Umwelt sein, die erst in zukünftigen Perioden zu Auszahlungen führen. Wenn mehr Gründe für als gegen den Ansatz einer Rückstellung sprechen, dann kann es in steuerlicher Hinsicht zu einer Bilanzierung kommen. Auch die für das Fremdkapital anfallenden Zinsen führen zu einer niedrigeren Steuerbemessungsgrundlage und werden über den Kalkulationszinssatz berücksichtigt. Bei einem Zahlungsstrom nach Steuern ist der verwendete Kalkulationszinssatz als Vergleichsmaßstab um die steuerlichen Auswirkungen zu korrigieren. Im folgenden Beispiel ergibt sich eine Ertragsteuerbelastung in Höhe von 29,65 % der Steuerbemessungsgrundlage:

Besteuerungsgrundlagen	
Körperschaftsteuersatz:	15,00%
Hebesatz Gewerbesteuer in Lingen (Emsland):	395%
Steuermesszahl:	3,50%
Solidaritätszuschlag:	5,50%
Berechnungen	
Gewerbesteuersatz:	13,83%
(Steuermesszahl * Hebesatz)	
Ertragsteuersatz:	29,65%
(KSt-Satz * (1 + SolZ-Satz) + GewSt-Satz)	

Abb. 2.16: Ermittlung des Ertragsteuersatzes für eine Stadt im Emsland

Mithilfe des Ertragsteuersatzes können entsprechend der obenstehenden Ausführungen die Ertragsteuern berechnet werden. Abschreibungen dominieren aufgrund ihrer Höhe die zusätzlich zu den bereits im Investitionsmodell angesetzten Zahlungsüberschüssen zu berücksichtigenden Geldbeträge zur Berechnung der

Steuerbemessungsgrundlage. Weitere Ergänzungen zur Ermittlung der Steuerbemessungsgrundlage auf Basis der Summe aus Zahlungsüberschüssen und Abschreibungen sind vorzunehmen, sofern sie wesentlich sind. Die steuerliche Berücksichtigung von Ertragsteuern zeigt das folgende Beispiel:

Ausgangsdaten:

Zahlungsüberschüsse (in €):	2020	2021	2022	2023	2024
	295.000	310.000	320.000	315.000	260.000

Anschaffungsauszahlungen:	800.000 €
Kalkulationszinssatz:	9,0%
Ertragsteuersatz:	29,65%

Berechnungen:

Abschreibung:	160.000
Kalkulationszinssatz nach Steuern:	6,332%

		2020	2021	2022	2023	2024
Bemessungsgrundlage Ertragsteuern		135.000	150.000	160.000	155.000	100.000
Ertragsteuern		40.028	44.475	47.440	45.958	29.650
Rückflüsse nach Steuern		254.973	265.525	272.560	269.043	230.350
Abzinsungsfaktor		0,9405	0,8845	0,8318	0,7823	0,7357
Barwerte		239.790	234.845	226.713	210.462	169.464
Kapitalwert	281.274					

Abb. 2.17: Berechnung des Kapitalwerts unter Berücksichtigung von Steuern

Verzichtet man im Beispiel auf die genaue Berechnung des Ertragsteuersatzes und rechnet pauschal mit einem Ertragsteuersatz von 30 %, dann ergibt sich mit 280.129 € ein nur unwesentlich anderer Kapitalwert. Lässt man die steuerlichen Wirkungen außen vor, korrigiert man die Zahlungsüberschüsse also nicht um die Abschreibungen und den Kalkulationszinssatz nicht um den Steuereffekt, dann ergibt sich ein Kapitalwert in Höhe von 370.798 €. Die Berücksichtigung der Steuern führt zum einen zu abnehmenden Zahlungsüberschüssen, da die Zahlungsüberschüsse vor Steuern um Steuerzahlungen reduziert werden. Hohe Anschaffungsausgaben bewirken hohe Abschreibungen und damit niedrigere Steuerzahlungen. Die Zahlungsüberschüsse nach Steuern vermindern sich weniger stark, als bei geringeren Abschreibungen. Zum anderen führt die Berücksichtigung der Steuern im Kalkulationszinssatz zu niedrigeren Abzinsungsfaktoren und damit zu höheren Barwerten und zu einem höheren Kapitalwert als gegenläufigen Effekt.

Investitionsprogramme

In diesem Abschnitt wurde eingangs darauf hingewiesen, dass Investitionsentscheidungen in Unternehmen auf unterschiedlichen Ebenen getroffen werden. Zum einen wird dezentral über sich gegenseitig ausschließende Investitionsalternativen eine Entscheidung getroffen. Die dezentral getroffenen Vorentscheidungen werden anschließend zusammengefasst, um zentral zu einer abschließenden Entscheidungsfindung zu kommen. Vor dem Hintergrund eines begrenzten Investitionsbudgets ist eine Rangfolge zwischen den sich nunmehr nicht mehr gegenseitig ausschließenden Alternativen zu treffen. Zu bestimmen ist aus Sicht des Unternehmens also das **optimale Investitionsprogramm**. Bevor das optimale Investitionsprogramm zusammengestellt wird, sind im Vorfeld Investitionen in das

Investitionsprogramm aufzunehmen, die aus strategischen Gründen wünschenswert oder beispielsweise aus rechtlichen Gründen notwendig sind. Entsprechend dem folgenden Zahlenbeispiel ist über fünf weitere Investitionen noch zu befinden, ob sie in das Investitionsprogramm aufgenommen werden sollen oder nicht. Angegeben sind die mit den Investitionsprojekten verbundenen Anschaffungsauszahlungen und jährlichen Zahlungsüberschüsse:

Objekt	A_0	$EZÜ_1$	$EZÜ_2$	$EZÜ_3$	$EZÜ_4$
A	-89.500	40.000	50.000	60.000	70.000
B	-100.000	80.000	70.000	40.000	10.000
C	-121.100	44.000	180.000	14.000	15.000
D	-120.000	8.000	19.000	8.000	210.000
E	-100.000	30.000	19.000	8.000	165.000

Tab. 2.2: Ausgangsdaten für fünf Investitionsobjekte zur Bestimmung des optimalen Investitionsprogramms

Auf Basis der Zahlungen lassen sich unter Berücksichtigung eines Kalkulationszinssatzes von 12% Kapitalwerte, die Kapitalwertrate sowie Renditen im Sinne der Internen Zinsfuß-Methode und der Modifizierten Internen Zinsfuß-Methode berechnen:

Objekt	Kapitalwert	Rangfolge	Kapitalwertrate	Rangfolge	Interne Zinsfuß-Methode	Rangfolge	Mod. Int. Zinsfuß-Methode	Rangfolge
A	73.267	2	0,8186	1	43,13%	3	30,06%	1
B	62.059	3	0,6206	3	48,40%	1	26,37%	3
C	81.178	1	0,6703	2	46,84%	2	27,33%	2
D	41.443	5	0,3454	5	21,58%	5	20,62%	5
E	52.487	4	0,5249	4	28,13%	4	24,46%	4

Tab. 2.3: Rangfolgen auf Basis unterschiedlicher Berechnungen

Der Kapitalwert ist kein geeignetes Entscheidungskriterium zur Zusammenstellung des optimalen Investitionsprogramms. Gleiches gilt aus den zuvor dargestellten Gründen für die Interne Zinsfuß-Methode. Die Modifizierte Interne Zinsfuß-Methode und die Kapitalwertrate führen zu einer gleichen Empfehlung für die Zusammensetzung des optimalen Investitionsprogramms. Bei der Kapitalwertrate dividiert man die Anschaffungsauszahlung durch den zuvor berechneten Kapitalwert. Aus Sicht der Unternehmenspraxis ist die Modifizierte Interne Zinsfuß-Methode gegenüber der Kapitalwertrate empfehlenswerter, da sie mit dem Entscheidungskriterium der zu erzielenden Rentabilität realitätsnäher über die Investitionen informiert als die abstraktere Größe Kapitalwertrate.

2.2.4 Kostenrechnung und Kostenmanagement

Zum Kostenbegriff

Die Kostenrechnung zählt zu den klassischen Instrumenten des Controllings. Unter **Kosten** versteht man den bewerteten Verbrauch von Gütern und Dienstleistungen zur Erstellung und zum Absatz betrieblicher Erzeugnisse und Leistungen sowie zur Aufrechterhaltung der hierfür notwendigen Kapazitäten. Zwischen den Kosten im internen Rechnungswesen und den Aufwendungen im externen Rechnungswesen gibt es einen engen Zusammenhang, aber auch grundlegende Unterschiede. Der Zusammenhang ist im **Verbrauch von Gütern und Dienstleistungen** zu sehen, der auch ein wesentliches Kriterium für den im externen Rechnungswesen anzusetzenden Aufwand ist. Da man aufgrund gesetzlicher Verpflichtungen Aufwendungen im Rahmen der Finanzbuchhaltung systematisch erfassen muss, ist es naheliegend, dem Aufwand entsprechende Kosten direkt aus dem externen Rechnungswesen für die Kostenrechnung zu übernehmen. In diesem Fall spricht man von **Grundkosten oder aufwandsgleichen Kosten.**

Keine Kosten sind hingegen die **neutralen Aufwendungen**. Hierunter versteht man betriebsfremde Aufwendungen, außerordentliche Aufwendungen oder periodenfremde Aufwendungen, die nicht in gleicher Form in die Kostenrechnung übernommen werden können, da mit der Kostenrechnung andere Zwecke verfolgt werden, als die, die für das externe Rechnungswesen gelten. Umgekehrt gibt es Kosten, die im internen Rechnungswesen nach anderen Regeln bemessen werden, als im externen Rechnungswesen oder um Kosten, die im externen Rechnungswesen als Aufwand gar nicht erst angesetzt werden dürfen. Ein Beispiel für den zuerst genannten Fall sind Abschreibungen, die beispielsweise im internen Rechnungswesen auf Basis einer anderen Nutzungsdauer, unter Berücksichtigung eines Restwertes zum Nutzungsdauerende oder auf Basis der Wiederbeschaffungskosten abgeschrieben werden. Ein wichtiges Beispiel für den Ansatz von Kosten, die keine Entsprechung im externen Rechnungswesen finden, sind die auf das im Unternehmen eingesetzte Eigenkapital anfallenden Kosten für die Kapitalnutzung. Solche Kosten bezeichnet man als **kalkulatorische Kosten**, bei den beiden Beispielen also um kalkulatorische Abschreibungen und um kalkulatorische Zinsen. Die kalkulatorischen Zinsen umfassen neben den Kosten für das Eigenkapital auch die Kosten für das Fremdkapital.

Aufgaben der Kostenrechnung

Vor dem Hintergrund der Eignung der nachfolgend zu besprechenden Kostenrechnungssysteme können drei Aufgabenschwerpunkte, die mit der Kostenrechnung als Managementinstrument verfolgt werden, herauskristallisiert werden. Es handelt sich um

- die Information über die im Unternehmen angefallenen Kosten,
- die Unterstützung des Managements bei den zu treffenden Entscheidungen,
- die Beeinflussung von Kosten (Kostenmanagement).

Der erste Aufgabenschwerpunkt entspricht dem Bedürfnis des Managements, Kenntnisse über die tatsächlich angefallenen Kosten zu erhalten. **Kosteninformationen** benötigt nicht nur die Unternehmensleitung, sondern alle Managementebenen bis hin zum Abteilungsleiter, der die Verantwortung für die in seinem

Zuständigkeitsbereich anfallenden Kosten trägt. Für die Erfüllung dieser auch als **Dokumentationsfunktion** der Kostenrechnung bezeichneten Aufgabe ist eine **vollständige Erfassung** der angefallenen Kosten erforderlich, jedoch muss nicht jeder Informationsinteressent grundsätzlich über alle Kosten seines Bereichs informiert werden. Angesprochen ist hiermit das Problem, in welchem Umfang Kosten, die in hierarchisch aufgebauten Führungssystemen in bestimmten Führungsebenen beeinflusst werden können, auf untergeordnete Führungsebenen, für die diese Kosten anfallen, dort aber nicht beeinflusst werden können, auf diese untergeordneten Führungsebenen verteilt werden sollen. Ein Beispiel hierfür sind die auf einzelne Abteilungen verteilbaren Kosten eines Verwaltungsgebäudes, beispielsweise die Abschreibungen oder Reinigungskosten, die von diesen untergeordneten Abteilungen aber nicht wirklich beeinflusst werden können, da über diese Kosten an zentraler Stelle entschieden wird.

Neben der Verrechnung aller oder nur bestimmter Kosten auf einzelne Kostenstellen sind in **Verkaufspreiskalkulationen** grundsätzlich alle Kosten auf die Erzeugnisse zu verrechnen. Je nach Art des Unternehmens kommen verschiedene Kalkulationsverfahren zum Einsatz. In Ein-Produktunternehmen oder bei einem Sortenfertiger können Kosten mithilfe der Divisionskalkulation oder der Äquivalenzziffernkalkulation verrechnet werden. In Mehrproduktunternehmen, bei Serien- oder Auftragsfertigung ist die Zuschlagskalkulation weit verbreitet. Bei der Zuschlagskalkulation werden Gemeinkosten wertabhängig auf Basis von Zuschlagssätzen auf die Erzeugnisse verteilt. Aufgrund hoher Zuschlagssätze im Fertigungsbereich infolge der seit Jahrzehnten feststellbaren zunehmenden Automatisierung im Fertigungsbereich vieler Unternehmen und der damit einhergehenden rückläufigen Bedeutung der als Zuschlagsbasis dienenden Fertigungslöhne ist mit der Maschinenstundensatzkalkulation vor langer Zeit bereits ein entscheidender Fortschritt bei der Kalkulation erreicht worden. Seit rund drei Jahrzehnten ergänzen zudem prozessbasierte Kalkulationen das Instrumentarium des Controllers, auch Gemeinkosten außerhalb des Fertigungsbereichs verursachungsgerechter auf Erzeugnisse zu verteilen.

Die **Erfolgsermittlung und -analyse** ist ein weiteres Beispiel, für das Kosteninformationen benötigt werden. Neben Kosten benötigt man zur Erfolgsermittlung die Umsatzerlöse. Bei dem **Gesamtkostenverfahren** berücksichtigt man neben den Umsatzerlösen auch die bewerteten Veränderungen des Bestands an fertigen und unfertigen Erzeugnissen, von deren Summe die in einer Periode insgesamt angefallenen Kosten subtrahiert werden, um den Erfolg zu bestimmen. Bei dem alternativ anwendbaren **Umsatzkostenverfahren** gelangt man zum gleichen Ergebnis, wenn man Veränderungen des Lagerbestands unberücksichtigt lässt und nur die Kosten für die verkauften Erzeugnisse von den Umsatzerlösen subtrahiert. Vor dem Hintergrund der Erfolgsermittlung wird in der Literatur nicht nur der Begriff der Kostenrechnung verwendet, sondern häufig von einer Kosten- und Leistungsrechnung beziehungsweise von einer Kosten- und Erlösrechnung gesprochen.

Der zweite Aufgabenbereich betrifft die **Unterstützung des Managements bei Entscheidungsproblemen**. In Abhängigkeit vom Entscheidungszeitraum ist zwischen kurzfristig und langfristig wirksamen Entscheidungen zu differenzieren. Bei Entscheidungsproblemen mit langfristigen Auswirkungen handelt es sich insbesondere um Investitionen, die im vorhergehenden Abschnitt behandelt wurden. Entscheidungsprobleme kurzfristiger Art haben entweder keine oder allenfalls geringfügige Auswirkungen auf einen längeren Zeitraum, sodass diese Auswirkungen vernachlässigbar sind.

Charakteristisch für derartige Entscheidungen ist, dass diese oft wiederholt in einer Periode getroffen werden. So ist in einer Periode mehrfach über die Annahme oder Ablehnung von Aufträgen zu entscheiden. Grundsätzlich sollten die in den bereits zuvor angesprochenen Verkaufspreiskalkulationen angesetzten vollen Kosten bei den Kunden realisiert werden. In bestimmten Entscheidungssituationen kann **im Ausnahmefall jedoch auf Vollkostendeckung verzichtet** werden. In Zeiten der Unterbeschäftigung in einem Unternehmen führt jeder nicht die Vollkosten deckender Verkaufspreis zu einer Gewinnverbesserung, sofern der Verkaufspreis über den variablen Kosten liegt und ein positiver Deckungsbeitrag erzielt wird. Verhindert werden muss jedoch, dass aufgrund dieser Erkenntnis zu leichtfertig niedrige Verkaufspreise seitens des Vertriebs akzeptiert werden. Ähnlich ist die Situation bei **Zusatzaufträgen**. Bei Zusatzaufträgen handelt es sich definitionsgemäß um Aufträge, die in keinem wesentlichen Zusammenhang zu den übrigen Aufträgen stehen und dementsprechend losgelöst von den anderen Aufträgen kalkuliert werden können. Beispiele können neue Kunden in bisher noch nicht bearbeiteten Absatzgebieten sein, die man durch günstige Kalkulationen auf das eigene Unternehmen aufmerksam machen möchte. Wichtig ist in solchen Fällen, dass Vollkosten deckende Verkaufspreiserhöhungen später tatsächlich umgesetzt werden können.

Darüber hinaus gibt es verschiedene, wiederholt zu treffende Entscheidungen, die aufgrund ihrer kurzfristigen Auswirkungen grundsätzlich auf Basis variabler Kosten oder Deckungsbeiträge getroffen werden können, sofern diesen Entscheidungsproblemen nicht andere Gründe, zum Beispiel qualitative Aspekte, entgegenstehen. Beispiele hierfür sind kurzfristig anzuwendende **Verfahren im Rahmen der Produktion** oder kurzfristige Entscheidungen über die **Eigenfertigung oder den Fremdbezug** im Rahmen der Leistungserbringung.

Im dritten Aufgabenbereich geht es um die Beeinflussung beziehungsweise Veränderung von Kosten. Gebräuchlich ist hierfür der Begriff des **Kostenmanagements**. Für die Betrachtung sind die Kosten relevant, die sich auch verändern lassen. Einzelne Aufgaben können Maßnahmen zur **Kostensenkung** oder **Verbesserung der Kostenstrukturen** sein. Kostensenkungen können an einzelnen Kostenarten ansetzen, zum Beispiel den Materialkosten oder den Personalkosten. In Relation zur Leistung kann gezielt die Produktivität verbessert werden, indem systematisch daran gearbeitet wird, Lerneffekte zu erzielen und umzusetzen. Kostenanalysen im Rahmen der Leistungsprozesse im Unternehmen liefern dem Management wichtige Erkenntnisse, die Wirtschaftlichkeit der Leistungserstellung zu verbessern. Bei der Neuentwicklung von Erzeugnissen können bereits in der Entwicklungsphase die später in der Produktion anfallenden Kosten Berücksichtigung finden.

Kostenrechnungssysteme

Kennzeichnend für die Kostenrechnung sind die verschiedenen in Theorie und Praxis entwickelten **Kostenrechnungssysteme**. Klassische Differenzierungen der Kostenrechnungssysteme erfolgen nach dem **Kriterium des Zeitbezugs** der dem System zugrundeliegenden Kosten in Ist-, Normal- oder Plankostenrechnungssysteme sowie nach dem Umfang der Verrechnung von Kosten auf Kostenträger in Voll- und Teilkostenrechnungssysteme.

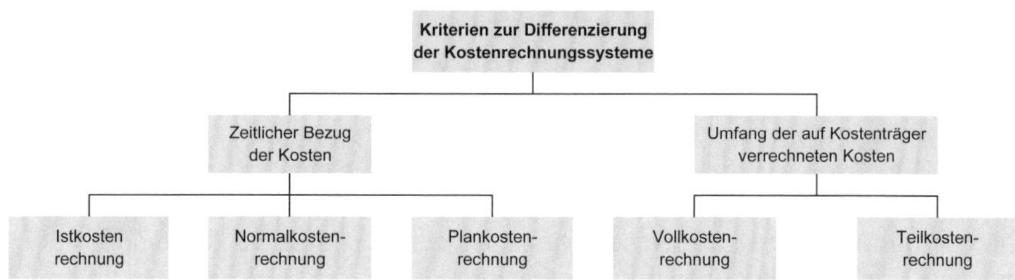

Abb. 2.18: Differenzierung der Kostenrechnungssysteme

Sowohl in Ist- als auch in Normalkostenrechnungssystemen werden **Kosten bereits abgeschlossener Perioden** angesetzt. Typische Abrechnungsperiode aus Sicht der Kostenrechnung ist ein Kalendermonat, für den Kosten erfasst und verrechnet werden. In der Praxis findet man auch die Unterteilung eines Jahres in Wochen, wobei ein Zeitraum von vier beziehungsweise fünf Wochen zu einem Abrechnungsmonat, der von einem Kalendermonat abweicht, zusammengefasst wird. In Unternehmen, die aus technischen oder anderen Gründen durchgehend produzieren, also 52 Wochen im Jahr jeweils 24 Stunden täglich abzüglich notwendiger Stillstandzeiten für Instandhaltung oder Stillstände aus anderen Gründen (zum Beispiel besondere Feiertage, Gesetze, Verträge) erreichen auf diese Weise vielleicht eine bessere Vergleichbarkeit der einzelnen Abrechnungsperioden. Die folgende Abbildung verdeutlich exemplarisch für das Jahr 2020 diese Vorgehensweise:

1. Quartal			2. Quartal			3. Quartal			4. Quartal		
01. Jan	05. Feb	04. Mrz	01. Apr	06. Mai	03. Jun	01. Jul	05. Aug	02. Sep	30. Sep	04. Nov	02. Dez
08. Jan	12. Feb	11. Mrz	08. Apr	13. Mai	10. Jun	08. Jul	12. Aug	09. Sep	07. Okt	11. Nov	09. Dez
15. Jan	19. Feb	18. Mrz	15. Apr	20. Mai	17. Jun	15. Jul	19. Aug	16. Sep	14. Okt	18. Nov	16. Dez
22. Jan	26. Feb	25. Mrz	22. Apr	27. Mai	24. Jun	22. Jul	26. Aug	23. Sep	21. Okt	25. Nov	23. Dez
29. Jan			29. Apr			29. Jul			28. Okt		

Abb. 2.19: Abrechnungsperioden auf Basis von 4- beziehungsweise 5-Wochenzeiträumen für das Jahr 2020

Ein Abrechnungsmonat beginnt immer mit dem gleichen Wochentag, zum Beispiel dem Mittwoch im Jahr 2020. Ein Quartal beinhaltet einen Monat mit fünf Wochen und zwei Monate mit vier Wochen. Aufgrund des Schaltjahres in 2020 hat die letzte Woche neun Tage. Diese Woche enthält sogenannte „hohe" Feiertage, an denen auch in durchgehend produzierenden Unternehmen die Produktion oft ruht.

In einer Ist-Kostenrechnung werden Kosten einer konkreten Periode angesetzt. In einer Normalkostenrechnung werden anstelle der tatsächlich angefallenen Kosten einer Periode die normalerweise anfallenden Kosten für eine Periode angesetzt. Hierbei kann es sich um einfache Durchschnittswerte, die sich über mehrere Perioden hinweg ergeben haben, handeln. Solche statistischen Mittelwerte können um eingetretene, dauerhafte Veränderungen, zum Beispiel höhere Kosten für Löhne oder Mieten, aktualisiert werden. Bei der starren Normalkostenrechnung bleiben Veränderungen der Beschäftigung in den einzelnen Perioden unberücksichtigt, in einer flexiblen Normalkostenrechnung werden unterschiedliche Auslastungen in den Kostenstellen bei der Berechnung von Normalkostensätzen berücksichtigt.

In einer Ist-Kostenrechnung kann man die Kosten einer Periode, zum Beispiel die Kosten im April 2020 mit den Kosten einer Vorperiode vergleichen. Es kann sich um die Kosten der direkt vorhergehenden Periode (März 2020), der monatsgleichen Periode im Vorjahr (April 2019) oder allen anderen Vorperioden des laufenden Jahres (Januar 2020, Februar 2020, März 2020) handeln. Solche Kostenvergleiche werden in Unternehmen regelmäßig durchgeführt. In einer Normalkostenrechnung kann man darüber hinaus die Normalkosten einer konkreten Periode mit den Ist-Kosten dieser Periode vergleichen. Höhere oder niedrigere Kosten für bestimmte Produktionsfaktoren in einer konkreten Periode im Vergleich zu den über mehrere Perioden hinweg geltenden Normalkosten lassen sich so erkennen. Eine Überdeckung liegt vor, wenn die Ist-Kosten einer Periode unter den Normalkosten liegen, eine Unterdeckung, wenn die Ist-Kosten die Normalkosten übersteigen. Die Aussagekraft dieser Kostenunterschiede ist jedoch begrenzt. Normalkosten basieren nicht auf Vorgaben, sondern ergeben sich als gegebenenfalls aktualisierte Durchschnittswerte vergangener Perioden. Sie sind nicht frei von unerwünschten und nicht notwendigen Kosten, die in vergangenen Perioden angefallen sind.

Klaus Deimel sieht in der Normalkostenrechnung einen „Zwischenschritt von der Ist- zur Plankostenrechnung" (*Deimel et al.* 2017, S. 471). Mit der **Plankostenrechnung** besteht ein Kostenrechnungssystem, bei dem die Kosten unabhängig von den Ist-Kosten vergangener Perioden analytisch bestimmt werden. Die die Kosten bestimmenden Verbrauchsmengen und Preise sind geplante Größen und Ergebnis technischer Überlegungen, Berechnungen oder Verbrauchsstudien. Bisweilen findet für die Plankostenrechnung auch der Begriff der **Standardkostenrechnung** Verwendung (vgl. *Coenenberg et al.* 2016, S. 255).

Plankosten als **Vorgabewerte** sind von **Prognosen** zu unterscheiden. Während es sich bei Vorgaben eindeutig um zu erreichende Zielgrößen handelt, können Prognosen auch Kosten beinhalten, die als unwirtschaftlich anzusehen sind. Je frühzeitiger man Abweichungen zwischen den angestrebten, vorgegebenen Werten und den Prognosen erkennt, umso eher kann man wirkungsvoll Anpassungsmaßnahmen ergreifen, um diese Abweichungen ganz oder zumindest teilweise zu vermeiden.

Ähnlich der Normalkostenrechnung wird auch bei der Plankostenrechnung zwischen einer starren und flexiblen Variante differenziert. Bei der starren Plankostenrechnung gibt es keine neue Berechnung der Plankosten in Abhängigkeit unterschiedlicher Beschäftigungsgrade, in der flexiblen Variante der Plankostenrechnung ist eine Anpassung der Plankosten in Abhängigkeit der Beschäftigung vorgesehen.

Nach dem **Umfang der auf Kostenträger verrechneten Kosten** unterscheidet man zwischen Voll- und Teilkostenrechnungssystemen. Die Verrechnung von Kosten auf Kostenträger erfolgt in der Kalkulation. **Kalkulationen in Vollkostenrechnungssystemen** basieren auf der Trennung zwischen Einzel- und Gemeinkosten. Einzelkosten sind im Verhältnis zu den Gemeinkosten relativ einfach den Erzeugnissen zuzurechnen. Anhand von Stücklisten lässt sich das benötigte Fertigungsmaterial für ein Erzeugnis genau kalkulieren. Ähnliches gilt für die Fertigungslöhne, die sich anhand des erforderlichen Zeitbedarfs den Erzeugnissen zurechnen lassen.

Benötigt man für die Fertigung eines bestimmten Auftrags beispielsweise Modelle oder spezielle Werkzeuge, so kann man auch diese Kosten, die als Sondereinzelkosten der Fertigung bezeichnet werden, direkt den Aufträgen zurechnen. Als Sondereinzelkosten des Vertriebs, die Aufträgen direkt zugerechnet werden können, sind Ausgangsfrachten zu nennen. Die nicht als Einzelkosten den Erzeugnissen zurechenbaren Kosten stellen Gemeinkosten dar und können mit Zuschlags- oder Verrechnungssätzen oder auf eine andere Art und Weise den Erzeugnissen zugerechnet werden. Eine Differenzierung in fixe und variable Kosten gibt es aus dem Blickwinkel der Kalkulation in einer Vollkostenrechnung nicht.

Grundlage der **Kalkulation in Teilkostenrechnungssystemen** ist die Differenzierung in fixe und variable Kosten. Zunächst werden die variablen Kosten auf die Kostenträger verrechnet. Subtrahiert man vom Verkaufspreis die variablen Kosten, dann erhält man den Deckungsbeitrag. Mit der Berechnung der variablen Kosten und dem Deckungsbeitrag hat man zwei wichtige Kennzahlen berechnet, die im Rahmen der **operativen Unternehmensführung zur Entscheidungsunterstützung** benutzt werden. Hierzu zählen etwa die Entscheidungsmodelle zur Bestimmung des optimalen Produktions- und Absatzprogramms. Verkaufspreiskalkulationen lassen sich mit reinen Teilkostenrechnungssystemen nicht erstellen, wenn nur variable Kosten auf Kostenträger verrechnet werden. Grundsätzlich lassen sich Teilkostenrechnungssysteme zu Vollkostenrechnungssystemen ergänzen, wenn die fixen Kosten zusätzlich auf die Kostenträger verrechnet werden mit dem Ziel, die Verkaufspreise zu kalkulieren.

Aufbau von Kostenrechnungssystemen

Ein Großteil der Kostenrechnungssysteme weist einen vergleichbaren Aufbau auf. Kostenrechnungssysteme bestehen entsprechend der folgenden Abbildung aus einer Kostenartenrechnung, einer Kostenstellenrechnung und einer Kostenträgerrechnung. Ergänzt man die Kostenrechnung um Umsatzerlöse, gelangt man zu einer Betriebsergebnisrechnung. Die **Kostenartenrechnung** hat die Aufgabe, Kosten vollständig zu erfassen. Entsprechend der Kostendefinition fallen Kosten und somit auch Kostenarten an, wenn Verbräuche von Gütern oder Dienstleistungen feststellbar sind. Kosten können nach der **Art der verbrauchten beziehungsweise im Produktionsprozess eingesetzten Produktionsfaktoren** nach Kostenarten strukturiert werden. Demnach kann zwischen Personalkosten, Materialkosten oder Abschreibungen für die eingesetzten Maschinen differenziert werden. Eine weitere Differenzierung von Kosten ergibt sich aufgrund der Verrechnungen in einem Kostenrechnungssystem. Kosten, die üblicherweise direkt auf Kostenträger verrechnet werden, werden als **Einzelkosten** bezeichnet. Die Gemeinkosten werden zur Kalkulation über die **Kostenstellenrechnung** verrechnet. Hierzu werden die Gemeinkosten verursachungsgerecht oder anhand von Verteilungsschlüsseln auf Vor- und Endkostenstellen verteilt. Da nur die Kosten der Endkostenstellen mit Zuschlagssätzen oder auf andere Art und Weise in der **Kalkulation auf Kostenträger** verrechnet werden, müssen vorher die Kosten der Vorkostenstellen im Rahmen einer innerbetrieblichen Leistungsverrechnung auf Endkostenstellen verteilt werden.

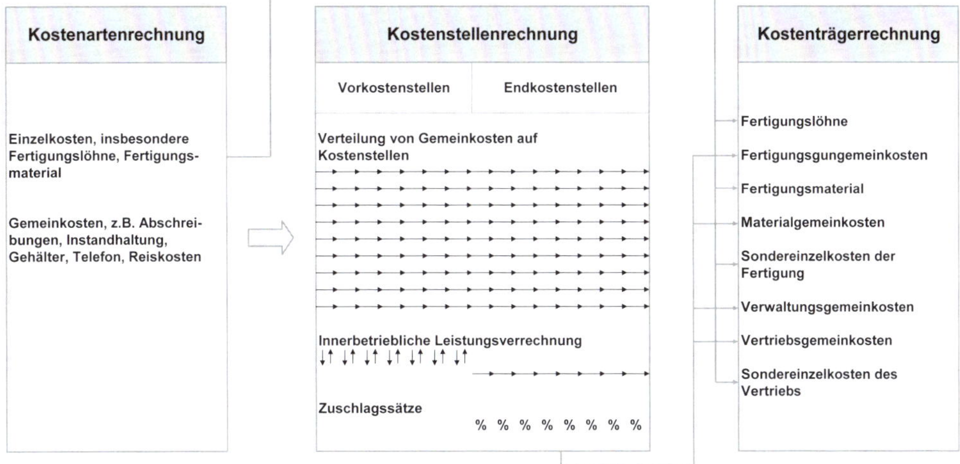

Abb. 2.20: Verrechnung von Kosten in der Vollkostenrechnung zur Kalkulation

Verrechnungen sind typisch für die Kostenrechnung und zugleich auch ein wesentliches Problem. Ziel ist es, Kosten möglichst **verursachungsgerecht** zu verrechnen. Da eine verursachungsgerechte Kostenverrechnung nicht immer möglich ist, gibt es das **Durchschnittsprinzip** und das **Tragfähigkeitsprinzip** als weitere häufig eingesetzte Verrechnungsprinzipien. Nicht dem Verursachungsprinzip entsprechende Verrechnungen werden in der Literatur zum Teil heftig kritisiert. So bezeichnet beispielsweise *Graumann* die Annahme „einer Verursachungsbeziehung zwischen Einzel- und Gemeinkosten als irrige Unterstellung“ (vgl. *Graumann* 2013, S. 236). *Paul Riebel* negiert grundsätzlich die Anwendbarkeit des Verursachungsprinzips zwischen Kosten und Leistungen und hat als Konsequenz daraus ein eigenständiges Kostenrechnungssystem geschaffen und verrechnet Kosten ausschließlich nach dem von ihm definierten **Identitätsprinzip** (vgl. *Schwellnuß* 2003, S. 186).

Bei einer klassischen Zuschlagskalkulation werden Gemeinkosten auf die Fertigungslöhne bezogen. Unterscheiden sich zwei vergleichbare Aufträge ausschließlich aufgrund einer unterschiedlichen Anzahl an Fertigungsstunden, so führt die Technik der Zuschlagskalkulation zu unterschiedlich hohen Gemeinkosten für beide Aufträge, obwohl beide Aufträge annahmegemäß Gemeinkosten verursachende Kapazitäten im Unternehmen im gleichen Umfang in Anspruch nehmen. Mit dem **Activity Based Costing** besteht im amerikanischen Accounting ein System, Gemeinkosten im Fertigungsbereich nicht mehr auf Basis von Lohnzuschlägen, sondern prozessorientiert zu verrechnen. Einen anderen Weg zur Verrechnung von Gemeinkosten im Fertigungsbereich hat man mit der Verrechnung von Gemeinkosten mithilfe von Bezugsgrößen im Rahmen der **flexiblen Plankostenrechnung** geschaffen (vgl. *Schwellnuß* 2003, S. 542 f.). Mit der von *Péter Horváth* und *Reinhold Mayer* entwickelten **Prozesskostenrechnung** wird im Vergleich zu den bisher angesprochenen Kostenrechnungssystemen ein Weg aufgezeichnet, Gemeinkosten indirekter Unternehmensbereiche prozessorientiert zu verrechnen (vgl. *Horváth et al.* 2020, S. 257).

2.2.5 Qualitative Instrumente zur Entscheidungsunterstützung

In Unternehmen sind unterschiedliche Entscheidungen zu treffen. Steht in einem Unternehmen das Ziel der Gewinnerzielung im Vordergrund, dann können einfache Entscheidungsprobleme dahingehend beurteilt werden, welchen Beitrag sie zur Gewinnerzielung leisten. Ein solches Entscheidungsproblem kann die Auswahl des richtigen Stromanbieters für das nächste Geschäftsjahr sein. Handelt es sich allerdings um einen Produktionsbetrieb mit hohem Stromverbrauch und Bedarfsspitzen, bei denen das Risiko besteht, nicht in dem Umfang Strom beziehen zu können, wie er benötigt wird, kommt mit dem Kriterium Sicherheit des Strombezugs ein weiteres Kriterium hinzu. Es handelt sich dann nicht mehr nur um eine ein-, sondern um eine mehrdimensionale Zielsetzung. **Mehrdimensionale Zielsetzungen** erschweren monetäre Bewertungen, sodass entscheidungsunterstützende Instrumente, die die Bewertung qualitativer Faktoren ermöglichen, hilfreich sind.

Ein Instrument, bei dem qualitative Aspekte mit in die Entscheidungsfindung einfließen, ist die **Nutzwertanalyse**, für die auch die Begriffe Scoringmodell oder Punktbewertungsmodell Verwendung finden. Sie kann zur Anwendung kommen, wenn über Alternativen nicht ausschließlich anhand eines monetären oder quantitativen Kriteriums entschieden werden soll. Die Nutzwertanalyse kennzeichnet eine systematische Vorgehensweise zur Berücksichtigung qualitativer Aspekte in Entscheidungsmodellen. Je komplexer die Problemsituation und umso weniger verlässlich quantitative Prognosen über die zukünftige Entwicklung von Handlungsalternativen gegeben werden können, umso wichtiger ist eine systematisch fundierte Betrachtung qualitativer Faktoren in einem Entscheidungen unterstützenden Modell. Die Beispiele in Unternehmen sind vielfältig. Unternehmen müssen entscheiden, wie das Entwicklungsbudget auf einzelne Entwicklungsprojekte aufzuteilen ist. Quantitatives Kriterium ist der zukünftige Markterfolg, ausgedrückt als Gewinn oder Kapitalrentabilität. Qualitative Kriterien können das Firmenimage, die mit der Entwicklung gewonnene technische Kompetenz oder erzielbare Marktanteile in Relation zum Wettbewerb sein. Bei einer Investition in neue Produktionsanlagen ist nicht nur der Kaufpreis oder der Kapitalwert oder andere quantitative Kriterien zu betrachten, sondern auch die Reparaturanfälligkeit, die Servicequalität des Herstellers oder die Flexibilität und Schnelligkeit, eine Anlage auf andere Produktionen umzustellen, entscheidend. Nicht zuletzt gibt es Untersuchungen, die sogar der Farbe der Produktionsanlage eine arbeitsbeeinflussende Wirkung attestieren. Bei der Entscheidung, ob die für Kunden produzierten Aufträge mit eigenen Fahrzeugen oder über einen Spediteur dem Kunden ausgeliefert werden, sind neben den Kosten weitere Kriterien wie die terminliche Zuverlässigkeit der geplanten Auslieferungen, die Verfügbarkeit des Transportmittels, die potenzielle Außenwerbung, die mit eigenen Fahrzeugen erzielt werden kann, relevant.

Eine Nutzwertanalyse dient der Entscheidungsfindung unter Berücksichtigung qualitativer Aspekte. Ergebnis der Nutzwertanalyse ist der durch einen Punktwert dokumentierte Gesamtnutzen einer in die Analyse einbezogenen Alternative. Lässt sich das Entscheidungsproblem ausschließlich auf Basis der qualitativen und zu einem Punktwert zusammengefassten Teilziele beurteilen, dann ergibt sich keine Notwendigkeit, weitere Berechnungen oder Analysen einzubeziehen. Vielfach wird man jedoch die zu beurteilenden Alternativen auch unter quantitativen Gesichtspunkten beurteilen wollen, beispielsweise hinsichtlich ihres Beitrags zum Gewinn oder zu den anfallenden Kosten. Zwei Möglichkeiten gibt es, **monetäre Berechnungen bei der Entscheidungsfindung** zu berücksichtigen. Eine Möglichkeit ist die Integration des monetär bestimmten Nutzenbeitrags in die Nutzwertanalyse. Die andere Möglichkeit besteht darin, die Ergebnisse beider Instrumente zu trennen. In diesem Fall informiert die Nutzwertanalyse nur über das Ergebnis des Beitrags der qualitativen Teilziele zum Nutzen der einzelnen Alternativen. Isoliert davon können die Alternativen anhand des monetären Kriteriums verglichen werden. Zwei voneinander unabhängige Entscheidungssituationen sollen diesen Sachverhalt durchleuchten.

Situation A

Betrachtet werden vier Alternativen. Der Bewertung der Teilziele liegt eine Skala von 1 bis 10 zugrunde, wobei ein höherer Wert besser als ein niedrigerer Wert ist. Bei isolierter Betrachtung der Kosten oder bei isolierter Betrachtung der Summe der Zielerreichung der qualitativen Teilziele ergeben sich die in der Tabelle angegebenen Rangfolgen, die nicht identisch sind, da den Berechnungen unterschiedliche Kriterien zugrunde liegen. Unter ausschließlicher Betrachtung der Kosten ist Alternative A am besten, unter ausschließlicher Betrachtung qualitativer Teilziele Alternative D.

Alternativen	A	B	C	D
Kosten (in GE)	10.600	10.700	11.000	10.900
Zielerreichung	6,00	5,50	4,00	4,50
Rangfolge	1.	2.	4.	3.
Zielerreichung qualitative Ziele	4,60	5,40	5,20	6,50
Rangfolge	4.	2.	3.	1.

Tab. 2.4: Zielerreichung aufgrund quantitativer und qualitativer Kriterien

Um einen Gesamtpunktwert zu bekommen, werden nun die Kosten in die Nutzwertanalyse integriert. Es handelt sich um ein Arbeitsgerät, dass in der Produktion eingesetzt werden soll. Der Produktionsbereich wird durch den Leiter Arbeitsvorbereitung vertreten. Dieser entscheidet, dass die qualitativen Ziele im Verhältnis 60 % zu 40 % zu den Kosten in die Entscheidungsfindung einfließen sollen. Danach ist Alternative D, die bereits bei alleiniger Betrachtung der qualitativen Teilziele am sinnvollsten war, die auszuwählende Alternative. Unter Berücksichtigung der Kosten verschiebt sich allerdings die Reihenfolge der Alternativen A und C, die ihre Reihenfolge gegenüber der ausschließlichen Betrachtung qualitativer Teilzeile vertauschen.

Alternativen	A	B	C	D
Gewichtung qualitative Teilziele: 60 %	2,76	3,24	3,12	3,90
Gewichtung quantitative Teilziele: 40 %	2,40	2,20	1,60	1,80
Summe	5,16	5,44	4,72	5,70
Rangfolge	3.	2.	4.	1.

Tab. 2.5: Zusammenfassung der quantitativen und qualitativen Ziele

Im Anschluss werden die Berechnungen dem Investitionscontrolling vorlegt. Wirtschaftliche Aspekte werden dort für wesentlicher erachtet, das Verhältnis der Gewichtung quantitativer und qualitativer Teilziele wird getauscht. Konsequenterweise ändert sich die Reihenfolge. Alternative B wird priorisiert. Der Produktionsbereich ist enttäuscht, da Alternative B bestimmte Features nicht enthält, die die Arbeit im Produktionsbereich angenehmer gestalten würde. Da die Unterschiede zwischen A und B nicht so groß sind, würde man seitens des Controllings auch der Auswahl der Alternative A zustimmen. Das wird jedoch vehement von der Produktion abgelehnt, da unter qualitativen Gesichtspunkten Alternative A als noch schlechter beurteilt wird.

Alternativen	A	B	C	D
Gewichtung qualitative Teilziele: 40 %	1,84	2,16	2,08	2,60
Gewichtung quantitative Teilziele: 60 %	3,60	3,30	2,40	2,70
Summe	5,44	5,46	4,48	5,30
Rangfolge	2.	1.	4.	3.

Tab. 2.6: Zusammenfassung der quantitativen und qualitativen Ziele (geänderte Gewichtung)

Der Geschäftsführer stürmt mit hochrotem Kopf ins Büro des Controllers und berichtet aufgrund eines Telefonats mit dem Vertriebschef, dass ein neuer bisher nicht allzu ernst genommener Wettbewerber wichtige Kunden des Unternehmens abgeworben hat. Umsatz- und Ertragsziele müssen angepasst werden, die ergebnisabhängigen Vergütungen sind in Gefahr. Ohne lange zu diskutieren wird angeordnet, dass Kostenüberlegungen bei neuen Anschaffungen absolute Priorität haben. Dementsprechend wird Alternative A angeschafft.

Situation B

Die einzige Veränderung gegenüber der Situation A ist die **größere Spreizung der Bewertung der Kostenunterschiede**. Um die nicht allzu hohen Kostenunterschiede deutlicher herauszuarbeiten, werden die Unterschiede bei unverändertem proportionalen Verhältnis höher bewertet.

Alternativen	A	B	C	D
Kosten (in GE)	10.600	10.700	11.000	10.900
Bewertung der Zielerreichung				
ursprüngliche Bewertung	6,00	5,50	4,00	4,50
modifizierte Bewertung	9,00	7,00	1,00	3,00
Rangfolge	4.	2.	3.	1.

Tab. 2.7: Geänderte Bewertung

Hierdurch ändern sich auch die Rangfolgen der Alternativen, wenn man bei den Gewichtungen die qualitativen und quantitativen Zielsetzungen zusammenfasst. Gewichtet man die qualitativen und quantitativen Teilziele im Verhältnis 60 % zu 40 %, dann ist nicht mehr Alternative D, sondern Alternative A die sinnvollere Wahl.

Alternativen	A	B	C	D
Gewichtung qualitative Teilziele: 60 %	2,76	3,24	3,12	3,90
Gewichtung quantitative Teilziele: 40 %	3,60	2,80	0,40	1,20
Summe	6,36	6,04	3,52	5,10
neue Rangfolge	1.	2.	4.	3.
alte Rangfolge	3.	2.	4.	1.

Tab. 2.8: Neue Rangfolge aufgrund geänderter Bewertung

Bei der Umkehrung der Gewichtung auf 40 % zu 60 % ändert sich ebenfalls die Rangfolge. War zuvor Alternative B besser, ist nun Alternative A zu präferieren. Vor diesem Hintergrund ist *Wolfgang Männel* zuzustimmen, der eine Integration der kostenwirtschaftlichen Unterschiede für nicht angebracht hält. „Es ist keinesfalls sinnvoll, ... dass man die Kostenwirtschaftlichkeit als entscheidungsrelevantes Teilziel in ein Punktwertsystem ... integriert und dann für" Alternativen „lediglich Kostenunterschiede zum Ausdruck bringende Punktwerte vergibt. Denn ein solches Vorgehen würde bedeuten, dass man erfassbare Kosteninformationen nur sehr schlecht verwertet, dass man die meist objektiv bestimmbaren kostenmäßigen Unterschiede mit den im Rahmen eines Punktwertsystems stets nur subjektiv erfassbaren sonstigen entscheidungsrelevanten Unterschiede auf eine Ebene stellt." (*Männel* 1981, S. 75 f.)

Die Nutzwertanalyse stellt eine systematische Vorgehensweise dar, unterschiedliche qualitative Kriterien neben anderen Kriterien bei der Entscheidungsfindung zu berücksichtigen. Sie läuft in folgenden Schritten ab:

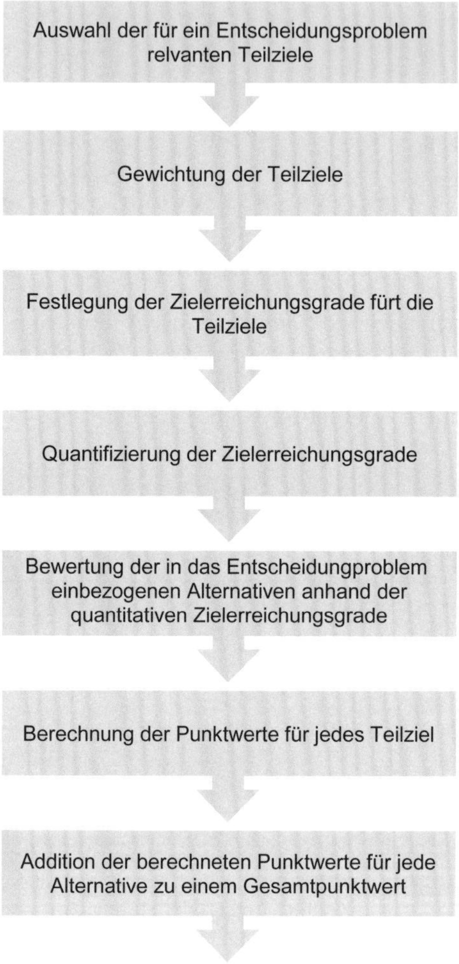

Auswahl der für ein Entscheidungsproblem relvanten Teilziele

↓

Gewichtung der Teilziele

↓

Festlegung der Zielerreichungsgrade fürt die Teilziele

↓

Quantifizierung der Zielerreichungsgrade

↓

Bewertung der in das Entscheidungproblem einbezogenen Alternativen anhand der quantitativen Zielerreichungsgrade

↓

Berechnung der Punktwerte für jedes Teilziel

↓

Addition der berechneten Punktwerte für jede Alternative zu einem Gesamtpunktwert

↓

Abb. 2.21: Ablauf einer Nutzwertanalyse

Im ersten Schritt sind für ein konkretes Entscheidungsproblem die konkreten Teilziele zu bestimmen. Vor dem Hintergrund, dass für die Teilziele im Verlauf der Nutzwertanalyse Zielerreichungsgrade zu bestimmen sind, bleiben Teilziele außen vor, für die sich solche Zielerreichungsgrade nicht formulieren lassen. Es ist darauf zu achten, dass sich Teilziele nicht gegenseitig überschneiden. Aufmerksamkeit ist auch der Anzahl der in die Analyse einzubeziehenden Teilziele zu widmen. Die Menge der Teilziele sollte im Einklang mit der Komplexität und Bedeutung eines Entscheidungsproblems stehen. Wie das vorstehende Zahlenbeispiel zeigt, beeinflusst die Gewichtung der Teilziele die Vorteilhaftigkeit der Alternativen. Gewichtungen sind subjektiv und interessengeleitet. Das Controlling ist gefordert, den Gewichtungsprozess zu objektivieren. Eine Möglichkeit ist ein Paarvergleich, bei dem die Teilziele in eine Rangfolge gebracht werden. Bei fünf Teilzielen (A bis E) ergibt sich aufgrund eines Paarvergleichs folgende Rangfolge: Teilziel A ist wichtiger als Teilziel C und E, Teilziel B ist wichtiger als Teilziel A, C und E, Teilziel C ist am unwichtigsten, Teilziel D ist am wichtigsten, Teilziel E ist wichtiger als Teilziel C. Ist ein Teilziel wichtiger als ein anderes Teilziel, dann erhält es in der folgenden Tabelle den Wert eins. Auch in der von links oben nach rechts unten verlaufenden Diagonalen steht in jedem Feld die Zahl eins. Die zeilenweise Addition und anschließende Division durch die Summe sämtlicher Additionen ergibt die in der Nutzwertanalyse anzusetzende Gewichtung.

	A	B	C	D	E	Summe	Gewichtung
A	1		1		1	3	20,0 %
B	1	1	1		1	4	26,7 %
C			1			1	6,7 %
D	1	1	1	1	1	5	33,3 %
E			1		1	2	13,3 %
						15	

Tab. 2.9: Rangfolge auf Basis eines Paarvergleichs

In den beiden nächsten Schritten sind die Zielerreichungsgrade zu bestimmen und zu quantifizieren. Die Anzahl der zu vergebenden Punktewerte für die Teilziele sollte sich an der Anzahl der qualitativen Zielerreichungsgrade orientieren. Bei Verwendung einer Punkteskala von eins bis sechs kennzeichnet der Wert sechs unter der Annahme der Punktwertmaximierung die beste Erfüllung eines Teilzieles und der Wert eins die schlechteste Erfüllung eines Teilzieles. Im Anschluss daran sind die Alternativen hinsichtlich der Zielerreichungsgrade zu bewerten. Die Multiplikation der Punktwerte mit der Teilzielgewichtung und die anschließende Aufsummierung der Punktwerte ergibt den Gesamtpunktwert jeder Alternative, sodass diese in eine Rangfolge gebracht werden können.

2.2.6 Instrumente zur Planung, Realisation und Kontrolle von Projekten

Bei Projekten handelt es sich im Gegensatz zu Routinetätigkeiten um keine rein repetitiven Tätigkeiten. Werden sie wiederholt, dann sind die Unterschiede zwischen den Tätigkeiten so bedeutend, dass man zwar auf Erfahrungen aus Vorgängerprojekten aufbauen kann, die Komplexität und Andersartigkeit der aktuellen Problemstellung aber so bedeutsam ist, dass man nicht von einer Routinetätigkeit sprechen kann. Alle Rahmenbedingungen zusammengenommen sind **einmalig**. Automobilkonzerne als Beispiel entwickeln fortwährend neue Automodelle. Die externen Rahmenbedingungen hinsichtlich der Einhaltung gesetzlicher Vorgaben, die Anforderungen der Kunden, die Aktivitäten der Wettbewerber, die technischen Möglichkeiten oder der aktuelle finanzielle Spielraum seitens des Unternehmens seien als Beispiele zur Verdeutlichung genannt, dass jede Produktneuentwicklung immer wieder eine neue Herausforderung ist, der sich das Management, die technischen Bereiche und das Controlling stellen müssen. Neben großen, weitreichenden Projekten gibt es natürlich immer wieder kleinere, weniger bedeutsame Projekte, beispielsweise ein einfaches ausschließlich optisches Facelift ohne technische Eingriffe, mit entsprechend geringeren Anforderungen an Management und Controlling.

Kennzeichnend für Projekte ist die **interdisziplinäre Zusammenarbeit** verschiedener Fachbereiche. Seltener betreffen Projekte nur eine einzelne Abteilung, einen einzelnen Beschäftigten. Die an einem Projekt beteiligten Personen können dem Unternehmen angehören, sie können aber auch Beschäftigte anderer Unternehmen sein. Benötigt man für fachlich anspruchsvolle Projekte aus fachlichen oder kapazitativen Gründen zusätzliches Personal, so können für betriebswirtschaftliche oder technische Fragestellungen **Unternehmensberatungen** unterstützend zum Einsatz kommen. Bei Projekten mit hohem Finanzbedarf erleichtert der Einsatz externer Berater, die vor externen Kapitalgebern das Projekt kompetent vertreten, oft die schnelle Beschaffung der benötigten finanziellen Mittel. Auch darf bei Beratern unterstellt werden, dass sie aufgrund ihrer Erfahrung Fördertöpfe im externen Sektor kennen, die für ein Projekt genutzt werden können. Im technischen Bereich bietet sich neben Unternehmensberatungen auch Forschungskompetenz aus Hochschulen an. Eine externe Begleitung bei der Umsetzung großer Projekte hilft, aufgrund deren Unabhängigkeit vom Projekt und Projekt durchführendem Unternehmen, Fehlentwicklungen schnell zu erkennen und gegenzusteuern.

Ob die angestrebten, mit einem Projekt verfolgten Ziele tatsächlich erreicht werden, kann nicht mit absoluter Sicherheit vorhergesagt werden. Der Umfang eines Projektes, die Neuartigkeit und die daraus resultierende Komplexität können einzelne Unternehmen überfordern. Geht es gar darum, gemeinsame Standards für eine Branche zu schaffen, kann die Zusammenarbeit mehrerer Unternehmen ein erfolgversprechender Weg sein. Als Kooperationsform zur Abwicklung von Projekten sind in der Praxis **Arbeitsgemeinschaften** weit verbreitet. Arbeitsgemeinschaften findet man bei industriellen Großprojekten, bei neuartigen technischen Entwicklungen, die nur schwer alleine von einem Unternehmen gestemmt werden können sowie bei großen Bauprojekten. Nach Erreichen der mit dem Projekt verfolgten Zielsetzung entfällt der Grund für die Partnerschaft, sodass diese wieder aufgelöst werden kann. Neben Arbeitsgemeinschaften sind auch andere rechtliche Rahmenbedingungen denkbar. Ein Beispiel für eine langfristige, strategische Kooperation findet sich im folgenden Praxisbeispiel:

Praxisbeispiel: Daimler und BMW Group: Langfristige Entwicklungskooperation für automatisiertes Fahren

„Die Daimler AG und die BMW Group starten ihre Zusammenarbeit im Bereich automatisiertes Fahren. Vertreter beider Unternehmen haben heute einen Vertrag über eine langfristige, strategische Kooperation auf diesem Gebiet unterzeichnet. Daimler und die BMW Group wollen gemeinsam die nächste Technologiegeneration für Fahrassistenzsysteme und automatisiertes Fahren auf Autobahnen sowie automatisierte Parkfunktionen (jeweils bis SAE Level 4) entwickeln.

Darüber hinaus streben die Partner auch Gespräche über eine Ausdehnung des Kooperationsumfangs in der Zukunft auf höhere Automatisierungsgrade für urbane Gegenden und Städte an. Das unterstreicht den langfristig und nachhaltig angelegten Charakter der Kooperation hin zu einer skalierbaren Plattform des automatisierten Fahrens. Die nicht-exklusive Kooperation ist offen für weitere OEM- und Technologie-Partner. Die Ergebnisse der Zusammenarbeit werden zudem weiteren OEMs zur Lizenzierung angeboten.

Ziel der Zusammenarbeit ist unter anderem eine schnelle Markteinführung der Technologie: Ab dem Jahr 2024 sollen entsprechende Systeme in Pkw für Privatkunden verfügbar sein. Jedes Unternehmen wird die Ergebnisse der Entwicklungskooperation individuell in seine Serienprodukte umsetzen. Im Rahmen der Kooperation werden über 1.200 Fachleute zusammenarbeiten, zum Teil auch in gemischten Teams. Zu den Standorten zählen das Mercedes Benz Technology Center (MTC) in Sindelfingen, das Daimler Prüf- und Technologiezentrum in Immendingen und der BMW Group Autonomous Driving Campus in Unterschleißheim bei München. Die Aufgaben sind unter anderem, eine skalierbare Architektur für Fahrassistenzsysteme inklusive Sensoren zu konzipieren, ein gemeinsames Rechenzentrum zur Speicherung, Verwaltung und Weiterverarbeitung von Daten aufzubauen sowie Funktionen und Software zu entwickeln."

https://www.daimler.com/innovation/case/autonomous/entwicklungskooperation-daimler-bmw.html, 14.07.2020

Projektarten

Vor dem Hintergrund unterschiedlichster Projekte und den daraus resultierenden differenzierten Anforderungen an das Management und Controlling dieser Projekte sind diese in eine sinnvolle Struktur zu bringen. Bei Projekten kann es sich um Kundenprojekte oder interne Projekte handeln. Bei **Kundenprojekten** handelt es sich um kundenspezifische Auftragsfertigungen oder Dienstleistungen. **Auftragsfertigungen** sind typisch im Hoch- und Tiefbau sowie im Bau von Industrieanlagen (zum Beispiel Fabrikanlagen, Kraftwerke, Kläranlagen) und dem Maschinenbau. Die Abwicklung solcher Aufträge umfasst oft mehrere Jahre. Eine vorausgehende mehrjährige Akquisitionsphase ist nicht ungewöhnlich. Im Vergleich zu anderen Projekten verlangt die über einen längeren Zeitraum und mit hoher Unsicherheit behaftete Akquisitionsphase besondere Aufmerksamkeit. Nach Abnahme der vereinbarten Leistung durch den Kunden ist das Projekt aufgrund der sich anschließenden mehrjährigen Gewährleistungs- oder Garantiezeit noch nicht abgeschlossen. Mit einem solchen Auftrag können bestimmte Dienstleistungen, zum Beispiel im Finanzierungsbereich, verbunden sein.

Bei Auftragsfertigungen kann es sich sowohl um **Einzelfertigungen** (zum Beispiel Industrieanlagen), als auch um eine vom Umfang her über ein Stück hinausgehende, aber mengenmäßig limitierte, einmalige Fertigung handeln. Voraussetzung für die Betrachtung einer **Kleinserienfertigung** als Projekt ist, dass der Auftrag individuell aufgrund von Kundenwünschen erfolgt und mit dem Management und der Abwicklung des Auftrags spezielle Anforderungen verbunden sind. Projektadäquate **Kalkulationen** sind bei Kundenprojekten ein zentrales Controllinginstrument. Bei mehrjährigen Kundenprojekten muss der gesamte Zeitraum betrachtet werden. Mit Ergebnisrechnungen ist der Erfolg einzelner Projekte nachzuweisen.

Während Kundenprojekte nur in bestimmten Unternehmen existieren, gibt es **interne Projekte** in allen Unternehmen. Nach dem Kriterium der Regelmäßigkeit kann man zwischen Projekten differenzieren, die mit einer gewissen Regelmäßigkeit häufiger durchgeführt werden und anderen Projekten, bei denen eine solche Regelmäßigkeit nicht feststellbar ist.

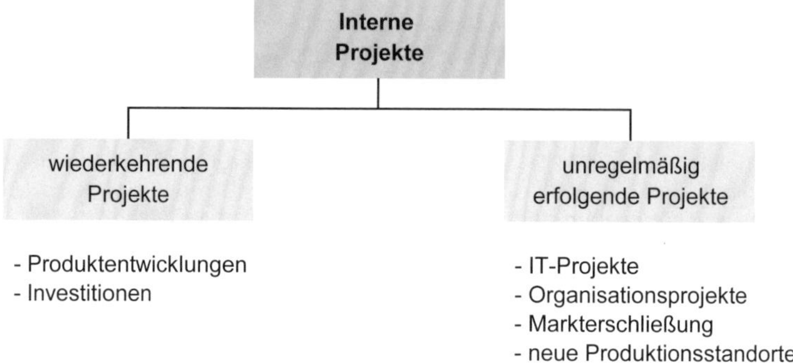

Abb. 2.22: Strukturierung und Beispiele für interne Projekte

Für das Produktionscontrolling sind aufgrund des engen Bezugs zur Produktion die **wiederkehrenden Projekte** von besonderer Bedeutung. Bei der Produkt- und Leistungsentwicklung kann es sich um grundlegend neue Produkte handeln oder um technologisch vergleichbare Produkte. Die mit dem Projekt verbundene Unsicherheit ist im ersten Fall deutlich höher als im zweiten Fall. Bezogen auf die Automobilindustrie können neue Automodelle mit klassischen Antrieben, zu denen man mittlerweile auch elektrifizierte Antriebstechniken zählen muss, von weniger erforschten Antriebstechniken unterschieden werden. Zu den Investitionen im Produktionsbereich zählen nicht nur die Planung, der Bau und die Inbetriebnahme neuer Anlagen, sondern auch Veränderungen an bestehenden Anlagen. **Organisationsprojekte**, beispielsweise Restrukturierungsprojekte, Zertifizierungen oder Outsourcingprojekte, betreffen auch den Produktionsbereich von Unternehmen.

Projektphasen

Projekte lassen sich in Phasen untergliedern (siehe folgende Abb.). Bereits deutlich wurde, dass bevor etwas zu einem zu realisierenden Projekt wird, zunächst über das **Projekt selbst zu entscheiden** ist (Entscheidungsphase). Zu beantworten ist die Frage, ob ein Projekt durchgeführt werden soll oder nicht. Diese Phase kann bei komplexen und aus Unternehmenssicht schwierigen Projekten mit ungewissen Erfolgsaussichten verbunden mit hohen Risiken für das Unternehmen einen langen Zeitraum, der durchaus mehrere Jahre betragen kann, umfassen. Hierzu zählen beispielsweise große Standortentscheidungen oder Investitionen in neue Technologien. Die Entscheidungsfindung liegt im Bereich der Leitung eines Unternehmens, den Aufsichtsgremien und bei weniger großen und strategisch bedeutsamen Projekten bei den oberen Führungskräften, die mit qualifizierten Analysen und Berechnungen seitens des Controllings wirkungsvoll unterstützt werden. Portfolioanalysen oder die in diesem Buch an anderer Stelle behandelte PESTEL-Analyse sind in strategischer Hinsicht Beispiele für die vom Controlling eingesetzten Instrumente. Wirtschaftlichkeitsbetrachtungen, insbesondere Renditeberechnungen für alternative Vorgehensweisen für ein Projekt und für die Auswahl beziehungsweise Festlegung der insgesamt zu realisierenden Projekte, fundieren die Entscheidungsfindung in ergebnisorientierter Hinsicht.

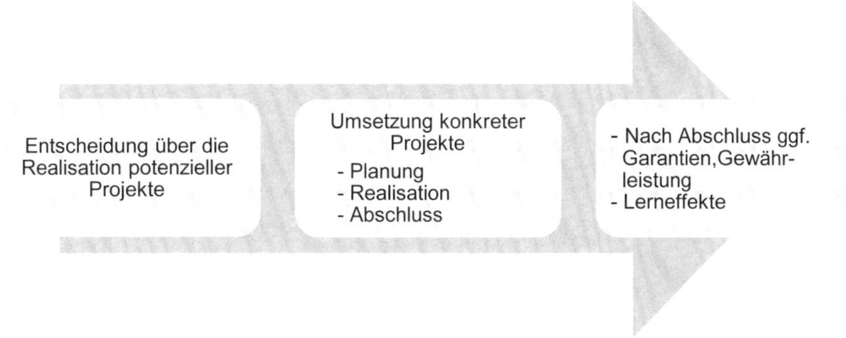

Entscheidung über die Realisation potenzieller Projekte

Umsetzung konkreter Projekte
- Planung
- Realisation
- Abschluss

- Nach Abschluss ggf. Garantien, Gewährleistung
- Lerneffekte

Abb. 2.23: Projektphasen

Die Realisation großer Projekte ist mit dem Einsatz erheblicher, finanzieller Mittel verbunden. Im Vorfeld ist anhand einer die potenziellen Projekte einbeziehenden Kapitalflussrechnung zu prüfen, ob diese aus dem Cashflow finanziert werden können oder zusätzliche finanzielle Mittel benötigt werden und diese in Abhängigkeit der auf Basis des Ratings zu bestimmenden Finanzierungsmöglichkeiten und -kosten des Unternehmens realisierbar sind. Die Entscheidungen externer Kapitalgeber werden durch einen vom Controlling zu erstellenden Business Plan beeinflusst. Für Fremdkapitalgeber ist entscheidend, dass das Unternehmen den Kapitaldienst leisten kann. Eingeplante Reserven können aus Sicht der Kapitalgeber das mit Finanzierungen verbundene Risiko vermindern.

Ergebnis der Entscheidungsphase ist die Entscheidung über die Realisation eines Projekts. Ist die Entscheidung positiv, sind wichtige Eckdaten des Projekts festzuhalten. Dazu gehören neben der Bezeichnung und kurzen Beschreibung des Projekts und dem zur Verfügung stehenden Budget, insbesondere die mit dem Projekt verfolgten Ziele und Eckdaten in technischer und wirtschaftlicher Hinsicht. Informationen zu sonstigen wichtigen Aspekten, insbesondere Aussagen zur Nachhaltigkeit und das für das Projekt relevante Zeitfenster (Projektstart, Meilensteine, Projektabschluss) helfen bei der im Anschluss an die Projektrealisationsentscheidung anschließende Projektrealisation, beginnend mit der detaillierten Projektplanung, das Projekt weiter voranzutreiben. Eine Machbarkeitsstudie markiert das Ende der Entscheidungsphase.

Nach Genehmigung und Freigabe eines Projekts erfolgt die **Umsetzung**. Während Vorstellungen zur Leitung des Projektes in der Umsetzungsphase oft schon in der Entscheidungsphase bestehen, ist jetzt das Projektteam zu bestimmen. Geklärt sein sollte, welche Projektteammitglieder ausschließlich für das Projekt tätig sind und welche Projektteammitglieder nur temporär in dem Projekt mitwirken und ansonsten andere Aufgaben, zum Beispiel auch Aufgaben in anderen Projekten, wahrnehmen. Vor diesem Hintergrund erfolgt nun die detaillierte Projektplanung. Sie ist die verbindliche Vorgabe für die Realisation des Projektes. Während der Realisationsphase und zum Abschluss des Projektes finden Kontrollen statt. Wichtige Planungen sind die zur Projektrealisierung erforderlichen Arbeiten (Leistungsplanung) und die damit verbundenen Kosten, die in einem vorgegebenen Zeitfenster zu erledigen sind.

Die detaillierte Projektplanung beginnt mit der **Leistungsplanung**. Die Zeit- und Kostenplanung schließt sich an die Leistungsplanung an. Die Komplexität von Projekten verlangt eine systematische Zerlegung der gesamten Problematik in Teilaufgaben. Hierzu gibt es bewährte Instrumente, zu denen der Projektstrukturplan und die Planung auf Ebene der Arbeitspakete gehört. Ein **Projektstrukturplan** dient der Übersichtlichkeit eines Projekts. Insbesondere bei großen und komplexen Projekten ist er unverzichtbar. Ein Projektstrukturplan kann objektorientiert oder verrichtungsorientiert aufgebaut sein. Bei entsprechend großen Projekten macht eine Kombination der beiden Möglichkeiten Sinn. Beispiel: Beim Aufbau eines neuen Werkstandortes zur Produktion von Spanplatten benötigt man verschiedene Anlagen, beispielsweise einen Holzplatz, Förderanlagen, Zerspaner, Trockner, Siebanlage, Produktionsanlage, Versandlager. Beinhaltet der Projektstrukturplan diese Anlagen, dann handelt es sich um einen objektorientierten Projektstrukturplan. Projektstrukturpläne beinhalten nicht nur eine, sondern mehrere Ebenen. Die folgende Ebene könnte wiederum objektorientiert differenziert werden, der Anlagenteil Produktionsanlage dann beispielsweise in die Teilobjekte Presse und Säge. Alternativ kann das gesamte Projekt oder einzelne Ebenen verrichtungsorientiert strukturiert werden. Verrichtungen beziehungsweise Aufgaben am Beispiel des Versandlagers können unter anderem die Planung und der anschließende Aufbau der Versandhalle sein.

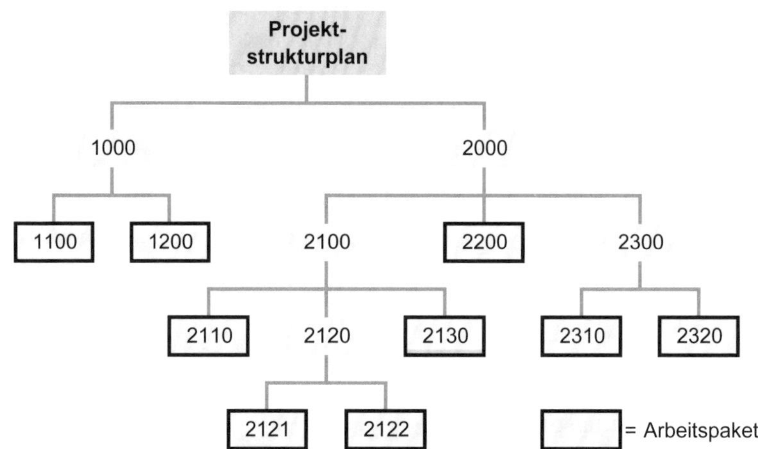

Abb. 2.24: Objekt- und/oder verrichtungsorientierter Projektstrukturplan, Arbeitspakete

Der Projektstrukturplan enthält auf unterster Ebene die **Arbeitspakete**. Ein Arbeitspaket steht für eine Teilaufgabe des gesamten Projekts. Voraussetzung für den Abschluss eines Projektes ist die vollständige Abwicklung aller Arbeitspakete. Mit bestimmten Arbeitspaketen kann erst begonnen werden, wenn andere Arbeitspakete abgearbeitet wurden. Ein detaillierter Projektstrukturplan führt zu relativ kleinen Arbeitspaketen, Projekte mit hohem Neuheitscharakter und dementsprechend wenig Erfahrungen mit vergleichbaren Projekten erlauben zum Projektstart nur einen relativ groben Projektstrukturplan.

Die Arbeitspaketbeschreibung definiert den Inhalt eines Arbeitspakets. Da ein Arbeitspaket in Zusammenhang mit anderen Arbeitspaketen steht, ist die zu erbringende **Leistung** zu nennen. Davon abhängig kann die Arbeitspaketbeschreibung Aussagen enthalten, wie diese Leistung zu erbringen ist. Das Ausmaß der Konkretisierung und Detailliertheit der zu erbringenden Leistung und der dafür vorgegebenen Arbeiten begrenzt den Freiheitsgrad des Arbeitspaketverantwortlichen zur Erbringung der Leistung. Zum anderen erleichtern umfangreiche Ausführungen zu Leistung und Vorgehensweise die im Anschluss an die Leistungsplanung erfolgende Zeitplanung.

Balkendiagramme und Netzpläne sind weitverbreitete Instrumente zur **Planung und Darstellung des zeitlichen Ablaufs** von Projekten. In einem Balken- beziehungsweise Ganttdiagramm wird der Ablauf eines Projektes durch waagerecht verlaufende Balken verdeutlicht. Das folgende Balkendiagramm zeigt die Vorgehensweise für eine Anlageninvestition in einer noch zu erbauenden Halle. In zeitlicher Hinsicht kommt es teilweise zu einer Überlappung der Balken, da nicht jede Teilaufgabe vollständig fertiggestellt sein muss, bevor mit der folgenden Teilaufgabe gestartet wird.

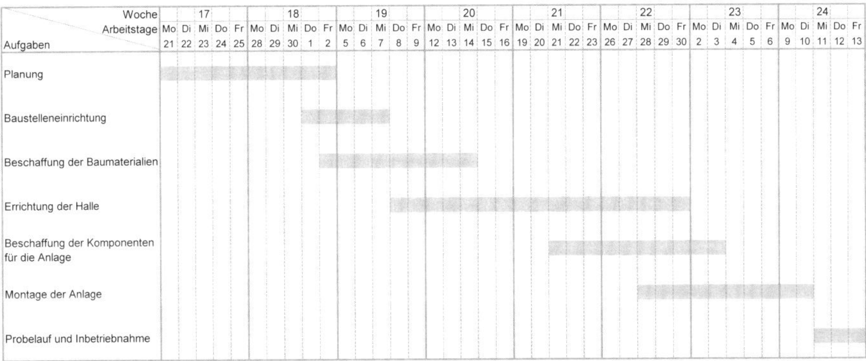

Abb. 2.25: Balkendiagramm

Die Funktionsweise eines Netzplans wird am Beispiel der Abwicklung eines Kundenprojekts gezeigt. In der Abbildung 2.26 wird ein Kundenprojekt in 10 Arbeitsschritte unterteilt. Arbeitsschritt 3 als Beispiel beinhaltet die Materialbestellung. Hierfür wird 1 Stunde veranschlagt. Bevor Material bestellt wird, soll Vorgang Nr. 2 abgeschlossen sein. Nachfolgend soll Vorgang Nr. 4 erfolgen. Für jeden Arbeitsvorgang wird angegeben, wann dieser frühestens oder spätestens beginnen beziehungsweise enden kann. Ferner sind die Dauer jedes Vorgangs sowie mögliche Pufferzeiten angegeben. Insgesamt benötigt man für die Abwicklung des Kundenauftrags 23 Stunden.

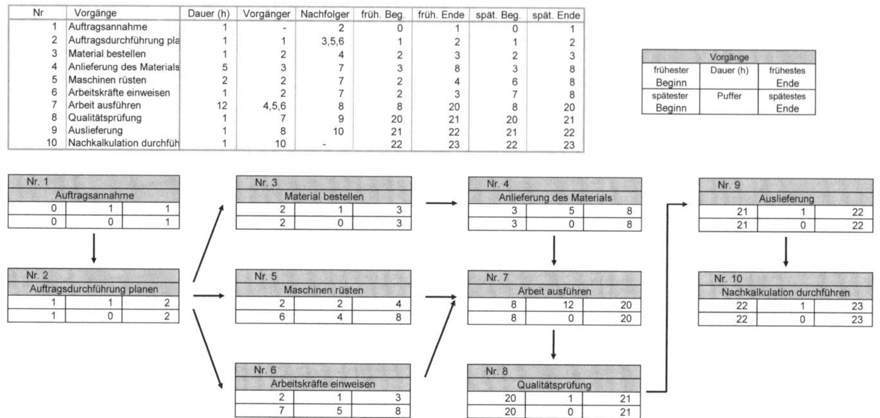

Nr	Vorgänge	Dauer (h)	Vorgänger	Nachfolger	früh. Beg.	früh. Ende	spät. Beg.	spät. Ende
1	Auftragsannahme	1	-	2	0	1	0	1
2	Auftragsdurchführung pla	1	1	3,5,6	1	2	1	2
3	Material bestellen	1	2	4	2	3	2	3
4	Anlieferung des Materials	5	3	7	3	8	3	8
5	Maschinen rüsten	2	2	7	2	4	6	8
6	Arbeitskräfte einweisen	1	2	7	2	3	7	8
7	Arbeit ausführen	12	4,5,6	8	8	20	8	20
8	Qualitätsprüfung	1	7	9	20	21	20	21
9	Auslieferung	1	8	10	21	22	21	22
10	Nachkalkulation durchfüh	1	10	-	22	23	22	23

Abb. 2.26: Netzplan

Projektkontrollen erfolgen während der Realisation des Projektes und zum Projektabschluss. Aufgrund von Abweichungen, die bei Kontrollen während der Realisation eines Projektes festgestellt werden, können Anpassungsmaßnahmen ergriffen werden, um die ursprünglichen Projektziele noch zu erreichen. In selteneren Fällen kann der Plan angepasst werden, wenn man der Ansicht ist, dass auch durch Anpassungsmaßnahmen der ursprüngliche Plan nicht mehr erreicht werden kann oder wenn Planungsfehler festgestellt werden. Eine abschließende Kontrolle wird zum Projektabschluss durchgeführt, um festzustellen, in welchem Umfang die mit dem Projekt verfolgten Ergebnisse eingetreten sind. Auch dienen die bei Kontrollen gewonnenen Erkenntnisse dazu, die Planung und das gesamte Management zukünftiger Projekte zu verbessern.

Hinter dem Begriff **Earned Value Analysis** verbirgt sich ein Kontrollverfahren, bei dem nicht nur die zum Kontrollzeitpunkt angefallenen Ist-Kosten mit den bis zu diesem Zeitpunkt angefallenen geplanten Kosten verglichen werden. In Analogie zu den Sollkosten in der flexiblen Plankostenrechnung werden unabhängig von den geplanten Kosten zu einem bestimmten Zeitpunkt die Kosten bestimmt, die aufgrund des Leistungsfortschritts in einem Projekt hätten anfallen sollen. Diese Kosten bezeichnet man als Earned Value. Hat man ein Projekt bis zum Kontrollzeitpunkt schneller abgewickelt als geplant, dann liegt der Earned Value zu diesem Zeitpunkt über den geplanten Kosten (Planned Value), liegt der Leistungsfortschritt unter Plan, dann liegt zu diesem Zeitpunkt der Earned Value unter dem Planned Value. An dem folgenden Zahlenbeispiel wird der Sachverhalt verdeutlicht:

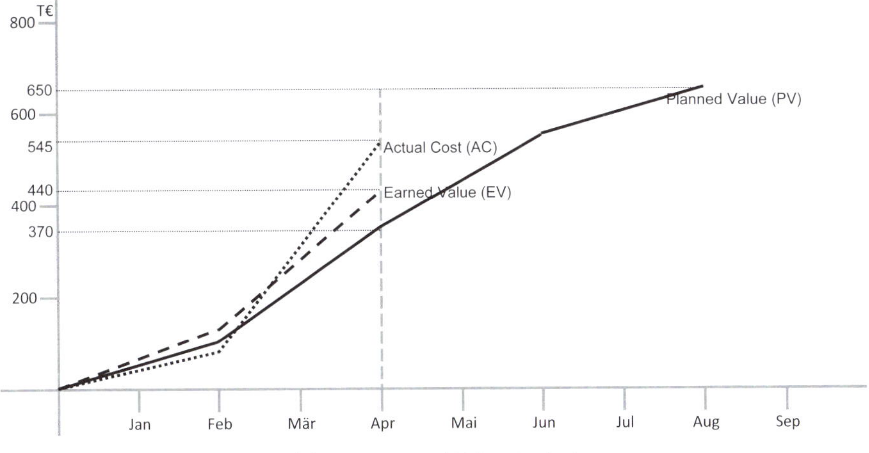

Abb. 2.27: Earned Value Analysis

Ein Projekt soll im Zeitraum Januar bis August abgewickelt werden. Die Plankosten betragen 650 T€. Kontrollzeitpunkte, zum Beispiel aufgrund des Erreichens von Meilensteinen sind im Februar, April und Juni vorgesehen. Wie bereits zum ersten Kontrollzeitpunkt im Februar zeigt sich auch im April, dass der Projektfortschritt über dem Plan liegt. Entsprechend der Planung hätten Kosten in Höhe von 370 T€ anfallen dürfen, aufgrund des Leistungsfortschritts jedoch bereits Kosten in Höhe von 440 T€. Die Differenz in Höhe von 70 T€ (440 T€ – 370 T€) beziffert lediglich das zulässige geplante höhere Kostenvolumen infolge der höheren Leistung bis zum Kontrollzeitpunkt. Die Differenz zwischen Actual Costs und Earned Value in Höhe von 105 T€ ist eine effektiv angefallene Kostenabweichung und zu analysieren. Ein Grund könnte beispielsweise darin liegen, das aufgrund des höheren Leistungsfortschritts zum Kontrollzeitpunkt kostenungünstigere Vorgehensweisen notwendig waren. Höhere Kosten könnten beispielsweise durch nicht geplante Überstundenvergütungen oder einen nicht in dieser Höhe geplanten Einsatz externer Dienstleister angefallen sein.

2.2.7 Integrierte Unternehmensplanung

Planung ist Grundlage jeglichen unternehmerischen Handelns. In Abhängigkeit von Größe und Bedeutung der unternehmerischen Tätigkeit können Planungen stark formularisiert, komplex sowie personal- und zeitintensiv sein. Die schriftliche Fixierung erhöht die Verbindlichkeit für die an der Planung beteiligten und für die spätere Umsetzung verantwortlichen Führungskräfte. Umgekehrt kann eine Planung insbesondere in kleineren, vom Inhaber geführten Unternehmen im Extremfall nur im Kopf des Eigentümers existieren.

Planung beinhaltet eine **Vorstellung über die zukünftige Entwicklung**. Ohne Planung wird eine erfolgreiche Unternehmensentwicklung nur schwer möglich sein. Externe Kapitalgeber werden nicht bereit sein, ein Unternehmen mit Kapital auszustatten, wenn keine nachvollziehbare Präsentation über die zukünftige Entwicklung gegeben werden kann. Gleiches gilt für Lieferanten und Kunden, sofern diese an einer andauernden Beziehung zu dem Unternehmen interessiert sind. Auch potenzielle zukünftige Beschäftigte, vor allem aber Führungskräfte, werden eher an einem Unternehmen Interesse zeigen, das eine „spannende" Zukunft hinsichtlich ihrer Erwartungen verspricht. Planung ist also elementarer Bestandteil einer erfolgreichen Unternehmensführung.

In der Literatur wird zwischen einer **traditionellen Planung** und einem **better budgeting** mit dem Hinweis der Verbesserungsbedürftigkeit einer traditionellen Planung differenziert. In Unternehmen stellt sich dieses in der Literatur beschriebene Problem so nicht. Die operative Planung wird wie alle anderen in Unternehmen eingesetzten Instrumente ständig weiterentwickelt und optimiert. Eine traditionelle Planung, wie in der Literatur unterstellt, kann es bei einer ständigen Weiterentwicklung der Planung so in Unternehmen nicht geben. Man wäre in Unternehmen schlecht beraten, einen einmal bekannten Zustand für ein einzusetzendes Instrument „einzufrieren" und jahre- oder jahrzehntelang unverändert zu betreiben. Allein aufgrund der sich ständig weiter verbessernden Möglichkeiten der **Informationstechnologie** wäre es unklug, die sich hierdurch bietenden Möglichkeiten nicht für das Controlling zu nutzen. Unterstellt wird in diesem Zusammenhang natürlich, dass es sich bei den Controllern in Unternehmen um Experten auf ihrem Gebiet handelt, die ihre Aufgabe verantwortungsvoll wahrnehmen. Das ist sicherlich nicht in jedem Unternehmen der Fall. Es handelt sich dann aber nicht um ein Controlling-, sondern um ein Personalproblem.

Integration der Planungen

In Unternehmen werden vielfältige Planungen erstellt. Hinsichtlich des Betrachtungszeitraums lassen sich strategische, taktische und operative Planungen voneinander unterscheiden. Je länger der Betrachtungszeitraum, umso schwieriger werden Prognosen über die zukünftige Entwicklung. Zur Planungsunterstützung unterscheiden sich dementsprechend die vom Controller eingesetzten Instrumente. **Operative Planungen** gehen in der Regel über einen Ein-Jahreszeitraum nicht hinaus. Ein wichtiges Planungsinstrument ist die Kostenrechnung. In der Kostenrechnung werden Kosten äußerst detailliert hinsichtlich ihrer Art und ihres zeitlichen Anfalls berücksichtigt. Differenziert man für die operative Kostenrechnung den nicht mehr als ein Jahr umfassenden Betrachtungszeitraum in monatliche Teilperioden, so verzichtet man bei **taktischen Planungen**, zu denen sich beispielsweise Investitionsrechnungen zählen lassen, auf eine differenzierte Betrachtung von einzelnen Monaten. Rechentechnisch würden sich bei einer monatlichen Betrachtung keine Schwierigkeiten ergeben, da heutzutage solche Berechnungen nur noch mit entsprechender Softwareunterstützung durchgeführt werden. Prüft man eine solche Vorgehensweise in der Praxis anhand typischer Investitionen, dann wird man meistens feststellen, dass sich dadurch Investitionsentscheidungen nicht ändern, der Aufwand einer nach Monaten differenzierten Planung jedoch ansteigt. **Strategische Planungen** gehen über den Zeitraum taktischer Planungen hinaus. Verlässliche Prognosen sind also noch schwerer machbar. Anders als in operativen und taktischen Planungs- und Entscheidungsrechnungen, bei denen als zu optimierendes Ziel der mit einzelnen Handlungsalternativen zu erzielende Erfolg im Vordergrund steht, dominieren bei strategischen Planungen andere Instrumente und Zielgrößen. Im Rahmen von

Portfolioanalysen betrachtet man beispielsweise die Kriterien Marktanteile und Marktwachstum, um zu den richtigen unternehmerischen Entscheidungen aus strategischer Sicht zu kommen.

Nimmt man den Aspekt einer **integrierten Planung** ernst, dann sind die strategische, die taktische und die operative Planung miteinander zu verzahnen. *Hans-Ulrich Küpper* betont diese Problematik aus dem Blickwinkel des Marketingcontrollings. Ein „zentrales, aber schwieriges Problem" sieht er darin, qualitative Größen der strategischen Planung in quantitative Größen der operativen Planung umzuwandeln (vgl. *Küpper* 2005, S. 438). Schwierig kann eine Integration der Planungen in großen Unternehmen und Konzernen sein, wenn für diese Planungen verschiedene Bereiche im Unternehmen zuständig sind. So gibt es Konzernorganisationen, in denen die strategische Planung dem CEO (Chief Executive Officer) untersteht, die operative und taktische Planung jedoch in der Verantwortung des CFO (Chief Financial Officer) liegt. Diese Trennung lässt sich in modernen Konzernorganisationen überwinden, wenn in einem **Zentralbereich Controlling** die Aufgaben strategische, taktische und operative Planung gemeinsam durchgeführt werden.

Vorrausetzung einer Integration von strategischer, taktischer und operativer Planung ist, dass die Problematik überhaupt erstmal erkannt wird und abgeändert werden soll. Hinsichtlich des zeitlichen Ablaufs dominiert die strategische Planung die taktische Planung und diese wiederum die operative Planung. Führen strategische Planungen zu Veränderungen, dann sind diese in der Regel mit **Investitionen oder Devestitionen** verbunden.

Will man sich aus **Geschäftsfeldern wieder zurückziehen**, können diese verkauft oder geschlossen werden. Ein Verkauf kann als Share- oder Asset-Deal erfolgen. Lassen sich durch einen Verkauf Erlöse realisieren, so müssen bei einer Schließung Stilllegungskosten kalkuliert werden. Die im Rahmen einer Stilllegung anfallenden Kosten für Sozialpläne können ein Unternehmen finanziell überfordern, sodass anstelle einer geplanten Stilllegung und Abfindungen für die Belegschaft nur eine Insolvenz als möglicher Ausweg erscheint. Unabhängig davon sind die durch einen Verkauf oder Stilllegung resultierenden finanziellen und erfolgswirtschaftlichen Konsequenzen in taktischen und operativen Rechnungen im Verbund mit den im Unternehmen verbleibenden Geschäftsfeldern darzustellen.

Spiegelbildlich gilt das für den **Aufbau neuer und die Erweiterung bereits vorhandener Geschäftseinheiten**. Die zusätzlichen Kapazitäten lösen im Rahmen der taktischen Unternehmensführung Investitionen aus, deren Vorteilhaftigkeit durch entsprechende Rechnungen zu begründen ist. Der Aufbau der Kapazitäten zeigt sich im Rahmen der taktischen Planung in der Beanspruchung zusätzlicher finanzieller Mittel, die entweder zusätzlich bereitgestellt werden müssen oder bei entsprechender Finanzkraft mithilfe des laufenden Cashflows finanziert werden können. In den operativen Rechnungen sind die aus den Erweiterungen resultierenden Umsätze sowie die zusätzlichen Kosten zu berücksichtigen.

Eine in bestimmten Fällen manchmal betriebene und notwendige „Geheimhaltung", insbesondere bei weitreichenden strategischen Entscheidungen, die in der Öffentlichkeit nicht vorzeitig bekannt werden sollen, erschwert gegebenenfalls die erforderliche Integration strategischer Festlegungen in taktische beziehungsweise operative Planungen.

Koordination der operativen Planung

Die **operative Planung** setzt sich aus verschiedenen Einzelplanungen zusammen, die untereinander in Einklang zu bringen sind. Die Verantwortung für die Koordination der Einzelplanungen zum Gesamtplan liegt beim Controlling. Die Einzelplanungen werden gemeinsam vom Führungspersonal und Controlling erstellt. Wichtige Einzelplanungen sind die Vertriebs- und Produktionsplanung, der Einkauf, die Bestände an Material und Erzeugnissen sowie die Planungen für Investitionen, Finanzierung und Personal.

Der Vertrieb bildet in vielen Unternehmen den **Ausgangspunkt der Planung**. Grund dafür ist, dass die Erzeugnisse eines Unternehmens nicht im beliebigen Umfang verkauft werden können. Welche Mengen ein Unternehmen von bestimmten Erzeugnissen verkaufen kann, hängt neben der Attraktivität der Erzeugnisse von der Marktform ab. Ein Kriterium für die Attraktivität eines Erzeugnisses ist das **Preisleistungsverhältnis** gemessen als Quotient von Preis und Leistung. Je weniger ein Käufer für ein Erzeugnis bezahlen muss, umso attraktiver ist das Erzeugnis aus seiner Sicht. Der Quotient geht gegen Null. Muss man für nicht attraktive Leistungen aufgrund von vertraglichen Verpflichtungen oder gesetzlichen Bestimmungen viel Geld aufbringen, dann kann der Quotient einen sehr hohen Wert annehmen. Hinsichtlich der **Marktform** lassen sich Monopole, Oligopole und Polypole voneinander unterscheiden. Gilt in einem Monopol für einen Anbieter eine negative Preis-Absatz-Funktion, dann lässt sich eine gewinnmaximale Absatzmenge berechnen, die multipliziert mit dem absatzmengenabhängigen Absatzpreis den gewinnmaximalen Umsatz ergibt. In einem Oligopol müssen Produzenten damit rechnen, dass Konkurrenten auf die Preispolitik anderer Unternehmen reagieren, sodass der Erfolg der Preispolitik nicht nur von den Nachfragern, sondern auch von den Reaktionen der Konkurrenten abhängt. Reduziert man die eigenen Absatzpreise, wird man solange Kunden von Konkurrenten gewinnen, bis diese ebenfalls ihre Preise senken und ihre alten Kunden zurückgewinnen. In polypolistischen Märkten gibt es nur begrenzte Auswirkungen auf andere Unternehmen, wenn einzelne Unternehmen preispolitische Maßnahmen ergreifen. Abhängig ist der Absatz von der eigenen Preisstellung, den Konkurrenzpreisen sowie dem Kundenverhalten.

Der Absatz eines Unternehmens kann durch Produktionsbegrenzungen limitiert sein. Produktionsbegrenzungen können aus natürlichen Gründen bestehen, beispielsweise bei der Förderung von Rohstoffen, die nur im begrenzten Umfang gefördert werden können, oder dem Anbau beziehungsweise der Produktion von Nahrungsmitteln, wenn diese nicht im beliebigen Umfang produziert werden können. In derartigen Fällen können die **realisierbaren Produktionsmengen** den Ausgangspunkt der Planung bilden. Gemanagte Produktionsbegrenzungen gibt es beispielsweise bei den zur OPEC (Organization of the Petroleum Exporting Countries) zusammengeschlossenen Erdöl fördernden Ländern. Produktionstechnische Gründe verbunden mit hohen fixen Kosten, wie sie beispielsweise in der Stahlindustrie herrschen, führen in solchen Branchen zu einer besonderen Bedeutung der vorhandenen Kapazität als Ausgangspunkt der Planung. Ähnliche Überlegungen bestehen in Unternehmen, wenn in operativer Hinsicht Gewinne zwar erzielt werden sollen, aber nicht im Fokus stehen, sondern das vorhandene Personal ausgelastet werden soll. Neben Absatz und Produktion können auch die **Finanzierungsmöglichkeiten** des laufenden Geschäftsbetriebs limitierender Faktor der Planung sein.

Digitalisierung der Planung

Der Begriff **Enterprise Resource Planning** (abgekürzt ERP) ist ein von Softwareherstellern häufig verwendeter Begriff für ihre für Unternehmen entwickelten Software-Pakete. Diese können, wie zum Beispiel ERP-Systeme von SAP oder Oracle, ein breites Spektrum unternehmerischer Funktionen abdecken. Sie können aber auch auf einzelne, gegebenenfalls später zu ergänzende Funktionen beschränkt sein. Für Branchen mit besonderen Anforderungen, zum Beispiel für Bau- oder Hotelbetriebe, gibt es Branchenlösungen. ERP-Systeme verstehen sich als integrierte Systeme, die einen einheitlichen Bestand an Daten für viele Verwendungszwecke nutzen. Dennoch zeigt die Praxis, dass speziell für Planungen und Reportingaufgaben ERP-Systeme aufgrund ihrer Komplexität nicht immer die besten Systeme sind. In die Bresche springen für die operative Planung die seit einigen Jahrzehnten im Controlling bekannten **Planungs- und Reportingtools**, die ständig weiterentwickelt werden. Solche Tools basieren auf Microsoft-Excel oder wurden als datenbankgestützte Controlling-Software entwickelt. Über einfach zu bedienende Schnittstellen greifen sie auf den Datenbestand der ERP-Systeme zu und ermöglichen ein flexibles Arbeiten im Controlling. Folgende Funktionen und Möglichkeiten sollte eine entsprechende Planungs- und Reporting-Software beinhalten:

- integrierte, formelmäßige Verknüpfung sämtlicher Teilpläne,
- einfache und gegebenenfalls schnell veränderbare Abbildungen unternehmerischer (zum Planungsverbund zugehörige Unternehmen, Unternehmensbereiche, Profitcenter) und rechentechnischer (Abschluss-, Kosten- und Leistungsstrukturen) Strukturen,
- unterjährige und mehrjährige Planungszeiträume, Berücksichtigung saisonaler Verläufe,
- Planung mit absoluten und prozentualen Daten sowie kennzahlenbasierte Planungen,
- automatische Berechnung von Kredit- und Zinsbelastungen insbesondere des Kontokorrentkredits,
- Währungsumrechnungen,
- Diagrammmanager,
- direkte Speicherung eingegebener Zahlen,
- Soll-Ist-Vergleiche sowie Forecast-Soll-Vergleiche,
- Unterstützung bei der Erstellung von Forecasts,
- Simulationen und Zielwertsuche,
- einfach zu handhabende Schnittstellen zu Vorsystemen sowie Verknüpfung zu Textverarbeitungs- und Tabellenkalkulationsprogrammen,
- Vielfältige Auswertungsmöglichkeiten der Datenbasis,
- Multiuser-Fähigkeit,
- Adäquater Support.

Praxisbeispiel: Zum Controllingtool Corporate Planner

„Unsere Controlling-Software bietet Ihnen mit Corporate Planner, Corporate Planner Finance, Corporate Planner Cash sowie einem Web-Client und einem Dashboard alles, was Sie im operativen Controlling in den Bereichen Planung und Budgetierung, Analyse und Reporting benötigen. Die Lösung ist flexibel, individualisierbar, lässt sich einfach und intuitiv bedienen und enthält über 300 vorinstallierte betriebswirtschaftliche Funktionen, die Ihnen helfen, sich ganz auf Ihren Job zu konzentrieren."

https://www.corporate-planning.com/de/loesungen/operatives-controlling, 05.09.2020

2.3 Literaturhinweise zum zweiten Kapitel

Adam, Dietrich, Investitionscontrolling, 3. Aufl., München, Wien 2000.

BASF Geschäftsbericht 2019.

Becker, H.; Investition und Finanzierung, 7. Aufl., Wiesbaden 2016.

Becker, W.; Baltzer, B.; Ulrich, Patrick: Wertschöpfungsorientiertes Controlling, Stuttgart 2014.

Britzelmaier, B.: Controlling, 2. Aufl., Hallbergmoos 2017.

Coenenberg, A.; Fischer, T.; Günther, T.: Kostenrechnung und Kostenanalyse, 9. Aufl. Stuttgart 2016.

Deimel, K.; Erdmann, G.; Isemann, R.; Müller, S.: Kostenrechnung, Hallbergmoos 2017.

Dillerup, R.; Stoi, R.: Unternehmensführung, 5. Aufl., München 2016.

Eschenbach, R.; Siller, H.: Controlling professionell, 2. Aufl., Stuttgart 2011.

Fischer, T.; Möller, K.; Schultze, W.: Controlling, 2. Aufl., Stuttgart 2015.

Graumann, M.: Kostenrechnung und Kostenmanagement, 5. Aufl., Herne 2013.

Homburg, C.: Marketingmanagement, 6. Aufl., Wiesbaden 2017.

Horváth, P.; Gleich, R.; Seiter, M.: Controlling, 14. Aufl. München 2020.

Jung, H.: Controlling, 4. Aufl., München 2014.

Kilger, W.; Pampel, J.; Vikas, K.: Flexible Plankostenrechnung und Deckungsbeitragsrechnung, 13. Aufl., Wiesbaden 2012.

Küpper, H. et al.: Controlling, 6. Aufl., Stuttgart 2013.

Lachnit, L.; Müller, S.: Unternehmenscontrolling, 2. Aufl., Wiesbaden 2012.

Männel, W.: Eigenfertigung und Fremdbezug, 2. Aufl., Stuttgart 1981.

Pape, Ulrich: Grundlagen der Finanzierung und Investition, 4. Aufl. Berlin/Boston 2018.

Reichmann, T.; Kißler, M.; Baumöl, U.: Controlling mit Kennzahlen, 9. Aufl., München 2017.

Schierenbeck, H.; Wöhle, C.: Grundzüge der Betriebswirtschaftlehre, 19. Aufl., Berlin/Boston 2016.

Schneeloch, D.; Meyering, S.; Patek, G.: Betriebswirtschaftliche Steuerlehre, 7. Aufl., München 2016.

Schneider, D.: Investition, Finanzierung und Besteuerung, 7. Aufl., Wiesbaden 1992.

Schwellnuß, A.: Einzelkosten- und Deckungsbeitragsrechnung, in: Vahlens Großes Controllinglexikon, hrsg. v. P. Horváth u. T. Reichmann, 2. Aufl. München 2003.
Schwellnuß, A.: Investitions-Controlling, München 1991.
Schwellnuß, A.: Plankostenrechnung, in: Vahlens Großes Controllinglexikon, hrsg. v. P. Horváth u. T. Reichmann, 2. Aufl. München 2003.
Vahs, D.; Schäfer-Kunz, J.: Einführung in die Betriebswirtschaftslehre, 7. Aufl., Stuttgart 2015.
Volkswagen Geschäftsbericht 2018.
Volkswagen Geschäftsbericht 2019.
Weber, J.; Janke, R.: Controlling in Zahlen, Weinheim 2013.
Weber, J.; Schäffer, U.: Einführung in das Controlling, 15. Aufl., Stuttgart 2016.
Wild, J.: Grundlagen der Unternehmensplanung, Wiesbaden 1980.

3 Festlegungen zum langfristigen Produktionsprogramm

Bevor man einen Produktionsstandort aufbaut, ist zu klären:

- **Was soll produziert werden?**
- **Welche Fertigungstiefe ist angebracht?**

In den beiden vorhergehenden Kapiteln lag der Fokus auf den produktionswirtschaftlichen Grundlagen sowie der Vorstellung grundlegender und wichtiger Instrumente im Controlling. In den nun folgenden Kapiteln werden die bereits genannten Instrumente wieder aufgegriffen und themenspezifisch angewendet. Weitere, speziellere Controllinginstrumente kommen hinzu.

In jedem Unternehmen muss zunächst überlegt werden, welche Leistungen im Markt angeboten werden sollen. In produzierenden Unternehmen spricht man in diesem Zusammenhang von Erzeugnissen oder Produkten. Zur grundsätzlichen (erstmaligen) Bestimmung der zu produzierenden Erzeugnisse sowie zur fortwährenden Untermauerung und Begründung der Vorteilhaftigkeit der Produktionstätigkeit werden zur Identifikation der zu produzierenden Erzeugnisse folgende Themen betrachtet:

- Megatrends,
- Branchen,
- Technologie,
- Kernkompetenz.

Mit dem in diesem Kapitel diskutiertem Target Costing gibt es ein Instrument, Produkte marktgerecht und unter Berücksichtigung der finanziellen Zielsetzungen eines Unternehmens zu entwickeln. Das Kapitel endet mit Betrachtungen zum langfristigen Produktionsprogramm und Überlegungen zur Fertigungstiefe. Damit ist in strategischer Hinsicht die Art und der Umfang der Produktionstätigkeit geklärt.

Die unternehmerische Tätigkeit produzierender Unternehmen beginnt mit Überlegungen zu den im Markt anzubietenden Erzeugnissen. Derartige Grundsatzentscheidungen zählen zu den langfristigen Festlegungen. Aufgrund der mit langfristigen Entscheidungen verbundenen hohen Unsicherheit stehen strategische Instrumente im Fokus der Betrachtung. An die Auswahl der marktbezogenen Leistungen ist in einem zweiten Schritt zu klären, in welchem Umfang die anzubietenden Erzeugnisse selbst erstellt werden sollen oder ob alternativ ein Zukauf von Dritten erfolgversprechender ist. Da produzierende Unternehmen behandelt werden, erstreckt sich der Zukauf nicht auf das gesamte Produkt, sondern ist auf einzelne Bestandteile der Erzeugnisse beschränkt.

3.1 Bestimmung der zu produzierenden Erzeugnisse

Das Sachziel produzierender Unternehmen liegt in der Erstellung von Gütern. Die Bestimmung der zu produzierenden Güter gehört zu den grundlegenden Entscheidungen im Industriebetrieb. Solche Entscheidungen zählen zu den **langfristigen Festlegungen** seitens des Unternehmens, **sind aber vom Grundsatz her nicht unumkehrbar**. Große Unternehmen und Konzerne überprüfen ständig ihre Strategien. Neue Erkenntnisse können zu Veränderungen des Produktionsprogramms führen. Veränderungen sind auch bei jungen, innovativen Unternehmen feststellbar, die ihre Neuentwicklungen bis zu Marktreife entwickeln, gegebenenfalls erste Markterfahrungen sammeln und ihre Neuentwicklungen anschließend an kapitalstarke Unternehmen, die ein schnelleres Wachstum garantieren können, veräußern.

3.1.1 Produktionsprogramm vor dem Hintergrund sich abzeichnender Megatrends

Es ist sicherlich erfolgversprechender, Trends zu nutzen, als gegen den Strom zu schwimmen. Im Marketing setzt man quantitative und qualitative Methoden zur Prognose zukünftiger Marktentwicklungen ein. Trendprognosen werden auf Basis vergangenheitsbezogener Daten erstellt und schreiben in der Vergangenheit feststellbare Entwicklungen für die Zukunft fort. In der einfachsten Form wird ein linearer Trend unterstellt. Von einem exponentiellen Trend spricht man bei einem starken Marktwachstum während es sich bei einem bereits wieder abnehmenden Wachstum um einen logistischen Trend handelt (vgl. *Bruhn* 2016, S. 119).

Trends vermitteln einen Eindruck, wie sich Nachfrage und Kundenbedürfnisse in Zukunft ändern und welche Entwicklungen und Innovationen darauf basierend sinnvoll erscheinen. Unternehmen mit globalem Anspruch setzen sich zunehmend mit **Megatrends** auseinander. Megatrends sind Auswirkungen grundsätzlicherer Art, die sich über einen längeren Zeitraum hinaus feststellen lassen und weiterentwickeln. Wirksam werden sie nicht sofort, zumindest nicht in vollem Umfang. Die Folgen von Megatrends sind nicht für alle Unternehmen gleich. Für manche Unternehmen bieten Megatrends Chancen, für andere Unternehmen stellen sie eine Bedrohung dar. Erkennbare Megatrends sind ein guter Grund, um vor diesem Hintergrund das Produktionsprogramm eines Unternehmens zu hinterfragen.

Praxisbeispiel: Megatrends in Unternehmen/Konzernen

„Dabei spielen globale Megatrends eine wichtige Rolle: Fortschreitender Klimawandel, zunehmende Mobilität, eine wachsende Weltbevölkerung und die steigende Urbanisierung verändern das Leben von Milliarden Menschen. Infolgedessen muss sich auch die Polymer-Industrie weiterentwickeln. Unternehmen wie Covestro stehen vor neuen Herausforderungen und tragen aus diesem Grund zu innovativen Lösungen bei. Im Fokus stehen vor allem die Themen „Erneuerbare Energien", „Energieeffiziente Transportmittel" sowie „Nachhaltiges und bezahlbares Wohnen".

Mit seinen Werkstoffen will Covestro diese Entwicklungen ermöglichen und begleiten. Indem das Unternehmen traditionelle Werkstoffe durch langlebige, leichte, umweltverträglichere und kostengünstige Materialien ersetzt, fördert Covestro etwa maßgeblich den Leichtbau in der Automobilindustrie, macht Wohnen durch neue Dämmstoffe energieeffizienter, unterstützt die nachhaltige Energiewirtschaft durch spezialisierte Rohstoffe und erhöht die Haltbarkeit von Lebensmitteln durch verbesserte Isolierung entlang der Kühlkette."

Covestro Geschäftsbericht 2019, S. 35

Ein übergreifender Megatrend ist in der immer weiter fortschreitenden **Digitalisierung und Computerisierung** zu sehen. Seit den 1950er-Jahren ist diese Technologie allgemein verfügbar und erfasst immer mehr Lebensbereiche. Wichtige Meilensteine dieses Megatrends sind in der Verbreitung der Personal Computer in den 1980er-Jahren und in dem späteren Aufkommen des Internets zu sehen. Diese beiden Meilensteine haben zu einer Verringerung der Hemmschwellen breiter Bevölkerungsschichten und zu einer Verbreitung sowie Akzeptanz in privaten Lebensbereichen geführt und damit indirekt auch die intensivere Nutzung in Unternehmen nachhaltig gefördert. Auf Unternehmen bezogen spielt sich die Digitalisierung auf drei Ebenen ab. Produkte werden zunehmend digitaler, verbinden künstliche Intelligenz zum Nutzen der Kunden. Kunden setzen verstärkt auf Unternehmen, die Informationen und Kontakte digital professionalisieren. Prozesse innerhalb eines Unternehmens werden zunehmend digitalisiert. Das gilt nicht nur für Produktion und Logistik, sondern auch für Prozesse im Management von Unternehmen, beispielsweise im Personalwesen und im Controlling.

Die technologischen Erwartungen an Produkte seitens der Kunden nehmen beständig weiter zu. Insofern ist in der **Technologisierung** ein weiterer Megatrend zu sehen. Anforderungen an technologische Entwicklungen sind verstärkt die durch das Internet möglich werdende ortsungebundene Nutzung, die Miniaturisierung sowie grundsätzlich die Benutzerfreundlichkeit, um Einsatzmöglichkeiten komplexer Technologien in adäquater Form Nutzern zu gewährleisten.

Die **Weltbevölkerung** wird von heute rund 7,6 Milliarden Menschen auf fast 10 Milliarden im Jahr 2050 wachsen (https://www.zeit.de/gesellschaft/zeitgeschehen/2019-06/studie-uno-weltbevoelkerung-2100-elf-milliarden, 06.09.2020). Zu den starken Wachstumsregionen gehören viele Länder Afrikas, Nord-Amerika verzeichnet eine leichte Zunahme der Bevölkerung, in manchen europäischen Ländern, zum Beispiel Deutschland, Italien, Portugal oder im osteuropäischen Raum, wird die Bevölkerung dagegen zurückgehen. Ein weiterer Anstieg der Lebenserwartung wird angenommen. Unternehmen müssen sich den durch die demografischen Veränderungen hervorgerufenen neuen Anforderungen stellen.

Umwelt- und Gesundheitsbewusstsein verändern sich seit Jahren und dürfen als weitere wichtige Megatrends nicht unerwähnt bleiben. Auf diversen Klimakonferenzen werden anspruchsvolle Umweltziele postuliert, die erreicht werden sollen. Damit die Umwelt weniger stark von Menschen negativ beeinflusst wird, müssen Unternehmen mit ständigen Verschärfungen der umweltrelevanten Anforderungen an ihre Produkte, aber auch an die Produktion und Logistik rechnen. Stärker nachgefragte Produkte, die im Zusammenhang mit den Klimazielen stehen, sind beispielsweise mit umweltfreundlich erzeugter elektrischer Energie betriebene Fahrzeuge oder Nullenergiehäuser und die damit verbundenen bautechnischen Lösungen. Diese neuen Produkte verdrängen bisherige, den neuen Anforderungen nicht gerecht werdende Erzeugnisse. Der Verdrängungsprozess vollzieht sich hierbei über Jahre beziehungsweise Jahrzehnte und verläuft regional äußerst differenziert. Mit dem zunehmenden Gesundheitsbewusstsein lassen sich beispielsweise die weltweit betrachtet sehr unterschiedlichen Verbote und Empfehlungen zum Genuss von Rauchwaren und alkoholischen Getränken sehen, aber auch sich nur allmählich ändernde Vorstellungen über die Gefährlichkeit des Genusses von Zucker beinhaltenden Lebensmitteln.

Die industrielle Verwendung von Zucker als Beispiel für den Megatrend Gesundheitsbewusstsein

Coca Cola führte bereits 1983 eine sogenannte „Light"-Variante der Coca Cola ein. Später kam die „Zero Sugar"-Coca Cola hinzu (https://www.coca-cola-deutschland.de, 06.09.2020)

Dieser Trend hat bis zum heutigen Tage weiter an Bedeutung gewonnen, wie die folgenden Ausführungen des Bundesministeriums für Ernährung und Landwirtschaft zeigen (*https://www.bmel.de/DE/themen/ernaehrung/gesunde-ernaehrung/reduktionsstrategie/reduktionsstrategie_node.html*, 06.09.2020):

„Nationale Reduktions- und Innovationsstrategie für Zucker, Fette und Salz in Fertigprodukten

Fertigprodukte müssen gesünder werden, das Zuviel an Zucker, Fetten und Salz soll reduziert werden, damit für Verbraucherinnen und Verbraucher im Alltag die gesunde Wahl zur leichten Wahl wird."

Infolge des Megatrends, aber auch aufgrund politisch bedingter Einflussnahmen entwickelte sich der Zuckerpreis (USD/lb.) im letzten Jahrzehnt eher rückläufig mit den entsprechenden Auswirkungen auf die Erträge in den Unternehmen (*https://www.wallstreet-online.de/rohstoffe/zuckerpreis#t:10y||s:lines||a:abs||v:week|*, 06.09.2020):

3.1.2 Identifikation renditestarker Branchen

Neben Megatrends sollten Überlegungen zu den erzielbaren Gewinnen nicht außen vor bleiben. **Gewinne oder alternativ Renditen**, als Ausdruck der Gewinne in Relation zum Kapitaleinsatz, sind nicht die einzige, aber eine wesentliche Triebfeder der unternehmerischen Tätigkeit. Ausdruck findet die Gewinnorientierung insbesondere im Shareholder Value Ansatz und den damit verbundenen und von vielen Unternehmen berechneten Value Added-Kennzahlen.

Zu einer **Branche** gehörend lassen sich Unternehmen zusammenfassen, die ähnliche Produkte herstellen. Weitere Kriterien zur Definition von Branchen können die Art der Leistungserstellung, die Abnehmer aber auch die Einsatzstoffe sein. Produkte werden fortwährend weiterentwickelt. Somit überdauert der Lebenszyklus einer Branche den Lebenszyklus der in einer Branche angebotenen Produkte. Auf Basis der Zuordnung von Unternehmen zu Branchen werden vom Statistischen Bundesamt Daten über Unternehmen zusammengestellt. Entsprechend der Klassifikation der Wirtschaftszweige ist für produzierende Unternehmen unter anderem der Abschnitt C von Interesse, in dem für das verarbeitende Gewerbe eine tiefgreifende Differenzierung erfolgt. Als verarbeitendes Gewerbe wird die „Umwandlung von Stoffen in neue Waren" verstanden (vgl. *Statistisches Bundesamt 2008, S. 187*). Weitere Branchen mit produzierenden Tätigkeiten werden anderen Abschnitten zugeordnet, so zum Beispiel Tätigkeiten auf Baustellen (Abschnitt F) oder die Gewinnung von bestimmten Rohstoffen (Abschnitt B). Während vom Statistischen Bundesamt branchenbezogene Daten erfasst werden, gibt es von Banken und Unternehmensberatungen eine Vielzahl von Branchenanalysen nach unterschiedlichen Kriterien. Banken verwenden ihre Branchenanalysen im Firmenkundengeschäft. Besonders erwähnenswert sind aufgrund der umfassenden Datenbasis und hohen Aussagekraft die im Sparkassensektor erstellten EBIL-Analysen nach Branchen.

Weite Verbreitung zur Branchenanalyse hat das **5-Forces-Model** (vgl. *Porter 2014, S. 25*) gefunden. Unterstellt wird in diesem Ansatz, dass in Branchen mit einer hohen Rivalität unter den beteiligten Unternehmen Gewinne schwerer erzielbar sind, als in weniger wettbewerbsintensiven Branchen. Ausgangsbasis der Branchenanalyse ist demnach die feststellbare **Rivalität der Wettbewerber** untereinander. Einflussfaktoren für das Verhalten der Wettbewerber sind Anzahl und Größe der Wettbewerber, das Branchenwachstum, der Zusammenhang zwischen Kosten und Preisen, die Möglichkeiten zur Differenzierung der angebotenen Leistung sowie die bestehenden Marktaustrittsbarrieren.

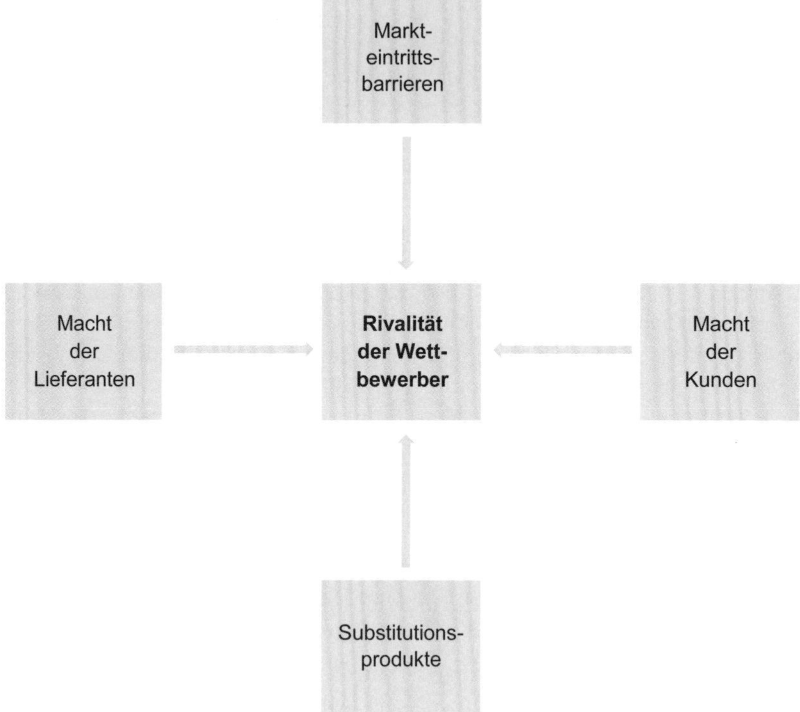

Abb. 3.1: Porters Five Forces-Modell

3.1.2.1 Kriterien zur Beurteilung der Rivalität

Hinsichtlich der einer Branche zugrundeliegenden **Marktform** kann auf der Anbieterseite zwischen Polypol, Oligopol und Monopol differenziert werden. Ferner sind Kombinationen denkbar, beispielsweise ein dominierendes großes Unternehmen und viele kleinere Anbieter. Vergleichbare Differenzierungen gibt es auf der Nachfrageseite. Damit existiert eine Vielzahl von Fällen, die zu einem entsprechend zu erklärenden Wettbewerberverhalten führen können. Die aus verschiedenen Gründen gegebenenfalls differenziert zu berücksichtigenden individuellen Zielsetzungen einzelner Wettbewerber kommen hinzu. So gibt es unabhängig von der Marktform entsprechend aktueller Führungsvorstellungen von Unternehmen aggressiv im Markt auftretende Unternehmen und Unternehmen, denen eine Aufrechterhaltung des Status quo naheliegender ist. Entsprechend komplex kann in der Realität dementsprechend eine gut begründete Erklärung zur Rivalität der Wettbewerber werden.

Da in diesem Kapitel des Buches Überlegungen zum langfristigen Produktionsprogramm eines Unternehmens angestellt werden, ist nicht so sehr das gegenwärtige, sondern das zukünftige Verhalten der Wettbewerber einer Branche entscheidend. Anhand einer festgestellten Marktform lässt sich nicht unmittelbar erkennen, welche Veränderungen sich möglicherweise in den nächsten fünf, zehn oder 20 Jahren ergeben. Anders ist dies bei dem nun zu behandelnden Kriterium, dem **Branchen-**

wachstum. Das Branchenwachstum steht im Zusammenhang mit dem Branchenlebenszyklus, der vergleichbar mit anderen Lebenszyklen höhere Wachstumsraten in der ersten Zeit und abgeschwächte oder abnehmende Wachstumsraten in späteren Zeiträumen aufweist.

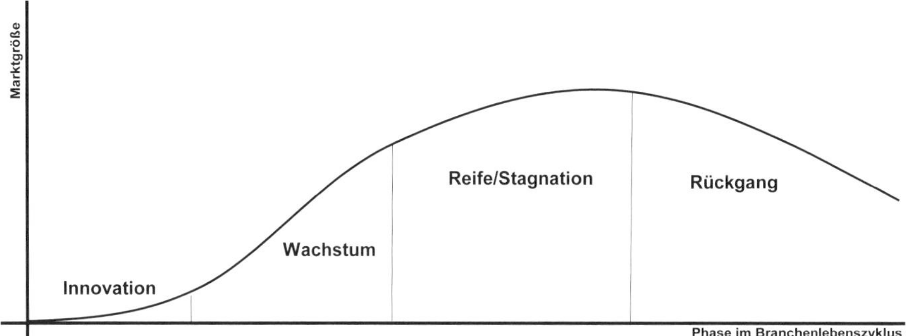

Abb. 3.2: Branchenlebenszyklus

In jungen Branchen werden neuartige Produkte entwickelt, die sich erst noch im Markt behaupten müssen. Der Wettbewerb zwischen Unternehmen besteht darin, dass unterschiedliche technisch-innovative Angebote um die Akzeptanz bei Kunden kämpfen. Nicht ausgegangen werden darf davon, dass sich die technisch anspruchsvollste Lösung durchsetzt, sondern die aus Kundensicht beste Problemlösung, die über rein technische Anforderungen hinausgeht. In einer anschließenden Wachstumsphase hält sich die Rivalität der Unternehmen untereinander in Grenzen, da wachstumsbedingt die neuen Kapazitäten ausgelastet werden können. Erst mit abnehmendem Wachstum nimmt die Rivalität zu, es kommt zu Preiskämpfen und Marktbereinigungen. Zum Ende des Lebenszyklus müssen Kapazitäten in hohem Umfang zurückgefahren werden.

Unternehmen in Branchen mit **hohen fixen Kosten** stehen vor dem Problem, dass bei Beschäftigungsrückgängen die Erlöse sinken, die Kosten aber nicht entsprechend zurückgehen. Hohe fixe Kosten können unterschiedliche Gründe haben. Anlagenintensive Betriebe zum Beispiel in der Stahlindustrie verzeichnen in relativer Hinsicht hohe Abschreibungen und Zinsen umfassende Kapitalkosten, die absolut betrachtet in großen Unternehmen durch entsprechende Erlöse Periode für Periode immer wieder neu erwirtschaftet werden müssen. Hohe Entwicklungskosten beispielsweise in der Automobilindustrie sind ein weiteres Beispiel für fixe Kosten, die verdient werden müssen. Die fixen Kosten pro Produktionseinheit können über hohe Absatzmengen niedriger gestaltet werden. Bei negativen Preisabsatzfunktionen wirken sich höhere Absatzmengen jedoch direkt auf die Absatzpreise des eigenen Unternehmens aus. Müssen Wettbewerber darauf reagieren, da ihre Erzeugnisse beispielsweise keinen komparativen Vorteil aufweisen, führt das insgesamt für alle Unternehmen zu einem niedrigeren Preisniveau mit den entsprechenden Auswirkungen auf den Gewinn.

Können Unternehmen in stagnierenden und rückläufigen Branchen ihre Kapazitäten nicht mehr auslasten, dann bauen sich Überkapazitäten auf. Unternehmen versuchen ihre Marktanteile zu halten, die Rivalität untereinander nimmt zu. Überkapazitäten können durch Schließung und Abbau von Standorten reduziert werden. Oft sind mit der **Schließung von Standorten hohe Kosten** verbunden, sodass diese eigentlich notwendigen Maßnahmen hinausgezögert werden.

Praxisbeispiel für Austrittsbarrieren: Forderungen im Zusammenhang mit der Schließung eines Werksstandortes im Nokia-Konzern

Rückforderung von Subventionen: Nokia weigert sich zu zahlen

Im Streit um die Rückzahlung von Subventionen für das Bochumer Nokia-Werk bleibt der finnische Handyhersteller hart.

„Wir haben das Geld nicht überwiesen und werden es auch nicht tun", sagte Nokia-Sprecherin Kristina Bohlmann wenige Stunden vor Ablauf der vom Land gesetzten Zahlungsfrist am Montag in Düsseldorf. Die nordrhein-westfälische Landesregierung hatte von Nokia bis Ende März fast 60 Millionen Euro zurückgefordert, weil der Konzern in Bochum weniger Arbeitsplätze geschaffen haben soll als vereinbart. Nokia bestreitet dies.

„Wir sind seit Januar mit der Landesregierung in konstruktiven Gesprächen", sagte Bohlmann weiter. Nokia wolle diese Gespräche trotz der unterschiedlichen Auffassungen beim Thema Subventionszahlungen im Interesse aller Beteiligten fortsetzen.

Der Handy-Konzern will sein Bochumer Werk mit mehr als 2000 Beschäftigten Mitte des Jahres schließen. Die Landesregierung will in den Gesprächen erreichen, dass Nokia sich daran beteiligt, möglichst vielen Beschäftigten eine Perspektive am Standort Bochum zu bieten." (*https://www.sueddeutsche.de/wirtschaft/rueckforderung-von-subventionen-nokia-weigert-sich-zu-zahlen-1.266390,* 06.09.2020)

In Branchen mit **geringen Differenzierungsmöglichkeiten** gegenüber dem Wettbewerb wird der Wettbewerb im Wesentlichen über den Preis ausgefochten, die Rivalität ist dementsprechend hoch. Geringe Differenzierungsmöglichkeiten bestehen in rohstoffnahen Branchen. Aber auch in Branchen mit vordergründlich homogenen Erzeugnissen gibt es Differenzierungsansätze. So wirbt die Deutsche Bahn mit sogenannten „Öko-Tickets", bei denen der Strom zum Reisen aus erneuerbaren Energien bezogen wird. Von Stadtwerken gibt es ähnliche Angebote für ein eigentlich homogenes Produkt.

3.1.2.2 Einfluss der Lieferanten auf die Rivalität innerhalb einer Branche

Neben dem Grad der Rivalität der Wettbewerber untereinander sieht *Porter* in der Macht der Lieferanten und Kunden sowie in Markteintrittsbarrieren sowie Substitutionsprodukten weitere wesentliche Faktoren für die Attraktivität einer Branche. Unternehmen beziehen die für die Produktion notwendigen Werkstoffe und Betriebsmittel von **Lieferanten**. Zu den Werkstoffen zählen neben Roh-, Hilfs- und Betriebsstoffen auch bereits von anderen Unternehmen aus diesen Stoffen hergestellte Vorprodukte (Halbfabrikate, Bauteile, Komponenten), die Bestandteil des vom Unternehmen hergestellten Endprodukts sind, das wiederum ein Vorprodukt für andere Unternehmen sein kann. In Unternehmen ist seit Jahrzehnten ein Trend zur Reduzierung der an späterer Stelle noch zu thematisierenden Fertigungstiefe feststellbar. Zulieferer erbringen einen immer höher werdenden Anteil an der Wertschöpfung eines Enderzeugnisses, die Sicherstellung eines wirtschaftlichen und sicheren Einkaufs ist heute wichtiger als früher.

Die Bedeutung von Zulieferern variiert stark in den unterschiedlichen Branchen. In Branchen, in denen vornehmlich Rohstoffe bezogen werden, kann ein Risiko darin liegen, dass benötigte Rohstoffe nur von einem kleinen Kreis von Zulieferern bezogen werden können. Rio Tinto und BHP Billiton sind beispielsweise zwei bedeutende Rohstofflieferanten, die über eine entsprechende Marktmacht als Lieferanten bei Rohstoffe verarbeitenden Industriebetrieben verfügen. Etwas anders, aber nicht weniger risikobehaftet ist die Problematik, dass manche Rohstoffe vor allem in bestimmten Ländern gefördert werden und nicht ausgeschlossen werden kann, dass politisch motivierte Ausfuhreinschränkungen zu Lieferengpässen führen können.

Praxisbeispiel für Lieferrisiken: „Seltene Erden – USA suchen Quellen außerhalb Chinas

Vor dem Hintergrund des Handelskonflikts mit China sucht das US-Militär nach anderen Bezugsquellen für Seltene Erden. Das Verteidigungsministerium habe Gespräche mit Mkango Resources in Malawi und anderen Unternehmen in der ganzen Welt aufgenommen, sagte am Mittwoch Jason Nie, ein Mitarbeiter der Defense Logistics Agency (DLA) des Ministeriums während einer Konferenz in Chicago.

„Wir suchen nach jeder Quelle außerhalb Chinas", sagte er der Nachrichtenagentur Reuters. Es müsse mehr als nur einen Produzenten geben. Seltene Erden sind in Rüstungsgütern von Kampfjets bis Nachtsichtgeräten enthalten.

Zwar kontrolliert China nur ein Drittel der weltweiten Vorkommen an Seltenen Erden. Allerdings verfügt es über vier Fünftel der Verarbeitungsanlagen. Entsprechend decken die USA gegenwärtig 80 Prozent ihres Bedarfs aus der Volksrepublik.

Chinas Staatsmedien hatten Ende Mai wegen des Handelskonflikts über eine Begrenzung des Exportes in die USA spekuliert. Die Regierung in Peking hatte diesen Schritt bereits 2010 nach einem diplomatischen Streit gegenüber Japan vollzogen.

Seltene Erden sind zentral für die Fertigung von Mobiltelefonen und anderen Elektronikgeräten." (*https://www.manager-magazin.de/politik/weltwirtschaft/seltene-erden-us-militaer-sucht-bezugsquellen-in-malawi-ausserhalb-chinas-a-1271112.html*, 06.09.2020)

Neben Beschaffungsrisiken, die sich aus der Marktmacht der Lieferanten ergeben, können Risiken auch aus einer nicht ausreichenden finanziellen oder technischen Leistungsfähigkeit beziehungsweise Zuverlässigkeit der Lieferanten resultieren. Das ist beispielsweise in der Automobilbranche aufgrund der engen Zusammenarbeit zwischen ausgewählten Zulieferern und Herstellern der Fall, wenn die finanziellen Mittel von Zulieferern zu knapp bemessen sind oder die technische Leistungsfähigkeit aufgrund der hohen Anforderungen der Hersteller nicht dauerhaft gewährleistet werden kann. Verbunden mit Managementproblemen der Zulieferer ist die Gefahr des Einbaus fehlerhafter Komponenten nicht zu unterschätzen. Rückrufaktionen der Hersteller führen zu Imageeinbußen und wirtschaftlichen Schäden. Auch scheinbar weniger bedeutende Zulieferer können hohe wirtschaftliche Auswirkungen in negativer Hinsicht bei ihren Abnehmern bewirken.

Eine Branchenanalyse darf den Beschaffungssektor nicht aussparen. An erster Stelle steht die Analyse der Macht der Zulieferer. Eine hohe Machtposition haben Zulieferer dann, wenn es für bestimmte Lieferungen nur wenige, im Extremfall gar nur einen Anbieter geben sollte und Zulieferer nicht darauf angewiesen sind, jeden Auftrag anzunehmen. Die Zulieferermacht steigt, je mehr potenzielle Abnehmer den wenigen Anbietern gegenüberstehen. Über eine gewisse Machtposition verfügen Zulieferer auch dann, wenn der Abnehmer den Zulieferer zwar gegen einen anderen Zulieferer austauschen kann, dieser Wechsel aber mit hohen Kosten verbunden ist. Auch muss geprüft werden, in welchem Umfang mit nicht erlaubten Preisabsprachen bei Lieferanten gerechnet werden muss.

Praxisbeispiel zu Preisabsprachen bei Lieferanten: „Preisabsprachen: EU-Kommission verhängt Millionenstrafe für Zulieferer von VW und BMW

Wegen verbotener Absprachen haben die EU-Wettbewerbshüter Millionenstrafen gegen Autozulieferer verhängt. Die Unternehmen Autoliv und TRW müssten rund 368 Millionen Euro zahlen, teilte die EU-Kommission mit.

Der schwedisch-amerikanische Autoliv-Konzern und die in der Zwischenzeit vom deutschen Zulieferer ZF übernommene US-Firma TRW hatten laut den Wettbewerbshütern unter anderem von 2007 bis 2011 Preise bei Airbags und Sicherheitsgurten abgesprochen. Die Lieferungen seien für Volkswagen und BMW bestimmt gewesen. Die Absprachen seien in eigenen Geschäftsräumen, aber auch in Restaurants und Hotels sowie durch Telefongespräche und E-Mails erfolgt.

Ohne Strafe kam der japanische Takata-Konzern davon, weil er die EU-Wettbewerbshüter auf die Absprachen aufmerksam gemacht hatte, an denen er beteiligt gewesen war. Takata wäre sonst mit einer Geldbuße von 195 Millionen Euro belegt worden." (https://www.spiegel.de/wirtschaft/unternehmen/kartell-eu-kommission-verhaengt-millionenstrafen-fuer-autozulieferer-a-1256360.html, 06.09.2020)

Die Machtverhältnisse zwischen Lieferanten und Einkauf können mithilfe des **Lieferanten-Einkäufer-Marktmacht-Portfolios** visualisiert werden. Neben den bereits diskutierten Kriterien für die Machtverhältnisse, insbesondere die Anzahl der Anbieter und Nachfrager, ist der Anteil des Einkaufsvolumens am Umsatz des Lieferanten für die Einschätzung der Marktmacht mitentscheidend. Da es in diesem Abschnitt um langfristige Festlegungen des Produktionsprogramms geht, bleiben kurzfristige die Marktmacht beeinflussende Kriterien, zum Beispiel temporär begrenzte Kapazitätsauslastungsprobleme bei Lieferanten, unberücksichtigt.

Bisher wurden ausdrücklich Werkstoffe, also Produktionsfaktoren, die im Produktionsprozess verbraucht werden und zu variablen Kosten führen, angesprochen. Neben diesen Werkstoffen gibt es weitere Einkäufe, so die Beschaffung der für die Produktion notwendigen Maschinen. Für sehr spezielle Produktionsanlagen oder wichtige Komponenten der Betriebsmittel gibt es oft nur wenige infrage kommende Hersteller, sodass im Vorfeld zu prüfen ist, mit welchen Beschaffungsproblemen möglicherweise gerechnet werden muss. Wird für bestimmte Arbeiten in produzierenden Unternehmen besonders spezialisiertes und ausgebildetes Personal benötigt, so können Probleme bei der Rekrutierung geeigneter Mitarbeiter gegen bestimmte Branchen sprechen.

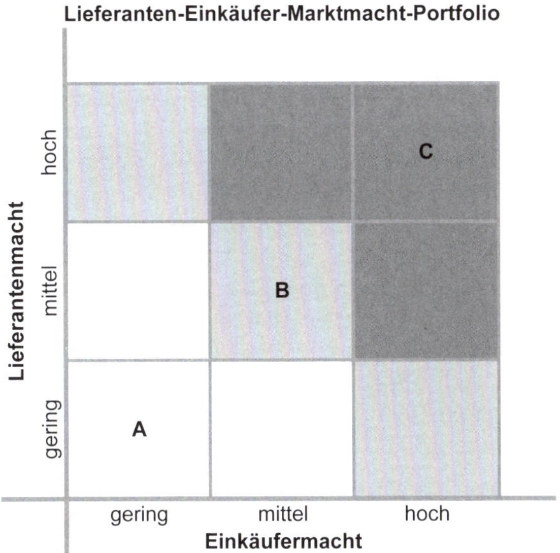

Abb. 3.3: Lieferanten-Einkäufer-Marktmacht-Portfolio

3.1.2.3 *Macht der Abnehmer auf den Wettbewerb einer Branche*

Spiegelbildlich zu den Machtverhältnissen auf den Beschaffungsmärkten lassen sich Machtverhältnisse auf der **Absatzseite** konstatieren. Die Dominanz weniger Großkunden fördert deren Einkaufsmacht, die in Kombination mit einer Vielzahl von kleineren Anbietern, die vergleichbare Erzeugnisse anbieten, noch gesteigert wird. Entscheidend für die Beurteilung der Machtverhältnisse im Absatzmarkt sind jedoch nicht nur die Größe und Anzahl der Kunden und Anbieter, sondern auch die angebotene Leistung selbst. Eine Differenzierungsstrategie gegenüber anderen Produzenten ist eine Möglichkeit, die Nachfrage der Kunden auf das eigene Unternehmen zu lenken. Bei den Erzeugnissen ist zu unterscheiden, ob das anbietende Unternehmen als Zulieferer für andere Unternehmen fungiert, Endprodukte herstellt oder in Kombination auftritt. Bei der Herstellung von Endprodukten ist zu berücksichtigen, dass hinsichtlich der einzuschätzenden Machtverhältnisse normalerweise nicht an den einzelnen Endabnehmer, sondern an den Handel verkauft wird, der anders als der singuläre Endkunde über eine enorme Einkaufsmacht verfügt.

Praxisbeispiel zur Einkaufsmacht im Handel: „Endspiel zwischen Kaufland und Unilever

480 Markenartikel, Namen wie Pfanni, Bertolli oder Langnese, verschwinden aus den Regalen: Nach Edeka gegen Nestlé streiten sich nun Kaufland und Unilever über die Preise, und Produkte fliegen aus dem Regal. Es wird eine schwierige Auseinandersetzung.

Diesmal ist es ein Kampf mit Ansage: Der Markenhersteller Unilever streitet sich mit dem Einzelhändler Kaufland, einer Supermarktkette des Lidl-Konzerns Schwarz. Ähnlich wie bei dem vorherigen Streit zwischen Edeka und dem Nahrungsmittelhersteller Nestlé geht es um Preiserhöhungen, die die Industrie im Handel durchsetzen will."

(https://www.welt.de/wirtschaft/article181419580/Unilever-gegen-Kaufland-Kampf-um-Pfanni-Bertolli-und-Langnese.html, 06.09.2020)

3.1.2.4 Markteintrittsbarrieren für neue Anbieter

Markteintrittsbarrieren sind ein wesentliches Kriterium für die Attraktivität des Geschäftsmodells etablierter Hersteller. Je höher diese Barrieren sind, umso ungefährdeter können die traditionellen Hersteller agieren. Auf der Suche nach neuen Produkten und Geschäftsfeldern, in denen eine produktive Tätigkeit sinnvoll erscheinen mag, sind – solange man noch nicht selbst in diesem Markt agiert – hohe Markteintrittsbarrieren zunächst ein Hindernis. Hat man erfolgreich diese Hindernisse überwunden, dann können aus Unternehmenssicht – auf den ersten Blick – diese Barrieren nicht hoch genug sein. Auf den zweiten Blick bedeuten weniger hohe Markteintrittsbarrieren jedoch, dass Unternehmen immer wieder neu gefordert werden, sich mit ihrem Geschäftsmodell und ihren Erzeugnissen auseinanderzusetzen. Sie werden langfristig betrachtet die Kundenbedürfnisse besser erfüllen als Unternehmen, die weniger im Wettbewerb gefordert werden. Die Beurteilung von Markteintrittsbarrieren ist also differenziert zu sehen.

Markteintrittsbarrieren liegen vor, wenn eine oder mehrere Ursachen, die nicht nur für ein, sondern für eine unbekannte Anzahl von Unternehmen gelten, vorliegen, die die Geschäftstätigkeit neuer Akteure in einem definierten Markt erkennbar erschweren. Ein Grund kann darin liegen, dass ein oder mehrere für die Produktionstätigkeit notwendigen **Produktionsfaktoren** nicht oder nur schwer beschafft beziehungsweise bereitgestellt werden können. Dies gilt insbesondere für Produktionsanlagen, Betriebsstoffe, Personal und Rechte. Nicht wenige Unternehmen bauen ihre Produktionsanlagen selbst. Können Produktionsanlagen nicht selbst erstellt werden, dann ist man auf Anlagenbauer angewiesen, die Aufträge in einem gegebenen Zeitraum nur dann erfüllen können, wenn deren Kapazitäten das zulassen. Handelt es sich zudem aus Sicht des investierenden Unternehmens um hohe Ausgaben für die Produktionsanlagen, dann können die für die Investition notwendigen finanziellen Mittel eine weitere Barriere darstellen. Auch ist es nicht immer einfach, am gewünschten Standort geeignete Grundstücke zu finden, insbesondere, wenn größere Abstände zu Wohngebieten gelassen werden müssen. Attraktive Grundstücke für neue Werksstandorte müssen auch vor dem Hintergrund des benötigten Personals gefunden werden. So können auch Probleme bei der Beschaffung geeigneten Personals eine Markteintrittsbarriere darstellen. Der Produktionsfaktor Einsatzstoffe kann zu einem einen Markteintritt erschwerenden Faktor werden, wenn diese nicht frei beschaffbar sind. Viele Einsatzstoffe sind nur von wenigen Lieferanten beziehbar, deren Kapazitäten selbst begrenzt sind. Auch kann nicht immer in alle Regionen, zum Beispiel in Ländern mit hohen Einfuhrzöllen, zu wirtschaftlich vertretbaren Bedingungen geliefert werden. Rechte, beispielsweise aufgrund von Patenten, werden zu einem erschwerenden Faktor für die Aufnahme einer Produktion, wenn diese zwingend von den Rechteinhabern erworben werden müssen. Staatliche Regulierungen in bestimmten Branchen können darüber hinaus den Marktzutritt neuer Unternehmen erschweren oder gar verhindern.

Barrieren, die die Aufnahme einer Produktionstätigkeit erschweren, sind nicht im gesamten Branchenlebenszyklus gleich. Manche Markteintrittsbarrieren ergeben sich erst im Verlauf des Branchenlebenszyklus. Neue Unternehmen, die erst dann in einen Markt eintreten, nachdem sich andere Unternehmen bereits etabliert haben, müssen bei Kunden erst die notwendige Akzeptanz finden. Reichen anfänglich die

Absatzmengen noch nicht aus, können die anfallenden fixen Kosten nicht im erforderlichen Umfang verdient werden. Entsprechend dem **Erfahrungskurvenmodell** sinken die Stückkosten bei höheren Produktionsmengen im Zeitablauf. Die Gründe dafür sind vielfältig. Zu nennen sind Lerneffekte, fixkostendegressionsbedingt abnehmende Stückkosten, der technische Fortschritt als auch niedrigere Kosten aufgrund von Rationalisierungsmaßnahmen. In der Literatur werden basierend auf empirischen Untersuchungen Kosteneinsparungen von 20 % bis 30 % in Abhängigkeit der Tätigkeit in bestimmten Branchen angegeben, die bei Verdoppelung der Produktion erreicht werden können (vgl. *Weber, Schäffer* 2016, S. 416). Unternehmen, die bereits länger im Markt sind, können vom Erfahrungskurveneffekt profitieren, neue Unternehmen jedoch noch nicht.

Abschließend soll in diesem Zusammenhang nicht unerwähnt bleiben, dass etablierte Unternehmen durchaus in vielfältigster Form aktiv werden können, um jungen, bereits im Markt eingetretenen Unternehmen, den Ausbau ihres Geschäftskonzeptes zu erschweren. Ein Mittel dazu können Marketingmaßnahmen sein, die sich direkt gegen die neuen Unternehmen wenden. Tendenziell führen niedrigschwellige Markteintrittsbarrieren zu einer erhöhten Branchenrivalität.

3.1.2.5 Bedrohungen durch Substitutionsprodukte

Neue Alternativen, ein Produkt durch ein anderes Leistungsangebot zu ersetzen, zwingen Unternehmen dazu, sich mit dieser neuen Problematik auseinanderzusetzen. Waren beispielsweise lange Zeit im Automobilsektor bei Privatpersonen Limousinen oder Kombifahrzeuge vorherrschend, so ergaben sich mit der Einführung sogenannter Sport Utility Vehicles (SUV) Alternativen und somit Bedrohungen für das bisherige Produktprogramm der Hersteller, die solche Fahrzeuge nicht im Angebot haben. Bedenkt man die hohen Entwicklungskosten in der Automobilindustrie, so ist ein Wechsel oder eine Ergänzung des bisherigen Leistungsprogramms um Sport Utility Vehicles keine triviale Entscheidung. Mittlerweile haben alle wesentlichen Automobilhersteller solche Fahrzeuge im Angebot, mit dem sie einen wesentlichen Teil des Absatzes erzielen.

Substitutionsmöglichkeiten gibt es auch auf Komponenten- oder Werkstoffebene. Bleibt man in der Automobilindustrie, so stellen elektrifizierte Antriebstechniken sowie Techniken zum autonomen Fortbewegen von Kraftfahrzeugen neue Alternativen dar, die eine Bedrohung für traditionelle Techniken und die darauf basierenden Komponenten darstellen. Der umfangreichere Einsatz von Carbon, Keramik oder Aluminium verdrängt klassische Werkstoffe. Veränderungen innerhalb einer **Wertkette** führen insbesondere bei den Zulieferern zu gravierenden Veränderungen.

Substitutionsmöglichkeiten sind Alternativen zum bisherigen Angebot. Auf der Erzeugnisebene kann ein Erzeugnis insgesamt oder einzelne Stufen in der Wertkette eines Erzeugnisses betroffen sein. Ist ein Erzeugnis insgesamt betroffen, kann dieses Erzeugnis vollständig oder auch nur teilweise durch das Substitutionsprodukt ersetzt werden. Entsprechendes gilt für Werkstoffe oder Komponenten innerhalb der Wertkette. Die Substitutionsmöglichkeit limitiert das bisherige Produkt. Weist die Substitution keine technischen oder anderen Vorteile auf, so stellen die Kosten für das Substitutionsprodukt die **Preisobergrenze** für das bisherige Produkt dar. Auf der anderen Seite können durch Substitutionen mögliche technische Vorteile den

Preisspielraum nach oben ausdehnen. Höhere erzielbare Preise für Substitutionen strahlen nicht selten auf das bisherige Produkt aus, das dann ebenfalls zu höheren Preisen verkauft werden kann.

In diesem Kapitel geht es darum zu erkennen, welche Erzeugnisse langfristig gesehen für ein Unternehmen interessant sind. Produkte, bei denen das Risiko durch neue Erzeugnisse substituiert zu werden wesentlich ist, zählen annahmegemäß zu den weniger attraktiven Möglichkeiten. Entscheidet man sich trotzdem für Erzeugnisse, die einem hohen Substitutionsrisiko ausgesetzt sind, dann muss ein solches Risiko entsprechend kalkuliert werden. Es ist mit einem **verkürzten Produktlebenszyklus** zu rechnen, die mit dem Produkt verbundenen **Entwicklungskosten** müssen in einem kürzeren Zeitraum mit einer geringeren Menge verdient werden können.

Die mit Substitutionen verbundenen wirtschaftlichen Auswirkungen können enorm sein. Somit ist es für ein Unternehmen wichtig zu erkennen, wie das Risiko, dass klassische Produkte durch Substitutionsgüter ersetzt werden, in Programmentscheidungen einfließen kann. Ansatzpunkt für das Aufspüren von Substitutionsrisiken ist in erster Linie die **Funktion beziehungsweise der Zweck eines Erzeugnisses.** *Porter* nennt als Beispiel einen Abfahrtsski aus einem bestimmten Material. Der Ski kann durch Skier aus anderen Materialen ersetzt werden. Er kann aber auch – aus Sicht der sportiven Kunden – durch Snowboards und andere ähnlich einsetzbare Sportgeräte ausgetauscht werden. Fasst man die Funktion noch weiter, dann muss man gegebenenfalls auch die Gefahr berücksichtigen, dass Wintersportgeräte durch im Sommer einsetzbare Sportgeräte substituiert werden können (vgl. *Porter* 2014, S. 358).

3.1.3 Der Einfluss von Technologien auf das Produktionsprogramm

In produzierenden Unternehmen sind die zum Einsatz kommenden Technologien von wesentlicher Bedeutung. Zum einen geht es um die Technologie im Produktionsprozess, zum anderen um die Technologie der zu produzierenden Erzeugnisse. Setzt man auf die falschen Technologien im Produktionsprozess, so wird vorschnell das in Produktionsanlagen gebundene Kapital vernichtet. Nicht mehr gefragte Produkttechnologien führen zu einer abnehmenden Akzeptanz im Markt und indirekt zu Abschreibungen im Anlagevermögen, wenn die Wirtschaftlichkeit der dahinterstehenden Produktionsanlagen nicht mehr gegeben ist.

Vergleichbar mit anderen Lebenszyklen wird auch bei Technologien ein **s-förmiger Lebenszyklus** unterstellt. Eine neue Technologie kann in Konkurrenz zu bereits bestehenden Technologien stehen, es kann sich aber auch um eine grundsätzlich neue Technologie handeln, die für neue Anwendungsfälle Lösungen bereithält. Eine neue Technologie kann unabhängig von alten Technologien entstehen, häufig durch Forschungsaktivitäten an Universitäten. Sie können aber auch gezielt entwickelt werden, wenn Probleme bei etablierten Technologien, zum Beispiel eine erhöhte Umweltbelastung, gesehen werden. Branchenabhängig investieren Unternehmen differenziert in Forschungs- und Entwicklungsaktivitäten, um sich den Herausforderungen in einer Branche und im Markt zu stellen. Am Umsatz gemessen betragen die Ausgaben in der Chemiebranche in größeren Konzernen rund zehn Prozent vom Umsatz.

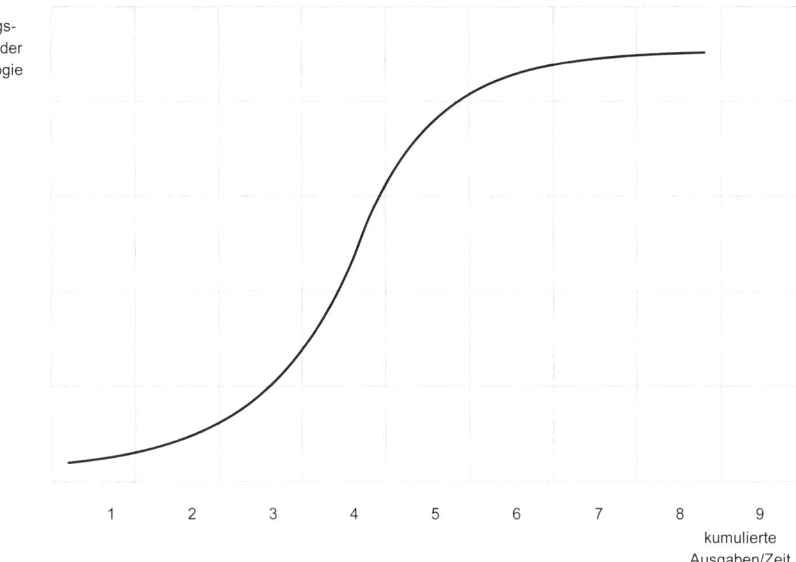

Abb. 3.4: S-Kurven-Konzept

Die Erkenntnisfortschritte in Relation zu den kumulierten Ausgaben beziehungsweise im Zeitablauf sind bei jungen Technologien noch relativ gering. Zur Beurteilung der Leistungsfähigkeit einer neuen Technologie bietet sich der Vergleich mit etablierten Technologien an. Hält man eine neue Technologie für attraktiv, dann wird man weiter Zeit und Geld in diese neuen Technologien investieren, die Leistungsfähigkeit gegenüber alten Technologien nimmt überproportional zu. Im Verhältnis zu den etablierten Technologien stellt sich die Frage, ob beziehungsweise in welchem Ausmaß und wann die neue Technologie die alte Technologie verdrängt. Zum Ende eines Technologie-Lebenszyklus setzt bei der neuen, dann aber nicht mehr jungen Technologie der bereits beschriebene Verdrängungsmechanismus erneut ein.

Vor diesem Hintergrund ist seitens der Unternehmen hinsichtlich der Bestimmung des Produktionsprogramms zu prüfen, in welcher Phase eines Technologie-Lebenszyklus die zu produzierenden Erzeugnisse sein sollten. Kommen alternative Technologien für ein Erzeugnis infrage, kann diese Entscheidung nur vor dem Hintergrund eines insgesamt zu betrachtenden, längeren Zeitraums sinnvoll getroffen werden, da die Kurvenverläufe entsprechend dem S-Kurven-Konzept nicht für verschiedene Technologien gleich verlaufen.

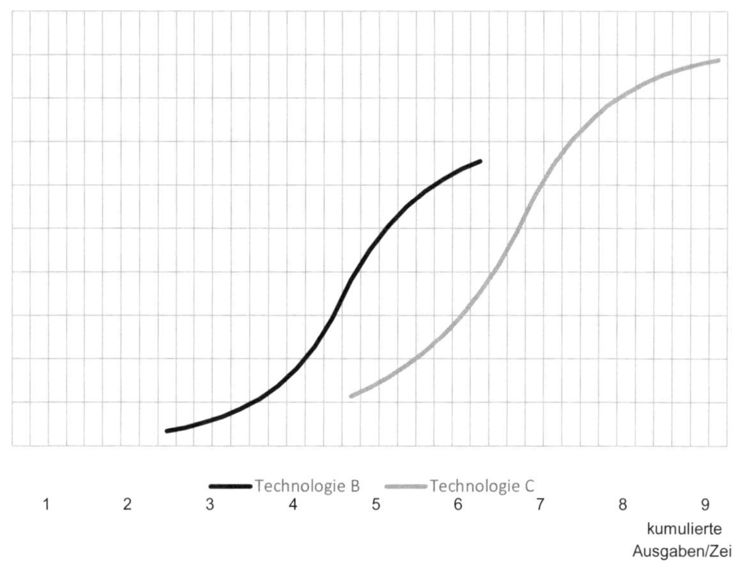

Abb. 3.5: S-Kurven-Konzept für alternative Technologien

Obenstehende Abbildung verdeutlicht, dass die Länge des Betrachtungszeitraums relevant für die richtige Technologieentscheidung ist. Zum gegenwärtigen Zeitpunkt ist Technologie B gegenüber Technologie C leistungsfähiger. Dehnt man den Betrachtungszeitraum jedoch aus, kehrt sich die Vorteilhaftigkeit der Technologien um. Vor diesem Hintergrund lassen sich unter anderem auch die unterschiedlichen Antriebskonzepte erklären, die von den diversen Automobilherstellern aktuell favorisiert werden. Mit Unterstützung des Technologie-S-Kurven-Konzeptes können Unternehmen die Gefahr reduzieren, in nicht ertragreiche Technologien im Verhältnis zu den damit verbundenen Ausgaben zu investieren.

Im **Technologie-Portfolio** wird die Technologieattraktivität als externes Kriterium der Ressourcenstärke als internes Kriterium eines Unternehmens gegenübergestellt. Im Gegensatz zum S-Kurven-Konzept werden also Fähigkeiten eines Unternehmens explizit in die Analyse einbezogen.

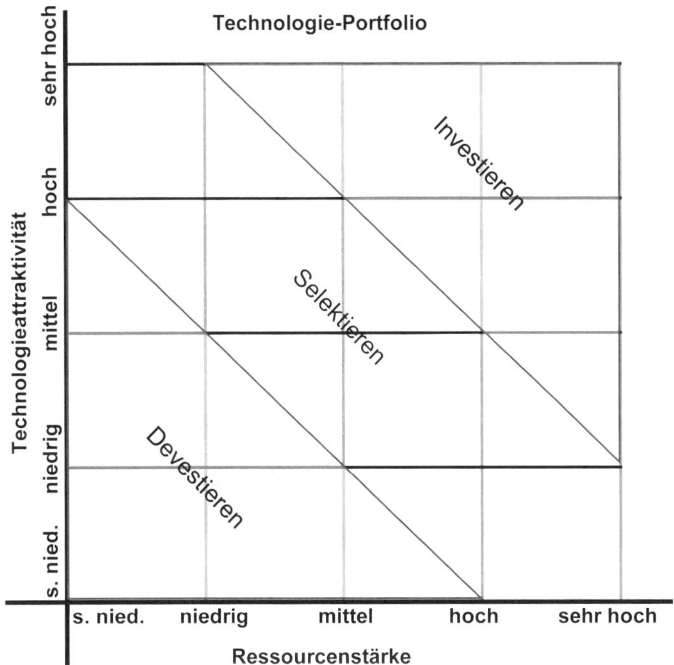

Abb. 3.6: Technologie-Portfolio

In der **Technologieattraktivität** spiegeln sich die Vor- oder Nachteile der Weiterentwicklung einer Technologie wider. Attraktiv ist eine Technologie dann, wenn die Technologie noch über Weiterentwicklungspotenziale verfügt, bei den Kunden auf eine breite Akzeptanz trifft und alternativen Technologien auf absehbare Zeit nicht der Vorzug gegeben wird. Die aus dem Unternehmen resultierende **Ressourcenstärke** steht für die Fähigkeit des Unternehmens, eine Technologie in marktfähige Produkte umzusetzen. Als Maßstab dienen vorhandene und potenzielle Wettbewerber. Die finanziellen Ressourcen eines Unternehmens und die technische Kompetenz sind Kriterien zur Bewertung der Ressourcenstärke.

3.1.4 Der Einfluss der Kernkompetenz auf die Breite des Produktionsprogramms

Diversifizierte Unternehmen bieten ein breites Produktspektrum an. Einerseits führt die Diversifizierung aufgrund des umfassenderen Arbeitsgebietes und Leistungsangebots zu einer weniger ausgeprägten Risikostruktur, andererseits kann von diversifizierten Unternehmen weniger als von fokussierten Unternehmen erwartet werden, dass sie in all ihren Aktivitäten und Produkten Spitzenpositionen erreichen. Einen Ausweg bietet die **Konzentration auf die Kernkompetenzen** des Unternehmens, ein Weg, der von vielen großen und kleinen Unternehmen und Konzernen seit vielen Jahrzehnten bewusst eingeschlagen wird.

Als Kernkompetenz lassen sich die besonderen Fähigkeiten und Technologien eines Unternehmens bezeichnen, die es im positiven Sinn von anderen Unternehmen unterscheidet. Mit einem auf den Kernkompetenzen eines Unternehmens aufbauenden Produktionsprogramm können Kundenwartungen besser erfüllt und höhere Erlöse eingefahren werden. Unterschiedliche Produkte können um Kernkompetenzen herum aufgebaut werden. Kernkompetenzen können im Zeitablauf an Bedeutung verlieren. Unternehmen sind also gezwungen, ihre Kernkompetenzen zu identifizieren, weiter zu entwickeln und darauf basierend marktgerechte Produkte zu gestalten. Kann den Abnehmern der aus den Kernkompetenzen resultierende höhere Kundennutzen kommuniziert werden, eröffnen sich Potenziale für bessere Erlöse.

Mit der Konzentration der Aktivitäten auf die Kernkompetenzen ist die Möglichkeit der Nutzung von **Synergiepotenzialen** eng verbunden. Unter Synergiepotenzialen versteht man die nutzbaren Vorteile, die sich aus einer mehrfachen Verwertung existierender Potenziale ergeben. Diese Mehrfachverwertungen können aus technologischen Fähigkeiten resultieren, die in verschiedenen Erzeugnissen, also „mehrfach", Verwendung finden. Technologische Fähigkeiten können auf vielen Gebieten existieren, so etwa in besonderen Fähigkeiten eines Unternehmens in der Verfügbarkeit, Handhabung und Verarbeitung bestimmter Materialien, in der Beherrschung bestimmter Techniken, in der mehrfachen Verwendung bestimmter Entwicklungen oder in besonderen Kompetenzen in bestimmten Märkten. Ein Beispiel sind die in der Automobilindustrie bekannten Plattformstrategien, die für eine Vielzahl verschiedener Verwendungen genutzt werden können.

Praxisbeispiel für Synergien bei Automobilentwicklungen: Modularer Querbaukasten im Volkswagen-Konzern

„Der Modulare Querbaukasten – kurz MQB genannt – ist die heute am weitesten verbreitete Technologie-Plattform bei Volkswagen. Sie wird für ein Modellspektrum genutzt, das vom kleinen Polo bis hin zum großen US-SUV Atlas reicht. Alle MQB-Modelle besitzen als gemeinsamen Nenner vorn quer eingebaute Motoren. Zu den MQB-Vorteilen gehört unter anderem eine außergewöhnlich gute Raumausnutzung. Als einer von wenigen Automobilherstellern ist Volkswagen durch den MQB zudem in der Lage, alle konventionellen Modelle auch mit elektrifiziertem Antrieb darzustellen. Beispiel Golf: Er ist das weltweit erste und bislang einzige Auto, bei dem die Kunden die Wahl zwischen Benzin-, Diesel-, Erdgas-, Elektro- und Plug-In-Hybridantrieb haben."

(https://www.volkswagen-newsroom.com/de/modularer-querbaukasten-3655, 06.09.2020)

3.2 Target Costing bei der Entwicklung neuer Produkte

Bei der Entwicklung neuer Erzeugnisse sind vor allem zwei Fragen zu beantworten. Welche Anforderungen ergeben sich aus Sicht der Kunden an das Erzeugnis, um einen größtmöglichen Kundennutzen zu erreichen? Wie können unter Berücksichtigung der im Unternehmen anfallenden Kosten und Zielsetzungen die Kundenwünsche am besten umgesetzt werden? Zur Beantwortung dieser Fragen eignet sich das Target Costing. Das Target Costing ist ein Instrument, bei dem vor dem Hintergrund erzielbarer und von Kunden akzeptierter, wettbewerbsgerechter Verkaufspreise und Gewinnvorstellungen seitens des Unternehmens die Kosten für ein neues Erzeugnis und deren Komponenten bestimmt werden. Die Qualität und Leistungsmerkmale der Komponenten orientierten sich hierbei an den zuvor eruierten Vorstellungen der Kunden.

Zur Anwendung kommt das Target Costing vor allem in **wettbewerbsintensiven Branchen**. Hinzu kommt, dass die angebotenen Produkte aus Sicht der Kunden erkennbare und kaufentscheidende Unterschiede aufweisen. Vor diesem Hintergrund müssen Unternehmen entscheiden, welche Eigenschaften ein Erzeugnis haben soll beziehungsweise welche Anforderungen ein Erzeugnis zu erfüllen hat. Da die Vorstellungen der Kunden nicht identisch sind, unterscheiden sich nicht nur die angebotenen Erzeugnisse verschiedener Hersteller, sondern aufgrund der Vielfalt der Kundenvorstellungen auch die angebotenen Erzeugnisse eines Herstellers. Da in der heutigen Zeit eine hohe Wettbewerbsintensität eher der Normalfall als der Ausnahmefall ist, lässt sich das Target Costing in vielen Branchen einsetzen. Beispiele sind die Hersteller von Fahrzeugen oder elektronischer Geräte, die Bau-, Möbel-, Bekleidungs- oder Nahrungsmittelindustrie. Das Target Costing kann in folgende Arbeitsschritte untergliedert werden:

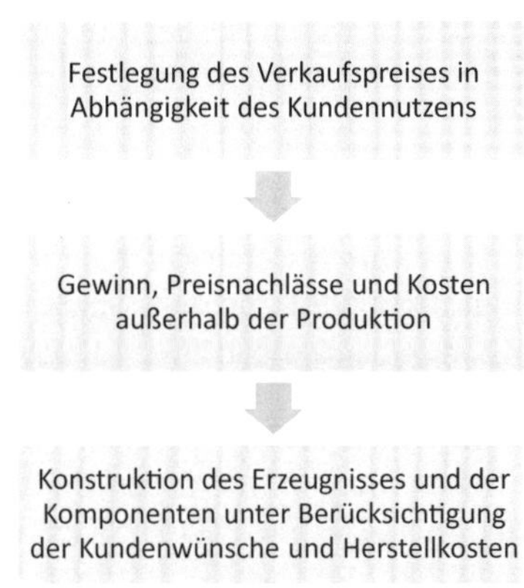

Abb. 3.7: Ablauf des Target Costing

Festlegung des Verkaufspreises in Abhängigkeit des Kundennutzens

In den zuvor bereits genannten und weiteren Branchen verfügen viele Kunden bei vielen Erzeugnissen über eine hohe Transparenz der Leistungsfähigkeit und Beschaffungspreise der Erzeugnisse. Im Zuge der Globalisierung und der Vielfalt alternativer Beschaffungswege sind die Unternehmen einem hohen Wettbewerbsdruck ausgesetzt. Es reicht heute nicht mehr aus, ein Erzeugnis nur im Markt anzubieten. Das Erzeugnis muss vielmehr den Kundenvorstellungen gerecht werden. Ansonsten finden Kunden bei den zahlreichen Wettbewerbern bessere Angebote. Unternehmen müssen dementsprechend wissen, welche **Erwartungen Kunden an die Erzeugnisse** ihres Unternehmens haben. Die Erwartungen der Kunden an die Erzeugnisse verschiedener Unternehmen sind nicht identisch, da die Meinungen der Kunden zu den Erzeugnissen bestimmter Unternehmen auf gefestigten Vorstellungen fußen, die kurzfristig nur begrenzt veränderbar sind. So wird ein auf niedrigen Kosten bedachtes und entsprechend bekanntes Unternehmen nicht ohne weiteres Güter im Luxussektor erfolgreich verkaufen können, da sich das Angebot nicht mit den tradierten Kundenerwartungen deckt.

Beabsichtigt ein Unternehmen ein bestimmtes Erzeugnis im Markt anzubieten, so muss es zunächst herausfinden, zu welchem **Absatzpreis** das Erzeugnis verkauft werden kann. In Käufermärkten bestimmt sich der Absatzpreis durch den Kundennutzen. Der Kundennutzen ergibt sich aus objektiv feststellbaren Merkmalen eines Erzeugnisses, aber auch aus subjektiv bestimmten, nur schwer fassbaren Einschätzungen seitens der Kunden. Zu den objektiv feststellbaren Merkmalen eines Erzeugnisses zählen Art, Umfang und Qualität der **Komponenten**. So erwarten Kunden von einem teureren Erzeugnis qualitativ hochwertigere Komponenten als in günstigeren Erzeugnissen. Auf nicht aus technischen Gründen notwendige Komponenten kann bei günstigeren Erzeugnissen verzichtet werden. Verfolgt ein Unternehmen eine Differenzierungsstrategie, dann werden die Kunden bei einem solchen Unternehmen eher qualitativ hochwertigere und entsprechend teurere Erzeugnisse erwarten als bei einem Unternehmen, das versucht mit niedrigen Kosten im Markt zu bestehen.

Das Target Costing kommt zur Anwendung, bevor die **Marktphase im Produktlebenszyklusmodell** beginnt. Die Marktphase beginnt mit dem Markteintritt, die idealtypisch von der Wachstumsphase abgelöst wird, an die sich Reife- und Sättigungsphase anschließen. Zur Marktphase kommt es erst, wenn zuvor im Rahmen des Ideen- und Innovationsmanagements neue Produkte definiert und entwickelt wurden. Bei der Entwicklung der Erzeugnisse ist das Target Costing ein hilfreiches Instrument, das **Erzeugnis in technischer Hinsicht und die Kosten in wirtschaftlicher Hinsicht** zu gestalten. Die gestrichelte Linie der folgenden Abbildung zeigt, dass bereits vor Beginn der Einführungsphase Kosten für ein Erzeugnis im Zusammenhang mit der Entwicklung dieses Erzeugnisses und der Marktvorbereitung für den späteren Verkauf anfallen. Der wesentliche Teil der Kosten fällt jedoch erst nach Markteinführung an, verbunden mit der Produktion der Erzeugnisse und dem Verkauf. Je innovativer ein Erzeugnis in technischer Hinsicht, umso mehr Zeit benötigt man für die Entwicklung der Erzeugnisse. Im Rahmen der Entwicklung werden fortschreitend Festlegungen getroffen, beispielsweise hinsichtlich der Art des Antriebskonzeptes bei einem Fahrzeug, die Grundlage für die weitere Entwicklung sind. Diese Festlegungen bestimmen in zunehmendem Maße die späteren Kosten in der Fertigung. Die Herstellkosten fallen zwar erst später an, werden aber durch die Entwicklung des Erzeugnisses und der Festlegung, wie das Erzeugnis während der Marktphase zu produzieren ist, in einem hohen Maß vorherbestimmt. Man geht davon aus, dass über 80 % der Herstellkosten bereits in der Entwicklungsphase festgelegt werden und die Beeinflussungsmöglichkeiten der Kosten nur noch in der Differenz zwischen den insgesamt bis zum Ende des Produktlebenszyklus anfallenden Kosten und den bereits festgelegten Kosten bestehen. Diese Tatsache zeigt, wie wichtig es ist, **sich mit den Kosten und der Wirtschaftlichkeit neuer Erzeugnisse bereits sehr früh in der Entwicklungsphase** auseinander zu setzen.

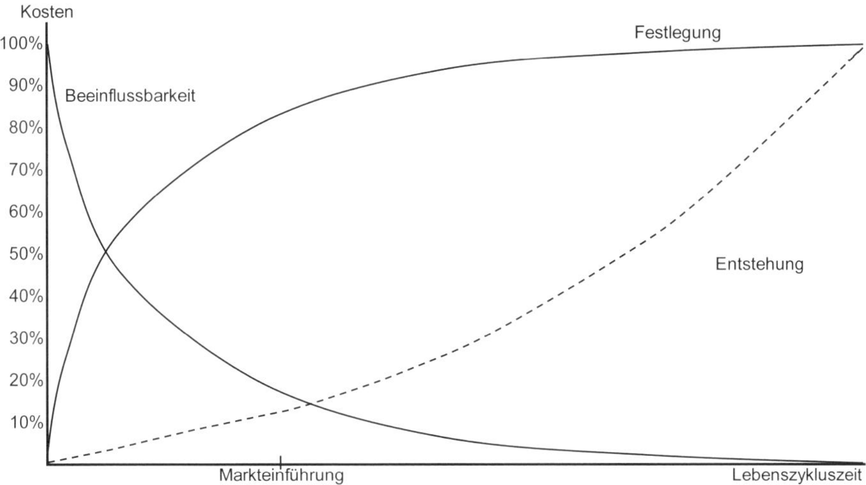

Abb. 3.8: Entstehung, Beeinflussung und Festlegung von Kosten

Die Höhe des Verkaufspreises ist bei der Anwendung des Target Costing von entscheidender Bedeutung, da vom Verkaufspreis alle anderen zu gestaltenden Größen abhängen. Der Verkaufspreisbestimmung ist somit besondere Bedeutung beizumessen. Bietet ein Unternehmen ein Erzeugnis in unterschiedlichen **Varianten** an, so kann es für dieses Erzeugnis keinen einheitlichen Verkaufspreis geben, da der Kundennutzen für jede Variante unterschiedlich ist. Beispiel: Ein Bürosesselhersteller bietet einen Standardstuhl an. Alternativ kann der Bürostuhl mit Stuhlrollen ausgestattet werden. Als weitere Alternative bietet der Hersteller einen hochwertigeren Stoffbezug an. Den Bürostuhl gibt es somit in vier Varianten: ohne Rollen mit einfachem Stoffbezug, mit Rollen mit einfachem Stoffbezug, ohne Rollen mit hochwertigem Stoffbezug, mit Rollen mit hochwertigem Stoffbezug. Will der Hersteller nicht für vier verschiedene Varianten das Target Costing durchführen, dann könnte sich der Hersteller auf die Variante konzentrieren, die vermutlich am stärkten nachgefragt wird. Verdoppelt man die Anzahl der Ausstattungsmerkmale von zwei auf vier Kriterien, dann bietet der Hersteller bereits 16 verschiedene Varianten an, was die Relevanz dieser Problematik unterstreicht.

Ein weiterer Aspekt bei der Bestimmung des Verkaufspreises ist der Zeitaspekt. Ein neu zu entwickelndes Erzeugnis wird über einen längeren **Zeitraum**, üblicherweise über mehrere Jahre hinweg, angeboten. Es kann nicht davon ausgegangen werden, dass der Preis über den gesamten Zeitraum unverändert bleibt. In der Einführungsphase muss das Unternehmen entscheiden, ob es zunächst mit einem relativ hohen Preis (Skimmingstrategie) oder mit einem niedrigeren Preis in den Markt (Penetrationsstrategie) eintreten will. Die Skimmingstrategie eignet sich eher für innovative Erzeugnisse, während die Penetrationsstrategie eingesetzt wird, um von vornherein hohe Marktanteile zu erzielen. In Verbindung mit dem Erfahrungskurvenkonzept lassen sich durch Lerneffekte im Zeitablauf Kostenvorteile gegenüber Wettbewerbern erwirtschaften. Auch wenn das Target Costing mit der Bestimmung der Verkaufspreise beginnt, wird bereits deutlich, dass eine **Abhängigkeit zwischen Kostenhöhe und Preisstellung** besteht.

Für die konkrete Preisfindung kann auf Preis-Absatz-Funktionen zurückgegriffen werden. Vermutet man einen linearen Zusammenhang zwischen Absatzpreisen und Absatzmengen, kann eine **Preis-Absatz-Funktion** der Form $p(x) = a - b \cdot x$ unterstellt werden, wobei p für den Absatzpreis, x für die Absatzmenge, b für die Reaktion des Absatzes auf Preisveränderungen und a für die maximal mögliche Absatzmenge bei einem Absatzpreis von Null (Sättigungsmenge) stehen. Bei einer Preis-Absatz-Funktion von $p = 2.000 - 10 \cdot x$ führt ein Absatzpreis von 1.000 GE zu einem maximalen Umsatz von 100.000 GE.

Neue Erzeugnisse werden entsprechend ihrem Produktlebenszyklus über einen längeren Zeitraum produziert und verkauft. Der gesamte Zeitraum kann in einzelne Perioden (Jahre) eingeteilt werden. Entsprechend der Phase im Produktlebenszyklus und vor dem Hintergrund der Aktivitäten der Wettbewerber können Unternehmen nicht davon ausgehen, dass in allen Perioden mit der gleichen Preis-Absatz-Funktion gearbeitet werden kann. Setzt ein Unternehmen bei neuen innovativen Produkten auf die Skimmingstrategie, dann ergeben sich besonders hohe Preisveränderungen während der Marktphase. Zur Bestimmung von Absatzpreisen und -mengen kann für jede Periode eine eigenständige Preis-Absatz-Funktion zugrunde gelegt werden. Mit einer **dynamischen Preis-Absatz-Funktion** lassen sich darüber hinaus Beziehungen zwischen Absatzpreisen und Absatzmengen in vorhergehenden und nachfolgenden Perioden funktional berücksichtigen.

Verkaufspreise können in Anlehnung an der im Unternehmen existierenden Kostensituation oder am Absatzmarkt orientiert bestimmt werden (siehe die folgende Abbildung). Die Orientierung am Absatzmarkt kann aus dem Blickwinkel der Kunden oder der Wettbewerber geschehen. Üblicherweise beachten Unternehmen alle drei genannten Vorgehensweisen. In **herkömmlichen Kostenrechnungssystemen** kalkuliert man Verkaufspreise auf Basis der im Unternehmen anfallenden Kosten. Derartige Kalkulationen können auf Grundlage der vermutlich anfallenden Ist-Kosten (Prognosekostenrechnung) oder auf Basis gegebener Standardkosten kalkuliert werden. Addiert man die Gewinnvorstellungen des Unternehmens zu den Kosten hinzu, dann werden sich vor allem dort Verkäufe realisieren lassen, wenn Kunden diese Erzeugnisse zwingend benötigen und nicht auf andere Erzeugnisse ausweichen können. Solche Absatzsituationen herrschen in stark reglementierten Märkten vor, etwa beim Verkauf von verschreibungspflichtigen Medikamenten, für die es noch keine Nachahmerprodukte gibt. Öffentliche Leistungsanbieter mit Abnahmezwang, beispielsweise staatlicher Rundfunk oder die Abfallbeseitigung, machen für die Preiskalkulationen ihre Kosten geltend. Standardkosten, die gegenüber den Ist-Kosten frei von Unwirtschaftlichkeiten sein sollen, können durch noch nicht im Entwicklungsprozess berücksichtigte konstruktive Veränderungen und durch Umsetzung noch ungenutzter Kostensenkungspotenziale reduziert werden. Der kostenbasierten Bestimmung der Verkaufspreise fehlt der Marktbezug.

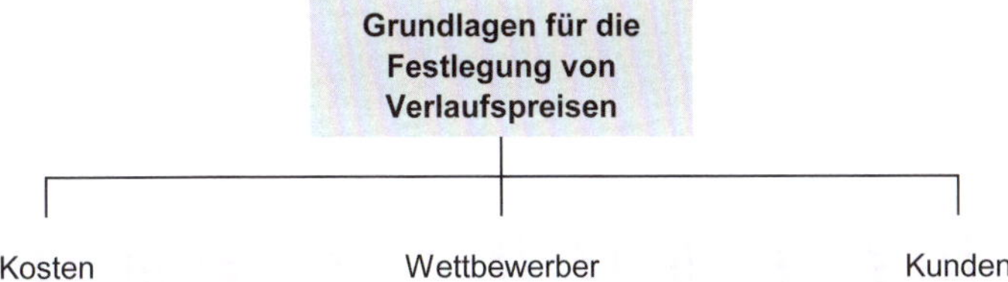

Abb. 3.9: Festlegung von Verkaufspreisen

Die Orientierung an den **Verkaufspreisen der Wettbewerber** ist ein Weg zur Herstellung des Marktbezugs. Voraussetzung dafür ist, dass es geeignete Wettbewerber gibt, die ähnliche Erzeugnisse im Markt anbieten. Implizit wird bei dieser Vorgehensweise zur Bestimmung von Verkaufspreisen unterstellt, dass sich Wettbewerber durch ihre eigene Preispolitik untereinander nicht schaden wollen. Durch bewusste Preisunterbietungen können sich Preiskriege entwickeln. Sie sind in der Unternehmenspraxis keine seltene Erscheinung. Bei Commodities gelingt es Wettbewerbern oft nur über den Preis ihre Erzeugnisse zu verkaufen oder im Handel zu platzieren. Überdimensionierte Produktionsanlagen und das Bestreben, die eigenen Überkapazitäten besser auszulasten, sind ein weiterer Grund für aus Branchensicht nicht sinnvolle Preisnachlässe. Noch nicht genannt sind mit diesen beiden Beispielen für Preiskriege hohe Preissenkungen, die ausschließlich aus dem Grund erfolgen, einem Wettbewerber extrem zu schaden, damit dieser vom Markt verschwindet. Die Orientierung an den Verkaufspreisen der Wettbewerber scheidet bei neuen, innovativen Erzeugnissen aus.

Leitet man die **Verkaufspreise aus dem Kundennutzen** ab, so bezieht man nicht nur Preisvorstellungen der Kunden, sondern auch deren Vorstellungen über Merkmale und Eigenschaften bei der Entwicklung neuer Erzeugnisse ein. Im Rahmen einer **Conjoint-Analyse** wird erarbeitet, in welchem Umfang einzelne Merkmale eines Erzeugnisses zum Gesamtnutzen des Erzeugnisses aus Kundensicht beitragen. Aus technischer Sicht erstrebenswerte, aber möglicherweise hohe Kosten verursachende Merkmale, die aus Kundensicht weniger relevant sind, können so bei der Entwicklung eines Erzeugnisses bereits erkannt und die dafür anfallenden Kosten vermieden oder zumindest reduziert werden. Umgekehrt ergeben sich aufgrund der Analyse Erkenntnisse über Merkmale, die aus Kundensicht eine hohe Bedeutung haben und bei der Entwicklung eines Erzeugnisses stärker Berücksichtigung finden sollten.

Ausgangsbasis der Conjoint-Analyse ist die Auswahl der zu untersuchenden **Merkmale**, die Kunden zur Befragung vorgelegt werden. Für jedes Merkmal werden sodann **Ausprägungen** formuliert. Für das Merkmal Fruchtanteil pro 100 g Marmelade können beispielsweise folgende Ausprägungen gewählt werden: mindestens 30 g bis maximal 45 g; mehr als 45 g bis maximal 55 g; mehr als 55 g bis maximal 70 g; mehr als 70 g. An die Merkmale sind folgende Anforderungen zu stellen:

- Die Merkmale sollten für die Kaufentscheidung des Kunden wichtig sein.
- Die kaufentscheidenden Merkmale sind vollumfänglich zu berücksichtigen.
- Das Unternehmen sollte die Merkmale beeinflussen können.
- Die Merkmale sollten unabhängig voneinander sein.

Die verschiedenen Ausprägungen der einzelnen Merkmale lassen sich zu fiktiven Erzeugnissen kombinieren. Bei nur fünf Merkmalen mit jeweils vier Ausprägungen gibt es bereits über eintausend Kombinationsmöglichkeiten (Profile), sodass sich die Frage nach der Effizienz der durchzuführenden Befragungen stellt. Ein Mittel zur Effizienzverbesserung ist die softwaregestützte Befragung anstelle von klassischen Karteikarten. Der Befragungsablauf kann auf Basis bereits gegebener Antworten gesteuert werden, sodass ein zu befragender Kunde nicht sämtliche Profile vorgelegt bekommt. Eine weitere Vereinfachung aus Kundensicht lässt sich durch Reduzierung der in die Profile aufzunehmenden Merkmale erreichen. Sowohl Anzahl der Merkmale als auch die Anzahl der merkmalsbezogenen Ausprägungen sollte auf das Mindestmaß beschränkt werden. Ergebnis der Conjoint-Analyse sind Teilnutzenwerte je Merkmal und Ausprägung, die additiv zu einem Gesamtnutzenwert je Profil zusammengefasst werden können.

Fallbeispiel zur Bestimmung des Verkaufspreises in Abhängigkeit vom Kundennutzen: Sven Nordam hat vor einigen Jahren in dritter Generation die Schreinerei Nordam & Söhne OHG übernommen. Sein jüngerer Brüder Niklas ist nach seiner Lehre aus dem Geschäftsbetrieb ausgestiegen und widmet sich dem Politik- und Philosophie-Studium an der Frankfurter Goethe-Universität, Vater Gustav kümmert sich noch täglich um das angestammte Geschäft. Sven hat in den letzten zehn Jahren viel verändert. Die OHG wurde zu einer GmbH umfirmiert. Wesentlich mehr Umsatz als früher wird mit der Entwicklung und dem Bau von Fertighäusern verdient. Zurzeit werden zwei verschiedene Modelle in einfacher Ausstattung erfolgreich im Markt angeboten. Bei den Verkaufsgesprächen wird von den Kunden immer stärker nach anspruchsvolleren Fertighäusern gefragt, sodass Sven sich entschieden hat, von einem Marktforschungsunternehmen eine Conjoint-Analyse durchführen zu lassen. Untersucht werden soll unter Berücksichtigung der Zahlungsbereitschaft, welche **Merkmale und Eigenschaften** kaufentscheidend sind. Nach gemeinsamen Überlegungen sind folgende Merkmale in die Untersuchung eingeflossen: Repräsentativität, Funktionalität, Helligkeit, Wirtschaftlichkeit, Klimaneutralität, Sicherheit, Platzverhältnisse. Für die sieben Merkmale wurden jeweils drei Ausprägungen verwendet, für das Merkmal Platzverhältnisse als Beispiel eine Wohnfläche von 120 m^2, 150 m^2, 180 m^2. Um die Beratungskosten und die Befragungen in Grenzen zu halten wurde anstelle der Vollprofilmethode die Teilprofilmethode angewendet, bei der nicht alle theoretisch denkbaren Kombination erfragt werden. Die alternativ zur Anwendung kommen könnende Trade-Off-Methode wurde verworfen. Als Ergebnis der softwaregestützten Analyse liegt der Nordam Fertighaus GmbH folgende relative Bewertung für die in die Analyse einbezogenen Merkmale vor:

Merkmal	Repräsentativität	Funktionalität	Helligkeit	Wirtschaftlichkeit	Klimaneutralität	Sicherheit	Platzverhältnisse
Gewichtung	5 %	15 %	18 %	20 %	4 %	15 %	23 %

Tab. 3.1: Gewichtung der Produkteigenschaften

Als Kaufpreis ergab sich im Rahmen der Befragung für ein Haus in einer bestimmten Größe ein Wert von 180.000 €.

Gewinn, Preisnachlässe und Kosten außerhalb der Produktion

Bei dem Target Costing ermittelt man ausgehend vom Verkaufspreis die Höhe der Kosten für ein Erzeugnis. Diese Kosten werden den derzeit vermutlich anfallenden Ist-Kosten gegenübergestellt mit dem Ziel, die Differenzen zwischen Ist-Kosten und Zielkosten gering zu halten. Im System des Target Costing bezeichnet man die Zielkosten auch mit dem Begriff allowable costs und die vermutlich anfallenden Ist-Kosten mit der Bezeichnung drifting costs. Die in die Berechnung einfließenden Zielkosten ergeben sich als Differenz zwischen dem Verkaufspreis und Gewinn sowie gegebenenfalls nach Abzug weiterer Größen. Außer Non-Profit-Unternehmen streben Unternehmen neben anderen Zielen die Erwirtschaftung von Gewinnen an. Der **Gewinn** kann absolut oder relativ in der Berechnung angesetzt werden. Bei der absoluten Angabe des Gewinns kann man diesen für die gesamte Absatzmenge, die man in der Marktphase des Produktlebenszyklus verkaufen will, ansetzen. Diese Vorgehensweise hat den Vorteil, dass man für die einzelnen Perioden des Produktlebenszyklus unterschiedliche Absatzpreise und -mengen sowie Kosten ansetzen kann. In den meisten Literaturquellen wird der zu erzielende Gewinn mit der Kennzahl **Umsatzrentabilität** konkretisiert. Die Kennzahl Umsatzrentabilität kann vor oder nach Zinsen und Steuern berechnet werden. Da beide Größen in den Verkaufspreisen enthalten sein müssen, sind vom Ergebnis Zinsen und Steuern zu subtrahieren. Da man die Verkaufspreise aufgrund der Kundenbefragungen kennt, lässt sich der von der Umsatzrentabilität abhängige Gewinn einfach berechnen. Aus Sicht der Kapitalgeber ist jedoch nicht die Umsatzrentabilität, sondern die Kapitalrentabilität die entscheidendere Zielgröße. Entsprechend dem DuPont-Kennzahlenschema lässt sich die Kapitalrentabilität als Produkt von Umsatzrentabilität und Kapitalumschlag berechnen:

$$\text{Return on Investment} = \frac{\text{Gewinn}}{\text{Umsatz}} \cdot \frac{\text{Umsatz}}{\text{Kapital}}$$

Die Berechnung zeigt, dass der Return on Investment sowohl von der Umsatzrentabilität als auch von der Kapitalrentabilität beeinflusst wird. Einen Return on Investment in Höhe von 10 % erzielt das Unternehmen mit einer Umsatzrentabilität von 10 % und einem Kapitalumschlag von 1,0, aber auch mit einer Umsatzrentabilität von 5 % und einem Kapitalumschlag von 2,0. Gerade im Zusammenhang mit dem Target Costing ist dieser Aspekt nicht uninteressant, da bei Produktinnovationen auch über die Art der Leistungserstellung einzelner Komponenten zu entscheiden ist. Einen besseren Kapitalumschlag erzielt man, wenn aufgrund des Fremdbezugs von Komponenten weniger Maschinen und damit weniger Kapital benötigt wird. Vor diesem Hintergrund lassen sich höhere Zielkosten rechtfertigen, die sich aufgrund einer niedrigeren Umsatzrentabilität ergeben, wenn der Fremdfertigungsanteil erhöht wird.

Für den Verkauf der Erzeugnisse eines Unternehmens ist der **Vertrieb** zuständig. Viele Unternehmen bieten ihre Produkte nicht nur über einen Vertriebsweg an. So verkauft ein Reifenhersteller seine Erzeugnisse an Hersteller von Automobilen, an den Handel, zwischengeschaltete Großhändler verkaufen weiter an Einzelhändler und Werkstätten, der Einzelhandel verkauft weiter an private Kunden. Gleichzeitig gibt es noch einen internetbasierten Vertrieb, dessen Bedeutung weiter zunehmen dürfte. Der Vertrieb selbst kann mit unternehmensinternen Vertriebsorganen, so dem Vertriebsaußen- und Vertriebsinnendienst, als auch über unternehmensexterne Vertriebsorgane, die wie Franchisenehmer an das Unternehmen gebunden sind oder wie Handelsvertreter oder der Groß- und Einzelhandel vom Unternehmen unabhängig sind, erfolgen. Badkeramik und viele andere Artikel werden mit hohen Preisnachlässen gegenüber der unverbindlichen Verkaufspreisempfehlung der Hersteller an Kunden verkauft. Verkaufspreise sind somit um **Erlösschmälerungen**, also um Rabatte, Boni und Skonti, zu mindern. Auf der anderen Seite verlangt der Handel beispielsweise nach **Werbekostenzuschüssen**, die zusätzlich innerhalb der Vertriebskosten zu berücksichtigen sind. Die Vielfalt der Absatzmöglichkeiten zeigt, dass die unterschiedlichen Kosten und Preisnachlässe der verschiedenen Vertriebsformen differenzierter berücksichtigt werden müssen, als durch einen pauschalen, prozentualen Abzug von den um den veranschlagten Gewinn gekürzten Verkaufspreis. Gerade bei innovativen Erzeugnissen bietet es sich an, das Vertriebskonzept zu überdenken. Einsparungs- und Verbesserungspotenziale sind zu identifizieren.

Neben den Vertriebskosten und den noch zu behandelnden Herstellkosten stellen die **Verwaltungskosten** einen wesentlichen Kostenblock dar. Die Auswirkungen eines neuen Produktes aus dem Blickwinkel der Verwaltungskosten können dazu führen, dass neue Arbeitskräfte für eine Produktinnovation benötigt werden, beispielsweise ein Produktmanager mit zwei weiteren dem Produktmanagement zugeordneten Arbeitskräften zuzüglich Arbeitsplätze. Die Kosten können direkt dem neuen Produkt zugerechnet werden. Daneben nutzen alle Erzeugnisse beziehungsweise Geschäftsbereiche eines Unternehmens die verschiedenen Verwaltungsfunktionen, etwa das Personalwesen, das Controlling, die Buchhaltung und die Geschäftsführung. In traditionellen Kostenrechnungssystemen kalkuliert man die Verwaltungsgemeinkosten als Zuschlag zu den Herstellkosten. Diese einfache, früher sicherlich einmal gerechtfertigte Vorgehensweise wird der heutigen Unternehmenswirklichkeit nicht mehr gerecht. Seit den 1990er-Jahren gibt es mit der **Prozesskostenrechnung** eine angemessenere Vorgehensweise der Gemeinkostenkalkulation, die im Rahmen des Target Costing zur Anwendung kommen kann (vgl. *Horváth et. al* 2020, S. 249).

Im **Fallbeispiel** werden unter Berücksichtigung der soeben diskutierten Vorgehensweise für ein Fertighaus 30.000 € für Gewinn, Preisnachlässe, Verwaltungs- und Vertriebskosten veranschlagt. Als allowable costs für die Herstellkosten verbleiben 150.000 €.

Konstruktion des Erzeugnisses und der Komponenten unter Berücksichtigung der Kundenwünsche und Herstellkosten

Der dritte Arbeitsschritt betrifft den im System des Target Costing vorgesehenen Vergleich der allowable costs mit den drifting costs und den daraus resultierenden Überlegungen zur Anpassung der Kosten unter Berücksichtigung der Kundenwünsche. Da Leistungen eines Unternehmens sich aus Teilleistungen, die einzelne Komponenten eines komplexen Erzeugnisses sein können, zusammensetzen, gilt es, die Zielkosten auf die einzelnen Komponenten zu verteilen. Mit der **Komponentenmethode** besteht eine einfacher anzuwendende Methodik, als bei der anschließend zu diskutierenden Funktionsmethode. Kundenpräferenzen bleiben methodisch unberücksichtigt, wenn man sich bei den auf die Komponenten zu verteilenden Zielkosten eines neuen Erzeugnisses an der Kostenstruktur eines Vergleichsobjekts orientiert. Das Vergleichsobjekt kann ein Vorgängerprodukt oder ein im Unternehmen ähnliches Erzeugnis sein, es kann sich aber auch um die Kostenstruktur von Wettbewerberprodukten handeln, denen man sich annähern möchte.

Anwendbar ist diese Vorgehensweise, wenn sich die Unterschiede bei einem Erzeugnis gegenüber anderen Erzeugnissen des Unternehmens bewusst in Grenzen halten, um ein schon länger angebotenes Produkt noch eine gewisse Zeit im Markt zu halten, ohne es grundsätzlich zu verändern. Durch ein gegenüber einer Neuentwicklung kostengünstigeres Relaunch können gegebenenfalls ein sich abzeichnender Preisverfall und sich anbahnende Absatzrückgänge wirkungsvoll gestoppt werden. Bestehende Kostenstrukturen und Eigenschaften eines Erzeugnisses bleiben im Wesentlichen bestehen und werden für einen gewissen Zeitraum fortgeschrieben.

Ein anderer Anwendungsbereich für die Komponentenmethode liegt dort, wo die Präferenzen der Kunden nicht über den „Umweg" der Funktionen erfragt werden müssen. Solche Verhältnisse liegen beispielsweise im B2B-Market vor. Plant ein Hersteller eine Kapazitätserweiterung, der an verschiedenen Standorten auf der Welt bestimmte Produktionsprozesse betreibt, dann ist davon auszugehen, dass der Hersteller über genaue Kenntnisse der Produktionsanlagen in seinem Unternehmen, in Wettbewerberunternehmen und über anstehende Verbesserungen der Produktionsanlagen seitens der Hersteller dieser Anlagen verfügt, sodass er dem Hersteller für eine geplante Erweiterungsinvestition nicht Funktionen benennt, sondern die benötigten Komponenten mit den verlangten Leistungsdaten genau bezeichnet. Solche Produktionsanlagen werden je nach Komplexität über einen längeren Zeitraum gemeinsam zwischen dem Auftrag gebenden Unternehmen und dem Anlagenhersteller konfiguriert. Auch im B2C-Market kann die Komponentenmethode bei „aufgeklärten" Kunden eine sinnvolle Methodik sein, wenn diese aus Sicht des Vertriebs eher untypischen Kunden über genaue technische Vorstellungen verfügen und diese artikulieren.

Liegen diese Begebenheiten jedoch nicht vor, dann ist die **Funktionsmethode** ein geeigneter Weg, die Zielkosten auf die Komponenten zu verteilen. Kunden erwarten von Produkten bestimmte Eigenschaften, bei einem Kraftfahrzeug spielen die Aspekte Sicherheit, Wirtschaftlichkeit und Komfort neben vielen weiteren Eigenschaften eine wichtige Rolle. Die Komponente Motor übt auf jede der genannten Eigenschaften einen Einfluss aus. Eine hohe Motorleistung bewirkt unter dem Aspekt Sicherheit, dass man Überholvorgänge auf Landstraßen schnell abwickeln kann und die Gefahr von Unfällen mit dem Gegenverkehr reduziert wird, die verbaute Motortechnik wirkt sich entscheidend auf die Wirtschaftlichkeit im laufenden Betrieb des Fahrzeugs aus, ein laufruhiger Motor beeinflusst den Fahrzeugkomfort. Je nachdem welche Eigenschaften der Kunden im Fokus stehen, können die Ingenieure ein Fahrzeug anders konstruieren. In solchen Fällen ist nicht die Komponentenmethode, sondern die Funktionsmethode eine sinnvolle Vorgehensweise zur Aufteilung der Zielkosten und zur Gestaltung der Komponenten.

Im **Fallbeispiel** für die Anwendung des Target Costing bei der Konstruktion eines Fertighauses sollen die Komponenten Außenwände, Dach, Fassade, Fenster, Zugangssysteme, Dämmung, Innenwände, Technik und Premiumsysteme Berücksichtigung finden. Die Zugangssysteme betreffen die Haustüranlage, Kellerzugang und Schließtechnik. Außenwände und Dach sind zu dämmen. Die Innenwände sind abhängig von der Raumaufteilung, der Anzahl der Räume, beispielsweise mehrfache Bäder und Schlafräume. Aufgrund der vielfältigen Gestaltungsmöglichkeiten bei der technischen Ausstattung wird hier in Basisanforderungen sowie Leistungs- und Begeisterungsanforderungen differenziert. Zu den Basisanforderungen zählen die elektrischen Anschlüsse und Wasserzuflüsse und -abflüsse im notwendigen Umfang. Leistungs- und Begeisterungsanforderungen decken die Premiumsysteme ab. Hierunter fallen über die Basisanforderungen hinausgehende Anschlussmöglichkeiten für Strom und Wasser sowie Regenwasseraufbereitung, Photovoltaik, Solarthermie, Belüftungs- und Entlüftungssysteme als auch Überwachungstechnik. In der folgenden Tabelle haben Ingenieure und Experten im Unternehmen zusammengetragen, **in welchem Umfang** ihrer Ansicht nach die verschiedenen **Komponenten zur Funktionserfüllung beitragen**. Diese Vorgehensweise ist im hohen Maße subjektiv, aber ein gangbarer und transparenter Weg, um die Bedeutung und Wichtigkeit der Komponenten aus Kundensicht zu demonstrieren. Im Beispiel sind für die von den Kunden geforderte Sicherheit unter anderem die Komponenten Fassade (Brandschutz), Fenster (einbruchsicheres Glas sowie Sicherheitsschließtechnik), Zugangssysteme (stabile Schließtechnik) und Premiumsysteme (Überwachungstechnik) relevant.

Merkmal / Komponenten	Repräsentativität	Funktionalität	Wirtschaftlichkeit	Klimaneutralität	Sicherheit	Platzverhältnisse
Außenwände		5%	10%	10%	5%	30%
Dach		5%	15%	10%		25%
Fassade	30%		5%		10%	
Fenster	10%	20%	15%	15%	10%	
Zugangssysteme	10%	10%			45%	
Dämmung		5%	20%	25%		
Innenwände	10%	20%	5%			45%
Technik (Standard)		10%				
Premiumsysteme	40%	25%	30%	40%	30%	
Summe	100%	100%	100%	100%	100%	100%

Tab. 3.2: Komponenten und Funktionen eines Erzeugnisses

Berücksichtigt man nun die zuvor im Rahmen der Conjoint-Analyse zusammengetragene Bedeutung der Merkmale aus Sicht der Käufer, dann lässt sich entsprechend der folgenden Tabelle die Bedeutung jeder Komponente unter Berücksichtigung der Kundenvorstellungen angeben. Das Merkmal Sicherheit hat aus Sicht der Kunden eine Bedeutung von 15 % am Gesamtwert des Fertighauses. Da die Zugangssysteme zu 45 % dazu beitragen, multipliziert man die beiden Prozentzahlen und erhält als Ergebnis 6,8 %. Die gleiche Berechnung wird für die Merkmale Repräsentativität und Funktionalität bezogen auf die Zugangssysteme durchgeführt und ermittelt die Werte 0,5 % und 1,5 %. Die anschließende Summierung der drei berechneten Werte ergibt 8,8 % und bedeutet aus Sicht des Target Costing, dass 8,8 % der Zielkosten des Gesamtobjektes auf die Komponente Zugangssysteme entfallen sollen, um den Kundenvorstellungen zu entsprechen.

Merkmal / Komponenten	Repräsentativität	Funktionalität	Wirtschaftlichkeit	Klimaneutralität	Sicherheit	Platzverhältnisse	Summe
Außenwände		0,8 %	2,0 %	0,4 %	0,8 %	6,9 %	10,8 %
Dach		0,8 %	3,0 %	0,4 %		5,8 %	11,7 %
Fassade	1,5 %		1,0 %		1,5 %		4,0 %
Fenster	0,5 %	3,0 %	3,0 %	0,6 %	1,5 %		19,4 %
Zugangssysteme	0,5 %	1,5 %			6,8 %		8,8 %
Dämmung		0,8 %	4,0 %	1,0 %			5,8 %
Innenwände	0,5 %	3,0 %	1,0 %			10,4 %	18,5 %
Technik (Standard)		1,5 %					1,5 %
Premiumsysteme	2,0 %	3,8 %	6,0 %	1,6 %	4,5 %		19,7 %

Tab. 3.3: Berechnung der prozentualen Kostenanteile der Komponenten

Multipliziert man nun die prozentualen Vorgaben für die einzelnen Komponenten mit den Zielkosten für die Herstellkosten in Höhe von 150.000 €, so erhält man die Zielkosten für die einzelnen Komponenten:

Komponenten	Zielkosten in %	Zielkosten in €
Außenwände	10,8 %	16.200
Dach	11,7 %	17.550
Fassade	4,0 %	6.000
Fenster	19,4 %	29.100
Zugangssysteme	8,8 %	13.125
Dämmung	5,8 %	8.625
Innenwände	18,5 %	27.675
Technik (Standard)	1,5 %	2.250
Premiumsysteme	19,7 %	29.475
Summe	100,0 %	150.000

Tab. 3.4: Zielkosten der Komponenten

Im nächsten Schritt werden den Zielkosten die vermutlich anfallenden Standardkosten gegenübergestellt. Bei den **Standardkosten** kann man sich an vergleichbaren Objekten orientieren. Da man im Unternehmen des Fallbeispiels bereits einfache Fertighäuser erstellt, orientiert man sich bei den Außenwänden an den Kosten, die für diese anderen Häuser typischerweise unter Berücksichtigung der abweichenden Hausgrößen anfallen. In ähnlicher Weise kann man bei anderen Komponenten, etwa den Innenwänden und den Basisanforderungen der technischen Ausstattung, vorgehen. Fenster, Zugangssysteme und Premiumsysteme werden zugekauft, sodass die dafür anzusetzenden Kosten aus den Angeboten der Zulieferer abgeleitet werden können. Da nicht alle Fertighäuser alle Premiumsysteme in bester Qualität vollständig enthalten ist hinsichtlich der Standardkosten im Vorfeld festzulegen, in welchem Umfang welche Premiumsysteme in welcher Qualität verbaut werden.

Die in der folgenden Tabelle angegebenen Standardkosten der einzelnen Komponenten sind den Kundenpräferenzen gegenüberzustellen, um zu erkennen, ob das entsprechend den Standardkosten erstellte Produkt sich mit den Kundenvorstellungen deckt. Dazu berechnet man einen **Zielkostenindex** der in einer Grafik visualisiert werden kann. Für die Berechnung des Zielkostenindex findet man in der Literatur verschiedene Vorgehensweisen. In älteren Quellen dominiert die folgende Berechnung. Man ermittelt für die Standardkosten die Kostenanteile jeder Komponente in Prozent der gesamten Standardkosten und wiederholt diese Berechnung für die Zielkosten. Die Division der in Prozent angegebenen Zielkosten durch die entsprechenden Standardkosten ergibt den Zielkostenindex, der in der folgenden Tabelle entsprechend dieser Berechnung angegeben und darunter stehend visualisiert ist:

Komponenten	Standardkosten		Zielkosten		Zielkosten-index I
	in €	in %	in €	in %	
Außenwände	27.000	15,8 %	16.200	10,8 %	0,68
Dach	25.000	14,6 %	17.550	11,7 %	0,80
Fassade	15.000	8,8 %	6.000	4,0 %	0,46
Fenster	30.000	17,5 %	29.100	19,4 %	1,11
Zugangssysteme	8.500	5,0 %	13.125	8,8 %	1,76
Dämmung	11.000	6,4 %	8.625	5,8 %	0,89
Innenwände	17.000	9,9 %	27.675	18,5 %	1,86
Technik (Standard)	6.000	3,5 %	2.250	1,5 %	0,43
Premiumsysteme	31.500	18,4 %	29.475	19,7 %	1,07
Summe	171.000	100,0 %	150.000	100,0 %	1,00

Tab. 3.5: Variante I zur Berechnung des Zielkostenindex

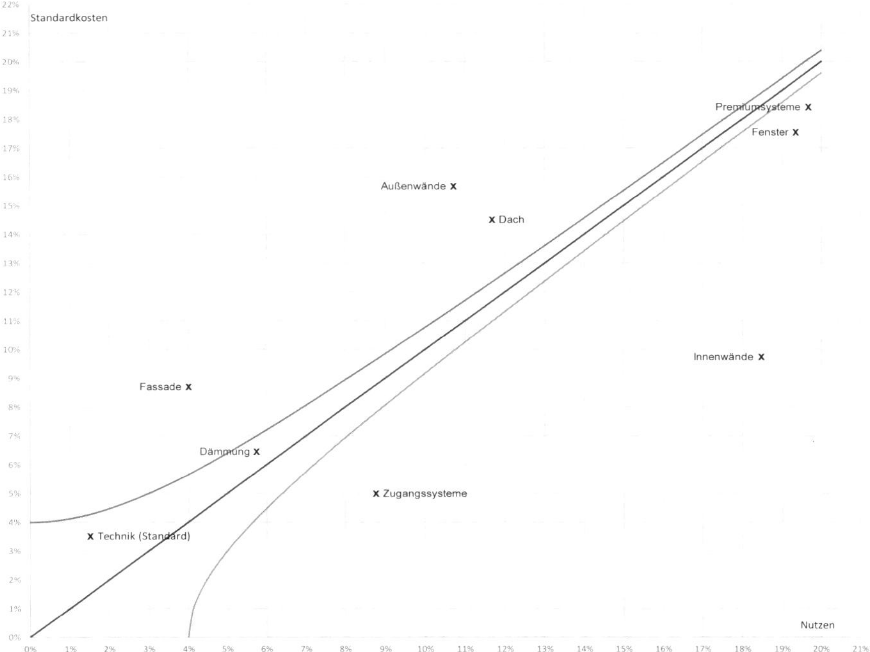

Abb. 3.10: Zielkostendiagramm Kosten in Relation zum Nutzen

Zielkostenindex und Visualisierung zeigen, dass zwischen Kosten und Nutzen deutliche Differenzen bestehen. Der Zielkorridor soll die Anpassungsnotwendigkeit verdeutlichen. Komponenten außerhalb des Zielkorridors sollten auf jeden Fall neu durchdacht werden. Das heißt für die Komponenten Zugangssysteme und Innenwände, aber auch für die Komponenten Fenster und Premiumsysteme, dass aus Sicht des Nutzens seitens der Kunden höhere Kostenanteile gerechtfertigt wären, sofern hierdurch eine Nutzenerhöhung erreicht wird. Umgekehrt verhält sich dieser Sachverhalt bei der Fassade, den Außenwänden und dem Dach, denen aus Kundensicht nicht die Wertschätzung entgegengebracht wird, der den Kostenanteilen entspricht. Ideal wäre in dieser Systematik, wenn sich alle Komponenten auf der Winkelhalbierenden des Koordinatensystems befinden würden. Das wäre beispielsweise der Fall, wenn alle Komponenten doppelt so hohe Standardkosten wie Zielkosten aufweisen würden. Der Zielkostenindex würde dann bei allen Komponenten genau 1,0 aufweisen. Das verdeutlicht vielleicht, dass eine Zielkostenindexberechnung auf diese Art und Weise nicht wirklich überzeugend ist. Konkreter zeigt sich diese Problematik bei den Komponenten Fenster und Premiumsysteme. Laut Visualisierung im Zielkostenindex liegen Fenster und Premiumsysteme unterhalb der diagonalen Linie und sogar unterhalb des Zielkorridors, sie stiften also einen höheren Nutzen, als die entsprechenden Standardkosten. Vergleicht man die Standardkosten jedoch mit den Zielkosten, dann sieht man, dass die Standardkosten – falls sie in diesem konkreten Fall überhaupt angepasst werden sollten – nicht aufgrund eines höheren Nutzens ansteigen dürften, sondern reduziert werden müssen.

In immer mehr aktuelleren Literaturquellen wird diese Problematik thematisiert und der Zielkostenindex auf eine andere Art und Weise berechnet. Zwei Varianten bieten sich an, die zum gleichen Ergebnis führen. Die einfachste Möglichkeit ist, dass man die Zielkosten direkt durch die Standardkosten dividiert. Bei der Komponente Fenster erhält man für den Zielkostenindex dann den Wert 0,97. Zuvor lag dieser Wert für die Komponente Fenster bei 1,11.

Die zweite Art, den Zielkostenindex zu berechnen wäre die vorherige Berechnung der Standardkosten in %, jedoch nicht in Summe der Standardkosten, sondern in % der Zielkosten. Denn nur die Zielkosten sollten insgesamt für das Produkt anfallen. Für die Komponente Fenster beträgt dieser prozentuale Anteil dann nicht mehr 17,5 %, sondern 20,0 %. Die Division von 19,4 % durch 20,0 % ergibt einen Zielkostenindex von 0,97. Im Visualisierungsdiagramm liegt dieser Punkt somit oberhalb der Diagonalen, zuvor lag er unterhalb dieser Linie. Die Berechnungen für alle Komponenten enthält die folgende Tabelle, die Visualisierung die folgende Abbildung:

Komponenten	Standardkosten		Zielkosten		Zielkosten-index II
	in €	in %	in €	in %	
Außenwände	27.000	18,0 %	16.200	10,8 %	0,60
Dach	25.000	16,7 %	17.550	11,7 %	0,70
Fassade	15.000	10,0 %	6.000	4,0 %	0,40
Fenster	30.000	20,0 %	29.100	19,4 %	0,97
Zugangssysteme	8.500	5,7 %	13.125	8,8 %	1,54
Dämmung	11.000	7,3 %	8.625	5,8 %	0,78
Innenwände	17.000	11,3 %	27.675	18,5 %	1,63
Technik (Standard)	6.000	4,0 %	2.250	1,5 %	0,38
Premiumsysteme	31.500	21,0 %	29.475	19,7 %	0,94
Summe	171.000	114,0 %	150.000	100,0 %	0,88

Tab. 3.6: Variante II zur Berechnung des Zielkostenindex

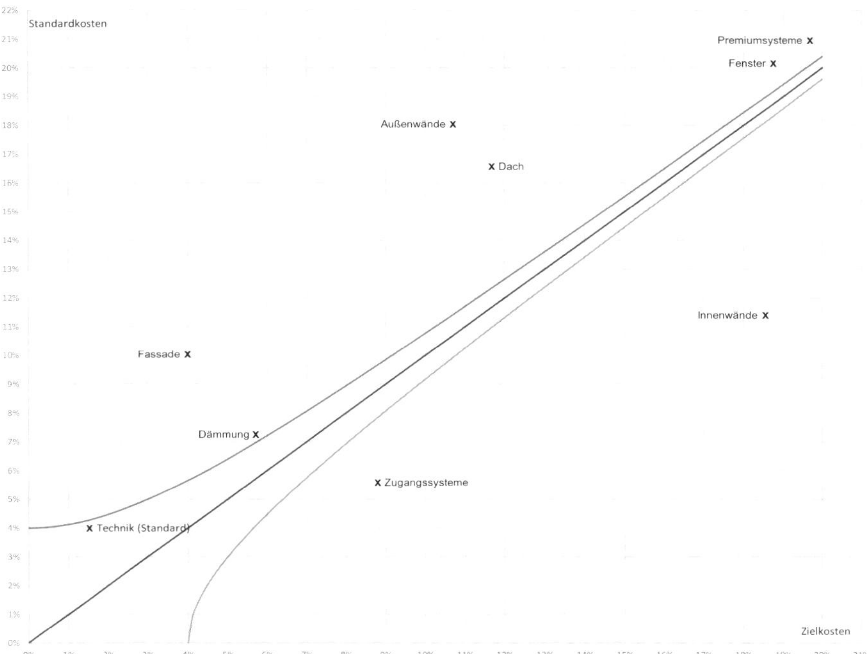

Abb. 3.11: Zielkostendiagramm Standardkosten in Relation zu den Zielkosten (q = 4 %)

Im Vergleich zum zuvor aufgestellten Zielkostendiagramm zeigt sich bei allen Komponenten eine schlechtere Kostensituation im Ist gegenüber den Zielkosten. Der Grund ist, dass die relativen Standardkosten der einzelnen Komponenten nicht auf Basis der Summe der in der Regel zu hohen Standardkosten, sondern auf Basis der zuvor aus Kundensicht erlaubten Zielkosten berechnet werden. Die Komponenten Premiumsystem und Fenster sind nunmehr nicht mehr zu günstig, sondern in Wirklichkeit zu teuer. Diese Erkenntnis gewinnt man bereits, wenn man sich lediglich die absoluten Kosten für diese beiden Komponenten ansieht. Die Standardkosten für die Fenster liegen bei 30.000 €, die Zielkosten jedoch nur bei 29.100 €. Außerhalb des Zielkorridors liegen die Komponenten Fassade, Dämmung, Außenwände, Dach, Fenster und Premiumsysteme, sodass bei diesen Komponenten über kostenmäßige und qualitative Anpassungen nachgedacht werden sollte. Zugangssysteme und Innenwände könnten qualitativ hochwertiger gestaltet werden. Anpassungen bei der technischen Standardausstattung sind nicht zwingend notwendig.

Die Fassade weist Standardkosten von 15.000 € und Zielkosten von 6.000 € auf, in Prozent der Zielkosten 10 % beziehungsweise 4 %. Um bei dem vorgegebenen Zielkorridor die obere Kostengrenze zu erreichen, müsste man die Kosten bei dieser Komponente um 6.515 € reduzieren. Dem **Zielkorridor** liegt für die obere und untere Kostengrenze folgende Berechnung zugrunde:

$$y_1 = \sqrt{x^2 + q^2}; \quad y_2 = \sqrt{x^2 - q^2}$$

Bei der Komponente Fenster mit Standardkosten von 30.000 € und Zielkosten von 29.100 € beträgt der Abstand zwischen Standardkosten und oberer Kostengrenze nur 288 €. Von den absoluten Werten zeigt sich bei dieser Komponente nicht wirklich ein Anpassungsbedarf. Um diesen Tatbestand modelltechnisch zu berücksichtigen lässt sich der **Toleranzparameter q** von 4 % auf beispielsweise 10 % erhöhen. In diesem Fall wären nur noch die Komponenten Außenwände und Dach oberhalb der Kostengrenze und die Komponente Innenwände unterhalb der Kostengrenze, sodass sich der aus dem Modell ergebende Anpassungsbedarf entsprechend reduziert. Bei den beiden zuerst genannten Komponenten sind Kostensenkungen zu prüfen. Bei den Außenwänden beträgt der Anpassungsbedarf rund 4.900 €, um die obere Kostengrenze zu erreichen und 10.800 €, um die Zielkosten zu erreichen. Der Anpassungsbedarf der Komponente Dach beträgt rund 1.900 € bis zur oberen Kostengrenze, die Differenz zu den Zielkosten beträgt 7.450 €.

Zu prüfen sind, welche Möglichkeiten existieren, um die Kosten zu senken. Eine Möglichkeit kann der **Fremdbezug** der beiden Komponenten sein. Die Fertigung, der aus Holz gefertigten Außenwände, aber auch der Bau des Dachstuhls zählen zum **Kerngeschäft** des aus einer ehemaligen Schreinerei hervorgegangenen Bauunternehmens für Fertighäuser. Deswegen soll dieser Weg nicht weiterverfolgt werden. Baustatische Berechnungen zeigen, dass **konstruktive Vereinfachungen** möglich sind, die zu Kostenersparnissen führen. Außerdem können **kostengünstigere Holzqualitäten** eingesetzt werden. Mithilfe eines Unternehmensberaters untersucht man die **Abläufe und Prozesse** in der Fabrik als auch auf den Baustellen und identifiziert erhebliche Verbesserungspotenziale. Die im Rahmen der Prozessanalyse gewonnenen Erkenntnisse sollen darüber hinaus für eine Umstellung der Kalkulation genutzt werden.

Die Nordam Fertighaus GmbH betreibt immer noch das klassische Schreinereigeschäft, vertreten durch den Senior Gustav Nordam. Hinzugekommen ist durch den Übergang der Geschäftsführung auf den Sohn Sven Nordam und die damit verbundene Erweiterung des Unternehmens auf neue Geschäftsbereiche der Bau von zwei einfachen Fertigungstypen. Eine Ergänzung um eine neue aufwendigere Variante für ein Fertighaus wird folgen. Im Unternehmen gewinnt man die Erkenntnis, dass die **klassische Zuschlagskalkulation** die Inanspruchnahme der Kosten nicht mehr richtig widerspiegelt. Mit einheitlichen Zuschlagssätzen für die Aufträge in der Schreinerei und für den – die Ressourcen des Unternehmens anders in Anspruch nehmenden – Bau von Fertighäusern lassen sich die Gemeinkosten nicht mehr dem Verursachungsprinzip entsprechend auf die Leistungen verrechnen. Einen Ausweg sieht man in der Prozesskostenrechnung. Mit deren Hilfe will man zum einen Prozesse analysieren und verbessern und zum anderen Kalkulationen verursachungsgerechter aufbauen.

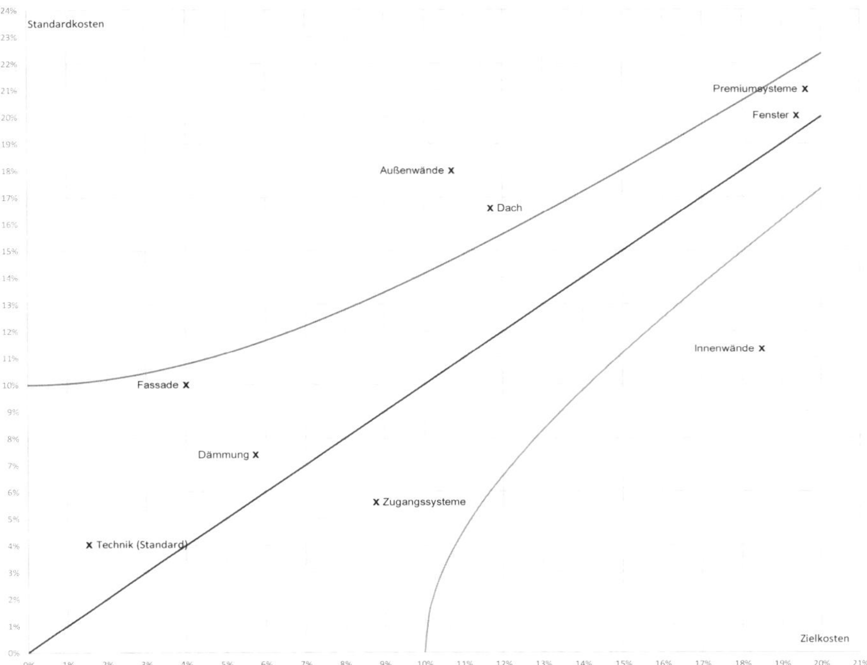

Abb. 3.12: Zielkostendiagramm Standardkosten in Relation zu den Zielkosten (q = 10 %)

3.3 Bestimmung der Fertigungstiefe

Aus der strategischen Festlegung, welche Erzeugnisse produziert und im Markt angeboten werden sollen, ergibt sich die **Fertigungsbreite**. Im Anschluss daran ist die **Fertigungstiefe** zu bestimmen. Hierdurch regelt das Unternehmen den Umfang der im eigenen Haus erfolgenden Wertschöpfung. Probleme, welche Leistungen von einem Unternehmen selbst erbracht oder fremd bezogen werden sollen, betreffen nicht nur den Fertigungsbereich, sondern grundsätzlich alle Bereiche und Prozesse in Unternehmen. Da es in diesem Kapitel ausschließlich um **langfristige Aussagen zum Produktionsprogramm** geht, werden kurzfristige, die Eigenfertigung oder den Fremdbezug betreffende Fragestellungen zum Produktionsprogramm an anderer Stelle behandelt.

Ein Unternehmen kann grundsätzlich selbst bestimmen, welche Bereiche der Wertkette in Eigenregie gefertigt werden sollen und welche Teile an außenstehende Unternehmen abgegeben werden. Im Extremfall kann die **gesamte Fertigung an andere Unternehmen** vergeben werden, die entsprechend den Vorgaben der Auftraggeber die Fertigung realisieren. Differenziert werden kann bei einer Komplettfertigung danach, in welchem Umfang dem Zulieferer wesentliche Bauteile vom Auftraggeber zugeliefert werden oder ob der Vertragsfertiger die Beschaffung der benötigten Materialien eigenverantwortlich vornimmt. In vielen Branchen findet man hierzu

Beispiele. Die Textilindustrie gilt als Musterbeispiel für eine global weit verzweigte und vielschichtige Industrie. Laut Auskunft des Gesamtverbands der deutschen Textil- und Modeindustrie e. V. sind beispielsweise „an der Herstellung eines Herrenoberhemds rund 140 unterschiedliche Unternehmen weltweit beteiligt" (https://www.textil-mode.de/themen/corporate-social-responsibility-csr, 06.09.2020)

Greift man den im vorhergehenden Abschnitt für die Fertigungsbreite diskutierten Aspekt der **Kernkompetenz** eines Unternehmens wieder auf, so gelten diese Überlegungen auch für die Fertigungstiefe. Dort, wo ein Unternehmen seine Kernkompetenz sieht, spricht das grundsätzlich für eine Eigenfertigung. Die Kernkompetenz kann technologisch begründet sein, sie kann sich aber auch aus Sicht der Kunden ergeben. So erwarten sicherlich nicht wenige Kunden exklusiver Sportwagenhersteller, dass bestimmte Komponenten – je nach Hersteller etwa besonders leistungsstarke Motoren in klassischer Bauart oder eine mit besonders anschmiegsamen Connolly-Leder ausgestattete Inneneinrichtung – in Eigenfertigung, möglicherweise sogar in Handarbeit, produziert werden. Hieraus definiert sich die **Unique Selling Proposition** eines Unternehmens. Die Unique Selling Proposition dient dem Unternehmen, das eigene Angebot gegenüber Wettbewerberangeboten abzugrenzen. In gesättigten Märkten vermögen Unternehmen hiermit, Kunden auf das eigene Angebot zu fokussieren.

3.3.1 Optionen zur Gestaltung der Fertigungstiefe

Unterstellt man, dass ein Unternehmen den als Kernkompetenz definierten engeren Arbeitsbereich in Eigenregie erstellt und die Kernkompetenz nicht den Anfang oder das Ende einer Wertkette ausmacht, so kann die Fertigungstiefe durch Rückwärts- oder Vorwärtsintegration ausgedehnt werden. Bei einer **Rückwärtsintegration** ist zu prüfen, für welche Leistungen vorgelagerter Produktionsstufen die Eigenerstellung oder der Fremdbezug sinnvoller ist. Bei einer **Vorwärtsintegration** sind diese Überlegungen für die nachfolgenden Produktionsstufen anzustellen.

Je weniger Erfahrungen das Unternehmen mit dem zuvor bestimmten Produktionsprogramm hat, umso größer ist das Risiko, dass die mit der Produktion und dem Vertrieb verbundenen Zielsetzungen nicht erreicht werden. Bei einem hohen Risiko ist es von Vorteil, möglichst **flexibel** aufgestellt zu sein, um bei einer möglicherweise schlechter als geplant entwickelnden Ist-Situation schnell wirksame Anpassungsmaßnahmen ergreifen zu können. Besteht die Gefahr, trotz Anpassungsmaßnahmen die Zielsetzungen deutlich zu verfehlen, dann sollte die Möglichkeit eines einfachen und möglichst rechtzeitigen Ausstiegs aus dem Projekt gegeben sein. Besteht diese Flexibilität nicht, dann türmen sich gegebenenfalls Jahr für Jahr Verluste auf, die die Existenz eines Unternehmens gefährden können. Für die Rückwärts- oder Vorwärtsintegration betreffende Entscheidungen bedeutet dies, dass man bei einer sehr hohen Unsicherheit die Möglichkeiten einer Ausdehnung der Produktion auf nach- oder vorgelagerte Stufen erst später wahrnehmen sollte.

Voraussetzung für einen Fremdbezug ist die Existenz geeigneter **Lieferanten**. Die Zusammenarbeit zwischen Lieferanten und Unternehmen kann unterschiedlich intensiv gestaltet sein. Lieferanten können als **verlängerte Werkbank** eingesetzt werden, in dem bestimmte Bearbeitungsschritte auf externe Unternehmen ausgelagert werden. Bei einer verlängerten Werkbank liegt die Entwicklung des Erzeugnisses beim Auftraggeber, grundlegende Vorgehensweisen der Fertigung werden gleichfalls vom Auftraggeber festgelegt. Bei der **Lohnfertigung** beschafft der Auftraggeber für den Lieferanten die für die Fertigung benötigten Materialien. Bei **Auftragsfertigung** ist das produzierende Unternehmen für den Einkauf des Fertigungsmaterials selbst verantwortlich und liefert nach Produktionsvollzug die Erzeugnisse an den Auftraggeber aus.

Der Fremdbezug kann nur einfache Teile betreffen, bei **Systemlieferanten** erstrecken sich die Lieferungen auf umfangreichere Baugruppen und Komponenten, beispielsweise vollständig montierte Fahrgestelle in der Automobil- oder Bahnindustrie. Je komplexer die Zuliefererteile sind, umso wichtiger ist ein auf eine langfristige Zusammenarbeit ausgerichtetes, partnerschaftliches Verhältnis zwischen Auftraggeber und Lieferant. Kennzeichnend für eine derartige Zusammenarbeit ist das frühzeitige Einbeziehen der Lieferanten in die Produktentwicklung, an der sie mitarbeiten und ihre spezifischen Kenntnisse und Erfahrungen einbringen können. Die enge Zusammenarbeit führt zu einer hohen zeitlichen Inanspruchnahme des beteiligten Personals. Aus diesem Grund wird man oft nur wenige, im Extremfall gar nur einen Lieferanten (single sourcing) für bestimmte Problemlösungen haben. Die so erzielbaren Kosteneinsparungen werden jedoch durch eine hohe Abhängigkeit, in negativer Hinsicht bis hin zu Erpressungsversuchen bei Preisverhandlungen oder Belieferungen, von diesen Lieferanten erkauft.

Praxisbeispiel für Probleme mit einem Zulieferer: „Volkswagen kündigt Lieferverträge: Der Niedergang des Zulieferer-Rebellen Prevent

An den August 2016 erinnern sich die Chefeinkäufer des Volkswagen-Konzerns noch genau – wenn auch nicht besonders gerne. Denn damals ließ ein kleiner Zulieferer den Wolfsburger Autoriesen ziemlich schlecht dastehen. Im Streit um einen geplatzten Großauftrag stellten zwei deutsche Töchter der bosnischen Prevent-Gruppe im August kurzfristig die Lieferungen an den Volkswagen-Konzern ein. Tagelang standen deshalb in den VW-Werken in Wolfsburg und Emden Bänder still."

(https://www.manager-magazin.de/unternehmen/autoindustrie/volkswagen-kuendigt-prevent-der-niedergang-des-zulieferer-rebellen-a-1201361.html, 06.09.2020)

3.3.2 Grundlegende Unterschiede zwischen Eigenfertigung und Fremdbezug

Die Unterschiede zwischen Eigenfertigung und Fremdbezug sind vielfältig. Wesentliche Unterschiede sind in der Finanzierung und den Kosten zu sehen.

3.3.2.1 Finanzwirtschaftliche Unterschiede

Langfristige Entscheidungen zur Fertigungstiefe sind ein wesentlicher Faktor für den Kapitalbedarf. Zu unterscheiden ist zwischen dem Kapitalbedarf für das Anlagevermögen und dem Kapitalbedarf für das Umlaufvermögen. Der **Kapitalbedarf für das Anlagevermögen** zeigt Unterschiede, da bei Eigenfertigung im Gegensatz zum Fremdbezug Ausgaben für Produktionsanlagen anfallen. Ausgaben für andere

Anlagen, die Betriebs- und Geschäftsausstattung sowie für Grundstücke und Gebäude werden in einem gewissen Umfang ebenfalls zusätzlich anfallen. Können für die benötigten Produktionsanlagen vorhandene Gebäudeteile genutzt werden, dann fallen zwar zum Entscheidungszeitpunkt keine zusätzlichen Ausgaben an, alternative Nutzungsmöglichkeiten der entsprechenden Gebäudeteile können dann jedoch nicht realisiert werden, sodass Einnahmen aufgrund einer potenziell möglichen anderen Verwendung der Gebäudeteile nicht realisiert werden können.

Der für das Anlagevermögen notwendige Kapitalbedarf wirkt sich direkt auf die Bilanz und die darauf basierenden Kennzahlen aus. Da Bilanz und Kennzahlen ein wesentlicher Faktor für das **Rating** sind, müssen die Auswirkungen in die Entscheidungsfindung einbezogen werden. Das Rating ist nicht nur entscheidend für die Beziehungen eines Unternehmens zu kreditgebenden Banken und Kapitalbeteiligungsgesellschaften, sondern auch für Lieferanten, Kunden und Führungskräfte. Ein schlechtes Rating erschwert oder verhindert im Extremfall die Finanzierung und führt zu höheren Finanzierungskosten. Das folgende, einfach gehaltene Beispiel verdeutlicht die bilanziellen Auswirkungen. Bilanz und Kennzahlen beinhalten noch nicht die weiteren Investitionen in das Anlagevermögen, wenn die Fertigungstiefe erhöht wird. Müssen annahmegemäß weitere 2.000 GE investiert werden, die über Darlehen finanziert werden sollen, dann steigt die Bilanzsumme auf 8.000 GE, die Anlagendeckung II als Quotient der Division von Anlagevermögen und langfristigem Kapital verringert sich leicht auf rund 108 %, das Eigenkapital sinkt jedoch um immerhin 25 % und verringert sich auf 15 % mit den entsprechenden Auswirkungen auf das Rating. Das Working Capital verändert sich nicht, da Auswirkungen auf Umlaufvermögen und kurzfristiger Finanzierung an dieser Stelle außen vor bleiben sollen.

Bilanz

Anlagevermögen	4.000	Eigenkapital	1.200
Umlaufvermögen	2.000	Darlehen (lfr.)	3.300
		Sonstiges Fremdkapital (kfr.	1.500
	6.000		6.000

Eigenkapitalquote	20,0%
Anlagendeckung II	112,5%
Working Capital	500

Abb. 3.13: Bilanz und Kennzahlen vor Investitionen zum Ausbau der Fertigungstiefe

Während der Kapitalbedarf für das Anlagevermögen eindeutig steigt, sind die Aussagen für das **Umlaufvermögen** differenzierter zu treffen. Während Anlagevermögen mit langfristigem Kapital finanziert werden sollte, also mit langfristigem Fremdkapital und Eigenkapital, wird man zur Finanzierung des Umlaufvermögens **auch kurzfristige Mittel** heranziehen. Kurzfristiges Kapital ist ferner danach zu differenzieren, ob Zinskosten in Ansatz zu bringen sind oder nicht. Zinskosten fallen bei Kontokorrentkrediten an und liegen üblicherweise über den Zinsen für langfristige Finanzierungen. Kurzfristige Verbindlichkeiten aus Lieferungen und Leistungen werden allgemein als Abzugskapital angesehen. Hierunter versteht man zinsfrei einem Unternehmen zur Verfügung gestelltes Kapital. Werden einem Unternehmen jedoch Zahlungsziele eingeräumt, aber Zinskosten nicht explizit in Rechnung gestellt, dann sind – sofern der Lieferant entsprechend den Grundsätzen der Kostenrechnung kalkuliert – Zinskosten in Abhängigkeit von den Zahlungszielen bereits in den Verkaufspreisen enthalten. Sie werden nur nicht offen ausgewiesen. Gewährt ein Lieferant den Abzug eines Skontos bei Zahlungen innerhalb der Skontoabzugsfrist, dann ergibt sich hieraus die Zinsbelastung.

Vergleicht man die für den Fremdbezug notwendigen finanziellen Mittel für die einzukaufenden Materialien mit dem **Wert für die Einkäufe** der Materialien, mit denen man alternativ die Erzeugnisse selbst fertigen würde, dann liegt der Wert im zuerst genannten Fall bei ansonsten gleichen Bedingungen über dem Wert der Materialien, aus dem man selbst erst das Erzeugnis fertigen würde. Ob aus diesem Grund tatsächlich **mehr Kapital für den Fremdbezug** benötigt wird, kann daraus jedoch noch nicht abgeleitet werden. Mehrere Gründe sind dafür entscheidend. Ein Grund ist, dass der Kapitalbedarf beim Fremdbezug zwar höher ist, aber erst später anfällt. Es muss also ein geringerer Zeitraum finanziert werden. Ein weiterer Grund ist, dass bei Eigenfertigung nicht nur die einzukaufenden Materialen finanziert werden müssen, sondern auch Personalkosten in der eigenen Produktion sowie Finanzierungskosten für andere Produktionsfaktoren.

Der konkrete Kapitalbedarf für die Bestimmung der Vorteilhaftigkeit zwischen Eigenfertigung und Fremdbezug hängt von verschiedenen Faktoren ab. Entscheidend sind unter anderem die **Beschaffungslosgrößen**, die die Lagerhaltungskosten determinieren. Bei großen Entfernungen, verbunden mit Schiffstransporten, ergeben sich in einer Periode weniger Belieferungen bei größeren Mengen. Können die noch zu verarbeitenden Materialien oder alternativ die fremdbezogenen Fertigteile jedoch just in time beschafft werden, dann reduziert sich entsprechend der Lagerhaltungsbedarf als auch die Finanzierungskosten. Abschließend ergibt sich der finale Kapitalbedarf, wenn die differierenden **Zahlungskonditionen** der Lieferanten mit in die Analyse einbezogen werden. Eine entsprechend aufgestellte Kapitalflussrechnung einschließlich Bilanz kann zur Entscheidungsfindung die nötige Transparenz liefern (siehe dazu 2. Kapitel).

3.3.2.2 Kostenmäßige Unterschiede

In diesem Abschnitt ist zu untersuchen, ob unter kostenrechnerischen Gesichtspunkten der Eigenfertigung oder der Fremdbezug vorteilhafter ist. In diesem Kapitel geht es um die langfristige Bestimmung der Fertigungstiefe für das eingangs bereits definierte Produktionsprogramm. Außen vor bleiben aufgrund der Langfristigkeit der Betrachtung im eigenen Unternehmen oder bei Lieferanten besondere Sachverhalte, die nur kurzfristiger Natur sind. Sind beispielsweise Zulieferer oder das eigene Unternehmen temporär unterausgelastet, dann kann eine solche Situation auch Auswirkungen auf die Preisfindung haben. Bei der hier angestrebten **langfristigen Betrachtung** bleiben solche Sondersituationen jedoch unberücksichtigt. Ausgangsbasis der Überlegungen ist die Normalbeschäftigung, sowohl im eigenen Unternehmen als auch bei den Zulieferern. Für die Kostenbestimmung bedeutet das, dass die Kosten anzusetzen sind, die üblicherweise anfallen, unabhängig davon, ob sie kurzfristig abgebaut werden können. Zum Ansatz kommt also anstelle einer Teilkostenrechnung eine **Vollkostenbetrachtung**.

Die Kosten des Fremdbezugs sind mit den Kosten für die Eigenfertigung zu vergleichen. Die **Kosten des Fremdbezugs** sind vergleichsweise einfach zu bestimmen, da sie sich aus den Vertragsunterlagen ergeben. Ergänzt werden müssen die Kosten des Fremdbezugs um die zusätzlich anfallenden Kosten. Das können die Kosten für den Transport vom Lieferanten zum Unternehmen sein, sofern diese Kosten nicht vom Lieferanten übernommen werden. Hinzu kommen die beim Materialzugang anfallenden Kosten für Prüfungs- und Einlagerungsvorgänge. Im Vergleich zur Eigenfertigung können die im Anschluss anfallenden Lagerkosten aufgrund anderer Lagermengen in Abhängigkeit der Beschaffungslosgrößen unterschiedlich hoch sein. Vergessen werden dürfen nicht die Kosten in anderen Abteilungen, die im Zusammenhang mit Einkäufen anfallen. Hierzu zählen die Kosten der Einkaufsabteilung aber auch Kosten im Verwaltungsbereich, zum Beispiel Kosten in der Buchhaltung.

Die **Kosten der Eigenfertigung** setzen sich aus den Kosten für die Produktion und den Kosten aller anderen Abteilungen zusammen, ohne die man die Produktionsleistung langfristig betrachtet nicht erbringen könnte. Wie zuvor bei den Kosten des Fremdbezugs bereits angesprochen, sind die Kosten für die Inanspruchnahme von Leistungen anderer Unternehmensbereiche, etwa dem Einkauf, der Buchhaltung oder dem Personalbereich zu berücksichtigen. Während die Kosten des Fremdbezugs weitestgehend als variable Kosten klassifiziert werden können, beinhalten die Kosten für die Eigenfertigung auch fixe Kosten in größerem Umfang. Bei einer annahmegemäß geringeren Steigerung der Kostenkurve im Fall der Eigenfertigung ergibt sich entsprechend der folgenden Abbildung ein Schnittpunkt der beiden Kostenkurven, der anzeigt, bei welcher Periodenleistung die Eigenfertigung oder der Fremdbezug aus Kostensicht sinnvoller ist.

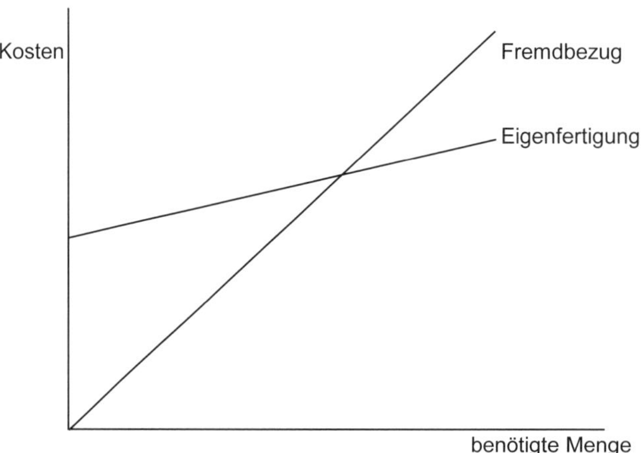

Abb. 3.14: Kostenvergleich Eigenfertigung und Fremdbezug

Unter der Annahme, dass die Kalkulation des Lieferanten und die Kosten bei Eigenfertigung nach den gleichen Grundsätzen kalkuliert werden, können sich aus vielen

Gründen Unterschiede bei den Kosten innerhalb eines Unternehmens ergeben. Ursache für unterschiedlich hohe **Löhne und Gehälter** können mit unterschiedlichen Tarifverträgen begründet werden oder mit einer abweichenden Personalproduktivität. Bei energieintensiven Produktionsvorgängen, etwa in der Aluminiumindustrie, führen alternativ nutzbare **Energiequellen** zu unterschiedlich hohen Kosten. Kosten für die Nutzung der **Produktionsanlagen** außer den zuvor bereits angesprochenen Energiekosten unterscheiden sich bei unterschiedlich alten oder automatisierten Betriebsmitteln. Unterschiedlich hohe Kosten für **Gebühren, Steuern und andere Abgaben** sowie Kosten für die **Beseitigung von Abfallstoffen** ergeben sich für Unternehmen, die an verschiedenen Standorten operieren.

3.4 Literaturhinweise zum dritten Kapitel

BMW Geschäftsbericht 2018.
Bruhn, M.: Marketing, 14. Aufl., Wiesbaden 2019.
Coenenberg, A.; Fischer, T.; Günther, T.: Kostenrechnung und Kostenanalyse, 9. Aufl. Stuttgart 2016.
Covestro Geschäftsbericht 2019.
Corsten, H. et al.: Grundlagen des Technologie- und Innovationsmanagements, 2. Aufl., München 2016.
Grunwald, G.; Hempelmann, B.: Angewandte Marketinganalyse, Berlin/Boston 2017.
Homburg, C.: Marketingmanagement, 6. Aufl., Wiesbaden 2017.
Horváth, P.; Gleich, R.; Seiter, M.: Controlling, 14. Aufl. München 2020.
Männel, W.: Eigenfertigung und Fremdbezug, 2. Aufl. Stuttgart 1981.
Marcharzina, K.; Wolf, J.: Unternehmensführung, 10. Aufl. Wiesbaden 2018.
Pfeiffer, W. et al.: Technologie-Portfolio zum Management strategischer Zukunftsgeschäftsfelder, 6. Aufl., Göttingen 1991.
Porter, M.: Wettbewerbsvorteile, 8. Aufl., Frankfurt, New York 2014.
Schmalen, H.; Pechtl, H.: Grundlagen und Probleme der Betriebswirtschaft, 15. Aufl., Stuttgart 2013.
Schreyögg, G.; Koch, J.: Grundlagen des Managements, 3. Aufl., Wiesbaden 2015.
Welge, M.; Al-Laham, A.; Eulerich, M.: Strategisches Management, 7. Aufl., Wiesbaden 2017.

4 Erstmalige Bereitstellung der benötigten Kapazitäten

Einen Produktionsstandort finden und aufbauen

Die für eine Produktion infrage kommenden Geschäftsfelder sind ausgewählt, die Überlegungen zur Fertigungstiefe und damit zum Umfang der betrieblichen Wertkette sind abgeschlossen. Nächster Schritt ist die Bereitstellung der dafür benötigten Fertigungskapazitäten. Diese Aufgabe lässt sich in drei Teilaufgaben zerlegen. Zunächst ist ein passender Standort für die Produktion zu finden, für diesen Standort ist die Finanzierung zu sichern und letztendlich geht es um die Errichtung des Standortes.

- Bei der Auswahl von Produktionsstandorten sind nach einer den Aufwand reduzierenden Vorauswahl eine überschaubare Anzahl von Standorten fundiert zu prüfen.
- Die Finanzierung ist ein wesentlicher Aspekt, gerade bei neu aufzubauenden Produktionsstandorten. Ohne externe Kapitalgeber lassen sich aus Unternehmenssicht größere Projekte nicht stemmen, sodass der Finanzierbarkeit – auch bei auftretenden Problemen – besondere Sorgfalt zu widmen ist.
- Bei aller Euphorie im Zusammenhang mit dem Aufbau neuer, bedeutender Produktionskapazitäten darf nicht vergessen werden, dass Fehlentwicklungen frühzeitig identifiziert werden sollten, um rechtzeitig gegenzusteuern. Wichtig ist ein effektives und effizientes Projektcontrolling.

4.1 Den richtigen Produktionsstandort finden

Wird ein Unternehmen erstmalig gegründet, dominiert nicht selten das **regionale Umfeld des Unternehmensgründers** den Standort. Bei nicht wesentlich wachsenden Unternehmen, insbesondere bei handwerklich orientierten Unternehmen, ändert sich im Zeitablauf ein einstmals gewählter Standort häufig nicht. Nicht selten verschwinden diese Unternehmen wieder vom Markt, wenn sich mit dem Ausscheiden des Inhabers für diese Unternehmen keine Nachfolger finden lassen. Andere Unternehmen werden im Laufe ihrer Existenz vielleicht von branchengleichen Unternehmen übernommen, existieren weiter und werden in eine neue Unternehmensgruppe oder einen Konzern überführt und integriert. Ein ehedem gründerbezogener Unternehmensstandort unterliegt von da an einer anderen Beurteilung.

Den richtigen Produktionsstandort zu finden, ist in Zeiten der zunehmenden **Internationalisierung und Globalisierung** keine triviale Aufgabe. Kennzeichnend für die Globalisierung ist die zunehmende internationale Verflechtung nationaler Volkswirtschaften, die Austauschprozesse zwischen diesen vereinfachen. Austauschprozesse werden nicht nur durch den Export und Import von Gütern bestimmt, sondern auch durch über nationale Grenzen hinausgehende Beschäftigungsmöglichkeiten von Arbeitnehmern sowie den Möglichkeiten, finanzielle Mittel länderübergreifend einzusetzen und aus diesen wieder zurückzuführen.

Um im Globalisierungsprozess nicht an Bedeutung im weltweiten Maßstab zu verlieren, gibt es Zusammenschlüsse zwischen Ländern, die zum einen den in Zusammenschlüssen eingebundenen Ländern wirtschaftliche Vorteile und einen einfacheren Marktzugang versprechen und zum anderen die Bedeutung zusammengeschlossener Länder gegenüber anderen Ländern und Zusammenschlüssen stärken. In europäischer Hinsicht ist die **Europäische Union** ein wichtiger Zusammenschluss. Gegenwärtig zählt die Europäische Union 28 Mitgliedstaaten. 19 Länder nutzen eine einheitliche Währung und bilden den Euro-Raum. Zum Schengen-Raum, einem Gebiet in dem ohne Grenzkontrollen freie Reisemöglichkeiten bestehen, gehören mit Island, Lichtenstein, Norwegen und der Schweiz auch Nicht-EU-Länder. Jedoch sind nicht alle EU-Länder Teil des Schengen-Raums.

In anderen Regionen der Welt bestehen weitere Zusammenschlüsse. Zum **North American Free Trade Agreement** (NAFTA) gehören die Regionen Kanada, USA und Mexiko. Das Freihandelsabkommen wurde im Jahr 2018 neu zwischen den beteiligten Ländern verhandelt. Ein wesentlicher Unterschied zur Europäischen Union ist das Fehlen einer den Beitrittsstaaten übergeordneten Regierung. Argentinien, Brasilien, Paraguay und Uruguay sind Mitglieder im **MERCOSUR**-Zusammenschluss. Weitere südamerikanische Länder zählen zu den assoziierten Mitgliedern. Venezuela wurde Ende Dezember 2016 aus dem Mercosur-Verbund ausgeschlossen. Verschiedene asiatische Länder, insbesondere Indonesien, Malaysia, die Philippinen, Singapur, Thailand und Vietnam gehören zur **ASEAN Free Trade Area** (AFTA), die **Asian-Pacific Economic Cooperation** (APEC) umfasst einen Zusammenschluss von gegenwärtig 21 Staaten im pazifischen Raum, die zusammen einen hohen Anteil an der gesamten Weltbevölkerung sowie der weltweit erbrachten Wirtschaftsleistung haben. Kennzeichnend für diese Region gegenüber der Europäischen Union ist das insgesamt **deutlich höhere Wachstum** in diesem Gebiet. Unter Einbindung von China, Japan, Südkorea, Australien und Neuseeland entsteht gegenwärtig im Verbund mit Ländern der AFTA eine neue umfassende Wirtschaftspartnerschaft mit der Bezeichnung **Regional Comprehensive Economic Partnership** (RCEP).

Vor allem für **große Industriekonzerne mit international verteilten Produktionsstandorten** ist die Wahl des richtigen Standortes von entscheidender Bedeutung. Um in einem ersten Schritt nicht alle möglichen Staaten der Welt einzeln zu prüfen, kann die Relevanz der **Zugehörigkeit zu einer der großen Wirtschaftsregionen** untersucht werden. Haben wichtige **Abnehmer** beispielsweise ihren Sitz in einer bestimmten Region, dann kann ein Produktionsstandort in der gleichen Region sinnvoll sein, um beispielsweise Zölle zu vermeiden, die die zu exportierenden Erzeugnisse aus Sicht der Kunden verteuern, ohne dass eine Gegenleistung erkennbar ist. Gerade die in den vergangenen Jahren von der US-amerikanischen Regierung provozierten Auseinandersetzungen um **weltweite Erhöhungen von Zöllen** zeigen, wie wichtig in internationaler Hinsicht ein richtiger Produktionsstandort ist.

Zur Auswahl eines Produktionsstandorts können qualitative und quantitative die Standortentscheidung unterstützende Instrumente eingesetzt werden. Zu den qualitativen Instrumenten zählt die PESTEL-Analyse, bei der anhand verschiedener Kriterien potenzielle Standorte analysiert werden. Bei den im Anschluss betrachteten entfernungsbasierten Instrumenten stehen niedrige Logistikkosten im Focus. Im Rahmen einer Nutzwertanalyse können die Standortuntersuchungen zusammengeführt werden. Die abschließend behandelte Wirtschaftlichkeitsbetrachtung orientiert sich an der dominierenden Zielsetzung in Unternehmen, der Gewinnerzielung. Im Rahmen der Wirtschaftlichkeitsuntersuchung lassen sich die verschiedenen Produktionsstandorte unter anderem anhand ihrer Rentabilität direkt vergleichen. Die Wirtschaftlichkeitsbetrachtung kann grundsätzlich in die Nutzwertanalyse einbezogen werden. Bezieht man sie ein, dann werden Unternehmen die Gewichtung des Ergebnisses der Wirtschaftlichkeitsberechnung eher höher als niedriger ansetzen. Anstelle der Integration der Wirtschaftlichkeitsbetrachtung in die Nutzwertanalyse wird hier aufgrund der besonderen Relevanz der Wirtschaftlichkeitsberechnung eine getrennte, also nicht integrierte, Betrachtung beider Instrumente für zielführender gehalten.

4.1.1 PESTEL-Analyse

Die PESTEL-Analyse findet im Rahmen der Analyse der Makro-Umwelt Anwendung. Sie zählt zu den zentralen und verbreiteten Instrumenten zur Gewinnung von Erkenntnissen der für Unternehmen gegebenen Rahmenbedingungen an bestimmten Standorten. Das Akronym PESTEL steht für eine Analyse der politischen (**p**olitical), ökonomischen (**e**conomic), sozio-kulturellen (**s**ocial), technologischen (**t**echnological), ökologischen (**e**cological) und rechtlichen (**l**egal) Aspekte der Unternehmensumwelt.

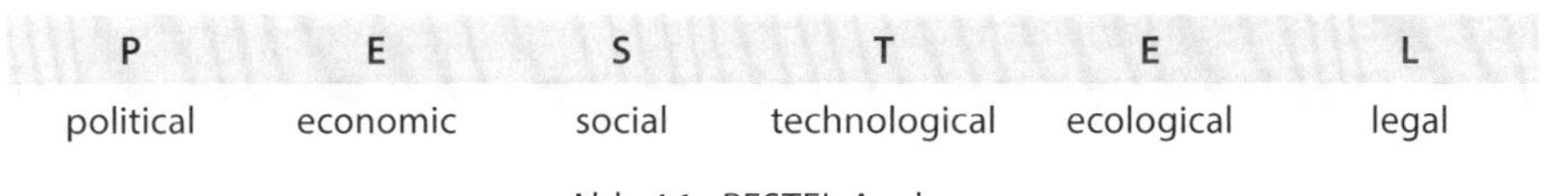

Abb. 4.1: PESTEL-Analyse

Es handelt sich um eine branchenunabhängige, aber regional begrenzte Analyse. Die **regionale Begrenzung** bezieht sich auf einzelne nationale Volkswirtschaften. Die Betrachtung größerer Wirtschaftsräume (zum Beispiel EU, EFTA, NAFTA, ASEAN) oder der gesamten Weltwirtschaft ist dennoch aufgrund der vielschichtigen Verflechtungen unerlässlich.

Die Produktion eines Unternehmens ist an Standorte gebunden, die einer Region zugeordnet werden können, für die bestimmte Rahmenbedingungen gelten. Dies gilt für die Fertigung an einem festen Produktionsstandort genauso wie für die Fertigung auf Baustellen, die sich außerhalb der Region, in der das Unternehmen seinen Sitz hat, befinden. Auch müssen Produktions- und Absatzregion nicht identisch sein. Hierdurch erhöht sich der Aufwand zur Durchführung der PESTEL-Analyse.

Da nicht unwesentliche Teile der benötigten Informationen jedoch im Rahmen einer **Sekundärerhebung** gewonnen werden können, beispielsweise die Inflationsrate oder die Arbeitslosenquote, reduziert sich der zu leistende Aufwand merklich. Für die Durchführung einer PESTEL-Analyse eignet sich gerade in weniger großen Unternehmen der Einsatz einer Unternehmensberatung, die die Analyse systematisch anhand von Checklisten schnell durchführen können.

4.1.1.1 Analyse der politischen Rahmenbedingungen

Muss man sich in Unternehmen überhaupt mit den politischen Verhältnissen in einem Staat, in einer Region beschäftigen? Man will doch nur bestimmte Produkte herstellen und verkaufen. Die Antwort auf die eingangs gestellte Frage lautet eindeutig ja! Nicht in jedem Staat wird man beispielsweise die Mitarbeiter vorfinden oder beschäftigen können, die man benötigt. Diskriminierungen oder fehlende Gleichberechtigung können die Gründe sein. Welche Freiheitsgrade, welche Sicherheit hat man bei der unternehmerischen Tätigkeit? Welche Auswirkungen hat eine Produktionstätigkeit in bestimmten Ländern möglicherweise auf die Kunden in anderen Regionen? Das sind nur einige Fragen, die eine Beschäftigung mit der politischen Situation in einem Lande verlangen. Dazu werden die folgenden Punkte behandelt:

- Beschreibung des politischen Systems als Basis zur Analyse der politischen Rahmenbedingungen,
- Prognostizierbarkeit des politischen Handelns,
- Stabilität des politischen Systems,
  - innerhalb eines Landes,
  - zu anderen Ländern,
- Auswirkungen instabiler politischer Verhältnisse auf die Produktion.

Das politische System

Die Analyse der politischen Rahmenbedingungen beginnt mit einer **Beschreibung des politischen Systems** in dem interessierenden Staat oder der nach anderen Kriterien abgrenzbaren Region. Unterschieden werden kann in diktatorische und demokratische Regierungsformen, die weltweit in vielfältigen Schattierungen existieren. In eher **diktatorisch geprägten Staaten** ist mit der Verletzung von Menschenrechten, der Manipulation von Wahlergebnissen sowie Einschränkungen der Pressefreiheit stärker zu rechnen als in demokratisch geprägten Staaten. Diktaturen gibt es in verschiedenen Formen und Abstufungen. China wird beispielsweise zu den Staaten mit einer Parteiendiktatur gezählt.

Demokratische Staaten gibt es in verschiedenen Facetten. Gemeinsam ist ihnen jedoch eine Verfassung, die allen bestimmte Rechte garantiert sowie freie Wahlen in unterschiedlichen Abstufungen. Es gibt Staaten, in denen das Volk lediglich Abgeordnete wählt, die dann die Regierung wählen, als auch Staaten, in denen das Volk auch die Regierungsmitglieder bestimmen sowie über Gesetze direkt mitentscheidet. Kennzeichnend ist ferner die Gewaltenteilung zwischen Legislative, Exekutive sowie Judikative. In einzelnen demokratischen Staaten kann immer wieder beobachtet werden, dass versucht wird, bestimmte demokratische Errungenschaften, so zum Beispiel die Pressefreiheit, in gewissem Umfang zu beschränken.

Neben Diktaturen und Demokratien gibt es als weitere Staatsform **Monarchien**. Die politische Einflussnahme heutiger parlamentarisch-monarchischer Demokratien, zum Beispiel in Großbritannien, Schweden, Japan, ist im Vergleich zu klassischen Monarchien als weniger wesentlich einzustufen.

Unternehmen müssen hinsichtlich ihrer Produktionsausübung und Standortwahl prüfen, welche Bedeutung und welchen Einfluss bestimmte Staatsformen auf ihre unternehmerische Tätigkeit ausüben. Demokratisch geprägte Staaten mit einer starken Verfassung und praktizierten Gewaltenteilung sind für viele unternehmerische Tätigkeiten geeigneter als anders ausgestaltete Staaten.

Prognostizierbarkeit politischen Handelns

Die unternehmerische Tätigkeit ist eine gestaltende Tätigkeit. Vielfältige Entscheidungen sind zu treffen, die sich in der Zukunft auswirken. Insofern stellt sich die Frage nach der **Prognostizierbarkeit** des für das Unternehmen relevanten politischen Handelns.

Zwei aktuelle Beispiele zur Verdeutlichung: 1. Im Jahr 2016 hat die britische Bevölkerung für den Austritt Großbritanniens aus der EU gestimmt. Die Diskussion über die Form des Austritts dauerte mehrere Jahre, drei Premierminister/in waren daran beteiligt. Eine solch lange Phase der Unsicherheit lähmt unternehmerisches Handeln in dieser Region. Viele Unternehmen haben in diesem Zeitraum ihren Sitz aus Großbritannien heraus in andere Länder verlegt oder zumindest Teile der Produktion abgezogen. 2. Um das Handelsbilanzdefizit der USA gegenüber anderen Ländern zu verringern, kündigte US-Präsident Trump ab 2017 immer wieder neue Zollmodalitäten zwischen den USA und anderen Ländern an. Manche Ankündigungen wurden kurz nach Verlautbarung wieder geändert oder widerrufen, neue kamen in schneller Folge hinzu. Konsequenz für die Unternehmen: die Prognostizierbarkeit der Politik von Donald Trump ist begrenzt. Rational agierende Unternehmen überdenken die Effektivität ihrer US-amerikanischen Aktivitäten.

Neben Instrumenten, die zwischen Staaten und Wirtschaftsregionen wirken, gibt es politische Handlungen, die sich vor allem **innerhalb einer politischen Region** auswirken und Einfluss auf die unternehmerische Betätigung ausüben. Auch hier gibt es je nach politischer Konstellation immer wieder Beispiele, die zu Beschränkungen oder Verboten einer unternehmerischen Tätigkeit führen. So dürfen beispielsweise entsprechend der **EU-Lampenverordnung** ab September 2018 Halogenlampen in der EU nicht mehr verkauft werden. In früheren Jahren wurde bereits die Produktion anderer nicht Energie effizient einsetzender Lampen verboten (zum Beispiel das Produktionsverbot für alle klaren Glühbirnen mit mehr als 100 Watt ab September 2009). Ein weiteres aktuelles Beispiel ist das **Verbot von bestimmten Einwegartikeln aus Plastik** in der EU. Umgekehrt eröffnen strengere technische Anforderungen, beispielsweise bei der Abgastechnik von Automobilen, Unternehmen immer wieder Möglichkeiten zu innovativen Entwicklungen (siehe Praxisbeispiel).

Praxisbeispiel: Nachrüstsysteme für Dieselfahrzeuge der Dr Pley SCR Technology GmbH

„Das Bundesverkehrsministerium fördert uns bei der Neuentwicklung weiterer Nachrüstsysteme mit rd. 1 Mio. €.

Dadurch werden wir nun neue Nachrüstsysteme für die 3l V6 Motoren der Daimler AG (OM642) und des Volkswagenkonzerns (EA897) unter Einsatz modernster 3D-Druck Technologien entwickeln.

Voraussichtlich wird die Zulassung des ersten Systems für den OM 642 Motor bereits im September 2020 erwartet. Jene für den EA897 Motor voraussichtlich zum Ende dieses Jahres."

(https://www.clean-for-future.com, 06.09.2020)

Während es sich bei der langfristig wirksamen EU-Lampenverordnung nach ihrem Inkrafttreten um eine vorhersehbare Maßnahme handelt, gibt es auf der anderen Seite unvorhersehbare, kurzfristige politische Maßnahmen, die Unternehmen nur ungleich schwerer in ihrem unternehmerischen Handeln berücksichtigen können. Ein Beispiel ist die unmittelbar nach der Fukushima-Katastrophe beschlossene Umkehr in der Politik zur **Energieerzeugung in Deutschland**. Diese wenigen Beispiele verdeutlichen, dass grundsätzlich zu prüfen ist, welche Eingriffe staatlicherseits – im positiven, wie im negativen Sinne – hinsichtlich der Produktionstätigkeit möglich erscheinen.

Stabilität politischer Systeme – Auswirkungen auf Unternehmen

Ein weiterer Punkt im Rahmen der Analyse der politischen Rahmenbedingungen ist die **Stabilität des politischen Systems**. Getrennt zu untersuchen ist die Stabilität des politischen Systems innerhalb eines Landes und die politische Stabilität eines Staates zu anderen Staaten. Stabilität ist nicht identisch mit dem zuvor behandelten Aspekt der Prognostizierbarkeit. Instabile Systeme und die daraus resultierenden Veränderungen können durchaus prognostiziert werden. Große Datenmengen können mit neuen digitalen Technologien (Big Data) verarbeitet werden und so für prognostische Zwecke genutzt werden. Unternehmen müssen prüfen, welche Auswirkungen instabile politische Systeme auf das Unternehmen haben. Grundsätzlich können diese Auswirkungen risikobehaftet sein, aber auch neue Chancen eröffnen.

4.1.1.2 Analyse der ökonomischen Faktoren

Bei der Analyse ökonomischer Faktoren öffnet sich ein **breiter Fächer an Untersuchungsbereichen**. Nach der Art des Wirtschaftssystems sind marktwirtschaftliche Systeme in den verschiedenen Facetten von zentral gesteuerten Wirtschaftssystemen zu trennen. Ein anderer Aspekt betrifft die Zentralbank und die Geldpolitik. Wie funktioniert im relevanten Wirtschaftsraum die Kontrolle der Geschäftsbanken und der Geldpolitik? Nicht unerheblich ist die Fiskalpolitik hinsichtlich Staatsausgaben, Staatsverschuldung und der Anteil der Staatsausgaben am Bruttosozialprodukt. Hinsichtlich der Wirtschaftspolitik ist die Anfälligkeit der Wirtschaft gegenüber Konjunkturschwankungen zu prüfen. Preisstabilität und Wachstum sind wichtige Parameter. Aus Sicht der Finanzierung des Produktionsstandorts stellt sich die Frage nach der Existenz, Organisation, Funktionsweise und Zuverlässigkeit der Kapitalmärkte. Sind die benötigten Produktionsfaktoren (Personal, Rohstoffe, Energie) verfügbar? Aussagen zur Infrastruktur, zum Ausbau des Kommunikationssystems, unter logistischen Aspekten zum öffentlichen und privaten Transportwesen und zur Wohnungsbausituation sind zu treffen. Aus Sicht des Absatzes der Erzeugnisse interessiert die Größe und Kaufkraft der Absatzmärkte und die Exportmöglichkeiten.

Art des Wirtschaftssystems

Unterscheiden lassen sich marktwirtschaftliche von zentral gesteuerten Wirtschaftssystemen. In **marktwirtschaftlichen Wirtschaftssystemen** obliegt den Märkten die Steuerung von Angebot und Nachfrage, in **zentral gesteuerten Wirtschaftssystemen** übernimmt diese Aufgabe eine zentrale Institution im Rahmen der Regierung eines Landes. In reiner Form existieren diese Wirtschaftssysteme nicht. In marktwirtschaftlichen Wirtschaftssystemen ist der Preis das verbindende Element zwischen Angebot und Nachfrage. In funktionierenden Märkten sorgt der Preismechanismus für ein nachfrageorientiertes Angebot. Märkte sind jedoch nur dann effizient, wenn verbindliche Regelungen zum Eigentums- und Vertragsrecht, zum Schutz- und Patentrecht bestehen sowie standardisierte Systeme zur Kennzeichnung und Beschreibung der zu handelnden Güter und Leistungen als auch ein vertrauensvolles Geldsystem existieren. Zentral gesteuerten Wirtschaftssystemen ist die Gefahr einer nicht bedarfsgerechten Leistungserbringung inhärent.

Politikbereiche und makroökonomische Größen

Für Unternehmen stehen volkswirtschaftliche Kennziffern und die ökonomische Situation bestimmende Politikbereiche im Fokus der Betrachtung. Die **Geldpolitik** liegt im Verantwortungsbereich der Zentralbanken, die auf nationaler oder supranationaler Ebene existieren (zum Beispiel das Federal Reserve System in den USA, die Bank of England im Vereinigten Königreich, die Europäische Zentralbank für die Euro-Länder). Mit dem **Leitzins** beeinflussen Zentralbanken die Kosten für Kredite der angeschlossenen Geschäftsbanken, die diese Kosten in ihren eigenen Kalkulationen berücksichtigen. Der Leitzins hat Auswirkungen auf die Geldmenge und wirkt sich auf Inflation oder Deflation und das Wirtschaftswachstum aus.

Mit der **Fiskalpolitik** verfügen Staaten über ein Instrument zur Beeinflussung der ökonomischen Entwicklung in ihrem Staatsgebiet. In offenen Volkswirtschaften bleiben die Auswirkungen konjunktureller Maßnahmen eines Landes nicht auf das jeweilige Land beschränkt. In Deutschland verpflichtet das **Gesetz zur Förderung der Stabilität und des Wachstums der Wirtschaft** Bund und Länder zur Einhaltung eines gesamtwirtschaftlichen Gleichgewichts. Ziele der staatlichen Wirtschaftspolitik sind die Stabilität des Preisniveaus, ein hoher Beschäftigungsgrad, ein außenwirtschaftliches Gleichgewicht sowie ein stetiges und angemessenes Wirtschaftswachstum. Um den Anforderungen des Stabilitätsgesetzes zu entsprechen, ist durch entsprechende Maßnahmen konjunkturellen Schwankungen entgegenzuarbeiten. Konjunkturbelebende Maßnahmen in rezessiven Zeiten können durch Erhöhung der Staatsausgaben und Steuersenkungen erzielt werden, die in prosperierenden Phasen wieder zurückgefahren werden. In Ländern mit vergleichbaren Regelungen beziehungsweise aktivem politischen Verhalten im Sinne einer Nivellierung konjunktureller Schwankungen wird es Unternehmen eher gelingen, aufgebaute Kapazitäten langfristig konstanter auszulasten.

Wirtschaftswachstum liegt vor, wenn das Bruttoinlandsprodukt (BIP) steigt. Das Bruttoinlandsprodukt beinhaltet die Produktion von Waren und Dienstleistungen in einem Land nach Abzug der Vorleistungen. In Deutschland wird das Bruttoinlandsprodukt vom Statistischen Bundesamt jährlich und quartalsweise berechnet. Die Wirtschaftsentwicklung wird im Zeitablauf von Preiseinflüssen bereinigt, um die reale Wirtschaftsentwicklung zu dokumentieren. Die **Wachstumsrate** ergibt sich als Quotient der Veränderung des Bruttoinlandsproduktes einer Periode zum Bruttoinlandsprodukt der Vorperiode. Um das Wirtschaftswachstum unabhängig von einem möglichen Anstieg der Bevölkerung zu beurteilen, ist das Wachstum auf Basis des Bruttoinlandsprodukts pro Kopf zu ermitteln.

Von nicht unwesentlicher Bedeutung ist für Unternehmen die Existenz und Zuverlässigkeit funktionierender **Kapitalmärkte**. Das gilt nicht nur für die regionale, finanzielle Unterstützung beim Aufbau eines neuen Standortes, sondern auch für die sich daran anschließende wirtschaftliche Betätigung des Unternehmens. Unternehmen benötigen ein funktionierendes Bankenwesen in der Region, Währungen müssen konvertierbar sein. Mit unterschiedlichen Währungen sind Wechselrisiken verbunden, hinzukommen bei Fremdwährungskonten Zinsänderungsrisiken.

Verfügbarkeit der Produktionsfaktoren

Neben den bereits erwähnten ökonomischen Faktoren sind auf der einen Seite das Vorhandensein und die Kosten relevanter Produktionsfaktoren und auf der anderen Seite der Absatzmarkt einer Analyse zu unterziehen. Rohstoffe, Energie, Personal und Infrastruktur zählen zu den wesentlichen **Produktionsfaktoren**, die am Produktionsstandort in entsprechender Menge und Qualität verfügbar sein müssen. Bei regional unterschiedlichen Preisen darf darüber hinaus die Preisstellung nicht vergessen werden.

Oft ist das Vorhandensein bestimmter **Rohstoffe** Grund für Unternehmen, bestimmte Standorte zu präferieren. Für Holz verarbeitende Unternehmen als Beispiel kommen Regionen in Betracht, in denen Holz in entsprechendem Umfang für die verarbeitende Industrie eingesetzt werden kann. Das Risiko aus Sicht eines Unternehmens ist, dass sich für entsprechend geeignete Standorte auch andere Unternehmen aus den gleichen Gründen interessieren, beispielsweise Unternehmen aus der Zellstoff- und Papierindustrie als auch weitere Unternehmen der Holzwerkstoffbranche, die auf die gleichen Rohstoffe zugreifen wollen. Handelt es sich bei diesen Unternehmen um große Unternehmen mit entsprechendem Rohstoffbedarf, dann können in einer eigentlich attraktiven Region über Gebühr steigende Rohstoffpreise für Holz die Wirtschaftlichkeit des Standorts schnell untergraben.

Die Verfügbarkeit und Kosten für **Energie** sind für energieintensive Unternehmen schon immer ein entscheidendes Kriterium. In der heutigen Zeit kommen die Klimaverträglichkeit und CO_2-Neutralität hinzu. Unternehmen, beispielsweise die *Deutsche Bahn*, werben mit dem ausschließlichen Einsatz von Ökostrom im Fernverkehr. Der *Thyssenkrupp-Konzern* plant die klimaneutrale Stahlproduktion bis zum Jahr 2050 (siehe Praxisbeispiel). Bei der Wahl von Standorten für Rechenzentren sind die verfügbaren Energiequellen und Kosten in der jüngsten Zeit ein wesentlicher Faktor gewesen. Firmen wie *Facebook* oder *Amazon* errichteten in den letzten Jahren große Rechenzentren in Schweden. Die Stromkosten sind dort vergleichsweise niedrig und kommen zu einem wesentlichen Teil aus erneuerbaren Energien.

Praxisbeispiel ThyssenKrupp: „Unsere Klimastrategie zur nachhaltigen Stahlproduktion

Das Ziel ist klar: Bis 2050 soll die Stahlproduktion bei thyssenkrupp klimaneutral werden. Mit seiner Klimastrategie forciert das Unternehmen die bisherigen Aktivitäten zur Emissionsreduzierung, steht für die Übernahme gesellschaftlicher Verantwortung und bekennt sich zum Pariser Klimaschutzabkommen von 2015. In einem ersten Zwischenziel möchte thyssenkrupp bis zum Jahr 2030 die Emissionen aus Produktion und Prozessen im eigenen Unternehmen sowie die Emissionen aus dem Bezug von Energie gegenüber dem Referenzjahr 2018 um 30 Prozent senken."

(https://www.thyssenkrupp-steel.com/de/unternehmen/nachhaltigkeit/klimastrategie/, 06.09.2020)

Zölle, Import und Export

Zölle, Import- und Exportbestimmungen sowie Währungskurse sind typische Instrumente, mit denen Staaten Handelsbeziehungen lenken. **Einfuhrzölle** verteuern Produkte exportierender Unternehmen aus Sicht der Abnehmer in der importierenden Region. Zölle können der Einnahmenerzielung eines Staates dienen, es kann sich aber auch um Schutzzölle oder Anti-Dumping-Zölle handeln, um den heimischen Markt zu schützen. Innerhalb der EU werden keine Zölle erhoben, jedoch gegenüber Drittländern entsprechend dem gemeinsamen Zolltarif der EU. Zwischen den bedeutenden Wirtschaftsräumen USA, EU und China gibt es vielfältige Zölle. Zölle gehören zu den finanziellen Regelungen für Im- und Exporte. Darüber hinaus gibt es **weitere Regelungen für Im- und Exporte**, die den Warenverkehr zwischen Staaten erschweren oder gar verhindern, beispielsweise bei militärischen Gütern. Auch **Währungskurse** sind ein nicht selten genutztes Instrument, um Geld- und Warenströme zu lenken.

Praxisbeispiel: Zölle zwischen den USA, China und der EU

„US-Präsident Trump provoziert China und die EU mit neuen Zoll-Barrieren

Eine Lösung im Handelsstreit der USA mit China und der EU ist nicht in Sicht. Die Weltwirtschaft muss sich auf einen dauerhaften Schaden einstellen.

Washington. Vor jubelnden Anhängern hält der US-Präsident unbeirrt an seinem Kurs des maximalen Drucks fest: „Bis es ein Abkommen gibt, werden wir höllische Strafzölle für China verhängen", rief Donald Trump bei einer Kundgebung im US-Bundesstaat Ohio in die Menge. Zuvor hatte er eine neue Runde Strafzölle gegen die Volksrepublik angekündigt.

Auch die Europäische Union kann im Handelsstreit nicht aufatmen. „Autozölle sind nicht vom Tisch", sagte Trump am Freitag – nur Stunden nachdem beide Seiten eine EU-Abnahmegarantie für amerikanisches Rindfleisch beschlossen hatten. Bisher verhalte sich die EU „gut", so Trump. Aber sollte sich das ändern, habe er „keine andere Wahl", als Autozölle zu verhängen.

Im November läuft eine Frist aus, bis zu der die US-Regierung Maßnahmen der EU erwartet, um die Autoexporte zu drosseln. Andernfalls behält sich Washington Strafzölle auf Autos vor, die vor allem deutsche Hersteller hart treffen würden.

Drohungen wie diese zeigen, dass Trump kaum noch an einem schnellen Ende seines Multifronten-Handelskriegs interessiert scheint. Provokation durch Protektionismus ist zum Markenzeichen seiner Präsidentschaft geworden. Einst als temporäres Druckmittel gedacht, sind Importbarrieren seit 17 Monaten Dauerzustand – auch im Streit mit Mexiko oder Japan.

Vor allem die Blockaden zwischen den Wirtschaftsgiganten USA und China beeinträchtigen das weltweite Wachstum. „Es gibt keine Anzeichen dafür, dass der Handelskrieg bald beigelegt werden kann", sagt der Wirtschaftsexperte Desmond Lachman von der Denkfabrik American Enterprise Institute. Die Analysten der Ratingagentur Moody's gehen gar von einer „Eskalation der Handelsspannungen" aus. Während sich das Wachstum in Europa und China bereits verlangsamt habe, würden Lieferketten und Weltwirtschaft zunehmend belastet."

(https://www.handelsblatt.com/politik/international/handelskonflikt-us-praesident-trump-provoziert-china-und-die-eu-mit-neuen-zoll-barrieren/24866346.html, 06.09.2020)

4.1.1.3 Analyse der soziokulturellen Faktoren

Sogenannte Aktivisten nutzen die Hauptversammlung des RWE-Konzerns, um gegen den Braunkohleabbau zu demonstrieren. Der ehemalige Aufsichtsratschef des DaimlerChrysler-Konzerns Hilmar Kopper lässt den Unternehmenskritiker

Ekkehard Wenger auf einer Hauptversammlung vom Wachpersonal abführen. Das sind nur zwei eher harmlose Beispiele, wie Unternehmen von Teilen der Gesellschaft instrumentalisiert werden. Schwerer wirken da sicherlich die umfangreichen Sicherheitsmaßnahmen, die manche Unternehmen zum Schutz ihres Führungspersonals erbringen müssen. Manche Vorstände bestimmter Konzerne können sich in besonders gefährdeten Zeiten nicht ohne Bodyguards in der Öffentlichkeit, und sei es nur von der heimischen Wohnstätte aus ins Unternehmen, bewegen. Die **gesellschaftlichen Werte, Einstellungen und kulturellen Normen** der sich in der engeren Auswahl befindlichen Produktionsstandorte sind zu analysieren.

In weltweit tätigen Konzernen werden ausgewählte Führungspositionen in ausländischen Produktionsgesellschaften oft mit Personal besetzt, das bereits in verschiedenen Funktionen und an verschiedenen Standorten im Konzern erfolgreich gearbeitet hat. Die Masse der Beschäftigten wird allerdings aus dem lokalen Umfeld des neuen Standorts rekrutiert. Vor diesem Hintergrund ist bei der Auswahl eines geeigneten Standorts zu prüfen, inwieweit die potenziellen zukünftigen **Mitarbeiter** zum Unternehmen passen. Kriterien wie Einstellungen zur Arbeit und zum Unternehmen, Flexibilität, Verhalten in Risikosituationen, das Bildungsniveau, Sprachkenntnisse, Ansichten, Einstellungen zu gesellschaftlichen Errungenschaften wie Demokratie, Toleranz und Schutz der Umwelt oder zur Akzeptanz von Menschen mit anderen Wertevorstellungen und Verhaltensweisen sind zu untersuchen.

Neben den Menschen am Standort, die von einer Beschäftigung im Unternehmen profitieren, sind die Beziehungen **zu den übrigen Menschen in der Region** im Hinblick auf den Produktionsstandort zu betrachten. Oft sperren sich Anwohner im näheren Umfeld eines neuen Produktionsstandorts gegen die Ansiedlung des Unternehmens, da sie eine Beeinträchtigung ihrer Lebensqualität befürchten. Die Proteste werden umso gravierender sein, je mehr das gewohnte Umfeld aus Sicht der Bevölkerung verändert wird. Das ist beispielsweise der Fall, wenn Waldflächen für die Industrieansiedlung gerodet werden oder ein Straßennetz für den Schwerlastverkehr errichtet wird. Je nachdem, welche Rohstoffe benötigt werden und was für Erzeugnisse hergestellt werden, kann ein neuer Produktionsstandort zu einer erheblichen Belastung der in einer Region ansässigen Bevölkerung führen.

Neben den neuen Beschäftigten, den Bewohnern in der Nähe der Fabrik sollten auch die möglichen Beziehungen zu den übrigen Stakeholdern, die aus Sicht des Unternehmens wichtig sind, geprüft werden. Hierzu zählen die **Lieferanten** und **öffentliche Behörden**, mit denen zusammengearbeitet werden muss. Sollen die Erzeugnisse in der Region verkauft werden, dann erweitert sich die Analyse auf die potenziellen **Kunden**.

4.1.1.4 Analyse der technologischen Faktoren

Technologische Faktoren spielen vor allem für solche Unternehmen eine Rolle, bei denen die Technologie und technologische Veränderungen für das eigene Geschäftsmodell von Bedeutung sind. Technologische Veränderungen können dazu führen, dass neue Wettbewerber die eigene Geschäftstätigkeit, ein vorgesehenes oder praktiziertes Geschäftsmodell bedrohen. In der heutigen Zeit wird man nur wenige Unternehmen finden, an denen die technologischen Veränderungen der letzten Jahre spurlos vorbeigegangen sind. Hervorzuheben sind die überall spürbaren Auswirkungen internetbasierter Technologien, die sämtliche Geschäftsprozesse tangieren. Sie bieten eine Chance, stellen zugleich aber ein Risiko für Unternehmen dar, die diesen Technologien nicht die genügende Aufmerksamkeit widmen. Eine Chance für produzierende Unternehmen liegt beispielsweise darin, bestimmte **Funktionen, die bisher zum Aufgabenbereich der Absatzmittler** zählen, selbst zu übernehmen. Dies gilt insbesondere bei **erklärungsbedürftigen Produkten**, wenn sich Endkunden bei technischen Anfragen internetgestützt direkt an das Unternehmen wenden können. Aus Sicht eines produzierenden Unternehmens können diese Überlegungen zu einer Neubewertung der Funktion der Absatzmittler führen.

Technologische Veränderungen wirken sich zum anderen **auf die anzubietenden Erzeugnisse selbst aus**. Aus technischer Sicht können Erzeugnisse anhand der zeitlichen Länge des Produktlebenszyklus differenziert werden. Es gibt Erzeugnisse, deren Produktlebenszyklus sich über mehrere Jahre erstreckt, auf der anderen Seite gibt es Erzeugnisse, die bereits innerhalb der Jahresfrist Veränderungen erfahren. Agiert man in solchen Märkten, stellt sich für Unternehmen die Frage, ob sie dauerhaft die technische Kompetenz besitzen, technologische Veränderungen durch Innovationen mit oder führend voranzutreiben. Daneben führen schnelle technische Veränderungen und Fortschritte zu einem hohen Kapitalbedarf, der nicht unbegrenzt erfüllt werden kann. Diversifizierte Unternehmen prüfen deshalb, welche Geschäftsfelder in welchem Umfang finanziell unterstützt und gefördert werden sollen. Die Geschäftsfelder eines Unternehmens stehen also im Wettbewerb zueinander. Im Weltmaßstab tätige Unternehmen streben oft danach, einen Markt zu dominieren, indem man bezogen auf den Marktanteil die erste oder zweite Position einnimmt. Unternehmen mit diesem Anspruch veräußern Geschäftsfelder an andere Unternehmen, wenn sie erkennen, dass die zur Disposition stehenden finanziellen Mittel ertragreicher in andere Geschäftsfelder investiert werden können.

Neben den Erzeugnissen, den Beziehungen zu Lieferanten und Kunden, wirken sich technologische Veränderungen auf die **Arbeitsprozesse in einem Unternehmen** aus. Das betrifft die Produktions- und Logistikprozesse als auch die Arbeitsplätze der Mitarbeiter. Aktuell wird in vielen Ländern und Regionen die 5G-Technologie als neuer Standard etabliert und ausgebaut. Das 5G-Netz schafft die Grundlage für die fortschreitende Digitalisierung vieler Lebensbereiche. Datenübertragungen können in Echtzeit erfolgen. Die weiterentwickelte Technik ist Grundlage für die Automatisierung von Produktionsprozessen in den Fabriken. Produktionsstandorte in Ländern und Regionen, in denen dem 5G-Netzausbau wenig Beachtung geschenkt wird, werden an Wettbewerbskompetenz einbüßen.

Praxisbeispiel: „Volkswagen setzt bei Industrial Cloud auch auf Siemens

Der Technologiekonzern Siemens wird Integrationspartner der Volkswagen Industrial Cloud. Das gaben Volkswagen und Siemens heute bekannt. Siemens wird maßgeblich dazu beitragen, Maschinen und Anlagen unterschiedlicher Hersteller in den 122 Volkswagen-Fabriken effizient in der Cloud miteinander zu vernetzen. Durch die dadurch ermöglichte Datentransparenz und -analytik werden die technologischen Voraussetzungen für weitere Produktivitätssteigerungen in den Werken von Volkswagen geschaffen. Darüber hinaus machen Siemens sowie weitere Maschinen- und Anlagenlieferanten Anwendungen und Apps aus dem Internet-of-Things-System MindSphere in der Volkswagen Industrial Cloud verfügbar. Volkswagen und Siemens wollen zudem perspektivisch und gemeinsam mit Maschinen-

und Anlagenlieferanten neue Funktionen und Services für die Industrial Cloud entwickeln, die dann allen künftigen Partnern zur Verfügung stehen. Die Volkswagen Industrial Cloud nimmt damit Fahrt auf.

...

Mit der Volkswagen Industrial Cloud, die Volkswagen gemeinsam mit Volkswagen Amazon Web Services (AWS) aufbaut, schafft der Volkswagen Konzern die Grundlage für die durchgängige Digitalisierung seiner Produktion und Logistik. Langfristig geht es auch um die Integration der globalen Lieferkette von Volkswagen mit über 30.000 Standorten von mehr als 1.500 Zulieferern und Partnerunternehmen. Die Industrial Cloud steht als Plattform perspektivisch auch weiteren Partnern offen."

(https://www.volkswagen-newsroom.com/de/pressemitteilungen/volkswagen-setzt-bei-industrial-cloud-auch-auf-siemens-4789, 06.09.2020)

4.1.1.5 Analyse der ökologischen Faktoren

Der Schutz der ökologischen Umwelt spielt in der Gesellschaft eine immer stärkere Rolle. Es gilt die Umwelt nicht unnötig mit Schadstoffen und Abfällen zu belasten. Die vorhandenen Ressourcen sind sparsam einzusetzen. Ein hoher Recyclinganteil hilft, natürliche Ressourcen zu schonen. Zu den Erzeugnissen mit hohem Recyclinganteil zählen beispielsweise Tageszeitungen und Verpackungsmaterial. Mülltrennungssysteme, gesetzlich verankerte Rücknahmeverpflichtungen des Handels helfen die Umweltbelastung zu reduzieren und die stoffliche Verwertung zu fördern. Länder und Regionen mit einem langjährigen und breiten Erfahrungsspektrum für umweltgerechte Entsorgungen bieten Standortvorteile für Unternehmen hinsichtlich der Verwertung von nicht mehr benötigten Stoffen. Infolge langjähriger Erfahrungen finden Umweltaspekte in Industrienationen eine stärkere Beachtung als in Schwellenländern.

Praxisbeispiel: Remondis Industrie Service: Ein enormes Leistungsspektrum

„Neben zahlreichen Verwaltungsgebäuden befinden sich auf dem Gelände des REMONDIS Lippewerks ein Wirbelschicht- und ein Biomassekraftwerk sowie ein Labor zur Umweltanalytik. Hinzu kommen verschiedenste Anlagen zur Behandlung, Aufbereitung und Verwertung. Unser Leistungsspektrum ist enorm: Wir recyceln Chemikalien und Kunststoffe und gewinnen Wertstoffe aus Elektro- und Elektronikaltgeräten, extrahieren Energieträger aus Altholz, Edelstahl, Buntmetall und Schlacken, produzieren Weißpigmente und Bindemittel und stellen kulturfähige Böden für den Landschaftsbau her. Das alles führt zu einer erheblichen Einsparung von Rohstoff- und Energieressourcen. So leisten wir einen messbaren Beitrag zum Klimaschutz."

(https://www.remondis-industrie-service.de/technologie/anlagen/luenen/, 06.09.2020)

4.1.1.6 Analyse der rechtlichen Umwelt

Unternehmen mit einem weitverzweigten Standortnetz müssen sich mit den in den verschiedenen Staaten geltenden Rechtsvorschriften und Rechtssystemen auseinandersetzen. Neben den kodifizierten Rechtsnormen sind auch der Rechtshandhabung, der Rechtssicherheit und den mit der Rechtsprechung verbundenen Risiken für den Fortbestand beziehungsweise die wirtschaftliche Situation eines

Unternehmens Beachtung zu schenken. So wird von vielen Unternehmen der nordamerikanische Markt aufgrund seiner Größe und weltwirtschaftlichen Bedeutung als attraktiv eingestuft. Auf der anderen Seite führt die Rechtsprechung nicht selten zu drakonischen Strafen im Verhältnis zur Rechtsprechung in europäischen Ländern. Im folgenden Praxisbeispiel informiert der Bayer-Konzern im Bericht über das 1. Quartal 2020 über wesentliche Veränderungen nach Erscheinen des Bayer-Geschäftsbericht 2019 über rechtliche Risiken im Zusammenhang mit produktbezogenen Auseinandersetzungen in den USA:

Praxisbeispiel Bayer: „Produktbezogene Auseinandersetzungen

Roundup™ (Glyphosat): Bis zum 14. April 2020 wurden Monsanto, einer Tochtergesellschaft von Bayer, in den USA Klagen von etwa 52.500 Klägern zugestellt. Die Kläger tragen vor, sie seien mit von Monsanto hergestellten glyphosathaltigen Produkten in Berührung gekommen. Glyphosat ist der in bestimmten Herbiziden von Monsanto einschließlich der Roundup™-Produkte enthaltene Wirkstoff. Die Kläger tragen vor, ihr Kontakt mit diesen Produkten habe zu Gesundheitsschäden geführt, unter anderem zu Erkrankungen wie dem Non-Hodgkin-Lymphom (NHL) und dem multiplen Myelom, und sie verlangen Schaden- und Strafschadenersatz. Mit weiteren Klagen ist zu rechnen. Derzeit sind bis Ende Juni 2020 keine Jury-Verfahren zur Verhandlung angesetzt. Der Zeitplan für Verhandlungstermine kann sich jedoch ändern. In dem gerichtlich angeordneten Mediationsverfahren gab es Fortschritte, bevor der Ausbruch der Covid-19-Pandemie auch dieses Verfahren verlangsamt hat. Bis zum 14. April 2020 wurden Bayer neun kanadische Klagen im Zusammenhang mit Roundup™ zugestellt, in denen jeweils die Zulassung einer Sammelklage beantragt wird."

(Bayer Quartalsmitteilung 1. Quartal 2020)

Für Unternehmen wichtige Rechtsgebiete sind Schutzrechte, so vor allem das Patentrecht, das Arbeitsrecht, die Regelungen und Handhabungen zur Produzentenhaftung, steuerrechtliche Regelungen und Bestimmungen, die die Freiheitsgrade der Gestaltung der unternehmerischen Tätigkeit einengen. Hierzu gehören beispielsweise die in einzelnen Ländern sehr unterschiedlichen Regelungen zur Mitbestimmung der Arbeitnehmer, die auf Standortfragen nicht unerhebliche Auswirkungen haben können.

4.1.2 Geografische Standortplanung in Abhängigkeit der Verfügbarkeit der Produktionsfaktoren

Nicht jeder Ort auf der Welt ist gleichermaßen als Produktionsstätte geeignet. Der Produktionsprozess verlangt auf der Inputseite **Produktionsfaktoren**, deren Verfügbarkeit gewährleistet sein muss. Produktionsfaktoren lassen sich nach vielfältigen Kriterien gliedern. Nach der klassischen auf *Erich Gutenberg* zurückgehenden Einteilung unterscheidet man den dispositiven Faktor von den Elementarfaktoren (vgl. *Gutenberg* 1983, S. 3). Hinter dem **dispositiven Faktor** verbirgt sich die menschliche Arbeitsleistung als treibende Kraft im Managementprozess. Menschen, die direkt in den Arbeitsprozess eingebunden sind, zählen hingegen zu den **Elementarfaktoren**. Weitere Elementarfaktoren sind Werkstoffe und Betriebsmittel. Die Werkstoffe lassen sich weiter differenzieren in das später in den Erzeugnissen enthaltene Fertigungsmaterial sowie in Materialien, die lediglich für den Leistungserstellungsprozess benötigt und verbraucht werden. Hierzu zählen beispielsweise Energie und Schmierstoffe für die Maschinen. Wesentliche Betriebsmittel sind Grundstücke, Gebäude und Produktionsanlagen.

Sachziel der produktionswirtschaftlichen Betätigung ist die **Produktion von Gütern**. In Analogie zu den internationalen Rechnungslegungsvorschriften (IFRS) lassen sich immaterielle Güter im Gegensatz zu materiellen Gütern als Güter ohne physische Substanz kennzeichnen (vgl. IAS 38.8). Beispiele für immaterielle Güter sind Rechte, Informationen und Dienstleistungen, ohne die produktive Prozesse heute nicht mehr denkbar und in Ergänzung der klassischen Differenzierung der Produktionsfaktoren zu berücksichtigen sind.

Dienstleistungen gibt es in den vielfältigsten Formen. Typische Vertreter der Dienstleistungsbranche sind beispielsweise Banken und Versicherungen, die für ihre Tätigkeit nicht selten auch den Begriff der Produktion verwenden (vgl. zum Beispiel *Riese 2005*, S. 4). Standortentscheidungen dieser Unternehmen werden an dieser Stelle nicht näher betrachtet, wohl aber Standortüberlegungen anderer dem Dienstleistungssektor zurechenbaren Unternehmen, die hinsichtlich der Standortwahl vor ähnlichen Problemstellungen wie produzierende Unternehmen (beispielsweise Rechenzentren siehe Gliederungspunkt 4.1.1.2) stehen.

Mögliche **formale Zielsetzungen** der unternehmerischen Tätigkeit sind neben ökonomischen Zielen, technische, soziale und ökologische Ziele. Bei technischen Zielen steht die Produktivität im Fokus, bei sozialen Zielen die Arbeitnehmer und bei ökologischen Zielen die Umwelt. Bei betriebswirtschaftlichen Instrumenten, die im Rahmen der Entscheidungsfindung eingesetzt werden, dominieren ökonomische Zielsetzungen. Die **Kostenrechnung** ist ein solches Instrument, bei der die Kosten oder im Fall der Einbeziehung der Umsatzerlöse der Erfolg, im Blickwinkel der Betrachtung stehen. In der Kostenrechnung differenziert man die Produktionsfaktoren hinsichtlich ihrer Veränderbarkeit in **variable und fixe Kosten verursachende Produktionsfaktoren**, hinsichtlich ihrer Zurechenbarkeit in **Einzel- und Gemeinkosten** sowie hinsichtlich ihrer Art in der Kostenartenrechnung beispielsweise in **Kosten für den Verbrauch des Produktionsfaktors Material oder des Produktionsfaktors Personal**. Ergänzend zu den bereits genannten Produktionsfaktoren werden in der Kostenrechnung auch Kosten für den Faktor **Kapital** angesetzt, ohne den Unternehmen nicht erfolgreich betrieben werden können. Die Verfügbarkeit und die Möglichkeiten der Nutzung von Grundstücken, Personal, Rohstoffen und Energie sind zentrale Produktionsfaktoren, die für Standortentscheidungen von Relevanz sind.

Grundstücke werden dann zu einem kritischen Faktor für den Aufbau eines Produktionsstandorts, wenn diese in einer gewünschten Region in der entsprechenden Form nicht ohne weiteres verfügbar sind. Dies betrifft insbesondere große Unternehmensansiedlungen, für die die entsprechenden Flächen für die spätere Produktion erst gefunden, erworben und aufbereitet werden müssen. Dieser Prozess kann mit langen Genehmigungsverfahren verbunden sein. Befinden sich die benötigten Grundstücke in der Hand mehrerer Eigentümer, dann kann sich bereits der Kauf der Grundstücke zu einem Problem gestalten, wenn einzelne Eigentümer sich gegen den Verkauf sperren. Unabhängig von solchen Problemen ist die am Standort vorhandene Infrastruktur zu sehen. Hierzu gehören die Verkehrsmittel für Güter und Personen, mit denen die Betriebsstätte verbunden ist. Neben Straßen und dem

Schienennetz ist gegebenenfalls die Anbindung an Wasserstraßen (Kanäle, Flüsse) sowie von geeigneten Flughäfen zu prüfen. Bezüglich der von der Produktion ausgehenden Emissionen (Schmutz, Lärm, Gerüche) und Verkehrsbelastung ist sicherzustellen, dass sich dadurch keine wesentlichen Einschränkungen auf die Produktion ergeben. Erlauben die rechtlichen Bestimmungen eine Produktion rund um die Uhr? Auf einen ausreichenden Abstand zu Wohngebieten ist zu achten.

Benötigt man für die Produktion eine Vielzahl von **Arbeitskräften**, dann muss die Betriebsstätte in einer Region angesiedelt werden, die über ein solches Arbeitskräftepotenzial bereits verfügt oder in Zukunft verfügen kann. Regionen können durch die Ansiedlung von Firmen an Attraktivität gewinnen und potenzielle Arbeitskräfte anziehen. Haben Mitarbeiter an die Region ihrer beruflichen Tätigkeit bestimmte Ansprüche, dann sollte dieser Aspekt bei der Standortwahl Berücksichtigung finden. Mitarbeiter in der Produktion einer Textilfabrik in Asien werden sicherlich andere Ansprüche an den Sitz und das Umfeld ihres Unternehmens haben als das Führungspersonal in großen, weltweit bedeutenden Konzernunternehmen.

Für **Rohstoffe** fördernde Unternehmen kommen nur Standorte infrage, die sich für den Abbau der Rohstoffe eignen. So müssen nicht nur die entsprechenden Rohstoffe vorhanden sein, sondern die Region muss sich auch zum Abbau eignen. Das schließt beispielsweise die Förderung von Rohstoffen in Wohngebieten aus, es sei denn, man will – wie das derzeit im Braunkohlentagebau in Nordrhein-Westfalen vollzogen wird – die Bewohner ganzer Ortschaften umsiedeln.

Unternehmen, die bereits geförderte Rohstoffe aufbereiten oder zu Halb- oder Fertigfabrikaten verarbeiten, ist aus logistischen Gründen vielfach ein Standort erstrebenswert, der sich in der Nähe der Rohstoffquellen befindet. In der Holzwerkstoffe herstellenden Industrie oder in der Papierindustrie, in der aus Holzprodukten hergestellte Zellstoffe benötigt werden, ist für die Standortwahl die Nähe zu den Rohstoffquellen für die Wirtschaftlichkeit des Standorts ein entscheidender Faktor. Zu den Rohstoffquellen zählen im konkreten Fall nicht nur entsprechend große und nutzbare Waldgebiete, sondern auch die Möglichkeiten, die sich im Rahmen des Recyclings oder der Verwertung von Abfällen anderer Unternehmen (Holzabfälle in Sägewerken) ergeben.

Fallbeispiel zur Bestimmung eines Produktionsstandortes mit dem Ziel die Logistikkosten für den Rohstofftransport zu minimieren

Ein großer, internationaler Holzwerkstoffhersteller mit zahlreichen Produktionsstandorten plant bereits seit längerem den Aufbau eines weiteren Standorts. Fünf grundsätzlich infrage kommende Länder wurden bereits untersucht. Besonders fortgeschritten sind die Überlegungen zu einem Werk in Polen. In einer bestimmten Region gibt es drei größere Waldgebiete (W1, W2, W3) sowie zwei andere Unternehmen (U1, U2), von denen kontinuierlich im nennenswerten Umfang Holzbestände geliefert werden könnten, die dort ansonsten anders verwertet werden müssten. Zudem ist ein Hafen (H1) im unmittelbaren Umfeld, über den bestimmte, regional nicht vorhandene Holzqualitäten angeliefert werden könnten. Folgende Verteilung der Rohstoffquellen ergibt sich in grafischer Darstellung, für die ein Produktionsstandort zu finden ist:

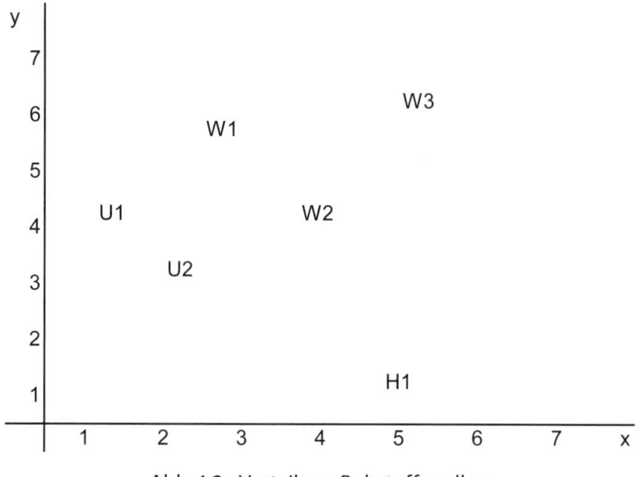

Abb. 4.2: Verteilung Rohstoffquellen

Die folgende Tabelle enthält die aus der oberen Darstellung abgeleiteten Koordinaten der Lieferquellen sowie die relativen Mengenanteile am Gesamtbedarf, die aus den verschiedenen Quellen bezogen werden könnten:

Rohstoffquelle	Koordinaten		Beitrag zur Bedarfsdeckung
	x_i	y_i	
W1	2,8	5,8	30 %
W2	3,9	4,2	20 %
W3	5,2	6,2	20 %
U1	1,3	4,2	10 %
U2	2,2	3,3	10 %
H1	5,0	1,3	10 %

Tab. 4.1: Koordinaten der Rohstoffquellen und Anteile am Gesamtbedarf

Durch Multiplikation und anschließende Addition der x_i-Werte mit ihrem prozentualen Anteil an der Bedarfsdeckung ergibt sich der optimale Wert für die x-Koordinate des gesuchten Produktionsstandorts. Nach Durchführung der entsprechenden Berechnungen für die y-Koordinate hat man die Koordinaten für den gewünschten Standort. Im Beispiel betragen die Koordinaten für den Standort 3,5 für x bzw. 4,7 für y. Der Standort liegt im Zentrum der Rohstoffquellen unter Berücksichtigung der Annahmen zur Bedarfsdeckung aus diesen Quellen. Bestehen beispielsweise Unterschiede bei den Transportkosten aus den verschiedenen Quellen, kann dieses Modell entsprechend zu erweitert werden.

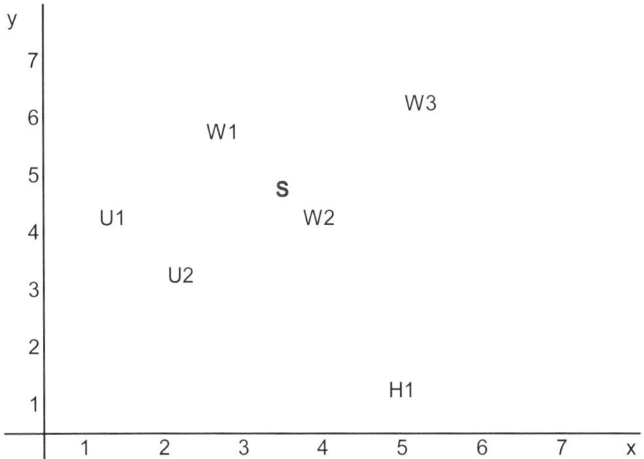

Abb. 4.3: Rohstoffquellen und Transportkosten optimierender Produktionsstandort

Der Einsatz des Produktionsfaktors **Energie** ist in der heutigen Zeit nicht nur hinsichtlich der grundsätzlichen Verfügbarkeit, sondern auch vor dem Hintergrund der Klimabelastung zu sehen. Standorte, die die Energiegewinnung aus erneuerbaren Quellen gestatten, sind ein entscheidender Standortfaktor. Können andererseits die benötigten Energiemengen, zum Beispiel auch aus Kostengründen, nicht bereitgestellt werden, fallen diese Standorte aus dem Raster.

4.1.3 Nutzwertanalyse

Bei der Planung neuer Produktionsstandorte handelt es sich um komplexe Überlegungen, die in Unternehmen oft einen mehrjährigen Zeitraum umfassen. Standortüberlegungen sind Ergebnis der strategischen Planung aus der sich ergibt, welche Unternehmensbereiche stärker forciert, neu aufgebaut oder zurückgefahren werden sollen. Während bei dem Rückbau von oder dem Ausstieg aus Produktionsstandorten ein Rückzug aus Geschäftsfeldern erfolgt, sind im umgekehrten Fall neue Produktionsstandorte zu finden. Im Rahmen einer zuvor durchgeführten PESTEL-Analyse sind ausgewählte Staaten und Regionen bereits hinsichtlich politischer, ökonomischer, sozio-kultureller, technologischer, ökologischer und rechtlicher Kriterien eingehend analysiert worden. Mit einer Nutzwertanalyse können konkrete Standorte hinsichtlich ihrer qualitativen Kriterien direkt miteinander verglichen werden.

Betrachtet man zwei potenzielle Produktionsstandorte in zwei verschiedenen Staaten, die bereits im Rahmen einer PESTEL-Analyse untersucht wurden, so sind für den Standortvergleich Kriterien relevant, die bereits Gegenstand der PESTEL-Analyse waren, beispielsweise die Stabilität des politischen Systems. Im Rahmen einer konkreten Standortuntersuchung kommen Kriterien hinzu, die zusätzlich von Interesse sind, wenn zwei potenzielle Standorte innerhalb eines Staates verglichen werden. So können Angaben zur Entfernung zu wichtigen Lieferanten, Kunden oder zum nächstgelegenen Flughafen, von dem man im Direktflug ohne Zwischenlandung zur Firmenzentrale fliegen kann, erst getroffen werden, wenn der konkrete Ort für den potenziellen Standort feststeht. Die im Rahmen einer PESTEL-Analyse untersuchten Kriterien und die in einer Nutzwertanalyse verwendeten Kriterien zum Vergleich konkreter Produktionsstandorte sind somit nicht deckungsgleich.

Die Nutzwertanalyse kommt nicht nur bei der Entscheidung neuer Produktionsstandorte zur Anwendung, sondern auch bei anderen Überlegungen zur Vorteilhaftigkeit verschiedener Alternativen, bei denen die Beschränkung auf rein monetäre Kriterien die Auswahlsituation nur unvollkommen widerspiegelt. Deswegen wurde in Abschnitt 2.2.5 der Ablauf der Nutzwertanalyse bereits allgemein dargestellt, dem auch für Standortentscheidungen zu folgen ist. Bei der **Auswahl der zu untersuchenden Kriterien** ist darauf zu achten, dass einzelne Sachverhalte nicht mehrfach in verschiedenen Kriterien Berücksichtigung finden. Wird die Nutzwertanalyse durch eine monetäre Betrachtung ergänzt, bei der für die verschiedenen Standorte in einer Wirtschaftlichkeitsberechnung bereits sämtliche Ausgaben vollständig berücksichtigt sind, dann wäre es nur wenig sinnvoll, in der qualitativen Nutzwertanalyse die Kostensituation als Teilziel mitaufzunehmen. Um den Aufwand für die Nutzwertanalyse in Grenzen zu halten gilt grundsätzlich, sich auf die wesentlichen Kriterien zu beschränken. Wesentliche Kriterien, die hinsichtlich der konkreten Standorte keine Unterschiede aufweisen, müssen ebenfalls nicht in die Analyse einbezogen werden.

Kritisiert wird häufig die Subjektivität der **Gewichtung**. Deswegen ist es wichtig, dass idealerweise verschiedene Personen im Unternehmen mit umfassender Erfahrung sich gemeinsam auf eine sinnvolle Gewichtung verständigen. Manipulationsanfällig bleibt die Nutzwertanalyse trotzdem, da oft schon durch kleine Veränderungen bei der Gewichtung sich eine andere Rangfolge der Standorte ergeben kann. In der Praxis können bei einzelnen an der Nutzwertanalyse beteiligten Personen aus unterschiedlichen Gründen individuelle Interessen gegeben sein, die sie im Rahmen ihrer Arbeit in ihrem Sinne durchzusetzen versuchen. Ein Beispiel können außerbetriebliche Interessen eines an der Standortauswahl mitwirkenden Vertriebsleiters sein, der eine bestimmte Region als Standort präferiert. Auch ein im Rahmen der Festsetzung der Gewichtung durchgeführter Paarvergleich kann manipuliert werden, wenn den beteiligten Personen die Bedeutung und Wirkung des Paarvergleichs bekannt ist. Entgegenwirken kann derartigen Bestrebungen ein engagiertes und überzeugendes Controlling.

Als nächstes sind für die zuvor bestimmten Kriterien **qualitative und quantitative Zielerreichungsgrade** zu formulieren. Hält man die **zukünftige Wirtschaftsmacht** einzelner Länder für ein in der Nutzungswertanalyse zu untersuchendes wichtiges Kriterium (siehe Abb. 4.4), so könnte man sich beispielsweise auf Prognosen der OECD (Organisation for Economic Cooperation and Development) stützen, die für einen weit in die Zukunft reichenden Zeitraum diesbezügliche Aussagen formulieren. Die in die Analyse einbezogenen Standorte in verschiedenen Ländern können dann hinsichtlich ihrer zukünftigen Bedeutung als Wirtschaftsmacht eingestuft werden, beispielsweise in Ländern mit sehr großer Bedeutung, großer Bedeutung, durchschnittlicher Bedeutung, geringer Bedeutung und keine Bedeutung gruppiert werden. Für bestimmte Unternehmen, beispielsweise Hersteller schwerer und sperriger Baustoffe, gilt, dass die Entfernung zu den Abnehmern nicht zu groß sein sollte. Beispielsweise lässt sich feststellen, dass 80 % der Absätze an Kunden erfolgt, die in einem Radius von 150 km zum Produktionsstandort ansässig sind. Ähnliches gilt für zahlreiche Auftragsfertiger, beispielsweise einem Hersteller von Fenstern, der aus zugekauften Profilen, Fenstergriffen, der Verglasung und Beschlägen die Fenster herstellt und bei Kunden verbaut, die bei auskömmlicher Auftragslage 90 % ihrer Kunden in einem Radius von weniger als 50 km zum Firmenstandort haben. Als Kriterium für die Bewertung des Standortes im Hinblick auf die Kundennähe könnte man die Anzahl der vorhandenen Gebäude, Annahmen über das Gebäudewachstum in der nächsten Dekade oder vereinfacht auf die Anzahl der in der Region lebenden Menschen abstellen. Bleibt man wie im ersten Beispiel bei fünf Einstufungen und wählt man die im Umfeld der Firma lebenden Menschen als Teilziel, dann kann man exemplarisch folgende Quantifizierungen vornehmen: Bevölkerungsanzahl < 0,5 Millionen, 0,5 Millionen bis < 2 Millionen, 2 Millionen bis < 4 Millionen, 4 Millionen bis 5 Millionen, > 5 Millionen.

Um von einem noch qualitativen Zielerreichungsgrad zu einer quantitativen Bewertung zu gelangen, versieht man die beste Einstufung mit dem Wert fünf und die jeweils schlechteren Einstufungen mit den Werten vier, drei, zwei und eins. Man könnte auch mit dem Wert vier beginnen und mit der Zahl Null enden. Differenziertere Bewertungen ermöglichen zahlenmäßig umfangreiche Skalen, beispielsweise von eins bis zehn. Als sinnvoll erscheinen solche umfangreicheren Differenzierungen jedoch nur, wenn damit keine Scheingenauigkeit geschaffen wird und die Teilziele in dieser Differenzierung verlässlich bewertet werden können.

Auszug Nutzwertanalyse			Bewertung der Standorte				Gewichtete Bewertung			
Teilziele und Zielerreichungsgrade	Gewichtung der Teilziele	Mindestanforderung	A	B	C	D	A	B	C	D
1. Teilzeil:										
l - ..... 2 = ... 3 = ... 4 = ... 5 = ...	6%	2								
2. Teilziel: wirtschaftliche Bedeutung										
1 = keine 2 = gering 3 = durchschnittlich 4 = groß 5 = sehr groß	8%	3	4	3	3	4	0,32	0,24	0,24	0,32
3. Teilziel: Kundenpotenzial / Anzahl Einwohner										
1 = < 0,5 Mio. 2 = 0,5 Mio. < 2 Mio. 3 = 2 Mio. < 4 Mio. 4 = 4 Mio. < 5 Mio. 5 = > 5 Mio.	9%	3	2	1	3	2	0,18	0,09	0,27	0,18
4. Teilziel:										
1 = ... 2 = ... 3 = ... 4 = ... 5 = ...	4%	1								
weitere Teilziele										
⋮										

Abb. 4.4: Zielerreichungsgrade / Auszug einer Nutzwertanalyse

Im Anschluss an die Festlegung der möglichen Zielerreichungsgrade macht es Sinn, **Mindestanforderungen für die einzelnen Teilziele** vorzugeben. Die einzelnen Standorte sind hinsichtlich der zuvor festgelegten Zielerreichungsgrade einzustufen. Standorte, die die Mindestanforderungen nicht erfüllen, fallen aus dem Raster. Die gewichteten Punktwerte der Zielerreichungsgrade ergeben sich durch Multiplikation der quantitativen Punktwerte mit dem Gewichtungsfaktor. Die Addition der gewichteten Punktwerte über alle Teilziele hinweg ergibt den **Gesamtpunktwert jedes Standorts**. Vorteilhaft bei Anwendung der Nutzwertanalyse ist der Standort mit dem höchsten Gesamtpunktwert. Ergeben sich bei den besten zwei oder mehr Standorten relativ nah beieinanderliegende Gesamtpunktwerte, sollte durch Sensitivitätsanalysen untersucht werden, ob geringfügige Veränderungen im Rahmen der Berechnungen, zum Beispiel bei der Gewichtung der Teilziele, die Vorteilhaftigkeit der Standorte wechselt. Auch wird man nicht bei jedem Teilziel jeden Standort immer eindeutig einstufen können, sodass sich bei einer Abänderung der Einstufung auch hier eine andere Rangfolge der Standortalternativen ergeben könnte.

Führt man die Nutzwertanalyse vor dem Hintergrund des Eintritts verschiedener Umweltszenarien durch, so ergeben sich bei vier verschiedenen Standorten und drei Umweltszenarien als Beispiel folgende Punktwerte:

Standorte/Szenarien	worst case	real case	best case
Bremen	1,5	6,5	7,4
Rotterdam	1,2	3,6	8,7
Szczecin	3,4	4,9	6,5
Tallin	2,3	5,7	7,5

Tab. 4.2: Szenarien für Produktionsstandorte

Welcher der oben angegebenen Umweltzustände eintritt, kann nicht vorhergesagt werden. Um das Entscheidungsproblem einer Lösung näher zu bringen, können Entscheidungsregeln zur Anwendung kommen. Kommt die **Minimax-Regel** zur Anwendung, dann wird der Standort gewählt, der im schlechtesten Fall zum besten Ergebnis führt. Der schlechteste Fall ist der worst case, die beste Alternative ist der Standort in Szczecin. Umgekehrt geht man vor, wenn man vom best case ausgeht. Ein entsprechend eingestellter Investor würde den Standort Rotterdam präferieren (**Maximax-Regel**). Häufig werden diese beiden Extrempositionen mit einem pessimistisch beziehungsweise optimistisch veranlagten Entscheidenden gleichgesetzt. Vor dem Hintergrund sich ständig ändernder weltwirtschaftlicher Bedrohungslagen sollten gegebene Umweltzustände begründet bewertet werden. Aus der momentanen Bewertung herausgehende Prognosen wird es immer wieder optimistischer oder pessimistischer zu beurteilende Rahmenbedingungen geben, die die Unternehmensführung dazu veranlassen, eher die eine oder die andere Sichtweise anzunehmen. Die Orientierung am worst case mag für Unternehmen angebracht sein, bei denen Fehlentwicklungen an einem Standort die Existenz des gesamten Unternehmens gefährden. Besteht dieses Risiko nicht, beispielsweise aufgrund der guten Kapitalausstattung eines Konzerns, dann kann das Unternehmen weniger vorsichtig agieren. Anstelle der beiden Extrempositionen lassen sich mit der

Hurwicz-Regel beide Einstellungen verbinden. Im Beispiel wird für jede Alternative der Wert im best case mit dem Optimismusparameter λ, der einen Wert zwischen Null und Eins annehmen kann, multipliziert. Je größer der Wert für λ, umso optimistischer fällt die Bewertung aus. Addiert wird für jede Alternative die Multiplikation der Differenz von 1 – λ mit dem Wertansatz im worst case. Ausgewählt wird dann die Alternative, die im Vergleich zu den anderen Alternativen die höchste Bewertung hat. Setzt man den Wert für λ auf 0,6, dann erhält man als Ergebnisse für die Alternativen 5,04 für Bremen, 5,70 für Rotterdam, 5,26 für Szczecin und 5,42 für Tallinn. Auszuwählen wäre nach diesem Kriterium der Standort Rotterdam.

Mit der **Niehans-Savage-Regel** wird bezweckt, die Enttäuschung, nicht die beste Alternative bei einem bestimmten Umweltzustand gewählt zu haben, zu minimieren. Die Enttäuschung ergibt sich bei einem bestimmten Szenario aus der Differenz zwischen dem Wert der optimalen Alternative und den anderen Alternativen. Tritt der worst case ein, wäre Szczecin die beste Alternative. Die Enttäuschung, diese Alternative nicht gewählt zu haben, beträgt aus Sicht von Bremen 1,9 (Differenz 3,4 minus 1,5), aus Sicht von Rotterdam 2,2 und aus Sicht von Tallinn 1,1. Die Enttäuschung den Standort Tallinn gewählt zu haben, wäre also am geringsten. Führt man diese Berechnung auch für die anderen Szenarien durch, dann ist bei allen Szenarien die Enttäuschung bei Wahl des Standorts Tallinn am geringsten, nicht den besten Standort gewählt zu haben.

Bei Anwendung der **Laplace-Regel** wird unterstellt, dass der Eintritt aller Szenarien gleichwahrscheinlich ist. Unter dieser Annahme werden die Gesamtpunktwerte einer Alternative bei allen Szenarien addiert und durch die Anzahl der Szenarien dividiert. Bei dieser Vorgehensweise ergibt sich mit 5,2 bei dem Standort Tallinn der höchste Erwartungswert. Hebt man die Prämisse der Gleichwahrscheinlichkeit der Szenarien auf und rechnet mit einer Wahrscheinlichkeit von 20 % für den worst case, 50 % für den real case und 30 % für den best case, dann erreicht der Standort Bremen mit 5,77 den besten Erwartungswert.

4.1.4 Wirtschaftlichkeitsberechnung

Auf Basis der PESTEL-Analyse wurden Regionen, Länder, beispielsweise Deutschland oder umfassende Wirtschaftsräume untersucht, ob sie als Produktionsstandort infrage kommen. Der Einsatz der Nutzwertanalyse bietet sich an, wenn konkrete Produktionsstandorte, etwa der westlich von München gelegene Ort Fürstenfeldbruck, präziser in einer Region verortet werden können. Neben Kriterien der PESTEL-Analyse können bei einer Nutzwertanalyse weitere Kriterien, beispielsweise die Attraktivität der Stadt für potenzielle Mitarbeiter am Standort, in die Analyse einbezogen werden. Bei einer rein geografischen Standortbetrachtung können aus Sicht der in die Berechnung einbezogenen Aspekte lokal optimale Standorte direkt bestimmt werden. Von Analyse zu Analyse kristallisieren sich so die Standorte heraus, die weiter in der Auswahl verbleiben. **Wirtschaftlichkeitsberechnungen** machen Sinn, wenn die in die Berechnung einfließenden Größen verlässlich bestimmt werden können, beispielsweise die Grundstückskosten. Das ist umso eher möglich, je konkreter Standorte benannt werden können. Um den Aufwand für die Berechnungen zu begrenzen, sollten nur noch wenige Standorte zur Disposition stehen.

Nicht selten bleibt unter Berücksichtigung all der vorher betrachteten Kriterien nur noch ein Standort übrig, für den die Berechnungen durchgeführt werden.

Für die noch im Auswahlverfahren befindlichen Standorte kann nun entsprechend der dominierenden unternehmerischen Zielsetzung die Wirtschaftlichkeit analysiert werden. Aufgrund der langfristigen Festlegung finanzieller Mittel eignen sich zur Analyse vor allem **dynamische Investitionsrechenmodelle**, die um statische Betrachtungen, insbesondere Kostenanalysen, ergänzt werden können. Vor dem Hintergrund der zu erbringenden **Leistung** ist der Einsatz der Produktionsfaktoren und die daraus resultierenden **Ausgaben zu planen**. Ausgaben, die erfahrungsgemäß zu deutlicheren Unterschieden führen, sollten einer genaueren Analyse unterzogen werden als Ausgaben, die zum einen vom Betrag her unwesentlicher sind und zum anderen an den verschiedenen Standorten nicht zu wesentlich anderen Ausgaben führen. Die Ausgaben für Personal, Logistik, Energie und Steuern weisen oft hohe Unterschiede an verschiedenen Standorten auf und sind entsprechend differenziert zu analysieren und in Wirtschaftlichkeitsbetrachtungen anzusetzen. Die Ausgaben für die Errichtung der Gebäude differieren an verschiedenen Standorten aufgrund der unterschiedlichen Voraussetzungen. Gegebenenfalls sind **Subventionen** in Ansatz zu bringen. Unterschiede ergeben sich ferner bei verschiedenen Ausgaben aufgrund standortindividueller, gegebenenfalls verpflichtender Regelungen und Angebote, beispielsweise den Ausgaben für Entsorgung und Kommunikation. Unterschiede hinsichtlich der Beurteilung der Wirtschaftlichkeit einzelner Standorte können abschließend auch aus unterschiedlich langen Planungs- und Genehmigungszeiten resultieren, die den Produktionsstart und damit die Erlösrealisierung beeinflussen.

Investitionsausgaben

Die für eine Investition an einem Standort anfallenden Ausgaben sind in zweifacher Hinsicht zu planen. Unterschiede zwischen den Standorten ergeben sich in zeitlicher Hinsicht als auch im Hinblick auf die Höhe der Ausgaben. Prüft man beispielsweise zwei konkrete europäische Standorte in verschiedenen Ländern und einen außereuropäischen Standort, so müssen, sofern noch keine konkreten Grundstücksangebote vorliegen, geeignete Grundstücke erst gefunden werden. Hierbei kann es deutliche Unterschiede zwischen den zu vergleichenden Standorten geben, die in einer frühen Phase der Entscheidungsfindung nicht immer einfach prognostizierbar sind. Entscheidend ist für die **Grundstücksfindung** das Vorhandensein freier Flächen, die in Abhängigkeit der benötigten Größe in dicht besiedelten Gebieten schwerer zu finden sein werden als in weniger bevölkerten Regionen. Differierende Grundstückspreise in unterschiedlichen Regionen müssen nicht nur im Zusammenhang mit den späteren Logistikkosten, sondern auch mit dem zur Verfügung stehenden Personal gesehen werden, das am Standort benötigt wird. Nicht nur das Finden geeigneter Grundstücke, sondern auch unterschiedliche Zeiträume für **Genehmigungsverfahren** wirken sich auf den Zeitpunkt des ersten Spatenstichs aus. Muss man mit **Widerstand der ansässigen Bevölkerung** gegen einen Unternehmensstandort rechnen, dann kann sich der geplante Beginn der Bautätigkeit einer Fabrik und der Produktionsstart weiter nach hinten verschieben. Die wirtschaftlichen Auswirkungen verschärfen sich, wenn die Verschiebungen dazu führen, dass die Inbetriebnahme des neuen Standorts nicht in einer konjunkturellen Aufschwungphase, sondern in einer sich abzeichnenden Rezession liegt. Die zeitlichen Aspekte sind relevant, weil zum einen die für die Investition benötigten finanziellen Mittel realisierbar sein müssen und die noch in der Auswahl befindlichen Standorte miteinander zu vergleichen sind. Sollen an einem neuen Standort bestimmte Produkte in einem sich aus technologischen Gründen schnell verändernden Markt produziert werden, dann ist bei einer späteren Inbetriebnahme mit einem kürzeren Produktlebenszyklus zu kalkulieren.

Bei deutlichen zeitlichen Verwerfungen zwischen Ausgaben und Auszahlungen sind diese im Investitionsmodell zu berücksichtigen. Die standortspezifischen Ausgaben beginnen mit denen des Grundstücks, sofern ein **Grundstück** käuflich erworben wird. Aufgrund begrenzter Grundstücksflächen gibt es Bestrebungen in Gemeinden, Gewerbeflächen nicht mehr zu verkaufen, sondern nur noch als **Erbbaurecht** zu vergeben. Fehlt die notwendige **Infrastruktur**, dann sind hierfür weitere Ausgaben zu kalkulieren. Die Verkehrsinfrastruktur betrifft vor allem die Erreichbarkeit durch ein ausgebautes Straßennetz. Je nach Industriezweig sind Gleisanschlüsse oder Hafenanlagen an Wasserstraßen, aber auch die Nähe zu Flughäfen wichtig. Teil der Versorgungsinfrastruktur sind die bestehenden Systeme der Energieversorgung gerade für energieintensive Unternehmen, der Anschluss an das Glasfasernetz und auf der anderen Seite die Entsorgung von Abfällen. Die Infrastruktur betrifft nicht nur die Einbindung des Betriebsgrundstücks in die Infrastruktursysteme, sondern auch das Grundstück selbst, auf dem Straßen- und Leitungssysteme zu errichten sind. Nicht zuletzt sind die notwendigen Gebäude zu bauen. Je nach **klimatischen Verhältnissen** und regional üblichen Bautechniken und Verfahren differieren die Bauausgaben verschiedener Standorte. In Regionen, in denen die Gebäude und Hallen weniger durch die Umwelt (Temperatur, Niederschläge, Naturkatastrophen, Erdbeben) belastet werden, kann nicht nur einfacher und kostengünstiger gebaut werden, die Gebäude lassen sich auch länger nutzen. In der Wirtschaftlichkeitsrechnung kann das zu niedrigeren Abschreibungen und einer höheren Steuerbemessungsgrundlage führen.

Die Produktionshallen sind mit den **Produktionsanlagen** auszustatten. Hier ist zu differenzieren, ob diese selbst erstellt oder von Anlagenherstellern gebaut werden. Entscheidender Faktor für die Vorteilhaftigkeit der Wahl zwischen Eigenfertigung oder Fremdbezug von Produktionsanlagen ist deren **technische Leistungsfähigkeit**. Diese beeinflusst die Qualität der mit einer Produktionsanlage erstellten Erzeugnisse, die Bandbreite der Produkte und Varianten, die mit einer Produktionsanlage gefertigt werden können als auch die mit dem späteren Betrieb der Anlage verbundenen Produktionskosten. Bei den meisten Produktionsanlagen wird aufgrund der Erfahrung der Anlagenhersteller der Fremdbezug sinnvoll sein. Kommt es bei der Produktion jedoch mehr auf ein bestimmtes Prozessverständnis an, das vom produzierenden Unternehmen selbst entwickelt wurde und nicht allgemein verfügbar ist, dann spricht das für die Eigenfertigung von Produktionsanlagen. Noch anders ist die Situation in Unternehmen der Maschinenbauindustrie, die aufgrund ihres branchenindividuellen Know-hows Produktionsanlagen selbst fertigen können. Gleiche Produktionsanlagen können an verschiedenen Standorten unterschiedlich hohe Ausgaben verursachen. Gründe sind logistische Kosten für den Transport der Maschinen, die vom Sitz des Anlagenherstellers abhängig sind. Personalkosten des

Anlagenherstellers für die Errichtung der Produktionsanlagen differieren, wenn ein Anlagenhersteller aus Belgien beispielsweise in Brasilien eine Produktionsanlage errichten soll und die Beschäftigten des Anlagenherstellers für einen längeren Zeitraum in Südamerika tätig sein müssen. Länderspezifische Zölle sind ein weiterer Grund für Kostenunterschiede. Ähnliche Überlegungen sind für die Betriebsausstattung und zur Geschäftsausstattung anzustellen.

Subventionen

Mit der Errichtung einer neuen Produktionsstätte sind häufig Subventionen verbunden. Subventionen sind Leistungen eines Dritten, der ein Engagement eines Investors in einer bestimmten Region unterstützen möchte. Die **Gründe für Subventionen** ergeben sich aus der Industriepolitik einer Region. Im Vordergrund steht die Funktion von Unternehmen als Arbeitgeber für die ortsansässige Bevölkerung, als Magnet für weitere Unternehmen (Zuliefererunternehmen), die einem dominanten Unternehmen (Hersteller bestimmter Erzeugnisse) folgen, der generellen Absicht, die Industrie in einem Land beispielsweise aus klimapolitischen Gründen umzustrukturieren oder letztendlich der Funktion von Unternehmen als Steuerzahler.

Subventionen gibt es in unterschiedlichen Spielarten. Beschränkt man den Subventionsbegriff auf **finanzielle Leistungen** einer staatlichen Institution an ein begünstigtes Unternehmen, dann fallen staatliche Leistungen wie die Schaffung der notwendigen Infrastruktur nicht unter den Subventionsbegriff. Unabhängig davon sind die staatlichen Infrastrukturleistungen, beispielsweise der Bau von Straßen oder der Bau eines Hafens, wichtige Gesichtspunkte für die Standortentscheidung eines Unternehmens. Im Gegensatz zu der einem Unternehmen direkt gewährten finanziellen Unterstützung profitiert von den Straßen- und Hafenanlagen nicht nur das Unternehmen, sondern auch Dritte.

Finanzielle Leistungen können **direkt als finanzielle Zuwendungen** in Form von Investitionszuschüssen oder als Investitionszulagen erfolgen. Entsprechend den Einkommensteuerrichtlinien stellen Investitionszuschüsse einen Vermögensvorteil dar. Investitionszulagen sind entsprechend dem Investitionszulagengesetz im Gegensatz zu Investitionszuschüssen steuerfrei. Neben nicht rückzahlbaren Zuwendungen können finanzielle Leistungen erfolgen, die grundsätzlich oder bei Vorliegen bestimmter Sachverhalte zurückzuzahlen sind. In diesen Fällen sind die Zuwendungen als Verbindlichkeiten oder bei vorliegenden Voraussetzungen als Rückstellungen zu bilanzieren.

Empfohlen wird, Wirtschaftlichkeitsberechnungen für Produktionsstandorte sowohl ohne als auch einschließlich finanzieller Zuwendungen zu erstellen. Produktionsstandorte überdauern einzelne Lebenszyklen von Produkten und müssen sich langfristig rechnen. Passt ein Standort aufgrund der verfolgten Strategie nicht mehr zum Unternehmen, dann bietet sich ein Verkauf an ein anderes Unternehmen an, zu dessen Strategie die Produktion passt. Das funktioniert besser, wenn das Konzept des Standortes auch ohne Subventionen tragfähig ist.

Leistung

Bevor die noch zu besprechenden laufenden Ausgaben für den neuen Produktionsstandort in die Wirtschaftlichkeitsbetrachtung einbezogen werden, muss die am Standort zu erbringende Leistung konkretisiert werden. Die Leistung ist vor dem

Hintergrund des **Absatzpotenzials** und der durch die Investitionsausgaben realisierbaren **Kapazität** zu bestimmen. Bei dem Aufbau eines neuen Produktionsstandortes ist davon auszugehen, dass Absatzpotenzial und Kapazität aufeinander abgestimmt sind. In der ersten Zeit wird man die neu aufgebaute Kapazität aus verschiedenen Gründen nicht sofort in vollem Umfang nutzen können. Bei neuartigen Erzeugnissen müssen Absatzmärkte erst aufgebaut werden, was eine gewisse Zeit in Anspruch nimmt. In technischer Hinsicht steht die volle Leistungsfähigkeit einer Produktionsanlage nicht sofort zur Verfügung, da erst Anlaufschwierigkeiten überwunden und erste Erfahrungen gesammelt werden müssen. Die Leistung kann in Abhängigkeit der Kapazitätsauslastung bestimmt werden. Im Rahmen einer als Entscheidungsgrundlage dienenden Wirtschaftlichkeitsbetrachtung macht der Ansatz einer **branchenüblichen Kapazitätsauslastung** Sinn. Weicht man davon ab, sollten die Gründe dafür offengelegt werden.

Ein Grund, von einer branchenüblichen Kapazitätsauslastung abzuweichen kann die Gefahr **ungeplanter Produktionsunterbrechungen** sein. Ungeplante Produktionsunterbrechungen können vornehmlich regional bedingt aufgrund von Naturkatastrophen, beispielsweise Erdbeben, Vulkanausbrüche oder Überschwemmungen, oder anderen Ereignissen anfallen. Beispiele für solche Ereignisse sind Streiks der Beschäftigten des eigenen Unternehmens oder Streiks in Unternehmen, die Teil der Lieferkette sind, insbesondere Logistikunternehmen und systemrelevante Lieferanten. Ist mit solchen Unterbrechungen zu rechnen, dann empfiehlt sich eine Reduzierung der Kapazitätsnutzung, sofern die aus Unterbrechungen resultierenden Effekte noch keine Berücksichtigung gefunden haben.

Auf der anderen Seite stellt sich die Frage, wie sich die Leistungsmengen auf der Zeitachse entwickeln sollen. Grundsätzlich kann die **Leistungsmenge in den einzelnen Perioden** unverändert bleiben. Realistischer dürfte aber die Berücksichtigung von Veränderungen sein, wie sie sich typischerweise ergeben. Eine Orientierung bietet das Produktlebenszyklusmodell. Je nachdem, in welcher Phase des Modells sich die anzubietenden Erzeugnisse befinden, ergeben sich unterschiedliche Wachstumsraten. Nach gegebenen Zeiträumen sind bei begrenzten Produktlebenszyklen alte Produkte durch neue Produkte zu ersetzen. Bei flexibler Planung wird das potenzielle Leistungsspektrum eines Standortes sukzessive aufgebaut, in Abhängigkeit von vorher feststellbaren Ereignissen.

Die Frage nach der in der Wirtschaftlichkeitsbetrachtung in den einzelnen Perioden anzusetzenden Leistungsmenge tangiert direkt die Problematik, **wie viele Perioden** überhaupt im Investitionsrechenmodell Berücksichtigung finden sollen. Der Planungszeitraum kann entsprechend der folgenden Abbildung in drei Phasen zerlegt werden. Die erste Phase betrifft den Zeitraum beginnend mit der Initiierung des Standortprojekts bis zur erstmaligen Nutzung des Standorts für die Produktion. Bei neuen Standorten beträgt der Zeitraum oft mehrere Jahre. Ist der richtige Standort noch nicht gefunden, sind Wirtschaftlichkeitsbetrachtungen zu erstellen, anhand derer eine überschaubare Anzahl von potenziellen Produktionsstandorten miteinander verglichen werden können. Liegt der richtige Standort fest, dann beginnt die Betrachtung mit dem Aufbau des neuen Standorts und einer realistischen Einschätzung der dafür benötigten Zeit. Daran schließt sich eine Anzahl von Perioden an, die detailliert geplant werden können. Wie viele Perioden zu berücksichtigen sind, kann nur standortindividuell bestimmt werden. Erzeugt man ein homogenes Produkt in Massenfertigung, auf dessen Absatz sich konjunkturelle Schwankungen nur unwesentlich auswirken und bei dem mit einer relativ stabilen Nachfrage gerechnet werden kann, dann genügen wenige Jahre, die konkret nach Inbetriebnahme geplant werden, da sich die Veränderungen in zeitlicher Hinsicht in Grenzen halten. Anders sieht es aus, wenn der Aufbau eines Standortes beispielsweise aus finanziellen Gründen in mehreren Schritten erfolgt. Dann ergibt sich automatisch ein längerer, konkret zu planender Zeitraum, will man den Standortaufbau vollständig darstellen. Der verbleibende Restzeitraum kann nach einer bestimmten Anzahl von Jahren abgebrochen werden, beispielsweise nach 15, 20 oder 25 Jahren. Sofern der Standort nicht heruntergewirtschaftet sein sollte, ist dem Standort ein Wert beizumessen, der in der Wirtschaftlichkeitsbetrachtung zum Ende angesetzt werden müsste. Einen ähnlichen, aber formal anderen Weg begeht man mit dem Konzept einer ewigen Rente. Im Anschluss an die konkret geplanten Jahre nach Inbetriebnahme des neuen Standortes plant man für den zeitlich unbestimmten Restzeitraum, dass man jährlich und unbegrenzt einen gleichbleibenden Ertrag erwirtschaftet, der im Investitionsrechenmodell diskontiert berücksichtigt wird.

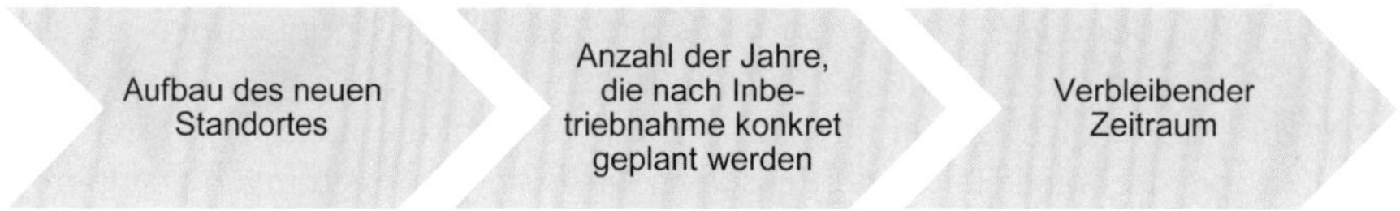

Abb. 4.5: Phasen der Wirtschaftlichkeitsbetrachtung

Laufende Ausgaben

Die laufenden Ausgaben an einem neuen Standort können differenziert nach Produktionsfaktoren und Funktionen betrachtet werden. Zu den wesentlichen und oft standortbestimmenden Produktionsfaktoren zählt das **Personal**. Je nachdem, welche Wertschöpfungsstufe in welcher Wertschöpfungskette an einem bestimmten Standort vorgesehen ist, sind die Ausgaben für das Personal oder die Qualifikation des Personals ein standortentscheidender Faktor. Stehen die Ausgaben im Fokus, kommen für bestimmte Wertschöpfungsstufen vor allem Niedriglohnländer infrage. Ein Beispiel hierfür ist die Textilindustrie mit den Produktionsstufen Spinnen, Weben, Veredeln, Konfektionieren. Zu unterscheiden sind preissensible und in großen Mengen produzierte Textilien von solchen, bei denen besondere Eigenschaften nachfragebestimmend sind. Zu letzteren zählen spezielle technische Textilien, für die die Höhe der Personalausgaben nicht der ausschlaggebende Faktor für einen Produktionsstandort ist.

Bei der Planung der Personalausgaben für bestimmte Standorte über mehrere Jahre hinweg ist der Entwicklung der Ausgaben im Planungszeitraum besondere Beachtung zu schenken. Einflussfaktoren sind Lohnsteigerungen und die Arbeitsproduktivität. Im folgenden Beispiel werden die Personalausgaben für ein bestimmtes Leistungsvolumen vier verschiedener Länder, die sich hinsichtlich Lohnhöhe, Lohnsteigerungen, der Arbeitsproduktivität und deren Veränderungen im Zeitablauf unterscheiden, betrachtet. Land A soll der Hauptsitz des Unternehmens sein, an dem bereits produziert wird. Die Arbeitskosten pro Stunde betragen 40 €. Es wird mit jährlichen Lohnsteigerungen von 2 % über einen Zeitraum von 25 Jahren gerechnet. Erfahrungsgemäß verbessert sich die Arbeitsproduktivität jährlich um 3 %. Drei weitere Länder werden in die Betrachtung einbezogen, die sich wie folgt vom Land A unterscheiden:

Land	A	B	C	D
Arbeitskosten/Stunde (€/Std.)	40	25	10	5
Lohnsteigerung/Jahr zu Beginn	2 %	4 %	6 %	8 %
Veränderung Lohnsteigerung/Jahr		−1 %	−2 %	−3 %
Arbeitsproduktivität zu Beginn	1,0	0,9	0,7	0,5
Veränderung Arbeitsproduktivität/Jahr	3,0 %	3,3 %	4,0 %	5,0 %

Tab. 4.3: Veränderungen der Arbeitskosten an verschiedenen Standorten

Die Arbeitskosten pro Stunde liegen deutlich unter denen am Sitz des Unternehmens. Allerdings ist entsprechend den in der Vergangenheit feststellbaren Veränderungen in den anderen Ländern mit höheren jährlichen Lohnsteigerungen zu rechnen, die sich jedoch von Jahr zu Jahr verringern. Im Anschluss an das erste Jahr steigen annahmegemäß die Löhne im Land C um 6 %. Von diesem Wert ausgehend werden sich die Lohnsteigerungen vermutlich pro Jahr um 2 % nach unten entwickeln. Zum Ende des Betrachtungszeitraums betragen die Lohnsteigerungen in diesem Land dann nur noch 3,8 %. Sie sind noch höher als im Land A, nähern sich diesem aber an. Die Arbeitsproduktivität für die Länder B, C und D ist im Vergleich zu dem Land A angegeben. Im Vergleich zum Land D ist die Arbeitsproduktivität im Land A doppelt so hoch. Die zunehmende Industrialisierung in den Ländern D und C, aber auch im Land B führt zu einem Angleichen der Arbeitsproduktivität. Die jährlichen Verbesserungen der Arbeitsproduktivität betragen für das Land A 3,0 % und für das Land D 5,0 %. Die folgende Abbildung zeigt die Arbeitskosten für eine identische Leistungsmenge unter Berücksichtigung von Lohnsteigerungen und Veränderungen der Arbeitsproduktivität.

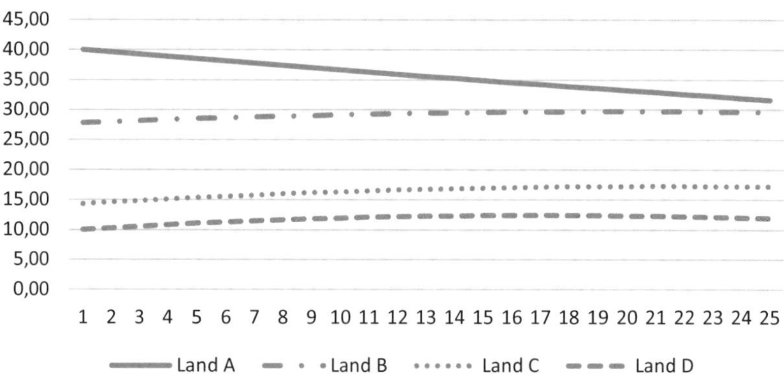

Abb. 4.6: Entwicklung der Löhne im Ländervergleich

Die Arbeitskosten pro Stunde betragen in den Ländern A, B, C und D zu Beginn 40 €, 25 €, 10 € und 5 €. Unter Berücksichtigung der in der obenstehenden Tabelle angegebenen Produktivitäten betragen die Arbeitskosten zu Beginn für eine identische Leistungsmenge in Orientierung an den Kosten im Land A jedoch 40,00 €, 27,78 €, 14,29 € und 10,00 €. Zum Ende des Betrachtungszeitraum verringern sich die Differenzen zwischen den Ländern für eine identische Leistungsmenge. Die Kosten im Land A verringern sich auf 31,65 €. Grund ist die über der Lohnsteigerung liegende jährliche Zunahme der Produktivität. Im Land B steigen die Lohnkosten im 21. Jahr bis auf 21,67 €, da die Lohnsteigerungen über der Zunahme der Arbeitsproduktivität liegen. Annahmegemäß sinken die gegenüber dem Land A anfangs höheren Lohnsteigerungen jährlich kontinuierlich um 1 %. Damit liegt die Lohnsteigerung im 22. Jahr mit 3,27 % unterhalb der Steigerung der Arbeitsproduktivität mit 3,3 %, sodass sich die Löhne für eine identische Leistungsmenge zum Ende des Betrachtungszeitraums von 25 Jahren leicht auf 29,59 € verringern. Vergleichbare Effekte lassen sich bei der Lohnentwicklung in den Ländern C und D feststellen. Die Kurven für die Länder B, C und D zeigen einen leicht konkaven Verlauf.

Neben den Personalausgaben für das direkt im Produktionsprozess eingesetzte Personal sind Ausgaben für das **Personal der anderen Unternehmensbereiche** zu berücksichtigen. Entscheidend für die Höhe der Personalausgaben an einem Standort im Vergleich zu anderen Standorten sind die seitens des Unternehmens zu treffenden Entscheidungen über die Art und dem Umfang der Leistungen, die man mit standorteigenem Personal, mit Personal von Fremdfirmen oder direkt als Leistung von anderen Unternehmen beziehen möchte. In allen Unternehmensbereichen sind entsprechende Entscheidungen zu treffen. Da das Leistungsangebot an unterschiedlichen Standorten differierende Möglichkeiten eröffnet, ist diesem Aspekt Beachtung zu schenken. Außerdem ist zu berücksichtigen, dass oft bestimmte Führungsaufgaben von entsprechend geeignetem Personal einer Muttergesellschaft erledigt werden, die diese Aufgaben entweder zusätzlich zu anderen Aufgaben übernehmen oder mit der Inbetriebnahme des neuen Standorts dort ausschließlich tätig sind.

Neben den Personalausgaben stellen die Ausgaben für das **Fertigungsmaterial** in produzierenden Unternehmen einen wesentlichen Ausgabenblock dar. Oft sind die Ausgaben oder die grundsätzliche Verfügbarkeit von Rohstoffen ein standortbestimmender Faktor. Neben den eigentlichen Ausgaben für das Fertigungsmaterial selbst sind die zusätzlich anfallenden Ausgaben für den Transport des Fertigungsmaterials zum Fertigungsstandort zu berücksichtigen. Entsprechend den Einfuhrregelungen können Zölle mit einem Import bestimmter Stoffe verbunden sein.

Ein dritter oft standortbestimmender Faktor sind die **Energiekosten**. Neben deren grundsätzlicher Verfügbarkeit ist entsprechend den Entscheidungen bei bestimmten anderen Produktionsfaktoren zu prüfen, ob Energie selbst erzeugt oder zugekauft werden soll. Soll Energie selbst produziert werden, ist das bei den originären Ausgaben für die Investitionssumme des neuen Standorts direkt zu berücksichtigen.

Neben den bereits behandelten Ausgaben gibt es eine Vielzahl weiterer Ausgaben, die entsprechend ihrer Bedeutung und Unterschiedlichkeit bei den verschiedenen Standorten pauschal geplant werden können oder differenzierter anzusetzen sind. Differenziert werden kann zwischen Leistungen, die grundsätzlich vom Unternehmen selbst erbracht oder als Dienstleistungen von anderen Unternehmen fremdbezogen werden können. Hierzu zählen Leistungen der Informationstechnologie, Instandhaltung, Logistik, Sicherheit bis hin zur Verpflegung der Beschäftigten in einer eigenen Kantine oder durch einen fremden Dienstleister. Auf der anderen Seite gibt es Ausgaben, bei denen diese Option nicht besteht. Hierzu zählen öffentliche Abgaben in Form von Gebühren, Beiträgen, Steuern, bei denen zwischen gewinnabhängigen und nicht gewinnabhängigen Steuern zu differenzieren ist, sowie Ausgaben für Abfallbeseitigung und den Schutz der Umwelt sowie Versicherungen.

Berechnung der Wirtschaftlichkeit

Nachdem für die verschiedenen Standortalternativen Ausgaben und Einnahmen feststehen, können anhand eines **Entscheidungsmodells** die Standorte miteinander verglichen werden. Standortentscheidungen gehören zu den langfristigen und komplexen Entscheidungen in einem Unternehmen. Somit bieten sich dynamische Verfahren zur Beurteilung der wirtschaftlichen Vorteilhaftigkeit von Standorten an. Rechengrößen dynamischer Verfahren sind Zahlungsgrößen. Durch Auf- oder Abzinsen der Zahlungen können zu unterschiedlichen Zeitpunkten anfallende Zahlungen vergleichbar gemacht werden. Zu konstatieren ist, dass üblicherweise bei sehr langfristigen Betrachtungen nur von einem einmaligen Zahlungszeitpunkt pro Jahr ausgegangen wird. Das führt zu einer hohen Vereinfachung des Modells gegenüber der Realität. Projektindividuell ist gegebenenfalls zu entscheiden, ob der Anfangszeitraum, also die Aufbauphase und das erste oder die ersten Jahre nach Inbetriebnahme monatsgenau geplant werden sollten.

Unabhängig davon ist zu klären, ob modellvereinfachend **Ausgaben** und **Einnahmen** anstelle von Zahlungen im Modell angesetzt beziehungsweise gleichgesetzt werden können. Hierzu erklärt *Dieter Schneider* lapidar: „Die Zahlungsströme bestehen aus den Zugängen an Zahlungsmitteln (Einnahmen) und den Abgängen (Ausgaben). Mitunter werden in der Literatur Einnahme und Einzahlung, Ausgabe und Auszahlung unterschieden. Dieser Begriffsbildung wird hier nicht gefolgt (*Schneider* 1989, S. 26)". Grundsätzlich ist die Differenzierung zwischen Einzahlungen und Einnahmen auf der einen Seite und Auszahlungen und Ausgaben auf der anderen Seite eine sinnvolle Differenzierung. Einzahlungen und Auszahlungen stehen für den Zugang oder Abgang liquider Mittel in einer Periode, Einnahmen und Ausgaben für den Wert der zugegangenen oder veräußerten Güter und Dienstleistungen. Die Stromgrößen Einzahlungen und Auszahlungen verändern den Bestand an liquiden Mitteln. Liquidität wird benötigt, um den Zahlungsverpflichtungen eines Unternehmens nachzukommen. Entsprechend § 17 der Insolvenzordnung ist die Zahlungsunfähigkeit Eröffnungsgrund für ein Insolvenzverfahren. Daran erkennt man, dass das **Liquiditätsmanagement** eine wichtige Aufgabe darstellt. Eine Kapitalflussrechnung ist ein Instrument im Rahmen des Liquiditätsmanagements und der Finanzierung von Unternehmen. Inhalt der Kapitalflussrechnung ist der in einer Periode erzielte Cashflow, der addiert zum Liquiditätsbestand zu Beginn einer Periode den Liquiditätsbestand zum Ende einer Periode ergibt. Ob ein konkreter Bestand an liquiden Mitteln ausreicht, die laufenden Zahlungsverpflichtungen zu erfüllen, muss täglich gegeben sein und ist gegebenenfalls jeweils konkret zu prüfen und sicherzustellen. Bei der Beurteilung der **Wirtschaftlichkeit eines neuen Standortes** sind hinsichtlich eines konkreten Zahlungszeitpunkts derart genaue Planungen, wie im Fall einer täglichen Liquiditätsplanung, nicht notwendig. Anstelle konkreter Ein- und Auszahlungstermine können vereinfachend Einnahmen und Ausgaben angesetzt werden. Diese Ansicht wird auch in der Literatur vertreten. „Die Einzahlungen und Auszahlungen einer Investition kann man in der Regel durch ihre Einnahmen und Ausgaben genügend genau annähern. Eine Differenzierung zwischen Einzahlungen und Einnahmen beziehungsweise zwischen Auszahlungen und Ausgaben erscheint deshalb für Zwecke der Investitionsrechnungen nicht notwendig" (*Blohm et al.* 2012, S. 44).

Die vorstehend diskutierten Einnahmen und Ausgaben (alternativ Einzahlungen und Auszahlungen) für die verschiedenen in der engeren Auswahl befindlichen Standorte können sodann in ein Rechenmodell zur Beurteilung der monetären Vorteilhaftigkeit eingehen. In Form des Kapitalwerts oder der Annuität können absolute Werte der Standorte miteinander verglichen werden. Berechnungen der Rendite zeigen, in welcher Höhe die seitens der Eigenkapitalgeber geforderte Mindestrendite überschritten wird. Anhand der Berechnung der Amortisationszeit erkennt man, wann die in den Standort investierten Ausgaben zurückgeflossen sind. Die Amortisationszeit gilt als Risikokennziffer. Mit dem Break-even-Point wird für eine Periode die kritische Auslastung bestimmt, bei der alle Kosten gedeckt sind. Der Abstand zwischen Break-even-Point und vorgesehener Beschäftigung sowie der Abstand zwischen Break-even-Point und Kapazität an den verschiedenen Standorten spiegelt das Risiko wieder, in bestimmten Perioden die Gewinnziele nicht zu erreichen. Risikoerhöhend wirken sich Geschäftsfelder in konjunktursensiblen Branchen aus.

Fallbeispiel zur Wirtschaftlichkeit eines neuen Produktionsstandortes

Die folgende Tabelle enthält Eckdaten für eine Wirtschaftlichkeitsbetrachtung eines neuen Produktionsstandortes. Die Planung erfolgt für einen Zwölfjahreszeitraum beginnend mit dem Jahr 2021. Die **Investitionssumme** beträgt 400 Mio. €. Aufgrund des prognostizierten Marktwachstums reicht die zu Beginn vorhandene **Kapazität** von 340.000 ME langfristig nicht aus. Alle drei Jahre (unter Ausnahme des Jahres 2032) sind **kapazitätserhöhende Maßnahmen** (50 Mio. €) sowie jährlich **Maßnahmen zur Anlagenerhaltung** (10 % der originären Investitionssumme) vorgesehen. Damit liegt ab dem Jahr 2030 eine Kapazität von 460.000 ME vor. Sofern an einem bestimmten länderspezifischen Standort Einkäufe und Verkäufe der **Umsatzsteuer** unterliegen, werden die daraus resultierenden Zahlungen in diesem Fallbeispiel berücksichtigt. Angenommen wird, dass eine Umsatzsteuerpflicht entsprechend den vereinnahmten beziehungsweise im Fall des Einkaufs entsprechend den verausgabten Entgelten entsteht und der Zahlungsüberschuss im Folgemonat an das Finanzamt abzuführen ist. Bei den in diesem Fallbeispiel angesetzten Investitionen wird unterstellt, dass diese grundsätzlich spätestens im November eines betreffenden Jahres abgeschlossen und bezahlt sind, sodass zum einen keine Verbindlichkeiten aus Lieferungen und Leistungen und keine Forderungen gegenüber dem Finanzamt aufgrund der Investitionstätigkeit zum Jahresende bestehen. Für andere Einnahmen oder Ausgaben wird in den Berechnungen ein Umsatzsteuersatz von 20 % angesetzt.

Eckdaten	2021	2022	2023	2024	2025	2026
Marktwachstum		4 %	4 %	4 %	4 %	4 %
Leistung (in 1.000 ME)	290	302	314	326	339	353
Kapazität (in 1.000 ME)	340	340	340	380	380	380
Investition in Mio. € zum 01.01.	400					
Ersatz-/Erweiterungsinv. (Mio. €)	40	40	90	40	40	90
Eckdaten (Fortsetzung)	**2027**	**2028**	**2029**	**2030**	**2031**	**2032**
Marktwachstum	4 %	4 %	3 %	3 %	3 %	3 %
Leistung (in 1.000 ME)	367	382	393	405	417	430
Kapazität (in 1.000 ME)	420	420	420	460	460	460
Investition in Mio. € zum 01.01.						
Ersatz-/Erweiterungsinv. (Mio. €)	40	40	90	40	40	40

Tab. 4.4: Leistung, Kapazität und Investitionsausgaben

In den ersten drei Jahren wird mit einem gleichbleibenden **Absatzpreis** von 1.800 €/ME kalkuliert. Im Verlauf des weiteren Produktlebenszyklus werden aufgrund absatzstrategischer Überlegungen jährliche Preisreduzierungen vorgenommen. Die in der Gewinn- und Verlustrechnung anzusetzenden **Umsatzerlöse** ergeben sich als Produkt aus Absatzpreis und Absatzmenge. Der **Absatz** ist nicht deckungsgleich mit der Produktionsmenge, da planmäßig ein Lagerbestand an fertigen Erzeugnissen von 14 Tagen vorgesehen ist. Gegenüber der Produktion im 1. Jahr in Höhe von 290.000 ME soll diese im 2. Jahr um 4 % auf 301.600 ME ansteigen. Bei annahmegemäß 365 Tagen liegen im 2. Jahr 11.568 ME im Lager, was einer 14-tägigen Produktion entspricht. Wenn an weniger Tagen im Jahr produziert wird, können die in der Berechnung angesetzten 365 Tage durch die tatsächlichen Produktionstage ersetzt werden. Die **Erzeugnisreichweite** ist entsprechend anzupassen. Die Absatzmenge im zweiten Jahr beträgt 301.600 ME – 11.568 ME + 11.123 ME (11.123 = der zu verkaufende Lagerbestand aus dem 1. Jahr) = 301.155 ME. Die Berechnung der **Forderungen aus Lieferungen und Leistungen** basiert auf den Bruttoumsatzerlösen, gerechnet mit einem pauschalen **Umsatzsteuersatz** von 20 %, der länderindividuell entsprechend den gesetzlichen Bestimmungen anzusetzen ist. Neben dem zu Herstellungskosten zu bewertenden Bestand an unfertigen und fertigen Erzeugnissen sind die Forderungen aus Lieferungen und Leistungen Teil des Umlaufvermögens in der Bilanz. Für die im Rahmen der dynamischen Investitionsrechnungen zu erstellende Kapitalwertmethode sind die **Umsatzeinzahlungen** (alternativ könnten vereinfachend die Umsatzerlöse beziehungsweise -einnahmen angesetzt werden) maßgebend. Die Umsatzeinzahlungen ergeben sich aus den Brutto-Umsatzerlösen unter Berücksichtigung der Veränderungen der Forderungen aus Lieferungen und Leistungen. Zu berücksichtigen ist, dass im Verlauf eines Jahres die Differenz zwischen Bruttoumsatzerlösen und Nettoumsatzerlösen für die Monate Januar bis November sowie für den Dezember des Vorjahres an das Finanzamt abzuführen ist.

Die Umsatzerlöse betragen **im Jahr 2022** netto 542.079.123 € beziehungsweise brutto 650.494.948 €. Bei einem Zahlungsziel von 25 Tagen beläuft sich der Forderungsbestand zum Jahresende auf 44.554.448 €, der erst im kommenden Jahr zur Einzahlung führt. Der Forderungsbestand zum Ende des Vorjahres in Höhe von 41.258.473 € kommt hingegen im Jahr 2022 zur Einzahlung. Eine ähnliche Berechnung ist für den aus der Umsatzsteuer resultierenden Zahlungseffekt anzustellen. Für die Umsätze aus dem Monat Dezember ist Umsatzsteuer in Höhe von 9.207.919 € erst im Januar 2023 an das Finanzamt abzuführen. Die Umsatzsteuer aus dem Dezember 2021 in Höhe von 8.526.751 € kommt erst im Januar 2022 zur Auszahlung. Die in der Kapitalwertmethode anzusetzenden Umsatzeinzahlungen im Jahr 2022 betragen somit 539.464.316 €. Sollen die an einem Standort produzierten und zu verkaufenden Erzeugnisse differenzierter berücksichtigt werden, können Umsatzbereiche nach Erzeugnissen, Regionen oder Kunden gebildet werden.

Verkauf	2021	2022	2023	2024	2025	2026
Absatzpreis (€/ME)	1.800	1.800	1.800	1.764	1.746	1.728
Umsatzerlöse netto (Mio. €)	502	542	564	575	591	609
Umsatzerlöse brutto (Mio. €)	602	650	677	690	710	731
Leistung (1.000 ME)	290	302	314	326	339	353
Absatz (1.000 ME)	279	301	313	326	339	352
Fertige Erz. (Bestand in 1.000 ME)	11	12	12	13	13	14
Forderungen L+L (Mio. €)	41	45	46	47	49	50
Umsatzeinzahlungen (Mio. €)	469	539	562	574	590	608

Verkauf (Fortsetzung)	2027	2028	2029	2030	2031	2032
Absatzpreis (€/ME)	1.710	1.692	1.674	1.656	1.638	1.620
Umsatzerlöse netto (Mio. €)	627	645	657	670	682	695
Umsatzerlöse brutto (Mio. €)	752	774	789	804	819	834
Leistung (1.000 ME)	367	382	393	405	417	430
Absatz (1.000 ME)	366	381	393	404	417	429
Fertige Erz. (Bestand in 1.000 ME)	14	15	15	16	16	16
Forderungen L+L (Mio. €)	51	53	54	55	56	57
Umsatzeinzahlungen (Mio. €)	625	644	656	669	681	694

Tab. 4.5: Umsatz, Forderungen aus Lieferungen und Leistungen sowie Bestände an fertigen Erzeugnissen

Die **Löhne und Gehälter** im Material- und Fertigungsbereich entwickeln sich mit der im Zeitablauf verändernden genutzten Kapazität, die Personalausgaben im Verwaltungs- und Vertriebsbereich werden absatzabhängig geplant. Löhne und Gehälter basieren auf der Anzahl der Mitarbeiter und den zu zahlenden Vergütungen. Vorgesehen ist, Lohn- und Gehaltssteigerungen durch Produktivitätssteigerungen zu kompensieren. Setzt man anstelle von Ausgaben Auszahlungen in einzelnen Rechnungen an, ist zu berücksichtigen, dass gewisse Teile der Vergütung nicht in der gleichen Periode wie Ausgaben zu Auszahlungen führen. Die in der folgenden Tabelle angesetzten **sonstigen Verbindlichkeiten** für Löhne und Gehälter resultieren aus diesem Sachverhalt. In jedem Jahr kommt ein Teil der Vergütung des Monats Dezember aus verschiedenen Gründen erst im Folgejahr zur Auszahlung.

Im Jahr 2022 betragen die Fertigungslöhne 30.160.000 €, die Hilfslöhne und Gehälter in der Fertigung 23.756.800 €, die Personalausgaben im Einkauf sowie Verwaltung und Vertrieb 5.892.800 € beziehungsweise 28.333.238 €. Erhöht um die aus dem Vorjahr zu begleichenden Verbindlichkeiten von 2.147.192 € und vermindert um die im Jahr 2022 neu gebildeten Verbindlichkeiten in Höhe von 2.203.571 ergeben sich im betreffenden Jahr als Auszahlungen für Löhne und Gehälter 88.086.459 €.

Löhne und Gehälter (Mio. €)	2021	2022	2023	2024	2025	2026
Fertigungslöhne	29	30	31	33	34	35
Hilfslöhne/Gehälter in der Fertigung	23	24	24	25	26	26
Personalausgaben im Einkauf	6	6	6	6	6	6
Personalausg. Verwaltung/Vertrieb	28	28	29	29	29	29
Sonstige Verbindl. Löhne, Gehälter	2	2	2	2	2	2
Auszahlungen Löhne und Gehälter	84	88	90	92	95	97

Löhne und Gehälter (Fortsetzung)	2027	2028	2029	2030	2031	2032
Fertigungslöhne	37	38	39	40	42	43
Hilfslöhne/Gehälter in der Fertigung	27	28	28	29	29	30
Personalausgaben im Einkauf	6	7	7	7	7	7
Personalausg. Verwaltung/Vertrieb	30	30	30	30	31	31
Sonstige Verbindl. Löhne, Gehälter	2	3	3	3	3	3
Auszahlungen Löhne und Gehälter	100	102	104	106	108	111

Tab. 4.6: Löhne und Gehälter

Der Verbrauch an **Roh-, Hilfs- und Betriebsstoffen** hängt von der Leistungsmenge ab. Die Ausgaben für Roh-, Hilfs- und Betriebsstoffe umfassen zusätzlich zum Verbrauch einen **Lagerbestand** für 20 Tage, der entsprechend der oben bereits erklärten Berechnung der Erzeugnisreichweite veranschlagt wird. Die Bruttoausgaben beinhalten die mit 20 % veranschlagte Vorsteuer, die bei der Berechnung der **Verbindlichkeiten aus Lieferungen und Leistungen** zu berücksichtigen ist. Bei der Berechnung der in die dynamischen Investitionsrechnungen einfließenden Auszahlungen ist zu beachten, dass aufgrund des einmonatigen Verzugs der Erstattung der **Vorsteuer** seitens des Finanzamts diese für den Monat Dezember eines Jahres erst im Januar des Folgejahres zurückfließt.

Für die Produktion **im Jahr 2022** von 301.600 ME werden Rohstoffe sowie Hilfs- und Betriebsstoffe im Wert von 120.640.000 € und 12.064.000 € benötigt. Der Bestand an Roh-, Hilfs- und Betriebsstoffen beträgt zu Jahresbeginn 6.991.781 € und zum Jahresende 7.271.452 €. Zum Ende des Jahres ergibt sich der Bestand aufgrund folgender Berechnung: (120.640.000 € + 12.064.000 €) / 365 Tage • 20 Tage. Der Einkauf im Jahr 2022 berechnet sich wie folgt: 120.640.000 € + 12.064.000 € + 7.271.452 € – 6.991.781 € = 132.983.671 €. Unter Berücksichtigung der Vorsteuer und einem Zahlungsziel von 30 Tagen zur Begleichung der Rechnungen betragen die aus diesen Einkäufen resultierenden Verbindlichkeiten zum Jahresende 13.116.198 €. Die in der Investitionsrechnung anzusetzenden Auszahlungen im Jahr 2022 ergeben sich aus den Ausgaben von 132.983.671 €, der Differenz der Verbindlichkeiten aus Lieferungen und Leistungen von 13.274.806 € – 13.116.198 € = 158.608 € sowie der Differenz zwischen der im Dezember 2022 noch nicht erstatteten Vorsteuer sowie der Vorsteuererstattung im Januar 2022 für die Einkäufe im Dezember 2021: –2.286.217 € + 2.258.901 € = –27.316 €.

Roh-, Hilfs- und Betriebsst. (Mio. €)	2021	2022	2023	2024	2025	2026
Aufwand Rohstoffe	116	121	125	130	136	141
Aufwand Hilfs- und Betriebsstoffe	12	12	13	13	14	14
Bestand Roh-, Hilfs- Betriebsstoffe	7	7	8	8	8	9
Ausgaben netto	135	133	138	144	150	156
Verbindl. aus Lieferungen u. Leist.	13	13	14	14	15	15
Auszahl. Roh-, Hilfs-, Betriebsstoffe	124	133	138	143	149	155

Roh-, Hilfs- und Betriebsst. (Mio. €)	2027	2028	2029	2030	2031	2032
Aufwand Rohstoffe	147	153	157	162	167	172
Aufwand Hilfs- und Betriebsstoffe	15	15	16	16	17	17
Bestand Roh-, Hilfs- Betriebsstoffe	9	9	9	10	10	10
Ausgaben netto	162	168	173	178	184	189
Verbindl. aus Lieferungen u. Leist.	16	17	17	18	18	19
Auszahl. Roh-, Hilfs-, Betriebsstoffe	161	168	173	178	183	189

Tab. 4.7: Roh-, Hilfs- und Betriebsstoffe, Verbindlichkeiten aus Lieferungen und Leistungen sowie Bestände an Roh-, Hilfs- und Betriebsstoffen

Aus Sicht des Unternehmens handelt es sich um einen weiteren Standort in einem Konzern, an dem Produktionstätigkeiten erfolgen, mit denen man bereits von der Art her über umfangreiche Erfahrungen an anderen Standorten verfügt. Aus diesem Grund lassen sich die **übrigen Ausgaben** für das erste Planungsjahr analog den bekannten Kostenstrukturen planen. Für den Fertigungsbereich betragen die Fertigungsgemeinkosten ohne kalkulatorische Zinskosten sowie ohne kalkulatori sche Abschreibungen im Jahr 2021 84.000.000 €. Darin enthalten sind die bereits behandelten Hilfslöhne und Gehälter in Höhe von 23.200.000 € und die Kosten für Hilfs- und Betriebsstoffe in Höhe von 11.600.000 €. Somit betragen die restlichen, noch nicht berücksichtigten sonstigen Ausgaben in der Produktion 49.200.000 €. Die sonstigen Ausgaben lassen sich in einen festen und einen variablen Anteil separieren. Der variable Anteil im Einkauf und in der Fertigung verändert sich entsprechend der Produktionsleistung, der variable Anteil im Verwaltungs- und Vertriebsbereich variiert mit der Absatzmenge. Potenziellen Preisveränderungen pro Mengeneinheit wird mit Produktivitätsverbesserungen entgegengesteuert.

Im Jahr 2022 betragen die sonstigen Ausgaben in Summe für die drei Bereiche 110.559.669 €. Die Differenz der Verbindlichkeiten aus Lieferungen und Leistungen beträgt 10.694.695 € – 10.904.515 € = –209.820 €. Die Berechnung der Differenz zwischen der im Dezember 2022 noch nicht erstatteten Vorsteuer sowie der Vorsteuererstattung im Januar 2022 für die Einkäufe im Dezember 2021 ergibt: –1.841.864 € + 1.878.000 € = –36.136 €. Die Auszahlungen belaufen sich somit auf 110.385.985 €.

Sonstige Ausg./Ausz. (in Mio. €)	2021	2022	2023	2024	2025	2026
Einkauf	8	8	8	8	8	8
Produktion	49	50	52	53	54	56
Verwaltung und Vertrieb	52	52	53	53	54	54
Ausgaben netto	108	111	112	114	116	118
Verbindl. aus Lieferungen u. Leist.	11	11	11	11	11	12
Sonstige Auszahlungen	100	110	112	114	116	118

Sonstige Ausg./Ausz. (in Mio. €)	2027	2028	2029	2030	2031	2032
Einkauf	8	9	9	9	9	9
Produktion	57	59	60	61	62	63
Verwaltung und Vertrieb	55	55	56	56	57	57
Ausgaben netto	120	123	124	126	128	130
Verbindl. aus Lieferungen u. Leist.	12	12	12	12	13	13
Sonstige Auszahlungen	120	122	124	126	128	130

Tab. 4.8: Sonstige Ausgaben/Auszahlungen in verschiedenen Unternehmensbereichen

Die **gewinnabhängigen Steuern** müssen in Standortvergleichen Berücksichtigung finden. Steuerzahlungen können einen eigentlich unter rein betriebswirtschaftlichen Kriterien sinnvollen Standort schnell unwirtschaftlich werden lassen. Nicht ohne Grund wird auf internationaler Ebene immer wieder versucht, durch die Steuerpolitik Unternehmen zu Investitionen in bestimmten Regionen zu bewegen. Bis auf die Abschreibungen wurden die Annahmen und Berechnungen der in das Ergebnis vor Zinsen und Steuern einfließenden Umsätze und Aufwendungen bereits erklärt. Die **Abschreibungen** basieren auf einer zehnjährigen Nutzungsdauer. **Im Jahr 2022** beträgt das geplante Ergebnis vor Zinsen und Steuern somit 167.125.832 €.

Zinsen sind für ein **langfristiges Darlehen** über 200.000.000 € mit 8 % Zinsbelastung zu berücksichtigen. Für die **Inanspruchnahme der gewährten Kreditlinie** sind 9 % Zinsen zu zahlen, für **Guthaben** auf dem Konto vergütet die Bank 1 %.

Im Jahr 2022 fallen Zinsen in Höhe von 19.014.738 € an. Davon entfallen 16.000.000 € auf das langfristige Darlehen und 3.014.738 € auf die Inanspruchnahme der Kreditlinie. Das Ergebnis vor Steuern beträgt somit 148.111.094 €. Nach Abzug der ergebnisabhängigen Steuern in Höhe von 44.433.328 € ergibt sich als Ergebnis für das Jahr 2022 ein Betrag von 103.677.766 €.

Gewinn/Verlust (in Mio. €)	2021	2022	2023	2024	2025	2026
Umsatz	502	542	564	575	591	609
Bestandsveränderungen	11	0	0	1	0	1
Material	128	133	138	144	149	155
Löhne und Gehälter	86	88	90	92	95	97
Abschreibungen	40	44	48	57	61	65
sonstiger Aufwand	108	111	112	114	116	118
Ergebnis vor Zinsen und Steuern	151	167	176	168	171	174
Zinsen	22	19	19	20	17	16
Ergebnis vor Steuern	128	148	156	148	154	157
Steuern	38	44	47	45	46	47
Ergebnis	90	104	109	104	108	110
Gewinn/Verlust (in Mio. €)	**2027**	**2028**	**2029**	**2030**	**2031**	**2032**
Umsatz	627	645	657	670	682	695
Bestandsveränderungen	1	1	0	1	–1	0
Material	161	168	173	178	183	189
Löhne und Gehälter	100	102	104	106	108	111
Abschreibungen	74	78	82	91	55	55
sonstiger Aufwand	120	123	124	126	128	130
Ergebnis vor Zinsen und Steuern	172	175	174	169	207	211
Zinsen	16	15	15	15	14	14
Ergebnis vor Steuern	156	159	159	154	192	197
Steuern	47	48	48	46	58	59
Ergebnis	109	111	111	108	135	138

Tab. 4.9: Gewinn- und Verlustrechnung nach Steuern für einen Standort

Obenstehende Annahmen und Berechnungen können nun zur Beurteilung der Wirtschaftlichkeit eines Standortes in dynamischen Investitionsrechnungen Verwendung finden. Unter Berücksichtigung ergebnisabgängiger Steuern in Höhe von 30 % beträgt der hier angesetzte Zinssatz zur Berechnung der Barwerte und des Kapitalwerts 8,4 %. Zum Ende des Planungszeitraums am 31.12.2032 wird als Wert für den Standort ein Betrag in Höhe von 1.998,5 Mio. € angesetzt. Der Betrag beruht auf der Berechnung der jährlichen Annuität der in den letzten drei Jahren erzielten Zahlungsüberschüsse und der Annahme, dass diese Annuität als ewige Rente den Wert des Standorts zum Planungsende bestimmt, der beispielsweise im Fall eines Verkaufs des Standortes erzielt werden kann. Die in die Berechnung dynamischer Entscheidungshilfen eingehenden **Zahlungsüberschüsse in den Jahren 2021 bis 2032** betragen in €:

2021	2022	2023	2024	2025	2026
83.847.580	123.443.580	85.162.806	139.461.056	144.438.016	100.228.398

2027	2028	2029	2030	2031	2032
157.626.241	163.574.831	117.617.341	172.585.443	164.392.875	2.164.620.851

Tab. 4.10: Zahlungsüberschüsse in € als Ausgangsbasis für dynamische Investitionsrechnungen

in Mio. €	01.01.2021	2021	2022	2023	2024	2025	2026
Investitionsausgaben	400,0						
Ersatz-/Erweiterungsinvestitionen		40,0	40,0	90,0	40,0	40,0	90,0
Umsatzeinzahlungen		469,2	539,5	562,3	573,9	590,4	607,7
Bewertung zum 31.12.2032							
Auszahlungen							
– Fertigungsmaterial		123,6	133,1	137,9	143,4	149,1	155,1
– Löhne und Gehälter		83,7	88,1	90,2	92,4	94,7	97,1
– sonstige Auszahlungen		99,6	110,4	112,2	114,1	116,0	118,0
– Steuern		38,5	44,4	46,9	44,5	46,1	47,2
Summe Zahlungen	–400,0	83,8	123,4	85,2	139,5	144,4	100,2
Barwerte		77,4	105,1	66,9	101,0	96,5	61,8
Kapitalwert	1.307,90						

in Mio. € (Fortsetzung)	2027	2028	2029	2030	2031	2032
Investitionsausgaben						
Ersatz-/Erweiterungsinvestitionen.	40,0	40,0	90,0	40,0	40,0	40,0
Umsatzeinzahlungen	625,4	643,6	656,4	668,9	681,5	694,2
Bewertung zum 31.12.2032						1.998,5
Auszahlungen						
– Fertigungsmaterial	161,3	167,7	172,8	178,0	183,3	188,8
– Löhne und Gehälter	99,6	102,2	104,2	106,3	108,4	110,6
– sonstige Auszahlungen	120,1	122,3	124,1	125,8	127,6	129,5
– Steuern	46,8	47,8	47,7	46,2	57,7	59,2
Summe Zahlungen	157,6	163,6	117,6	172,6	164,4	2.164,6
Barwerte	89,6	85,8	56,9	77,0	67,7	822,3
Kapitalwert						

Tab. 4.11: Berechnung des Kapitalwerts auf Basis der in Tab. 4.10 in € angegebenen Zahlungsüberschüsse

Die Berechnung der **Rentabilität** erfolgt nach der **Modifizierten Internen Zinsfuß-Methode** (Baldwin-Methode). Entsprechend dieser Methode sind alle Einzahlungsüberschüsse zum Ende des Planungszeitraums aufzuzinsen. Der Zahlungsüberschuss zum 31.12.2032 in Höhe von 2.164.620.851 € ist nicht aufzuzinsen, da er bereits zum 31.12.2032 anfällt. Der Zahlungsüberschuss zum 31.12.2031 mit einem Wert von 164.392.875 € ist in Höhe des Kalkulationszinssatzes eine Periode lang aufzuzinsen. Der Zahlungsüberschuss zum 31.12.2021 mit 83.847.580 € ist 11 Perioden lang mit dem Kalkulationszinssatz aufzuzinsen, was zu einem Wert von 203.616.345 € führt. Die Summe aller Aufzinsungen beläuft sich auf 4.495.068.133 €. Die Rendite beträgt unter Anwendung der Wurzelformel

$$\sqrt[12]{\frac{4.495.068.133}{400.000.000}} - 1 = 22{,}3\%$$

Bei der noch vielfach zum Einsatz kommenden **traditionellen Internen Zinsfußmethode** ergibt sich die Rendite einer Investition durch Nullsetzen der Kapitalwertfunktion. Mit dem **Newton-Verfahren** lässt sich die Rendite schnell bestimmen. Entsprechend der folgenden Formel wird ausgehend von einem beliebigen Ausgangszinssatz (r_k) der Quotient der mit diesem Zinssatz berechneten Kapitalwertfunktion dividiert durch die erste Ableitung der Kapitalwertfunktion subtrahiert:

$$r_{k+1} = r_k - \frac{KW(r_k)}{KW'(r_k)}$$

Ergebnis ist ein verbesserter Zinssatz. Diese Berechnung wiederholt man einige Male und erhält die Rendite nach der traditionellen internen Zinsfußmethode.

Wählt man im Fallbeispiel als Ausgangsrendite 5,00 %, so ergibt sich nach einer ersten Berechnung als verbesserter Zinssatz 14,40 %. Führt man diese Berechnung erneut durch, dann erhält man als Zinssatz 23,56 %. Weitere Iterationen führen zu folgenden Ergebnissen: 30,27 %, 32,82 %, 33,079 %, 33,082 %. Somit ergibt sich als Zinssatz nach dieser Methode gerundet 33,1 %. Diese auch mit dem Tabellenkalkulationsprogramm Excel und der **Funktion IKV** in Sekundenschnelle durchführbare Berechnung weist jedoch einen erheblichen Nachteil auf. Unterstellt wird, dass zwischenzeitliche Zahlungsüberschüsse zum berechneten internen Zinssatz im Unternehmen eingesetzt werden können. Der zum 31.12.2021 erzielte Überschuss in Höhe von 83.847.580 € kann 11 weitere Jahre im Unternehmen genutzt werden und liefert bei jährlichen Renditen in Höhe des nach der traditionellen internen Zinsfußmethode berechneten Zinssatzes ein Vermögen von 1.944.447.771 €. Voraussetzung ist, dass man jedes Jahr immer wieder neu derart lukrative Verwendungsmöglichkeiten für die liquiden Mittel findet. Eine wahrhaft utopische Vorstellung, wenn das Unternehmen nach Steuern finanzielle Mittel nur zu 8,4 % einsetzen kann. Hiernach ergibt sich nach elf weiteren Jahren nur ein Vermögen von 203.616.345 €. Dieser Wert macht im Verhältnis zu dem nach der traditionellen Internen Zinsfußmethode berechneten Wert nur rund 10 % aus. Dieser Sachverhalt sollte eigentlich bereits ausreichen, um von der Anwendung der traditionellen Internen Zinsfußmethode abzuschrecken. Die tatsächliche Rentabilität einer Investition wird grob fahrlässig falsch berechnet. Hinzu kommt, dass im Vergleich aller Investitionen zueinander jede Investition eine andere Rendite aufweisen wird. Das bedeutet, dass ein Geldbetrag von beispielsweise 100 €, der mit irgendeiner Investition erzielt wird und einer anderen Verwendung zugeführt wird, in den folgenden Jahren jeweils andere Renditen erbringt, je nachdem von welcher Investition er ursprünglich stammt.

Addiert man die abgezinsten Rückflüsse über vier beziehungsweise fünf Jahre, so erhält man 350,3 Mio. € beziehungsweise 446,8 Mio. €. Im Verlauf des fünften Jahres ist also die ursprünglich investierte Investitionssumme zurückgeflossen. Rechnerisch ergibt sich eine **Rückflusszeit** von vier Jahren und 188 Tagen. Die Anzahl der Tage erhält man durch folgende Berechnung:

$$\frac{400.000.000\text{ €} - 350.266.230\text{ €}}{446.767.961\text{ €} - 350.266.230\text{ €}} \cdot 365\text{ Tage} = 188\text{ Tage}$$

Die vorstehenden Berechnungen zum Vergleich verschiedener Produktionsstandorte basieren darauf, dass bereits in der Planungsphase weitestgehend feststeht, wie sich die unterschiedlichen Standorte im Planungszeitraum gestalten werden. Die weiteren Entwicklungsmöglichkeiten von Standortalternativen in unterschiedlichen Regionen in der Welt werden sich nicht gleichen. Vergleicht man beispielsweise einen Standort in einem der Asian-Pacific Economic Cooperation zugehörigem Land, dann wird man dort andere Wachstumsraten unterstellen, als in einem Land der Europäischen Region, das für einen alternativen Standort einer Prüfung unterzogen wird. Unterteilt man den Planungszeitraum in einzelne Phasen oder Jahre, dann wird man für die zweite Phase des Planungszeitraums in den einzelnen Ländern vermutlich nicht nur unterschiedliche Entwicklungen für möglich halten, sondern auch unterschiedliche Wahrscheinlichkeiten, mit der die vermuteten Entwicklungen eintreten werden. Für Südkorea wird man in Abhängigkeit der Entwicklung der Situation zu Nordkorea verschiedene Szenarien für möglich halten, die Auswirkungen auf den wirtschaftlichen Ausbau einer potenziellen Produktionsstätte in diesem Land haben dürften. Derartige Alternativen können im Rahmen einer flexiblen Standortplanung Berücksichtigung finden. Für einen einzelnen Standort wird die Vorgehensweise in Kapitel 4.3.2 vorgestellt.

4.2 Finanzielle Mittel für den Standort

Voraussetzung für den Aufbau neuer Produktionsstandorte sind ausreichende finanzielle Mittel. Unternehmen müssen berechtigte Zahlungsansprüche Dritter fristgerecht erfüllen, um ein Unternehmen oder einen neuen Standort nicht in seinem Bestand zu gefährden. Hinsichtlich der Herkunft der finanziellen Mittel unterscheidet man zwischen Außen- und Innenfinanzierung. Bei der **Innenfinanzierung** fließen einem Unternehmen aus der laufenden Geschäftstätigkeit finanzielle Mittel zu, die für einen neu zu errichtenden Produktionsstandort noch nicht infrage kommen, da noch keine operative Geschäftstätigkeit vorliegt. Es bleibt die **Außenfinanzierung** in Form der Beteiligungs- oder Fremdfinanzierung. Können finanzielle Mittel nicht eindeutig einer dieser beiden Gruppen zugerechnet werden, dann handelt es sich um Mezzanine Kapital. Zur Außenfinanzierung zählt auch die Finanzierung mittels Subventionen.

Eine grundlegende Entscheidung ist die Ausstattung eines neuen Standorts mit Eigenkapital und Fremdkapital. Die Kennzahl **Eigenkapitalquote** informiert über den Anteil des Eigenkapitals am Gesamtkapital. So verfügt der BASF-Konzern über eine komfortable Eigenkapitalquote von 48,7 % zum 31.12.2019 bei einer Bilanzsumme von 86.950 Mio. € (Umsatz in 2019: 59.316 Mio. €), der ThyssenKrupp-Konzern nennt zum 30.09.2019 eine im Vergleich deutlich niedrigere Eigenkapitalquote von 6,1 % bei einer Bilanzsumme von 36.475 € (Umsatz 01.10.2018 bis 30.09.2019: 41.996 Mio. €). Spiegelbildlich berechnet sich die **Fremdkapitalquote** als Summe der Verbindlichkeiten dividiert durch die Bilanzsumme, die im BASF-Konzern 51,3 % (44.600 Mio. €) und im ThyssenKrupp-Konzern 93,9 % (34.255 Mio. €) beträgt. Über das Verhältnis von Fremdkapital zum Eigenkapital informiert die Kennzahl **statischer Verschuldungsgrad**. Die Berechnung erfolgt durch die Division des Fremdkapitals durch das Eigenkapital. Liegt die Gesamtkapitalrentabilität über den für das Fremdkapital zu zahlenden Zinsen, dann verbessert sich die Rentabilität aus Sicht der Eigenkapitalgeber bei einem höheren statischen Verschuldungsgrad (Leverage-Effekt). Umgekehrt stellt ein höherer statischer Verschuldungsgrad ein höheres Risiko für die Fremdkapitalgeber dar, was zu einem schlechteren Rating und zu einer höheren Insolvenzgefahr führt. Die Aufteilung des Gesamtkapitals auf Eigenkapital und Fremdkapital ist also nicht unerheblich.

4.2.1 Beteiligungsfinanzierung

Eigenkapital ist Voraussetzung jeder unternehmerischen Tätigkeit und wird einem Unternehmen unbefristet zur Verfügung gestellt. Die Eigenkapitalgeber sind die Eigentümer des Unternehmens, hinsichtlich der Führung und Mitwirkung gelten rechtsformspezifische Vorschriften sowie Gesellschaftsvertrag und Satzung. Eigenkapitalgeber haben einen Gewinnanspruch, im Fall von Verlusten kommt dem Eigenkapital eine Ausgleichs- und Haftungsfunktion zu. Ist das Eigenkapital verbraucht und reicht das Vermögen zur Bedienung der Verbindlichkeiten nicht aus, dann gilt das als Eröffnungsgrund für ein Insolvenzverfahren, sofern die Fortführung des Unternehmens den Umständen nach nicht überwiegend wahrscheinlich ist (vgl. § 19 InsolvenzO). Die Eigenkapitalgeber haben in diesem Fall ihre Kapitaleinlage bereits verloren, das unternehmerische Risiko tragen nunmehr faktisch die Gläubiger.

Vor diesem Hintergrund ist zu entscheiden, welche Rechtsform für einen Produktionsstandort den Interessen der Eigentümer am besten gerecht wird. Entscheidend für die Rechte und Pflichten einer unternehmerischen Tätigkeit sind die rechtlichen Vorschriften, die in einzelnen Ländern gelten. In Deutschland unterscheidet man zwischen Personen- und Kapitalgesellschaften. Ein wesentlicher Unterschied liegt in der Haftung. In **Personengesellschaften** ist die Haftung nicht auf die unternehmerische Kapitaleinlage beschränkt, Eigentümer haften auch mit ihrem Privatvermögen. Dieses entsprechend zu würdigende Risiko für einen Eigentümer bedeutet, dass eine Personengesellschaft als Rechtsform für ein produzierendes Unternehmen häufig nicht die erste Wahl sein wird. Trotzdem scheiden sie nicht grundsätzlich als Rechtsform aus und eröffnen im Vergleich zu Kapitalgesellschaften einen einfachen und häufig genutzten Zugang zur unternehmerischen Tätigkeit.

Die einfachste Form der Unternehmensgründung ist ein **Einzelunternehmen**. Der Eigentümer haftet persönlich und unbeschränkt, daher gibt es keine Vorschriften über die Höhe des Eigenkapitals oder Regelungen für die Entnahme von Gewinnen. Aus den entsprechenden Regelungen des Handelsgesetzbuches ergibt sich, ob für ein bestimmtes Einzelunternehmen die im Handelsgesetzbuch kodifizierten Vorschriften für die Geschäftsführung gelten.

Eine einfache Möglichkeit, ein Unternehmen mit mehreren Gesellschaftern gemeinschaftlich zu führen, ist eine **offene Handelsgesellschaft** (OHG). Geregelt ist diese Rechtsform im Handelsgesetzbuch in den §§ 105 bis 160 HGB. Alle Gesellschafter haften den Gläubigern der Gesellschaft gegenüber als Gesamtschuldner persönlich und unbeschränkt mit ihrem gesamten Vermögen. Regelungen zum Gewinn enthalten die §§ 120 bis 122 HGB. Sofern ein ausreichender Gewinn vorliegt, stehen jedem Gesellschafter 4 % seines Kapitalanteils als Gewinn zu. Ein höherer Gewinn oder Verluste werden im Anschluss unter die Gesellschafter nach Köpfen verteilt. Gewinnanteile werden den Kapitalkonten zugeschrieben. Gesellschafter können finanzielle Mittel bis zu 4 % des für das letzte Geschäftsjahr festgestellten Kapitalanteils entnehmen sowie unter Beachtung der gesetzlichen Regelungen auch darüber hinaus gehende Beträge.

Bei einer **Kommanditgesellschaft** (KG) gibt es neben mindestens einem mit seinem gesamten Vermögen haftenden Gesellschafter (Komplementär) andere Gesellschafter (Kommanditist), deren Haftung auf die Vermögenseinlage beschränkt ist. Gesetzliche Regelungen sind in den §§ 161 bis 177a HGB enthalten. Die Geschäftsführung obliegt den Komplementären, Kommanditisten können der Geschäftsführung widersprechen, wenn über den gewöhnlichen Betrieb des Handelsgewerbes der Gesellschaft hinausgehende Handlungen erfolgen. Die Gewinnausschüttung geschieht in Anlehnung an die für offene Handelsgesellschaften geltenden Regelungen. Sind die Kapitalanteile der Kommanditisten voll einbezahlt, dann stehen die Gewinnanteile der Kommanditisten zur Auszahlung an.

Mit einer **Gesellschaft mit beschränkter Haftung** (GmbH) gibt es eine Möglichkeit, die Haftung der Eigentümer auf die Kapitaleinlage zu beschränken. Bei solchen Gesellschaften handelt es sich um Kapitalgesellschaften. Die gesetzlichen Regelungen sind in einem eigenständigen Gesetz, dem Gesetz betreffend die Gesellschaften mit beschränkter Haftung, enthalten. Gesellschaften mit beschränkter Haftung können durch eine oder mehrere Personen errichtet werden. Der Gesellschaftsvertrag in notarieller Form ist von sämtlichen Gesellschaftern zu unterzeichnen. Eine Gesellschaftsgründung ist in einem vereinfachten Verfahren möglich, wenn sie höchstens drei Gesellschafter und einen Geschäftsführer hat. Die Übertragung von Geschäftsanteilen durch Gesellschafter bedarf eines in notarieller Form geschlossenen Vertrags.

Der Gesellschaftsvertrag muss den Betrag des Stammkapitals und die Zahl und die Nennbeträge der Geschäftsanteile, die jeder Gesellschafter gegen Einlage auf das Stammkapital (Stammeinlage) übernimmt, enthalten. Die Mindesthöhe des Stammkapitals beträgt 25.000 €. Die Nennbeträge der Geschäftsanteile der Gesellschafter können unterschiedlich sein und müssen auf volle Euro lauten. Das Stammkapital muss nicht sofort in voller Höhe eingezahlt werden. Im Gesellschaftsvertrag kann bestimmt werden, dass die Gesellschafter über die Nennbeträge der Geschäftsanteile hinaus die Einforderung von weiteren Einzahlungen (Nachschüssen) beschließen können. Bei Erhöhung des Stammkapitals ist zur Übernahme jedes Geschäftsanteils an dem erhöhten Kapital eine notariell aufgenommene oder beglaubigte Erklärung des Übernehmers notwendig. Die Gesellschafter haben einen Anspruch auf den Jahresüberschuss, sofern der Betrag nicht von der Verteilung unter die Gesellschafter ausgeschlossen ist.

Bei den bis jetzt behandelten Rechtsformen stammt das Eigenkapital von einem oder mehreren Gesellschaftern, die in einer direkten Beziehung zu dem Unternehmen stehen. Eigenkapital kann auch über einen **organisierten Kapitalmarkt** beschafft werden. Diese Möglichkeit steht Aktiengesellschaften (AG) und Kommanditgesellschaften auf Aktien (KGaA) offen. Für beide Rechtsformen gilt das Aktiengesetz (AktG). Diese Gesellschaftsformen können, müssen sich aber nicht das Eigenkapital über eine Börse als organisierten Kapitalmarkt beschaffen. Es handelt sich vom Grundsatz her um emissionsfähige Unternehmen. Emissionsfähigkeit liegt jedoch nur dann vor, wenn ein solches Unternehmen an einem Börsenplatz zugelassen ist. Ob eine solche Zulassung möglich ist, entscheiden die Gremien an den betreffenden Börsen. Eine Börsenzulassung ist an gewisse Voraussetzungen gebunden, die vom Unternehmen zu erfüllen sind. Auf der anderen Seite sind mit der Börseneinführung und -notierung Kosten verbunden, sodass nicht für jede Aktiengesellschaft eine Börsennotierung sinnvoll ist. Aufgrund den mit einer Börsennotierung verbundenen rechtlichen und wirtschaftlichen Konsequenzen ist genau zu prüfen, ob und wo eine Börsennotierung angestrebt wird.

Praxisbeispiel: Dax-Konzerne verlassen die New Yorker Börse

„Früher galt eine Börsennotierung an der Wall Street unter deutschen Konzernen als schick und gut fürs Geschäft. Doch die Zeiten sind vorbei. Bis auf wenige Ausnahmen haben sich alle Dax-Unternehmen zurückgezogen, jetzt auch Siemens. Das hat gute Gründe.

Der 12. März 2001 war einer der schillerndsten Tage im Leben Heinrich von Pierers. Der damalige Siemens-Chef durfte auf der Empore im Saal der New Yorker Börse die Glocke für den Handelsbeginn läuten. Der deutsche Industriekonzern hatte den Sprung an die Wall Street gewagt. In der Welthauptstadt des Kapitalismus wurden nun neben Frankfurt die Siemens-Aktien gehandelt. „Für ein Unternehmen wie Siemens ist es ein Muss, hier in New York notiert zu sein", sagte von Pierer. An diesem Donnerstag (15. Mai) soll der Handel enden.

Siemens ist einer der letzten namhaften deutschen Konzerne, die sich von der Wall Street wieder verabschieden. Nachdem im Jahr 2007 die Regeln für den Rückzug vereinfacht wurden, haben auch schon Eon, BASF, Bayer, Infineon, die Allianz, die Deutsche Telekom oder Daimler Goodbye gesagt. Von einst gut einem Dutzend Dax-Unternehmen sind noch genau drei übrig: die Deutsche Bank, der Software-Hersteller SAP und der Dialysespezialist Fresenius Medical Care (FMC).

Teils hatten sich die Hoffnungen auf den geschäftlichen Schub für den amerikanischen Markt nicht erfüllt, teils machten die Deutschen schlechte Erfahrungen mit dem komplexen Regelwerk und der strengen Börsenaufsicht SEC: So musste sich Siemens in der Schmiergeldaffäre auch gegenüber den amerikanischen Behörden verantworten. Vor allem aber macht eine Zweitnotierung in New York in Zeiten des computergestützten Börsenhandels keinen Sinn mehr. Sie kostet nur Zeit und Geld."

(*https://www.faz.net/aktuell/finanzen/aktien/da-waren-s-nur-noch-drei-dax-konzerne-verlassen-die-new-yorker-boerse-12938874.html*, 31.05.2020)

Das Grundkapital einer **Aktiengesellschaft** ist in Aktien zerlegt und umfasst mindestens 50.000 €. Aktien können Nennbetragsaktien oder Stückaktien sein. Der Wert einer Nennbetragsaktie muss auf volle Euro lauten und mindestens einen Euro betragen. Stückaktien haben keinen Nennbetrag. Sie sind in gleichem Umfang am Grundkapital einer Gesellschaft beteiligt, wobei entsprechend den Nennbetragsaktien der auf eine Aktie entfallene Betrag einen Euro nicht unterschreiten darf. Im Gegensatz zu Inhaberaktien sind die Inhaber von Namensaktien mit Angaben zu ihrer Identität und zum Aktienbesitz im Aktienregister der Gesellschaft verzeichnet. Aktien können mit unterschiedlichen Rechten, insbesondere bei der Verteilung des Gewinns und des Gesellschaftsvermögens, ausgestattet sein. Nach deutschem Recht besitzt jede Aktie ein Stimmrecht. Mehrstimmrechte sind unzulässig. Vorzugsaktien können unter Beachtung der im Aktiengesetz getroffenen Regelungen ohne Stimmrecht ausgegeben werden. Der Vorzug kann insbesondere in einem auf die Aktie vorweg entfallenden Gewinnanteil (Vorabdividende) oder einem erhöhten Gewinnanteil (Mehrdividende) bestehen. Vorzugsaktien ohne Stimmrecht dürfen nur bis zur Hälfte des Grundkapitals ausgegeben werden. Stammaktien gewähren demgegenüber dem Inhaber sämtliche der im Gesetz vorgesehenen Rechte, die in Vermögens- und Verwaltungsrechte unterteilt werden. Zu den Vermögensrechten zählen das Recht auf einen Anteil am Bilanzgewinn und im Fall der nach Auflösung einer Gesellschaft erfolgenden Abwicklung ein Anspruch auf den verbleibenden Liquidationserlös. Im Rahmen einer ordentlichen Kapitalerhöhung steht den Aktionären ein Bezugsrecht auf junge Aktien zu. Verwaltungsrechte können Aktionäre in der Hauptversammlung der Gesellschaft ausüben. Entsprechend den getroffenen Regelungen können Aktionäre an der Hauptversammlung auch ohne Anwesenheit an deren Ort und ohne einen Bevollmächtigten teilnehmen und sämtliche oder einzelne ihrer Rechte ganz oder teilweise im Wege elektronischer Kommunikation ausüben. § 119 Abs. 1 AktG listet folgende Sachverhalte auf, bei deren Vorliegen auf der Hauptversammlung zu beschließen ist:

- die Bestellung der Mitglieder des Aufsichtsrats, soweit nicht aus bestimmten im Gesetz genannten Gründen die Mitglieder auf andere Art zu bestimmen sind, zum Beispiel dem Mitbestimmungsgesetz,
- die Verwendung des Bilanzgewinns,
- das Vergütungssystem und den Vergütungsbericht für Mitglieder des Vorstands und des Aufsichtsrats der börsennotierten Gesellschaft,
- die Entlastung der Mitglieder des Vorstands und des Aufsichtsrats,
- die Bestellung des Abschlussprüfers,
- Satzungsänderungen,
- Maßnahmen der Kapitalbeschaffung und der Kapitalherabsetzung,
- die Bestellung von Prüfern zur Prüfung von Vorgängen bei der Gründung oder der Geschäftsführung,
- die Auflösung der Gesellschaft.

Die Aktionäre haben Anspruch auf den Bilanzgewinn. Maximal die Hälfte des Jahresüberschusses kann in andere Gewinnrücklagen eingestellt werden. Wenn die Hauptversammlung den Jahresüberschuss feststellt, ist eine entsprechende Bestimmung in der Satzung notwendig. Stellen Vorstand und Aufsichtsrat den Jahresabschluss fest, dann kann die Satzung Vorstand und Aufsichtsrat zur Einstellung eines größeren oder kleineren Teils des Jahresüberschusses ermächtigen. Vorstand und Aufsichtsrat dürfen jedoch keine Beträge in andere Gewinnrücklagen einstellen, wenn die anderen Gewinnrücklagen die Hälfte des Grundkapitals übersteigen oder soweit sie nach der Einstellung die Hälfte des Grundkapitals übersteigen würden. Besondere Regelungen gelten für den Eigenkapitalanteil von Wertaufholungen bei Vermögensgegenständen des Anlage- und Umlaufvermögens. Auf der Hauptversammlung können weitere Beschlüsse über die Verwendung des Bilanzgewinns getroffen werden. Die Hauptversammlung kann im Beschluss über die Verwendung des Bilanzgewinns weitere Beträge in Gewinnrücklagen einstellen oder als Gewinn vortragen.

Fallbeispiel zur Erhöhung des Eigenkapitals in einer Aktiengesellschaft, um finanzielle Mittel für einen neuen Produktionsstandort zu beschaffen

Ein Unternehmen produziert seit vielen Jahren an mehreren Standorten. Zum 01.01.2020 beträgt das **Anlagevermögen** 800 Mio. €. Im Jahr 2020 betragen die Abschreibungen für das bereits vorhandene Anlagevermögen 140 Mio. €. Dieser Betrag vermindert sich in den Folgejahren für diesen Anlagevermögensbestand um jährlich jeweils 10 Mio. €, da im Zeitablauf immer mehr Anlagen voll abgeschrieben sind. Das Unternehmen plant in den nächsten Jahren jährlich wiederkehrend 40 Mio. € zu investieren. Erweiterungsinvestitionen, zum Beispiel für einen neuen Unternehmensstandort, sind hierin noch nicht enthalten. Die Neuzugänge im Anlagevermögen werden über einen Zeitraum von acht Jahren linear abgeschrieben.

Für das gesamte **Umlaufvermögen** werden 630 Mio. € kalkuliert. Die **langfristigen Darlehen** betragen zum 01.01.2020 1.010 Mio. €, sind mit 8% zu verzinsen und jährlich um 110 Mio. € zurückzuführen. Das **Abzugskapital** beträgt zum 01.01.2020 200 Mio. €. Darüber hinaus nutzt das Unternehmen eine **Kreditlinie** von maximal 100 Mio. €. Das **Grundkapital** umfasst 10 Mio. Stammaktien mit einem Nennwert von 2 € pro Aktie. Die **Rücklagen** betragen zu Jahresbeginn 130 Mio. €, davon entfallen 80 Mio. € auf die Kapitalrücklage.

Die **Summe der Aktiva** zum 31.12.2020 beträgt somit 1.325 Mio. €. Sie setzt sich zusammen aus den 800 Mio. € Anlagevermögen zu Jahresbeginn zuzüglich Investitionen von 40 Mio. € abzüglich Abschreibungen in Höhe von 145 Mio. € (140 Mio. € + 40 Mio. €/8 Jahre) plus Umlaufvermögen von 630 Mio. €.

Um das **Eigenkapital** auf der Passivseite bestimmen zu können, ist zunächst der **Jahresüberschuss für das Jahr 2020** zu berechnen. Der Umsatz für die gegebene Kapazität soll 1.800 Mio. € betragen. Die Herstellkosten werden mit 1.260 Mio. € veranschlagt, die Verwaltungs- und Vertriebskosten mit 290 Mio. €. Abschreibungen sind in den beiden zuletzt genannten Beträgen noch nicht enthalten. Die Kennzahl EBIT (Earnings before Interest and Taxes) beläuft sich auf 105 Mio. € (1.800 Mio. € – 1.260 Mio. € – 290 Mio. € – 145 Mio. €). Für die langfristigen Darlehen sind Zinsen in Höhe von 76,4 Mio. € (Stand zum 01.01.2000 1.010 Mio. €, zum 31.12.2000 900 Mio. €; ((1.010 Mio. € + 900 Mio. €)/2 • 8%) anzusetzen. Um die Zinsen für die Inanspruchnahme der Kreditlinie im Umfang von maximal 100 Mio. € zu berechnen, benötigt man die Verschuldung zum 01.01.2020, die laut Buchhaltung bei 60.123.280 € lag. Die Verschuldung beträgt zum Jahresende vor Zinsen 52.016.984 €. Durchschnittlich beträgt die Verschuldung somit 56.070.132 €.

Die Zinskosten betragen bei einem Zinssatz von 9 % 5.046.312 € beziehungsweise nach Steuern 3.532.418 €. Der zuletzt genannte Betrag erhöht die Verschuldung zum Jahresende auf dem Kontokorrentkonto, sodass auf dem Konto ein Betrag von 55.549.402 € zu verzeichnen ist. Die zu zahlenden Zinsen für das Jahr 2020 betragen somit 81.446.312 € (76.400.000 € + 5.046.312 €). Nach Abzug der Zinsen vom EBIT erhält man als EBT 23.553.688 € und nach Abzug der ergebnisabhängigen Steuern in Höhe von 30 % **16.487.582 € als Jahresergebnis**. Annahmegemäß kommen 70 % des Jahresüberschusses im Folgejahr zur Ausschüttung. Das Eigenkapital zum 31.12.2020 erhöht sich in Höhe von 2.963.016 € infolge der Gewinnthesaurierung aus dem Vorjahr und dem zuvor berechneten Jahresergebnis und beträgt 169.450.598 € (20.000.000 € + 80.000.000 € + 52.963.016 € + 16.487.582 €).

Somit ergeben sich für das Jahr 2020 und die Folgejahre folgende Bilanzen sowie Gewinn- und Verlustrechnungen. Die angegebenen Werte können mithilfe der oben gemachten Annahmen und Berechnungen für die einzelnen Jahre nachgerechnet werden.

Aktiva (in Mio. €)	**2020**	**2021**	**2022**	**2023**	**2024**
Anlagevermögen	695,0	595,0	500,0	410,0	325,0
Umlaufvermögen	630,0	630,0	630,0	630,0	630,0
Aktiva	1325,0	1225,0	1130,0	1040,0	955,0

Passiva (in Mio. €)	**2020**	**2021**	**2022**	**2023**	**2024**
Grundkapital	20,0	20,0	20,0	20,0	20,0
Rücklagen	133,0	137,9	145,8	156,7	170,6
Jahresüberschuss	16,5	26,4	36,3	46,1	57,0
langfristige Darlehen	900,0	790,0	680,0	570,0	460,0
Kontokorrentdarlehen	55,5	50,7	47,8	47,2	7,4
Abzugskapital	200,0	200,0	200,0	200,0	240,0
Passiva	1325,0	1225,0	1130,0	1040,0	955,0

Gewinn/Verlust (in Mio. €)	**2020**	**2021**	**2022**	**2023**	**2024**
Umsatzerlöse	1800,0	1800,0	1800,0	1800,0	1800,0
Herstellkosten*)	1260,0	1260,0	1260,0	1260,0	1260,0
Verwaltungs-/Vertriebskosten*)	290,0	290,0	290,0	290,0	290,0
Abschreibungen	145,0	140,0	135,0	130,0	125,0
Zinsen	81,4	72,2	63,1	54,1	43,6
Steuern	7,1	11,3	15,6	19,8	24,4
Ergebnis	16,5	26,4	36,3	46,1	57,0

*) enthalten noch keine Abschreibungen

Tab. 4.12: Bilanzen, Gewinn- und Verlustrechnungen vor Kapitalerhöhung

Seit einiger Zeit hat das Unternehmen nicht mehr in **Kapazitätserweiterungen** investiert. Das soll geändert werden. Neben den bekannten Standorten soll ein **weiterer Standort** errichtet werden. Das Investitionsvolumen veranschlagt man mit 200 Mio. € für das Jahr 2021. Produktionsstart ist 2022. Infolge der Investition rechnet man ab 2022 mit einem höheren Working Capital. Das Umlaufvermögen erhöht sich auf insgesamt 740 Mio. €, das Abzugskapital steigt von 200 Mio. € auf 230 Mio. €. In der Erhöhung des Umlaufvermögens ist eine Erhöhung der Bestände an fertigen Erzeugnissen in Höhe von 60 Mio. € enthalten.

Zur Finanzierung plant man eine **Erhöhung des Eigenkapitals im Verhältnis 4:1** im Verlauf des Jahres 2021. Die Emission umfasst 2,5 Mio. Aktien, die mit einem Agio von 28 € angeboten werden. Nach erfolgreicher Platzierung fließen dem Unternehmen für den neuen Standort 75 Mio. € zu, die direkt in den Standortaufbau eingebracht werden. Darüber hinaus wird zum Ende des Jahres 2021 ein Darlehen über 150 Mio. € aufgenommen, das entsprechend den anderen langfristigen Darlehen mit 8 % zu verzinsen ist. Die Tilgung des neuen Darlehens erfolgt in Höhe von 10 Mio. € jeweils zum 31.12. eines Jahres.

In der Erfolgsrechnung ergibt sich im Jahr 2022 ein Bestandsaufbau an fertigen Erzeugnissen aufgrund der Investition in Höhe von 60 Mio. € sowie ein um 200 Mio. € höherer Umsatz. In den Jahren 2023 und 2024 beträgt die Umsatzsteigerung gegenüber 2021 300 Mio. €. Die Herstellkosten ohne Berücksichtigung der Abschreibungen erhöhen sich in 2022 um 200 Mio. € und in den beiden Folgejahren um 210 Mio. € gegenüber 2021. Die Verwaltungs- und Vertriebskosten steigen um 30 Mio. €. Auf Basis dieser Vorgaben ergeben sich folgende Bilanzen und Gewinn- und Verlustrechnungen:

Aktiva (in Mio. €)	**2020**	**2021**	**2022**	**2023**	**2024**
Anlagevermögen	695,0	795,0	675,0	560,0	450,0
Umlaufvermögen	630,0	630,0	740,0	740,0	740,0
Aktiva	1325,0	1425,0	1415,0	1300,0	1190,0

Passiva (in Mio. €)	**2020**	**2021**	**2022**	**2023**	**2024**
Grundkapital	20,0	25,0	25,0	25,0	25,0
Rücklagen	133,0	207,9	213,5	222,8	241,2
Jahresüberschuss	16,5	18,6	31,1	61,4	73,4
langfristige Darlehen	900,0	940,0	820,0	700,0	580,0
Kontokorrentdarlehen	55,5	33,5	95,5	60,8	40,4
Abzugskapital	200,0	200,0	230,0	230,0	230,0
Passiva	1325,0	1425,0	1415,0	1300,0	1190,0

Gewinn/Verlust (in Mio. €)	2020	2021	2022	2023	2024
Umsatzerlöse	1800,0	1800,0	2000,0	2100,0	2100,0
Bestandsveränderungen			60,0		
Herstellkosten*)	1260,0	1260,0	1460,0	1470,0	1470,0
Verwaltungs-/Vertriebskosten*)	290,0	290,0	320,0	320,0	320,0
Abschreibungen	145,0	140,0	160,0	155,0	150,0
Zinsen	81,4	83,5	75,6	67,2	55,2
Steuern	7,1	8,0	13,3	26,3	31,4
Ergebnis	16,5	18,6	31,1	61,4	73,4

*) enthalten noch keine Abschreibungen

Tab. 4.13: Bilanzen, Gewinn- und Verlustrechnungen nach Kapitalerhöhung

Die angegebenen Werte können mithilfe der oben gemachten Annahmen und Berechnungen für die einzelnen Jahre nachgerechnet werden. Nach Durchführung der Kapitalerhöhung und Aufnahme weiteren Fremdkapitals zum Aufbau des neuen Produktionsstandorts zeigt sich im Vergleich zur Planung ohne Produktionsstandort, dass das angestrebte Wachstum realisiert werden kann, Umsätze und Ergebnisse steigen.

4.2.2 Fremdkapitalfinanzierung

Die Finanzierung eines neuen Produktionsstandortes setzt sich aus unterschiedlichen Finanzierungsquellen zusammen. Zu der Finanzierung mit Beteiligungskapital kommt die Finanzierung mit Fremdkapital. Abzugskapital ist Teil des Fremdkapitals. Hierunter versteht man Verbindlichkeiten, die nicht mit Zinskosten belastet werden, insbesondere sind dies Kundenanzahlungen, Verbindlichkeiten aus Lieferungen und Leistungen sowie sonstige Verbindlichkeiten oder kurzfristige Rückstellungen, beispielsweise gegenüber dem Finanzamt. Solche Verbindlichkeiten sind in der Betriebsphase eines Standorts zu berücksichtigen. Bei dem Aufbau eines neuen Standorts spielen sie eine noch untergeordnete Rolle. Wichtiger sind Darlehen sowie Anleihen.

Rechtlich besteht zwischen Kreditnehmern und Kreditgebern ein schuldrechtliches Verhältnis, der Darlehensgeber übernimmt hierbei die Gläubigerposition. Voraussetzungen für die Aufnahme von Krediten ist die Fähigkeit, rechtswirksam Kreditverträge abzuschließen zu dürfen (**Kreditfähigkeitsprüfung**), die bei unbeschränkt geschäftsfähigen natürlichen Personen und bei juristischen Personen und Personengesellschaften gegeben ist. Die sich anschließende **Kreditwürdigkeitsprüfung** beinhaltet Aussagen zum Risiko, in welchem Umfang die Rückzahlung von Krediten gefährdet ist. Eine Gefährdung kann durch die Rückzahlungswilligkeit oder der Rückzahlungsfähigkeit des Kreditsuchenden gegeben sein. Kreditsicherheiten begrenzen das Risiko einer ausbleibenden Kreditrückzahlung.

Bei den **Kreditsicherheiten** unterscheidet man Personalsicherheiten von Realsicherheiten. Zu den **Personalsicherheiten** zählen Bürgschaften, Garantien und Patronatserklärungen. Die gesetzlichen Regelungen zu Bürgschaften finden sich im Bürgerlichen Gesetzbuch (BGB) in den §§765 bis 778 BGB. Durch einen Bürgschaftsvertrag verpflichtet sich der Bürge gegenüber dem Gläubiger eines Dritten, für die Erfüllung der Verbindlichkeit des Dritten einzustehen. Mit der Einrede der Vorausklage kann der Bürge die Befriedigung des Gläubigers verweigern, solange der Gläubiger keine Zwangsvollstreckung gegenüber dem Hauptschuldner ohne Erfolg versucht hat. Um eine Garantie handelt es sich unabhängig konkreter gesetzlicher Bestimmungen, wenn ein Dritter einem Kreditgeber gegenüber garantiert, den kreditierten Betrag zurückzuerhalten. In Unternehmen sind Patronatserklärungen nicht unüblich. Bei der Errichtung eines neuen Produktionsstandorts kann eine Muttergesellschaft gegenüber den Kreditgebern einer Tochtergesellschaft dafür Sorge tragen und erklären, dass die Kreditwürdigkeit der Tochtergesellschaft gegeben ist. **Realsicherheiten** gibt es in unterschiedlichen Formen. Sicherungsabtretungen und Pfandrechte eignen sich für noch zu errichtende Produktionsstandorte weniger, setzen sie doch voraus, das bestehende Forderungen an einen Dritten an den Kreditgeber abgetreten werden oder ein Pfand an einen Gläubiger übergeben wird. Infrage kommen jedoch Sicherungsübereignungen oder das Instrument des Eigentumsvorbehalts. Bei einer Sicherungsübereignung erwirbt der Kreditgeber das Eigentum beispielsweise an bereits vorhandenes, aber nicht für andere Sicherungszwecke benötigtes Anlagevermögen an einem im Aufbau befindlichen neuen Produktionsstandort. Der Sicherungsnehmer erwirbt zwar das Eigentum an den Vermögensgegenständen, diese verbleiben jedoch beim Kreditnehmer, solange der Sicherungsfall nicht eingetreten ist. Beim Eigentumsvorbehalt an einer Lieferung verfügt der Verkäufer bis zur vollständigen Bezahlung der Rechnung über das Eigentum an der gelieferten Sache.

Darlehen

Darlehen sind eine sehr verbreitete Finanzierungsform in allen Unternehmen. Besondere Bedeutung haben sie in kleinen und mittelständischen Unternehmen (KMU), da in sehr großen Unternehmen und Konzernen verstärkt Anleihen anstelle von Darlehen zum Einsatz kommen. Trotz ihrer grundsätzlichen Bedeutung gibt es nicht wenige Unternehmen, die über keine verzinslichen Darlehen verfügen. Hierbei handelt es sich meistens um bereits seit vielen Jahrzehnten tätige Unternehmen, die ein langjähriges Geschäftsmodell gefunden haben und ausschließlich dieses Geschäftsmodell im gegebenen Umfang betreiben wollen. Verzinsliche Darlehen sind in solchen Unternehmen nach einer gewissen Zeit bezahlt. Die Errichtung eines neuen Produktionsstandorts ist in der Regel mit der Aufnahme von Darlehen verbunden.

Neben Banken kommen als Darlehensgeber auch andere kapitalgebende Institutionen infrage. Hierzu zählen Versicherungen, Kapitalanlagegesellschaften, private Kreditgeber oder öffentliche Institutionen und Unternehmen oder Konzerne, die temporär nicht benötigte finanzielle Mittel ertragreich oder aus anderen unternehmenspolitischen Gründen in andere Unternehmen einbringen wollen. Gestaltungsparameter von Krediten sind neben den bereits behandelten Sicherheiten:

- der Kredit-, Auszahlungs- und Rückzahlungsbetrag,
- die Laufzeit und Tilgung,
- die Zinskonditionen.

Ein benötigter Kredit kann in unterschiedlichen **Währungen** aufgenommen werden. Die Nutzung und die Rückzahlung sowie die Zinszahlungen des Kredits können in der gleichen oder in einer anderen Währung erfolgen. Risikominimierung bedeutet, Kredite in der Währung aufzunehmen, in der man sie benötigt und in der Währung zurückzuzahlen, über die man aufgrund der Einnahmen verfügt. Relevant ist diese Problematik beispielsweise für einen europäischen Konzern, der im asiatischen Raum einen Produktionsstandort errichten will und die dort erstellten Erzeugnisse später im amerikanischen Raum verkaufen möchte. Hier ist vor dem Hintergrund erwarteter Währungsentwicklungen, Zinskonditionen, Kosten und Spekulationsneigung genau zu prüfen, welche Währungen für Kreditaufnahme, -tilgungen und Zinszahlungen infrage kommen.

Bei einem **Kredit in inländischer Währung** sind im einfachsten Fall Kreditsumme, Auszahlungs- und Rückzahlungsbetrag identisch. Für ein produzierendes, sich auf seine Kernkompetenzen konzentrierendes Unternehmen spricht vieles dafür, die Identität zwischen diesen Größen nicht ohne gute Begründung aufzugeben. Trotzdem bieten Kapitalgeber eine breite Palette von Kreditkonstruktionen an. Gibt es Unterschiede zwischen Kredit-, Auszahlungs- oder Rückzahlungsbetrag, dann handelt es sich bei dem Kreditbetrag um einen **Nennbetrag**, etwa zur Berechnung der zu vergütenden Zinsen oder anderer Größen. Der Auszahlungsbetrag kann über oder unter dem Nennbetrag liegen. Im ersten Fall spricht man von einem Agio, im zweiten Fall von einem Disagio. Benötigt ein Unternehmen für ein Jahr ein Darlehen über 4.500.000 € und beträgt das Disagio 4 %, dann muss das Unternehmen einen Kredit in Höhe von 4.687.500 € aufnehmen, um Liquidität im gewünschten Umfang zu erhalten. Unter der Annahme das Zinszahlung und Tilgung einmalig zum Jahresende erfolgen, führt ein Zinssatz in Höhe von 5,6 % zu einer gleich hohen Zahlungsbelastung aus Sicht des kreditnehmenden Unternehmens, unter der Annahme, dass der Zinssatz für das Darlehen ohne Disagio 10 % beträgt. Berücksichtigt man die steuerliche Abzugsfähigkeit der Zinsen und einen Steuersatz von 30 %, dann ergibt sich bei einem Zinssatz von 3,8857 % eine mit dem anderen Darlehen vergleichbare Zinsbelastung.

Die **Laufzeit für Darlehen** ist entsprechend dem Finanzierungsbedarf zu bestimmen. Folgt man den sogenannten goldenen Regeln zur Finanzierung und Bilanzierung, dann sollte ein Zusammenhang zwischen Dauer der Vermögensbindung und Dauer der Kapitalbindung bestehen. Orientiert man sich an der Bilanz und der Einteilung beziehungsweise Zusammenfassung von Positionen in langfristige und kurzfristige Vermögens- und Kapitalpositionen, dann findet dieser Sachverhalt in der Kennzahl Anlagendeckung seine Entsprechung. Im Zähler des Bruches erfolgt die Addition des Eigenkapitals und langfristigen Fremdkapitals zum langfristigen Kapital, welches durch das im Nenner befindliche langfristig gebundene Anlagevermögen dividiert wird. Nicht berücksichtigt sind bei dieser Kennzahl die im Working Capital befindlichen kurzfristigen Positionen der Bilanz. Übersteigt das Ergebnis der Kennzahl Anlagendeckung den Wert von 100 %, dann weist die Kennzahl Working Capital ein positives Ergebnis auf, da ein Teil des kurzfristigen Umlaufvermögens langfristig finanziert ist.

Die Laufzeit von Darlehen kann sich auf einen Zeitraum innerhalb eines Jahres erstrecken, sie kann aber auch eine Vielzahl von Jahren umfassen. Folgt man den

Regelungen im Handelsgesetzbuch, dann ist der Betrag der Verbindlichkeiten mit einer Restlaufzeit bis zu einem Jahr und der Betrag der Verbindlichkeiten mit einer Restlaufzeit von mehr als einem Jahr bei jedem gesondert ausgewiesenen Posten zu vermerken (§268 Abs. 5 S. 1 HGB). Im Anhang sind zu den in der Bilanz ausgewiesenen Verbindlichkeiten der Gesamtbetrag und zu jedem Posten der Verbindlichkeiten nach dem vorgeschriebenen Gliederungsschema die Verbindlichkeiten mit einer Restlaufzeit von mehr als fünf Jahren anzugeben (§285 Nr. 1 und 2 HGB). Dementsprechend könnte man Darlehen in kurzfristige Darlehen (Restlaufzeit kleiner 1 Jahr), mittelfristige Darlehen (Restlaufzeit zwischen ein und fünf Jahren) und langfristige Darlehen (Restlaufzeit größer 5 Jahre) differenzieren. Die **Tilgung von Darlehen** kann bereits während der Laufzeit oder zum Ende der Laufzeit erfolgen. Während der Laufzeit können Darlehen monatlich, quartalsweise, halbjährlich oder jährlich zurückgezahlt werden. Sie können in gleich hohen Raten oder in Höhe einer um den Zinsanteil gekürzten Annuität getilgt werden. Die folgenden Tabellen beinhalten im Vergleich ein Annuitäten- und ein Ratendarlehen über 250.000 €. Der Zinssatz beträgt 6%. Die Tilgung erfolgt zum jeweiligen Quartalsende. Die Berechnungen zeigen, dass aufgrund der im Vergleich zum Ratendarlehen anfangs niedrigeren Tilgung insgesamt höhere Zinszahlungen bei Annuitätendarlehen anfallen. Die Restschuld sinkt bei einem Ratendarlehen schneller. Ob ein Raten- oder ein Annuitätendarlehen sinnvoller ist, hängt vom Liquiditätsbedarf im Kreditzeitraum und den anderen verfügbaren Krediten im Unternehmen ab.

	Quartal	Schuld	Zinsen	Tilgung	Quartal	Schuld	Zinsen	Tilgung	Quartal	Schuld	Zinsen	Tilgung
Annuitätendarlehen	1	250.000,00	3.750,00	8.731,03	9	176.372,67	2.645,59	9.835,44	17	93.432,02	1.401,48	11.079,55
	2	241.268,97	3.619,03	8.861,99	10	166.537,23	2.498,06	9.982,97	18	82.352,48	1.235,29	11.245,74
	3	232.406,98	3.486,10	8.994,92	11	156.554,26	2.348,31	10.132,71	19	71.106,74	1.066,60	11.414,42
	4	223.412,06	3.351,18	9.129,84	12	146.421,55	2.196,32	10.284,70	20	59.692,31	895,38	11.585,64
			14.206,32	35.717,78			9.688,29	40.235,82			4.598,75	45.325,35
	5	214.282,22	3.214,23	9.266,79	13	136.136,85	2.042,05	10.438,97	21	48.106,67	721,60	11.759,43
	6	205.015,43	3.075,23	9.405,79	14	125.697,88	1.885,47	10.595,56	22	36.347,25	545,21	11.935,82
	7	195.609,63	2.934,14	9.546,88	15	115.102,32	1.726,53	10.754,49	23	24.411,43	366,17	12.114,85
	8	186.062,75	2.790,94	9.690,08	16	104.347,83	1.565,22	10.915,81	24	12.296,58	184,45	12.296,58
			12.014,55	37.909,55			7.219,27	42.704,83			1.817,43	48.106,67

	Quartal	Schuld	Zinsen	Tilgung	Quartal	Schuld	Zinsen	Tilgung	Quartal	Schuld	Zinsen	Tilgung
Ratendarlehen	1	250.000,00	3.750,00	10.416,67	9	166.666,67	2.500,00	10.416,67	17	83.333,33	1.250,00	10.416,67
	2	239.583,33	3.593,75	10.416,67	10	156.250,00	2.343,75	10.416,67	18	72.916,67	1.093,75	10.416,67
	3	229.166,67	3.437,50	10.416,67	11	145.833,33	2.187,50	10.416,67	19	62.500,00	937,50	10.416,67
	4	218.750,00	3.281,25	10.416,67	12	135.416,67	2.031,25	10.416,67	20	52.083,33	781,25	10.416,67
			14.062,50	41.666,67			9.062,50	41.666,67			4.062,50	41.666,67
	5	208.333,33	3.125,00	10.416,67	13	125.000,00	1.875,00	10.416,67	21	41.666,67	625,00	10.416,67
	6	197.916,67	2.968,75	10.416,67	14	114.583,33	1.718,75	10.416,67	22	31.250,00	468,75	10.416,67
	7	187.500,00	2.812,50	10.416,67	15	104.166,67	1.562,50	10.416,67	23	20.833,33	312,50	10.416,67
	8	177.083,33	2.656,25	10.416,67	16	93.750,00	1.406,25	10.416,67	24	10.416,67	156,25	10.416,67
			11.562,50	41.666,67			6.562,50	41.666,67			1.562,50	41.666,67

Tab. 4.14: Annuitäten- und Ratendarlehen im Vergleich

Von Darlehen unterschiedlicher Fristigkeit sind Kontokorrentkredite zu separieren. **Kontokorrentkredite** stellen eine besonders flexible Form der Kreditgewährung dar und können bereits in der Errichtungsphase eines neuen Standorts zum Einsatz kommen. Im Rahmen einer von einem Kreditinstitut gewährten Kreditlinie können Unternehmen die finanziellen Mittel entsprechend ihrem Bedarf in Anspruch nehmen. Die laufenden Kosten richten sich demnach nicht nach der Höhe der gewährten Kreditlinie, sondern nach der tatsächlichen Inanspruchnahme. Der für den Kontokorrentkredit individuell zwischen Unternehmen und Kreditinstitut ausgehandelte Zinssatz berücksichtigt die Risiken und Kosten des Kreditinstituts. Hinzu kommt eine Bereitstellungsprovision, höhere Zinssätze für Kontoüberziehungen und gegebenenfalls in Rechnung gestellte Kosten für Kontoführung und sonstiger Auslagen des Bankinstituts. Bei knapper Kalkulation und Aufnahme fester Darlehen bieten Kontokorrentkredite eine attraktive bereits beim Aufbau eines Standorts nutzbare Möglichkeit, nur kurzfristig bestehenden Finanzierungsbedarf flexibel entsprechend dem täglichen Bedarf zu nutzen. Aus diesem Grund sind die Kosten höher als bei anderen Darlehen. Trotz der Flexibilität sollten die Kreditlinie und die tatsächliche Inanspruchnahme geringgehalten werden.

Anleihen

Anleihen sind verzinsliche, in Wertpapieren verbriefte Darlehen, die größere Unternehmen, Konzerne und Staaten zur Finanzierung nutzen. Für Anleihen finden auch die Begriffe Schuldverschreibung, Obligation oder Bond Verwendung. Aufgrund der Stückelung der Gesamtsumme in Teilschuldverschreibungen und des optionalen Börsenhandels können sich eine Vielzahl von Gläubigern beziehungsweise Kapitalanlegern an der Finanzierung der Unternehmen oder Staaten beteiligen. Sie kommen als Finanzierungsinstrument infrage, wenn Kreditsummen für einzelne Banken zu groß sind. Üblich sind Anleihen im Umfang von dreistelligen Millionen- oder Milliarden-Eurobeträgen. Ähnlich der Finanzierung über Aktien können bei entsprechendem Börsenhandel die Inhaber der Schuldverschreibungen diese jederzeit wieder zum gegebenen Kurs über die Börse verkaufen. Im Gegensatz zu Aktien sind Anleihen nicht mit Eigentümerrechten, sondern Gläubigerrechten verbunden.

Aus Sicht des emittierenden Unternehmens sind Anleihen mit einmaligen und laufenden Kosten verbunden. Zu den einmaligen Kosten zählen die mit der Ausgabe der Emission verbunden Kosten, etwa Kosten für den Börsenprospekt, Provisionen und Gebühren. Zu den laufenden Kosten zählen neben den laufenden Bearbeitungskosten die Kosten für die Verzinsung. Festverzinsliche, über Börsen gehandelte Anleihen bergen ein Kursrisiko, aber auch eine Kurschance. Steigen die allgemeinen Kapitalmarktzinsen, dann wirkt sich das negativ auf den Kurs der Teilschuldverschreibung aus, da neue Anleihen eine höhere Verzinsung abwerfen. Für das emittierende Unternehmen kann dies bedeuten, dass es gegebenenfalls die Anleihe günstiger über den Börsenhandel zurückkaufen kann, als später bei vertragsmäßiger Tilgung zu zahlen wäre.

Anleihen können mit einem festen oder veränderbaren Zinssatz ausgestattet sein. Eine variable Verzinsung kann sinnvoll sein, wenn mit Veränderungen des Kapitalmarktzinses gerechnet wird. Sinkt der Kapitalzins, kann dem Schuldner das Recht eingeräumt werden, die Konditionen entsprechend anzupassen. Der Gläubiger kann die neuen Bedingungen akzeptieren oder sich den ausgeliehenen Betrag zurückzahlen lassen. Bei Floating Rate Notes orientiert sich die Zinshöhe an Referenzzinssätzen, beispielsweise am EURIBOR. Bei Zerobonds werden die zu zahlenden Zinsen erst zum Ende der Laufzeit der Schuldverschreibung ausbezahlt.

4.2.3 Mezzanine Kapital

Mezzanine Kapital sind Finanzierungsinstrumente, bei denen es sich nicht eindeutig um Eigenkapital noch um Fremdkapital handelt. Gegenüber reinem Fremdkapital tragen **fremdkapitalähnliche Finanzierungsinstrumente** höhere Risiken hinsichtlich Zins- und Rückzahlungskonditionen. Beispiele sind Gewinnschuldverschreibungen, partiarische Darlehen, nachrangige Darlehen oder stille Beteiligungen. Die Verzinsung von Gewinnschuldverschreibungen hängt von einer zuvor definierten Gewinnhöhe ab. Bei niedrigen Gewinnen liegt die Verzinsung unterhalb der Rendite üblicher Schuldverschreibungen, währenddessen bei hohen Gewinnen die Rendite überschritten wird. In Aktiengesellschaften bedarf die Ausgabe von Gewinnschuldverschreibungen einer Mehrheit von mindestens drei Viertel des bei der Beschlussfassung vertretenen Grundkapitals. Aktionären ist ein Bezugsrecht zu gewähren. Ähnlich Gewinnschuldverschreibungen handelt es sich bei partiarischen Darlehen um Fremdkapital mit Gewinnbeteiligung. Eine Beteiligung an Verlusten ist, anders als bei einer stillen Beteiligung, nicht vorgesehen. Partiarische Darlehen können ohne Zustimmung des Schuldners Dritten übertragen werden. Eine höhere Verzinsung gegenüber normalen Darlehen ist bei nachrangigen Darlehen gerechtfertigt, da sie im Insolvenzfall ein erhöhtes Ausfallrisiko tragen. Ein stiller Gesellschafter leistet eine Vermögenseinlage, die in das Vermögen eines Unternehmens einfließt. Der stille Gesellschafter erhält eine vertraglich fixierte Beteiligung am Gewinn, eine Verlustbeteiligung kann im Gesellschaftsvertrag ausgeschlossen werden. Der stille Gesellschafter wirkt nicht bei der Führung des Unternehmens mit. Im Insolvenzfall kann der stille Gesellschafter seine Einlage gegenüber der Gesellschaft geltend machen. Fungiert der stille Gesellschafter als reiner Gläubiger, dann handelt es sich um eine typische stille Gesellschaft. Bei einer atypischen stillen Gesellschaft ist der Gesellschafter als Mitunternehmer anzusehen. Es handelt sich dann nicht mehr um eine fremdkapitalähnliche Finanzierung, sondern um eine Gesellschaftsfinanzierung, die als eigenkapitalähnliches Mezzanine Kapital einzustufen ist.

Zu den anderen **eigenkapitalähnlichen Finanzierungsformen** zählen Genussscheine sowie Wandel- und Optionsanleihen. Genussscheininhaber gelten als Gläubiger einer Gesellschaft. Steuerrechtlich zählen die finanziellen Mittel zum Fremdkapital, sofern eine Beteiligung am Liquidationserlös der Gesellschaft ausgeschlossen ist. Bilanziell und wirtschaftlich gehören sie jedoch zum Eigenkapital, da im Insolvenzfall das Genusskapital für Schulden des Unternehmens haftet. Die Ausgabe von Genüssen ist an die Zustimmung in der Hauptversammlung gebunden. Aktionären ist ein Bezugsrecht zu gewähren. Genussscheine sind an Börsen handelbar. Neben einer festen Verzinsung ist eine gewinnabhängige Vergütung üblich. Genussrechte sind seitens der Kapitalgeber nicht kündbar. Eine Rückzahlung des Kapitals ist nicht vorgesehen oder erfolgt entsprechend der Laufzeit des Genussscheins. Wandelanleihen sind Schuldverschreibungen, die in Aktien einer Gesellschaft umgetauscht werden können. Geschieht dies, dann ist die Anleihe nicht mehr existent. Anders ist der Sachverhalt bei Optionsanleihen, die ein von der Schuldverschreibung abtrennbares Recht beinhalten, Aktien einer Gesellschaft zu bestimmten Konditionen zu beziehen.

4.2.4 Businessplan

Ein Businessplan ist ein essenzielles Instrument zur Unterstützung der Gespräche und Verhandlungen mit Kapitalgebern, öffentlichen Institutionen und potenziellen Geschäftspartnern bei neugegründeten Unternehmen oder wesentlichen Veränderungen, wie dem Aufbau neuer Produktionsstandorte. Der Businessplan dient nicht nur der Information, sondern auch als vertrauensbildendes Element bei den das Unternehmen begleitenden Partnern. Nicht zuletzt hilft er auch manchem Unternehmer, Klarheit über sein Geschäftsmodell und seine weitere Vorgehensweise zu gewinnen.

Die Aufgabe eines Businessplans ist klar umrissen. Die für die Adressaten des Berichts wichtigen Informationen sind präzise und übersichtlich zu geben. Ein Businessplan beginnt mit einer **Zusammenfassung** des Vorhabens auf einer oder zwei Seiten. Auf Basis dieser Zusammenfassung entscheiden Kapitalgeber, ob das Projekt für sie von Interesse ist. Dementsprechend sollen potenzielle Investoren dahingehend bewegt werden, sich mit dem Anliegen intensiver zu beschäftigen. Die Zusammenfassung enthält wichtige Informationen zum Unternehmen, insbesondere zur Rechtsform, zum Firmensitz, zu Gesellschaftsverträgen, zur Geschäftsführung und zum Gegenstand des Unternehmens. Neben diesen formalen Daten kann in wenigen Sätzen ein kurzer Einblick in die Historie, eine kurze Beschreibung und Analyse der gegenwärtigen Situation gegeben werden und über die Zielsetzung beziehungsweise den Zweck informiert werden, warum man sich mit diesem Businessplan an bestimmte Institutionen wendet. Diese knapp, aber aussagekräftig zu formulierenden Sachverhalte sind notwendig, damit Dritte wissen, mit wem sie es zu tun haben. Der wichtigste Teil in der Zusammenfassung ist das neue Projekt, in unserem Fall der Aufbau eines neuen Produktionsstandorts. Die mit dem neuen Produktionsstandort verfolgten Ziele und ausgewählte Kennzahlen sind zu nennen.

Die Informationen sind **empfängerorientiert** zu gestalten. Richtet sich der Businessplan an potenzielle Eigenkapitalgeber, dann sind diese vor allem an der Rentabilität und der Wertentwicklung ihres Investments interessiert. Sollen in erster Linie Fremdkapitalgeber angesprochen werden, dann steht bei diesen die risikoadäquate Verzinsung der gegebenen Kredite im Fokus sowie die Fähigkeiten des Schuldners, die finanziellen Mittel wieder zurückzuführen.

Im Anschluss an die ersten Aussagen sind ausführliche Informationen zu den relevanten Themenbereichen zu geben. Nicht zielführende Inhalte bleiben außen vor. Die Informationen müssen vollständig, nachvollziehbar und wahrheitsgemäß sein. Zu den wesentlichen Inhalten zählen Daten zum Unternehmen und Management, zum Geschäftsmodell, zur Strategie, zur Kernkompetenz und zu Alleinstellungsmerkmalen, zu Markt und Wettbewerb sowie zum eigenen Vertriebskonzept, zur Wertschöpfung sowie zur vorgesehenen Finanzierung.

Da Unternehmen von Menschen getragen werden, sind Informationen **zu den Gesellschaftern, zur Geschäftsführung und zu den Beschäftigten** angebracht. Die Gesellschafter des Unternehmens und deren Interessen und Beziehung zum Unternehmen sind zu benennen. Bei den Geschäftsführern interessiert deren Qualifikation, deren Aufgabengebiete und Verantwortungsbereiche. Ein Organigramm liefert Aussagen über Mitarbeiter und Organisation im Unternehmen. Ergänzende Daten beispielsweise zum Alter der Beschäftigten, zum Ausbildungsstand und zur Dauer der Betriebszugehörigkeit liefern weitere wertvolle Erkenntnisse.

Entscheidend für eine erfolgreiche unternehmerische Geschäftstätigkeit ist das zugrundeliegende **Geschäftsmodell**. Das Geschäftsmodell basiert auf einer Strategie und zeigt, wie eine zuvor entstandene Geschäftsidee wirtschaftlich umgesetzt wird. Zu differenzieren ist zwischen Unternehmens- und Geschäftsbereichsstrategien. Während erstere einen Eindruck über die Strategie des gesamten Unternehmens oder Konzerns vermittelt, zeigen Geschäftsbereichsstrategien, wie in einem Geschäftsbereich vorgegangen wird, um im Wettbewerb erfolgreich zu bestehen. Darzulegen ist der Zweck, Nutzen und die Bedeutung des neuen Produktionsstandorts in erster Linie für die Kunden, aber auch für die Region und Gesellschaft. Informationen zu den Kernkompetenzen und zu Alleinstellungsmerkmalen vermitteln einen Eindruck über die Stärke des Geschäftsmodells.

Unternehmen müssen sich im **Markt** behaupten. Märkte können anhand verschiedener Kriterien abgegrenzt werden, beispielsweise anhand regionaler Kriterien, anhand der Produkte oder den Bedürfnissen der Kunden. Die Märkte sind hinreichend zu beschreiben. Die Marktgröße, die Entwicklungsmöglichkeiten und das Marktpotenzial sind zu benennen. Im Markt stehen auf der einen Seite die Kunden und auf der anderen Seite die Wettbewerber. Bei innovativen Erzeugnissen muss ein Markt erst entwickelt werden, bei anderen Produkten muss man sich seine Position im Markt erarbeiten und gegen Wettbewerber durchsetzen. Aussagen hinsichtlich der wichtigsten Wettbewerber sind zu treffen. Preisstellung, Produktqualität, Service sowie Produkt- beziehungsweise Variantenvielfalt der Wettbewerber liefern Informationen über die Funktionsweise eines Marktes. Zu differenzieren ist zwischen direkten Wettbewerbern und neuen Wettbewerbern. Neue Wettbewerber können aufgrund einer Vorwärts- oder Rückwärtsintegration aktueller Zulieferer und Abnehmer entstehen, sie können aber auch aus ganz anderen Branchen stammen, wenn technologisch bedingt sich neue Einsatzgebiete branchenübergreifend entwickeln. Kunden sind keine homogene Masse, sodass zu klären ist, welche Kundengruppen in erster Linie angesprochen werden sollen. Das Vertriebskonzept und die Bedeutung relevanter, marketingpolitischer Instrumente sind zu thematisieren.

In produzierenden Unternehmen besteht der wesentliche Teil der **Wertschöpfung** in der Produktion. Die Produktionsanlagen, das Gebäude und das Working Capital binden Kapital, dass von Investoren bereitgestellt werden muss. Aussagen zum Produktionsstandort, der logistischen Anbindung aus Sicht der Lieferanten, Kunden und der Belegschaft, zur Produktionstätigkeit und dem Maschinenpark sind zu geben. Angaben zu den Produktionskapazitäten und den Produktionskosten sind – falls möglich – im Vergleich zu Wettbewerbern darzustellen. Vor dem Hintergrund, dass wichtige Roh- und Einsatzstoffe oft nur von wenigen Lieferanten bezogen werden können, sind zentrale Aussagen zur Materialbeschaffung erforderlich.

Die **wirtschaftlichen Verhältnisse** sind für bereits bestehende Produktionsstandorte sowohl für vergangene Zeiträume als auch für den zukünftigen Zeitraum, für den der Businessplan erstellt wird, darzustellen. Entscheidend ist der zukünftige Zeitraum, für den verlässliche Planungsrechnungen aufzustellen sind. Zu diesen Planungsrechnungen gehören Bilanzen, Gewinn- und Verlustrechnungen sowie Kapitalflussrechnungen, die gegebenenfalls für den Anfangszeitraum auf Monatsbasis und für die folgenden Jahre auf Jahresbasis aufzustellen sind. Grundlegend für diese Rechnungen sind begründete und detaillierte Absatzprognosen sowie die darauf aufbauenden Berechnungen entsprechend der in Kapitel 4.1.4 dargelegten Vorgehensweise. Ergänzend können Investitionsrechnungen für neue Produktionsanlagen oder Kalkulationen für die zu produzierenden und zu verkaufenden Produkte erstellt werden. Kennzahlen zur wirtschaftlichen Lage können im Vergleich zu Branchenzahlen dargestellt werden.

4.3 Aufbau des neuen Produktionsstandortes

Nachdem die Finanzierung für den ausgewählten Produktionsstandort gesichert ist, geht es nun an den Aufbau. Eine Alternative zum vollständig neuen Aufbau eines Produktionsstandorts ist die Übernahme einer bereits vorhandenen Produktionsstätte, die von einem anderen Unternehmen aufgegeben wurde oder nicht mehr benötigt wird. Entsprechende Informationen erhält man beispielsweise von ortsansässigen Banken, die im Rahmen ihres Firmenkundengeschäfts entsprechende Kontakte zu den betreffenden Unternehmen vermitteln können. Können bestehende Produktions- und Verwaltungsgebäude genutzt werden, kann der Zeitraum bis zur erstmaligen Inbetriebnahme erheblich verkürzt werden.

Im Folgenden wird für einen neu aufzubauenden Standort geprüft, welche Funktionen dort benötigt werden. Anschließend ist zu untersuchen, ob anstelle eines sofortigen Vollausbaus ein sukzessiver Aufbau des Standorts Vorteile verspricht. Ein effektives und effizientes Projektcontrolling während der Aufbauphase reduziert das Risiko möglicher Fehlentwicklungen. Ausschließen sollte man diese jedoch nicht, sodass grundsätzlich im Vorfeld Überlegungen angestellt werden sollten, wie im Fall von Fehlentwicklungen vorzugehen ist.

4.3.1 Welche Funktionen werden am Standort benötigt

Im Fallbeispiel zur Berechnung der Wirtschaftlichkeit eines neuen Produktionsstandortes (Kapitel 4.1.4) wurden für die Investitionsausgaben ein Betrag in Höhe von 400 Mio. € unterstellt. Abhängig ist die tatsächliche Höhe der Investitionssumme vom Umfang der am Standort zu realisierenden Aktivitäten. Will man die Investitionssumme reduzieren, dann gelingt dies über einen umfangreicheren Fremdbezug von Leistungen, die am Standort benötigt werden, Leistungsreduzierungen führen dazu, dass Investitionen für diese Leistungen nicht erforderlich sind. Beispielsweise benötigt man keine Räumlichkeiten und kein technisches Equipment für Mitarbeiter, die aufgrund des Fremdbezugs am Standort nicht eingesetzt werden. Geht man davon aus, dass die Leistungen, die am Standort nicht in Eigenregie erbracht werden, später von Dritten fremdbezogen werden, ist mit höheren laufenden Kosten zu rechnen.

Neben den differierenden Investitionsausgaben und den später anfallenden höheren laufenden Ausgaben sind weitere Unterschiede bei der Entscheidung zwischen Eigenleistung oder Fremdleistung zu konstatieren. Hervorzuheben sind qualitative, zeitliche, anpassungs- und risikotechnische Unterschiede. **Qualitative Vorteile** und dementsprechend auch Nachteile können sowohl beim Fremdbezug der Leistungen als auch der Eigenleistung liegen. Unter qualitativen Gesichtspunkten spricht für die Eigenleistung, wenn für bestimmte Funktionen passend qualifizierte Mitarbeiter im Unternehmen eingesetzt werden können. Der Einsatz solcher Mitarbeiter in einem Vollzeitarbeitsverhältnis setzt ein gewisses Arbeitsvolumen voraus, was bei vielen Tätigkeiten nicht gegeben ist, weil diese nur sporadisch oder an wenigen Tagen in einem Monat anfallen. Ein zweiter Punkt ist die Qualifikation bestimmter Mitarbeiter für bestimmte Tätigkeiten und deren Einsatz in einem bestimmten Unternehmen. Hochqualifizierte Mitarbeiter erwarten gegebenenfalls ein Arbeitsumfeld, dass ihnen ein bestimmter Produktionsstandort nicht bieten kann. Dieses Arbeitsumfeld kann trotz anspruchsvoller Tätigkeiten in der fehlenden Abwechslung der Tätigkeiten und des begrenzten Aufgabenspektrums an einem einzigen Produktionsstandort liegen. Beispiele für solche Tätigkeiten können einzelne Funktionen im Marketing oder Controlling sein. Gehören Standorte zu einem Konzern, dann übernehmen Spezialisten der Konzernleitung alternativ zu Marketingagenturen oder Unternehmensberatungen einzelne Aufgabengebiete. Im technischen Bereich bietet es sich an, spezielle Reparaturen und Instandsetzungen von Fachleuten, die ständig solche Arbeiten durchführen, vornehmen zu lassen.

In **zeitlicher Hinsicht** dürften die Freiheitsgrade in der Terminplanung bei Eigenleistungen deutlich größer sein als beim Fremdbezug. Dies gilt jedoch nur, wenn man für bestimmte Aufgaben über mehrere Personen verfügt und eine flexible Einsatzplanung möglich ist. Wird eine Funktion nur mit einer Person besetzt, was bei manchen Funktionen oder Tätigkeiten, für die besondere Erfahrungen notwendig sind, auch in größeren Unternehmen nicht selten ist, dann besteht diese Flexibilität nicht. Revisoren als Beispiel finden sich nicht in jedem Unternehmen, sondern erst in Unternehmen oder Konzernen ab einer bestimmten Größenordnung. Ein einzelner Revisor fällt beispielsweise während des Urlaubs oder der Abwesenheit aus gesundheitlichen Gründen oder weil er gerade in einem länger andauernden Revisionsprojekt an einem weit entfernten anderen Standort, beispielsweise im logistisch weniger gut angebundenen Inland von Äquatorialguinea, tätig ist, temporär für neue, akute Aufgaben aus. Ein weiterer Unterschied liegt im eigentlichen Zeitbedarf für die Erledigung einer Aufgabe. Fremde Spezialisten mögen aufgrund ihrer Erfahrung besondere Aufgaben schneller erledigen können. Allerdings benötigen externe Kräfte Zeit für die Einarbeitung in die spezielle Problematik, die bei eigenen Mitarbeitern nicht in dem Umfang notwendig sein wird. Unter logistischen Aspekten, zum Beispiel lange Anreisezeiten externer Personen oder Transportzeiten von zu reparierenden Maschinenteilen zum reparierenden Unternehmen und zurück, liegen die Zeitvorteile bei den eigenen Mitarbeitern. Kann an einem Produktionsstandort mit einem Jahresumsatz von 20 Mio. €, einer Umsatzrendite von 10 % und variablen Kosten von 50 % sowie 250 Arbeitstagen im Jahr aufgrund eines Anlagenausfalls ein Tag mehr nicht produziert werden, dann fehlen unter vereinfachenden Annahmen täglich 36.000 € als Deckungsbeitrag.

Besteht ein schwankender Bedarf an bestimmten Leistungen, dann erleichtert grundsätzlich der Fremdbezug von Leistungen die **Anpassungsfähigkeit** (elastizitätsmäßige Unterschiede) hinsichtlich der anfallenden Kosten. Bedarfsschwankungen können konjunkturell und saisonal begründet sein und damit in gewissem Umfang planbar. Sind sie zufallsbedingt, dann scheidet eine Vorhersage der Ereignisse aus. Bei Fremdbezug von Leistungen fallen bei geringem Bedarf keine Leerkosten an, sofern es sich bei den Fremdbezugskosten um variable Kosten handelt. Die zu erwirtschaftenden Deckungsbeiträge können geringer ausfallen. Jedoch kann es bei Bedarfsspitzen problematisch sein, die Leistungen von anderen Unternehmen zu beziehen, wenn deren Kapazitäten mit anderen Kundenaufträgen bereits ausgelastet sind.

Unternehmen, die bestimmte Leistungen von fremden Unternehmen erbringen lassen, reduzieren damit, dass mit der Leistungserbringung verbundene **Risiko**. Nutzt man das Instrument des Factorings, so ist damit in der Regel die Übernahme des Ausfallrisikos von Forderungen (Delkredere) verbunden. Lässt man Transporte von einer fremden Spedition durchführen, so haftet diese für Schäden während des Transportvorgangs. Andererseits steigt durch die Leistungserbringung in anderen Unternehmen die Abhängigkeit von diesen Unternehmen, was wiederum zusätzliche Risiken bedeutet. Diese Risiken können sich in steigenden Preisen auswirken, die von den fremden Unternehmen verlangt werden. Eine temporär hohe Auslastung von Lieferanten und Dienstleistern kann dazu führen, eine Lieferung oder Leistung nicht rechtzeitig zu erhalten. In schlimmen Fällen zeigt die Praxis, dass vereinzelt Zulieferer erpresserisch agieren, um Zugeständnisse seitens der belieferten Unternehmen zu erzwingen.

Wahlmöglichkeiten zwischen der Erbringung von Leistungen am Produktionsstandort oder durch fremde Dienstleister bestehen in allen **Unternehmensbereichen** und bei vielen **Produktionsfaktoren**. Im Rahmen der Bestimmung der Fertigungstiefe (Kapitel 3) wurde das Thema Eigenfertigung oder Fremdbezug für solche Kostenstellen bereits behandelt, die als Kostenstellen direkt an der Leistungserstellung beteiligt sind. Für die Fertigungshauptkostenstellen ist diese Thematik somit an dieser Stelle nicht noch einmal aufzunehmen. Fertigungshilfskostenstellen erbringen Leistungen, die in Zusammenhang mit den Fertigungshauptkostenstellen stehen. Dazu gehören planerische und kontrollierende sowie weitere Tätigkeiten. Kontrollierende Tätigkeiten können externen Stellen übertragen werden, wenn der Neutralität der Kontrollen eine besondere Bedeutung beizumessen ist. Dies gilt insbesondere für Kontrollen beziehungsweise Prüfungen von Gutachtern, die gleichzeitig für Kunden als Grundlage für deren Abnahmeentscheidung von Bedeutung sind. Darüber hinaus werden für die Fertigung beispielsweise Werkzeuge oder Reparaturleistungen erbracht, bei denen zu prüfen ist, in welchem Umfang eine Eigenleistung oder Fremdleistung sinnvoll ist. Vor allem für die Fertigungsprozesse benötigte Energie wird alternativ zum Fremdbezug in vielen Unternehmen selbst erzeugt. Ein weites Feld für Entscheidungen zwischen Eigenleistung und Fremdleistung liegt bei Leistungen, die bei Eigenerstellung in allgemeinen Hilfskostenstellen erbracht werden. Hierzu zählen Leistungen im Zusammenhang mit den Gebäuden, etwa die Tätigkeiten eines Hausmeisters, Pförtners oder der Reinigungskräfte. Ein weiteres Beispiel sind Leistungen, die dem Personal zugutekommen, beispielsweise eine Kantine, ein Werkskindergarten oder Leistungen, die der Gesundheit der Beschäftigten dienlich sind, etwa ein Werksarzt oder Fitnesskurse. Vielfältige Überlegungen können für einzelne Endkostenstellen des Material-, Verwaltungs- und

Vertriebsbereich getroffen werden. So bieten Dienstleister für C-Materialien, hierzu gehören vor allem geringwertige Materialen wie Büroklammern, Toilettenpaper, Reinigungsmittel oder Schrauben, Unterstützungsleistungen für Management und Beschaffungsprozesse dieser Materialien an. In der Verwaltung werden verschiedenen Leistungen aus dem Rechnungswesen, dem Controlling und dem Personal anderen Unternehmen übertragen. Im Vertriebsbereich eignen sich vor allem Transport-, Versand- und Lagertätigkeiten für die Einbindung von entsprechend geeigneten Dienstleistungsunternehmen.

4.3.2 Stufenweiser Aufbau eines neuen Produktionsstandortes

Ein stufenweiser Aufbau ist bei der Errichtung eines neuen Produktionsstandortes eine nicht unübliche Vorgehensweise. Ein Produktionsstandort überdauert Lebenszyklen einzelner Erzeugnisse, als auch Lebenszyklen bestimmter Technologien. Die Entwicklung eines neuen Standortes ist regelmäßig nicht mit der Sicherheit vorhersehbar, als dass eindeutige Prognosen gegeben werden können. Produktionsstandorte können sich aus Sicht eines Unternehmens als Fehlinvestitionen erweisen. Gewinnt man diese Erkenntnis, wäre eine schnelle Ausstiegsmöglichkeit wünschenswert.

Die Gründe für die begrenzte Treffsicherheit der Entwicklung eines neuen Standorts können vielfältiger Natur sein:

- Auswirkungen neuer Technologien,
- wirtschaftliche Entwicklung,
- Naturkatastrophen,
- kriegerische Auseinandersetzungen,
- gesellschaftliche Veränderungen,
- Änderung der politischen Rahmenbedingungen.

Kommen an einem neuen Produktionsstandort neue Technologien zum Einsatz, besteht aus verschiedenen Gründen eine hohe Unsicherheit, in welchem Umfang die neuen Technologien zum Erfolg oder Misserfolg beitragen werden. Zu unterscheiden ist zwischen **Produktions- und Prozesstechnologien** auf der einen Seite sowie Produkttechnologien auf der anderen Seite. Das Risiko von neuen Technologien, die im Herstellungsprozess zur Anwendung kommen, kann in der noch fehlenden Erfahrung liegen, aber auch in Fehleinschätzungen über die Dauer des Technologielebenszyklus, der durch wiederum neuartige Technologien schneller beendet werden kann als geplant. Will man an einem neuen Produktionsstandort auf bewährte Technologien zurückgreifen, dann ist die Gefahr, mit einer nicht mehr zeitgemäßen Technologie zu arbeiten, deutlich höher. Auf politischer Ebene getroffene Entscheidungen können – oft nur schlecht vorhersehbar – ein nicht gewolltes, schnelles Aus für bestimmte Technologien, beispielsweise die Produktion von elektrischer Energie mit Kohlekraft- oder Atomkraftwerken, bedeuten. Wie sich neue **Produkttechnologien**, beispielsweise mit elektrischer Energie betriebene Fahrzeuge, langfristig im Markt etablieren, kann nur schwer prognostiziert werden. Zu viele Einflussfaktoren aus dem politischen Bereich, der gesellschaftlichen Akzeptanz, dem Nutzen und der Wirtschaftlichkeit wirken sich auf die zukünftige Nachfrage aus. Für Unternehmen aus konjunktursensiblen Branchen, beispielsweise dem Maschinenbau, dem

Fahrzeugbau oder der Stahlindustrie, ist die zukünftige **wirtschaftliche Entwicklung** von entscheidender Bedeutung. Gerät man mit einem neu errichteten Standort unerwartet in eine Rezessions- oder gar Depressionsphase, so können wirtschaftliche Ertrags- und Liquiditätsprobleme entstehen, wenn etwa der Kapitaldienst aufgrund eines zu knappen Budgets nicht mehr geleistet werden kann.

Diese wenigen Beispiele mögen reichen, zu verdeutlichen, dass solche Unsicherheiten nicht ausgeblendet werden dürfen. Flexibilität und Anpassungsfähigkeit sind wichtige Kriterien beim Aufbau eines neuen Produktionsstandorts. Dieser Gesichtspunkt kann unter unterschiedlichen Blickwinkeln betrachtet werden. In diesem Kapitel wird eine planungstechnische Vorgehensweise gezeigt, einen Produktionsstandort im Zeitablauf sukzessive aufzubauen, wobei die später zu treffenden Entscheidungen bereits heute im Entscheidungsmodell berücksichtigt werden. Im dann folgenden Hauptkapitel werden Möglichkeiten für eine andauernde Flexibilität diskutiert, um in einer oder mehreren Perioden Kosten in einem höheren Umfang beeinflussen zu können als üblich.

Plant man die Errichtung eines neuen Produktionsstandortes, will aber aus gegebenen Gründen nicht sofort über die Vorgehensweise des gesamten Aufbaus entscheiden, dann empfiehlt sich ein sukzessiver Ausbau unterstützt durch geeignete Planungsinstrumente. Die Vorgehensweise wird an einem einfach gehaltenen Fallbeispiel erklärt.

Anwendung des Entscheidungsbaumverfahrens beim Aufbau eines neuen Produktionsstandorts

Ein Konzern plant einen weiteren Produktionsstandort. Der Planungszeitraum für einen Produktionsstandort wird in zwei Phasen unterteilt, da die wesentlichen Investitionen in den Standort in zwei Stufen erfolgen können, aber nicht müssen. Der Zeitumfang beider Stufen ist nicht identisch, die erste Phase soll 3 Jahre umfassen, die zweite Phase beginnt mit dem vierten Jahr. Bei allen Geldbeträgen handelt es sich um Barwerte, sie sind bereits auf den aktuellen Entscheidungszeitpunkt abgezinst.

Vier alternative Vorgehensweisen werden betrachtet, die sich hinsichtlich der Investitionsauszahlungen in den beiden Phasen und den erzielbaren Einzahlungsüberschüssen unterscheiden. Die Höhe der Einzahlungsüberschüsse ist vom Eintreten bestimmter Umweltzustände abhängig. Das Fallbeispiel beschränkt sich auf jeweils zwei Umweltzustände für deren Eintreten Wahrscheinlichkeiten angegeben werden können.

Investitionsauszahlungen	Phase I	Phase II
Alternative I	150.000.000 €	–
Alternative II	140.000.000 €	12.000.000 €
Alternative III	100.000.000 €	60.000.000 €
Alternative IV	80.000.000 €	88.000.000 €

Tab. 4.15: Auszahlungen für vier alternative Vorgehensweisen beim Aufbau eines Produktionsstandorts

Bei der Alternative I soll der Standort sofort vollständig aufgebaut werden. Dies gilt im Wesentlichen auch für Alternative II, jedoch unterbleiben zunächst noch bestimmte Ausgaben, beispielsweise für Infrastruktur, Lagerhallen, Gebäude, Energieerzeugung, einzelne nicht zwingend benötigte Wertschöpfungsstufen oder Produktionskapazitäten. Noch mehr des insgesamt geplanten Investitionsvolumens wird bei den Alternativen III und IV in Phase zwei verlegt. Die Gründe für eine solche Vorgehensweise können auch in begrenzten, aktuellen Finanzierungsmöglichkeiten des Konzerns liegen. Die Summe der Investitionsausgaben in den beiden Phasen ist für die Alternativen nicht identisch, da im allgemeinen höhere Ausgaben für ein Projekt anfallen, wenn dieses nicht auf einmal, sondern in mehreren Stufen abgewickelt wird. Zudem liegen zwischen Phase eins und zwei insgesamt drei Jahre. Es ist davon auszugehen, dass Produktionsanlagen, die im zeitlichen Abstand von drei Jahren hergestellt werden, andere Leistungskenndaten aufweisen werden. Modernere Produktionsanlagen werden flexibler einsetzbar sein, eine bessere Produktionsqualität aufweisen und pro Zeiteinheit eine größere Menge produzieren können.

Die Unsicherheit im Entscheidungsmodell zeigt sich dahingehend, dass man verschiedene Umweltzustände in den Phasen I und II für möglich hält. Die Gründe für unterschiedliche Umweltzustände sind vielfältig. Sie können in der wirtschaftlichen Entwicklung einer Region oder der Kunden begründet sein. Bei innovativen Erzeugnissen bestehen noch zu wenig Erfahrungen, wie diese Erzeugnisse von den Kunden angenommen werden. In bestimmten Branchen muss mit oft nur schlecht prognostizierbaren Einflussnahmen von politischer Seite kalkuliert werden, die verlässliche Planungen erschweren. Auch kann nicht genau vorhergesagt werden, welche alternativen Lösungsmöglichkeiten Wettbewerber in den nächsten Jahren vorlegen mit Auswirkungen auf den im Entscheidungsmodell angesetzten Annahmen. Aus derlei Gründen erstellt man bei der Planung von Produktionsstandorten meistens eine Real-case-Planung und eine Worst-case-Planung, die auch diesem Fallbeispiel zugrunde liegt. Für die Szenarien werden folgende Wahrscheinlichkeiten unterstellt:

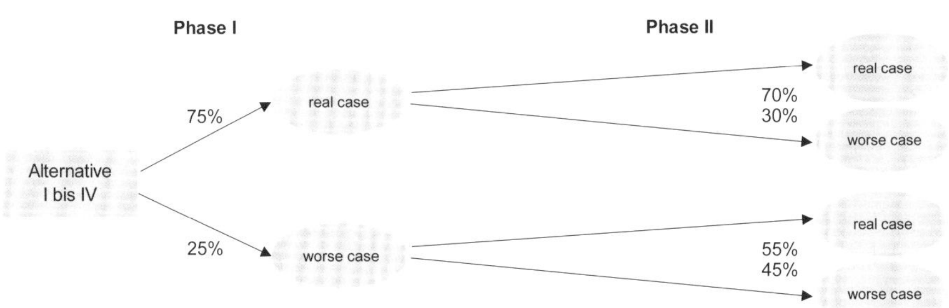

Abb. 4.7: Eintrittswahrscheinlichkeiten alternativer Szenarien in Phase II in Abhängigkeit des in Phase I eintretenden Szenarios

In Phase I wir mit einer Wahrscheinlichkeit von 75 % damit gerechnet, dass die Planzahlen zutreffend sind. Eine schlechtere Entwicklung könnte sich aus verschiedenen Gründen ergeben. In diesem Fall wird mit reduzierten Einzahlungsüberschüssen in den ersten drei Perioden gerechnet. Falls sich in Phase I die originäre Planung bestätigt, wird für die sich anschließende mehrere Jahre umfassende Phase II für den real case eine Eintrittswahrscheinlichkeit von 70 % angenommen. Sollte jedoch in Phase I der worst case eingetreten sein, dann wird der gegebenen Situation folgend die Eintrittswahrscheinlichkeit für den real case in Phase II von 70 % auf 55 % reduziert.

Es fehlen noch die Einzahlungsüberschüsse. In Phase I ist für jede Alternative zwischen den Einzahlungsüberschüssen im real case und worst case zu differenzieren:

Einzahlungsüberschüsse in Phase I	real case	worst case
Alternative I	52.000.000 €	30.000.000 €
Alternative II	50.000.000 €	30.000.000 €
Alternative III	45.000.000 €	30.000.000 €
Alternative IV	40.000.000 €	30.000.000 €

Tab. 4.16: Einzahlungsüberschüsse für vier alternative Vorgehensweisen in Phase I

Auch in Phase II ist entsprechend zwischen real case und worst case zu unterscheiden. Hinzu kommt bei den Alternativen II bis IV, dass zwischen einem weiteren Standortausbau und dem Unterbleiben des Standortausbaus zu trennen ist. Demnach ergeben sich folgende Einzahlungsüberschüsse in Phase II:

Einzahlungsüberschüsse in Phase II	real case	worst case
Alternative I	200.000.000 €	110.000.000 €
Alternative II		
mit Standortausbau	206.000.000 €	116.000.000 €
ohne Standortausbau	120.000.000 €	60.000.000 €
Alternative III		
mit Standortausbau	214.000.000 €	124.000.000 €
ohne Standortausbau	120.000.000 €	60.000.000 €
Alternative IV		
mit Standortausbau	216.000.000 €	126.000.000 €
ohne Standortausbau	120.000.000 €	60.000.000 €

Tab. 4.17: Einzahlungsüberschüsse für vier Alternativen in Phase II

Welche Alternative in wirtschaftlicher Hinsicht zu präferieren ist, hängt vom zugrundliegenden Entscheidungskriterium und deren Anwendung ab (siehe hierzu Kapitel zwei). In diesem Fallbeispiel soll eine Auswahl zwischen den Alternativen I bis IV anhand des Kapitalwerts als Entscheidungskriterium getroffen werden. Am Beispiel der ersten Alternative ergibt sich unter Berücksichtigung der Eintrittswahrscheinlichkeiten für die Szenarien ein Kapitalwert von 66.125.000 € (Berechnung: 46.500.000 € + 173.000.000 € • 75 % + 159.500.000 • 25 % – 150.000.000 €), der sich aus der Summe der Barwerte unter Berücksichtigung der Eintrittswahrscheinlichkeiten berechneten Barwerte aus Phase I und Phase II ergibt. Im Gegensatz zu den im Anschluss erörterten anderen Alternativen bestehen bei Alternative I beim Übergang von Phase I zu Phase II keine Handlungsoptionen. Zu berücksichtigen ist nur, dass die erzielbaren Barwerte in Phase II von dem eingetretenen Szenario in Phase I abhängt.

Alternative I	Barwert der Einzahlungsüberschüsse	Wahrscheinlichkeit	Barwert • Wahrscheinlichkeit
Phase I	52.000.000 €	75 %	39.000.000 €
	30.000.000 €	25 %	7.500.000 €
			46.500.000 €
Phase II	200.000.000 €	70 %	140.000.000 €
Real case in Phase I	110.000.000 €	30 %	33.000.000 €
(Wahrscheinlichkeit 75 %)			173.000.000 €
Phase II	200.000.000 €	55 %	110.000.000 €
Worst case in Phase I	110.000.000 €	45 %	49.500.000 €
(Wahrscheinlichkeit 25 %)			159.500.000 €

Tab. 4.18: Barwerte der Einzahlungsüberschüsse in Phase I und Phase II für Alternative I

Die der Berechnung der Kapitalwerte für die Alternativen II bis IV ist jeweils zu berücksichtigen, dass vor Beginn der Phase II eine Handlungsoption besteht, in Abhängigkeit eines Ereignisses, das zu Beginn der Phase II bekannt ist. Man weiß zu Beginn der Phase, ob in Phase I der real case oder der worst case eingetreten ist. Insofern macht es Sinn, zu Beginn der Phase II diese Erkenntnis im Rahmen der Entscheidungsunterstützung zu berücksichtigen. Diese Vorgehensweise wird am Beispiel der Alternative II gezeigt. Die Alternative II eröffnet folgende Optionen:

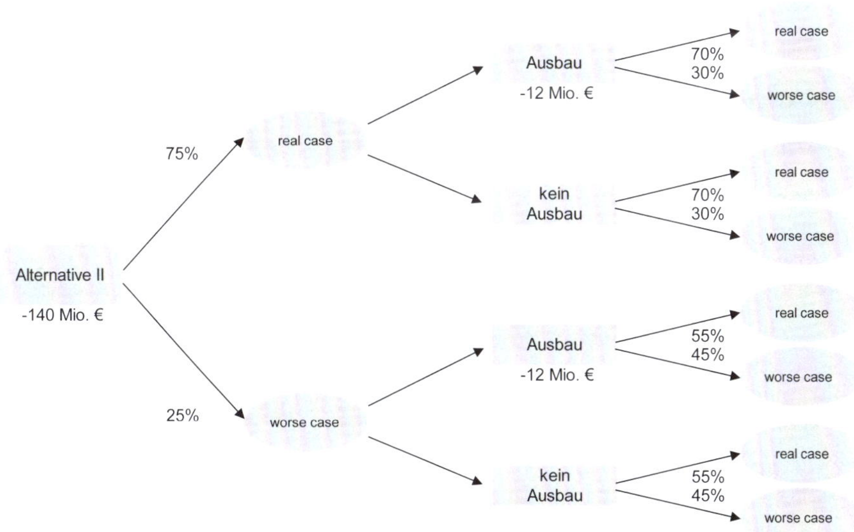

Abb. 4.8: Beispiel der Kapitalwertberechnung (Erwartungswert) für Alternative II

Zum Ende der Phase I ist bekannt, ob in Phase I der real case oder der worst case eingetreten ist. Sollte der real case eingetreten sein, dann ist modelltheoretisch zu prüfen, ob der Produktionsstandort weiter ausgebaut werden soll oder nicht. Der Ausbau des Produktionsstandorts bedingt eine Investitionssumme von 12.000.000 €. Die diskontierten Einzahlungsüberschüsse betragen im real case 206.000.000 € und im worst case 116.000.000 €. Multipliziert mit den Eintrittswahrscheinlichkeiten von 70% beziehungsweise 30% ergibt sich ein Barwert von 167.000.000 €. Erfolgt kein Ausbau, dann reduzieren sich die Einzahlungsüberschüsse auf 120.000.000 € beziehungsweise 60.000.000 €, die multipliziert mit den Eintrittswahrscheinlichkeiten nur zu einem Barwert von 102.000.000 € führen. Ergebnis dieser Berechnung ist, dass nach Beendigung der Phase I im real case, der Ausbau des Standortes erfolgversprechender ist, als das Unterlassen des Ausbaus. Insofern muss diese Alternative (Alternative II, Phase I real case, Phase II kein Ausbau) nicht mehr im entscheidungsunterstützenden Modell mitgeführt werden. Im Entscheidungsmodell verbleibt für Alternative II, wenn der real case sich für Phase I ergeben hat, nur noch die Alternative Ausbau des Standortes, da der Barwert mit 206.000.000 € höher ist als der Bartwert ohne entsprechendem Ausbau.

Ein vergleichbare Analyse ist noch für den Fall aufzustellen, dass in Phase I der worst case realisiert worden sei. Der Barwert im Fall des Ausbaus beträgt nach Durchführung der Berechnungen 153.500.000 €, im Fall des Nichtausbaus nur 93.000.000 €. Auch wenn in Phase I nur der worst case eingetreten wäre, ist in Phase II der Ausbau des Produktionsstandortes empfehlenswert. Die abschließende Berechnung des Kapitalswerts der Alternative II erfolgt nun analog zur Alternative I. Er beläuft sich auf 68.625.000 € (Berechnung: 45.000.000 € + 179.000.000 € • 75% + 165.500.000 € • 25% – 140.000.000 € – 12.000.000 €).

Alternative II	Barwert der Einzahlungsüberschüsse	Wahrscheinlichkeit	Barwert • Wahrscheinlichkeit
Phase I	50.000.000 €	75%	37.500.000 €
	30.000.000 €	25%	7.500.000 €
			45.000.000 €
Phase II	206.000.000 €	70%	144.200.000 €
Real case in Phase I	116.000.000 €	30%	34.800.000 €
(Wahrscheinlichkeit 75%)			179.000.000 €
Phase II	206.000.000 €	55%	113.300.000 €
Worst case in Phase I	116.000.000 €	45%	52.200.000 €
(Wahrscheinlichkeit 25%)			165.500.000 €

Tab. 4.19: Barwerte der Einzahlungsüberschüsse in Phase I und Phase II für Alternative II

Führt man die Berechnungen auch für die Alternativen III und IV durch so können die Kapitalwerte der Alternativen vergleich werden:

- Alternative I: 66.125.000 €
- Alternative II: 68.625.000 €
- Alternative III: 64.875.000 €
- Alternative IV: 57.250.000 €

Demnach ist Alternative II zu realisieren. Anstelle des vollständigen Ausbaus zu Beginn der Phase I sind zunächst 140.000.000 € zu investieren und im Anschluss daran nochmals 12.000.000 € für den Ausbau des Standorts. Die folgende Abbildung zeigt den Entscheidungsbaum für das gesamte Standortprojekt.

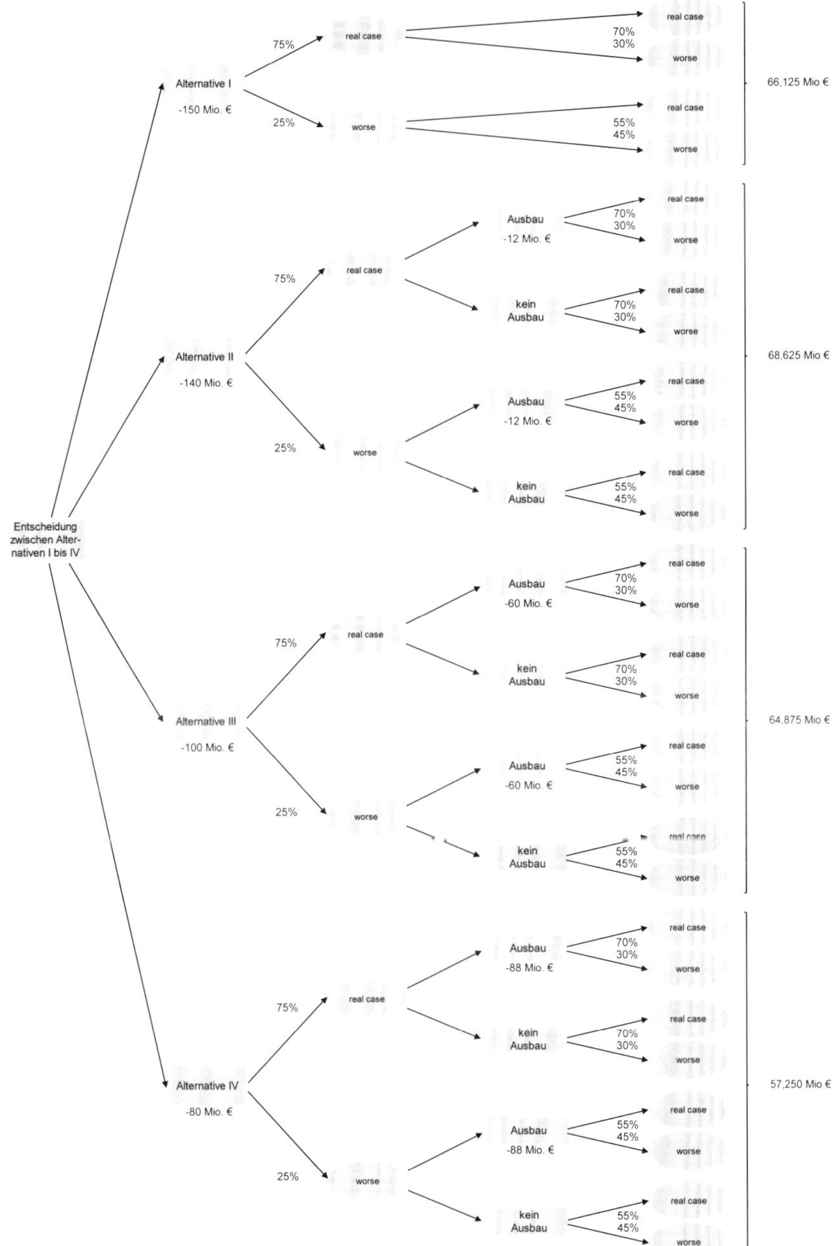

Abb. 4.9: Kapitalwertberechnung (Erwartungswerte) für die Alternativen I bis IV

4.3.3 Projektausstieg bei Fehlinvestitionen

Der Aufbau neuer Produktionsstandorte ist mit erheblichen Risiken verbunden. Im Vergleich zu Investitionen an gegebenen Standorten dauert die Errichtung eines neuen Produktionsstandorts erheblich länger, erfordert mehr finanzielle Mittel, verlangt eine höhere Managementkompetenz verbunden mit einem effektiven und effizienten Projektcontrolling. Der Einfluss auf die für den Standortaufbau entscheidenden Rahmenbedingungen ist deutlich weniger gegeben, als bei einer einfachen Erweiterungsinvestition in einem vertrauten Umfeld an einem bereits existenten Standort. Eine Möglichkeit, um die mit dem Aufbau verbundenen Risiken zu kontrollieren, ist der zuvor diskutierte flexible Aufbau eines neuen Produktionsstandorts. Nichtsdestotrotz sind bei der Errichtung neuer Produktionsstandorte aus verschiedenen Gründen Fehlentwicklungen nicht unwahrscheinlich, sie sind – nicht zuletzt wegen der gravierenden wirtschaftlichen Auswirkungen von Fehlinvestitionen – in der Planung zu berücksichtigen.

Unabhängig von einer flexiblen Investitionsplanung und einem davon abhängigen Standortaufbau hängt der Erfolg des Standortprojekts vom Eintreten bestimmter Szenarien ab. Die Worst-case-Planung basiert nicht nur auf dem Eintreten einer nachteiligen Entwicklung, sondern fokussiert mehrere für das Unternehmen ungünstige Situationen mit unterschiedlichem Einfluss auf die Wirtschaftlichkeit bei deren Eintreten. Im Rahmen der Planung kann bereits für wesentliche Fehlentwicklungen geprüft werden, wie sich diese auf die gesamte Wirtschaftlichkeit des Projektes auswirken. Beispiele für typische Fehlentwicklungen beim Aufbau neuer, internationaler Produktionsstandorte sind:

- Veränderungen des wirtschaftlichen Umfelds,
- Veränderungen der politischen Verhältnisse,
- Nichteinhaltung gegebener, aber rechtlich nicht einklagbarer Zusagen,
- strategische Veränderungen bei den Investoren,
- Verschlechterung der wirtschaftlichen Verhältnisse der Investoren,
- Verzögerungen beim Standortaufbau,
- Nichteinhaltung des Investitionsbudgets,
- unzureichendes Projektmanagement und Controlling,
- unzureichende Standortplanung.

Die ersten drei der genannten Beispiele resultieren aus Bedingungen, die vom Unternehmen nicht oder allenfalls **nur begrenzt beeinflusst** werden können. Zum wirtschaftlichen Umfeld gehören zum einen die makroökonomischen Rahmenbedingungen, aber auch Veränderungen bei den Kunden und Lieferanten. Stürzt eine Volkswirtschaft unerwartet in eine Rezession, so hat dies unweigerlich Auswirkungen auf die Wirtschaftlichkeit einer Investition. Folgt man als Zuliefererunternehmen den Herstellerunternehmen der Endprodukte, beeinflussen Entscheidungen der Hersteller den eigenen Erfolg. Neu gewählte Regierungen können einen maßgeblichen Einfluss auf die Profitabilität eines Geschäftsmodells ausüben. Hat man sich auf mündliche Zusagen oder bloße Absichtserklärungen Dritter, beispielsweise zur Errichtung infrastruktureller Investitionen, verlassen, beeinflusst ein Unterlassen dieser Maßnahmen den ursprünglich geplanten Geschäftsbetrieb. Bei der originären Investitionsplanung sollten bereits Überlegungen angestellt werden, bei welchen Veränderungen die in den Standort gesetzten Ziele nicht mehr angemessen erfüllt werden. Als Reaktion des Unternehmens kann der Standortausbau auf einem geringeren Niveau als ursprünglich geplant erfolgen, der noch nicht vollständig errichte oder fertiggestellte Standort kann an interessierte Unternehmen verkauft werden oder im schlechtesten Fall erst gar nicht in Betrieb genommen werden.

Bei den folgenden beiden Beispielen haben sich wichtige **Rahmenbedingungen bei den Investoren** verändert. Mit Strategien werden langfristige Ziele verfolgt. Strategieänderungen erfolgen oft kurzfristig, wenn man erkennt, dass eine geänderte Strategie erfolgversprechender zu sein scheint. So änderte – wie viele andere Unternehmen auch – die Daimler AG mehrfach die Strategie (siehe für strategische Veränderungen das folgende Praxisbeispiel). Verfolgte der Konzern zu Zeiten von *Edzard Reuter* die Strategie eines integrierten Technologiekonzerns, fokussierte Mitte der 1990er-Jahre sein Nachfolger *Jürgen Schrempp* das Geschäft wieder stärker auf das Automobilgeschäft. Folge war unter anderem die Fusion zwischen Daimler und Chrysler zur DaimlerChrysler AG, die aus heutiger Sicht wiederum Geschichte ist. Die Trennung von Chrysler erfolgte im Oktober 2007.

Praxisbeispiel: „Vision von der Welt AG

1995 initiierte der neue Vorstandsvorsitzende Jürgen E. Schrempp eine strategische Neuausrichtung des Konzerns, da ein Großteil der bestehenden Geschäftsbereiche keine günstige Wettbewerbsposition hatte. Eine Portfoliobereinigung mit der Trennung von Fokker, dem Verkauf der Dornier Luftfahrt GmbH und der Auflösung der AEG sollte zusammen mit Maßnahmen zur Steigerung der Wettbewerbsfähigkeit die Ertragskraft des Konzerns stärken, der die Schwerpunkte Transport, Verkehr und Dienstleistung umfasste.

Die Kerngeschäfte auszubauen, sie um neue Produkte und Dienstleistungen zu ergänzen und global die Wettbewerbsposition zu verbessern, hatte Vorrang vor neuen Geschäften.

Fusion zur DaimlerChrysler AG

Um der fortschreitenden Globalisierung Rechnung zu tragen, wurde unter anderem die Pkw-Produktion in Tuscaloosa im Jahr 1995 aufgenommen und im Jahr 1998 die Fusion mit der Chrysler Corporation zur DaimlerChrysler AG bekannt gegeben. Mit dem Zusammenschluss beabsichtigten die beteiligten Unternehmen die Sicherung der langfristigen Wettbewerbsfähigkeit."

(*https://www.daimler.com/konzern/tradition/geschichte/1995-2007.html*, 27.06.2020)

Strategieänderungen sind vom Management und den Eigentümern eines Unternehmens beabsichtigte Veränderungen, verbunden mit dem Ziel, sich neu zu positionieren. Sie können aber auch durch die wirtschaftlichen Verhältnisse der Kapitalgeber erzwungen werden. Verschlechtert sich die Finanzkraft in der Aufbauphase eines neuen Standortes derartig, dass die anvisierte Strategie nicht mehr verfolgt werden kann oder soll, sind für den noch im Aufbau befindlichen neuen Standort neue Investoren zu suchen.

Bei den letzten vier genannten Beispielen handelt es sich allesamt um **hausgemachte Probleme**. Beginnend mit einer unzureichenden Standortplanung führt ein schlechtes Projektmanagement und Controlling zu zeitlichen Verzögerungen und höheren Ausgaben. Ein professionelles technisches, wirtschaftliches und juristisches Projektmanagement und Controlling ist eine entscheidende Grundlage für den nachhaltigen Erfolg eines neu aufzubauenden Standorts. Steht im Unternehmen kein entsprechend qualifiziertes und durchsetzungsfähiges Personal zur Verfügung, können diese Aufgaben Unternehmensberatungen mit Erfahrung im Aufbau neuer Produktionsstandorte auf internationaler Ebene übertragen werden.

Um zum einen Probleme beim Aufbau neuer Standorte frühzeitig zu erkennen (siehe hierzu die Aussagen von *Eckhard Schulz* im folgenden Praxisbeispiel) und zum anderen die Konsequenzen von Fehlleistungen transparent offen zu legen, macht es Sinn, bereits in der Planungsphase zu verdeutlichen, welche Folgen Fehlentwicklung bei der Standortrealisierung haben können. Beispielsweise könnte man bei einem Standortprojekt im Volumen von 500 Mio. € bereits in der Planungsphase festlegen, dass bei Überschreiten der Ausgaben von 10 % das Projekt erneut qualifiziert zu prüfen ist. Ergebnis der Überprüfung kann – sofern erforderlich – die weitere Freigabe zusätzlicher finanzieller Mittel sein, um den Standort zu realisieren. Reichen auch diese finanziellen Mittel nicht aus, werden nur dann weitere Mittel in das Projekt gepumpt, wenn seitens des Controllings die Vorteilhaftigkeit des Projekts zweifelsfrei belegt werden kann.

Praxisbeispiel: „Ich habe zu lange den falschen Leuten vertraut

Der frühere Chef von Thyssen-Krupp, *Ekkehard Schulz*, spricht über seinen zentralen Fehler beim Bau des Stahlwerks in Brasilien: „Ich mache mir deshalb Vorwürfe. "Schulz erklärt den Redakteuren *Martin Murphy* und *Wolfgang Reuter* aber auch, dass der Aufsichtsrat über die Kostenexplosion rechtzeitig informiert war.

Handelsblatt: Herr *Schulz*, als ThyssenKrupp vor wenigen Wochen angekündigt hat, fast zwei Milliarden auf das Stahlwerk in Brasilien abschreiben zu müssen, sind Sie als Aufsichtsrat wie auch als Mitglied des Kuratoriums der Krupp-Stiftung zurückgetreten. Was ist schiefgelaufen?

Ekkehard Schulz: Das Stahlwerk ist teurer geworden als geplant. Statt 3,5Milliarden Euro kostet es nun 5,2 Milliarden Euro – dafür habe ich die Verantwortung übernommen.

Handelsblatt: Moment mal! Die Zahlen sind doch ganz anders, heißt es in Kreisen des Konzerns. Das Werk sollte ursprünglich nur 1,3Milliarden Euro kosten.

Schulz: Das ist Unsinn. Die früheren Stahlvorstände *Ulrich Middelmann* und *Karl-Ulrich Köhler* haben diese Zahl einmal genannt –als mögliche Größenordnung einer Investition. Das war in einem Gespräch auf der Stahltagung in Istanbul im Herbst 2004. Da war nicht einmal klar, ob Thyssen-Krupp ein Werk in Brasilien, Australien oder Russland baut. Die Zahl war weder im Vorstand der Thyssen-Krupp AG noch im Aufsichtsrat bekannt oder diskutiert. In den folgenden Monaten konkretisierte sich der Standort in Brasilien. Als der Aufsichtsrat das Projekt im August 2006 genehmigt hatte, waren 2,4 Milliarden Euro veranschlagt – allerdings ohne Hafen, Kokerei und Kraftwerk."

....

(*Handelsblatt*, 20.01.2012)

4.4 Literaturhinweise zum vierten Kapitel

Bayer Quartalsmitteilung, 1. Quartal 2020.

Bieg, H.; Kußmaul, H.; Waschbusch, G.: Finanzierung, 3. Aufl., München 2016.

Bieg, H.; Kußmaul, H.; Waschbusch, G.: Investition, 3. Aufl., München 2016.

Blohm, H.; Lüder, K.; Schaefer, C.: Investition, 10. Aufl., München 2012.

Corsten, H.; Gössinger, R.: Produktionswirtschaft, 14. Aufl., Berlin/Boston 2016.
Grunwald, G.; Hempelmann, B.: Angewandte Marketinganalyse, Berlin/Boston 2017.
Gutenberg, E.: Grundlagen der Betriebswirtschaftslehre, 1. Band: Die Produktion, 24. Aufl. Berlin et al. 1983.
Hax, H.: Entscheidungsmodelle in der Unternehmung, Reinbeck bei Hamburg 1974.
Macharzina, K.; Wolf, J.: Unternehmensführung, 10. Aufl., Wiesbaden 2018.
Pape, U.: Grundlagen der Finanzierung und Investition, Berlin/Boston 2018.
Reichmann, T. et al: Controlling mit Kennzahlen, 9. Aufl., München 2017.
Riese, C.: Industrialisierung von Banken, Wiesbaden 2006.
Schmalen, H.; Pechtl, H.: Grundlagen und Probleme der Betriebswirtschaft, 15. Aufl., Stuttgart 2013.
Schneider, D.: Investition, Finanzierung und Besteuerung, Wiesbaden 1989.
Schreyögg, G.; Koch, J.: Grundlagen des Managements, 3. Aufl. Wiesbaden 2015.
Schweitzer, M.: Industriebetriebslehre, 2. Aufl., München 1994.
Schwetje, G.; Vaseghi, S.: Der Businessplan, 2. Aufl., Berlin, Heidelberg, New York 2006.
Vahs, D.; Schäfer-Kunz: Einführung in die Betriebswirtschaftslehre, 7. Aufl., Stuttgart 2015.
Welge, M.; Al-Laham, A.; Eulerich, M.: Strategisches Management, 7. Aufl., Wiesbaden 2017.

5 Veränderungen bei bereits bestehenden Standorten

Innovationen und Investitionen

Ein Produktionsstandort ist aufgebaut, die Produktion läuft. Die Umwelt der Unternehmen ist jedoch nicht statisch, sie verändert sich ständig. Mit Innovationen und Investitionen lässt sich ein Standort immer wieder neu den Zielen entsprechend ausrichten und weiterentwickeln.

Innovative Produkte sind in strategischer Hinsicht ein Weg, neben der Entwicklung neuer Märkte mit neuen Erzeugnissen die Marktposition und wirtschaftliche Situation eines Unternehmens zu festigen und zu verbessern. Prozesse sind immer wieder neu auf ihre Effektivität und Effizienz hin zu überprüfen. Prozessinnovationen führen zu Verbesserungen. Die Prozesskostenrechnung unterstützt die verursachungsgerechte Verrechnung prozessbasierter Gemeinkosten und wird zur Kalkulation und im Rahmen des Kostenmanagements eingesetzt.

Innovationen sind ein Anlass für Investitionen. Ein weiteres wesentliches Investitionsmotiv sind Erweiterungsinvestitionen, die notwendig sind, um Marktanteile nicht an Wettbewerber zu verlieren. Das Investitionscontrolling trägt mit dazu bei, den Investitionsbedarf zu erkennen, die richtigen Investitionen zu finden und bei Fehlentwicklungen rechtzeitig gegenzusteuern.

Ein einmal an einem Standort aufgebautes Unternehmen unterliegt ständigen Veränderungen. Veränderungen können unternehmensinterne oder unternehmensexterne Ursachen haben, sie können bewusst herbeigeführt werden oder ungeplant geschehen. Dieses Kapitel beginnt mit Innovationen in Unternehmen. Betrachtet werden Produkt- und Prozessinnovationen. Verbunden sind Innovationen oft mit Investitionen, die im Anschluss behandelt werden. Neben Innovationen sind auch aus anderen Gründen Investitionen erforderlich, beispielsweise der Ersatz nicht mehr leistungsfähiger Maschinen.

5.1 Innovationen

Längerfristig im Markt agierende Unternehmen müssen ihr **Geschäftsmodell** von Zeit zu Zeit auf den Prüfstand stellen und hinterfragen, ob die dahinterstehende Wertschöpfungsarchitektur noch den gestellten Anforderungen entspricht. Alternativ zur Weiterentwicklung von Geschäftsmodellen können diese auch aufgegeben und abgewickelt werden, sofern man feststellt, dass sich die Wettbewerbsfähigkeit mit einem vertretbaren Aufwand nicht aufrechterhalten oder wiederherstellen lässt. Beispiele findet man in manchen eher kleinen, inhabergeführten Unternehmen, in denen sich nach Ausscheiden eines dominierenden Inhabers kein geeigneter Nachfolger finden lässt, oder in Unternehmen, die im Laufe der Jahre den Veränderungen im Markt und der Wettbewerber zu lange zu wenig Beachtung geschenkt haben.

Die Veränderungen in der Unternehmensumwelt schreiten immer schneller voran. An Unternehmen werden seitens der Stakeholder fortwährend höhere Anforderungen gestellt. Viele Unternehmen spüren **disruptive Veränderungen** in den Märkten, bei den Produkten und Geschäftsprozessen. Neue Wettbewerber aus fremden Branchen bewirken nachhaltige Veränderungen in anderen Branchen, sodass Unternehmen in diesen Branchen darauf reagieren. Neue Technologien durchdringen die bestehenden Märkte, Produktlebenszyklen werden kürzer. Kunden sind in der digitalen Welt informierter, die an Unternehmen gestellten Ansprüche steigen. Technologiegetriebene Unternehmen öffnen sich diesen Anforderungen, um nicht im Wettbewerb zurückzufallen. Sie investieren nachhaltig in neue Technologien und Produkte, um den Wandel aktiv zu gestalten und nicht dem Zufall zu überlassen.

Bestehende Erfolgspotenziale weiterzuentwickeln und neue Erfolgspotenziale zu schaffen ist Aufgabe der strategischen Unternehmensführung. **Erfolgspotenziale** sind Voraussetzung für den zukünftigen Erfolg und gelten als Frühwarnindikator für den später tatsächlich eintretenden Erfolg. **Erfolgsfaktoren** dienen der Steuerung der Erfolgspotenziale. Ein Beispiel für einen Erfolgsfaktor ist die in diesem Abschnitt zu besprechende Innovationstätigkeit. Innovationen ergeben sich selten ohne eigenes Zutun, sie sind Optionen der systematischen Suche nach neuen Erkenntnissen. Aufgabe des Innovationscontrollings ist die Steigerung von Effektivität und Effizienz im Innovationsmanagement.

5.1.1 Produkt- und Prozessinnovationen

Innovationen sind neuartige, bisher nicht praktizierte Formen für Problemlösungen. Innovationen können beginnend mit dem Geschäftsmodell alle Bereiche eines Unternehmens erfassen. Auf die Beschäftigten abzielende Innovationen können als Ziel die Steigerung der Arbeitszufriedenheit und die daraus resultierende Erhöhung der Leistungsbereitschaft und -fähigkeit zum Ziel haben. Hierzu kann eine außergewöhnliche Unternehmenskultur und Kommunikation im Unternehmen beitragen, unterstützt durch hausinterne Fitnesscenter, Spielzimmer für die Kinder von Arbeitnehmern oder besondere Verpflegungsmöglichkeiten. Der Abbau von Hierarchieebenen in Unternehmen kann Folge einer innovativen Neugestaltung der Organisation sein. Im Fokus produzierender Unternehmen stehen jedoch Produkt- und Prozessinnovationen.

Produktinnovationen

Neu können Produktinnovationen aus dem Blickwinkel des Unternehmens oder der Nutzer sein. Im zweiten Fall handelt es sich um eine Marktneuheit, die mit höheren Risiken der Umsetzung verbunden ist. Es ist unklar, ob die Innovation vom Markt angenommen wird. Ob die Innovation im Markt ankommt, hängt davon ab, inwiefern es dem Unternehmen gelingt, das Interesse im Markt für das Produkt zu wecken und sich gegen herkömmliche, alternative Problemlösungen durchzusetzen. Oft stammen Marktinnovationen von Startups, denen nicht selten die Finanzkraft oder der Vertriebsapparat fehlt, sich gegen etablierte Hersteller zu behaupten. Von **Basisinnovationen** spricht man, wenn grundlegend neuartige Produkte im Markt angeboten werden, die nicht nur auf Verbesserungen und Weiterentwicklungen (**Verbesserungsinnovationen**) bestehender Produkte beruhen. Ergibt sich aufgrund von Veränderungen kein tatsächlicher neuer Nutzen, etwa bei geringfügigen Veränderungen des Mengeninhalts von Verpackungen bei Lebensmitteln, dann handelt es sich um eine Scheininnovation. Es liegt also keine tatsächliche Innovation vor. Technologiegetriebene Innovationen (technology push) basieren auf neuen technologischen Erkenntnissen, die Kundenbedürfnisse stehen nicht im Vordergrund. Bei marktgetriebenen Innovationen (market pull) gehen Innovationen von den Bedürfnissen und Anforderungen der Nutzer aus.

Die **Anlässe für Produktinnovation** sind vielfältig. Sie können strategisch und operativ begründet werden. Operative Gründe für Produktinnovationen können zu hohe Kosten, ein zu niedriger Gewinn, unzureichende Deckungsbeiträge oder eine schlechte Nachfrage und damit verbundene niedrige Umsätze sein. Stellt man diese Einflüsse fest, dann befindet sich das Unternehmen mit dem Produkt bereits in einer operativen Krise, deren Ursache oft strategisch bedingt ist. Unter dem Aspekt, dass die Entwicklung von Produktinnovationen eine gewisse Zeit benötigt, ist es sinnvoller, mit der Entwicklung von Produktinnovationen aufgrund strategischer Kriterien zu beginnen, der konkrete Zeitpunkt der marktbezogenen Verwertung kann dann unter Hinzuziehung operativer Aspekte differenziert festgelegt werden.

Einen Hinweis für die Notwendigkeit von Anpassungsmaßnahmen liefert die **Gap-Analyse.** Entsprechend der folgenden Abbildung vermittelt die Gap-Analyse einen Eindruck über das Auseinanderdriften der künftig zu erwartenden Umsätze aufgrund des Basisgeschäftes (graue Kurve) und den künftig zu realisierenden Umsätzen (schwarze Kurve) als Zielsetzung.

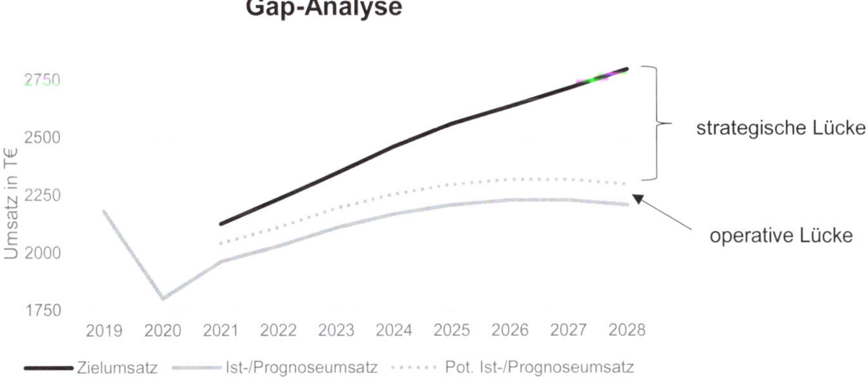

Abb. 5.1: Gap-Analyse eines Herstellers elektronischer Bauteile

Die Abbildung zeigt für einen Hersteller elektronischer Bauteile den realisierten Umsatz im Jahr 2019 sowie für das aktuelle noch nicht abgeschlossene Geschäftsjahr 2020 den prognostizierten Umsatz für das Gesamtjahr. Der Rückgang im Jahr 2020 ergibt sich aufgrund der in diesem Jahr besonderen weltwirtschaftlichen Lage (Corona-Krise). Hierauf basierend prognostiziert das Unternehmen die Umsatzentwicklung für die nächsten acht Jahre auf Grundlage des aktuellen Produktions- und Absatzprogramms. Um eine einigermaßen verlässliche Prognose zu erstellen, erfolgt diese nicht pauschal in aggregierter Form für die Umsätze des gesamten Unternehmens, sondern differenziert nach strategischen Geschäftseinheiten und innerhalb dieser nach homogenen Produktgruppen und Produkten in Zusammenarbeit mit dem Produktmanagement und dem Controlling. Das Unternehmen setzt sich regelmäßig einmal im Jahr intensiv mit strategischen Fragestellungen auseinander, sodass auf einen bereits bestehenden Datensatz aufgebaut werden kann. Grundlage der Prognose ist die Phase im Produktlebenszyklusmodell, in dem sich die Produkte derzeit befinden. Die Phasenlänge im Produktlebenszyklus unterscheidet sich bei den einzelnen Erzeugnissen. Das Unternehmen bietet einige Erzeugnisse an, für die im Markt eine breite und stabile Nachfrage besteht, die vermutlich nicht so schnell abebbt, aber auch Erzeugnisse, die über einen relativ kurzen Lebenszyklus verfügen. Alle Produkte zusammengenommen, ergibt sich der in der Abbildung angegebene Verlauf für den **Umsatz des Basisgeschäftes**.

Die gesamte Dauer des Produktlebenszyklus sowie die Länge der einzelnen Phasen wird durch externe und interne Faktoren beeinflusst. Ein externer Einflussfaktor sind die Aktivitäten der **Wettbewerber**. Lassen sich für einzelne Produkte bestimmte Wettbewerber identifizieren, dann wirken sich Modellwechsel, Produktveränderungen oder Produktverbesserungen direkt auf den Absatz der eigenen Produkte aus. Kenntnisse über die vermutliche Vorgehensweise der Wettbewerber können direkt in den eigenen Prognosen verarbeitet werden. In gleicher Form sind **neue technologische Entwicklungen** zu berücksichtigen. Insbesondere in technologiegetriebenen Branchen wirken sich neue technische Möglichkeiten auf den Absatz der Produkte aus, die nicht dem aktuellen technischen Stand entsprechend konstruiert sind. Entsprechendes gilt für erkennbare Veränderungen im **Nachfrageverhalten der Kunden**. Nachhaltigkeit ist aktuell ein stark in der Öffentlichkeit diskutierter Themenkomplex. Unternehmen, die sich den damit verbundenen Fragestellungen verweigern, gefährden ihre Absatzmöglichkeiten. Nicht zuletzt wirken sich **volkswirtschaftliche Faktoren**, so etwa Konjunkturzyklen oder die Arbeitslosenquote, auf den möglichen Absatz aus. Interne absatzbeeinflussende Faktoren lassen sich im Rahmen einer **Stärken-Schwächen-Analyse** herausfiltern. So können knappe finanzielle Mittel, beispielsweise hervorgerufen durch zu hohe Ausschüttungen in den vergangenen Perioden, die theoretisch gegebenen Produktions- und Absatzmöglichkeiten limitieren, da das Working Capital oder Ersatzinvestitionen nicht finanziert werden können. Andere Engpässe können in der Verfügbarkeit des benötigten Personals bestehen oder in dem Problem, strategisch wichtige Rohstoffe zu beschaffen.

Gegenübergestellt wird der Umsatz, der mit dem Basisgeschäft realisiert werden kann, dem **anzustrebenden Umsatz**. Verschiedene Wege können zu diesem Zielumsatz führen. Hat ein Unternehmen in den vergangenen Jahren ein Umsatzwachstum erzielt, so könnte man diese Entwicklung für die Zukunft fortschreiben. Wendet man die Methode der gleitenden Durchschnitte an, dann unterstellt man für die zukünftigen Perioden ein entsprechend den vergangenen Perioden durchschnittliches Wachstum. Bei der Methode der exponentiellen Glättung erfahren jüngere Perioden eine stärkere Gewichtung. Die im Rahmen einer vergangenheitsbezogenen **Zeitreihenanalyse** prognostizierten Umsätze könnten um einen Faktor modifiziert werden, um von einer Prognose zu einer Vorgabe zu kommen. Ein anderer Ansatz, um zu Zielumsätzen zu kommen, ist die **Vorgabe von Marktanteilen**, die in Zukunft angestrebt werden sollen. Voraussetzung hierfür ist, dass der relevante Markt abgrenzbar ist und das zukünftige Marktvolumen verlässlich prognostiziert werden kann. Ein ähnlicher Weg ist die direkte **Orientierung an wichtigen Wettbewerbern.**

Hierzu ein einfaches Beispiel: ein Hersteller von Kraftfahrzeugen will in fünf Jahren mehr Fahrzeuge verkaufen als ein wichtiger Wettbewerber. Für das Jahr 2020 hätte man laut Plan 9,2 Millionen Fahrzeuge verkaufen sollen, einem Anstieg von 6% gegenüber dem Vorjahr. Aufgrund der Produktionsstillstände im Zuge der Corona-Krise wird man jedoch wohl nur auf 7,5 Millionen Fahrzeuge kommen. Der Wettbewerber hat 10,4 Millionen Fahrzeuge laut Geschäftsbericht 2019 verkauft. In den vergangenen Jahren hat der Wettbewerber im Schnitt ein jährliches Absatzwachstum von 4,2% verzeichnen können. Der Wettbewerber wird, wie alle anderen Hersteller, im Jahr 2020 weniger Fahrzeuge absetzen. Das Jahr 2020 wird als Sonderfall gesehen. Für die Planungen des nächsten Fünfjahreszeitraums (2021 bis 2025) setzt man bei den Verkäufen des Jahres 2019 an. Für beide Unternehmen ergeben sich dann folgende Absatzzahlen für die einzelnen Jahre:

Absatz pro Jahr in Tsd. Stück	Ist 2019	Forecast 2020	Plan 2021	Plan 2022	Plan 2023	Plan 2024	Plan 2025
Absatz eigenes Unternehmen	8.679	7.500	9.377	10.131	10.945	11.825	12.775
Absatz Wettbewerber	10.400	n.b.*)	10.837	11.292	11.766	12.260	12.775

*) nicht bekannt

Tab. 5.1: Absatzvorgabe und -prognose im Rahmen der Gap-Analyse

Im Rahmen der Gap-Analyse benötigt man im Beispiel den Absatz des Wettbewerbers zunächst nur für die Vorgabe des eigenen anvisierten Absatzes. Wenn sich die durchschnittlichen Absatzpreise der Hersteller auf einem vergleichbaren Niveau bewegen, kann anstelle der Zielgröße Absatz auch der Umsatz genommen werden. Verkauft einer der Hersteller in Zukunft preislich günstigere Fahrzeuge als der andere Hersteller, dann kann sich bei Absatzverbesserungen des einen Herstellers der Umsatz trotzdem gegenüber dem anderen Hersteller verschlechtern. Würde man den Umsatz als Vergleichsgröße nehmen, dann hätte man mit der Preisfindung und den davon beeinflussten Absatzmöglichkeiten eine weitere Stellschraube, um die gesetzten Ziele zu erreichen. Unabhängig davon stellt sich aus Sicht des Unternehmens die Frage, wie die erkennbare Lücke zwischen den angestrebten Verkäufen und den vermutlich eintretenden Verkäufen aufgrund des bestehenden Produktprogramms geschlossen werden kann. Setzt man zum einen bei den Erzeugnissen und zum anderen bei den Märkten an, so bestehen die in der folgenden Abbildung dargestellten Optionen, die Lücke zu schließen:

Produkt-Markt-Matrix (Ansoff)		Produkt	
		alt	neu
Markt	alt	Marktdurchdringung	Produktentwicklung
	neu	Marktentwicklung	Diversifikation

Abb. 5.2: Produkt-Markt-Matrix

Verzichtet man auf neue Produkte, dann versucht man entweder **in den bisherigen oder in neuen Märkten** mehr Erzeugnisse zu verkaufen. Voraussetzung für die Differenzierung zwischen neuen und alten Märkten ist eine Marktsegmentierung. Typische Kriterien dafür sind geographische (Regionen, Staaten, Postleitzahlenbezirke, Größenklassen für Städte), demographische (Geschlecht, Konfession, Haushaltsgröße) und sozioökonomische (Ausbildung, Berufsgruppe, verfügbares Einkommen) Merkmale neben psychografischen (Persönlichkeit, Lebensstil, Gewohnheiten) und weiteren Merkmalen. Am kostengünstigsten ist es, die identifizierte Lücke in operativer Hinsicht mit den vorhandenen Produkten in den bereits bearbeiteten Märkten zu schließen. Gezielte Werbeaktivitäten und preispolitische Maßnahmen können zu einer höheren Marktdurchdringung führen. Erst wenn diese Maßnahmen erschöpft sind, bietet sich die Bearbeitung neuer Märkte oder alternativ die Entwicklung neuer Produkte an.

Neue Produkte können im eigenen Unternehmen entwickelt werden. Zulieferer sind entsprechend einzubinden. Über Lizenzen kann Wissen Dritter verwertet werden. Liegen die für neue Produkte notwendigen Erkenntnisse noch nicht vor, können fremde Unternehmen oder Institutionen mit der Erforschung und Entwicklung einer spezifischen Problemstellung beauftragt werden. Nicht selten besteht insbesondere für größere Unternehmen und Konzerne die Möglichkeit, sich an forschungsintensiven Unternehmen und innovativen Start-ups zu beteiligen, finanziell zu unterstützen oder vollständig zu übernehmen, um zu Neuentwicklungen zu gelangen. Für große Forschungsprojekte bieten sich Kooperationen mehrerer Unternehmen an.

Die neu zu entwickelnden Erzeugnisse können in den angestammten Märkten oder in neuen Märkten vertrieben werden. Den ersten Fall bezeichnet man als **Produktentwicklung**, den zweiten Fall als Diversifikation. Liefert ein Holzwerkstoffhersteller neben den bisherigen Spanplatten neuerdings auch Holzwerkstoffplatten, die mit einem die Umwelt weniger belastenden, zertifizierten Verfahren produziert werden, an die Möbelindustrie, so handelt es sich um ein neues Produkt in einem bereits bearbeiteten Markt. Würden nur noch die neuen Holzwerkstoffplatten anstelle der klassischen Spanplatten zukünftig verkauft werden, dann lässt sich dieser Sachverhalt als **Produktvariation** bezeichnen. Werden sowohl die bisherigen Spanplatten als auch die neuartigen mit einem Gütesiegel versehenen Holzwerkstoffplatten an die Möbelindustrie verkauft, dann spricht man von einer **Produktdifferenzierung**.

In Anlehnung an Wertketten und Wertschöpfungsstufen differenziert man zwischen horizontaler und vertikaler **Diversifikation**. Bei einer **horizontalen Diversifikation** bewegt man sich mit neuen Erzeugnissen auf der gleichen Wertschöpfungsstufe, aber auf einer anderen Wertkette. Ein Automobilhersteller folgt dem Vorbild anderer Hersteller in der Branche und produziert zusätzlich Motorräder an einem neuen Produktionsstandort. Um eine **vertikale Diversifikation** handelt es sich, wenn ein im Weltmarkt führender Stahlhersteller zur Absicherung der Eisenerzlieferungen einen brasilianischen Eisenerzförderer in den eigenen Konzern durch Kapitalübernahme einbindet. Als **lateral** bezeichnet man eine Diversifikation, die beide genannten Kriterien beinhalten. Solche Diversifikationen findet man in breit aufgestellten Konzernen. Ein entsprechender Vertreter ist der General Electric Konzern. Mit den Geschäftsbereichen GE Aviation, GE Capital, GE Digital, GE Healthcare, GE Lighting, GE Power, GE Renewable Energy und GE Transportation besetzt der Konzern in besonderer Weise ein breites Spektrum an Geschäftsfeldern (*https://www.ge.com/de/gesch%C3%A4ftsbereiche*, 09.04.2020).

Welche der vorstehenden Maßnahmen für ein Unternehmen sinnvoll sind, lässt sich unter Rückgriff auf betriebswirtschaftliche Instrumente zur Analyse und Entscheidungsunterstützung beantworten. Viele Unternehmen streben einen **hohen Marktanteil im Vergleich zu Wettbewerbern** an. Die Höhe des Marktanteils hängt von dem zuvor definierten Markt ab. Strebt man einen hohen Marktanteil an, um Kostenvorteile in der Produktion entsprechend dem Erfahrungskurvenkonzept zu generieren, dann zählt nicht der Absatz in einem einzelnen Markt, wenn ein Produkt in mehreren Märkten verkauft wird, sondern die Summe der zusammengefassten Märkte, die die Kostenvorteile begründen. Sinnvolle Strategien wären in einem solchen Fall Marktdurchdringungs- und Marktentwicklungsstrategien. Produktentwicklungs- und Diversifikationsstrategien müssen differenzierter betrachtet werden. Bei einer Produktvariation wird ein altes Produkt durch ein neues ersetzt. Auswirkungen auf den Marktanteil ergeben sich dadurch nicht. Bei einer Produktdifferenzierung mag das schon anders aussehen, da neben dem neuen Produkt weiterhin das alte Produkt gefertigt wird. Benötigt man für das neue Produkt aber eine andere Produktionsanlage, dann wirken sich die größenbedingten Kostenvorteile nur in begrenztem Umfang aus. Noch geringere Kostenvorteile aufgrund abnehmender Synergien sind bei Diversifikationen zu verzeichnen.

Bei Produktinnovationen aufgrund von neu entwickelten Produkten, ist die Entscheidung zu treffen, **wann man dieses neue Produkt im Markt verkaufen will**. Ersetzt das neue Produkt ein altes Produkt, dann stellt sich das Problem, wann das neue Produkt gegen das alte Produkt ausgetauscht werden soll. Ersetzt man das alte Produkt zu früh, verzichtet man auf Deckungsbeiträge, die man mit dem alten Produkt noch erzielen könnte. Verkürzt sich jedoch der Produktlebenszyklus des neuen Produktes je später man mit der Fertigung des neuen Produktes beginnt, dann sollte das alte Erzeugnis möglichst früh eingestellt werden. Zu berücksichtigen sind ferner die Verwertungsmöglichkeiten für die alten, nicht mehr benötigten Produktionsanlagen sowie für die gegebenenfalls nicht mehr oder an anderer Stelle im Unternehmen zu beschäftigenden Mitarbeiter. Auch wenn die alten Produkte weiterhin parallel zu den neuen Produkten gefertigt werden sollen, sind Kannibalisierungseffekte zu prüfen.

Bei **Produkten mit hohem Innovationsgrad** stellt sich die Problematik nach dem richtigen Zeitpunkt für den Markteintritt im Verhältnis zum Wettbewerb, der an vergleichbaren Lösungen arbeitet. Produkte mit hohem Innovationsgrad besitzen innovative Eigenschaften, die von Kunden voraussichtlich honoriert werden. Solche Produkte können ganze Branchen und Märkte nachhaltig verändern als auch neue schaffen. Sie sind mit einer hohen Unsicherheit behaftet, sodass anstelle klassischer Finanzierungen Risikokapital notwendig ist. Ein Unternehmen, dass solche Innovationen zuerst umsetzt, gilt als **Pionier**. Junge Unternehmen, deren Geschäftsidee auf solchen Innovationen beruht, sind konsequenterweise darauf bedacht, diese Rolle einzunehmen. Ein Problem liegt jedoch häufig in der mangelnden **Finanzkraft**, das durch Anbindung an einen größeren Konzern oder durch die Beteiligung von Venture Capital-Gesellschaften an dem innovativen Unternehmen gelöst werden kann.

Größere Unternehmen oder Konzerne verfügen über die finanzielle Ausstattung, jedoch kämpfen innovative Geschäftsbereiche und traditionelle Geschäftsbereiche um die insgesamt zur Verfügung stehenden finanziellen Mittel, über deren Allokation zentral entschieden wird. Verspricht eine innovative Produktentwicklung nicht ein entsprechendes Erfolgspotenzial, dann wird eine solche Innovation nicht weiterverfolgt oder gegebenenfalls an Dritte verkauft. Als erster im Markt zu sein, erlaubt Pioniergewinne. Neben höheren Preisen, die aus der Monopolstellung resultieren, wird dem Pionier aus Sicht der Nachfrager eine hohe innovative, technische Kompetenz zuerkannt. Er kann das Geschäftsmodell mit der Innovation gestalten, technische Standards setzen und sich Zugänge zu wichtigen Ressourcen sichern und damit Markteintrittsbarrieren für nachfolgende Unternehmen schaffen. Beachtliche Risiken liegen darin, dass eine hohe Unsicherheit hinsichtlich der Akzeptanz der Innovation besteht. Dieses Risiko reduziert sich bei später in den Markt eintretenden Unternehmen. Wie leicht ein Markteintritt **Imitatoren** gelingt, hängt von den vorhandenen und vom Pionier geschaffenen Markteintrittsbarrieren ab. Eine hohe **Markteintrittsbarriere** in technischer Hinsicht sind Patente, die Imitatoren daran hindern, die gleiche technische Vorgehensweise anzuwenden wie der Pionier. In der Praxis stellt sich allerdings die Problematik der Durchsetzbarkeit des Schutzes patentierter Erfindungen (siehe das folgende Praxisbeispiel), sodass eine Lizenzierung eine alternative, erfolgversprechende Lösung darstellen kann. Ein dem Pionier nachfolgendes Unternehmen kann auf den zwischenzeitlich gewonnenen Erkenntnissen und Erfahrungen aufbauen und eine bessere Lösung als der Pionier anbieten. Welche Lösung besser ist und sich im Markt durchsetzt, entscheidet sich nicht nur nach technischen Gesichtspunkten. Die Art der Marktbearbeitung und der Verbreitung technischer Neuerungen beispielsweise durch Vergabe von Lizenzen sind von nicht unerheblicher Bedeutung, wie das klassische Beispiel des Dreikampfs in den 1980er-Jahren zwischen den Systemen VHS von JVC, Video 2000 von Philips und Betamax von Sony zeigt.

Praxisbeispiel: „Apple und Samsung legen jahrelangen Patentstreit bei

Der US-Konzern wirft seinem südkoreanischen Konkurrenten vor, das iPhone und iPad kopiert zu haben. Nach sieben Jahren haben sie sich jetzt außergerichtlich geeinigt.

28. Juni 2018, Quelle: ZEIT ONLINE, dpa, ces

Apple hatte sein iPhone gerade entworfen, da brachte Samsung bereits ein in Technik und Design auffällig ähnliches Smartphone auf den Markt. Daraus entstand ein Patentkrieg mit zeitweise etwa 50 Verfahren in mehreren Ländern. Nach sieben Jahren haben sich die beiden Konzerne im kalifornischen San José außergerichtlich geeinigt. Die zuständige Richterin Lucy Koh ordnete am Mittwoch (Ortszeit) die Einstellung des Verfahrens ein. Die Konditionen der Einigung wurden nicht bekannt.

In dem jetzt eingestellten Verfahren hatte Apple von kalifornischen Geschworenen 2012 gut eine Milliarde Dollar zugesprochen bekommen. Samsung legte daraufhin Berufung ein, der Fall ging bis zum obersten Gericht der USA. Es entschied, dass über einen Teil der Summe neu verhandelt werden müsse. Apple entschied jedoch auch diese Runde für sich – die Geschworenen sprachen dem Konzern im Mai 539 Millionen Dollar zu. Samsung verzichtete mit der außergerichtlichen Einigung darauf, diese Entscheidung anzufechten.

Für Steve Jobs war Android ein „gestohlenes System"

Apple-Gründer Steve Jobs wollte mit der Klage von 2011 die Position von Apple im Smartphone-Geschäft verteidigen: Das iPhone hatte die Handybranche mit seinem großen Touchscreen und dem Verzicht auf eine Tastatur umgekrempelt. Doch relativ schnell kamen unter anderem von Samsung Geräte mit dem Google-Betriebssystem Android mit ähnlichen Funktionen und ähnlicher Optik auf den Markt. Jobs bezeichnete Android laut seinem Biografen Walter Isaacson als „gestohlenes System" und zog gegen den Marktführer Samsung vor Gericht.

Die Entscheidung der Geschworenen im August 2012 war auf den ersten Blick ein Triumph für Apple. Sie stellten fest, dass Samsung mit mehreren Geräten geschützte Designmuster des iPhone verletzt habe. Selbst das typische Aussehen der Bildschirmoberfläche mit den App-Symbolen sei kopiert worden. Gleiches galt für die Bedienung: Wer mit einem Samsung-Smartphone an Inhalte heranzoomen will, muss sie doppelt antippen oder mit zwei Fingern auseinanderziehen – genau wie bei Apple, die das Patent dafür besitzen."

(*https://www.zeit.de/wirtschaft/unternehmen/2018-06/smartphones-apple-samsung-beilegung-patentstreit-iphone*, 10.04.2020)

Prozessinnovationen

Unter einem **Prozess** versteht man eine Abfolge logisch zusammenhängender Tätigkeiten, mit denen ein bestimmtes Ziel verfolgt wird. Die Abwicklung eines Kundenauftrags stellt einen Prozess dar. Komplexe Prozesse können in Teilprozesse zerlegt werden, die miteinander verknüpft sind. Kennzeichnend für Prozesse ist, dass sie Zeit benötigen. Damit besitzen sie einen Startzeitpunkt, eine Durchlaufzeit zur Abwicklung der Tätigkeiten sowie einen Endzeitpunkt. Prozesse benötigen Ressourcen, unter anderem Personal, Sachmittel sowie finanzielle Mittel. Prozesse sind Vorgehensweisen, für die man sich bewusst entschieden hat oder die sich im Rahmen der Aufgabenerfüllung ergeben haben. Die Rahmenbedingungen für Unternehmen sind nicht statisch, sondern verändern sich im Zeitablauf. Dementsprechend sind Prozesse immer wieder auf ihre Effektivität und Effizienz hin zu überprüfen und zu optimieren.

Geschäftsprozesse sind ein wesentliches Element eines Geschäftsmodells eines Unternehmens. Kennzeichnend für Geschäftsprozesse ist deren strikte Kundenorientierung. Über die Art und Abwicklung der Geschäftsprozesse steht das Unternehmen im Wettbewerb zu den Konkurrenten. Geschäftsprozesse können von anderen Prozessen, denen dieser direkte Marktbezug fehlt, abgegrenzt werden. Hierzu zählen etwa die Budgetierung als Führungsprozess oder die Selektion von neuen, potenziellen Mitarbeitern im Bewerbungsverfahren als unterstützenden Prozess. In Anlehnung an die Prozesskostenrechnung ist die Differenzierung in **Hauptprozesse, Teilprozesse und Tätigkeiten** üblich. Ein Hauptprozess steht in unmittelbarem Bezug zu einem Geschäftsprozess. Der Hauptprozess selbst setzt sich aus mehreren für den Hauptprozess notwendigen Teilprozessen zusammen, die wiederum aus der Aggregation einzelner Tätigkeiten resultieren.

Die Ansatzpunkte für **Prozessoptimierungen** sind vielfältig. Unter dem Blickwinkel der **Kundenorientierung** gilt es, zum einen Prozesse durch Elimination überflüssiger Tätigkeiten zu verschlanken und zum anderen durch Verbesserung der Qualität und Qualitätssicherung sowie Termintreue neu zu gestalten. Durch **Verkürzung der Durchlaufzeiten** können Kunden schneller beliefert, die vorhandene Kapazität besser genutzt und Kosten gesenkt werden. Kürzere Durchlaufzeiten ergeben sich als Folge der Optimierung logistischer Abläufe. Hierzu zählen die Reduktion von Wartezeiten, die Beseitigung von Engpässen aber auch die Verbesserung der

Betriebsmittelverfügbarkeit. Durch Eliminierung nicht mehr notwendiger Arbeitsschritte, der Zusammenfassung von Tätigkeiten oder die parallele Durchführung bisher hintereinander durchgeführter Arbeitsgänge lassen sich weitere Verkürzungen der Durchlaufzeit erreichen. Optimierungen ergeben sich durch Reduktion der Schnittstellen, stärkere Automatisierung und Digitalisierung sowie Standardisierung zur Reduzierung der Vorgehensvielfalt. Für nicht zu den Kernaktivitäten zählende Tätigkeiten bietet sich das Outsourcing an. **Niedrige Bestände** bei den Vorräten und Kundenforderungen sowie in **organisatorischer Hinsicht** das Unterbleiben von Fremdkontrollen zugunsten von Selbstkontrollen, die Verbesserung der Arbeitsbedingungen und die Prüfung von Kompetenzverlagerungen hinsichtlich Dezentralisierung und Zentralisierung eröffnen weitere Optimierungspotenziale.

Mit dem Konzept des **Business Process Reengineering** und dem Konzept der kontinuierlichen Verbesserung der Prozesse bestehen zwei diametrale Vorgehensweisen zur Optimierung von Prozessen. Folgt man dem ersten Konzept, dann werden ähnlich dem Konzept des Zero Base Budgeting zum Gemeinkostenmanagement die bestehenden Vorgehensweisen im Unternehmen umfassend und grundsätzlich infrage gestellt. Notwendig ist eine solche Vorgehensweise in andauernden oder sich wiederholenden Krisensituationen. Krisen können interne oder externe Ursachen haben. Beispiele für externe Ursachen sind kriegerische Auseinandersetzungen, Pandemien oder neue Anforderungen, beispielsweise zum Klimaschutz, die sich im Umfeld von Unternehmen ergeben. Interne Ursachen sind „hausgemacht". Unternehmen müssen ständig weiterentwickelt werden. Vernachlässigt man diesen Prozess, dann helfen später oft nur noch radikale Veränderungen weiter. Gute Ertragszahlen können Unternehmen dazu verleiten, ihr Geschäftsmodell als gut zu bezeichnen, obwohl sie sich schon in einer strategischen – allerdings noch unerkannten – Krise befinden. Für ein schlagkräftiges Turnaround Management kann in solchen Situationen auf erfahrene externe Unternehmensberater nur selten verzichtet werden, da das vorhandene Führungspersonal im Unternehmen zu sehr in alten Denkmustern und Zusammenhängen agiert. Nicht zu vernachlässigen ist in solchen Situationen die im Rahmen der Principal-Agent-Theory erarbeitete Problematik differierender Interessen zwischen Prinzipal und Agent. Führungspersonal und andere Beschäftigte, deren Verträge kurzfristig auslaufen, verbinden mit dem Unternehmen vielleicht andere Ziele, als die, die eigentlich langfristig für das Unternehmen notwendig wären.

Anders funktioniert das Konzept der kontinuierlichen Verbesserungsprozesse. Im Fokus stehen nicht revolutionäre Veränderungen, sondern die ständige, evolutionäre Weiterentwicklung eines Unternehmens. Für einen **kontinuierlichen Verbesserungsprozess** findet auch der Begriff Kaizen Verwendung. Um kontinuierliche Verbesserungsprozesse umzusetzen, sind hierfür organisatorische Rahmenbedingungen zu schaffen, um sie nicht dem Zufall zu überlassen. Verbesserungsvorschläge werden in Teams erarbeitet. Die Qualität der Verbesserungsvorschläge hängt von der Zusammensetzung der ausgewählten Mitarbeiter in den Teams ab. Sinnvoll ist es, Mitarbeiter aus unterschiedlichen Arbeitsgebieten mit Bezug zu dem zu verbessernden Prozess einzusetzen. Der Teamvorsitzende sollte eine Koordinations-, aber keine Weisungsfunktion haben, um die Kreativität der Teammitglieder nicht zu begrenzen. Um Aussagen zur Wirtschaftlichkeit der Verbesserungsvorschläge zu machen, sollte ein Vertreter aus dem Controlling im Team mitarbeiten. Hierdurch wird sichergestellt, dass zum einen eine Beurteilung zur wirtschaftlichen Relevanz vorliegt und zum anderen die wertmäßige Übernahme in die Plankostenrechnung und die Unternehmensplanung gesichert ist.

Seit mehr als einem halben Jahrhundert werden in Unternehmen Computer eingesetzt, um Produktionsprozesse, Geschäftsprozesse und Managementprozesse zu unterstützen. Standen früher separate Anwendungsgebiete im Vordergrund, sind die Systeme heute miteinander vernetzt und integriert. **Computer Integrated Management** (CIM) steht für das Zusammenwirken und die Integration betriebswirtschaftlicher und technischer Aufgabenbereiche. Zu den Komponenten zählen Computer Aided Design (CAD), Computer Aided Planning (CAP), Computer Aided Manufacturing (CAM), Computer Aided Quality (CAQ) sowie Computer Aided Production Planning and Steering (PPS). Grundlage der zusammengeführten Systeme ist eine gemeinsame Datenbasis über Aufträge, Stücklisten, Arbeitspläne, Betriebsmittel, Lieferantendaten oder Kundendaten. Unter der **rechnergestützten Konstruktion** (CAD) versteht man das Entwerfen und Gestalten neuer oder ähnlicher Produkte oder Produktteile als Grundlage für die anschließende Produktion. Bei der Konstruktion ist auf einen niedrigen Materialverbrauch in der Fertigung (im Erzeugnis enthaltenes Material sowie Abfall) auf der einen Seite sowie kurzen Konstruktionszeiten auf der anderen Seite zu achten. Die Wirtschaftlichkeit des Konstruktionsprozesses wird maßgeblich durch die Leistungsfähigkeit der zugrundeliegenden Software bestimmt. Grundlage für die **rechnergestützte Arbeitsplanung** (CAP) ist die zuvor erfolgte Konstruktion. Sie beinhaltet die Arbeitsplanerstellung (Arbeitsschritte, einzusetzende Maschinen, Arbeitszeiten), die Programmierung der Maschinen und Roboter sowie die Planung der vorzunehmenden Prüfungen. Anzustreben ist neben einer qualitativ hochwertigen Arbeitsplanung ein niedriger Zeitbedarf für die Planungen. Die **rechnergestützte Fertigung** (CAM) beinhaltet die im Produktionsprozess einzusetzenden Bearbeitungs- und Montagesysteme, die Transport- und Lagersysteme sowie die Steuerungs- und Überwachungssysteme. Ziel der Fertigung ist die Einhaltung niedriger Bearbeitungs-, Montage- und Rüstzeiten unter Beachtung der vorgegebenen qualitativen Anforderungen. Die **rechnergestützte Qualitätssicherung** (CAQ) als funktionsübergreifende Aufgabe beginnt mit den Eingangsprüfungen der zugegangenen Materialien und endet mit der Qualitätsüberwachung der fertigen Erzeugnisse. Dazwischen sind die an den Leistungserstellungsprozess gerichteten qualitativen Anforderungen sicherzustellen. Ziel ist, neben niedrigen Qualitätssicherungskosten fehlervorbeugend diese erst gar nicht entstehen zu lassen.

Kennzeichnend für die heutige Zeit ist die hohe Bedeutung der **Digitalisierung**, die alle Lebensbereiche, die Arbeitswelt und Unternehmen vollständig betrifft. Unternehmen benötigen eine umfassende Digitalisierungsstrategie, das Geschäftsmodell, die Produkte und die Arbeit im Unternehmen betreffend. In strategischer Hinsicht geht es nicht um eine einzelne Investition, sondern um ein Investitionskonzept, dass sich über einen längeren Zeitraum erstreckt. Die daraus resultierenden Veränderungen sind zu quantifizieren, sodass das Konzept beziehungsweise Konzeptalternativen einer wirtschaftlichen Beurteilung unterzogen werden können. Neben Investitionsausgaben ist mit Kostenveränderungen und Leistungsveränderungen in quantitativer und qualitativer Hinsicht zu rechnen. Für viele Unternehmen wird es sich bei der Digitalisierung um mehr als eine evolutionäre Entwicklung handeln, sodass eine qualifizierte, externe Unterstützung bei der Entscheidungsfindung eine sinnvolle Vorgehensweise sein wird.

5.1.2 Träger des Innovationsmanagements

Forschung

Produkt- und Prozessinnovationen werden in produzierenden Unternehmen vor allem in den Bereichen Forschung und Entwicklung erarbeitet. Ergebnis der Forschungs- und Entwicklungstätigkeit sind immaterielle Vermögenswerte. Führt eine Innovation nicht zu einer wirtschaftlichen Verwertung, dann spricht man von einer Invention. Als **Forschung** bezeichnet man die systematische Suche nach neuem Wissen und neuen Erkenntnissen. Sie ist Grundlage für spätere Entwicklungen. Aufgrund des fehlenden Anwendungsbezugs spielt die Grundlagenforschung in vielen Unternehmen eine weniger wichtige Rolle. Die angewandte Forschung baut auf Ergebnissen der Grundlagenforschung auf und dient der Entwicklung von Technologien. Diese lassen sich nach ihrem Einsatzgebiet in Produkttechnologien und Prozesstechnologien unterscheiden. Schrittmacher- und Schlüsseltechnologien sind für die Wettbewerbsposition eines Unternehmens entscheidend. Schlüsseltechnologien sind im Markt akzeptiert und finden eine breite Anwendung. Anders sieht es bei den Schrittmachertechnologien aus, die sich diese Position erst noch erarbeiten müssen, aber ein hohes Entwicklungspotenzial aufweisen. Schrittmachertechnologien können zu den zukünftigen Schlüsseltechnologien werden. Basistechnologien sind allgemein im Markt verfügbar. Grundlegende Wettbewerbsvorteile resultieren nicht aus diesen Technologien, da nur geringe Differenzierungsmöglichkeiten bestehen. Neues technisches Wissen, verbesserte Materialien führen auch bei Basistechnologien zu begrenzten Verbesserungen.

Aufgabe der Forschung ist die Suche nach neuen Produkten und Anwendungen sowie Produktionsverfahren als Basis für neue Erfolgspotenziale. Der Bedarf an Forschung ist umso höher, je weniger Entwicklungspotenzial in den vorhandenen Produkten steckt. In ökonomischer Hinsicht sind solche Forschungsgebiete zu identifizieren, die hohe zukünftige Erträge erwarten lassen. Zu unterscheiden ist zwischen **Auftragsforschung** und Forschungsergebnissen, die im Unternehmen selbst genutzt werden sollen. Auftragsforschung bietet sich an, wenn das den Auftrag vergebende Unternehmen gegenwärtig nicht über die notwendige Forschungskapazität verfügt, Forschungsergebnisse jedoch benötigt werden. Kosten, gesellschaftliche und rechtliche Rahmenbedingungen können weitere Gründe sein, Forschungen an Dritte zu vergeben, die beispielsweise in anderen Ländern unter anderen Rahmenbedingungen arbeiten können. Bei **Eigenverwertung der Forschungsergebnisse** sollten die Forschungsaktivitäten zur derzeitigen oder einer zukünftigen Strategie des Unternehmens passen und ein hohes Marktpotenzial versprechen.

Entwicklung

Die **Entwicklung** nutzt vorhandenes Wissen, um darauf basierend neue Produkte und Prozesse zu entwerfen. Grundlage der Entwicklung ist das gesamte vorhandene und nutzbare Wissen unabhängig davon, ob es auf eigenen Forschungsanstrengungen beruht oder aus anderen Quellen resultiert. Über Lizenzen kann patentrechtlich geschütztes Wissen Dritter verwertet werden. Bei der erstmaligen Entwicklung eines Produkts oder Prozesses handelt es sich um eine Neuentwicklung in Abgrenzung zur Weiterentwicklung, bei der bestehende Produkte oder Prozesse verbessert werden.

Der **Entwicklungsprozess** für ein Produkt beginnt mit einer Produktidee. Hierbei kann es sich um ein neues oder ein zu veränderndes Erzeugnis handeln. Bei einem neuen Produkt aus Sicht eines Unternehmens handelt es sich oft um eine Imitation. Diese liegt vor, wenn Produkte anderer Hersteller nachgeahmt werden. Imitationen lassen sich auf Innovationen zurückführen, die entweder nicht ausreichend durch Patente oder andere Rechte geschützt sind oder deren Schutz abgelaufen ist. Anstöße für die Produktentwicklung kommen aus verschiedenen Richtungen. So äußert sich der Verkauf in den Vertriebsberichten zur Akzeptanz des Produktangebots im Markt aus seiner Sicht, im B2B-Bereich wenden sich Kunden direkt mit ihren Anforderungen an Hersteller, aus dem Produktionsbereich kommen Anregungen für technische Verbesserungen oder neue Anwendungen, das Controlling sieht Veränderungsbedarf gestützt auf strategische und operative Analysen. Abgeschlossen wird die Phase mit der Entscheidung, ob die Produktidee zeitnah, später oder gar nicht weiterverfolgt werden soll. Der Prozess der Entscheidungsfindung ist vom Controlling zu koordinieren und aus strategischer und operativer Sicht mit Analysen und Beurteilungen zu unterstützen.

Wird die Produktidee weiterverfolgt, dann beginnt das eigentliche **Entwicklungsprojekt**. Wie konkret vorgegangen wird, hängt zum einen davon ab, ob es sich um ein neues oder zu verbesserndes Produkt oder um eine Imitation handelt. Zum anderen gibt es aufgrund der Unterschiedlichkeit der Produkte keine einheitliche, für alle Produkte gleiche Vorgehensweise. Bei einem zu verbessernden Produkt ergeben sich die weiteren Schritte aus den zu verbessernden Merkmalen, während bei einem neuen Produkt die konkreten Eigenschaften erst noch zu definieren sind. Diese Problematik reduziert sich bei einer Imitation, da man sich im Wesentlichen an den Erzeugnissen der Wettbewerber orientieren kann. Unabhängig von der Produktentwicklung muss die Fertigung des Erzeugnisses geplant werden, für die oft neue Kapazitäten aufgebaut werden müssen und mit entsprechenden Investitionen verbunden sind. Eine Alternative kann die Fertigung in fremden Unternehmen sein. So lassen beispielsweise verschiedene Nahrungsmittelhersteller aus den Vereinigten Staaten ihre in der Europäischen Union angebotenen Nahrungsmittel bei verbrauchernahen Wettbewerbern herstellen, anstelle dafür in eigene Fabriken zu investieren. Stellt man Erzeugnisse in eigenen Fabriken her, steht bei Imitationen die Wirtschaftlichkeit des Herstellungsprozesses gegenüber dem Wettbewerb im Fokus, da sich aufgrund des Produktes selbst keine wesentlichen Vorteile gegenüber anderen Herstellern ergeben.

Betriebliches Vorschlagswesen

Die Beschäftigten sind ein wesentlicher Erfolgsfaktor in einem Unternehmen. Dies gilt insbesondere für Mitarbeiter mit einer hohen Motivation und Identifikation zu einem Unternehmen. Intrinsisch motivierte Mitarbeiter sind von sich heraus ständig darauf bedacht, ihren Arbeitsbereich zu verbessern. Extrinsisch gesteuerte Beschäftigte bedürfen eines äußeren Anreizes, um Verbesserungsvorschläge zu entwickeln. Das betriebliche Vorschlagswesen ist ein Instrument, mit dem **Verbesserungsvorschläge** im Unternehmen, insbesondere den Vorgesetzten gegenüber bekannt gemacht werden können. Je größer ein Unternehmen ist, umso wahrscheinlicher ist es, dass das Unternehmen über ein institutionalisiertes betriebliches Vorschlagswesen verfügt.

Das betriebliche Vorschlagswesen ist **Teil des Ideen- und Innovationsmanagements**. Folgt ein Unternehmen den Prinzipien der kontinuierlichen Verbesserung der betrieblichen Prozesse, so ist das betriebliche Vorschlagswesen ein weiteres, anders geartetes Instrument, Anstöße für Verbesserungen zu schaffen. Kennzeichnend für das betriebliche Vorschlagswesen ist die oft spontane Findung von Ideen außerhalb der vorgesehenen Strukturen. Ein vielpraktiziertes Beispiel ist der Ideenbriefkasten, in den Mitarbeiter jederzeit Verbesserungsvorschläge zu jeglichen Aspekten des Unternehmens einwerfen können. Typischerweise werden gute Vorschläge mit **Sach- oder Geldprämien** belohnt. Rechtlich gesehen gibt es unter bestimmten Bedingungen einen Anspruch auf eine Prämie, wenn der Vorschlag tatsächlich umgesetzt wird.

Durch das betriebliche Vorschlagswesen zeigt das Unternehmen den Beschäftigten gegenüber seine Wertschätzung. Die Motivation der Mitarbeiter, die Bindung und Treue an das Unternehmen werden gestärkt. Den Mitarbeitern wird das Gefühl vermittelt, zum Erfolg des Unternehmens beizutragen beziehungsweise beitragen zu können. Sie sind über ihren Arbeitsplatz hinaus ein wichtiger Teil des Unternehmens. Neben diesen **Vorteilen** fördern Gruppenvorschläge den Zusammenhalt der Beschäftigten in Unternehmen und ebnen damit die Bereitschaft, in schwierigen Situationen zu besonderen Lösungen beizutragen.

Auf der anderen Seite sind vor allem langjährig beschäftigte Mitarbeiter von den bisherigen Abläufen und Vorgehensweisen im Unternehmen geprägt. Kreatives und innovatives Denken ist für die Beschäftigten schwieriger als für Außenstehende. Bei Beschäftigten ohne Kontakt zu außenstehenden Stakeholdern des Unternehmens können externe Perspektiven, etwa die Sichtweise der Kunden, nur bedingt in die Verbesserungsvorschläge einfließen. Werden nur wenige Ideen im Unternehmen umgesetzt, können sich Enttäuschungen aufbauen. Dem Controlling obliegt im Rahmen des Vorschlagswesens die wirtschaftliche Bewertung der Verbesserungsvorschläge. Die Umsetzbarkeit ist mit den die Vorschläge betreffenden Bereichen zu prüfen. Stellungnahmen sollten zeitnah erfolgen.

5.1.3 Einsatz der Prozesskostenrechnung

Ein Blick in die Fabrikhallen produzierender Unternehmen in der jüngeren Zeit im Vergleich zu früher (siehe folgendes Foto) zeigt deutliche Veränderungen. Dominierten früher direkt an einem Produkt arbeitende Fertigungsmitarbeiter die Produktionsprozesse, sieht man heute immer mehr Maschinen und Roboter. Maschinen bearbeiten Werkstücke, Roboter übernehmen Bearbeitungen an für Menschen schwer zugänglichen Stellen, Logistikroboter versorgen Arbeitsplätze mit Material. Die Bedeutung der Fertigungslöhne beziehenden Beschäftigten in Unternehmen ist heute weniger ausgeprägt als früher. Dreh- und Angelpunkt klassischer Kostenrechnungssysteme sind jedoch die **Fertigungslöhne**. Die Kalkulation der Erzeugnisse ist eine der wichtigsten Aufgaben von Kostenrechnungssystemen. In einer summarischen Zuschlagskalkulation dienen die Fertigungslöhne als Zuschlagsbasis für sämtliche anderen Kosten. Bei der differenzierten Variante der Zuschlagskalkulation sind die Fertigungslöhne zunächst nur die Zuschlagsbasis für die Fertigungsgemeinkosten, in einem zweiten Schritt werden dann aber unter Einbeziehung der Materialkosten, Verwaltungs- und Vertriebsgemeinkosten prozentual zugeschlagen. Bei hoher Automatisierung in der Fertigung ergibt sich schnell ein Zuschlagssatz von 1.000 % und mehr. Das bedeutet bei Fertigungslöhnen in Höhe von 10 € zusätzliche 100 € an Fertigungsgemeinkosten. Als Zuschlagsbasis für die Fertigungsgemeinkosten oder die gesamten Gemeinkosten sind in solchen Fällen Fertigungslöhne nicht mehr sinnvoll.

Abb. 5.3: Handarbeit in der Produktion zu Beginn der 50er Jahre bei Volkswagen *(https://www.volkswagenag.com/de/group/history/chronicle/1950-1960.html, 07.07.2020)*

Der Rückgang der Fertigungslöhne in Relation zu den Gemeinkosten ist ein Grund, **Verrechnungen in Kostenrechnungssystemen** zu verändern. Fertigungslöhne bilden sich aufgrund der stärker um sich greifenden **Automatisierung** in der Produktion zurück, die Gemeinkosten in der Produktion steigen dadurch an, da die höheren Anschaffungs- oder Wiederbeschaffungskosten automatisierter Produktionsanlagen zu höheren Abschreibungen und Zinsen führen. Hinzu kommt die Zunahme **vorbereitender, planender, steuernder und überwachender Tätigkeiten** nicht nur in der Produktion, sondern auch in anderen Unternehmensbereichen. Der Grund hierfür liegt in der seit vielen Jahren zunehmenden Produkt- und Variantenvielfalt, um im Wettbewerb gegenüber den anderen Unternehmen im Markt mithalten zu können. Hierdurch ist ein zweiter Schub auf die Höhe der Gemeinkosten zu konstatieren.

Aus dem Rückgang der Fertigungslöhne gegenüber den Gemeinkosten darf aber nicht unmittelbar geschlossen werden, dass die **Einzelkosten** insgesamt gegenüber den Gemeinkosten rückläufig sind. Kompensiert werden niedrigere Fertigungslöhne durch höhere Kosten für Fertigungsmaterial und Komponenten infolge der seit vielen Jahren feststellbaren Fokussierung der Unternehmen auf ihre Kernaktivitäten. Die zunehmende Spezialisierung von Unternehmen auf einzelne Stufen einer Wertschöpfungskette führte in der Vergangenheit dazu, dass ein immer breiteres Angebot an Leistungen auf allen Wertschöpfungsstufen entstand, was die bis zur heutigen Zeit anhaltende Tendenz zum Outsourcing förderte. Nicht wenige Unternehmen geben als Materialkostenanteile Werte von 50 % bis 70 % an den gesamten Kosten an.

Kennzeichnend für die **Prozesskostenrechnung** und das **Activity Based Costing** ist die Verrechnung von Gemeinkosten auf Prozesse und die weitere Verrechnung dieser Kosten auf Kostenträger im Rahmen der Kalkulation. Die Verrechnung der Gemeinkosten auf Prozesse kann je nach Ausbaustufe der in einem Unternehmen betriebenen Kostenrechnung direkt an der Kostenartenrechnung aufsetzen oder an der Kostenstellenrechnung, nachdem zuvor Gemeinkosten auf Kostenstellen verteilt wurden. Weitere Differenzierungsmerkmale bestehen darin, ob alle oder nur Teile der Gemeinkosten über Prozesse weiterverrechnet werden. Wie viele Prozesse in einem Unternehmen gebildet werden, hängt vom Detaillierungsgrad ab, mit dem die prozessbasierte Kostenrechnung betrieben werden soll.

Liegt der Schwerpunkt beim Activity Based Costing auf der verursachungsgerechten Verrechnung der Gemeinkosten im Fertigungsbereich, stehen bei der in Deutschland verbreiteten **Prozesskostenrechnung** andere Unternehmensbereiche im Fokus. Differenziert wird zwischen direkten und indirekten Unternehmensbereichen. Bei den direkten Unternehmensbereichen handelt es sich um die Hauptkostenstellen in der Produktion. Mit der im vorhergehenden Kapitel dargestellten flexiblen Plankostenrechnung gibt es bereits ein ausgefeiltes System der Gemeinkostenverrechnung in diesen produzierenden Kostenstellen. Die von *Horváth* und *Mayer* entwickelte Prozesskostenrechnung stellt aus diesem Grund vor allem auf Prozesse in den indirekten Unternehmensbereichen ab (vgl. *Horváth et al.* 2020, S. 254). Beispiele für indirekte Unternehmensbereiche sind Instandhaltung, Logistik, Forschung, Entwicklung, Einkauf, Produktionsplanung, Arbeitsvorbereitung, Qualitätswesen, Rechnungswesen, Personal, Geschäftsführung und viele mehr.

Mit der Prozesskostenrechnung werden die Gemeinkosten der oben genannten Kostenstellen, nach einer gegebenenfalls zuvor erfolgten Verrechnung auf Endkostenstellen, nicht mehr **pauschal über Zuschlagssätze** in der Kalkulation verrechnet. Zuschlagssätze basieren allein auf Kosten als Zuschlagsbasis. Günstig eingekaufte Rohstoffe werden im Vergleich zu teuren Rohstoffen mit weniger hohen Lager- und innerbetrieblichen Transportkosten belastet, wenn man mit Zuschlagssätzen arbeitet. Der tatsächliche Kostenanfall kann aber genau umgekehrt entstehen. In solchen Fällen ist die immer noch praktizierte Zuschlagskalkulation schlichtweg nicht mehr zutreffend. Will man die durch Prozesse verursachten Kosten prozessorientiert verrechnen, sind **Kostensätze für die Prozesse** zu bestimmen.

In Kalkulationen ist herzuleiten, in welchem Umfang Leistungen Prozesse in Anspruch nehmen, um die Kostenverrechnungen durchführen zu können. Hierbei ist der Grundsatz der Wirtschaftlichkeit zu beachten. Die Kostenrechnung darf nicht mehr kosten, als sie an Nutzen erbringt. Sie sollte stetig und einheitlich erfolgen. Das bedeutet, dass nicht für jeden Einzelfall immer wieder neu zu überlegen ist, wie vorgegangen wird. Es sollte ein in sich konsistentes und über einen längeren Zeitraum anwendbares System geschaffen werden, in dem Kosten entsprechend erfasst, verarbeitet und ausgewertet werden. Vor diesem Hintergrund zeigt sich, dass die Kosten nicht aller Prozesse und Aktivitäten verursachungsgerecht auf die Erzeugnisse verrechnet werden können. Ganz deutlich zeigt sich dieser Sachverhalt bei den gesamten oder zumindest einem hohen Anteil der **Kosten für die Geschäftsführung**. Unter wirtschaftlichen Gesichtspunkten wird es nicht sinnvoll sein, die Aktivitäten und Prozesse der Geschäftsführung dermaßen zu strukturieren, dass ihnen Kosten zugerechnet werden können. Dafür sind die in der Geschäftsführung anfallen Aufgaben und die daraus resultierenden Aktivitäten zu unterschiedlich. Das gilt allerdings nicht generell. Widmet der Geschäftsführer für den Vertrieb beispielsweise 20% seiner Arbeitszeit regelmäßig wichtigen Key Accounts, so können die dafür anfallenden anteiligen Kosten in Kalkulationen und Ergebnisrechnungen konkret diesen Kunden zugerechnet werden. Vergleichbar der Bezugsgrößenproblematik der flexiblen Plankostenrechnung ergibt sich auch bei der Prozesskostenrechnung die Situation, dass man für bestimmte Prozesse Kostentreiber für die Kostenverursachung finden kann, diese aber keinen Eingang in Kalkulationen finden. Ein Beispiel für einen solchen Kostentreiber wäre die Anzahl der telefonisch durchgeführten Bewerbungsgespräche in einer Personalabteilung.

Vor dem Hintergrund der vorstehend diskutierten Zusammenhänge kommt die Prozesskostenrechnung in **indirekten Kostenstellen** zum Einsatz. Differenziert man zwischen Hilfs-, Haupt- und Nebenkostenstellen und versteht man unter Hauptkostenstellen aufgrund des verlangten direkten Bezugs zur Leistungserstellung der an externe Kunden vorgesehenen Erzeugnisse nur die Fertigungshauptkostenstellen (vgl. *Friedl et al.* 2017, S. 118), dann handelt es sich bei diesen Kostenstellen um direkte Kostenstellen, für die auch bei Anwendung der Prozesskostenrechnung in einem Unternehmen die im Rahmen der flexiblen Plankostenrechnung entwickelte Systematik zum Einsatz kommt. Die Prozesskostenrechnung ist in dieser Hinsicht also kein vollständiges System, sondern zeigt für eine bestimmte Problematik eine alternative und aus heutiger Sicht bessere Vorgehensweise der Kostenverrechnung.

Das, was unter Hauptkostenstellen verstanden werden soll, wird in der Literatur nicht einheitlich gesehen. „Obwohl die Tätigkeiten im Materialbereich sowie die Verwaltungs- und einige Vertriebsaktivitäten **nicht direkt kostenträgerbezogen** erfolgen, werden Material-, Verwaltungs- und Vertriebskostenstellen wie Hauptkostenstellen behandelt." (*Schmidt 2017*, S. 90). In einem späteren Beispiel zur Prozesskostenrechnung werden Kostenstellen im Materialbereich dann aber als indirekte Kostenstellen bezeichnet (vgl. *Schmidt 2017*, S. 226). Dieser alternativen und nicht unüblichen Vorgehensweise zur Kategorisierung von Kostenstellen wird hier nicht gefolgt. Wenn wie bei Material-, Verwaltungs- und Vertriebskostenstellen kein direkter Bezug zur Leistungserstellung feststellbar ist, dann werden in diesem Buch unabhängig vom Kostenrechnungssystem die Kostenstellen zu den indirekten Kostenstellen gezählt. Bei den Fertigungshauptkostenstellen handelt es sich aufgrund des direkten Bezugs um Hauptkostenstellen.

Die Verrechnung von Gemeinkosten ist ein zentraler Punkt in Kostenrechnungssystemen. Die ausschließliche Verrechnung über Zuschlagssätze in indirekten Leistungsbereichen wird der heutigen Unternehmenswirklichkeit nicht mehr gerecht. Mit der Prozesskostenrechnung wird ein Weg aufgezeichnet, Gemeinkosten verursachungsgerechter zu verteilen. Notwendig ist diese Innovation geworden, da sich die Komplexität der in Unternehmen anfallenden Gemeinkosten durch die zunehmende Heterogenität in einem Leistungsbereich zu stark verändert hat. Eine der mit der Prozesskostenrechnung verfolgte Zielsetzung ist also die **Verbesserung der Kalkulation**. Kalkulationen werden im Vertrieb zur Orientierung bei Preisverhandlungen benötigt. Vor dem Hintergrund im Markt erzielbarer Preise helfen Kalkulationen bei Überlegungen zum Produktionsprogramm. Erzeugnisse, die nicht entsprechend ihrer Kosten zum Gewinn beitragen, sind aus dem Produktionsgramm zu eliminieren, es sei denn, dass aufgrund über die Kosten eines Erzeugnisses hinausgehender Überlegungen, beispielsweise der Absatzverbund mit anderen Erzeugnissen im Vertrieb, diese aus strategischen Gründen im Unternehmen weiter produziert werden sollen. Die zusätzliche Differenzierung in variable und fixe Kosten kann in einer Prozesskostenrechnung mit aufgenommen werden, sie ist aber nicht das eigentliche Kernelement dieses Kostenrechnungssystems. Somit handelt es sich bei Produktionsprogrammentscheidungen auf Basis einer Prozesskostenrechnung nicht um kurzfristige, sondern um längerfristige Überlegungen. Eine Elimination eines Erzeugnisses aus dem Produktionsprogramm ist erst dann sinnvoll, wenn die durch das Erzeugnis in Anspruch genommenen Kapazitäten anderweitig genutzt oder abgebaut werden können. Eine Prozesskostenrechnung liefert somit **den Anstoß, dass Veränderungen notwendig** sind. In welcher Form und wann die Veränderungen dann erfolgen, muss durch weitere Analysen, insbesondere auch der Spaltung der Kosten in fixe und variable Bestandteile und der Analyse zum zeitlichen Abbau der fixen Kosten, geklärt werden.

Zeigt eine prozessbasierte Kalkulation, dass ein Erzeugnis nicht zu auskömmlichen Preisen im Markt verkauft werden kann, ist vor Elimination dieses Erzeugnisses aus dem Produktionsprogramm zu prüfen, welche Verbesserungen bei den Kosten erreicht werden können. Verbesserungen können bei dem Erzeugnis selbst ansetzen. Mit einer **Wertanalyse** (Value Management) besteht eine standardisierte Vorgehensweise, Produkte gezielt zu verbessern. Auf der anderen Seite kann an den Kosten gearbeitet werden, beginnend mit den Einzelkosten, den nicht im System der Prozesskostenrechnung verrechneten Gemeinkosten und im Anschluss daran die mit der Produktion und dem Absatz verbundenen Prozesskosten. Hier greift die zweite mit dem Betreiben einer Prozesskostenrechnung verbundene Zielsetzung. Ein wesentliches Ziel der Prozesskostenrechnung ist die **Verbesserung und Optimierung** der Prozesse. Auch hierzu kann wiederum auf die Methodik der Wertanalyse zurückgegriffen werden. Prozesse können auf Ebene einer Kostenstelle und auf höheren Ebenen verbessert werden. Prozessoptimierungen in einer Kostenstelle dürfen nicht zu höheren Kosten in anderen Kostenstellen führen, die über den Einsparungen in der zuerst genannten Kostenstelle liegen. Anstelle bereichsbezogener Teiloptimierungen ist ein **ganzheitlicher, unternehmensbezogener Ansatz** gefragt. Ein in der Praxis immer wieder aufkommender Aspekt ist der Abbau von **Komplexität**, die sich im Zeitablauf durch ein Anwachsen von Sonderwünschen und Varianten fast automatisch ergibt. Das **Outsourcing von Prozessen** ist immer wieder neu zu prüfen. Eine Verkürzung der Prozesszeiten erlaubt **schnellere Durchlaufzeiten** von Kundenaufträgen und verbessert die Position des Unternehmens im Wettbewerb.

Grundlage für die Realisation dieser beiden Zielsetzungen ist die Schaffung von **Transparenz in den Gemeinkosten** verursachenden indirekten Leistungsbereichen.

Diese erreicht man durch Analyse der Tätigkeiten und Prozesse in den betreffenden Kostenstellen und der damit verbundenen Kosten, die sich durch die Inanspruchnahme der Kapazitäten einer Kostenstelle und kostenstellenübergreifend ergibt. Die Prozessanalyse zeigt die Kapazitätsbelastung in den Kostenstellen und ist Grundlage für die Budgetierung. Rationalisierungspotenziale werden sichtbar, positive Auswirkungen auf die Arbeitsweise der Beschäftigten werden angestoßen.

Eine Prozesskostenrechnung kann unterschiedlich aufgebaut werden. Entscheidet man sich bei der Prozesskostenrechnung für ein – die in einem Unternehmen bereits vorhandene Kostenrechnung – ergänzendes Kostenrechnungssystem, dann ist darüber zu befinden, welche Unternehmensbereiche beziehungsweise **welche Kostenstellen prozessorientiert** verrechnet werden sollen. Aufgrund der für die Prozesskostenrechnung entwickelten Systematik zur Bestimmung von Prozesskosten und Prozesskostensätzen ergibt sich eine Beschränkung auf indirekte Art zur Leistungserbringung beitragende Kostenstellen, bei denen im gewissen Umfang **repetitive Leistungen** erbracht werden. Will man den Aufwand für die Einführung einer Prozesskostenrechnung geringhalten und schnell Ergebnisse erzielen, dann macht es Sinn, Kostenstellen, hinter deren repetitiven Leistungen sich nur ein geringes Kostenvolumen verbirgt, in einem Erstentwurf nicht zu berücksichtigen. Welche Kostenstellen das gegebenenfalls betrifft, kann nur für ein Unternehmen individuell erarbeitet werden.

Prozesskostenrechnung auf Kostenstellenebene

Sind die für die Prozesskostenrechnung infrage kommenden indirekten Kostenstellen mit repetitiven Leistungen bestimmt, dann sind die in einer Kostenstelle ablaufenden Prozesse zu benennen und deren Leistungen in einer Periode zu quantifizieren. Daran anschließend können die Prozesskosten und Prozesskostensätze in jeder Kostenstelle berechnet werden.

Auf Ebene einer Kostenstelle bezeichnet man die Prozesse als **Teilprozesse**, die sich aus einzelnen **Tätigkeiten** zusammensetzen. Manche Unternehmen verfügen über systematisch erstellte, informative Kostenstellenbeschreibungen, Arbeitsplatzbeschreibungen oder man kann auf andere situativ erstellte Unterlagen, beispielsweise den im Rahmen einer Gemeinkostenwertanalyse zusammengetragenen Informationen, zurückgreifen. Befragungen und Gespräche mit der Kostenstellenleitung sowie dem in einer Kostenstelle beschäftigten Personenkreis untermauern die schriftlichen Informationen. Gleich wichtig sind Informationen, über Input und Output einer Kostenstelle.

Normalerweise lassen sich mehrere Teilprozesse in einer Kostenstelle feststellen. Bei den Teilprozessen handelt es sich zum einen um solche mit repetitiven Tätigkeiten, denen ein Mengengerüst zugrunde liegt. Solche Teilprozesse werden im System der Prozesskostenrechnung als **leistungsmengeninduzierte Prozesse** bezeichnet. Beispiele für leistungsmengeninduzierte Prozesse im Rahmen der Arbeitsvorbereitung, also den vor der Produktion stattfindenden Arbeiten, sind etwa die Erstellung von Stücklisten und die Terminierung von Fertigungsaufträgen unter Berücksichtigung der vorhandenen Kapazitäten. Nicht verwechselt werden darf der Begriff leistungsmengeninduziert mit dem Kriterium der Variabilität von Kosten. Unter variablen Kosten versteht man Kosten, die definitionsgemäß wegfallen, wenn eine bestimmte Leistung nicht erbracht wird. Beispiele sind der Verbrauch von Rohstoffen oder Energie bei der Produktion der Erzeugnisse. Wenn man sich die typischen Kosten, die sich hinter den leistungsmengeninduzierten Prozessen verbergen, ansieht, dann sind dies beispielsweise Gehälter, Hilfslöhne oder Kapitalkosten für das von den dort beschäftigten Personen genutzte Anlagevermögen sowie anteilige Raumkosten, also Kosten, die tendenziell eher als fix zu klassifizieren sind. Bei den Teilprozessen ohne Mengenkomponente handelt es sich um **leistungsmengenneutrale Prozesse.** Prozesse, die sich nicht oder nur schlecht quantifizieren lassen, sind die in Kostenstellen stattfindenden Besprechungen aus verschiedensten Gründen sowie die Leitung einer Kostenstelle.

Für die Teilprozesse sind anschließend die Kostentreiber und die Prozessmengen zu bestimmen. Als **Kostentreiber** bezeichnet man in der Prozesskostenrechnung die Maßgrößen, mit denen die Inanspruchnahme der Ressourcen gemessen wird. Der Begriff Kostentreiber ist kein Synonym für den in der flexiblen Plankostenrechnung verwendeten Begriff Bezugsgröße. Beispiele für Kostentreiber im Rahmen der **Qualitätssicherung in additiver Fertigung erstellter Erzeugnisse** sind Sichtprüfungen, Überprüfung der Abmessungen und Funktionsprüfungen, von denen in einer Periode eine bestimmte Anzahl vorgenommen werden kann. Die **Quantifizierung der Prozessmengen** kann vor dem Hintergrund der Leistungsmengen erfolgen.

Fallbeispiel: In einer Periode werden durchschnittlich 3.790 Kundenaufträge abgewickelt, davon 2.460 Aufträge im 3D-Druck, von denen eine Teilmenge im Rahmen der Weiterverarbeitung mit anderen Komponenten ergänzt wird sowie 1.330 Aufträge mit einem Extrusionsverfahren. Bei allen Aufträgen wird nach jedem Fertigungsschritt eine einfache Sichtprüfung vorgenommen, bei den weiterverarbeiteten im 3D-Druck hergestellten Erzeugnissen ist neben der abschließenden Sichtprüfung zusätzlich eine Funktionsprüfung durchzuführen und bei den im Extrusionsverfahren gewonnenen Erzeugnissen zusätzliche Überprüfungen bestimmter Maßgrößen, beispielweise Längen, Durchschnitte oder Gewicht.

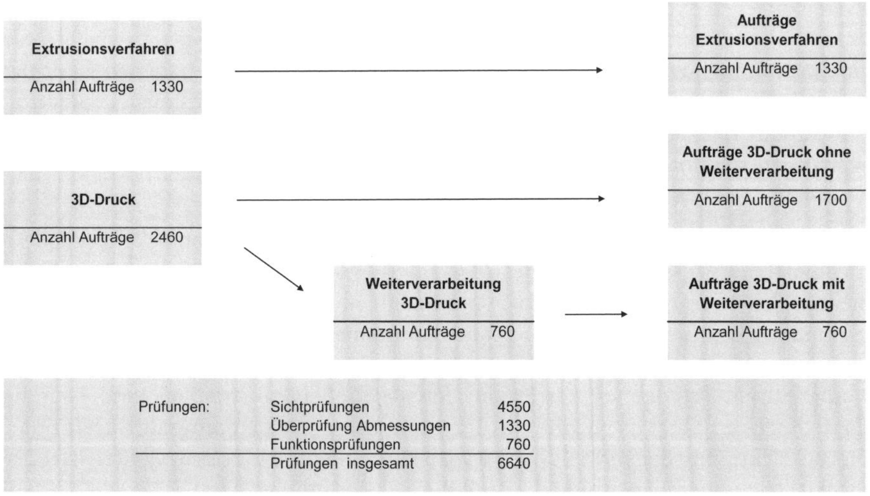

Abb. 5.4: Prüfungen in der Kostenstelle Qualitätssicherung

Als andere Kostenrechnungssysteme ergänzendes Kostenrechnungssystem müssen die in der **Prozesskostenrechnung anzusetzenden Kosten** nicht eigenständig bestimmt werden. Als Instrument des Kostenmanagements bietet es sich an, die im Rahmen der Kostenplanung für eine Kostenstelle als Vorgabe oder Prognose bestimmten Kosten in der Prozesskostenrechnung zu verwenden. Prozesskostenrechnung und Plankostenrechnung unterstützen sich hierbei gegenseitig. Die Prozesskostenrechnung hilft durch Analyse der Teilprozesse und Kapazitätsauslastung bei der Vorgabe der Plankosten, zum anderen können die Planwerte direkt wieder in der Prozesskostenrechnung weiterverwendet werden. Im nächsten Arbeitsschritt werden die **Kosten einer Kostenstelle auf die Teilprozesse hinsichtlich der Inanspruchnahme der Kapazität** verteilt. In den indirekten Leistungsbereichen eines Unternehmens sind die dort arbeitenden Beschäftigten eine geeignete Größe zur Verteilung der Kostenstellenkosten auf Prozesse, da sie einen wesentlichen Teil der Kosten ausmachen. Wenn die Kosten für die zeitliche Inanspruchnahme aber deutliche Unterschiede bei den einzelnen Teilprozessen aufweisen, diese Unterschiede aber bei der oben beschriebenen Kostenverteilung unberücksichtigt bleiben, dann muss gegebenenfalls genauer gerechnet werden. Ein Grund könnte ein zu hohes Gehaltsgefälle bei den Beschäftigten einer Kostenstelle sein. Bezieht der Leiter einer Kostenstelle ein doppelt so hohes Gehalt wie ein einzelner der anderen Beschäftigten, dann könnte ein solcher Sachverhalt gegeben sein. Der Leiter einer Kostenstelle trägt die Verantwortung für den Teilprozess Kostenstellenleitung, bei dem es sich um einen leistungsmengenneutralen Teilprozess handelt, der auf leistungsmengeninduzierte Teilprozesse umgelegt wird. Die Umlage führt letztendlich dazu, dass im Endeffekt die leistungsmengeninduzierten Teilprozesse genau die Kosten enthalten, die diesen zuzurechnen sind.

Etwas anders liegt der Fall, wenn – um im obenstehenden Beispiel zu bleiben – für eine bestimmte Prüfung ein besonders teures Prüfverfahren eingesetzt wird. Würde man in einem solchen Fall diesen Sachverhalt nicht gesondert berücksichtigen, dann würde die Prüfung mit dem teuren Prüfverfahren von den anderen Prüfungsarten subventioniert werden. Die Kostentransparenz, die man mit der Prozesskostenrechnung erreichen möchte, würde man bei einer zu einfachen Handhabung der Prozesskostenrechnung wieder zunichtemachen. Abschließend werden die Kosten der Teilprozesse durch die Prozessmengen dividiert, um Prozesskostensätze zu erhalten.

Beispielrechnung: In der Kostenstelle Qualitätssicherung werden folgende Teilprozesse identifiziert: Prüfpläne bei neuartigen Aufträgen erstellen (10 %, 455 Prüfpläne), Leitung der Kostenstelle (5 %), Besprechungen (5 %), Mitarbeit in Projekten anderer Unternehmensbereiche (10 %), Sichtprüfungen (20 %, 4.550 Sichtprüfungen), Überprüfung der Abmessungen (20 %, 1.330 Abmessungsprüfungen). Ein Teil der im 3D-Druck erzeugten Produkte wird weiterverarbeitet und einer Funktionsprüfung unterzogen, für die die restliche Arbeitszeit veranschlagt wird. Die Plankosten betragen 1,85 Mio. €. In der Kostenstelle arbeiten 17 Leute.

Teilprozess	Prozess-typ	Kostentreiber		Kapazitäts-inanspruchnahme		Teilprozess-kosten (€)	Umlage lmn-Prozesse (€)	Teilprozesskosten nach Umlage (€)	Teilprozess-kostensätze	
		Art	Menge	in %	Anzahl MA				vor Umlage	nach Umlage
Prüfpläne erstellen	lmi	Anzahl Erstaufträge	455	10%	1,7	185.000	46.250	231.250	406,59	508,24
Sichtprüfungen	lmi	Anzahl Sichtprüfungen	4.550	20%	3,4	370.000	92.500	462.500	81,32	101,65
Überprüfung der Abmessungen	lmi	Anzahl Abmessungsprüfungen	1.330	20%	3,4	370.000	92.500	462.500	278,20	347,74
Funktionsprüfung	lmi	Anzahl Funktionsprüfungen	760	30%	5,1	555.000	138.750	693.750	730,26	912,83
					13,6	1.480.000	370.000	1.850.000		
Besprechungen	lmn			5%	0,9	92.500				
Mitarbeit in Projekten	lmn			10%	1,7	185.000				
Abteilung leiten	lmn			5%	0,9	92.500				
Summe					17,0	1.850.000				

Tab. 5.2: Teilprozesskosten und Teilprozesskostensätze einer Kostenstelle

Neben vier leistungsmengeninduzierten Prozessen (lmi) gibt es 3 leistungsmengenneutrale (lmn) Prozesse. Die Kosten der leistungsmengenneutralen Prozesse werden in Höhe von 370.000 € anhand des Schlüssels Kapazitätsinanspruchnahme auf die leistungsmengeninduzierten Prozesse verteilt. Die Teilprozesskosten der einzelnen Prozesse ergeben sich aufgrund der Verteilung der zuvor budgetierten Plankosten anhand der Prozentzahlen oder der benötigten Anzahl der Beschäftigten für diese Teilprozesse.

Neben der Kostenstelle Qualitätssicherung werden in diesem Beispiel die Kostenstellen Einkauf, Eingangslager, Arbeitsvorbereitung, Kommissionierung und Versand berücksichtigt. Die den Teilprozessen zugrundeliegenden Prozessmengen und Teilprozesskostensätze nach Umlage leistungsmengenneutraler Prozesse sind der folgenden Übersicht zu entnehmen:

Kostenstellen	Teilprozesse	Art und Menge des Kostentreibers		Teilprozess-kostensätze
Einkauf	Angebote einholen	Angebote	6080	23,44
	Material bestellen	Bestellungen	3665	38,88
Eingangs-lager	Materialzugang prüfen	Bestellungen	3665	72,76
	Materialzugang lagern	Bestellungen	3665	87,31
	Material bereitstellen	Fertigungsaufträge	4550	82,05
Arbeitsvor-bereitung	Produktion planen	Produktionsplanungen	480	407,41
	Arbeitspläne Extrusion erstellen	Arbeitspläne	1330	110,28
	Arbeitspläne 3D-Druck erstellen	Arbeitspläne	2460	59,62
	Arbeitspläne Weiterverarbeitung erstellen	Arbeitspläne	760	514,62
Qualitäts-management	Prüfpläne erstellen	Erstaufträge	455	508,24
	Sichtprüfungen	Sichtprüfungen	4550	101,65
	Überprüfung der Abmessungen	Abmessungsprüfungen	1330	347,74
	Funktionsprüfung	Funktionsprüfungen	760	912,83
Kommis-sionierung	Kommissionierung Inland	Aufträge Inland	1790	303,62
	Kommissionierung EU	Aufträge EU	620	438,29
	Kommissionierung Welt	Aufträge Welt	1380	315,06
Versand	Versand Inland	Aufträge Inland	1790	256,98
	Versand EU	Aufträge EU	207	967,74
	Versand Welt	Aufträge Welt	690	333,33

Tab. 5.3: Teilprozesse, Kostentreiber und Teilprozesskostensätze

Erläuterungen zu den Kostentreibern: Die Bestellungen resultieren aus der Auftragsplanung. Geplant wird mit 1.330 Extrusionsaufträgen, wobei jeweils 10 Aufträge zu einer Bestellung zusammengefasst werden. Für jeweils 5 der insgesamt 2.460 3D-Druckaufträge gibt es eine Bestellung. Eine Teilmenge der 3D-Druckaufträge wird weiterverarbeitet. Es handelt sich um 760 Aufträge, für die im Schnitt 4 Bestellungen notwendig sind. Nur für die zuletzt genannten Bestellungen werden jeweils 2 Angebote eingeholt. Somit ergeben sich zum einen insgesamt 3.665 Bestellungen und 6.080 Angebotsanfragen. Insgesamt werden in der Produktion 4.550 Aufträge abgewickelt, die sich entsprechend den Kostentreibern der Kostenstelle Arbeitsvorbereitung auf Extrusion, 3D-Druck ohne und mit Weiterverarbeitung verteilen. Die Produktion erfolgt im Zweischichtmodell. Hieraus resultieren insgesamt 480 Schichtpläne. Kommissionierung und Versand sind auftragsabhängig. Inländische Auslieferungen erfolgen direkt nach der Produktion, Auslieferungen in die EU und der übrigen Regionen werden gebündelt, um in Abhängigkeit der Auftragsgrößen Versandkosten gering zu halten. Hierdurch ergeben sich im Vergleich zur Kommissionierung niedrigere Werte in der Kostenstelle Versand für zwei der Kostentreiber.

Kostenstellenübergreifende Hauptprozesse

Grundlegend für den Aufbau fast aller Kostenrechnungssysteme ist die Trennung zwischen Einzelkosten und Gemeinkosten. Wesentlicher Grund dafür ist es, die Einzelkosten direkt auf Kostenträger zu verrechnen und die Gemeinkosten in der Kostenstellenrechnung so aufzubereiten, dass sie mit Zuschlags- oder Verrechnungssätzen den Endprodukten zugerechnet werden können. Weiterentwicklungen in der Kostenrechnung bauen auf dieser grundsätzlichen Vorgehensweise auf. So zum Beispiel zwischen fixen und variablen Kosten differenzierende Teilkostenrechnungssysteme, die an dieser praktizierten Vorgehensweise in der Kostenrechnung nichts verändern. Als Ausnahme darf vielleicht die *Riebel*'sche Einzelkostenrechnung genannt werden, bei der vieles, beginnend mit einer speziellen Kostendefinition nach dem Identitätsprinzip, anders gesehen wird. Die von *Horváth und Mayer* neu entwickelte Prozesskostenrechnung verwirft nicht die über viele Jahrzehnte bewährten und verbreiteten Vorgehensweisen, sondern fügt sich nahtlos in die bestehende Kostenrechnungssystematik ein. Vorteil ist, dass die vielen Anwendungsmöglichkeiten und Erweiterungen in der Kostenrechnung weiter genutzt werden können. Das mag ein Grund gewesen sein, dass Prozesse zunächst auf Kostenstellenebene betrachtet werden. Prozesse enden allerdings nicht an den Grenzen von Kostenstellen, sondern gehen darüber hinaus. Aus diesem Grund gilt es, die zunächst auf Kostenstellenebene formulierten Teilprozesse zu **kostenstellenübergreifenden Hauptprozessen** zusammenzufassen.

Zu Hauptprozessen werden logisch und sachlich miteinander verbundene Teilprozesse zusammengefasst. Die folgende Abbildung visualisiert **verschiedene Möglichkeiten der Zusammenfassung von Teilprozessen** zu Hauptprozessen. In Hauptprozess A gehen nur Teilprozesse einer Kostenstelle ein. Es erfolgt eine Zusammenfassung mehrerer Teilprozesse, was beim Hauptprozess D nicht mehr der Fall ist, da ein Teilprozess genau einen Hauptprozess ausmacht. Eine Verdichtung von Teilprozessen zu einem Hauptprozess erfolgt in diesem Fall nicht. Häufig liegt der Fall vor, dass mehrere Teilprozesse verschiedener Kostenstellen einen Hauptprozess ausmachen, so wie das beim Hauptprozess E der Fall ist. Denkbar ist auch der Fall, dass ein

Teilprozess, im Beispiel ist dies der Teilprozess drei der Kostenstelle M, Bestandteil mehrerer Hauptprozesse ist.

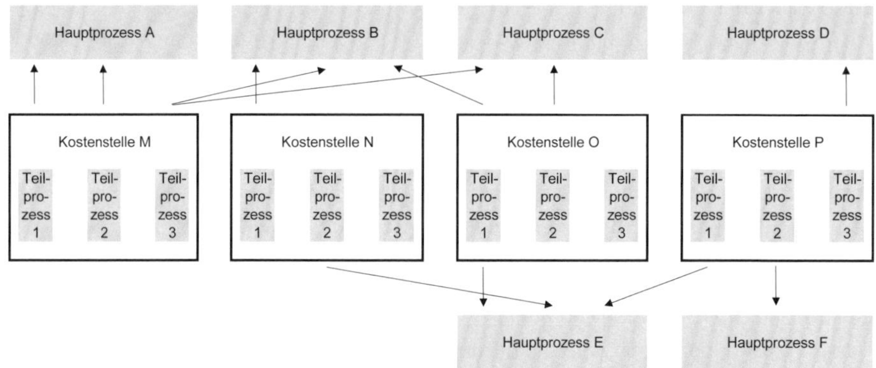

Abb. 5.5: Zusammenfassung von Teilprozessen zu Hauptprozessen

Gehen zwei oder mehr Teilprozesse einer oder mehrerer Kostenstellen in einen Hauptprozess über, dann lässt sich bei **Teilprozessen mit gleichen Kostentreibern** der Hauptprozess durch Addition der Teilprozesse darstellen. Besteht der Hauptprozess Material beschaffen aus den drei Teilprozessen Bestellungen durchführen (Kostentreiber 800 Bestellungen, Kosten 24.000 €), Materialzugang prüfen (Kostentreiber 800 Bestellungen, Kosten 17.000 €), Materialzugang einlagern (Kostentreiber 800 Bestellungen, Kosten 8.000 €), so betragen die Kosten des Hauptprozesses Material beschaffen 49.000 € beziehungsweise 61,25 € pro Bestellung. Berücksichtigt man, dass vor Bestellung Angebote einzuholen (Kostentreiber 96 Angebote anfragen, Kosten 6.000 €) und die eingehenden Angebote zu prüfen (Kostentreiber 80 Angebotsprüfungen, Kosten 8.000 €) sind, jedoch nicht für jede Bestellung immer wieder ein neues Angebot erforderlich ist, so komplettieren zwei weitere Teilprozesse mit neuen Kostentreibern den Hauptprozess Material beschaffen:

Teilprozesse	Art und Menge des Kostentreibers		Prozesskosten	Prozess-kostensatz
Bestellungen durchführen	Anzahl Bestellungen	800	24.000	30,00
Materialzugang prüfen	Anzahl Bestellungen	800	17.000	21,25
Materialzugang einlagern	Anzahl Bestellungen	800	8.000	10,00
Angebote einholen	Anzahl Angebote anfragen	96	6.000	62,50
Angebote prüfen	Anzahl Angebote prüfen	80	8.000	100,00
Summe der Teilprozesskosten			63.000	

Hauptprozess	Art und Menge des Kostentreibers		Prozesskosten	Prozess-kostensatz
Material beschaffen	Anzahl Bestellungen	800	63.000	78,75

Tab. 5.4: Zusammenfassung von Teilprozessen für den Hauptprozess Material beschaffen

Für den Prozesskostensatz auf Ebene der Hauptprozesse ist der Kostentreiber des Hauptprozesses entscheidend. Für den Teilprozess Angebote einholen bedeutet dies, dass nicht der Teilprozesskostensatz in Höhe von 62,50 € in die Berechnung des Kostensatzes für den Hauptprozess einfließt, sondern nur ein Anteil von 12 %, also 7,50 €. Dieser Sachverhalt lässt sich durch Angabe eines **Prozesskoeffizienten** beschreiben, der für den Teilprozess Angebote einholen aus Sicht des Hauptprozesses 0,12 beträgt:

$$\text{Prozesskoeffizient} = \frac{\text{Anzahl der Prozessdurchführungen}}{\text{Menge des Kalkulationsobjektes}}$$

In Fortsetzung der in Tab. 5.3 angegebenen Teilprozesse, Kostentreiber und Teilprozesskostensätze für das Fallbeispiel zeigt die folgende Darstellung die Zusammenlegung der Teilprozesse zu verschiedenen Hauptprozessen:

	Teilprozess-	Prozesskoeffizienten			Hauptprozesskosten		
Teilprozesse im Einkauf	kostensatz	Extrusion	3D-Druck	Weiterverarb.	Extrusion	3D-Druck	Weiterverarb.
Angebote einholen	23,44			8,00			187,50
Material bestellen	38,88	0,10	0,20	4,00	3,89	7,78	155,53
Materialzugang prüfen	72,76	0,10	0,20	4,00	7,28	14,55	291,04
Materialzugang lagern	87,31	0,10	0,20	4,00	8,73	17,46	349,25
Material bereitstellen	82,05	1,00	1,00	1,00	82,05	82,05	82,05
Material beschaffen (Hauptprozess)							
pro Auftrag					101,95	121,84	1065,37
Periode					135.589	299.732	809.679

	Teilprozess-	Prozesskoeffizienten			Hauptprozesskosten		
Teilprozesse in der Produktion	kostensatz	Extrusion	3D-Druck	Weiterverarb.	Extrusion	3D-Druck	Weiterverarb.
Produktion planen	407,41	0,11	0,11	0,11	42,98	42,98	42,98
Arbeitspläne Extrusion erstellen	110,28	1,00			110,28		
Arbeitspläne 3D-Druck erstellen	59,62		1,00			59,62	
Arbeitspläne Weiterverarbeitung erstellen	514,62			1,00			514,62
Prüfpläne erstellen	508,24	0,10	0,10	0,10	50,82	50,82	50,82
Sichtprüfungen	101,65	1,00	1,00	1,00	101,65	101,65	101,65
Überprüfung der Abmessungen	347,74	1,00			347,74		
Funktionsprüfung	912,83			1,00			912,83
Fertigung abwickeln (Hauptprozess)							
pro Auftrag					653,47	255,07	1622,90
Periode					869.118	627.478	1.233.404

	Teilprozess-	Prozesskoeffizienten			Hauptprozesskosten		
Teilprozesse im Vertrieb	kostensatz	Inland	EU	Welt	Inland	EU	Welt
Kommissionierung Inland	303,62	1,00			303,62		
Kommissionierung EU	438,29		1,00			438,29	
Kommissionierung Welt	315,06			1,00			315,06
Versand Inland	256,98	1,00			256,98		
Versand EU	967,74		0,33			322,58	
Versand Welt	333,33			0,50			166,67
Vertrieb abwickeln (Hauptprozess)							
pro Auftrag					560,60	760,87	481,73
Periode					1.003.478	471.739	664.783

Tab. 5.5: Zusammenfassung von Teilprozessen zu Hauptprozessen

Prozesskoeffizienten und die daraus resultierenden Hauptprozesskosten sind differenziert für die Erzeugnisse Extrusion, 3D-Druck ohne Weiterverarbeitung und 3D-Druck mit Weiterverarbeitung angegeben. Sichtprüfungen fallen für alle Erzeugnisse an. Aus diesem Grund betragen die Prozesskoeffizienten jeweils 1,0. Die Überprüfung der Abmessungen und die Funktionsprüfungen fallen nur bei Extrusionserzeugnissen beziehungsweise bei 3D-Erzeugnissen nach deren Weiterverarbeitung an, sodass die entsprechenden Kosten nur diese Erzeugnisse betreffen. Prüfpläne sind nur für neue Erstaufträge zu erstellen, die annahmegemäß 10 % der gesamten Aufträge ausmachen. Die Prozesskoeffizienten **im Einkauf** für den Teilprozess Material bestellen ergeben sich aufgrund der Bestellhäufigkeit. Für

Extrusionserzeugnisse werden rund 10 Aufträge für eine Bestellung zusammengefasst, Bestellungen beim 3D-Druck umfassen 5 Aufträge. Stehen Erzeugnisse im 3D-Druck jedoch zur Weiterverarbeitung an, dann fallen pro Auftrag im Schnitt zusätzliche Bestellungen an, für die insgesamt jeweils 8 Angebote eingeholt werden. Die Prozesskoeffizienten im **Eingangslager** entsprechen beim Materialzugang denen der Kostenstelle Einkauf aufgrund des identischen Kostentreibers. Für jeden Fertigungsauftrag wird das Material dem Fertigungsbereich bereitgestellt. In der **Arbeitsvorbereitung** werden die Arbeitspläne für die drei Erzeugnisse erstellt und die Produktion pro Arbeitstag im Zweischichtmodell geplant. Insgesamt sind 480 Schichtpläne zu erstellen. Pro Auftrag führt das zu einem Prozesskoeffizienten von 0,11. Die Prozesskoeffizienten im Versand in der Kostenstelle **Vertrieb** ergeben sich in Abhängigkeit der Auslieferungen. Inländische Auslieferungen erfolgen direkt nach der Produktion, Auslieferungen in die EU und der übrigen Regionen werden gebündelt, um in Abhängigkeit der Auftragsgrößen Versandkosten gering zu halten.

Die Kalkulation mit der Prozesskostenrechnung

Die obenstehend berechneten Hauptprozesskosten je Auftrag können direkt in Produktkalkulationen Verwendung finden. Folgende Gesamtkostensituation wird für das Fallbeispiel unterstellt:

€	Vollkostenrechnung		Prozesskostenrechnung	
Materialeinzelkosten		10.610.000		10.610.000
Materialgemeinkosten	11,7%	1.245.000		
Hauptprozess Material beschaffen				1.245.000
Fertigungslöhne		1.164.800		1.164.800
Fertigungsgemeinkosten	300,5%	3.500.000	66,1%	770.000
Hauptprozess Fertigung abwickeln				2.730.000
Herstellkosten		16.519.800		16.519.800
Verwaltungs- und Vertriebsgemeinkosten	17,8%	2.940.000	4,8%	800.000
Hauptprozess Vertrieb abwickeln				2.140.000
Selbstkosten		19.459.800		19.459.800

Tab. 5.6: Selbstkosten einer Periode in der Vollkosten- und Prozesskostenrechnung

Auf dieser Basis lassen sich nun einzelne Aufträge kalkulieren. Anhand eines Extrusionsauftrags für einen inländischen Kunden, zeigt die folgende Kalkulation Unterschiede zwischen der Kalkulation auf Vollkostenbasis und der Kalkulation im Rahmen der Prozesskostenrechnung. Die Kalkulation basiert auf Kosten für das Fertigungsmaterial in Höhe von 100 € pro Stück sowie Fertigungslöhnen in Höhe von 10 € pro Stück. Die Selbstkosten pro Stück betragen 179 € in der Vollkostenkalkulation. Beträgt die Auftragsgröße 30 Stück oder 60 Stück, dann fallen 5.364 € beziehungsweise 10.728 € für den Auftrag an. Besonders hoch ist der Unterschied bei einer Auftragsgröße von einem Stück. Laut Prozesskalkulation fallen 1.309 € an Kosten an, 86% mehr als der entsprechende Wert laut Vollkostenkalkulation. Sehr kleine Aufträge werden im Rahmen der Vollkostenrechnung zu günstig kalkuliert. Die tatsächliche Inanspruchnahme der Ressourcen spiegelt dieses Kostenrechnungssystem nicht wider. Zu ungefähr ähnlichen Ergebnissen führt eine Auftragsgröße von 20 Stück, dagegen erhöhen sich die Differenzen wieder deutlich bei Auftragsgrößen von 60 Stück oder 120 Stück.

Auftrag: Extrusion Inland €	Vollkosten-rechnung	Auftrags-größe:	1	Prozesskostenrechnung 20	60	120
Materialeinzelkosten	100		100	2000	6000	12000
Materialgemeinkosten	11,73					
Hauptprozess Material beschaffen			101,95	101,95	101,95	101,95
Fertigungslöhne	10		10	200	600	1200
Fertigungsgemeinkosten	30		7	132	397	793
Hauptprozess Fertigung abwickeln			653	653	653	653
Herstellkosten	152		872	3.088	7.752	14.749
Verwaltungs- und Vertriebsgemeinkosten	27		42	150	375	714
Hauptprozess Vertrieb abwickeln			561	561	561	561
Selbstkosten	179		1.475	3.798	8.688	16.024
Vollkostenrechnung			179	3.576	10.728	21.455
Differenz			1.296	222	-2.040	-5.432
in %			88%	6%	-23%	-34%

Tab. 5.7: Auftragskalkulation mit der Vollkostenrechnung und Prozesskostenrechnung im Vergleich

Diese Unterschiede zwischen Kalkulationen im System der Vollkostenrechnung und mithilfe der Prozesskostenrechnung sind typisch. Ein Grund liegt darin, dass im Rahmen der Kalkulation Gemeinkosten nicht mehr ausschließlich auf Basis von Zuschlagssätzen, sondern verursachungsgerecht berechnet werden. Dieser Sachverhalt wird als **Allokationseffekt** bezeichnet. Im Beispiel werden anstelle des Materialgemeinkostenzuschlags im System der Vollkostenrechnung die Materialgemeinkosten entsprechend der tatsächlichen Kapazitätsinanspruchnahme kalkuliert, mit dem der Allokationseffekt begründet werden kann. Die Materialgemeinkosten betragen im Fallbeispiel bei Anwendung der Prozesskostenrechnung 101,95 €, unabhängig von der Höhe der Materialeinzelkosten. Im Rahmen der Vollkostenrechnung sind bei Materialeinzelkosten von 500 € (1.500 €) und einem Zuschlagssatz von 11,7 % als Materialgemeinkosten 58,67 € (176,01 €) zu veranschlagen. Der Allokationseffekt wird durch die Höhe der Differenz bestimmt und beträgt 43,28 € (–74,07 €) beziehungsweise 74 % (–42 %).

Erzeugnisse, die sich aus mehr Bauteilen zusammensetzen als andere Erzeugnisse, beanspruchen die indirekten Leistungsbereiche stärker als die weniger komplexen Erzeugnisse im Unternehmen. Im Fallbeispiel trifft das auf die 3D-Druckprodukte zu, die weiterverarbeitet werden. Im Rahmen der Weiterverarbeitung werden die 3D-Druckerzeugnisse mit weiteren Komponenten versehen. Die Komplexitätskosten gegenüber den nicht weiterverarbeiteten 3D-Druckerzeugnissen zeigen sich in zusätzlichen Kosten für Materiabestellungen und Angebotsanfragen, sowie zusätzlichen Arbeitsplänen und Funktionsprüfungen, die nur bei den 3D-Druckerzeugnissen aufgrund der zusätzlich verarbeiteten Komponenten vorgenommen werden. Die daraus resultierenden im Rahmen der Prozesskostenrechnung genauer herausgearbeiteten Kosten machen im Vergleich zur Zuschlagskalkulation den **Komplexitätseffekt** aus.

Bei Aufträge abwickelnden Unternehmen fallen in den indirekten Leistungsbereichen vielfach Gemeinkosten an, die von der Auftragsgröße unabhängig sind. Im Fallbeispiel liegt dieser Sachverhalt beispielsweise bei der Erstellung der Arbeitspläne für einzelne Aufträge vor. In der Prozesskostenrechnung wird ein Arbeitsplan für einen 3D-Druckauftrag mit 59,62 € kalkuliert. Die Auftragsgröße wirkt sich nicht auf die Kosten des Arbeitsplanes aus, da der Zeitbedarf für die Erstellung nicht von der Auftragsgröße abhängt. Anders sieht dieser Sachverhalt im Rahmen der Zuschlagskalkulation aus. Die im Fertigungsbereich anfallenden Gemeinkosten werden mit einem Zuschlagssatz in Höhe von 300 % verrechnet. Verdoppeln sich die Fertigungslöhne bei einem Auftrag von 1.000 € auf 2.000 € aufgrund der Auftragsgröße, dann verdoppeln sich dementsprechend auch die Fertigungsgemeinkosten und der in den Fertigungsgemeinkosten entsprechende Anteil für die Erstellung des Arbeitsplans, obwohl in der Realität gar keine höheren Gemeinkosten zu verzeichnen sind. Die Differenzen zwischen den kalkulierten Werten in der Vollkostenrechnung und Prozesskostenrechnung bezeichnet man als **Degressionseffekt**.

5.1.4 Forschung und Entwicklung im externen Rechnungswesen

Forschungs- und Entwicklungsaktivitäten sind in den internationalen Rechnungslegungsvorschriften im IAS 38 geregelt. Der IAS 38 regelt die Bilanzierung immaterieller Vermögenswerte, zu denen auch die Forschungs- und Entwicklungstätigkeiten zählen. Zweck von Forschung und Entwicklung ist die Wissenserweiterung. Auch wenn diese Forschungs- und Entwicklungsaktivitäten zu einem physischen Vermögenswert führen, so gilt dieser als sekundär zu seiner immateriellen Komponente. **Immaterielle Vermögenswerte** sind identifizierbare, nicht monetäre Vermögenswerte ohne physische Substanz, über die man die Verfügungsgewalt besitzt und die einen künftigen wirtschaftlichen Nutzen versprechen. Unter Identifizierbarkeit versteht man, dass der Vermögenswert getrennt vom Unternehmen verkauft, übertragen, lizenziert, vermietet oder getauscht werden kann. Immaterielle Vermögenswerte **sind anzusetzen**, wenn

- es wahrscheinlich ist, dass dem Unternehmen der erwartete künftige wirtschaftliche Nutzen aus dem Vermögenswert zufließen wird,
- die Anschaffungs- oder Herstellungskosten des Vermögenswerts verlässlich bewertet werden können.

Als **Forschung** wird die Suche nach neuen wissenschaftlichen oder technischen Erkenntnissen verstanden. Ausschließlich aus diesem Prozess hervorgegangene immaterielle Vermögenswerte dürfen nicht angesetzt werden. Gleiches gilt, wenn ein Unternehmen die Forschungsphase nicht von der Entwicklungsphase eines internen Projekts trennen kann. Gelingt dies nicht, dann werden die gesamten Ausgaben der Forschungsphase zugeordnet. Ausgaben für Forschung sind in der Periode als Aufwand zu erfassen, in der sie anfallen. Als Beispiele für Forschungsaktivitäten werden in IAS 38.56 genannt:

- Aktivitäten, die auf die Erlangung neuer Erkenntnisse ausgerichtet sind,
- die Suche nach sowie die Beurteilung und endgültige Auswahl von Anwendungen für Forschungsergebnisse und für anderes Wissen,
- die Suche nach Alternativen für Materialien, Vorrichtungen, Produkte, Verfahren, Systeme oder Dienstleistungen,
- die Formulierung, der Entwurf sowie die Beurteilung und endgültige Auswahl von möglichen Alternativen für neue oder verbesserte Materialien, Vorrichtungen, Produkte, Verfahren, Systeme oder Dienstleistungen.

Die Anwendung der Forschungsergebnisse oder anderen Wissens wird als Entwicklung bezeichnet. Konkret versteht man hierunter die vor Beginn der kommerziellen Produktion oder Nutzung stattfindende **Entwicklung** neuer oder beträchtlich verbesserter Materialien, Vorrichtungen, Produkte, Verfahren, Systeme oder Dienstleistungen für die Produktion. Wenn ein Unternehmen nachweisen kann, dass:

- die Fertigstellung des immateriellen Vermögenswerts technisch realisierbar ist, sodass er genutzt oder verkauft werden kann,
- die Fertigstellung, die anschließende Nutzung oder der Verkauf beabsichtigt ist,
- das Unternehmen in der Lage ist, den immateriellen Vermögenswert zu nutzen oder zu verkaufen,

dann sind die Anschaffungs- oder Herstellungskosten für die Entwicklung als immaterieller Vermögenswert anzusetzen. Nachzuweisen ist ferner die Art und Weise, wie der immaterielle Vermögenswert voraussichtlich einen künftigen wirtschaftlichen Nutzen erzielen wird, dass die verfügbaren technischen, finanziellen und sonstigen Ressourcen ausreichen, um die Entwicklung abzuschließen und das eine verlässliche Bewertung der zurechenbaren Kosten für das Entwicklungsprojekt seitens des Unternehmens möglich ist. Die Anschaffungskosten eines gesondert erworbenen immateriellen Vermögenswerts können gewöhnlich verlässlich bewertet werden. Die Herstellungskosten sind erst von dem Zeitpunkt an – auch innerhalb eines Geschäftsjahres – anzusetzen, ab dem die obenstehenden Nachweise vom Unternehmen erbracht werden können. Zuvor angefallene Ausgaben sind als Aufwand der Periode zu buchen. Der nach Realisierung des Entwicklungsprojekts erzielbare Betrag abzüglich noch anfallender zukünftiger Zahlungsmittelabflüsse bis zur Fertigstellung des Entwicklungsprojekts gilt als Obergrenze für die zu aktivierenden Ausgaben, falls diese Ausgaben den erzielbaren Ertrag des Entwicklungsprojekts übersteigen. Ist das der Fall, dann ist die Differenz als Wertminderungsaufwand zu buchen. Der Wertminderungsaufwand ist wieder rückgängig zu machen, wenn die Anforderungen für die Wertaufholung gemäß IAS 36 erfüllt sind.

Als Beispiele für Entwicklungsaktivitäten werden in IAS 38.59 genannt:

- der Entwurf, die Konstruktion und das Testen von Prototypen und Modellen vor Beginn der eigentlichen Produktion oder Nutzung,
- der Entwurf von Werkzeugen, Spannvorrichtungen, Prägestempeln und Gussformen unter Verwendung neuer Technologien,
- der Entwurf, die Konstruktion und der Betrieb einer Pilotanlage, die von ihrer Größe her für eine kommerzielle Produktion wirtschaftlich ungeeignet ist,
- der Entwurf, die Konstruktion und das Testen einer ausgewählten Alternative für neue oder verbesserte Materialien, Vorrichtungen, Produkte, Verfahren, Systeme oder Dienstleistungen.

Ergänzend zu den zu bilanzierenden Entwicklungsprojekten ist die **Summe der Ausgaben für Forschung und Entwicklung** anzugeben, die während einer Periode **als Aufwand** erfasst wurde. Hierbei umfassen Forschungs- und Entwicklungsausgaben sämtliche Ausgaben, die Forschungs- oder Entwicklungsaktivitäten direkt zurechenbar sind.

5.2 Investitionen

Investitionen in produzierenden Unternehmen sind das Ergebnis bewusst vorgenommener Entscheidungen und deren Umsetzung. Mit Investitionen werden **Ziele** verfolgt. Sie müssen im Einklang mit der verfolgten Strategie eines Unternehmens stehen, sie müssen den technischen Anforderungen genügen und in operativer Hinsicht zum Erfolg des Unternehmens beitragen. Kennzeichnend für Investitionen ist das **zeitliche Auseinanderfallen zwischen erstmaligen Ausgaben und zukünftigen Einnahmen**. Dabei entspricht der Zeitraum nicht der typischen Länge der operativen Produktionstätigkeit in einem Unternehmen, beginnend mit dem Materialeinkauf für die Fertigung, der Produktion und der anschließenden Auslieferung an den Kunden, sondern umschließt einen umfassenderen Zeitabschnitt, der eine mehrfache und langandauernde Nutzung einer Investition zulässt. Investitionen bewirken Veränderungen, die längerfristig Bestand haben.

Eine klassische Investition in einem produzierenden Unternehmen ist die Anschaffung oder Herstellung einer Produktionsanlage, mit der mehrfach Erzeugnisse produziert werden können, die im Unternehmen weiterverarbeitet oder an Kunden verkauft werden. Eine solche Investition passt zur Strategie des Unternehmens, wenn sie das zu bearbeitende Geschäftsfeld des Unternehmens abdeckt, sie entspricht den technischen Anforderungen, wenn die Erzeugnisse in der gewünschten Qualität und unter Beachtung weiterer technischer Aspekte produziert werden und erfüllt die wirtschaftlichen Anforderungen, wenn sie entsprechend den unternehmerischen Zielsetzungen zur Gewinnerzielung beiträgt.

Eine solche Investition spiegelt sich in den **Rechenwerken eines Unternehmens** wider. Im externen Rechnungswesen hängt die Abbildung der Investition von den zugrundeliegenden Rechnungslegungsvorschriften ab, so vom Handelsgesetzbuch (HGB) oder den International Financial Reporting Standards (IFRS) als international geltende Rechnungslegungsnormen. Diese externen Rechnungslegungsvorschriften richten sich an externe Adressaten des Unternehmens, interne betriebswirtschaftliche Aspekte stehen erst an zweiter Stelle.

Beispiel: Ein Unternehmen benötigt eine neue Produktionsanlage. Für diese Maschine gibt es verschiedene Hersteller, von denen man diese Anlage für 900.000 € käuflich erwerben könnte. Alternativ kann man die Maschine auch in Eigenregie bauen, da man im Unternehmen über umfangreiche und langjährige Erfahrungen mit solchen Maschinen verfügt. Eine Kalkulation ergibt entsprechend den externen Rechnungslegungsvorschriften kalkulierte Herstellungskosten von 700.000 €. Allerdings muss man bei Eigenerstellung der Maschine drei erfahrene Kräfte für den Bau der Maschine abstellen, die in dem betreffenden Zeitraum nicht für andere Kundenaufträge eingesetzt werden können, sodass man vermutlich Deckungsbeiträge im sechsstelligen Umfang in der betreffenden Periode nicht erwirtschaften wird. Unter Berücksichtigung dieser **Opportunitätskosten** sollen kostentechnische Gesichtspunkte nicht für die Eigenfertigung oder den Fremdbezug der Maschine entscheidend sein. Eine nutzbare Maschine verursacht Kosten (Anschaffungskosten oder alternativ Herstellkosten zuzüglich Opportunitätskosten) aus Sicht des Unternehmens in ähnlicher Höhe von rund 900.000 €. Trotzdem ist im externen Rechnungswesen einmal die Maschine für 900.000 € und im anderen Fall für 700.000 € im Anlagevermögen anzusetzen.

Bleibt man beim Kauf der Produktionsanlage, dann erhöhen die Anschaffungskosten das **Anlagevermögen**. In der Kapitalflussrechnung verändert sich der **Cashflow aus Investitionstätigkeit** jedoch nur in dem Umfang, in dem die Maschine in der betreffenden Periode tatsächlich bezahlt wurde. Hierdurch kommt es zu Differenzen zwischen dem Anlagenzugang entsprechend des **bilanziellen Anlagespiegels** und dem in der **Kapitalflussrechnung angegebenen Investitionsvolumen**. Wurde eine Produktionsanlage im letzten Quartal eines Jahres beschafft, wird aber erst im ersten Quartal des kommenden Jahres bezahlt, dann informiert die Bilanz über den Zugang im Vorjahr, während die Kapitalflussrechnung später über den Liquiditätsabfluss aufgrund von Investitionen Aufschluss gibt. In der Bilanz ist ferner ein Anstieg der Verbindlichkeiten aus Lieferungen und Leistungen zu verzeichnen, der in der Kapitalflussrechnung nur bei indirekter Ermittlung des operativen Cashflows erkennbar ist.

Die Investition in eine neue Produktionsanlage bindet Kapital. Die **Kapitalbindung** der Investition beschränkt sich nicht nur auf das Anlagevermögen, sondern schließt das **Umlaufvermögen** mit ein, wenn zusätzliche Vorräte an Roh-, Hilfs- und Betriebsstoffen auf der einen Seite sowie unfertige und fertige Erzeugnisse auf der anderen Seite mit der Anschaffung der Maschine untrennbar verbunden sind. Kapitalbindend sind zudem höhere Forderungen aus Lieferungen und Leistungen, wenn Kunden Zahlungsziele für die ausgelieferten Erzeugnisse eingeräumt werden, Abzugskapital seitens der Lieferanten wirkt diesem Effekt entgegen.

Entsprechend den Bilanzierungsregeln für geleastes Anlagevermögen, ist dieses entweder dem Leasinggeber oder dem Leasingnehmer bilanziell zuzurechnen. Macht man in einem Unternehmen oder Konzern die Notwendigkeit einer zentral von der Unternehmens- oder Konzernleitung zu erfolgenden Genehmigung von Investitionen davon abhängig, ob diese im Anlagevermögen zu bilanzieren sind, dann kann in bestimmten Fällen durch **Leasing** diese Genehmigungspflicht umgangen werden. Diese Beispiele mögen insgesamt verdeutlichen, dass das externe Rechnungswesen nur eingeschränkt über Investitionen aus betriebswirtschaftlicher Sicht informiert. Investitionen in produzierenden Unternehmen sind unternehmensintern unter betriebswirtschaftlichen Aspekten zu betrachten.

5.2.1 Investitionen in produzierenden Unternehmen

Investitionen lassen sich nach unterschiedlichen Kriterien differenzieren. In produzierenden Unternehmen fallen **Investitionen vor allem im Produktbereich und im Produktionsbereich** an. Im Produktbereich kann zwischen Forschung und Entwicklung differenziert werden. Bei der Entwicklung neuer Erzeugnisse kann entsprechend den Erweiterungs- und Ersatzinvestitionen in Produktionsanlagen danach differenziert werden, ob in die Entwicklung zusätzlich anzubietender Erzeugnisse oder in die Entwicklung von Erzeugnissen investiert wird, die andere Erzeugnisse ablösen werden. Außerhalb des Produktbereichs sind neben den bereits angesprochenen Erweiterungs- und Ersatzinvestitionen noch Rationalisierung- und sonstige Investitionen zu nennen. Zu den sonstigen Investitionen zählen alle anderen, nicht explizit genannten Investitionen, beispielsweise Investitionen in die Qualifikation der Beschäftigten oder im Zusammenhang mit Reorganisationsprojekten. Hinsichtlich des Investitionsanlasses können Investitionen wie folgt unterschieden werden:

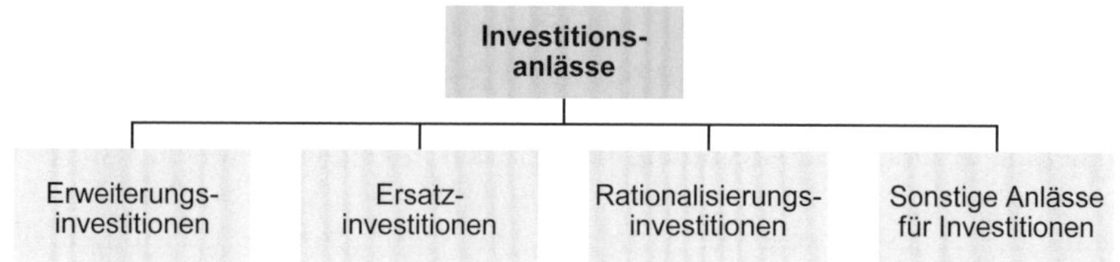

Abb. 5.6: Differenzierung der Investitionen nach ihrem Grund

Erweiterungsinvestitionen

In **wachsenden Märkten** können Unternehmen durch Erweiterung ihrer Produktionskapazitäten ihre relative Bedeutung aufrechterhalten. Höhere Produktionskapazitäten an einem gegebenen Standort können zu einer besseren Kostenposition führen, da fixe Kosten, beispielsweise die Kosten der Werksleitung, auf eine größere Menge verteilt werden können. Bei anderen Kosten können sich Verbesserungen einstellen. Gegenüber den Lieferanten lassen sich bessere Einkaufspreise und Beschaffungskonditionen durchsetzen. Entsprechend dem Erfahrungskurvenkonzept können Lerneffekte zu niedrigeren Produktionskosten führen.

Das Marktwachstum kann durch die vorhandenen Unternehmen oder durch neue Unternehmen befriedigt werden. Erfolgt das Marktwachstum ausschließlich durch neue Unternehmen, dann stellen sich die zuvor angesprochenen größenbedingten Vorteile gegenüber anderen Unternehmen nicht ein, da die Unternehmen eine bestimmte Größe nicht überschreiten. Wachsen dagegen einige Unternehmen mit dem Markt, dann schaffen sie die Voraussetzungen für diese günstigeren Kostenpositionen. Unternehmen ohne entsprechendes Wachstum verschlechtern hingegen ihre Kostenposition, sodass sich irgendwann die Frage nach der Tragfähigkeit des Geschäftsmodells der sich nicht marktkonform verhaltenden Unternehmen stellt.

Darüber hinaus stellt sich für Unternehmen die Problematik, ob das Wachstum an einem bereits vorhandenen Standort oder an einem neuen Standort realisiert werden soll. Ob ein neuer oder bereits gegebener Standort infrage kommt, hängt von verschiedenen Faktoren ab, insbesondere logistischen Aspekten, der Verfügbarkeit der Produktionsfaktoren oder der Nähe zu den zu beliefernden Märkten. Entscheidet man sich für einen weiteren Standort, dann lassen sich manche der zuvor angesprochenen Kostenvorteile nicht beziehungsweise nicht in vollem Umfang realisieren.

Aus Sicht des Absatzmarktes können Unternehmen ihren Marktanteil in wachsenden Märkten auch dann halten, wenn sie nicht investieren und anstelle der Investitionen das Instrument des Fremdbezugs in höherem Umfang nutzen. Die zuvor diskutierten Kostenvorteile stellen sich dann nicht ein. Von Vorteil kann der Verzicht auf Erweiterungsinvestitionen aber sein, wenn man in zeitlicher Hinsicht nur von einem begrenzten Marktwachstum ausgeht und alsbald mit schrumpfenden Märkten gerechnet wird. In sehr konjunktursensiblen Branchen ist genau zu prüfen, in welchem Umfang man Kapazitäten aufbauen sollte, um in rezessiven oder gar depressiven Zeiten nicht zu hohe Leerkapazitäten zu haben.

Daneben gibt es vom Marktwachstum unabhängige Gründe für Erweiterungsinvestition. Ein solcher Grund liegt vor, wenn man unabhängig von der Marktentwicklung seine Position im Wettbewerb durch **höhere Marktanteile** verbessern will. Kostenvorteile, etwa im Einkauf, können gegenüber dem Wettbewerb realisiert werden. Die Sichtbarkeit im Markt verbessert sich, sodass in Abhängigkeit der angebotenen Leistungen und den Abnehmern gegebenenfalls andere Preise durchsetzbar sind. Unabhängig von einem Marktwachstum und Marktanteilen können **positive Absatzerwartungen** aus Sicht eines konkreten Unternehmens Grund für Erweiterungsinvestitionen sein. Eine solche Situation ist beispielsweise gegeben, wenn sich in der Nähe eines metallverarbeitenden Unternehmens andere Unternehmen neu ansiedeln, die voraussichtlich einen entsprechenden Bedarf an Erzeugnissen des metallverarbeitenden Betriebs haben. Bestehen **Engpässe** im Rahmen der Fertigung, so können mit einer Produktionserweiterung Engpässe beseitigt werden. Höhere Kosten, die man vielleicht aufgrund intensitätsbedingter Anpassungsprozesse im Rahmen des Produktionsvollzugs in Kauf genommen hat, können so wieder abgebaut werden. Gleiches gilt für wegfallende Fremdbezugskosten, da die Lieferanten bei Erweiterung der Produktionsanlagen nicht mehr benötigt werden.

Die Kapazität kann als Totalkapazität angegeben oder auf Perioden verteilt werden. Die Kapazität ist dispositionsbestimmt, es sei denn, dass technische Gründe die Kapazität eindeutig limitieren. In dynamischer Hinsicht bewirken neue Technologien bei solchen Rahmenbedingungen auf längere Sicht Kapazitätsverbesserungen. Maschinen und Arbeitsprozesse lassen sich mit unterschiedlichen **Intensitäten** betreiben. So wirkt sich die Intensität direkt auf die mengenmäßige Leistungsfähigkeit einer Maschine aus. Die Kapazität kann in Zeiteinheiten bei heterogenem Produktionsausstoß und sowohl in Mengen- als auch Zeiteinheiten bei Erzeugnissen, die die Kapazität in gleichem zeitlichen Umfang in Anspruch nehmen, ausgedrückt werden.

Stillstände begrenzen die nutzbare Kapazität, wenn sie innerhalb der eigentlich für die Produktion vorgesehen Zeit stattfinden. Stillstände können geplant oder ungeplant anfallen, sie können verschiedene Ursachen haben. **Instandhaltungsarbeiten** können im begrenzten Umfang während der Produktionstätigkeit durchgeführt werden, für wesentliche Instandhaltungsarbeiten müssen Anlagen jedoch ausgeschaltet sein. Planmäßig vorgenommene Instandhaltungen lassen sich kapazitätsschonender planen als Instandhaltungen, die aufgrund ungeplanter Anlagenausfälle anfallen. Werden Anlagen nicht 24/7 betrieben, dann können Instandhaltungsarbeiten in Zeiten gelegt werden, die nicht für die Produktion vorgesehen sind. Stillstände, deren Ursache in einer mangelnden Marktnachfrage liegen, führen zu ungenutzten Kapazitätsreserven.

Erster Arbeitsschritt bei angedachten Erweiterungsinvestitionen ist eine **Kapazitätsanalyse**. Zu prüfen ist, ob die zu produzierenden Mengen auch mit dem vorhandenen Maschinenpark produziert werden können. Die **Durchlaufzeit** setzt sich aus Bearbeitungszeiten, Lagerzeiten und Transportzeiten zusammen. Die Bearbeitungszeiten an den Maschinen können neben Veränderungen der Intensität im Rahmen der Reihenfolgeplanung und der damit verbundenen Rüst- und Bearbeitungszeiten beeinflusst werden. Kürzere Lagerzeiten durch verbesserte Abläufe reduzieren die benötigten Lagerkapazitäten. Gleiches gilt für Transportzeiten und die dafür benötigten Transportkapazitäten. Nicht selten wird man feststellen, dass eine allein mit fehlender Kapazität begründete Investition durch Optimierungen vermieden werden kann.

Bei **temporär begrenzten Kapazitätsengpässen**, beispielsweise aufgrund eines einmalig großen Auftrags, einer nur momentan guten Auftragslage oder bei saisonalen Nachfrageschwankungen, kann die nutzbare Maschinenzeit, wenn diese nur im Ein- oder Zweischichtbetrieb laufen, durch Einsatz von **Überstunden oder flexiblen Arbeitszeitkonten** verlängert werden. Bei Massenfertigung kann in auftragsschwachen Zeiten **auf Lager produziert** werden, ohne dass bei höherer Nachfrage zusätzlich Investitionen notwendig werden. Eine Alternative kann zusätzlich der **vorübergehende Fremdbezug** von Teilen sein, bei denen in der Produktion Engpässe bestehen.

Beispiel zum temporären Fremdbezug eines Einsatzstoffes bei dem zurzeit ein Engpass in der Produktion besteht.

Die folgende Tabelle informiert über den Bedarf der Einsatzstoffe E1 bis E5, die selbst hergestellt oder alternativ fremdbezogen werden können:

I	Bedarf an einem Einsatzstoff (E) in Stück pro Periode	Beschaffungspreis pro Stück (€)	Variable Kosten pro Stück bei Eigenfertigung (€)	Fertigungszeit in Sekunden pro Stück
E1	15.000	17,00	12,50	250
E2	22.000	19,00	11,00	320
E3	13.500	21,00	14,00	360
E4	42.500	14,00	15,00	330
E5	11.500	22,00	17,50	450

Tab. 5.8: Ausgangsdaten zur Berechnung der Vorteilhaftigkeit zwischen Eigenfertigung und Fremdbezug von Einsatzstoffen

Erkennbar ist, dass die variablen Kosten der Eigenfertigung die Fremdbezugskosten bei E4 übersteigen. E4 ist somit grundsätzlich fremd zu beziehen. Bei den übrigen Einsatzstoffen besteht ein Engpass, da nur eine Kapazität von 4.800 Stunden bei einem Kapazitätsbedarf von 5.784,72 Stunden zur Verfügung steht. Soll auf eine Erweiterungsinvestition verzichtet werden, da nicht dauerhaft mit einem derart hohen Bedarf an Einsatzstoffen gerechnet wird, dann ist zu entscheiden, in welcher Reihenfolge für die anderen Einsatzstoffe ein Fremdbezug infrage kommt. Hierzu werden zunächst die Mehrkosten des Fremdbezugs ermittelt. Diese sind jedoch nicht alleine entscheidungsrelevant, da der Engpass pro Stück in unterschiedlichem Umfang in Anspruch genommen wird. Somit sind die stückbezogenen Mehrkosten des Fremdbezugs durch die Engpassinanspruchnahme zu dividieren. Bei E1 ergibt diese Division 1,08 €/Minute (4,50 € / 250 Sekunden = 0,018 €/Sekunde beziehungsweise pro Minute: 0,018 €/Sekunde • 60 = 1,08 €/Minute). Alsdann kann nach diesem Kriterium die Reihenfolge der Eigenfertigung festgelegt werden. Die Einsatzstoffe, die die höchsten engpassbezogenen Mehrkosten pro Zeiteinheit im Engpass beim Übergang zum Fremdbezug verursachen, sind bis zur vollständigen

Auslastung der vorhandenen Kapazität selbst zu fertigen. Danach ergeben sich die unten angegebenen Reihenfolgen des Fremdbezugs oder der Eigenfertigung.

II	Kapazitätsinanspruchnahme in Stunden	Mehrkosten des Fremdbezugs	engpassbezogene Mehrkosten in € pro Minute im Engpass	Reihenfolge Eigenfertigung	Reihenfolge Fremdbezug
E1	1.041,67	4,50	1,08	3	3
E2	1.955,56	8,00	1,50	1	5
E3	1.350,00	7,00	1,17	2	4
E4					1
E5	1.437,50	4,50	0,60	4	2
	5.784,72				

Tab. 5.9: Rangfolge für die Eigenfertigung und den Fremdbezug

Die folgende Tabelle zeigt, welche der Einsatzstoffe in welchem Umfang fremdbezogen oder selbst hergestellt werden sollen. Die Einsatzstoffe E1, E2, E3 sind im Unternehmen zu produzieren, da die Kapazität hierfür ausreichend ist und die engpassbezogenen Mehrkosten des Fremdbezugs höher sind als bei dem Einsatzstoff E5. E5 kann nur im Umfang von 3.622 Stück selbst erzeugt werden, 7.878 Stück sind fremd zu vergeben. Dies führt zu Mehrkosten von 35.451 € in der betreffenden Periode. E4 sollte grundsätzlich zugekauft werden, da die zusätzlich anfallenden Kosten der Eigenfertigung höher sind.

III	Eigenfertigung in Stück pro Periode	Kapazitätsinanspruchnahme in Stunden	Fremdbezug in Stück pro Periode	Mehrkosten des Fremdbezugs
E1	15.000	1.041,67		
E2	22.000	1.955,56		
E3	13.500	1.350,00		
E4			42.500	–42.500
E5	3.622	452,75	7.878	35.451
		4799,97		

Tab. 5.10: Eigenfertigung und Fremdbezug von Einsatzstoffen

Ersatz- und Rationalisierungsinvestitionen

Ersatzinvestitionen führen zum **Austausch vorhandener Betriebsmittel** durch andere Betriebsmittel. Ein Austausch macht Sinn, wenn **Unterschiede zwischen den Betriebsmitteln** bestehen. Ersetzt man eine seit Jahren in Gebrauch stehende Maschine durch eine neue Maschine, dann liegt dieser Unterschied im Alter der Anlage. Ein unterschiedliches Anlagenalter ist unweigerlich aufgrund des technischen Fortschritts auf der einen Seite und dem Verschleiß der alten Anlage auf der anderen

Seite mit einer anderen technischen und wirtschaftlichen Leistungsfähigkeit der Anlagen verbunden.

Ersatzinvestitionen dienen dem Austausch von Betriebsmitteln, die in technischer oder wirtschaftlicher Hinsicht nicht mehr den Ansprüchen des Unternehmens genügen. Alte Produktionsanlagen können im Vergleich zu neueren Anlagen zu hohe Instandhaltungs- und Fertigungskosten, einen zu hohen Ausschuss, eine nicht mehr akzeptable Fertigungsqualität oder eine nicht mehr den Anforderungen des Marktes entsprechende Flexibilität aufweisen. Ersatzinvestitionen können zu niedrigeren, insbesondere variablen Kosten und zu einem in quantitativer und qualitativer Hinsicht anderem Output führen. Kunden sind bei einer anderen Qualität gegebenenfalls bereit, andere Preise zu zahlen und größere Mengen abzunehmen. Zu einem Austausch identischer Betriebsmittel kommt es, wenn an einer Produktionsanlage eine Komponente, beispielsweise eine Walze oder ein Motor, aufgrund eines Defekts sofort oder aufgrund von Verschleißmessungen prophylaktisch ausgetauscht wird. Der Begriff Identität bezieht sich hierbei nicht auf den Zustand, sondern auf die Art des auszutauschenden Betriebsmittels.

Bei Ersatzinvestitionen kann es sich also sowohl um identische als auch aufgrund des technischen Fortschritts weiterentwickelte Betriebsmittel handeln. Von der Art her handelt es sich bei diesen weiterentwickelten Betriebsmitteln zwar nicht mehr um identische, aber um im Wesentlichen ähnliche Betriebsmittel.

Bei **Rationalisierungsinvestitionen** steht ein anderes Investitionsmotiv im Vordergrund. Anlass von Rationalisierungsinvestitionen ist nicht die bloße Erneuerung verbrauchter Betriebsmittel, sondern eine grundsätzliche Neuorientierung der Leistungserstellung, die technisch effektiver und wirtschaftlicher erbracht werden soll. Wesentliches Element von Rationalisierungsinvestition ist die Nutzung des technischen Fortschritts. Als wesentlicher Treiber kommt die fortschreitende Digitalisierung hinzu. Im Zuge der Veränderungen werden menschliche Arbeitsleistungen häufig durch maschinell und automatisiert erbrachte Leistungen ersetzt oder unterstützt. Aus Sicht der Arbeitnehmer kommt es zu vereinfachten Arbeitsprozessen, verbunden mit einem niedrigeren Personalbedarf. Der zunehmende Einsatz von Maschinen und Robotern erlaubt qualitativ hochwertigere Leistungen, die mit dieser Präzision von Menschen oft nicht über einen längeren Zeitraum erbracht werden können. Durchlaufzeiten in der Produktion können in der Regel verkürzt werden. Rationalisierungsinvestitionen sind typischerweise mit Kosteneinsparungen verbunden, die in wirtschaftlicher Hinsicht zu den Investitionsmotiven zählen. Auch bei Rationalisierungsinvestitionen kommt es zu einem Austausch von Betriebsmitteln, allerdings aus anderen Gründen im Vergleich zu Ersatzinvestitionen, mit denen keine Rationalisierung der Arbeits- und Produktionsprozesse verfolgt werden. Somit handelt es sich bei Rationalisierungsinvestitionen um eine besondere Variante einer Ersatzinvestition.

Die eine Ersatzinvestition auslösende Situation kann **unerwartet eintreten** oder sich während der Nutzung der Betriebsmittel **entsprechend der ursprünglichen Planung ergeben**. Im internen Rechnungswesen bildet man für den zuletzt genannten Fall analog zu den bilanziellen Abschreibungen im externen Rechnungswesen kalkulatorische Abschreibungen, die den Anlagenverzehr verursachungsgerecht widerspiegeln sollen. Der zuerst genannte Fall führt unerwartet zu einem Wertverfall, sodass dieser im externen Rechnungswesen entsprechend den Rechnungslegungsvorschriften mit zusätzlichen Abschreibungen zu versehen ist, der betriebswirtschaftlich gesehen als außerordentlich zu klassifizieren ist. Somit lassen sich planmäßige und außerplanmäßige Abschreibungsgründe festhalten.

Ob Abschreibungen planmäßig oder außerplanmäßig sind, hängt davon ab, ob sie vorhersehbar waren und geplant wurden oder ob sie unerwartet wirksam geworden sind. Eine der wichtigsten Abschreibungsursachen im Produktionsbereich ist sicherlich der Verschleiß durch den Einsatz der Maschinen im Produktionsprozess. Die Produktion führt zu Abnutzungserscheinungen. Natürliche Verschleißursachen wie Verwitterung, Verrottung, Zersetzung oder Fäulnis fördern den Wertverfall. Ersatzinvestitionen stoppen diesen Prozess. Zu klären ist die Frage, wann eine alte Produktionsanlage durch eine neue Produktionsanlage ersetzt werden sollte.

Vorausgehen muss der **Bestimmung des Ersatzzeitpunkts** die Prüfung, ob der Ersatz einer alten Anlage überhaupt sinnvoll ist. Insbesondere ist zu prüfen, ob neue strategische Überlegungen einer Investition widersprechen. Eine Alternative zur Vornahme von Ersatz- oder Rationalisierungsinvestitionen ist das **Unterlassen der Investition**. Sofern es sich bei einer Ersatzinvestition nicht um eine zwingend sofort auszutauschende Maschine, Produktionsanlage oder Komponente einer Anlage handelt, kann – sicherlich nur für einen begrenzten Zeitraum – die Investition unterbleiben. Andere Alternativen sind die Stilllegung des betreffenden Produktionsbereichs oder der Verkauf an einen interessierten Wettbewerber.

Rechentechnisch können je nach Entscheidungsproblem statische oder dynamische Investitionsrechenverfahren zur Bestimmung eines sinnvollen Ersatzzeitpunktes benutzt werden. Bei einfacheren Problemstellungen kann ein **Kostenvergleich** ausreichend sein. Bei einem Kostenvergleich werden die durchschnittlichen Kosten pro Periode (Jahr) der Ersatzanlage mit den zeitlichen Grenzkosten der alten Anlage für die betreffende Periode verglichen. Die Kosten setzen sich aus den variablen und fixen Kosten zusammen. Die variablen Kosten beinhalten die Fertigungslöhne, das Fertigungsmaterial, die Energiekosten, die im Rahmen der Produktion anfallen sowie weitere variable Kosten. Die fixen Kosten setzen sich aus den nicht leistungsabhängig anfallen Kosten, beispielsweise Gehälter, Kosten für Versicherungen, Abschreibungen und Zinsen zusammen. Die kalkulatorischen Zinsen ergeben sich aufgrund der Kapitalbindung, die kalkulatorischen Abschreibungen werden im Rahmen der Kostenvergleichsrechnung – wie die anderen Größen auch – als durchschnittlicher Wert für eine Periode auf Basis der gesamten Nutzungsdauer bestimmt. Dies gilt jedoch nur für die Ersatzinvestition. Die alte Anlage könnte man bei sofortigem Ersatz verkaufen und gegebenenfalls einen Veräußerungserlös erzielen. Dieser Veräußerungserlös vermindert sich, sofern die alte Anlage eine Periode länger betrieben wird. Die Differenz zwischen diesen Verkaufserlösen ist als Abschreibung der alten Anlage für den Kostenvergleich anzusetzen. Voraussetzung für die Anwendung der Kostenvergleichsrechnung ist, dass die Kosten für eine **identische Leistungsmenge** auf beiden Anlagen berechnet wird. Kann mit der neuen Anlage eine größere Leistungsmenge erstellt und verkauft werden als mit der zu ersetzenden Anlage, dann sind die erzielbaren Erlöse mit in die Entscheidungsfindung einzubeziehen.

Für komplexere Entscheidungsprobleme eignen sich eher **dynamische Investitionsrechenverfahren.** Eine größere Komplexität besteht beispielsweise, wenn die vermutlichen Zahlungsüberschüsse bei der zu ersetzenden Anlage in den noch verbleibenden Perioden größere Unterschiede aufweisen, sodass sich eine einfache durchschnittliche Betrachtung verbietet. Häufig wird man in Unternehmen bestimmte Erzeugnisse nicht dauerhaft vertreiben können, da technologische Weiterentwicklungen und strategische Überlegungen dem entgegenstehen. Geht man beispielsweise von einem maximal zehnjährigen Zeitraum aus, in dem man bestimmte Leistungen noch erstellen möchte und kann aus technischen, rechtlichen oder kostenmäßigen Gesichtspunkten eine bestimmte Produktionsanlage maximal noch vier Jahre betrieben werden, dann kann man beispielsweise jeweils zu Beginn des ersten, zweiten, dritten, vierten und fünften Jahres konkret anhand der Kapitalwertmethode prüfen, ob zu Beginn des ersten, zweiten, dritten, vierten oder fünften Jahres die Ersatzinvestition realisiert werden soll. Annahmegemäß soll ab dem Ersatzzeitpunkt die Nutzungsdauer der Ersatzinvestition ausreichend für den restlichen Planungszeitraum sein. Strategische Gründe sollen zudem nicht einen vorzeitigen Produktionsausstieg nahelegen.

Besteht über den **restlichen Produktionszeitraum keine Gewissheit**, weil die Erzeugnisse, die man mit bestimmten Produktionsanlagen produziert vermutlich noch viele Jahre oder gar Jahrzehnte nachgefragt werden, beispielsweise Waschmittel, Nahrungsmittel oder Spanplatten, dann erscheint es sinnvoll, für konkrete Ersatzinvestitionen zunächst die optimale Nutzungsdauer zu berechnen sowie die auf dieser optimalen Nutzungsdauer basierende Annuität der Ersatzinvestition. Die Annuität der Ersatzinvestition ist sodann mit dem zeitlichen Grenzgewinn der zu ersetzenden Anlage zu vergleichen, wie an dem folgenden Zahlenbeispiel nachvollzogen werden kann:

Periode (Jahr)	Zeitlicher Grenzgewinn der alten Anlage	Annuität der Ersatzinvestition	Zeitlicher Grenzgewinn minus Annuität (Differenz)	Abzinsung der Differenzen auf den Zeitpunkt t = 0	Kumulation der abgezinsten Differenzen
2021	204.000 €	200.000 €	4.000 €	3.636 €	3.636 €
2022	206.400 €	200.000 €	6.400 €	5.289 €	8.926 €
2023	198.800 €	200.000 €	–1.200 €	–902 €	8.024 €
2024	103.400 €	200.000 €	3.400 €	2.322 €	10.346 €
2025	199.400 €	200.000 €	–600 €	–373 €	9.974 €
2026	198.900 €	200.000 €	–1.100 €	–621 €	9.353 €

Tab. 5.11: Berechnung eines optimalen Ersatzzeitpunkts

Die Differenz zwischen dem zeitlichen Grenzgewinn der zu ersetzenden Anlage und der Annuität der Ersatzinvestition, wird in Periode drei negativ, sodass auf den ersten Blick zum Ende der zweiten Periode ein Ersatz der alten Anlage durch die neue Anlage sinnvoll erscheinen mag. Auf den zweiten Blick zeigt sich aber, dass in der vierten Periode wieder ein positiver Überschuss der alten Anlage gegenüber der neuen Anlage erzielt wird. Um zu einer endgültigen Entscheidungsempfehlung zu kommen, sind die Differenzen auf den gegenwärtigen Zeitpunkt (t = 0) abzuzinsen (Zinssatz im Beispiel 10 %) und anschließend die abgezinsten Werte Periode für Periode zu addieren. Der maximale Wert mit 10.346 € wird erreicht, wenn man die alte Anlage noch vier weitere Perioden nutzt. Da sowohl die Werte für die alte Anlage als auch die Werte für die Ersatzanlage in den nächsten vier Perioden sicherlich nicht unverändert bleiben, ist eine periodische Überprüfung beziehungsweise Neuberechnung eines wirtschaftlich sinnvollen Ersatzzeitpunktes empfehlenswert. Da innerhalb der nächsten vier Jahre strategische Veränderungen nicht ausgeschlossen werden können, sollte grundsätzlich bei Investition eine aktuelle Aussage zur Kompatibilität einer Investition mit der Strategie formuliert werden.

Abschließend stellt sich vielleicht noch die Frage, warum der zeitliche Grenzgewinn der alten Anlage in Periode vier über dem zeitlichen Grenzgewinn der vorhergehenden Periode liegt. Handelt es sich um einen willkürlich höher angesetzten Wert oder lässt sich dieser begründen? Der zeitliche Grenzgewinn der alten Anlage basiert unter anderem auf den erzielbaren Restwerten der alten Anlage zu Beginn beziehungsweise zum Ende der einzelnen Perioden. Aufgrund der mit diesem Anlagentyp gewonnenen Erfahrungen im Unternehmen werden folgende Restwerte jeweils zum 31.12. eines Jahres angenommen:

2021	2022	2023	2024	2025	2026
246.000 €	202.000 €	166.000 €	136.000 €	111.000 €	91.000 €

Tab. 5.12: Resterlöswerte der zu ersetzenden Anlage

Der Restwert der alten Anlage zu Beginn des Jahres 2021 soll bei 300.000 € liegen. Wie man anhand der Zahlen erkennt, ist der Wertverfall in den ersten Jahren höher als in späteren Jahren. Ähnliche Verläufe würde man bei Anwendung degressiver Abschreibungsverfahren erhalten.

Die periodischen Zahlungsüberschüsse können der folgenden Übersicht entnommen werden:

2021	2022	2023	2024	2025	2026
288.000 €	275.000 €	255.000 €	250.000 €	238.000 €	230.000 €

Tab. 5.13: Eigenfertigung und Fremdbezug von Einsatzstoffen

Die periodischen Verschlechterungen können mit höheren Ausgaben für Instandhaltung der alten Anlage begründet werden sowie mit höheren Verbräuchen beispielsweise für Schmierstoffe und Energie im Zuge des zunehmenden Anlagenalters. Die Differenz aus zeitlichem Grenzgewinn und Annuität, beispielsweise im Jahre 2024, ergibt sich aus folgender Berechnung: Von der Summe aus dem Resterlöswert der zu ersetzenden Anlage zum 31.12.2024 und dem im Jahr 2024 mit der alten Anlage zu erzielendem Zahlungsüberschuss (136.000 € + 250.000 € = 386.000 €) wird der um eine Periode aufgezinste Resterlöswert zum 31.12.2023 der zu ersetzenden Anlage (166.000 € • (1+10 %) = 182.600 €) subtrahiert (386.000 € – 182.600 € = 203.400 €), um den zeitlichen Grenzgewinn der alten Anlage zu erhalten. Subtrahiert man von diesem zeitlichen Grenzgewinn die Annuität der Ersatzinvestition von 200.000 €, so erhält man mit dem Ergebnis in Höhe von 3.400 € den Vorteil, der sich für das Jahr 2024 ergibt, wenn in dem betreffenden Jahr noch die vorhandene Anlage genutzt wird.

Sonstige Investitionen

Neben Erweiterungs-, Ersatz- und Rationalisierungsinvestitionen investieren Unternehmen aus weiteren Gründen. Diese Investitionen lassen sich in erzwungene Investitionen und freiwillige Investitionen differenzieren. Zu den **erzwungenen Investitionen** zählen Investitionen aufgrund gesetzlicher Vorschriften, behördlicher Anordnungen aber auch aufgrund von Verträgen, die Unternehmen im B2B-Bereich mit anderen Unternehmen vereinbart haben. Beispiele für den zuletzt genannten Fall sind Investitionen, zu denen sich ein Zulieferer aufgrund einer eingegangenen Entwicklungspartnerschaft mit einem Hersteller verpflichtet hat. Zu den **freiwilligen Investitionen** zählen alle Investitionen, über die ein Unternehmen frei entscheiden kann. Hierzu lässt sich der Teil der dem Umweltschutz dienenden Investitionen zählen, die nicht allein aufgrund bestehender Vorschriften getätigt werden. Weitere Beispiele sind Investitionen zur Erhöhung der Attraktivität des Unternehmens für Mitarbeiter, etwa die Einrichtung einer Kantine, eines Werkskindergartens oder Investitionen zur qualitativen Verbesserung der Arbeitsplätze und des Arbeitsumfelds der Beschäftigten. Investitionen zur Aufrechterhaltung der Gesundheit und Sicherheit der Mitarbeiter sind weitere Beispiele. Auch die Ausgaben zur Fortbildung der Beschäftigten stellen eine Investition dar. Investitionen in den weiteren Ausbau der Digitalisierung haben nicht erst in der heutigen Zeit eine hohe Bedeutung für Unternehmen.

Praxisbeispiel: Volkswagen investiert bis zu vier Milliarden in Digitalisierung

„Volkswagen stellt neue 'Roadmap Digitale Transformation' vor: 2000 Digital-Arbeitsplätze werden neu geschaffen, agile Arbeitsweisen gestärkt, verbesserte IT-Prozesse sollen Beschäftigte künftig stärker entlasten. Ob in klassischen Forschungsfeldern (wie der Produktion) oder ob in digitalen Zukunftstechnologien (Künstliche Intelligenz oder autonomes Fahren) – der Volkswagen Konzern will Pionier und Innovationstreiber für die Mobilität der Zukunft sein.

Volkswagen treibt die Modernisierung und Digitalisierung des Unternehmens mit Hochdruck voran: Bis 2023 sollen bis zu vier Milliarden Euro in Digitalisierungsprojekte investiert werden — vorrangig in der Verwaltung, aber auch in der Produktion. Mindestens 2.000 neue Arbeitsplätze mit Bezug zur Digitalisierung sollen geschaffen werden. Das haben Vorstand und Gesamtbetriebsrat in ihrer 'Roadmap Digitale Transformation' vereinbart. Agile Arbeitsweisen, verbesserte Prozesse und Digitalisierung sollen Beschäftigte entlasten und Abläufe beschleunigen. Bislang manuell durchgeführte Aufgaben werden durch verbesserte IT vereinfacht. Dadurch sollen bei der Volkswagen AG Pkw, der Volkswagen Group Components und der Volkswagen Sachsen GmbH in den nächsten vier Jahren bis zu 4.000 Stellen im indirekten Bereich nicht wiederbesetzt werden. Voraussetzung hierfür ist, dass Aufgaben durch Digitalisierung, Prozessoptimierung und Organisationsverschlankung entfallen. Zugleich wurden weitere Investitionen in die Industrie 4.0 und ein damit einhergehender Produktivitätsfortschritt von fünf Prozent pro Jahr bis 2023 im direkten Bereich vereinbart. Für die personelle Transformation im Zuge der Digitalisierungs-Offensive von Volkswagen wird zudem das Qualifizierungsbudget um 60 Millionen Euro auf insgesamt rund 150 Millionen Euro erhöht. Eine einheitliche Beschäftigungssicherung für die Volkswagen AG und die Volkswagen Sachsen GmbH wird bis 2029 vereinbart."

(https://www.volkswagenag.com/de/news/stories/2019/06/volkswagen-invests-up-to-4-billion-euro-in-digitalization.html, 28.06.2020)

5.2.2 Festlegung des Investitionsbudgets

Ein Investitionsbudget ist Teil der betrieblichen Budgetierung. Mit Budgets wird bestimmt, welche Geldbeträge für bestimmte Aufgaben im Unternehmen verausgabt werden können. Budgets sind zugleich ein **Führungsinstrument**, da Budgetverantwortliche im Rahmen ihrer Vorgaben die Mittel verwenden können. Mit einem Investitionsbudget legt ein Unternehmen fest, welche Mittel in einem bestimmten Zeitraum für investive Aufgaben zur Verfügung stehen sollen. Investitionen sind Teil der taktischen Unternehmensführung. Dementsprechend umfassen Investitionsbudgets oft einen mehrjährigen Zeitraum, der im Rahmen der operativen Planung auf Jahre und Monate herunter zu brechen ist.

Quantifizierung des Investitionsbudgets

Die Höhe des Investitionsbudgets wird durch den **Investitionsbedarf** eines Unternehmens bestimmt. Orientierung für den Investitionsbedarf gibt die strategische Planung. Anhand einer **Gap-Analyse** erkennt ein Unternehmen, in welchem Umfang eine angestrebte Entwicklung von einer eintretenden Entwicklung ohne Innovationen und Erweiterungsinvestitionen abweicht. Mithilfe von **Portfolioanalysen** können die Geschäftsfelder identifiziert werden, die in strategischer Hinsicht lohnend erscheinen. Vor diesem Hintergrund können erste Quantifizierungsversuche gestartet werden, die im Wesentlichen von der Erfahrung der die Prognose anstellenden Beschäftigten abhängt. Zu ergänzen ist das strategisch bestimmte Investitionsvolumen um andere nicht die Strategie betreffende Investitionen, insbesondere um Ersatzinvestitionen.

Investitionen benötigen finanzielle Mittel. In welcher Form und in welchem Umfang finanzielle Mittel für Investitionen bereitgestellt werden sollen, ist eine unternehmensstrategische Fragestellung. Im Rahmen der strategischen Führung eines Unternehmens kann beispielsweise bestimmt sein, dass die üblichen Investitionen durch den Cashflow aus betrieblicher Tätigkeit zu finanzieren sind und der sich nach Abzug der Investitionen ergebende **Free Cashflow** ausreichend ist, um die Ansprüche der Kapitalgeber zu erfüllen. Für einen von Zeit zu Zeit anfallenden höheren Investitionsbedarf, beispielsweise aufgrund einer geplanten Übernahme eines größeren Wettbewerbers oder bei grundlegenden technologischen Umbrüchen, sind zusätzliche finanzielle Mittel einzusetzen. Ein Instrument zur Abstimmung der zur Verfügung stehenden finanziellen Mittel mit dem Investitionsbedarf ist die Kapitalflussrechnung:

	Cashflow aus betrieblicher Tätigkeit
+	Cashflow aus Investitionstätigkeit
=	Free Cashflow
+	Cashflow aus Finanzierungstätigkeit
=	Veränderung des Zahlungsmittelfonds

	Zahlungsmittelfond zum 01.01.
+	Veränderung des Zahlungsmittelfonds
=	Zahlungsmittelfonds zum 31.12.

Abb. 5.7: Free Cashflow im Rahmen einer Kapitalflussrechnung

Mit der Investitionstätigkeit und der Ausschöpfung des Investitionsbudgets sind nicht unerhebliche Risiken verbunden. In Abhängigkeit der Komplexität und der Neuartigkeit der Investitionen aus Sicht des investierenden Unternehmens können Abweichungen in erheblichen Umfang bis hin zu Fehlinvestitionen entstehen. Vor diesem Hintergrund sind verschiedene Szenarien zu prüfen, um die Auswirkungen negativer Abweichungen auf die Bilanz, die Finanzierung, die bilanziellen Kennzahlen und somit auf das Rating zu berechnen. Vor diesem Hintergrund kann das für ein Unternehmen zulässige Investitionsbudget bestimmt werden.

Aufteilung des Investitionsbudgets

Konkret setzt sich das Investitionsbudget aus einzelnen Investitionen zusammen. Einzelinvestitionen können zu Investitionskonzepten zusammengefasst werden. In produzierenden Unternehmen liegt der Fokus der Investitionstätigkeit in der Neu- und Weiterentwicklung von Technologien und Erzeugnissen sowie in Investitionen in Standorte. Diese drei Bereiche verantworten den wesentlichen Teil des Investitionsbudgets.

Entsprechend dem S-Kurven-Konzept ist der Erkenntnisgewinn bei neuartigen Technologien zu Beginn noch relativ gering. Offen ist, in welcher Form sich eine neue **Technologie** durchsetzt oder nicht weiterverfolgt wird. Ob sich eine neue Technologie verbreitet, hängt von verschiedenen Faktoren ab. Das einer Technologie inhärente Leistungspotenzial ist sicherlich ein wesentlicher, aber nicht der einzige Faktor. Eine neue Technologie muss sowohl die Akzeptanz in den produzierenden Unternehmen, aber auch bei den späteren Nutzern der Technologie, also bei den Kunden, finden. Für die Akzeptanz einer Technologie kann eine schnelle und breite Nutzung bei Kunden entscheidend sein. Für ein eine bestimmte Technologie entwickelndes Unternehmen kann das bedeuten, diese Technologie anderen Unternehmen über Lizenzen zur Verfügung zu stellen, um die Verbreitung der Technologie zu fördern.

Für Unternehmen stellt sich die Frage, **wann und in welcher Form** es neue Produkttechnologien nutzen will. Diese Fragen sind strategisch und taktisch-operativ zu entscheiden. Während junge Unternehmen unbelastet von Produktionskapazitäten, die auf alten Technologien beruhen, eine Entscheidung treffen können, stehen alte Unternehmen vor dem Problem, vor dem Hintergrund der bestehenden Kapazitäten einen sinnvollen Einstiegstermin zu finden. Ein sofortiger Ausstieg aus alten Technologien führt zu hohen Abschreibungen und zu einem Beschäftigungsrückgang, wenn die neue Technologie in quantitativer Hinsicht aus verschiedenen Gründen sofort nur begrenzt eingesetzt werden kann. Die Gründe können absatzbedingt sein, da die Akzeptanz bei den Kunden noch nicht ausreichend ist, produktionsbedingte Gründe bestehen, wenn nicht in kurzer Zeit die entsprechenden Kapazitäten aufgebaut werden können, beschaffungsbedingte Gründe liegen vor, wenn bestimmte Rohstoffe, die für die neue Technologie benötigt werden, nicht im erforderlichen Umfang verfügbar sind.

Neben dem Einstiegszeitpunkt ist zu definieren, auf welcher Basis die Technologie im Unternehmen eingesetzt werden soll. In welcher Form will man die Technologie mitentwickeln oder Entwicklungsarbeiten anderer Unternehmen und Institutionen nutzen. Will man die Technologie „nur" mitentwickeln oder will man Technologieführer sein. Oft bilden Unternehmen Kooperationen, um Technologien gemeinsam zu entwickeln und zu nutzen. Vor dem Hintergrund dieser Überlegungen ist in Unternehmen zu bestimmen, welcher Teil des Investitionsbudgets auf neue und weiterzuentwickelnde Technologien entfällt. Zur Entscheidungsfindung sind vom Controlling die Alternativen zu formulieren, Vor- und Nachteile in strategischer sowie taktisch-operativer Hinsicht zu nennen und zu quantifizieren.

Die **Neu- und Weiterentwicklung der Erzeugnisse** ist ein weiterer Investitionsbereich. Die Erzeugnisse sind Teil des Erzeugnisprogramms. In diesem Zusammenhang ist zu entscheiden, welche Neu- und Weiterentwicklungen sinnvoll sind. Das Absatzprogramm kann hinsichtlich der Programmbereite und der Programmtiefe differenziert werden. Unter Programmbreite versteht man die Anzahl der Produktlinien, unter Programmtiefe die Anzahl der Produkte innerhalb einer Produktlinie. Somit gibt es zwei Stellschrauben, an denen man ansetzen kann, um das Erzeugnisprogramm zu verändern. In welchem Umfang Investitionen in neu- oder weiterzuentwickelnde Erzeugnisse sinnvoll sind, hängt von strategischen Überlegungen, langfristigen Absatzprognosen und den Erwartungen der Kunden ab. Um die Entwicklungsausgaben aber auch die späteren Kosten in der Produktion in Grenzen zu halten, ist in Mehrproduktunternehmen Synergieeffekten besondere Beachtung zu schenken. Viele Komponenten können als Gleichteile in verschiedenen Erzeugnissen eines Unternehmens Verwendung finden. Entwicklungsbudgets sollten erst dann genehmigt werden, wenn sämtliche Synergiepotenziale ausgeschöpft wurden.

Betrachtet man einen einzelnen Produktionsstandort, dann umfassen neben der Neu- und Weiterentwicklung der Technologien und Erzeugnisse die **standortbezogenen Investitionen** den dritten Investitionsbereich. Standortbezogene Investitionen stehen in Zusammenhang mit neuen Technologien, die häufig Investitionen in neue Produktionsanlagen nach sich ziehen. Bei neuen Erzeugnissen hängt der Investitionsbedarf in neue Produktionsanlagen davon ab, ob die neuen Erzeugnisse auf den bisherigen Produktionsanlagen in technischer Hinsicht gefertigt werden können. Reicht die Kapazität nicht aus, sind Erweiterungsinvestitionen notwendig. Neben Produkttechnologien können neue Produktionstechnologien zu einem Investitionsbedarf führen. Bei unveränderten Technologien kann das Anlagenalter und der dahinterstehende Verschleiß ein Grund für die Erneuerung der Anlagen sein. In wettbewerbsintensiven Branchen resultiert der Investitionsbedarf aus dem Druck, Rationalisierungsinvestitionen zur Erhaltung oder Verbesserung der Wettbewerbsposition durchführen zu müssen. Zu den standortbezogenen Investitionen zählen auch Investitionen außerhalb der Produktion, beispielsweise Investitionen, die das Arbeitsumfeld aus Sicht der Mitarbeiter verbessern.

5.2.3 Investitionen finden, realisieren und nutzen

Die Investitionstätigkeit lässt sich in drei Arbeitsbereiche unterteilen:

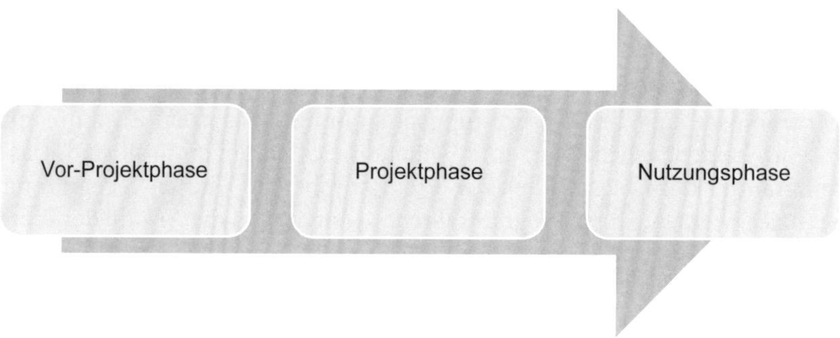

Abb. 5.8: Phasen des Investitionscontrollings

Im Mittelpunkt steht die Projektphase. Hier geht es darum, Investitionsalternativen, die den Status eines Projekts erreicht haben, erfolgreich umzusetzen. Bevor dies erfolgt, ist darüber zu entscheiden, welche Investitionen für eine Realisierung grundsätzlich geeignet erscheinen. In der sich nach Projektabschluss anschließenden Nutzungsphase zeigt sich, in welchem Umfang eine Investition tatsächlich zur Zielerreichung beiträgt.

5.2.3.1 Die richtigen Investitionen finden

Ein Investitionsvorhaben wird erst dann zu einem Investitionsprojekt, wenn darüber entschieden wurde, das Investitionsvorhaben umzusetzen. Die Entscheidung basiert auf einer gegebenen Anzahl von Alternativen. Auch wenn aus Sicht der Investitionsalternativen die richtige Investitionsentscheidung getroffen wurde, ist keine Aussage darüber möglich, ob man tatsächlich die sinnvollsten Investitionen aus Sicht des Unternehmens umsetzen wird. Denn das würde voraussetzen, dass alle sinnvollen Alternativen bekannt und Grundlage der Entscheidungsfindung sind. Nicht selten wird der Begriff „alternativlos" benutzt. Das gilt auch für Investitionen. Das ist weniger ein Kennzeichen dafür, dass es tatsächlich keine Alternativen gibt, sondern eher ein Hinweis darauf, dass man bewusst oder unbewusst keine Alternativen einbeziehen möchte oder kann. Drei wesentliche Aufgaben lassen sich also unterscheiden. Zunächst ist zu ergründen, ob überhaupt ein Investitionsbedarf besteht. Im Anschluss daran, sind die richtigen Alternativen zur Problemlösung zu identifizieren. Anschließend ist aus den potenziellen Investitionsalternativen die richtige Lösungsalternative herauszufiltern.

Abb. 5.9: Führungsunterstützung in der Vor-Projektphase

Investitionsbedarf erkennen

Der Investitionsbedarf ist vor dem Hintergrund der mit der unternehmerischen Tätigkeit verbundenen Zielsetzungen zu klären. So wird in manchen inhabergeführten Unternehmen, die in ihrem Geschäftsfeld seit Jahrzehnten tätig sind, die Ansicht vertreten, dieses Unternehmen in bewährtem Umfang weiter zu betreiben. Das Wachstum und die Wertsteigerung des Unternehmens stehen nicht im Fokus, mit den entsprechenden Konsequenzen für den Investitionsbedarf. In anderen Unternehmen, vornehmlich in Unternehmen bei denen Geschäftsführung und Inhaberschaft nicht identisch sind, dominieren hingegen Wachstums-, Wertsteigerungs- und Ertragsziele. In solchen Unternehmen stehen hingegen gegebenenfalls umfangreichere Veränderungen an, bis hin zu einem Wechsel der Branche.

Ein Ansatzpunkt für einen gegebenen Investitionsbedarf kann daraus resultieren, dass man sich bereits in einer **strategischen Krise** befindet und hieraus ein entsprechender Veränderungsbedarf resultiert. Eine strategische Krise erkennt man nicht an rückläufigen Gewinnen oder Umsätzen, sondern nur anhand eingehender strategischer Analysen, die verdeutlichen, dass man sich strategisch gesehen nicht mehr auf dem richtigen Pfad befindet. Hilfreich ist hierzu zum Beispiel das Hinterfragen der Geschäftstätigkeit vor dem Hintergrund dominierender Megatrends und Trends in bestimmten Branchen. Verschließt man sich derartigen Entwicklungen, dann werden momentan möglicherweise noch ausreichende Erträge verdient, strategisch gesehen befindet man sich aber bereits in einer Krisensituation. Konkret für Produktionsstandorte ist zu prüfen, ob die Produkt- und Fertigungstechnologien nicht nur den derzeitigen, sondern auch den zukünftigen Anforderungen genügen. Vom Controlling sind beispielsweise einmal jährlich eine fundierte Branchenanalyse sowie weitere strategische Analysen durchzuführen.

Das **monatliche Reporting** beansprucht einen wesentlichen Anteil an der zur Verfügung stehenden Arbeitszeit im Controlling. Nicht nur aus diesem Grund dürfen an das Reporting hohe Anforderungen gestellt werden. Das Reporting soll das Management befähigen, die richtigen Erkenntnisse zu gewinnen und die richtigen Entscheidungen zu treffen. Dementsprechend sind die in den Berichten enthaltenen Information so zu fassen und aufzubereiten, dass sie diese anspruchsvollen Aufgaben seitens des Managements eines Unternehmens erfüllen. Hierzu gehören neben Informationen zu den Investitionen auch Informationen, anhand derer sich ein Investitionsbedarf erkennen lässt. Beispielsweise können zunehmende Instandhaltungskosten oder Ausschussquoten darauf hindeuten, dass der Austausch einer bestehenden Produktionsanlage durch eine neue Produktionsanlage zu prüfen ist. Leistungskennziffern der vorhandenen Produktionsanlagen im Vergleich zu den entsprechenden Kennzahlen neuer Anlagen und den Werten wichtiger Wettbewerber sind ein Anstoß, sich mit der Erneuerung des Maschinenparks zu beschäftigen.

Darüber hinaus kann das Controlling **systematisch den Investitionsbedarf seitens der Produktion** erfassen und analysieren. Investitionswünsche sollten nicht verhindert und reduziert, sondern offen angesprochen und diskutiert werden. So kann der Produktionsbereich beispielsweise quartalsweise aufgefordert werden, sich mit potenziellen Veränderungen und daraus resultierenden Investitionen regelmäßig auseinanderzusetzen und darüber zu berichten.

Alternativen zur Problemlösung suchen

Ein erkannter Investitionsbedarf muss nicht zwingend neue Investitionen auslösen. Seitens des Controllings ist zu prüfen, welche alternativen Maßnahmen ergriffen werden können. Bei einer eigentlich anstehenden Erweiterungsinvestition ist zu untersuchen, ob die gewünschte Kapazitätserweiterung beispielsweise durch Veränderungen der Intensität oder der Schicht- und Überstundenmodelle erreicht werden kann. Welche technischen Alternativen bei Durchführung der Investition zur Lösung eines Investitionsproblems infrage kommen, ist in erster Linie Aufgabe der Produktion. Ergänzend ist vom Controlling zu prüfen, ob bestimmte Einsatzstoffe, die den Investitionsbedarf begründen, alternativ im Rahmen des Fremdbezugs beschafft werden können. Vor- und Nachteile in strategischer und finanzieller Hinsicht sind einander gegenüberzustellen.

Investitionsentscheidung treffen

In organisatorischer Hinsicht ist zwischen zwei Entscheidungsebenen zu differenzieren. Eine entsprechende Unternehmensgröße beziehungsweise einen Konzern vorausgesetzt, stammt ein Großteil der **Investitionsvorschläge direkt aus dem Produktionsbereich** vor Ort. Man erkennt Engpässe aufgrund nicht ausreichender Kapazitäten, arbeitet tagtäglich mit nicht mehr zeitgemäßen Maschinen oder sieht erfolgversprechende Rationalisierungspotenziale, die die Wettbewerbsfähigkeit eines Standorts stärken. Im Produktionsbereich werden Überlegungen zur Problemlösung angestellt. Man prüft, welche Alternativen für ein spezielles Investitionsproblem infrage kommen. Bei jeder einzelnen einer derartigen Investitionsentscheidung handelt es sich um eine Entscheidung zwischen **sich gegenseitig ausschließenden Alternativen.** Für ein konkretes Investitionsproblem gibt es zur Lösung verschiedene Alternativen, genau einer der Alternativen ist auszuwählen. Auf einer vorgelagerten Stufe wird bereits eine Vorentscheidung getroffen. In einem größeren Unternehmen oder Konzern wird das Ergebnis dieser Vorentscheidung dem Controlling der Geschäftsführung oder der Konzernleitung zugetragen und als Investition beantragt. Die Geschäftsführung oder Konzernleitung erhalten Investitionsanträge aus den verschiedensten Bereichen beziehungsweise von verschiedenen Standorten. Da das Investitionsbudget begrenzt ist und die potenziellen Investitionen das Budget möglicherweise überschreiten, muss auf dieser übergeordneten Entscheidungsebene eine abschließende Auswahl der zu realisierenden Investitionen getroffen werden.

Die Geschäfts- oder Konzernleitung trifft eine Auswahl zwischen **sich gegenseitig nicht ausschließenden Investitionsalternativen.**

In Abhängigkeit der Entscheidungsebene können unterschiedliche Entscheidungskriterien zum Einsatz kommen. Bei sich gegenseitig ausschließenden Investitionsalternativen, also bei einer Investitionsentscheidung, ob man beispielsweise eine Abkantanlage von Hersteller A oder B kauft, kann man unter rein wirtschaftlichen Kriterien mit der Kapitalwertmethode oder der Annuitätenmethode zu einer sinnvollen Investitionsentscheidung kommen. Auf Konzernebene hilft eine der beiden genannten Methoden nicht weiter, da die Investitionen anhand der Kapitalwert- oder Annuitätenmethode nicht in eine zu realisierende Rangfolge aus Gesamtunternehmens- oder Konzernsicht gebracht werden können. Eine solche Rangfolge kann mit der Modifizierten Internen Zinsfuß-Methode oder der Kapitalwertrate geschaffen werden.

Neben den bereits genannten dynamischen Investitionsrechenverfahren können bei weniger komplexen Investitionsentscheidungen, beispielsweise der Anschaffung eines geeigneten Transportfahrzeugs zur Auslieferung der Erzeugnisse, auch statische Investitionsrechenverfahren zum Einsatz kommen. Fließt die Berechnung der Amortisationszeit mit in die Entscheidungsfindung ein, so spiegelt diese Kennzahl die hohe Unsicherheit wider, die mit der Investitionstätigkeit aufgrund der langfristigen Planwertbestimmung verbunden ist. Unter Risikoaspekten sind Worst-case-Betrachtungen eine nicht unwesentliche Entscheidungshilfe. Nutzwertanalysen runden Investitionsentscheidungen unter qualitativen Gesichtspunkten ab. Nicht unerwähnt bleiben soll, dass Investitionen nur im Einklang mit der Strategie zu treffen sind.

5.2.3.2 Investitionen umsetzen

Die Unterstützung des Controllings bei der Realisation von Investitionen differiert in Abhängigkeit der Komplexität der umzusetzenden Investitionen. Im einfachsten Fall beschränken sich Investitionen auf den Einkauf von einfachen, typischerweise regelmäßig zu beschaffenden Vermögensgegenständen des Anlagevermögens, zum Beispiel Fahrzeuge, Laptops, Schreibtische, bei denen sich die Mitwirkung des Controllings im Wesentlichen auf die routinemäßige Kontrolle der Ausgaben und Abstimmung mit dem zur Verfügung stehenden Budget beschränkt. Gleichwohl kann auch hier geprüft werden, ob zukünftig andere Beschaffungsformen, zum Beispiel Leasing anstelle eines Kaufs, von Vorteil sind.

Bei **komplexeren Investitionen**, beispielsweise bei der Herstellung einer unternehmensindividuell zu entwickelnden Produktionsanlage, deren Entwicklung, Bau und Inbetriebnahme mehrere Monate umfasst, kommen neben weiteren, die im Gliederungspunkt 2.2.6 genannten Instrumente zur Anwendung (siehe Seite 63). Unterstellt man, dass in gewissen Zeitabständen des Öfteren neue Produktionsanlagen benötigt, entwickelt und im eigenen oder fremden Unternehmen hergestellt werden, dann handelt es sich um wiederkehrende Projekte, die aufgrund ihrer Unterschiedlichkeit und des unregelmäßigen Anfalls einer Projektorganisation bedürfen.

Basierend auf der der Entscheidungsfindung zugrundeliegenden Planung ist diese zu verfeinern. Der originären Auswahl lagen mehrere Alternativen zugrunde, sodass zur Begrenzung des Planungsaufwands detaillierte Planungen noch nicht in dem Umfang sinnvoll waren, wie sie nach der Entscheidungsfindung für nur eine ausgewählte Investition möglich sind. Zu beachtende Vorgaben bei der Realisation eines Investitionsprojekts sind die mit der Investition verbundenen Ausgaben, der Zeitraum, der für die Fertigstellung bis zur Inbetriebnahme der Anlage benötigt wird, sowie die technischen Vorgaben für das Investitionsprojekt.

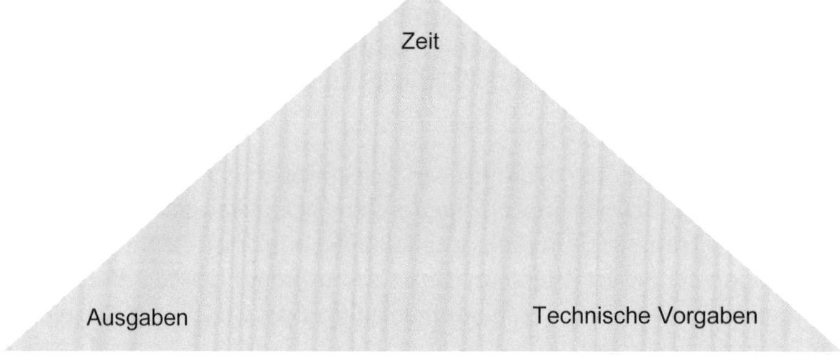

Abb. 5.10: Zu beachtende Vorgaben bei der Realisation von Investitionsprojekten

Aufzustellen ist ein Projektstrukturplan mit den entsprechenden Arbeitspaketen. Die Arbeitspakete sind in zeitlicher Hinsicht zu beschreiben, mit Balkendiagrammen beziehungsweise Netzplänen kann das Ineinandergreifen der Aufgaben und die dazu anfallenden Ausgaben konkret geplant und dargestellt werden. Werden Meilensteine definiert, so eignet sich die Vorgehensweise der Earned Value Analysis als Kontrollinstrument.

5.2.3.3 Investitionscontrolling in der Nutzungsphase

Nach der Anschaffung oder dem Bau einer Produktionsanlage und deren Inbetriebnahme beginnt deren Nutzungsphase. In dieser Phase leisten die Produktionsanlagen ihren Beitrag zur Erfüllung der mit der unternehmerischen Tätigkeit verbundenen Ziele. Inwiefern dies tatsächlich gelingt, ist nach Abschluss einer Investition zu gegebenen Zeitpunkten zu überprüfen. Abweichungen zwischen den mit Produktionsanlagen verbundenen Zielen und den bereits eingetretenen Ist-Zahlen beziehungsweise der sich zukünftig noch ergebenden weiteren Entwicklung können Anlass für Anpassungsmaßnahmen sein. Auf wirtschaftliche Zielsetzungen beschränkt kommen in instrumenteller Hinsicht **Investitionsnachrechnungen** zum Einsatz. Neben dieser dominierenden Controllingaufgabe während der Nutzungsphase realisierter Investitionen will man mit Kontrollen **Lerneffekte** erzielen, die zukünftig zu verbesserten Investitionsplanungen und -entscheidungen führen. Fehlinvestitionen sollte es nicht mehr geben. Nicht vernachlässigt werden darf zudem der Aspekt, dass das Wissen über spätere Kontrollen im Vorfeld **Manipulationen** reduziert oder gar verhindert, wenn mit deren Aufdeckung später gerechnet werden muss.

Für Investitionsnachrechnungen benötigt man Daten aus dem betrieblichen Rechnungswesen. Für eigenständige Produktionsanlagen, zum Beispiel für eine im Rahmen der Blechbearbeitung eingesetzte Laserschneidanlage, liegen Daten zur Leistungserstellung und zu den Kosten im betrieblichen Rechnungswesen sowie technische Betriebsdaten, etwa zur Auslastung und zu den Produktionszeiten, vor, sodass diese in Investitionsnachrechnungen unmittelbar Verwendung finden können. Schwieriger gestalten sich Investitionsnachrechnungen jedoch dann, wenn nicht nur eine, sondern mehrere Laserschneidanlagen betrieben werden, da im Rahmen der Disposition Aufträge von der einen Anlage auf die andere Anlage verlagert werden können und somit das Datenmaterial für eine einzelne der Anlagen dadurch beeinflusst wird. In einem solchen Fall kann eine **direkte, objektbezogene Kontrolle** nur in eingeschränkter Form erfolgen. Zusätzlich ist eine umfassendere, auch andere Anlagen berücksichtigende Globalkontrolle angebracht. Bei einer Globalkontrolle erfolgt die Kontrolle eines Investitionsobjekts in **indirekter** Form.

Investitionsnachrechnungen sollten vor allem für solche **Investitionsobjekte** durchgeführt werden, bei denen durch Anpassungsmaßnahmen in einem hohen Maße wirtschaftliche Verbesserungen erzielt werden können. Abweichungen und damit potenzielle Anpassungsmaßnahmen sind umso wahrscheinlicher, je komplexer bereits die Entscheidungsfindung war. Schwierige Entscheidungsfindungen resultieren daraus, wenn die Umweltentwicklung für eine Investition eine hohe Bedeutung hat, beispielsweise bei der Produktion von technisch neuartigen Erzeugnissen, dem Einsatz besonderer Rohstoffe oder der Relevanz bisher nicht üblicher Energiearten, die Entwicklung der Umwelt aber nur schwer vorhersehbar ist. Risikoreicher sind Erweiterungsinvestitionen im Vergleich zu Ersatzinvestitionen, da aufgrund der Kapazitätserweiterung die zusätzlich produzierbaren Mengen im Markt abgesetzt werden müssen, eine Problematik, die sich bei einer reinen Ersatzinvestition nicht stellt. Aus dem Blickwinkel eines Unternehmens sind Investitionsbereiche, neue Technologien, mit denen man bisher nur wenig oder keine Erfahrungen sammeln konnte aufgrund der Neuartigkeit besonders risikobelastet und sollten einer nachträglichen Wirtschaftlichkeitsbeurteilung unterzogen werden.

Stehen die zu untersuchenden Investitionsobjekte fest, sind als nächstes Kontrollzeitpunkte und die Kontrollhäufigkeit festzulegen. Entsprechend der folgenden Abbildung kann zwischen Investitionsnachrechnungen differenziert werden, die **nach bestimmten Zeitabschnitten regelmäßig** erfolgen und solchen Rechnungen, die aufgrund des Eintretens bestimmter Anlässe als sinnvoll erscheinen. Bei der ersten Gruppe von Nachrechnungen ist unternehmensindividuell zu bestimmen, nach welchen Zeiträumen Investitionen nachzurechnen sind. Hierbei ist zwischen Investitionen und Investitionsbereichen zu differenzieren. Bedeutendere Investitionen aus dem Produktionsbereich sowie Investitionen, die höhere Abweichungen erwarten lassen, sind in kürzeren Zeitabständen zu überprüfen als einfachere Standardinvestitionen aus dem Verwaltungsbereich. Sämtliche Investitionen sind nach diesem Kriterium spätestens zum Zeitpunkt der Inbetriebnahme, besser jedoch schon in der eigentlichen Planungsphase zu klassifizieren, wann Überprüfungen stattfinden sollen. So könnte beispielsweise bei bestimmten Investitionen im Produktions- und Logistikbereich bestimmt werden, dass diese erstmalig zwei Jahre nach Inbetriebnahme sowie anschließend alle drei Jahre zu überprüfen sind.

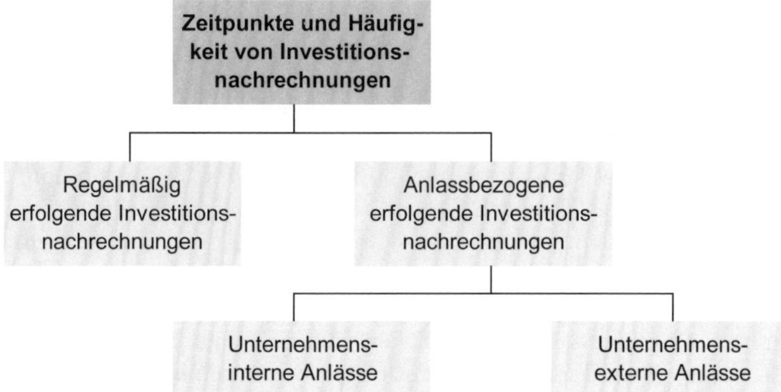

Abb. 5.11: Zeitpunkte und Häufigkeit von Investitionsnachrechnungen

Hinzu kommen Prüfungen, die aufgrund des **Eintretens bestimmter Ereignisse** durchzuführen sind. Diese zusätzlich zu bestimmten Zeitpunkten stattfindenden Prüfungen können danach differenziert werden, ob sie auf Begebenheiten des Unternehmens oder auf unternehmensexternen Anlässen beruhen. Ist die Inbetriebnahme einer Produktionsanlage oder die Anlaufzeit nicht problemlos verlaufen, dann kann das Ende der Anlaufzeit ein zusätzlicher Zeitpunkt für eine Investitionsnachrechnung sein. Gleiches gilt, wenn eine Produktionsanlage nicht wie ursprünglich geplant realisiert wurde. Bei weiteren einschneidenden Ereignissen im Lebenslauf einer Produktionsanlage, so etwa größere Reparaturen, Maßnahmen zur Verbesserung der Leistungsfähigkeit einer Anlage oder Programmumstellungen, ergeben sich weitere Gründe für zusätzliche Investitionsnachrechnungen. Unternehmensexterne Anlässe für zusätzliche Investitionsnachrechnungen sind neue verfügbare Technologien für Produktionsanlagen, Veränderungen im Verhalten der Wettbewerber mit Auswirkungen auf die eigene Produktion oder Veränderungen bei der Nachfrage seitens der Kunden, wenn die Erzeugnisse des Unternehmens nicht mehr deckungsgleich mit den Kundenvorstellungen sind.

Bei der Durchführung von Investitionsnachrechnungen werden Ist-Zahlen für den bereits abgelaufenen Nutzungszeitraum sowie prognostizierte Werte für den noch nicht abgelaufenen Zeitraum **Vergleichswerten** gegenübergestellt. Bei den Vergleichswerten kann es sich um die ursprüngliche Investitionsplanung handeln. Da die ursprüngliche Investitionsplanung bereits zum Zeitpunkt der Inbetriebnahme einer Produktionsanlage veraltet sein kann, da man sich während des länger andauernden Herstellungsprozesses der neuen Anlage aus hier nicht darzulegenden Gründen nicht an die ursprüngliche Planung gehalten hat, kann eine angepasste, diesen Aspekt berücksichtigende Planung ein besserer Vergleichsmaßstab sein. Ähnliche Überlegungen sind anzustellen, wenn sich in den ersten Jahren der Nutzung gravierende Veränderungen in positiver oder negativer Hinsicht ergeben haben. Ist man im real case der Investitionsplanung davon ausgegangen, eine Produktionsanlage im Einschichtbetrieb einzusetzen, wird sie aber aufgrund einer hohen Nachfrage seit einiger Zeit im Zweischichtbetrieb dauerhaft genutzt, so sollten Vergleichswerte, anders als ursprünglich geplant, den Zweischichtbetrieb beinhalten. In negativer Hinsicht wäre entsprechend vorzugehen. Basierte die ursprüngliche Planung darauf, dass man den wesentlichen Teil der Produktion an einen Großabnehmer verkaufen wollte und ist das nun nicht mehr möglich, weil der Großabnehmer beispielsweise Insolvenz beantragt und den Geschäftsbetrieb aufgegeben hat, dann macht es wenig Sinn, auch viele Jahre danach noch von einer Planung auszugehen, die den Absatz an den Großabnehmer berücksichtigt. Es gibt also verschiedene Gründe, die eine Plananpassung sinnvoll erscheinen lassen. Primäres Ziel der Abweichungsberechnung ist es nicht zu zeigen, wie gut oder wie schlecht man sich gegenüber einer ersten Planung entwickelt hat. Ziel ist die Entwicklung sinnvoller die Wirtschaftlichkeit fördernder Anpassungsmaßnahmen aus Sicht der aktuellen Situation. Die originäre Planung liefert dazu nur ein ersten, gegebenenfalls zu modifizierenden Anhaltspunkt.

Auf diesen Überlegungen aufbauend sind **Abweichungen** zwischen einer gegebenenfalls modifizierten Planung und der Ist-Werte beziehungsweise der zukünftig vermutlich noch eintretenden Ist-Werte zu berechnen. Entsprechend der folgenden Abbildung sind Einzahlungs- und Auszahlungsabweichungen unsaldiert zu analysieren, getrennt für den bereits abgelaufenen und nicht abgelaufenen Zeitraum. Die geplanten **Einzahlungen** können der originären oder einer modifizierten Planungsrechnung entnommen werden. Die ermittelten Abweichungen bei den Einzahlungen für den bereits abgelaufenen Zeitraum liefern wichtige Ansatzpunkte zur Prognose der für die Rest-Nutzungsdauer fortzuschreibenden Ist-Werte.

Abb. 5.12: Abweichungsanalysen bei realisierten Investitionen

Bei der Analyse der Auszahlungen für den bereits abgelaufenen Zeitraum ist zweistufig vorzugehen. In einem ersten Schritt sind die Abweichungen zu berechnen, die sich zwischen **geplanten Auszahlungen** für den geplanten sowie für den realisierten Umsatz ergeben. Diese Differenz vermittelt die aufgrund der abweichenden Umsatzentwicklung tatsächlich einsparbaren beziehungsweise zusätzlich anfallenden Auszahlungen. In einem zweiten Schritt werden dann die Abweichungen berechnet und analysiert, die sich als **Differenz zwischen geplanten und tatsächlich angefallenen**

Auszahlungen ergeben, wobei sich die Auszahlungen auf den realisierten Umsatz beziehen. Für den noch nicht abgelaufenen Zeitraum sind für die zukünftig möglichen Umsatzentwicklungen die Auszahlungen zu prognostizieren, die eintreten, wenn keine Anpassungsmaßnahmen ergriffen werden. Die Abweichungen ergeben sich, wenn diese prognostizierten Auszahlungen den geplanten Auszahlungen für die prognostizierten Umsatzentwicklungen gegenübergestellt werden.

5.2.4 Investitionsrichtlinien

Je größer und komplexer Unternehmen werden, umso mehr Organisationseinheiten sind an Investitionsentscheidungsprozessen beteiligt. Viele Prozessbeteiligte, der Einsatz großer finanzieller Mittel und die hohe Relevanz von Investitionen für die strategische Stellung und die wirtschaftliche Position von Unternehmen zeigen die Bedeutung von funktionierenden Reglungen zur Abwicklung von Investitionen. Investitionsrichtlinien beschreiben diese Regelungen. Die dem Controlling inhärente Koordinationsfunktion sowie die hohe Kompetenz des Controllings für wirtschaftliche Fragestellungen qualifiziert das Controlling zur Formulierung von Investitionsrichtlinien. Investitionsrichtlinien benötigt man für

- das Beantragungs- und Genehmigungsverfahren,
- die Planung von Investitionen,
- die Realisation von Investitionen.

Alle drei Richtlinienteile verlangen ein gemeinsames Verständnis über das, was in einem Unternehmen als Investition verstanden werden soll.

Investitionen in Unternehmen

Gegenstand der Investitionsrichtlinien sind Investitionen. Somit ist als erstes zu klären, was unter Investitionen in einem Unternehmen zu verstehen ist. Genauso wie in der Theorie, sollte das Investitionsverständnis eindeutig und präzise formuliert sein, sodass bei verschiedenen Sachverhalten eindeutig entschieden werden kann, ob es sich um Investitionen handelt oder nicht. Hinzu kommen gegebenenfalls unternehmens- oder branchenspezifische Besonderheiten. In der Praxis ist zusätzlich noch zu berücksichtigen, dass Prozessbeteiligte aus verschiedenen Gründen der Versuchung unterliegen können, die Investitionsrichtlinien durch bewusst herbeigeführte Sachverhaltsgestaltungen zu umgehen. Auch dieser in der Praxis wichtige Aspekt ist bei der Formulierung von Investitionsrichtlinien zu berücksichtigen.

Unternehmen berichten im Rahmen der Rechnungslegung über Investitionen und verstehen unter Investitionen Zugänge im Anlagevermögen. Kapitalbindungen im Umlaufvermögen infolge von Erweiterungsinvestitionen wirken sich nicht auf das Investitionsvolumen aus. Investitionsgüter, die konkreten Rechnungslegungsvorschriften entsprechend dem Operating Leasing zugeordnet werden, sind mangels Aktivierung nicht Teil der Investitionen. Orientiert sich ein Unternehmen bei der Definition von geleasten Investitionen an der Differenzierung zwischen Operating und Financial Leasing, dann können auch bei einem bereits ausgeschöpften Investitionsbudget weitere Investitionsgüter genutzt werden, wenn sie als Operating Leasing eingestuft werden.

Investitionsbudgets unterliegen wie andere Budgets im Unternehmen der Überprüfung durch die Interne Revision. Darüber hinaus sind Investitionen ab bestimmten Wertgrenzen von der Geschäfts- oder Konzernleitung zu genehmigen. Ein Werksleiter, der über nicht unerhebliche Ausgabenbudgets verfügt, könnte bei einem erschöpften Investitionsbudget geneigt sein, Investitionen nicht als solche zu deklarieren, sondern im Rahmen des Operating Leasing zu finanzieren. Solche Sachverhaltsgestaltungen entsprechend nicht der Investitionspolitik in Unternehmen und Konzernen. Dementsprechend ist der Definition von Investitionen in Investitionsrichtlinien besondere Bedeutung beizumessen. Das Investitionsvolumen einer dezentralen Organisationseinheit darf nicht einseitig dadurch verändert werden, weil bestimmte Sachverhalte einer Aktivierungspflicht nicht unterliegen. Das externe Rechnungswesen informiert nur in eingeschränkter Form über Investitionen. Diesem Gedanken folgend wurde mit dem Standard IFRS 16 der internationalen Rechnungslegungsvorschriften (IFRS) die bisherige Bilanzierungspraxis geändert. Der Standard IFRS 16 ist verpflichtend ab 2019 in Unternehmen anzuwenden, die den internationalen Rechnungslegungsvorschriften unterliegen. Um Leasing handelt es sich, wenn aufgrund eines Vertrags die Berechtigung besteht, die Nutzung eines identifizierten Vermögenswerts gegen Zahlung eines Entgelts für einen bestimmten Zeitraum zu kontrollieren. Das Nutzungsrecht ist vom Leasinggeber zu Anschaffungskosten zu bewerten. Beim Leasinggeber bleibt die Differenzierung Operating Leasing und Financial Leasing bestehen.

Praxisbeispiel für die Definition von Investitionen in den Investitionsrichtlinien eines Konzerns:

„Investitionen sind strukturverändernde Maßnahmen. Hierzu zählen unabhängig von konkreten Aktivierungsvorschriften und Finanzierungen (insbesondere Leasing) Veränderungen im Vermögen (Sachanlagen, immaterielles Vermögen, Umlaufvermögen) und damit verbundene Ausgabenverpflichtungen, zum Beispiel für Personal, Schulung und Beratung."

Diese Definition berücksichtigt nicht nur die oben angesprochene Leasingproblematik, sondern auch kapitalbindende Veränderungen im Umlaufvermögen als auch einmalige Ausgaben zum Beispiel im Personalbereich, die nur anfallen, weil investiert wurde. Es handelt sich um eine streng betriebswirtschaftliche Sichtweise von Investitionen anstelle einer zu engen Anlehnung an bestehende Rechnungslegungsvorschriften, die – wie man anhand des neuen IFRS 16 sieht – auch einfach geändert werden können. Würde man sich an bestehende rechtliche Regelungen zu stark orientieren, dann gibt man die betriebswirtschaftliche Steuerung zu schnell aus der Hand.

Beantragung von Investitionen

Die Beantragung von Investitionen erfolgt in großen Unternehmen und Konzernen mit einem formalisierten und digitalisierten Verfahren. Folgende Informationen sind notwendig:

- Standort
- Projekt
- Investitionszweck
- Wirtschaftlichkeitskennziffern

- Subventionen
- sonstige Informationen

In einem Konzern erfolgen zunächst Angaben zum Standort, zu Ansprechpartnern und Antragsteller. Als nächstes ist das Projekt genauer zu beschreiben, damit es zugeordnet werden kann. Hierzu gehören die Projektbezeichnung, eine Projektnummerierung, eine Zuordnung zu bestimmten Anlagengruppen sowie zur Kostenstelle oder dem übergeordneten Bereich der Investition. Die Angabe des vorherrschenden Investitionszwecks dient insbesondere statistischen Zwecken. So können mit Investitionen folgende Zwecke verbunden sein:

- Erweiterung
- Ersatz
- Rationalisierung
- Qualität
- Umwelt
- Sicherheit
- Forschung
- Entwicklung
- Sonstiges

Mit den Wirtschaftlichkeitskennziffern soll ein erster und schneller Überblick über die Wirtschaftlichkeit einer Investition gegeben werden. In einem digitalisierten System kann der Antragsteller an einem dezentralen Standort Einzahlungen und Auszahlungen softwaregeführt in ein System eingeben, in dem die Berechnungen erfolgen. Wichtige Kennzahlen sind die Investitionssumme, die Nutzungsdauer, der zu aktivierende Betrag, die Rentabilität und die Amortisationszeit. Diese grundsätzlichen Kennzahlen sind bei der späteren Erläuterung des Investitionsvorhabens zu erläutern und investitionsspezifisch zu ergänzen. Im Fall des Leasings sind jährliche Leasingraten und die Vertragslaufzeit anzugeben. Investitionen sollten sich grundsätzlich auch ohne Subventionen rechnen. Nichtsdestotrotz beeinflussen sie in nicht unwesentlichem Umfang die Wirtschaftlichkeit einer Investition. Dementsprechend ist bei der ersten Antragstellung anzugeben, ob sie bereits vollständig geprüft, zum Teil geprüft oder noch gar nicht geprüft wurden und welchen Wert die Subventionen haben. Abschließend können noch weitere Angaben erfolgen, so zum Beispiel, ob die Investition als Einzel-Investition oder im Pauschbetrag für Kleininvestitionen in der Jahresplanung enthalten oder nicht enthalten ist. Annahmegemäß ist mit der Aufnahme einer Investition in der Jahresplanung noch keine abschließende Genehmigung verbunden.

Im Anschluss an diese formalisierten Angaben sind die Investitionsvorhaben bei der Beantragung individuell zu erläutern. Hierzu ist das konkrete Investitionsvorhaben ausreichend zu beschreiben, die mit dem Projekt verbundenen Investitionsausgaben und Subventionen monatsgenau anzugeben. Diese monatsgenaue Vorgehensweise ist notwendig, um qualifizierte monatsgenaue Planungen im gesamten Unternehmen oder Konzern (Koordinationsfunktion des Controllings) aufstellen zu können, um nicht auf bloße Annahmen aufbauen zu müssen. Die mit dem Investitionsprojekt verbundenen laufenden Ausgaben und Einnahmen sind detailliert darzustellen und zu erläutern. Neben der Ermittlung der Rentabilität und Amortisationszeit kann es sinnvoll sein, auch Gewinn- und Verlustrechnungen ohne und mit Durchführung der Investition zu erstellen. Darüber hinaus sind projektabhängig zusätzliche Erläuterungen, zum Beispiel technische Kennziffern, Preisentwicklungen auf Beschaffungs- und Absatzmärkten, Auswirkungen auf den Wettbewerb, notwendig. Auch für nicht rentabilitätsverbessernde Investitionen gelten die gleichen Anforderungen unter Ausnahme der Wirtschaftlichkeitsbetrachtungen.

Genehmigung von Investitionen

Bei der Beantragung von Investitionen ist anzugeben, ob sie bereits Bestandteil der Jahresplanung waren. Sind die Investitionen Bestandteil der aktuellen Jahresplanung, dann haben sich die Leitungsgremien im Rahmen der Planung bereits mit den Investitionsvorhaben vertraut gemacht, sodass eine vereinfachte Genehmigung erfolgen kann. So kann man beispielsweise für Investitionsvorhaben bis zu einem Wert von 100 T€ vorsehen, dass über diese Vorhaben dezentral abschließend entschieden werden kann, verbunden allerdings mit einer Informationspflicht an das zentrale Controlling, damit dort bei den Analysen und Berechnungen von einem vollständigen Informationsstand ausgegangen werden kann. Bei einem Investitionsvolumen zwischen beispielsweise 100 T€ und 500 T€ kann ohne Einbindung des Vorstands das Zentralcontrolling nach einer abschließenden Prüfung die Investitionsfreigabe erteilen. Für Investitionen, die diese Beträge übersteigen, erteilt grundsätzlich der Konzernvorstand auf Basis einer Bewertung seitens des Zentralcontrollings die definitive Freigabe.

Nicht im Investitionsplan enthaltene Investitionen müssen grundsätzlich vom Vorstand und einer vorherigen Beurteilung seitens des Controllings genehmigt werden. Zur Vermeidung eines unangemessenen Verwaltungs- und Genehmigungsaufwands haben die dezentralen Stellen für Kleininvestitionen und Unvorhergesehenes einen Pauschbetrag in der Jahresplanung.

5.3 Literaturhinweise zum fünften Kapitel

Bieg, H.; Kußmaul, H.; Waschbusch, G.: Investition, 3. Aufl., München 2016.
Blohm, H.; Lüder, K.; Schaefer, C.: Investition, 10. Aufl., München 2012.
Coenenberg, A.; Fischer, T.; Günther, T.: Kostenrechnung und Kostenanalyse, 9. Aufl., Stuttgart 2016.
Däumler, K.-D.; Grabe, J.: Kostenrechnung 3, 9. Aufl. Herne 2015.
Friedl, G.; Hofmann, C.; Pedell, B.: Kostenrechnung, 3. Aufl., München 2017.
Grunwald, G.; Hempelmann, B.: Angewandte Marketinganalyse, Berlin/Boston 2017.
Homburg, C.: Marketingmanagement, 6. Aufl., Wiesbaden 2017.
Horváth, P.; Gleich, R.; Seiter, M.: Controlling, 14. Aufl. München 2020.
Reichmann, T.; Kißler, M.; Baumöl, U.: Controlling mit Kennzahlen, 9. Aufl., München 2017.
Riebel, P: Einzelkosten- und Deckungsbeitragsrechnung, Wiesbaden 1979.
Schmidt, A.: Kostenrechnung, 8. Aufl., Stuttgart 2017.
Schneider, D.: Investition, Finanzierung und Besteuerung, Wiesbaden 1989.
Schön, Dietmar: Planung und Reporting, 2. Aufl., Wiesbaden 2016.
Schwellnuß, A.: Investitions-Controlling, München 1991.

6 Produktionsbegleitende Unterstützung des Managements

Back to the roots

Die Wurzeln des Controllings liegen in der Kostenrechnung, nicht in buchhalterischer Sicht, sondern als ein die Führung eines Unternehmens effektiv und effizient unterstützendes Instrument. Ziel ist eine hohe Wirtschaftlichkeit und Produktivität im Produktionsbereich. In operativer Hinsicht begleitet die Kostenrechnung das Produktionsmanagement bei der Planung und Kontrolle der Kosten, eingebettet in die jährliche operative Planung als wichtiges Führungsinstrument.

Noch kurzfristiger angelegt ist die kostenbasierte Unterstützung der Produktion mit Berechnungen zum wirtschaftlich optimalen Produktionsprogramm aufgrund aktueller Nachfrageentwicklungen, sowohl bei End- als auch bei Zwischenprodukten.

Krisen – auch länger andauernde – sind ein Kennzeichen der heutigen Realität. Unternehmen müssen sich proaktiv damit auseinandersetzen, um das Unternehmen in seinem Bestand nicht zu gefährden. Die Absenkung der Gewinnschwelle ist ein erster Schritt. Ein aktives Fixkostenmanagement ist ein starkes Instrument, um sich in Krisensituationen, gleich welcher Art, erfolgreich gegen Wettbewerber durchzusetzen.

6.1 Kostenplanung und Kostenkontrolle

Die Kostenplanung ist ein Teilgebiet der operativen Unternehmensplanung (siehe Kap. 2). Die operative Planung ist eingebettet in die taktische und strategische Unternehmensplanung, als Teil der operativen Planung basiert die Kostenplanung auf der Leistungsplanung. Grundlage der Leistungsplanung ist die **Absatzplanung**, nicht weniger wichtig ist nicht nur in anlagenintensiven Unternehmen das Streben nach einer hohen **Kapazitätsauslastung**. Der Blick auf die auszulastenden Kapazitäten gilt insbesondere für Produktionsprozesse, die wie etwa in der Stahlindustrie nicht beliebig unterbrochen werden können.

Bei Massen- oder Serienfertigung erfolgt der Abgleich zwischen Produktion und Absatz durch den **Auf- oder Abbau der Bestände**. Unter wirtschaftlichen Gesichtspunkten definiert das Controlling sowohl Höchstbestände als auch minimal zulässige Bestände, um zum einen die auf den Bestand bezogenen Kapazitätskosten sowie die mit hohen Beständen verbundenen Bestandsrisiken im zulässigen Rahmen zu halten und zum anderen die vom Markt verlangte Belieferungsfähigkeit sicherzustellen. Ein Instrument hierzu sind differenziert vorzugebende und fortwährend zu überprüfende **Erzeugnisreichweiten**.

Die in der Kostenrechnung übliche Differenzierung in **Einzel- und Gemeinkosten** gilt auch für die Kostenplanung. Einzelkosten werden direkt für Kostenträger, Gemeinkosten werden auf Kostenstellenebene geplant. Als Einzelkosten gelten die Fertigungslöhne, das Fertigungsmaterial sowie Sondereinzelkosten der Fertigung und des Vertriebs. Beispiele für Sondereinzelkosten sind Kosten für spezielle Werkzeuge in der Fertigung, die nur für eine bestimmte Erzeugnisart oder einen bestimmten Auftrag anfallen, oder die Ausgangsfrachten im Vertrieb. Die übrigen Kosten sind Gemeinkosten.

Bei **unechten Gemeinkosten** handelt es sich um Einzelkosten, die grundsätzlich direkt kostenträgerbezogen geplant werden könnten. Bei dem Verbrauch von Hilfs- und Betriebsstoffen in der Fertigung wird sich in vielen Fällen ein direkter Bezug zu einzelnen Kostenträgern herstellen lassen. Vor dem Hintergrund der Kontrolle der Kosten sind die Ist-Kosten entsprechend den Plankosten zu erfassen und einander gegenüberzustellen. Setzen sich die geplanten Kosten für den Verbrauch beispielsweise von Wasser sowohl aus Einzelkosten zusammen, die Kostenträgern direkt zugerechnet werden können und nicht direkt zurechenbaren Gemeinkosten, dann macht diese Differenzierung vor dem Hintergrund der Kontrolle nur Sinn, wenn der Wasserverbrauch im Ist entsprechend differenziert erfasst werden kann. Für die Plankalkulation gilt diese Aussage jedoch nicht. Ein möglichst hoher Anteil an Einzelkosten verbessert die Qualität der Kalkulation.

6.1.1 Grundlagen zur Kostenplanung und Kostenkontrolle

Der Kostenplanung kann auf prognostizierten oder vorgegebenen Kosten beruhen. **Kostenprognosen** dienen einer möglichst genauen Vorhersage der später tatsächlich eintretenden Kosten, die **Vorgabe von Kosten** dient der Verhaltenssteuerung und Zielerreichung.

Prognosen und Kostenkontrollen

Im Rahmen der Kontrolle von Kosten vergleicht man Ist-Kosten mit Plankosten, um daraus Erkenntnisse zu gewinnen. Oft werden in Unternehmen Planungen in Form von **Prognosen** erstellt. Ziel von Prognosen ist es, die später realisierten Istwerte möglichst genau zu treffen. Sind die Prognosen aus Sicht des Unternehmens unerwünscht, dann ist es oft noch nicht zu spät, Maßnahmen zu ergreifen, damit die Prognosen nicht Realität werden. Ein Beispiel ist der vorzeitige Austausch eines Verschleißteils im Produktionsprozess, damit es später nicht zu einer ungeplanten Produktionsunterbrechung kommt.

Prognosen sind eine gute Grundlage, um Entscheidungen vor dem Hintergrund einer vermutlich eintretenden zukünftigen Entwicklung zu treffen. In Abhängigkeit der Prognosequalität spiegeln sie die tatsächlichen zukünftigen Auswirkungen einzelner Handlungsalternativen wider. Im Rahmen einer integrierten Unternehmensplanung lässt sich der Finanzbedarf bestimmen, der auf dieser Basis gestützt mit Kreditgebern verhandelt werden kann. Vor dem Hintergrund einer wahrscheinlich eintretenden Entwicklung können fundierte Personaleinstellungen getroffen werden. Im Einkauf sind Prognosen über den zukünftigen Bedarf Grundlage für die Bestellungen. Ein Grund für Prognosen ist sicherlich auch, dass in Abhängigkeit von der Treffsicherheit der Prognosen Abweichungen geringer ausfallen, als bei einer alternativen Vorgehensweise zur Bestimmung der Planwerte. Da Abweichungen auch im Zusammenhang mit Beschäftigten im Unternehmen gesehen werden, besteht seitens dieses Personenkreises weniger Rechtfertigungsdruck bei eintretenden Abweichungen. Im Folgenden wird an einem einfachen Beispiel diese grundlegende Vorgehensweise erläutert.

Kosten	Plankosten (Prognose)	Ist	Abweichung	
Produktion	300 ME	250 ME	–50 ME	–16,7 %
Fertigungsmaterial	120.540 €	105.000 €	–15.540 €	–12,9 %
Fertigungslöhne	162.000 €	142.500 €	–19.500 €	–12,0 %
Gemeinkosten	452.000 €	374.500 €	–77.500 €	–17,1 %
Summe Kosten	734.540 €	622.000 €	–112.540 €	–15,3 %

Tab. 6.1: Abweichungen zwischen prognostizierten Kosten und Ist-Kosten

Das Zahlenbeispiel zeigt, dass erheblich geringere Kosten im Vergleich zur Prognose angefallen sind. Die Information zur Produktion liefert mit der niedrigeren Produktionsmenge im Ist gegenüber der Prognose eine erste Erklärung. Ob der Rückgang der Kosten angemessen ist, lässt sich jedoch nicht beurteilen, da Informationen hinsichtlich der Reagibilität der Kosten fehlen. Auch können Fehler bei der Prognose der Kosten nicht ausgeschlossen werden.

Vorgaben und Kostenkontrollen

Im Gegensatz zu Prognosen sollen mit Vorgaben nicht die vermutlich eintretenden Ist-Kosten prognostiziert werden. Mit **Vorgaben** wird das Ziel verfolgt, den Kostenbetrag zu bestimmen, den ein Kostenverantwortlicher verursachen darf. Unter Beachtung des für Unternehmen geltenden Wirtschaftlichkeitsprinzips enthalten Kostenvorgaben die Kosten, die vor dem Hintergrund der Leistungserstellung und Zielsetzungen des Unternehmens wirtschaftlich begründet sind. Der Verbrauch der Produktionsfaktoren wird analytisch bestimmt. Der Materialverbrauch kann beispielsweise anhand von Stücklisten, die auf Fertigungszeiten basierenden Fertigungslöhne können auf Basis von Arbeitszeitstudien bestimmt werden. Der Ansatz von Festpreisen zur Bewertung der Verbrauchsmengen eliminiert Preisschwankungen im Einkauf, für die die in der Produktion tätigen Beschäftigten nicht verantwortlich sind. Die auf diese Art und Weise bestimmten Plankosten werden als Standardkosten oder Sollkosten bezeichnet. Sie sind Vorgabe für die Kosten, die im Unternehmen anfallen dürfen.

Starre Plankostenrechnung

In der starren Plankostenrechnung werden die Ist-Kosten den Kostenvorgaben gegenübergestellt. Gegenüber dem vorhergehenden Zahlenbeispiel beinhalten **Kostenvorgaben keine vermeidbaren Unwirtschaftlichkeiten** beim Einsatz und Verbrauch der Produktionsfaktoren. Solche Unwirtschaftlichkeiten können beispielsweise ein unnötig hoher Materialeinsatz oder Verschnitt sein, zu lange Arbeitszeiten pro Werkstück oder ein zu hoher Energieverbrauch. Bereinigt um diese Unwirtschaftlichkeiten sowie dem Ansatz von Planpreisen ergeben sich die unten in der Tabelle stehenden Kostenvorgaben. Kostenvorgaben liegen normalerweise unter den Kostenprognosen, die feststellbaren negativen Kostenabweichungen fallen geringer aus, wenn wie im Beispiel die Ist-Beschäftigung deutlich unter der Planbeschäftigung liegt.

Kosten	Plankosten (Vorgabe)	Ist	Abweichung	
Produktion	300 ME	250 ME	−50 ME	−16,7 %
Fertigungsmaterial	117.000 €	105.000 €	−12.000 €	−10,3 %
Fertigungslöhne	150.000 €	142.500 €	−7.500 €	−5,0 %
Gemeinkosten	384.100 €	374.500 €	−9.600 €	−2,5 %
Summe Kosten	651.100 €	622.000 €	−29.100 €	−4,5 %

Tab. 6.2: Abweichungen zwischen vorgegebenen Kosten in einer starren Plankostenrechnung und den Ist-Kosten

Eine starre Plankostenrechnung ist im Produktionsbereich insgesamt nicht sinnvoll einsatzbar. In Produktionskostenstellen variieren die Kosten normalerweise, wenn sich die Leistungsmenge ändert. Im Beispiel weicht die Produktion deutlich im Ist von der Vorgabe ab. Man vergleicht Kosten miteinander, die so eigentlich nicht vergleichbar sind. Notwendig ist eine Umrechnung der sich auf eine bestimmte Leistungsmenge beziehenden Kostenvorgabe auf die Leistungsmenge, die man im Ist tatsächlich realisiert hat. Voraussetzung für eine solche Umrechnung ist die Trennung der Kosten in fixe und variable Bestandteile, wie sie in der flexiblen Variante der Plankostenrechnung vorgenommen wird. Eine starre Plankostenrechnung kann als geeignete Vorgehensweise infrage kommen, wenn entweder sämtliche Kosten fix sind oder der Anteil variabler Kosten vernachlässigbar ist, beispielsweise in Kostenstellen des Verwaltungsbereichs.

Flexible Plankostenrechnung

In der flexiblen Variante der Plankostenrechnung erfolgt für die Planbeschäftigung einer Kostenstelle eine **Differenzierung der Kosten in fixe und variable Bestandteile**. Ergebnis sind fixe Kosten in bestimmter Höhe sowie von der Beschäftigung abhängige variable Kosten. Dieser Sachverhalt lässt sich mit folgender Kostenfunktion darstellen:

$$K^p = K_f^p + k_v^p \cdot x \qquad \begin{aligned} K^p &= \text{Plankosten} \\ K_f^p &= \text{fixe Plankosten} \\ k_v^p &= \text{variable Kosten pro Mengeneinheit} \\ x &= \text{Leistungsmenge} \end{aligned}$$

Mit der **Planbeschäftigung** bestimmt man die Leistungsmenge x, für die die Plankosten kalkuliert werden. Im Anschluss daran erfolgt die Aufteilung in fixe und variable Bestandteile für die obenstehende Kostenfunktion. Die fixen Kosten verändern sich nicht bei Variation der Beschäftigung. Jedoch darf man nicht umgekehrt davon ausgehen, dass die fixen Kosten bei unterschiedlich hohen Plankosten aufgrund abweichender Beschäftigungen immer gleich sind. Führt man die Planungen für eine Kostenstelle beispielsweise für eine Leistungsmenge von 10.000 Stück durch und alternativ für eine doppelt so hohe Leistungsmenge, dann werden nicht nur die Plankosten insgesamt unterschiedlich hoch sein, sondern auch die Höhe der fixen Kosten. Bei doppelt so hoher Leistungsmenge wird es insgesamt kostengünstiger sein, durch eine umfassendere Automatisierung höhere fixe Kosten zu akzeptieren, die aber durch deutlich niedrigere variable Kosten mehr als ausgeglichen werden. Vor diesem Hintergrund sollte die **Planbeschäftigung möglichst realistisch** angesetzt werden, um zu einer wirklichkeitsgerechten Kostenfunktion zu kommen.

Zur Bestimmung der **variablen und fixen Kosten im Fallbeispiel** wird für das Fertigungsmaterial und die Fertigungslöhne unterstellt, dass es sich bei beiden Kostenarten um variable Kosten handelt. Fertigungsmaterial und Fertigungslöhne sind **Einzelkosten**, da sie direkt den Kostenträgern zugerechnet werden. Variabel sind diese Kosten nur, wenn sie leistungsmengenabhängig disponiert werden können, was in diesem Beispiel unterstellt wird. In der Literatur wird auch die Ansicht vertreten, dass aufgrund arbeitsrechtlicher Aspekte die Fertigungslöhne als fixe Kosten anzusehen sind (vgl. *Friedl, B.* 2010, S. 96).

Dividiert man die für eine Produktion von 300 ME angegebenen Kosten für das Fertigungsmaterial und die Fertigungslöhne durch die Produktionsmenge, dann erhält man mit 390 € beziehungsweise 500 € die jeweiligen Kosten pro Mengeneinheit, die in der untenstehenden Tabelle mit der Ist-Produktionsmenge multipliziert zu variablen Kosten von 97.500 € beziehungsweise 125.000 € führen. Diese Kostenbeträge bezeichnet man als Sollkosten. Unter **Sollkosten** versteht man die auf die Ist-Beschäftigung umgerechneten Plankosten.

Die im Beispiel angegebenen **Gemeinkosten** ergeben sich summarisch aus den Gemeinkosten der einzelnen Kostenstellen und setzen sich aus verschiedenen Kostenarten zusammen, beispielsweise den Energiekosten, den Kosten für Hilfsstoffe, Gemeinkostenlöhne und Gehälter oder Abschreibungen. Für diese Kosten ist genau zu untersuchen, ob sie sich mit variierender Beschäftigung ganz, teilweise oder gar nicht verändern und somit zum Teil oder vollständig den fixen oder variablen Kosten zuzurechnen sind. Im Beispiel wird für die Gemeinkosten folgende Kostenfunktion unterstellt:

$$K = 169.600\,€ + 715 \cdot x$$

Für die Produktion von 250 ME belaufen sich die Sollwerte für die Gemeinkosten auf 348.350 €.

Kosten	Sollkosten	Ist	Abweichung	
Produktion	250 ME	250 ME	0 ME	0,0 %
Fertigungsmaterial	97.500 €	105.000 €	7.500 €	7,7 %
Fertigungslöhne	125.000 €	142.500 €	17.500 €	14,0 %
Gemeinkosten	348.350 €	374.500 €	26.150 €	7,5 %
Summe Kosten	570.850 €	622.000 €	51.150 €	9,0 %

Tab. 6.3: Abweichungen zwischen vorgegebenen Kosten und Ist-Kosten

Gegenüber der starren Plankostenrechnung verändert sich die scheinbare Kosteneinsparung in Höhe von –29.100 € zu einer positiven Kostenabweichung von 51.150 €. Eine positive Kostenabweichung bedeutet, dass mehr Kosten angefallen sind als geplant. Dies gilt, wenn man der in der Praxis üblichen und in der Theorie verbreiteten Vorgehensweise folgt und von den Ist-Kosten die Sollkosten subtrahiert. Die Differenz der Kostenvorgabe der starren Plankostenrechnung und der flexiblen Plankostenrechnung beträgt insgesamt 80.250 € (80.250 € / 50 ME = 1.605 €/ME), für die in der Literatur der Begriff Budgetabweichung verwendet wird (vgl. *Deimel, K. et al.* 2017, S. 485).

6.1.2 Planung der Kosten im Fertigungsbereich

Voraussetzung für die Durchführung von Kostenkontrollen ist die vorherige Kostenplanung. Entsprechend der Differenzierung in Einzel- und Gemeinkosten werden Einzelkosten für Kostenträger geplant. **Kostenträger** sind bei Auftragsfertigung die bereits bekannten Aufträge zum Planungszeitpunkt (Auftragsbestand) sowie Erwartungen über zukünftige Aufträge in der Planungsperiode. Bei Massenfertigung sind die Kostenträger die im Planungszeitraum entsprechend der Absatzplanung unter Berücksichtigung von Bestandsveränderungen zu fertigenden Erzeugnisse. Die Gemeinkostenplanung basiert auf der Einteilung des Unternehmens in **Kostenstellen**, für die unter Verwendung von Bezugsgrößen die Planung erfolgt. Nach Verabschiedung der Planung durch die Geschäftsführung und Aufsichtsgremien dokumentiert diese ein verbindliches **Budget** für Kostenstellen, Unternehmensbereiche und das Unternehmen insgesamt.

6.1.2.1 Planung der Kosten der Fertigungslöhne

Fertigungslöhne fallen für Beschäftigte im Produktionsprozess an, deren Tätigkeit einen **direkten Bezug zu den herzustellenden Erzeugnissen** aufweist. Aus diesem Grund lassen sich Fertigungslöhne für Kostenträger als Einzelkosten planen. Hilfslöhnen und Gehältern fehlt dieser direkte Bezug, sodass die Kosten im Rahmen der Gemeinkostenplanung für Kostenstellen geplant werden. Für die Planung der Fertigungslöhne benötigt man den Zeitbedarf für eine Kostenträgereinheit, der mit geplanten Lohnsätzen und der zu erstellenden Leistungsmenge multipliziert wird, um die Lohnkosten für eine Erzeugnisart zu berechnen.

Bei Mitarbeitern, die im **Zeitlohn** vergütet werden, wirkt sich die Leistungsmenge in einer Periode nicht auf die Höhe der Vergütung aus. Unabhängig davon sind die **Arbeitszeiten** zu planen und mit Lohnsätzen zu bewerten, da ansonsten keine Plankosten für Fertigungslöhne bestimmt werden können. Neben den für einzelne Arbeitsvorgänge anfallenden Grundzeiten, sind bei der Planung der Arbeitszeiten Erholungszeiten und Verteilzeiten zu berücksichtigen. **Grundzeiten** fallen für die eigentliche Produktion eines Erzeugnisses an, aber auch für Arbeitszeiten, die für die Umrüstung der Maschinen benötigt wird. **Verteilzeiten** können ablaufbedingt anfallen, beispielsweise aufgrund von Wartezeiten, die nicht von einem konkreten Mitarbeiter verursacht sind. Persönlich bedingt sind sie, wenn die Ursache für die Unterbrechung der Arbeitszeit bei dem einzelnen Mitarbeiter liegt. Als **Erho-**

lungszeit bezeichnet man temporäre Arbeitszeitunterbrechungen, die während der Arbeitszeit aufgrund der Arbeitsbelastung notwendig werden. Es handelt sich um zu vergütende Arbeitspausen oder Ruhezeiten. Durch geschickte Organisation der Arbeitsabläufe lassen sich notwendige Erholungszeiten reduzieren.

In Abhängigkeit vom Automatisierungsgrad des Maschinenparks und der Ablauforganisation haben die Beschäftigten einen mehr oder weniger großen Einfluss auf die Arbeitszeit für die Verrichtung einzelner Tätigkeiten. Besteht kein Einfluss, dann ergeben sich die Arbeitszeiten aus den Maschinenzeiten für die einzelnen Arbeitsgänge. Wird das Arbeitstempo von einem einzelnen Mitarbeiter bestimmt, dann ist der Arbeitsablauf zu analysieren. Die Analyse ist Grundlage für die Bemessung der **Standard- und Vorgabezeiten**, die für Arbeitnehmer, deren Vergütung auf Zeit- oder Akkordlöhnen basiert, relevant sind. Man unterscheidet **analytische von synthetischen Methoden** zur Analyse und Planung der Arbeitszeit. Die analytische Vorgehensweise basiert auf betriebsindividuellen Zeitmessungen und deren statistischen Auswertungen. Von einer synthetischen Methode spricht man, wenn aufgrund überbetrieblich zusammengestellter Normalzeiten für ausgewählte einheitliche Bewegungsgrundelemente Arbeitszeiten berechnet werden.

Neben dem Zeitlohn ist in der Fertigung der **Akkordlohn** verbreitet. Voraussetzung für die Anwendung des Akkordlohns ist, dass der Leistungsgrad der Beschäftigten nicht nur geringfügig beeinflussbar ist. Ein wesentlicher Grund für den Einsatz des Akkordlohns ist die zu erwartende Leistungssteigerung pro Zeiteinheit aufgrund der höheren Vergütung gegenüber einem reinen Zeitlohn. Hierdurch ergibt sich eine höhere Produktivität der Maschinen, Fertigungsaufträge können schneller abgewickelt werden. Die Akkordvergütung eignet sich nicht für alle Arbeitsbedingungen. Wird die Arbeitszeit von einer Maschine vorgegeben, dann ist der Akkordlohn ungeeignet. Wirkt sich ein zu hohes Arbeitstempo negativ auf die Qualität der Erzeugnisse aus, dann sollte auf den Akkordlohn verzichtet werden. Gleiches gilt, wenn der Verbrauch der im Produktionsprozess eingesetzten Materialien bei Akkordvergütung unnötig hoch ist, vermeidbarer Ausschuss anfällt oder mit Maschinen weniger sorgfältig umgegangen wird. Bei gefährlichen Tätigkeiten verbietet sich der Akkord aufgrund der Verletzungs- und Unfallgefahr.

Bei Anwendung von Akkordlöhnen werden den Beschäftigten anstelle der Arbeitszeiten die **Vorgabezeiten** vergütet. Es handelt sich dabei um einen Zeitakkord im Gegensatz zu dem weniger üblichen Geldakkord, bei dem für eine Leistungseinheit ein Geldbetrag festgelegt wird. Dividiert man die Vorgabezeiten durch den Leistungsgrad, dann ergibt sich für Akkordkräfte die Arbeitszeit als Grundlage der Personal- und Auftragsabwicklungsplanung. Die Arbeitszeiten liegen bei Akkordlöhnen unter den Vorgabezeiten. Beispielsweise beträgt bei einem Leistungsgrad von 125 % und einer Vorgabezeit von 10 Minuten die Arbeitszeit 8 Minuten. Von einem **Gruppenakkord** spricht man, wenn die Arbeitsleistungen nicht von einem einzelnen Mitarbeiter, sondern von einer Gruppe von Mitarbeitern erbracht wird.

Zu den Grundentgelten für Fertigungsmitarbeiter können **Zusatzentgelte** hinzukommen. Zusatzentgelte lassen sich in Zulagen, Zuschläge und Prämien differenzieren. Beispiele für **Zulagen** sind Erschwerniszulagen, Einarbeitungszulagen oder Zulagen für Arbeitskleidung. Als **Zuschläge** gelten Überstundenzuschläge, Sonn- und Feiertagszuschläge sowie Zuschläge für Schichtarbeit. **Prämienlöhne** dienen der

Leistungsbeeinflussung, um bestimmte Arbeitsergebnisse zu erzielen. Beispiele sind Quantitäts-, Nutzungs-, Qualitäts-, Ersparnis-, oder Terminprämien.

In Anlehnung an die Akkordvergütung können Zeitlöhne mit Quantitätsprämien gekoppelt werden. Mit Quantitätsprämien kann gearbeitet werden, wenn vorgegebene Produktionsmengen nicht unterschritten werden sollen oder wenn seitens der Beschäftigten ein höherer Leistungsgrad angestrebt wird. In Verbindung mit einer ausgiebigeren Nutzung der im Produktionsprozess eingesetzten Betriebsmittel kommen Nutzungsprämien zum Einsatz. Anlass von Qualitätsprämien sind qualitativ anspruchsvollere Leistungen, die sich beispielsweise in niedrigeren Ausschussquoten, weniger Nachbearbeitungen oder geringeren Fertigungstoleranzen zeigen. Ersparnisprämien sollen zu einem sparsamen Einsatz der im Produktionsprozess eingesetzten Produktionsfaktoren führen. Ein weniger verschwenderischer oder sparsamer Umgang mit dem Fertigungsmaterial und dem Verbrauch von Betriebsstoffen sowie den im Produktionsprozess eingesetzten Werkzeugen bewirkt im Ergebnis eine effizientere Produktion. Terminprämien sind ein Instrument zur Einhaltung vereinbarter Fristen, insbesondere dann, wenn deren Nichteinhaltung zu Konventionalstrafen führen würde.

Zu ergänzen sind die Fertigungslöhne um die Kosten für Sozialleistungen und Arbeitgeberanteile zu den gesetzlichen Sozialversicherungen. Die **Kosten für Sozialleistungen** können in primäre Sozialkosten und sekundäre Sozialkosten unterteilt werden. Eine Kantine oder ein Werkskindergarten sind Beispiele für sekundäre Sozialkosten, die erst in der Kostenstellenrechnung im Rahmen der innerbetrieblichen Leistungsverrechnung relevant sind. Kosten für primäre Sozialleistungen fallen für Leistungen an, die einem konkreten Mitarbeiter zu Gute kommen und diesem direkt zurechenbar sind. Beispiele hierfür sind Pensionszusagen, Fahrtkostenzuschüsse oder Verpflegungszuschüsse. Als Kosten für die **Arbeitgeberanteile zu den gesetzlichen Sozialversicherungen** sind die Rentenversicherung, Krankenversicherung, Arbeitslosenversicherung und Pflegeversicherung zu nennen. Hinzu kommen die Beiträge zur Berufsgenossenschaft.

Gerade im Fertigungsbereich werden Arbeitskräfte eingesetzt, die mit **Zeitarbeitsfirmen** in einem Vertragsverhältnis stehen. An die Stelle der oben angesprochenen Vergütungskomponenten treten die mit dem Zeitarbeitsunternehmen vereinbarten vertraglichen Regelungen zur Entlohnung und Beschäftigung, die im Rahmen der Planung entsprechend zu berücksichtigen sind.

Entsprechend den vorstehenden Ausführungen setzen sich die Fertigungslöhne aus Grund- und Zusatzentgelten, Prämienlöhnen, den Kosten für Sozialleistungen sowie den Arbeitgeberanteilen zusammen. Beschränkt man sich bei den Kosten für Sozialleistungen auf die Kosten für primäre Sozialleistungen, dann handelt es sich ausschließlich um Einzelkosten, die vollständig kostenträgerbezogen geplant werden können. Erfahrungen in der Praxis zeigen, dass es heutzutage unproblematisch ist, „auf Knopfdruck" für jeden einzelnen Beschäftigten die vollständigen Personalkosten anzugeben, sowohl als Ist-, als auch – natürlich mit den gegebenen Unsicherheiten – als Planzahlen. Vor diesem Hintergrund ist die Frage zu diskutieren, ob Fertigungslöhne **vollständig oder nur zum Teil als Einzelkosten** geplant werden sollen. Zu trennen ist diese Frage vom späteren Ausweis der Fertigungslöhne gemeinsam mit den Gemeinkosten in der Kostenstellenrechnung.

Klaus-Dieter Däumler und *Jürgen Grabe* schreiben, dass die „direkte Zurechnungsmöglichkeit im Normalfall nur bei Fertigungslöhnen besteht" (*Däumler, Grabe* 2015, S. 44), während Sozialkosten als Gemeinkosten zu planen sind. Für die Sozialkosten ist ein kalkulatorischer Sozialkostenzuschlag zu bestimmen (vgl. *Däumler, Grabe* 2015, S. 25). Einschränkend dazu *Johann Steger*, der bei der Planung der Fertigungslöhne als Einzelkosten auch „die darauf entfallenden gesetzlichen Sozialkosten als Einzelkosten" mit einbezieht (*Steger* 2010, S. 500). Hierzu zählen die Arbeitgeberanteile zu den Sozialversicherungen sowie die Beiträge zur Berufsgenossenschaft als auch die Schwerbehindertenabgabe. Ob die Schwerbehindertenabgabe tatsächlich als Einzelkosten zu planen ist, soll hier nicht diskutiert werden. Tarifliche und direkte freiwillige Sozialkosten würden sich jedoch zusätzlich als Einzelkosten planen lassen (vgl. *Steger* 2010, S. 207 f.).

Welche Vorgehensweise sinnvoll ist, keine Sozialkosten, nur bestimmte Sozialkosten oder grundsätzlich alle als Einzelkosten verrechenbaren Sozialkosten als Einzelkosten zu planen, erklärt sich vor dem Hintergrund dessen, wofür man Planzahlen benötigt. Produzierende Unternehmen sind oft Teil einer Unternehmensgruppe oder eines Konzerns. Zwischen den einzelnen Unternehmen eines solchen Unternehmensverbundes finden Vergleiche statt, um Standorte ständig weiter zu entwickeln, zu optimieren und gegebenenfalls auch wieder zu schließen. Die Fertigungslöhne zählen zu den wesentlichen Komponenten dieser Vergleiche. Gerade bei den Sozialkosten bestehen im internationalen Vergleich gravierende Unterschiede. Das Einbeziehen der Sozialkosten in einen prozentualen Zuschlag verschleiert die real bestehende Kostensituation und kann zu standortbezogenen Fehlentscheidungen führen. In diesem Zusammenhang ist aus Sicht des Kostenmanagements zudem die Differenzierung in Arbeitgeber- und Arbeitnehmeranteile zu prüfen. Der Arbeitnehmer muss eine Leistung erbringen, die beide Anteile rechtfertigt. Der Arbeitgeber muss beide Anteile in seine Kalkulationen einbeziehen. Allenfalls in anstehenden Tarifverhandlungen wird um eine paritätische Aufteilung gerungen.

Neben Vergleichen verschiedener internationaler Standorte, finden Vergleiche auch an einem Standort statt. Arbeitsleistungen können über verschiedene Vertragsformen bezogen werden. So können Mitarbeiter einen direkten Arbeitsvertrag mit dem Unternehmen haben oder entsprechend dem Arbeitnehmerüberlassungsgesetz durch ein Zeitarbeitsunternehmen, vergleichbar den direkt im Unternehmen beschäftigten Mitarbeitern, am Standort eingesetzt werden. Eine weitere Alternative stellen Werkverträge dar, bei denen bestimmte Arbeitsschritte direkt an Subunternehmen vergeben werden. Will man die Kosten für diese verschiedenen Beschäftigungsformen an einem Produktionsstandort vergleichen, dann muss man die Kosten für die über Arbeitsverträge beschäftigten Mitarbeiter vollständig um die Sozialkosten ergänzen.

6.1.2.2 Planung der Kosten des Fertigungsmaterials

Bei der Planung der Kosten des Fertigungsmaterials ist zwischen dem über Kostenstellen zu verrechnenden Material und dem Material zu differenzieren, das in der Kalkulation direkt Kostenträgern zugerechnet und entsprechend geplant wird. Definiert man Fertigungsmaterial als Material, das in der Produktion der Erzeugnisse eingesetzt wird und in diesen später enthalten ist, dann handelt es sich wertmäßig um die **Hauptbestandteile der Erzeugnisse**, die regelmäßig als Einzelkosten für die Kostenträger geplant werden. Zu den Hauptbestandteilen der Erzeugnisse zählen Rohstoffe, Werkstoffe sowie fremdbezogene Teile und Komponenten.

In den Erzeugnissen enthalten sind auch wertmäßig weniger bedeutende Materialien, die als **Hilfsstoffe** bezeichnet werden. Ob die Kosten für Hilfsstoffe als Gemeinkosten oder als Einzelkosten geplant werden, ist eine Frage der Zweckmäßigkeit. Möbel werden im Handel beispielsweise als Flat-Pack Furniture verkauft. Die Möbel werden in Massen- beziehungsweise Serienfertigung hergestellt, sind in Kartons verpackt, die neben den Holzwerkstoffen auch die Hilfsstoffe in genau abgezählter Menge enthalten. Ist dies der Fall, dann können neben den Holzwerkstoffen auch die Hilfsstoffe als Einzelkosten für einen konkreten Kostenträger geplant werden. Bezieht man alternativ einen Schrank von einem Schreiner, dann wird für den Auftrag der Holzverbrauch relativ genau berechnet, der Verbrauch an Hilfsstoffen wird allenfalls in Form eines Zuschlags pauschal als Gemeinkosten berücksichtigt.

Hinsichtlich der **Teilbarkeit des Fertigungsmaterials** lassen sich teilbare von nicht teilbaren Stoffen auseinanderhalten. Zu den nicht teilbaren Materialien gehören wertmäßig weniger bedeutende Teile wie Knöpfe, Schrauben oder Dichtungen und komplexere und dementsprechend wertmäßig stärker ins Gewicht fallende Teile wie Motoren oder mit elektronischen Bauteilen bestückte Platinen. Bei den teilbaren Materialien handelt es sich zum einen um feste Stoffe wie zu konfektionierende Gewebe oder um Bleche, aus denen die gewünschten Teile herausgeschnitten werden. Während die Verarbeitung dieser teilbaren Materialien mit Verschnitt verbunden ist können zum anderen reine Schütt- oder Fließgüter, die zumeist in Form von Werkstoffmischungen verarbeitet werden, vollständig im Produktionsprozess verwertet werden.

Geplant werden im Rahmen der operativen Planung zur Kontrolle der Wirtschaftlichkeit die Kosten, die bei planmäßiger Materialqualität und planmäßigem Fertigungsprozess für einzelne Produkte oder Aufträge anfallen sollen. Zu differenzieren ist zwischen dem mengenmäßigen Materialverbrauch und den Materialpreisen. Der **Materialverbrauch** kann aus Konstruktionszeichnungen, Stücklisten oder Rezepturen abgeleitet werden. Vergleicht man den geplanten Materialverbrauch mit dem Materialverbrauch vergangener Perioden, so können höhere Verbräuche in der Vergangenheit ihren Grund in dem Wirksamwerden von Unwirtschaftlichkeiten haben. Aus diesem Grund sind Probeläufe als Alternative zur Bestimmung des Materialverbrauchs nur begrenzt geeignet. Geht man davon aus, dass Lerneffekte im Zeitablauf zu einer besseren Materialhandhabung führen, sind einmal durchgeführte Probeläufe gegebenenfalls schon nach kurzer Zeit hinsichtlich des Materialverbrauchs nicht mehr repräsentativ. Addiert man zur Netto-Verbrauchsmenge nicht vermeidbare Zuschläge für Abfall, Verschnitt und Ausschuss, so gelangt man zur Brutto-Verbrauchsmenge, die mit geplanten Preisen zu multiplizieren ist.

6.1.2.3 Planung der in Kostenstellen anfallenden Gemeinkosten

Gemeinkosten werden nicht kostenträger-, sondern kostenstellenbezogen geplant. Beispiele für Gemeinkosten sind die Kosten für Hilfslöhne, Gehälter, Hilfsstoffe, Betriebsstoffe, Werkzeuge, Instandhaltung, Dienstleistungen, Abschreibungen und Zinsen. Kosten können direkt in einer Kostenstelle anfallen oder aus Umlagen anderer Unternehmensbereiche resultieren. Im ersten Fall handelt es sich um primäre Kosten, im zweiten Fall um sekundäre Kosten. Grundsätzlich können bestimmte Gemeinkosten – wie zu Beginn dieses Kapitels bereits erörtert – auch als Einzelkosten geplant werden. Am Beispiel der Instandhaltungskosten werden verschiedene Entstehungsgründe für die Kosten und Vorgehensweisen für die Planung erklärt:

- Fallen ausschließlich aufgrund der Durchführung eines Kundenauftrags bestimmte Instandhaltungsmaßnahmen an, dann sind diese gegebenenfalls als **Einzelkosten** zu planen.
- Instandhaltungsmaßnahmen können von einer für solche Arbeiten am Standort eingerichteten Abteilung durchgeführt werden. Zu den Kosten in dieser Abteilung zählen unter anderem die Personalkosten der dort tätigen Beschäftigten sowie die Kosten für die eingesetzten Betriebsmittel. Bei diesen Kosten handelt es sich aus Sicht der Instandhaltungsabteilung um **primäre Kosten**. Für die von dieser Kostenstelle erbrachten Leistungen sind Verrechnungssätze zu bestimmen, mit denen die Leistungen der Kostenstelle den leistungsempfangenen Kostenstellen in Rechnung gestellt werden können. In diesen Verrechnungssätzen können Pauschalen für wirtschaftlich unwesentliche Materialien, die für Reparaturen, Inspektionen oder Wartungen notwendig sind, enthalten sein. Darüber hinaus gehende Materialien, die im Rahmen einer Instandhaltungsmaßnahme anfallen, sind der leistungsempfangenen Kostenstelle gesondert zu belasten. Bei den in Form von Verrechnungssätzen weiterbelasteten Kosten handelt es sich um **sekundäre Kosten**, die sich aus primären Kosten der Instandhaltungsabteilung zusammensetzen.
- Alternativ zum Einsatz einer eigenen Instandhaltungsabteilung können **fremde Instandhaltungsfirmen** eingesetzt werden, die ihre Leistungen dem Unternehmen in Rechnung stellen und entsprechend dem Instandhaltungsbedarf zu planen sind. Es handelt sich um primäre Kosten, da die Kosten aufgrund des Einsatzes eines externen Dienstleisters anfallen.
- Eine dritte Möglichkeit besteht darin, dass Instandhaltungsmaßnahmen von dem Personal in einer Kostenstelle durchgeführt werden, das in dieser Kostenstelle ansonsten für die Fertigung zuständig ist. In diesem Fall handelt es sich auch um primäre Kosten, die aber von den anderen Kosten in dieser Kostenstelle, insbesondere von den Kosten für die Fertigung, getrennt geplant werden sollten.
- Die verschiedenen Möglichkeiten Instandhaltungsarbeiten durchzuführen, können in Unternehmen miteinander **kombiniert** werden. So mag es in bestimmten Fällen sinnvoll sein, einfachste und schnell durchzuführende Maßnahmen „nebenbei" von dem in einer Kostenstelle beschäftigten Personal durchführen zu lassen und umfangreichere Instandhaltungsarbeiten von der dafür zuständigen Instandhaltungsabteilung. Um das Risiko ungenutzter Instandhaltungskapazitäten gering zu halten, können Instandhaltungsarbeiten, die nicht zeitgerecht mit eigenem Personal bewerkstelligt werden können, an fremde Unternehmen vergeben werden. Außerdem sind Instandhaltungsarbeiten, für die ein spezifisches Know-how notwendig ist oder besondere qualitative Anforderungen bestehen, an dafür geeignete Instandhaltungsdienstleister zu vergeben.

Voraussetzung für die Gemeinkostenplanung ist eine **Einteilung des Fertigungsstandortes in Kostenstellen**. Für jede einzelne Kostenstelle sind die Gemeinkosten zu planen. Da die Planzahlen den später anfallenden Ist-Zahlen gegenüberzustellen sind, ist darauf zu achten, dass die Ist-Zahlen der Planung entsprechend differenziert erfasst werden können. Dies gilt nicht nur für die Einteilung des Unternehmens in Kostenstellen, sondern auch für die Differenzierung der Kosten in Kostenarten. Die über Kostenstellen hinausgehende Differenzierung eines Unternehmens in Kostenplätze erlaubt differenziertere Kostenplanungen.

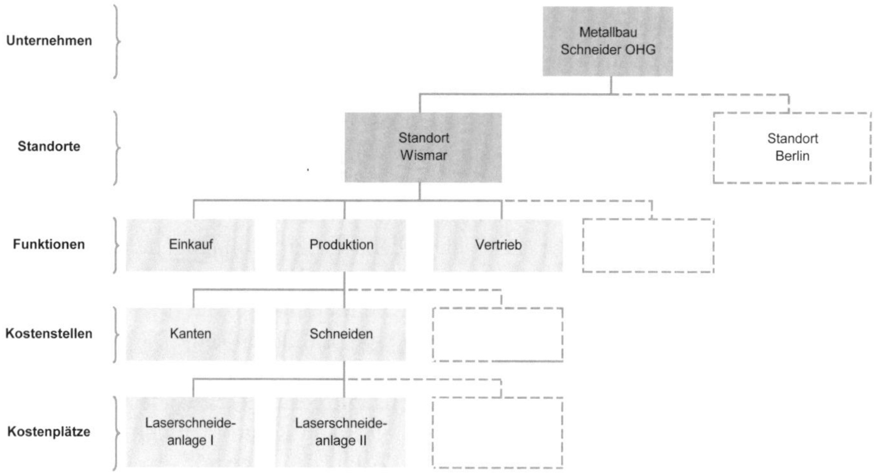

Abb. 6.1: Planung der Gemeinkosten für Kostenstellen und Kostenplätze

In einer Fertigungskostenstelle können Maschinen und Arbeitsplätze zusammengefasst werden, wenn die anfallenden Kosten hinsichtlich ihrer Verursachung keine wesentlichen Unterschiede aufweisen. Anzustreben ist, mit wenigen Bezugsgrößen den Kostenanfall hinreichend genau zu beschreiben. Bezugsgrößen sind Maßstäbe, zu denen die verursachten Kosten einer Kostenstelle in einer proportionalen oder zumindest funktionalen Beziehung stehen. Beispiele für Bezugsgrößen in Fertigungskostenstellen sind Zeiten (Fertigungszeit, Arbeitszeit, Maschinenzeit) und Mengen (Stückzahl, Gewichte, Längen-, Flächen- und Raummaße).

Im Idealfall genügt **eine Bezugsgröße** zur Planung proportional verlaufender variabler Kosten. Dieser Fall ist gegeben, wenn in einer Kostenstelle **nur eine einheitliche Leistung** erstellt wird, sodass die Anzahl der gefertigten Erzeugnisse als Bezugsgröße gewählt werden kann. Für die in der obenstehenden Abbildung angegebenen Kostenstellen Kanten und Schneiden anfallenden Kosten liegt keine homogene Kostenverursachung vor, da **unterschiedliche Produkte** auf Abkant- und Schneidanlagen bearbeitet werden. Trotzdem reicht in bestimmten Fällen eine Bezugsgröße zur Planung und späteren Kontrolle der Kosten aus, wenn anstelle der Anzahl der Erzeugnisse eine andere Bezugsgröße gefunden werden kann, zu der sich die Kosten proportional verhalten. Ein proportionaler Verlauf der variablen Kosten ergibt sich oft in Abhängigkeit von einer **zeitlichen Bezugsgröße**, sodass hinsichtlich dieser Bezugsgrößenkategorie homogene Kostenverursachung besteht.

Dies gilt jedoch nur bei konstanten Verfahrens- und Prozessbedingungen. Während aus Sicht der Kostenstelle Schneiden mit den beiden Laserschneidanlagen zwei kostenmäßig unterschiedliche Verfahren zum Einsatz kommen können, ist das bei der hier tiefergreifenden Strukturierung in Kostenplätze nicht mehr der Fall. Aus Sicht der Kostenstelle besteht also heterogene Kostenverursachung, aus Sicht eines Kostenplatzes kann homogene Kostenverursachung vorliegen. Lassen sich die Laserschneidanlagen zu unterschiedlichen Prozessbedingungen mit unterschiedlich hohen Kosten pro Zeiteinheit betreiben, dann liegt letztendlich auch auf Kostenplatzebene heterogene Kostenverursachung vor.

Rüstvorgänge in Kostenstellen oder Kostenplätzen sind ein weiterer Grund, für den Einsatz mehrerer Bezugsgrößen. Folgendes Beispiel dient der Verdeutlichung. Die Planwerte für die Erzeugnisse sind:

Erzeugnis		Summe	A	B	C	D	E
Menge	St.	9.000	1.000	2.000	1.000	2.000	3.000
Losgröße	St.		40	25	50	80	250
Rüstzeit pro Umrüstung	Min.		48	84	75	30	90
Rüstzeit (Periode)	**Std.**	**187,5**	**20,0**	**112,0**	**25,0**	**12,5**	**18,0**
Fertigungszeit pro Stück	Min.		9	6	12	15	9
Fertigungszeit (Periode)	**Std.**	**1.500**	**150**	**200**	**200**	**500**	**450**

Tab. 6.4: Geplante Rüst- und Fertigungszeiten zur Berechnung der geplanten Rüst- und Fertigungskosten

Bei Rüstkosten von 40 €/Std. und Fertigungskosten von 30 €/Std. belaufen sich die Rüstkosten auf 7.500 € und die Fertigungskosten auf 45.000 €. Insgesamt fallen variable Kosten von 52.500 € an. Fixe Kosten spielen in diesem Beispiel keine Rolle. Wenn man nur mit einer Bezugsgröße arbeiten will, dann könnte man die insgesamt anfallenden Kosten nur auf die Fertigungsstunden verteilen. Diese Verteilung führt pro Fertigungsstunde zu einem Kostensatz von 35 €. Dieser Kostensatz beinhaltet die Fertigungskosten und anteilige Rüstkosten. Die Verteilung der Rüstkosten auf die Fertigung erfolgt hierbei entsprechend den bei der Planung unterstellten Verhältnissen.

Auf Basis der vorstehenden Zahlen lassen sich für die später feststellbare Ist-Beschäftigung die Sollkosten bestimmen. Der Unterschied zwischen Sollkosten und Ist-Kosten liegt allein darin, dass in die Kostenberechnung entsprechend der Ist-Situation andere Fertigungsmengen für die Erzeugnisse A bis E einfließen und sich die Anzahl der Rüstvorgänge aus den im Ist praktizierten Losgrößen ergibt:

Erzeugnis		Summe	A	B	C	D	E
Menge	St.	9.300	800	2.400	900	1.600	3.600
Rüstvorgänge	Anz.	267	32	160	30	25	20

Tab. 6.5: Ist-Fertigungsmengen und Anzahl der durchgeführten Rüstvorgänge zur Berechnung der Sollkosten

Aufgrund der schwierigen Marktsituation wurde der Vertrieb angehalten, mit aller Kraft Aufträge zu generieren. Das ist von der reinen Absatzmenge her auch gelungen, die insgesamt gegenüber dem Plan angestiegen ist. Höhere Absatzmengen gibt es bei den Erzeugnissen B und E, die mit 6 beziehungsweise 9 Minuten Fertigungszeit je Stück unter den Fertigungszeiten von C und D liegen, sodass die Fertigungszeit insgesamt mit 1.480 Stunden im Ist gegenüber 1.500 Stunden im Plan dennoch leicht gesunken ist. Der schwierigeren Marktsituation geschuldet sind die geringeren Auftragsgrößen gegenüber der Planung, sodass relativ gesehen die Rüstkosten ansteigen.

Berechnet man vor diesem Hintergrund die Sollkosten entsprechend der Planung, dann zeigt sich, dass die Sollkosten mit 57.584 € (1.480 Std. • 30 €/Std. + 329,6 Std. • 40 €/Std.) deutlich über den Plankosten von 52.500 € liegen.

Erzeugnis		Summe	A	B	C	D	E
Menge	St.	9.300	800	2.400	900	1.600	3.600
Losgröße	St.		25	15	30	64	180
Rüstzeit pro Umrüstung	Min.		48	84	75	30	90
Rüstzeit (Periode)	**Std.**	**329,6**	**25,6**	**224,0**	**37,5**	**12,5**	**30,0**
Fertigungszeit pro Stück	Min.		9	6	12	15	9
Fertigungszeit (Periode)	**Std.**	**1.480**	**120**	**240**	**180**	**400**	**540**

Tab. 6.6: Berechnung der Soll-Rüst- und Fertigungskosten auf Basis geplanter Rüst- und Fertigungszeiten

Grund sind die höheren Rüstkosten, die aufgrund der hohen Anzahl kleinerer Aufträge als in der originären Planung angenommen, angefallen sind. Annahmegemäß können Aufträge verschiedener Kunden seitens der Fertigung nicht zusammengefasst werden können, da jeder Auftrag Besonderheiten aufweist. Für die Produktion sind den berechneten Sollkosten die (an dieser Stelle noch nicht genannten) Ist-Kosten im Rahmen der Kontrolle gegenüberzustellen, um Unwirtschaftlichkeiten zu identifizieren. Die hier berechneten Sollkosten dienen als Vergleichsmaßstab zur noch ausstehenden Beurteilung der tatsächlich in der Produktion angefallenen Ist-Kosten.

Welcher Vergleichsmaßstab ergibt sich, wenn man die Berechnung der Sollkosten nur auf Basis der Bezugsgröße Fertigungszeit durchführen würde? Die entsprechenden Sollkosten erhält man, indem man die Fertigungsstunden in Höhe von 1.480 Stunden mit dem zuvor berechneten Kostensatz von 35 € multipliziert. Der Kostensatz beinhaltet die Kosten für die Fertigung und anteilige Rüstkosten, die bei der zuvor durchgeführten Berechnung der Sollkosten gesondert ermittelt wurden. Die auf diese Weise berechneten Sollkosten betragen 51.800 € und liegen um 5.784 € unter den zuvor berechneten auf zwei Bezugsgrößen basierenden Sollkosten. Da annahmegemäß die Beschäftigten in der Produktion für diese Differenz nicht die Verantwortung tragen, wäre es nicht sinnvoll, diesen Wert der Kostenanalyse zugrunde zu legen. Angebracht mag es gegebenenfalls sein, den Vertrieb mit diesem Betrag zu konfrontieren, da der Grund für die Abweichung bei den zu kleinteiligen Kundenaufträgen liegt. Aus gesamtunternehmerischer Sicht ist schließlich zu prüfen, inwiefern Rüstvorgänge kostengünstiger gestaltet werden können, sollte es länger bei diesen schwierigen Marktverhältnissen bleiben.

6.1.3 Kontrolle der Kosten im Fertigungsbereich

Die Kontrolle der in der Fertigung anfallenden Kosten besteht in dem Vergleich geplanter Größen mit den angefallenen Kosten. Neben Kostenkontrollen gibt es im Fertigungsbereich **technische Kontrollen**, die sich auf die Leistungserstellung, dem Einsatz und Verbrauch von Produktionsfaktoren beziehen. Diese technischen Kontrollen finden parallel zur Leistungserstellung statt. Fertigungsprozesse werden kontinuierlich in technischer Hinsicht überwacht, bei Störungen wird sofort eingegriffen. Alle für wichtig gehalten Daten werden systematisch und vollständig erfasst. Hierzu gehören beispielsweise die produzierten Mengen und der Bestand der einzelnen Erzeugnisse und Halbfabrikate, der Stand der Abwicklung einzelner Aufträge und Projekte, Störungen im Betriebsablauf, Einsatz- und Leerzeiten einzelner Betriebsmittel, der Verbrauch von Rohstoffen und Energie, die angefallenen Arbeitsstunden. Die Produktionsdaten liegen der Werksleitung und dem Controlling arbeitstäglich am Folgetag vor. In Konzernen werden ausgewählte oder von der Konzernleitung und dem Konzerncontrolling gewünschte Daten täglich weitergeleitet. Auffälligkeiten werden kommentiert und analysiert, sie sind Grundlage von Gesprächen zwischen Führungspersonal, Werksleitung und Controlling sowie den verantwortlichen Leuten übergeordneter Gesellschaften. Diese technischen Informationen sind im Rahmen der Koordinationsfunktion für das Controlling wichtig. Hohe Bestände an Fertigerzeugnissen sind ein Hinweis für den Vertrieb, die Verkaufsanstrengungen zu erhöhen. Sind diese nicht erfolgreich, sind Produktionskürzungen zu prüfen. Umgekehrt sind die Bestände an Rohstoffen vor dem Hintergrund des Auftragsbestands aufzustocken, damit fehlende Materialien nicht zu Produktionsunterbrechungen führen.

Vor dem Hintergrund der umfangreichen IT-basierten Erfassung technischer Daten und Kontrollen kennzeichnet die Kontrolle der Kosten die wirtschaftliche Seite der Überwachung in der Fertigung. Ergebnisse der Analysen und Kontrollen sind Inhalt von Gesprächen und Berichten. Führt das Controlling beispielsweise aufgrund erkannter Auffälligkeiten in den Tagesberichten der Produktion gesonderte Analysen durch, so handelt es sich um einen **Abweichungsbericht**. Im Gegensatz hierzu handelt es sich bei den Kostenberichten im Rahmen der flexiblen Plankostenrechnung um einen **Standardbericht**, der üblicherweise zeitnah zum Ende eines Monats vom Controlling erstellt wird.

Die Kostenkontrolle basiert auf einer Gegenüberstellung von Ist- und Sollkosten. Damit sich die Ist-Kosten als Vergleichsmaßstab für die Sollkosten eignen, müssen sie nach gemeinsamen Grundsätzen bestimmt werden. Kosten liegen erst dann vor, wenn Produktionsfaktoren im Produktionsprozess eingesetzt beziehungsweise verbraucht werden. Dieser Grundsatz lässt sich in der Planung relativ einfach einhalten, da der Einsatz und Verbrauch von Produktionsfaktoren vor dem Hintergrund der periodischen Leistungserstellung auf monatlicher Basis geplant wird. Probleme kann es bei der **monatsgenauen Erfassung der Ist-Kosten** geben, wenn diese aus der Buchhaltung abgeleitet werden und Buchungen erst erfolgen, wenn Rechnungen vorliegen. Monatsabschlüsse, die ausschließlich auf Buchungen basieren, bei denen Rechnungen vorliegen, lassen sich nicht zeitnah erstellen, da sich manche Lieferanten mit der Rechnungserstellung zu viel Zeit lassen. Allein aus diesem Grund sollte man **Buchungen zum Zeitpunkt des Zugangs** der Produktionsfaktoren vollständig durchführen. Mit dem Zugang erhält das Unternehmen die Verfügungsgewalt und ist für einen etwaigen Untergang der Lieferung allein verantwortlich. Der Bestellwert ist bekannt und im System hinterlegt. Ein weiterer Vorteil ist, dass Abschlüsse aufgrund dieses Kriteriums zu beliebigen Zeitpunkten möglich sind.

Ein weiterer Aspekt ist die Art der Buchung. Vor allem in weniger großen Unternehmen werden oft **Materialzugänge direkt als Aufwand** gebucht, obwohl sie erst eingelagert und entsprechend der Auftragslage im Produktionsprozess eingesetzt werden. Verschärft werden die daraus resultierenden Fehlinformationen, wenn nur einmal jährlich eine Inventur durchgeführt wird und somit das ganze Jahr über nicht bekannt ist, welche Werte tatsächlich im Lager liegen beziehungsweise in den einzelnen Monaten verbraucht wurden. Verkannt wird, dass die Buchhaltung ein wichtiges Informationsinstrument für das Controlling ist. Es genügt nicht, nur rechtlichen Anforderungen zu genügen, die Buchhaltung ist so zu gestalten, dass sie Basis des betriebswirtschaftlichen Informationssystems ist.

Ergänzt man die Kostenkontrollen um Ergebniskontrollen, so ist auf einen – leider auch sehr häufig feststellbaren – weiteren Problembereich der Buchhaltung hinzuweisen. Gemeint ist die Erfassung der noch im Unternehmen befindlichen **Bestände an fertigen und unfertigen Erzeugnissen** zum Ende eines jeden Monats. Gerade bei größeren Aufträge abwickelnden Unternehmen oder Unternehmen mit schwankenden Beständen führt das zu einer gravierenden Fehlinformation über die wirtschaftliche Lage.

Eine weitere Fehlerquelle für den Kostenvergleich besteht darin, wenn nicht deutlich wird, **welche Buchungen betrieblich und welche Buchungen betriebsfremd** sind. In einem inhabergeführten Unternehmen wird mit der Verwaltung eines aus betriebsfremden Gründen gehaltenen Wohnblocks vielleicht der kaufmännische Leiter „nebenbei" zu seinen eigentlich wahrzunehmenden Aufgaben betraut. Der kaufmännische Leiter erledigt diese Aufgabe zur vollen Zufriedenheit seines Chefs während der normalen Arbeitszeit, er bekommt hierfür vielleicht eine zusätzliche Vergütung. Die entsprechenden Aufwendungen sind aufgrund der fehlenden Betriebsbedingtheit jedoch keine Kosten und zu eliminieren. Gleiches gilt für den Hausmeister, der sich „nebenbei" noch um die Gartenarbeiten des nicht betrieblichen Gebäudes kümmert oder um die periodischen Rechnungen des Wartungsunternehmens für die Heizungsanlage des gleichen Gebäudes.

6.1.3.1 Kontrolle der Kosten des Fertigungsmaterials

Die Materialkosten stellen in vielen Industrieunternehmen den größten Kostenblock dar. Innerhalb der Materialkosten dominieren die Kosten für Rohstoffe, Komponenten und anderer als Einzelkosten geplanter Materialien. Somit erscheint es gerechtfertigt, nicht nur der Planung, sondern auch der Kontrolle der Materialkosten besondere Aufmerksamkeit zu widmen. In der Literatur wird dementsprechend angeregt, Materialkosten nicht nur monatlich, sondern gegebenenfalls auch wöchentlich oder täglich einer Kostenkontrolle zu unterziehen (vgl. *Däumler/Grabe* 2015, S. 41). Die angefallenen Materialkosten sind für die produzierten Erzeugnisse des Unternehmens und die kundenbezogenen Aufträge zu untersuchen. Der Materialverbrauch findet in Kostenstellen statt. Dementsprechend sind neben der Werksleitung, die

Beschäftigten in den Kostenstellen beziehungsweise die Kostenstellenleitung die Ansprechpartner bei auftretenden Abweichungen. Die geplanten Materialkosten sind nach Materialarten getrennt den Ist-Kosten gegenüberzustellen. Abweichungen können sich bei den verbrauchten Mengen und den angefallenen Preisen für das Material ergeben, sodass vor der Abweichungsanalyse zunächst diese beiden Abweichungen zu berechnen sind. Hierzu ein Beispiel: Der Planverbrauch für eine bestimmte Materialart beträgt 240 ME, der Ist-Verbrauch liegt bei 260 ME. Laut Plan hätte eine Mengeneinheit 2,00 € kosten dürfen, tatsächlich sind aber 2,20 € angefallen. Dieser Sachverhalt kann grafisch wie folgt dargestellt werden:

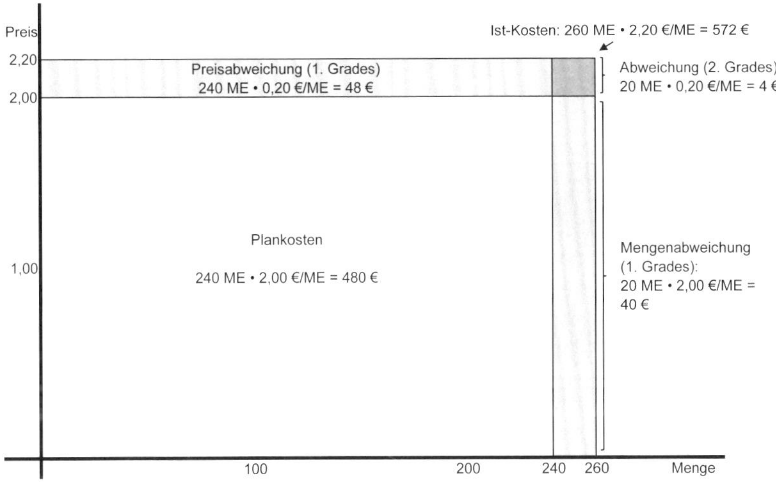

Abb. 6.2: Mengen- und Preisabweichung bei einem Rohstoff

Alternativen zur Berechnung der Preis- und Mengenabweichung beim Fertigungsmaterial

Die Plankosten betragen 480 €, die Ist-Kosten als Produkt von 260 ME multipliziert mit 2,20 €/ME ergeben 572 €. Eindeutig der Preisabweichung zurechnen lassen sich 48 €, auf die Mengenabweichung entfallen 40 €. Für die Verrechnung der Abweichung 2. Grades auf die Preis- und/oder Mengenabweichung findet man in der Literatur sechs Vorschläge (vgl. *Coenenberg et al.* 2016, S. 268–277):

- Verteilung der Abweichung 2. Grades proportional zur Mengen- und Preisabweichung (proportionale Abweichungsverrechnung):
  - Preisabweichung: $$48\,€ \cdot \left(1 + \frac{4\,€}{48\,€ + 40\,€}\right) = 50{,}18\,€$$
  - Mengenabweichung: $$40\,€ \cdot \left(1 + \frac{4\,€}{48\,€ + 40\,€}\right) = 41{,}82\,€$$

- Verteilung der Abweichung 2. Grades in gleicher Höhe auf Mengen- und Preisabweichung (symmetrische Abweichungsverrechnung):
  - Preisabweichung: $48\,€ + \frac{4\,€}{2} = 50{,}00\,€$
  - Mengenabweichung: $40\,€ + \frac{4\,€}{2} = 42{,}00\,€$
- Keine Aufteilung der Abweichung 2. Grades. Bei der Berechnung der Preisabweichung wird von den Ist-Kosten als Plankosten das Produkt aus Planpreis mal Ist-Menge abgezogen. Bei der Berechnung der Mengenabweichung wird von den Ist-Kosten als Plankosten das Produkt aus Ist-Preis mal Planmenge abgezogen. (Alternative Abweichungsverrechnung auf Ist-Bezugsbasis)
  - Preisabweichung: $260\,\text{ME} \cdot 2{,}20\frac{€}{\text{ME}} - 260\,\text{ME} \cdot 2{,}00\frac{€}{\text{ME}} = 52{,}00\,€$
  - Mengenabweichung: $260\,\text{ME} \cdot 2{,}20\frac{€}{\text{ME}} - 240\,\text{ME} \cdot 2{,}20\frac{€}{\text{ME}} = 44{,}00\,€$
- Im Unterschied zur alternativen Abweichungsverrechnung auf Plan-Bezugsbasis werden bei der alternativen Abweichungsverrechnung auf Ist-Bezugsbasis die Ist-Kosten im Fall der Preisabweichung als Produkt von Planmenge mal Ist-Preis und bei der Mengenabweichung als Produkt von Ist-Menge mal Planpreis berechnet. (Alternative Abweichungsverrechnung auf Plan-Bezugsbasis)
  - Preisabweichung: $240\,\text{ME} \cdot 2{,}20\frac{€}{\text{ME}} - 240\,\text{ME} \cdot 2{,}00\frac{€}{\text{ME}} = 48{,}00\,€$
  - Mengenabweichung: $260\,\text{ME} \cdot 2{,}00\frac{€}{\text{ME}} - 240\,\text{ME} \cdot 2{,}00\frac{€}{\text{ME}} = 40{,}00\,€$
- Bei der kumulativen Abweichungsverrechnung wird die Abweichung 2. Grades entweder der Preis- oder der Mengenabweichung in voller Höhe zugerechnet. Verrechnung der Abweichung 2. Grades in voller Höhe auf die Preisabweichung:
  - Preisabweichung: $260\,\text{ME} \cdot 2{,}20\frac{€}{\text{ME}} - 260\,\text{ME} \cdot 2{,}00\frac{€}{\text{ME}} = 52{,}00\,€$
  - Mengenabweichung: $260\,\text{ME} \cdot 2{,}00\frac{€}{\text{ME}} - 240\,\text{ME} \cdot 2{,}00\frac{€}{\text{ME}} = 40{,}00\,€$
- Kumulative Abweichungsverrechnung: die Abweichung 2. Grades wird in voller Höhe der Mengenabweichung zugerechnet:
  - Preisabweichung: $260\,\text{ME} \cdot 2{,}20\frac{€}{\text{ME}} - 240\,\text{ME} \cdot 2{,}20\frac{€}{\text{ME}} = 44{,}00\,€$
  - Mengenabweichung: $240\,\text{ME} \cdot 2{,}20\frac{€}{\text{ME}} - 240\,\text{ME} \cdot 2{,}00\frac{€}{\text{ME}} = 48{,}00\,€$

Die proportionale und symmetrische Abweichungsverrechnung wird nicht als verursachungsgerecht angesehen (vgl. *Coenenberg et al.* 2016, S. 271). Nachteil der beiden Varianten der alternativen Abweichungsverrechnung ist, dass die Abweichung

2. Grades entweder gar nicht oder doppelt berücksichtigt wird. Es bleiben noch die beiden Varianten der kumulativen Abweichungsanalyse. Im Fokus der Plankostenrechnung stehen Mengenabweichungen, die im System der Plankostenrechnung genauer analysiert werden (vgl. *Kilger et al.* 2012, S. 170). Aus diesem Grund rechnet man die Abweichung 2. Grades vollständig der Preisabweichung zu, um frei von Preiseinflüssen die Mengenabweichungen zu behandeln. Berechnet werden Abweichungen also auf Basis der fünften von den insgesamt sechs vorgestellten Vorgehensweisen.

Alternative Zeitpunkte zur Berechnung und Analyse der Preisabweichung beim Fertigungsmaterial

Ein nicht unwesentlicher Punkt ist der **Zeitpunkt**, zu dem man über Informationen zu den Preis- und Mengenabweichungen beim Fertigungsmaterial verfügen möchte. Relativ einfach lässt sich diese Frage für die **Mengenabweichungen** beantworten. Mengenabweichungen entstehen erst dann, wenn das Material im Fertigungsprozess eingesetzt und verbraucht wird. Aufgrund der hohen kostenmäßigen Bedeutung des Produktionsfaktors Material wird in der Literatur eine sehr enge zeitliche Nähe zur Leistungserstellung postuliert. Basieren Endabrechnungen für Kunden auf tatsächlichen Verbräuchen, sind für einzelne Aufträge Ist-Mengen zu erfassen, die den Planmengen in den Angeboten gegenübergestellt werden können. Bestehen diese Anforderungen nicht, dann sind mindestens einmal monatlich im Rahmen des operativen Reportings Abweichungsanalysen zu erstellen.

Für die Feststellung der **Preisabweichungen** werden in der Literatur zwei grundsätzlich mögliche Zeitpunkte genannt. Preisabweichungen können beim Zugang oder beim Verbrauch des Materials erfasst werden (vgl. *Schweitzer et al.* 2016, S. 419). Zur Verdeutlichung der Problematik dient ein einfaches Beispiel. Ein Unternehmen benötigt für die Produktion einen bestimmten Rohstoff, der in gewissem Umfang im Lager vorrätig ist, sodass mit der Produktion bei entsprechendem Bedarf direkt gestartet werden kann. Die Gründe für diese Bevorratungspolitik können vielfältig sein. Beispielsweise lassen sich nicht alle Einsatzstoffe das ganze Jahr über kontinuierlich und kurzfristig beschaffen, da sie womöglich auf dem Schiffsweg aus dem asiatischen Raum bezogen werden oder bei landwirtschaftlichen Produkten Erntezeiten zu beachten sind. Feststellbare Preisentwicklungen und Vermutungen über den weiteren Verlauf mögen manchen Einkauf auslösen oder verhindern. Nicht immer werden sich Einkaufsentscheidungen rational belegen können. Controlling hat dafür Sorge zu tragen, dass Entscheidungen rational getroffen werden.

Im **Beispiel** erfolgt die Bestellung für einen bestimmten Rohstoff im Januar, mit einem Kunden wird im Februar über einen Auftrag verhandelt, angeliefert wird der Rohstoff im März, aufgrund der Auftragslage wird jedoch erst im April produziert und im Mai ausgeliefert. Berechnet man die Preisabweichungen beim Verbrauch des Materials, dann sind diese nach der Produktion im April bekannt und können mit dem Einkauf besprochen werden. Die Gespräche dürften jedoch nur begrenzt ergiebig sein, da der tatsächliche Einkauf doch schon einige Zeit zurückliegt. Ein Ausweg könnte die Feststellung der Preisabweichungen beim Zugang sein. Im Beispiel liegt der Zugang im März, zwischen Bestellung und Anlieferung liegen zwei Monate, ein zu langer Zeitraum.

Begründet wird die Erfassung der **Preisabweichungen zum Zeitpunkt des Zugangs oder Verbrauchs** in der Literatur wie folgt: In einer älteren Literaturquelle schreibt *Wolfgang Kilger*, dass „das am weitesten verbreitete Verfahren die Erfassung der Preisabweichungen beim Zugang ist" (*Kilger, W.*: Flexible Plankostenrechnung und Deckungsbeitragsrechnung, 8. Aufl., Wiesbaden 1980, S. 220). In dem nach dem frühen Tod von *Wolfgang Kilger* von den Autoren *Jochen R. Pampel* und *Kurt Vikas* weitergeführten Standardwerk zur Plankostenrechnung findet sich zu diesem Sachverhalt folgende Aussage: „Das heute am weitesten verbreitete Verfahren ist die Erfassung der Preisabweichung beim Abgang" (*Kilger et al.* 2012, S. 183; vgl. hierzu auch *Schweitzer et al.* 2016, S. 419). Abgestellt wird in diesen Standardwerken zum einen auf eine unterstellte mehrheitliche Vorgehensweise. Zum anderen wird diese Problematik aus buchhalterischer Sicht erörtert, so zum Beispiel, dass Lieferantenrechnungen vorliegen müssen, um buchen zu können. Dieses Denken ist aus Controllingsicht äußerst unbefriedigend. Im Controlling ist man auf Zahlen angewiesen, die zu einem großen Teil auf Buchungen im externen Rechnungswesen basieren. Wartet man mit der Informationsbereitstellung in der Buchhaltung darauf, dass Lieferanten ihre Rechnungen vorlegen, dann liegen wichtige Informationen zu spät vor. Am Rande sei in diesem Zusammenhang erwähnt, dass noch ausstehende Lieferantenrechnungen oft als Gründe genannt werden, warum monatliche Abrechnungen und damit die monatlichen Controllingberichte nicht zeitnah vorliegen. Wie andererseits innovative Beispiele aus der Praxis zeigen, gibt es weltweit tätige Industriekonzerne und Unternehmen, bei denen die Zahlen für den Vormonat bereits **am ersten Arbeitstag des folgenden Monats** vorliegen.

Ansprechpartner für Preisabweichungen bei den Rohstoffen ist der Einkauf. Bestellungen werden bei Einsatz zeitgemäßer Software im System erfasst. Bekannt sind somit die vereinbarten Beschaffungsmengen und Beschaffungspreise sowie die weiteren Beschaffungskonditionen (zum Beispiel Skontoabzug, Zahlungstermine) und die Liefertermine. Diese Daten können genutzt werden, um zeitnah zum Bestellvorgang Preisabweichungen zu thematisieren und hieraus Schlussfolgerungen für sich anschließende Beschaffungsvorgänge zu ziehen. Vom Controlling können zeitnah Berechnungen erstellt werden, ob anstehende Einkäufe eher verschoben oder vorgezogen werden sollten. Nicht zu vernachlässigen ist der Aspekt, dass der Vertrieb bei Preisverhandlungen, die Preisveränderungen im Einkauf aktuell in die Verhandlungen einbeziehen kann. Für das monatliche Reporting ergibt sich quasi als Nebeneffekt, dass für Monatsabschlüsse nicht auf Rechnungen der Lieferanten gewartet werden muss. Fazit: Neben der Erfassung der Preisabweichungen beim Zugang oder Abgang wird hier empfohlen, **Preisabweichungen auf Basis der erfolgten Bestellungen**, entweder direkt bei bestimmten Rohstoffen und Bestellungen oder in der betreffenden Periode zu thematisieren. Entscheidet man sich für diese Vorgehensweise, dann ist ein aktiveres Management von Preisabweichungen möglich.

Bestellung beim Lieferanten

Zeitpunkte/Zeiträume zur Erfassung von Preisabweichungen

Verbrauch in der Fertigung

Zugang im Unternehmen

Abb. 6.3: Alternative Möglichkeiten der Erfassung von Preisabweichungen in zeitlicher Hinsicht

Abweichungen bei den Verbrauchsmengen des Fertigungsmaterials

Voraussetzung für die Analyse der Abweichungen, die beim Verbrauch des Fertigungsmaterials im Produktionsprozess angefallen sind, ist die Erfassung der **Ist-Verbrauchsmengen**, die den Planwerten gegenübergestellt werden können. Die Ist-Verbrauchsmengen ergeben sich aus dem IT-basierten Materialbewirtschaftungssystem. Bei auftragsbezogener Leistungserstellung wird das **für einen Auftrag benötigte Fertigungsmaterial** dem Lager entnommen und als Verbrauch auftragsbezogen erfasst, sodass eine eindeutige Zuordnung zu einem Auftrag sowie die für den Auftrag angeforderten Materialmengen eindeutig feststellbar sind. Problematisch wird die korrekte Feststellung der Verbrauchsmengen, wenn prophylaktisch mehr Material als eigentlich für den Auftrag vorgesehen dem Lager entnommen wird. Das zusätzlich dem Lager entnommene Material kann, sofern es doch nicht benötigt wird, dem Lager wieder zugeführt werden. Es kann aber auch für sachfremde Zwecke (Diebstahl) Verwendung finden. Wird es tatsächlich für die Produktion benötigt, dann kann es hierfür auftragsbezogene Gründe geben, die zu analysieren sind. Es kann sich aber auch um einen unwirtschaftlichen Umgang mit dem Material in einer Fertigungskostenstelle handeln.

Bei den wirtschaftlich begründeten Abweichungen handelt es sich nicht nur um Mehrverbräuche, sondern auch um Minderverbräuche bestimmter Materialien. Erfolgen nach Auftragsfestlegung **nachträgliche Veränderungen** mit Auswirkungen auf den Materialverbrauch, dann kommt es zu entsprechenden Abweichungen gegenüber dem vertraglich fixierten Auftrag. Gleiches gilt bei der Produktion von Gütern für einen anonymen Markt, wenn beispielsweise auf Anregung des Vertriebs eine Kleinserie abweichend von der üblichen Fertigung zu erstellen ist. Diese Abweichungen sind wirtschaftlich begründet und vom Controlling zu prüfen. Bei nachträglichen Auftragsänderungen ist zudem zu entscheiden, in welcher Höhe der Kunde an den Kosten zu beteiligen ist.

In der Lebensmittelindustrie oder der chemischen Industrie basieren Erzeugnisse auf **Rohstoffmischungen**, die in bestimmten Verhältnissen angepasst werden können. In solchen Fällen kommt es zu mischungsbedingen Abweichungen im Ist gegenüber den im Plan unterstellten Mischungen. Die Gründe für veränderte Zusammenstellungen von Rohstoffmischungen können in Preisveränderungen liegen. Aus gesamtunternehmerischer Sicht müssen die daraus resultierenden Mengenänderungen im Zusammenhang mit den Preisveränderungen analysiert werden. Vor dem Hintergrund, dass Preisveränderungen andere als die geplanten Mischungszusammensetzungen wirtschaftlicher werden lassen, wäre vom Controlling zu prüfen beziehungsweise gegebenenfalls im Vorfeld zu koordinieren, dass grundsätzlich immer die kostengünstigsten Mischungszusammensetzungen ausgewählt werden.

Ein weiterer Grund für abweichende Verbrauchsmengen können **außerplanmäßige Materialeigenschaften** sein. Das Material kann in qualitativer Hinsicht von den planmäßigen Anforderungen in positiver wie in negativer Hinsicht abweichen, sodass andere Mengen im Fertigungsprozess zum Einsatz kommen. Abweichungen sind ein zu behandelndes Thema zwischen Einkauf, Qualitätswesen und Controlling.

Neben diesen dominierenden Abweichungsursachen kommt es in der Regel zu Mehrverbräuchen aufgrund einer **nicht sachgerechten Materialhandhabung** im Fertigungsbereich. Die Ursachen für diese höheren Verbräuche sind zu analysieren und abzustellen. Gründe für einen erhöhten Materialeinsatz in der Fertigung können Fertigungsabläufe sein, die von den Mitarbeitern nicht beherrscht werden oder bei denen das Arbeitstempo aus Sicht bestimmter Mitarbeiter zu hoch ist. Arbeitsplätze können hinsichtlich der Bewegungsabläufe oder Beleuchtung schlecht gestaltet sein. Nicht zu vernachlässigen ist eine aufgeräumte und saubere Arbeitsumgebung, eine ansprechende optische Gestaltung sowie der Umgang der Beschäftigten und des Führungspersonals untereinander.

6.1.3.2 Kontrolle der in Fertigungskostenstellen anfallenden Kosten

Im System der flexiblen Plankostenrechnung werden in den Kostenstellen neben den Gemeinkosten auch die Fertigungslöhne ausgewiesen. Maßgebend für die Planung der Fertigungslöhne sind die Arbeitszeiten, die in Abhängigkeit der zu produzierenden Erzeugnisse geplant wurden und multipliziert mit den Lohnsätzen in den Fertigungskostenstellen ausgewiesen werden. Fertigungslöhne und Gemeinkosten können somit gemeinsam kostenstellenbezogen überwacht werden. Im Anschluss an die Berechnung der den Ist-Kosten gegenüberzustellenden Sollkosten sind die Abweichungen zu ermitteln und zu analysieren.

Berechnung der den Ist-Kosten gegenüberzustellenden Sollkosten

Im System der flexiblen Plankostenrechnung werden den Ist-Kosten keine Plankosten, sondern Sollkosten gegenübergestellt. In Kostenstellen, in denen nur **eine einheitliche Leistung** erstellt wird, können die Sollkosten auf Basis der Leistungsmenge dieser Kostenstelle bestimmt werden. Lautet die Kostenfunktion für eine Kostenstelle K = 50.000 € + 20 €/Stück • x, dann betragen die Sollkosten für eine

Leistungsmenge von 8.000 Stück 210.000 €. Bei dieser Berechnung beinhalten die Sollkosten die variablen und fixen Kosten einer Kostenstelle. Da in der flexiblen Plankostenrechnung auch die Fertigungslöhne über Kostenstellen verrechnet werden, sind diese in den variablen Kosten enthalten. Nicht enthalten sind jedoch die für das Fertigungsmaterial anfallenden Sollkosten, da diese üblicherweise nicht in die Kostenstellenrechnung einbezogen werden. Sollkosten können somit für sämtliche Kosten, als auch nur für Teile der Kosten bestimmt werden. Will man die flexible Plankostenrechnung ausschließlich auf Teilkostenbasis (Grenzplankostenrechnung) durchführen, dann kann man sich in bestimmten Fällen auf die variablen Kosten zur Bestimmung der Sollkosten beschränken.

In Kostenstellen, in denen unterschiedliche Leistungen erbracht werden, kann die Leistungsmenge nicht mehr als Bezugsgröße verwendet werden, da sich die Sollkosten für die einzelnen Leistungen voneinander unterscheiden. Begründet werden kann das mit unterschiedlich hohen variablen Kosten pro Leistungseinheit, etwa bei den Energiekosten oder den Kosten für Hilfsstoffe, der verschiedenen Erzeugnisse, obwohl sich die Bearbeitungszeiten der Erzeugnisse nicht unterscheiden. Es handelt sich um produktbedingte Heterogenität, die den Einsatz mehrerer Bezugsgrößen erfordert. Bestehen diese Kostenunterschiede nicht, dann können bei unterschiedlich langen Bearbeitungszeiten der Erzeugnisse zeitliche Bezugsgrößen zum Einsatz kommen. Eine zeitbezogene Bezugsgröße ist ausreichend, wenn weder produkt- noch verfahrensbedingte Heterogenität besteht.

Beispiel: Ein Unternehmen produziert die Erzeugnisse A, B, C und D. Die fixen Kosten betragen 35.000 €, pro Fertigungsstunde sind 30 € an variablen Kosten zu berücksichtigen. Die Planmengen und Planzeiten ergeben sich aus der folgenden Tabelle:

Produkt	Fertigungszeit (Stunden/Stück)	Fertigungsmenge (Stück)	Fertigungszeit (Stunden)
A	2	400	800
B	3	1.400	4.200
C	1	1.200	1.200
D	2	900	1.800
Summe			8.000

Tab. 6.7: Plan-Fertigungszeiten und -mengen

Die Plankosten betragen demnach 35.000 € + 30 €/Std. • 8.000 Std. = 275.000 €.

In einer bestimmten Periode sind aufgrund der Aufschreibungen der Beschäftigten 7.800 Fertigungsstunden angefallen. Es handelt sich um eine **direkte Messung** der Fertigungsstunden. Auf dieser Basis bestimmte Sollkosten führen zu einem Betrag von 269.000 €. Anhand der folgenden Tabelle lassen sich die Fertigungsstunden **retrograd berechnen.** Bei einer retrograden Berechnung misst man nicht die tatsächlich angefallenen Fertigungsstunden, sondern die Fertigungsstunden, die bei einer bestimmten Produktionsmenge hätten anfallen sollen.

Produkt	Fertigungszeit (Stunden/Stück)	Fertigungsmenge (Stück)	Fertigungszeit (Stunden)
A	2	380	760
B	3	1.450	4.350
C	1	1.100	1.100
D	2	700	1.400
Summe			7.610

Tab. 6.8: Ist-Fertigungszeiten und -mengen

Die Berechnung der Sollkosten auf Basis der retrograd bestimmten Fertigungsstunden von insgesamt 7.610 Stunden ergibt Sollkosten von 263.300 €, die unterhalb den zuvor berechneten Sollkosten liegen. Welcher Wert eignet sich nun besser als Vergleichsmaßstab für die Ist-Kosten? Sollkosten sollen **keine Unwirtschaftlichkeiten** beinhalten. Bei direkter Messung der Fertigungszeit ist die Gefahr, Unwirtschaftlichkeiten als Sollkosten vorzugeben, besonders hoch. Ein Grund kann beispielsweise sein, dass die Vergütung der Beschäftigten von der Fertigungszeit abhängt und die Mitarbeiter bei den Aufschreibungen zu Aufrundungen neigen. Ein anderer Grund könnten fehlende Leistungsanreize sein, die Mitarbeiter davon abhalten, das vorgesehene Arbeitstempo einzuhalten. Pausen können in die Arbeitszeit verlängert worden sein. Längere Fertigungszeiten können aber auch darin begründet sein, dass bei der Produktion der Produkte besondere Arbeitsschritte zusätzlich vorzunehmen waren, die im Plan nicht berücksichtigt sind. Vielleicht gab es auch Probleme während der Fertigung, weil benötigte Rohstoffe ausgegangen sind. Die Gründe für höhere Sollkosten bei direkter Messung können also vielfältiger Natur sein und sind zu analysieren. Dementsprechend sind den Ist-Kosten Sollkosten gegenüberzustellen, die retrograd zu berechnen sind.

Ermittlung und Analyse der Abweichungen

Liegen die Ist-Kosten vor und wurden für die Ist-Beschäftigung die **Sollkosten** bestimmt, so lassen sich Abweichungen berechnen und analysieren. In einem Fertigungsbereich soll die Planbeschäftigung für die bereits zuvor beschriebene Kostenfunktion

$$K = 50.000\ € + 20\ €/\text{Stück} \cdot x$$

10.000 Stück betragen. Die Plankosten betragen somit 250.000 €. Für eine Leistungsmenge von 8.000 Stück betragen die Sollkosten wie bereits zuvor berechnet 210.000 €. Die Ist-Kosten sollen 240.000 € betragen. Darin enthalten sind 10.000 € an Preisabweichungen, die sich in Summe für die in der vorliegenden Kostenstelle eingesetzten und verbrauchten Produktionsfaktoren ergeben. Die Ist-Kosten, die sich als Produkt aus Ist-Menge mal Ist-Preis zusammensetzen, betragen 240.000 €, die Ist-Kosten, die sich als Produkt aus Ist-Menge mal Planpreis ergeben, belaufen sich auf 230.000 €.

In der Theorie zur Plankostenrechnung differenziert man zwischen der flexiblen Plankostenrechnung auf Vollkostenbasis und der flexiblen Plankostenrechnung auf

Teilkostenbasis, für die auch der Begriff Grenzplankostenrechnung Verwendung findet. In der Variante auf Vollkostenbasis dividiert man zusätzlich zu den Sollkosten die Plankosten durch die Planbeschäftigung (im Beispiel 250.000 € / 10.000 Stück = 25 €/St.) und erhält damit einen Kostensatz, bei dem die fixen Kosten auf die geplante Beschäftigungsmenge verteilt werden. Diesen Sachverhalt zeigt die folgende Kostenfunktion, mit der sich die verrechneten Plankosten bestimmen lassen:

$$K = 25\ €/\text{Stück} \cdot x$$

Die folgende Abbildung zeigt die behandelten Kostenfunktionen und Kosten sowie die auf dieser Basis ermittelbaren Abweichungen:

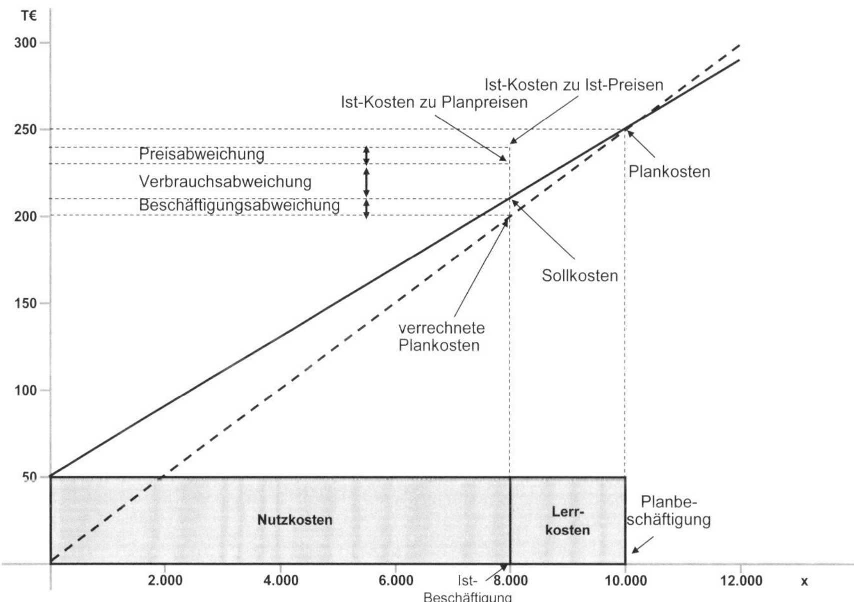

Abb. 6.4: Abweichungen und Kosten im System der flexiblen Plankostenrechnung

Plankosten werden für die Planbeschäftigung bestimmt. Die Differenzierung der Plankosten in fixe und variable Bestandteile führt zu der Funktion der Sollkosten. Setzt man in die Sollkostenfunktion für die Beschäftigung den Wert für die Ist-Beschäftigung ein, so erhält man die Sollkosten (50.000 € + 20 €/Stück • 8.000 Stück = 210.000 €). Die verrechneten Plankosten berechnen sich als Produkt von verrechneten Plankosten pro Stück und der Ist-Beschäftigung (25 €/Stück • 8.000 Stück = 200.000 €).

Die Abweichungen werden wie folgt berechnet:

- Preisabweichung: Ist-Kosten zu Ist-Preisen minus Ist-Kosten zu Planpreisen
- Verbrauchsabweichung: Ist-Kosten zu Planpreisen minus Sollkosten
- Beschäftigungsabweichung: Sollkosten minus verrechnete Plankosten

Die bereits bei der Kontrolle der Kosten des Fertigungsmaterials thematisierte Abweichung zweiten Grades ist auch bei der Kontrolle der Kosten, die in Kostenstellen behandelt werden, Bestandteil der **Preisabweichung**. Die Preisabweichung beträgt im Beispiel 10.000 €. Ein positives Ergebnis bedeutet, dass man für alle verbrauchten beziehungsweise eingesetzten Produktionsfaktoren in Summe höhere Preise bezahlt hat, als geplant. Hat man die Produktionsfaktoren in unterschiedlichen Perioden eingekauft und erfasst man die Preisabweichungen beim Lagerabgang, dann setzt sich die Summe der Preisabweichungen nicht aus den Einkäufen zusammen, die ausschließlich in der aktuellen Periode erfolgt sind.

Darüber hinaus ist bei der Abweichungsanalyse in der Praxis darauf zu achten, dass es zu einem Ausgleich negativer wie positiver Abweichungen kommen kann. Beispiel: Man benötigt unter anderem jeweils eine Mengeneinheit zwei verschiedener Produktionsfaktoren, die beide einen Planpreis von genau 10 € haben. Der Ist-Preis beträgt für einen der Produktionsfaktoren jedoch 5 € (–50 %) und für den anderen Produktionsfaktor 15 € (+50 %). Sicherlich bei höheren Beschaffungspreisen und -mengen bedeutende Abweichungen, die vom Controlling zu analysieren und zu kommentieren sind. Erkennbar und damit analysierbar sind diese Abweichungen für den Controller jedoch nur, wenn die Analysen nicht nur auf aggregierten, sondern auf detaillierten Daten aufbauen.

Die **Verbrauchsabweichung** steht im Fokus der Kostenkontrolle im System der flexiblen Plankostenrechnung. Im Beispiel beträgt sie als Differenz zwischen Ist-Kosten zu Planpreisen und Sollkosten 20.000 €. Eine positive Verbrauchsabweichung bedeutet, dass in Summe mehr Produktionsfaktoren eingesetzt wurden als geplant. Es kann sich sowohl um Verbräuche von Produktionsfaktoren handeln, die zu variablen Kosten führen, als auch um solche, bei denen es sich um fixe Kosten handelt. Bei der Abweichungsanalyse ist zu beachten, dass es bei zu aggregierter Betrachtung zu einem Ausgleich negativer und positiver Abweichungen kommen kann. Aus diesem Grund empfiehlt sich grundsätzlich ein niedriger Aggregationsgrad bei der Berechnung und Analyse von Abweichungen. Im Anschluss an die zunächst noch zu besprechende Beschäftigungsabweichung wird die Verbrauchsabweichung nochmals aufgegriffen und vertieft.

Bei der **Beschäftigungsabweichung** handelt es sich um eine verrechnungstechnische Abweichung. Sie berechnet sich als Differenz zwischen Sollkosten und verrechneten Plankosten. Die verrechneten Plankosten ergeben sich aus der Summe der variablen Kosten pro Stück und dem Quotienten aus fixen Kosten dividiert durch die Planbeschäftigung. Wählt man eine höhere Planbeschäftigung, dann steigt der verrechnete Plankostensatz, bei einer geringeren Planbeschäftigung nimmt er hingegen ab. Fixe Kosten werden proportionalisiert. Deswegen handelt sich bei der Beschäftigungsabweichung nicht um echte Mehr- oder Minderkosten. Im Beispiel beträgt die Beschäftigungsabweichung 10.000 € (2.000 Stück • 5 €/Stück). Für eine positive Beschäftigungsabweichung verwendet man auch den Begriff Leerkosten im Gegensatz zu dem Begriff Nutzkosten für den Teil der Planbeschäftigung, der durch die Produktion realisiert wurde. Die Nutzkosten betragen 40.000 € (8.000 Stück • 5 €/Stück). Bildet man den Quotienten aus Ist- und Planbeschäftigung (40.000 Stück / 50.000 Stück), dann berechnet man den Beschäftigungsgrad in Höhe von 80 %.

Vertiefende Analyse der Verbrauchsabweichung

Die Verbrauchsabweichung zeigt zum einen, wie wirtschaftlich die Produktion durchgeführt wurde, sie zeigt zum anderen, welche Abweichungen daraus resultieren, dass aus verschiedensten Gründen **im Ist Veränderungen gegenüber den Annahmen in der Planung** wirksam geworden sind. Planungen im System der flexiblen Plankostenrechnung sind keine Prognosen, sondern ein Instrument zur Verbesserung der Wirtschaftlichkeit. Dementsprechend verstehen sich die Zahlen als Vorgaben für den Produktionsbereich. Die Planung erfolgt im vorhergehenden Geschäftsjahr für ein zukünftiges Jahr. Da zum Planungszeitpunkt viele Parameter aufgrund der allen Planungen inhärenten Unsicherheit noch unbekannt sind, werden hierüber plausible Annahmen getroffen, die Monat für Monat im Zuge der Realisation der Planung anzupassen sind.

Die Planung dokumentiert die aus Sicht eines Unternehmens **wirtschaftliche Vorgehensweise für den Vollzug der Produktion** zum Planungszeitpunkt. Die Produktion ergibt sich in den meisten Fällen aus dem Absatz und den vorgesehenen Beständen an Halb- und Fertigfabrikaten. Flankiert wird die Planung von den bestehenden Kapazitäten des Unternehmens, die gut ausgelastet sein sollen. Zu Beginn und im weiteren Verlauf eines Monats, in dem später produziert wird, konkretisieren sich zunehmend die Rahmenbedingungen. Aufgrund der nunmehr bekannten Auftragslage lassen sich für den konkreten Monat genauere Planungen erstellen. Festgelegt wird, in welcher Reihenfolge die Aufträge abzuwickeln, welche Verfahren konkret einzusetzen und welche Losgrößen bei Serienfertigung vor dem Hintergrund der Bestände und der Nachfrage zu produzierenden sind. Unter Berücksichtigung der zur Verfügung stehenden Kapazität ist zu entscheiden, mit welcher Intensität die Maschinen zu betreiben sind. Engpässe beim Personal können durch zusätzliche Schichten, Überstunden oder durch vermehrten Einsatz von Leiharbeitern ausgeglichen werden. Immer wieder neu zu entscheiden ist die Auftragsvergabe an fremde Unternehmen für Leistungen, die man mit den eigenen Kapazitäten nicht bewältigen kann.

Diese exemplarisch genannten Veränderungen gegenüber der originären Planung sind Teil der Verbrauchsabweichung. Aus Sicht der Produktion sind sie zu einem wesentlichen Teil nicht als Unwirtschaftlichkeit zu betrachten, da sie sich aus Rahmenbedingungen der der Produktion vorgelagerten Ebenen ergeben. Vergessen werden darf hierbei jedoch nicht, dass es sich aus Sicht des gesamten Unternehmens dennoch um unwirtschaftliche Vorgehensweisen handeln kann, die im Rahmen der Koordinationsfunktion des Controllings zu überprüfen sind. Vor dem einschränkenden Hintergrund, die Wirtschaftlichkeit im Produktionsbereich zu prüfen und sicherzustellen, werden diese Veränderungen gegenüber der Planung herausgearbeitet und die Verbrauchsabweichungen in der Produktion berechnet. Ziel ist es, Unwirtschaftlichkeiten im Produktionsbereich aufzudecken und zukünftig abzustellen.

Fallbeispiel zur Analyse der Verbrauchsabweichung

In einer Fertigungskostenstelle wird mit den beiden Bezugsgrößen Fertigungszeit und Rüstzeit gearbeitet. Sechs verschiedene Erzeugnisse durchlaufen abwechselnd die Kostenstelle. Zum Ende eines Jahres werden für das Folgejahr auf Monatsbasis die Kosten kostenstellenweise geplant. Für einen einzelnen Monat in einem solchen Folgejahr können die geplanten Zahlen für Fertigung und Rüsten den beiden folgenden Tabellen entnommen werden:

Fertigen

Erzeugnis	Planung			
	Planproduktion	geplante Fertigungszeit	gesamte Fertigungszeit	variable Plankosten
	ME	Min./ME	ME	€
A	118.800	4,80	570.240	912.384
B	312.000	4,60	1.435.200	2.296.320
C	130.000	3,05	396.500	634.400
D	162.000	4,10	664.200	1.062.720
E	55.000	5,90	324.500	519.200
F	122.500	4,90	600.250	960.400
Summe				6.385.424
	variabler Plankostensatz (€/Min.):			1,60

Tab. 6.9: Monatsplanung für eine Fertigungskostenstelle für die Bezugsgröße Fertigungszeit

Rüsten

Erzeugnis	Planung			
	geplante Seriengröße	Anzahl Serien	geplante Rüstzeit	variable Plankosten
	ME		Min./Serie	€
A	5.400	22,0	380	16.720
B	12.000	26,0	490	25.480
C	10.000	13,0	500	13.000
D	18.000	9,0	480	8.640
E	5.000	11,0	400	8.800
F	8.750	14,0	350	9.800
Summe				82.440
	variabler Rüstkostensatz (€/Min.):			2,00

Tab. 6.10: Monatsplanung für eine Fertigungskostenstelle für die Bezugsgröße Rüstzeit

Bei variablen Ist-Kosten von 6.752.500 € in Summe für Fertigung und Rüsten ergibt sich als Differenz zu den variablen Plankosten in Höhe von 6.467.864 € der Wert 284.636 €. Welche Aussagekraft hat dieser Wert? Die Ist-Kosten sind zwar höher als geplant. Ob in der Kostenstelle oder im Unternehmen insgesamt unwirtschaftlich gearbeitet wurde, lässt sich anhand dieser Differenz allerdings nicht erkennen. Die Ist-Kosten fallen in der Produktion für eine bestimmte Leistungsmenge an. Weicht diese Leistungsmenge von der geplanten Leistungsmenge ab, weil möglicherweise das Auftragsvolumen zu gering oder sehr hoch ist, dann ändern sich konsequenterweise auch die Kosten. Ein unmittelbarer Vergleich dieser Kosten führt in Fertigungskostenstellen nicht weiter und kann daher unterbleiben.

Die **Plankosten für die Fertigung** ergeben sich entsprechend der ersten der beiden obenstehenden Tabellen aus dem Produkt der geplanten Produktion jedes Erzeugnisses mit der geplanten Fertigungszeit und dem variablen Plankostensatz. Tauscht man die geplante Produktionsmenge mit der realisierten Produktionsmenge aus und belässt alle anderen Werte unverändert, dann ergeben sich die **Sollkosten** für die Produktion eines betreffenden Monats für die Fertigungskostenstelle. Diese Sollkosten sind eine geeignetere Ausgangsbasis für den Kostenvergleich:

Erzeugnis	Sollkosten			
	Ist-Produktion	geplante Fertigungszeit	gesamte Fertigungszeit	variable Sollkosten
	ME	Min./ME	ME	€
A	108.000	4,80	518.400	829.440
B	300.000	4,60	1.380.000	2.208.000
C	120.000	3,05	366.000	585.600
D	180.000	4,10	738.000	1.180.800
E	50.000	5,90	295.000	472.000
F	140.000	4,90	686.000	1.097.600
Summe				6.373.440
	variabler Plankostensatz (€/Min.):			1,60

Tab. 6.11: Sollkosten für die Bezugsgröße Fertigung

Unter der Prämisse, dass die variablen Ist-Kosten für diese Kostenstelle getrennt für Rüst- und Fertigungsprozesse vorliegen, ergibt sich nur für die Fertigung als Abweichung 296.560 €. Sie berechnet sich als Differenz zwischen den variablen Sollkosten und den variablen Ist-Kosten von 6.670.000 €. Berechnet man darüber hinaus die variablen Ist-Kosten für die einzelnen Erzeugnisse, dann lassen sich entsprechend der folgenden Tabelle Abweichungen für jedes einzelne Erzeugnis berechnen:

Erzeugnis	Soll-Ist-Vergleich			
	variable Sollkosten	variable Ist-Kosten	Abweichung	Abweichung in % der Sollkosten
	€	€	€	
A	829.440	840.000	10.560	1,27 %
B	2.208.000	2.240.000	32.000	1,45 %
C	585.600	620.000	34.400	5,87 %
D	1.180.800	1.280.000	99.200	8,40 %
E	472.000	490.000	18.000	3,81 %
F	1.097.600	1.200.000	102.400	9,33 %
Summe	6.373.440	6.670.000	296.560	4,65 %

Tab. 6.12: Soll-Ist-Vergleich für die Bezugsgröße Fertigung

Insgesamt liegen die Ist-Kosten um knapp 5 % über den Sollkosten. Höhere Abweichungen gibt es bei den Erzeugnissen D und F, geringfügig höhere Ist-Kosten bei den Erzeugnissen A und B. Die Verbrauchsabweichung ist vom Controlling tiefergehend zu analysieren, um abschließend eine Aussage zur Wirtschaftlichkeit in dieser Kostenstelle zu formulieren.

Planungen im Fertigungsbereich basieren idealerweise auf dem kostengünstigsten **Produktionsverfahren**. Oft gibt es verschiedene Möglichkeiten, Leistungen zu erbringen. Eine allgemeine Variante ist der Einsatz anderer Maschinen, die alternativ zum Einsatz kommen können, aber auch andere Kosten verursachen. Die Gründe dafür können unterschiedlicher Natur sein. Beispielsweise kommt eine kostengünstigere Maschine nicht zum Einsatz, weil zu viele Aufträge parallel bearbeitet werden und die Kapazität der geplanten Maschine dafür nicht ausreicht. Ein anderer Grund ist der ungeplante Ausfall einer Maschine und dementsprechend andere Produktionsmöglichkeiten genutzt werden. Auch Kunden verlangen nicht selten bestimmte Produktionsverfahren, die zu anderen als den geplanten Kosten führen können. Bei dem zuletzt genannten Grund handelt es sich nicht um eine vom Produktionsbereich zu vertretende Unwirtschaftlichkeit, der ungeplante Ausfall einer Maschine kann aber als solche interpretiert werden, wenn vorbeugende Instandhaltungsmaßnahmen nicht mit der entsprechenden Sorgfalt durchgeführt wurden. Im Fallbeispiel wurden die in der folgenden Tabelle angegebenen Teilmengen mit einem anderen Verfahren als dem geplanten Verfahren produziert. Unterschiede gibt es bei den Fertigungszeiten und dem geplanten Sollkostensatz.

Erzeugnis	mit einem anderen Verfahren produzierte Menge	im Plan vorgesehenes Verfahren			im Ist eingesetztes Verfahren		
		geplante Fertigungszeit	gesamte Fertigungszeit	Sollkosten	geplante Fertigungszeit	gesamte Fertigungszeit	Sollkosten
	ME	Min./ME	Min.	€	Min./ME	Min.	€
A	200	4,80	960	1.536	5,00	1.000	1.800
B	2.000	4,60	9.200	14.720	4,50	9.000	16.200
C		3,05	0	0	3,00	0	0
D	500	4,10	2.050	3.280	4,00	2.000	3.600
E		5,90	0	0	6,00	0	0
F	300	4,90	1.470	2.352	5,00	1.500	2.700
Summe				21.888			24.300
		Sollkostensatz (€/Min.):		1,60	Sollkostensatz (€/Min.):		1,80

Tab. 6.13: Daten zur Berechnung der Verfahrensabweichung

In der Praxis gibt es oft nicht nur ein alternatives Verfahren, sondern mehrere verschiedene Möglichkeiten des Produktionsvollzugs. Vergleicht man die Kosten des geplanten Verfahrens mit den Kosten des tatsächlich zum Einsatz kommenden Verfahrens, so ergibt sich für die umdisponierten Mengen die **Verfahrensabweichung**, die untenstehend berechnet ist:

Erzeugnis	mit einem anderen Verfahren produzierte Menge	Sollkosten des geplanten Verfahrens	Sollkosten des realisierten Verfahres	Verfahrensabweichung
	ME	€	€	€
A	200	1.536	1.800	264
B	2.000	14.720	16.200	1.480
C		0	0	0
D	500	3.280	3.600	320
E		0	0	0
F	300	2.352	2.700	348
Summe		21.888	24.300	2.412

Tab. 6.14: Berechnung der Verfahrensabweichung

Normalerweise kommt es zu positiven Verfahrensabweichungen, das heißt zu höheren Kosten bei Anwendung eines anderen Verfahrens, da der Planung das kostengünstigste Verfahren zugrunde liegt. Im Fallbeispiel beträgt die Verfahrensabweichung in der betreffenden Periode 2.412 €. Wird aus qualitativen Gründen in der originären Planung nicht das kostengünstigste, sondern ein höherwertiges Verfahren eingesetzt, kann es auch zu negativen Verfahrensabweichungen kommen, da nicht immer alle Aufträge mit dem qualitativ hochwertigen Verfahren abgewickelt werden müssen.

Neben anderen möglichen Abweichungsgründen soll als letztes Beispiel zur Analyse der Verbrauchsabweichung in der Fertigung die **Intensitätsabweichung** behandelt werden. Zu einer Intensitätsabweichung kommt es, wenn die Produktionsanlagen bei der gesamten oder bei einem Teil der Leistungsmenge mit einer anderen Intensität betrieben werden, als geplant. Die Leistungen werden mit dem geplanten Verfahren, aber mit einer anderen Intensität erbracht. Wurde mit einer kostenoptimalen Intensität geplant, dann führen Intensitätsabweichungen zu höheren Kosten. Im Fallbeispiel werden zwei Produkte mit anderer Intensität produziert. Ein Grund für diese Vorgehensweise kann sein, dass die angegebenen Mengen dieser beiden Erzeugnisse schnell ausgeliefert werden müssen und somit die Intensität in der Produktion während des Produktionsprozesses zeitlich begrenzt gezielt erhöht wird. Die beiden folgenden Tabellen zeigen die Daten zur Berechnung der Intensitätsabweichung sowie die sich aus den Daten ergebende Intensitätsabweichung.

Erzeugnis	mit einer anderen Intensität produzierte Menge	im Plan vorgesehenes Intensität			im Ist eingesetztes Intensität		
		geplante Fertigungszeit	gesamte Fertigungszeit	Sollkosten	geplante Fertigungszeit	gesamte Fertigungszeit	Sollkosten
	ME	Min./ME	Min.	€	Min./ME	Min.	€
A		4,80	0	0	5,00	0	0
B		4,60	0	0	4,50	0	0
C	5.000	3,05	15.250	24.400	3,00	15.000	27.000
D	5.000	4,10	20.500	32.800	4,00	20.000	36.000
E		5,90	0	0	6,00	0	0
F		4,90	0	0	5,00	0	0
Summe				57.200			63.000
		Sollkostensatz (€/Min.):		1,60	Sollkostensatz (€/Min.):		1,90

Tab. 6.15: Daten zur Berechnung der Intensitätsabweichung

Erzeugnis	mit einer anderen Intensität produzierte Menge	Sollkosten der geplanten Intensität	Sollkosten der realisierten Intensität	Intensitätsabweichung
	ME	€	€	€
A		0	0	0
B		0	0	0
C	5.000	24.400	27.000	2.600
D	5.000	32.800	36.000	3.200
E		0	0	0
F		0	0	0
Summe		57.200	63.000	5.800

Tab. 6.16: Berechnung der Intensitätsabweichung

Neben der Bezugsgröße Fertigungszeit kommt in dieser Kostenstelle die Bezugsgröße **Rüstzeit** zum Einsatz. Tabelle 6.10 enthält die Plandaten für diese Bezugsgröße. Bei der Berechnung der Sollkosten ist zum einen zu berücksichtigen, dass sich allein aufgrund anderer Fertigungsmengen in einer bestimmten Periode bei einzelnen Erzeugnissen ein Einfluss auf die Anzahl der Rüstvorgänge ergibt. Die folgende Tabelle enthält die entsprechend berechneten Sollkosten:

Erzeugnis	Sollkosten auf Basis geplanter Seriengrößen			
	geplante Seriengröße	Anzahl Serien	geplante Rüstzeit	variable Plankosten
	ME		Min./Serie	€
A	5.400	20,0	380	15.200
B	12.000	25,0	490	24.500
C	10.000	12,0	500	12.000
D	18.000	10,0	480	9.600
E	5.000	10,0	400	8.000
F	8.750	16,0	350	11.200
Summe				80.500
	variabler Rüstkostensatz (€/Min.):			2,00

Tab. 6.17: Sollkosten für die Bezugsgröße Rüstzeit auf Basis geplanter Seriengrößen

Zum anderen werden Seriengrößen beim Vollzug der Produktion regelmäßig in den einzelnen Monaten abweichen, da optimale Seriengrößen vor dem Hintergrund der aktuellen Nachfrage und der noch vorhandenen Bestände immer wieder neu bestimmt werden müssen. Sollkosten können dementsprechend nicht nur für die sich in einer aktuellen Periode ergebende Anzahl von Umrüstvorgängen bei unveränderten Seriengrößen, sondern auch vor dem Hintergrund der tatsächlich realisierten Seriengrößen berechnet werden. Die Sollkosten basieren auf den geplanten Rüstzeiten für einen Umrüstvorgang und dem variablen Rüstkostensatz. Die Anzahl der Serien entspricht den im Ist durchgeführten Rüstvorgängen. Da die verschiedenen Serien mehrfach in einem Monat aufgelegt werden und die Seriengrößen variieren, ergeben sich – auch wenn die Fertigungsmenge nicht beliebig teilbar ist – keine ganzzahligen durchschnittlichen Seriengrößen.

Erzeugnis	Sollkosten auf Basis Ist-Seriengrößen			
	Ø Ist-Seriengröße	Anzahl Serien	geplante Rüstzeit	variable Plankosten
	ME		Min./Serie	€
A	4.909,1	22,0	380	16.720
B	15.789,5	19,0	490	18.620
C	8.571,4	14,0	500	14.000
D	16.363,6	11,0	480	10.560
E	6.250,0	8,0	400	6.400
F	7.777,8	18,0	350	12.600
Summe				78.900
	variabler Rüstkostensatz (€/Min.):			2,00

Tab. 6.18: Sollkosten für die Bezugsgröße auf Basis der realisierten Seriengrößen

Die gesamten Ist-Kosten betragen in der Kostenstelle 6.752.500 €, davon entfallen 6.670.000 € auf die Fertigung (siehe Tab. 6.12) und 82.500 € auf das Umrüsten (siehe unten Tab. 6.19). Subtrahiert man von den Ist-Kosten für die Rüstvorgänge die Sollkosten auf Basis der geplanten Seriengrößen, so erhält man mit 2.000 € die Verbrauchsabweichung für die Bezugsgröße Rüstzeit. Die Ist-Seriengrößen weichen von den geplanten Seriengrößen ab. Die Sollkosten auf Basis der realisierten Seriengrößen betragen 78.900 €, als Seriengrößenabweichung lässt sich somit ein Betrag in Höhe von –1.600 € (78.900 € – 80.500 €) bestimmen.

Bei der Differenz zwischen den Sollkosten auf Basis der geplanten Seriengrößen und der realisierten Seriengrößen handelt es sich um die Seriengrößenabweichung:

Erzeugnis	Variable Ist-Kosten	Sollkosten auf Basis geplanter Seriengrößen	Verbrauchsabweichung	Sollkosten auf Basis der Ist-Seriengrößen	Seriengrößenabweichung
	€	€	€	€	€
A	17.000	15.200	1.800	16.720	1.520
B	19.200	24.500	–5.300	18.620	–5.880
C	15.000	12.000	3.000	14.000	2.000
D	11.500	9.600	1.900	10.560	960
E	7.000	8.000	–1.000	6.400	–1.600
F	12.800	11.200	1.600	12.600	1.400
Summe	82.500	80.500	2.000	78.900	–1.600

Tab. 6.19: Verbrauchsabweichung und Seriengrößenabweichung bei der Bezugsgröße Rüstzeit

Zusammenfassend lassen sich folgende Aussagen zur Verbrauchsabweichung treffen:

- Die Verbrauchsabweichung in der betreffenden Kostenstelle beläuft sich auf 300.160 €, davon sind 296.560 € der Bezugsgröße Fertigungszeit und 3.600 € der Bezugsgröße Rüstzeit zuzurechnen.
- Die Verbrauchsabweichung für die Bezugsgröße Fertigungszeit enthält mit 2.412 € einen Betrag, der aufgrund abweichender Fertigungsverfahren angefallen ist. 5.800 € sind zu verzeichnen, da teilweise die Intensität gegenüber der Planung geändert wurde und dementsprechend andere Sollkosten anfallen. Es verbleibt als Restbetrag der Verbrauchsabweichung ein Betrag von 288.348 €.
- Die Verbrauchsabweichung für die Bezugsgröße Rüstzeit beinhaltet einen Betrag von 2.000 €, als Differenz zwischen den Ist-Kosten und den Sollkosten, berechnet auf Basis der geplanten Seriengrößen. Vergleicht man die Sollkosten auf Basis der Ist-Seriengrößen mit denen auf Basis der geplanten Seriengrößen, so ergeben sich auf Basis der Ist-Seriengrößen niedrigere Sollkosten. Insgesamt verbessert sich die Kostensituation also aufgrund der realisierten Ist-Seriengrößen. Für die auf Unwirtschaftlichkeiten zu untersuchende Verbrauchsabweichung bedeutet dies jedoch, dass sich diese um 1.600 € erhöht und damit 3.600 € beträgt.

6.2 Kurzfristige Produktionsprogrammplanung

Im Rahmen der kurzfristigen Produktionsprogrammplanung geht es um die Zusammenstellung der Erzeugnisse, die in einem kurzfristigen Zeitraum vom Unternehmen zu produzieren sind. Anders als in mittel- und langfristigen Planungen sind Mengen und Preise entweder genau bestimmbar oder mit geringen Unsicherheiten prognostizierbar. Bei dem kurzfristigen Zeitraum kann es sich um die Produktion des aktuellen Tages oder der aktuellen Schicht, um Tage, Wochen oder Monate handeln. Bei einem Zeitraum von über einem Jahr spricht man von einer mittelfristigen Planung. Zum Produktionsprogramm gehören Zwischen- und

Endprodukte. Aus dem Blickwinkel eines Produktionsstandorts geht es darum, die Erzeugnisse zu bestimmen, die am Standort zu erstellen sind. Die Option des Fremdbezugs besteht, wenn bestimmte Erzeugnisse benötigt werden, die am Standort nicht erstellt werden können. Ist ein Standort Teil eines Standortverbunds in einem Konzern, dann findet an übergeordneter Stelle eine standortübergreifende Koordination der Produktion statt.

6.2.1 Produktion von Zwischenprodukten

Für die Produktion der Erzeugnisse benötigen Unternehmen Zwischenprodukte, Komponenten und andere Einsatzstoffe. Zusammengefasst findet für diese Produktionsfaktoren auch der Begriff **Werkstoffe** Verwendung. Gibt es auf der einen Seite Lieferanten für die benötigten Zwischenprodukte und verfügt das Unternehmen auf der anderen Seite über die Produktionsanlagen zur Eigenerstellung der Zwischenprodukte, dann stellt sich kurzfristig für das Unternehmen die Frage, ob die benötigten Einsatzfaktoren zugekauft oder selbst erstellt werden sollen. Das Entscheidungsproblem kann aus verschiedenen Blickwinkeln betrachtet werden. Qualitative Gründe beeinflussen die Entscheidungsfindung, wenn bei einem der beiden Bereitstellungswege die qualitativen Anforderungen nicht sichergestellt werden können. Terminliche Aspekte sind zu berücksichtigen, da die Zwischenprodukte zu bestimmten Zeiten benötigt werden. Flexibilität bei den Belieferungsterminen oder der Eigenerstellung kann ein Problem sein, wenn kurzfristig bestimmte Mengen benötigt werden, aber die Lagerbestände geringgehalten werden sollen. Neben diesen exemplarisch genannten Unterschieden zwischen **Eigenfertigung und Fremdbezug** sind die Kosten ein nicht unwesentlicher Faktor. Da an dieser Stelle die Problematik aus kurzfristiger Sicht behandelt wird, bleiben Investitionen außen vor. Angenommen wird, dass Produktionskapazitäten zur Eigenerstellung in bestimmtem Umfang zur Verfügung stehen, möglicherweise aber nicht ausreichen. Alternativ können die Zwischenprodukte fremdbezogen werden. Da die wesentlichen Anforderungen, die an die Zwischenprodukte gestellt werden, sowohl von Lieferanten als auch bei Eigenerstellung erfüllt werden, stehen die **Kosten** im Fokus der Entscheidungsfindung.

Verfügt das Unternehmen über **freie Produktionskapazitäten** im benötigten Zeitraum, so sind zur Entscheidungsfindung die variablen Kosten mit den Kosten des Fremdbezugs zu vergleichen. Die fixen Kosten bei Eigenfertigung sind nicht relevant, da sie sich annahmegemäß kurzfristig nicht verändern lassen. Zu den kurzfristig anfallenden Kosten des Fremdbezugs zählen nicht nur die Kosten, die der Lieferant dem Standort in Rechnung stellt, sondern auch die Frachtkosten, sofern sie extra zu tragen sind. Weiterhin sind als Kosten des Fremdbezugs solche variablen Kosten im Unternehmen zu berücksichtigen, die ohne Fremdbezug nicht anfallen würden und auch bei Eigenfertigung nicht anfallen. Hierzu zählen insbesondere Kosten, die im Rahmen der Prüfung der Zugänge von Lieferanten im Unternehmen anfallen.

Häufig bestehen Engpässe in einem Unternehmen. Engpässe bedeuten, dass entschieden werden muss, wie man den Engpass nutzen will. Handelt es sich um Produktionsanlagen, dann ist zu überlegen, welche Erzeugnisse auf diesen Produktionsanlagen zu fertigen sind oder alternativ fremdbezogen werden sollen, da die eigenen Kapazitäten nicht ausreichen. Hinsichtlich der Entscheidungsfindung differenziert man zwischen Entscheidungsproblemen, bei denen nur ein Engpass besteht, von solchen Entscheidungssituationen mit mehreren Engpässen.

Beispiel zur Entscheidungsfindung mit einem Engpass

Ein Unternehmen benötigt im Produktionsprozess verschiedene, beliebig teilbare Zwischenprodukte. Die folgende Tabelle enthält Zwischenprodukte, die im Unternehmen selbst erstellt oder alternativ über einen Lieferanten bezogen werden können. Entscheidungsrelevant sind bei kurzfristigen Entscheidungsproblemen die variablen Kosten der Eigenfertigung sowie die Kosten des Fremdbezugs, die in der Tabelle angegeben sind. Da bei allen Zwischenprodukten die Kosten der Eigenfertigung niedriger ausfallen, als die Kosten des Fremdbezugs, sind alle Produkte selbst herzustellen. Voraussetzung ist jedoch, dass ausreichende Produktionskapazitäten zur Verfügung stehen.

Zwischenprodukte		**A**	**B**	**C**	**D**	**E**	**F**	**G**	**H**	**I**
Kosten Eigenfertigung	€/ME	44,00	96,00	76,00	37,00	46,00	53,00	59,00	65,00	35,00
Kosten Fremdbezug	€/ME	68,00	119,00	96,00	55,00	63,00	68,50	75,00	79,00	47,00
Kostendifferenz	€/ME	24,00	23,00	20,00	18,00	17,00	15,50	16,00	14,00	12,00

Tab. 6.20: Kurzfristig entscheidungsrelevante Kosten zwischen Eigenfertigung und Fremdbezug

Für die Herstellung der Zwischenprodukte werden verschiedene Produktionsverfahren eingesetzt. Notwendig ist unter anderem das Produktionsverfahren M. Für dieses Verfahren setzt das Unternehmen parallel mehrere Produktionsanlagen ein, sodass man insgesamt über eine Produktionskapazität bei diesem Verfahren über 350.000 Fertigungsminuten beziehungsweise 5.833 Fertigungsstunden verfügt. In der folgenden Tabelle sind für eine bestimmte Periode die Bedarfe in Mengeneinheiten für die Zwischenprodukte angegeben. Multipliziert mit dem Zeitbedarf im Engpass ergibt sich für jedes Zwischenprodukt die zeitliche Inanspruchnahme des Produktionsverfahrens. Addiert man den Zeitbedarf der einzelnen Zwischenprodukte, dann kommt man auf 8.283,33 Fertigungsstunden. Es besteht ein Engpass, da die zur Verfügung stehenden Fertigungsstunden nicht ausreichen.

Zwischenprodukte		**A**	**B**	**C**	**D**	**E**	**F**	**G**	**H**	**I**
Bedarf in der Periode	ME	2.800	4.000	3.200	6.000	5.800	5.000	3.000	7.000	3.500
Kapazitätsinanspruchnahme im Engpass	Min./ME	12,0	13,0	13,0	10,0	11,0	16,0	11,0	13,0	12,0
Kapazitätsinanspruchnahme im Engpass	Std.	560	867	693	1.000	1.063	1.333	550	1.517	700

Tab. 6.21: Benötigte Kapazität beim Produktionsverfahren M bei Eigenfertigung der Zwischenprodukte

Unterstellt, dass es sich bei dem Produktionsverfahren M um den einzigen Engpass handelt, sind zur Entscheidungsfindung, welche Zwischenprodukte selbst gefertigt oder fremdbezogen werden sollen, die engpassbezogenen Mehrkosten des Fremdbezugs zu berechnen, anhand derer eine Rangfolge für die Eigenfertigung aufgestellt werden kann. Die engpassbezogenen Mehrkosten des Fremdbezugs ergeben sich durch Division der in Tab. 6.20 angegebenen Kostendifferenz durch die in Tab. 6.21 angegebene Kapazitätsinanspruchnahme im Engpass.

Zwischenprodukte		**A**	**B**	**C**	**D**	**E**	**F**	**G**	**H**	**I**
engpassbezogene Mehrkosten	€/ Min.	2,00	1,77	1,54	1,80	1,55	0,97	1,45	1,08	1,00
Rangfolge Eigen-fertigung		1	3	5	2	4	9	6	7	8

Tab. 6.22: Berechnung der Rangfolge zur Eigenfertigung der Zwischenprodukte

Da Zwischenprodukt A die höchsten engpassbezogenen Mehrkosten aufweist, sollte – entsprechende Kapazitäten vorausgesetzt – A auf jeden Fall selbst produziert werden. Entsprechend der in der Tabelle angegebenen Reihenfolge lässt das in der folgenden Tabelle angegebene Produktionsprogramm aufstellen:

Zwischenprodukte		**A**	**B**	**C**	**D**	**E**	**F**	**G**	**H**	**I**
Bedarf Zwischen-produkte	ME	2.800	4.000	3.200	6.000	5.800	5.000	3.000	7.000	3.500
benötigte Kapazität bei vollständiger Eigenfertigung	Std.	560	867	693	1.000	1.063	1.333	550	1.517	700
Kapazität kumuliert bei Eigenfertigung	Std.	560	2.427	4.183	1.560	3.490			5.700	5.833
Eigenfertigung	ME	2.800	4.000	3.200	6.000	5.800			7.000	667
Fremdbezug	ME						5.000	3.000		2.833
Kosten Eigenfertigung	T€	123	384	243	222	267			455	23
Kosten Fremdbezug	T€						343	225		133

Tab. 6.23: Selbst zu fertigende und fremd zu beziehende Mengen der Zwischenprodukte

Vollständig selbst erstellt werden die Zwischenprodukte A, B, C, D, E, H sowie 666,6 ME des Zwischenproduktes I. Die Zwischenprodukte F und G werden vollständig, vom Zwischenprodukt I werden 2.833,3 Mengeneinheiten fremdbezogen, Die Kosten betragen insgesamt für die Eigenfertigung 1.717.533 € und für den Fremdbezug 700.667 €.

Beispiel zur Entscheidungsfindung mit mehreren Engpässen

Der Herstellungsprozess der Zwischenprodukte erfolgt in mehreren Produktionsstufen. Neben dem bereits berücksichtigten Verfahrensschritt M sind weitere Produktionsschritte (N, O und P) notwendig, deren Kapazität zu prüfen ist.

Zwischenprodukte		A - I	A	B	C	D	E	F	G	H	I
Bedarf in der Periode	ME		2.800	4.000	3.200	6.000	5.800	5.000	3.000	7.000	3.500
Kostenstelle / Verfahren M											
Kapazitäts-belastung	Min./ ME		12,0	13,0	13,0	10,0	11,0	16,0	11,0	13,0	12,0
benötigte Kapazität	Std.	8.283	560	867	693	1.000	1.063	1.333	550	1.517	700
vorhandene Kapazität	**Std.**	**5.833**	**(350.000 Min.)**			**Engpass: 2.450 Std.**					
Kostenstelle / Verfahren N											
Kapazitäts-belastung	Min./ ME		16,0	14,5	12,0	13,0	19,0	13,0	9,5	13,0	11,0
benötigte Kapazität	Std.	9.207	747	967	640	1.300	1.837	1.083	475	1.517	642
vorhandene Kapazität	**Std.**	**6.833**	**(410.000 Min.)**			**Engpass: 2.373 Std.**					
Kostenstelle / Verfahren O											
Kapazitäts-belastung	Min./ ME		12,0	10,0	7,0	18,0	10,0	13,0	11,0	12,5	9,0
benötigte Kapazität	Std.	7.983	560	667	373	1.800	967	1.083	550	1.458	525
vorhandene Kapazität	**Std.**	**4.833**	**(290.000 Min.)**			**Engpass: 3.150 Std.**					
Kostenstelle / Verfahren P											
Kapazitäts-belastung	Min./ ME		10,0	13,0	16,0	10,0	13,0	9,0	12,0	13,0	10,0
benötigte Kapazität	Std.	7.893	467	867	853	1.000	1.257	750	600	1.517	583
vorhandene Kapazität	**Std.**	**5.500**	**(330.000 Min.)**			**Engpass: 2.393 Std.**					

Tab. 6.24: Kapazitätsprüfung bei mehreren Engpässen

Es zeigt sich, dass bei allen vier Kostenstellen die vorhandene Kapazität nicht ausreicht. Mittelfristig ist zu prüfen, ob Erweiterungsinvestitionen sinnvoll sind. Kurzfristig ist zu entscheiden, welche Zwischenprodukte in welcher Menge selbst gefertigt und welche Mengen fremdbezogen werden sollten. Eine Überlegung wäre etwa, bei jedem Zwischenprodukt einen bestimmten Anteil (beispielsweise 60 %) selbst zu fertigen, um die Abhängigkeit bei Lieferanten zu reduzieren. In der folgenden Berechnung erfolgt die Entscheidung unter dem Aspekt, die insgesamt anfallenden Kosten für die Eigenfertigung und dem Fremdbezug zu minimieren. Das kann zur Folge haben, dass bei bestimmten Zwischenprodukten der vollständige Bedarf bei Lieferanten befriedigt wird, bei Lieferproblemen könnte es kurzfristig zu Versorgungsengpässen kommen.

Im Beispiel handelt es sich um ein lineares Optimierungsproblem mit mehreren Engpässen, das mit dem Simplexverfahren einer Lösung zugeführt werden kann. Bei diesem Rechenverfahren wird für jeden der vier Engpässe eine Ungleichung aufgestellt, die auf der linken Seite die Kapazitätsbelastung jeweils einer Einheit der Zwischenprodukte und auf der rechten Seite die maximal zur Verfügung stehende Kapazität enthält. Für den Engpass M lautet die Ungleichung:

$$12x_1 + 13x_2 + 13x_3 + 10x_4 + 11x_5 + 16\ x_6 + 11x_7 + 13x_8 + 12x_9 \leq 350.000$$

X_1 bis x_9 stehen für die Zwischenprodukte A bis I. Neben den vier Engpässen ist der Bedarf für jedes der neun Zwischenprodukte zu berücksichtigen. Für das Zwischenprodukte A ergibt sich als Ungleichung:

$$x_1 \leq 2.800$$

Durch Einführung von Schlupfvariablen lassen sich die Ungleichungen zu Gleichungen umwandeln. Für den Engpass M gilt dann:

$$12x_1 + 13x_2 + 13x_3 + 10x_4 + 11x_5 + 16\ x_6 + 11x_7 + 13x_8 + 12x_9 + y_1 = 350.000$$

Für die Variablen gelten die Nichtnegativitätsbedingungen, negative Produktionsmengen dürfen sich nicht bei den Zwischenprodukten ergeben. Zu bestimmen ist das unter Kostengesichtspunkten optimale Produktionsprogramm, das sich unter Berücksichtigung der Engpasssituation ergibt. Da der Fremdbezug zu höheren Kosten führt, ist die Differenz zwischen Fremdbezugskosten und den variablen Kosten der Eigenfertigung zu minimieren. Die Gleichungen und Zielfunktion können tabellarisch dargestellt und unter Anwendung der Simplex-Methode gelöst werden. Das entsprechende Ausgangstableau zeigt Tabelle 6.25.

Nach einigen Iterationen ergibt sich die im folgenden Tableau dargestellte Lösung (zur Anwendung der Simplex-Methode im Rahmen der Produktionsprogrammplanung siehe z. B. *Corsten/Gössinger* 2016, S. 260 ff.).

Simplex-Tabl. 1	x_1	x_2	x_3	x_4	x_5	x_6	x_7	x_8	x_9	y_1	y_2	y_3	y_4	y_5	y_6	y_7	y_8	y_9	y_{10}	y_{11}	y_{12}	y_{13}	Ergebnis-spalte
y_1	12,0	13,0	13,0	10,0	11,0	16,0	11,0	13,0	12,0	1,0	0,0	0,0	0,0	0,0	0,0	0,0	0,0	0,0	0,0	0,0	0,0	0,0	350.000
y_2	16,0	14,5	12,0	13,0	19,0	13,0	9,5	13,0	11,0	0,0	1,0	0,0	0,0	0,0	0,0	0,0	0,0	0,0	0,0	0,0	0,0	0,0	410.000
y_3	12,0	10,0	7,0	18,0	10,0	13,0	11,0	12,5	9,0	0,0	0,0	1,0	0,0	0,0	0,0	0,0	0,0	0,0	0,0	0,0	0,0	0,0	290.000
y_4	10,0	13,0	16,0	10,0	13,0	9,0	12,0	13,0	10,0	0,0	0,0	0,0	1,0	0,0	0,0	0,0	0,0	0,0	0,0	0,0	0,0	0,0	330.000
y_5	1,0	0,0	0,0	0,0	0,0	0,0	0,0	0,0	0,0	0,0	0,0	0,0	0,0	1,0	0,0	0,0	0,0	0,0	0,0	0,0	0,0	0,0	2.800
y_6	0,0	1,0	0,0	0,0	0,0	0,0	0,0	0,0	0,0	0,0	0,0	0,0	0,0	0,0	1,0	0,0	0,0	0,0	0,0	0,0	0,0	0,0	4.000
y_7	0,0	0,0	1,0	0,0	0,0	0,0	0,0	0,0	0,0	0,0	0,0	0,0	0,0	0,0	0,0	1,0	0,0	0,0	0,0	0,0	0,0	0,0	3.200
y_8	0,0	0,0	0,0	1,0	0,0	0,0	0,0	0,0	0,0	0,0	0,0	0,0	0,0	0,0	0,0	0,0	1,0	0,0	0,0	0,0	0,0	0,0	6.000
y_9	0,0	0,0	0,0	0,0	1,0	0,0	0,0	0,0	0,0	0,0	0,0	0,0	0,0	0,0	0,0	0,0	0,0	1,0	0,0	0,0	0,0	0,0	5.800
y_{10}	0,0	0,0	0,0	0,0	0,0	1,0	0,0	0,0	0,0	0,0	0,0	0,0	0,0	0,0	0,0	0,0	0,0	0,0	1,0	0,0	0,0	0,0	5.000
y_{11}	0,0	0,0	0,0	0,0	0,0	0,0	1,0	0,0	0,0	0,0	0,0	0,0	0,0	0,0	0,0	0,0	0,0	0,0	0,0	1,0	0,0	0,0	3.000
y_{12}	0,0	0,0	0,0	0,0	0,0	0,0	0,0	1,0	0,0	0,0	0,0	0,0	0,0	0,0	0,0	0,0	0,0	0,0	0,0	0,0	1,0	0,0	7.000
y_{13}	0,0	0,0	0,0	0,0	0,0	0,0	0,0	0,0	1,0	0,0	0,0	0,0	0,0	0,0	0,0	0,0	0,0	0,0	0,0	0,0	0,0	1,0	3.500
Zielfunktion	−24,0	−23,0	−20,0	−18,0	−17,0	−15,5	−16,0	−14,0	−12,0	0,0	0,0	0,0	0,0	0,0	0,0	0,0	0,0	0,0	0,0	0,0	0,0	0,0	0,0

Tab. 6.25: Ausgangstableau zur Anwendung der Simplex-Methode

Lösungs-Tableau	x_1	x_2	x_3	x_4	x_5	x_6	x_7	x_8	x_9	y_1	y_2	y_3	y_4	y_5	y_6	y_7	y_8	y_9	y_{10}	y_{11}	y_{12}	y_{13}	Ergebnis-spalte
x_8	0,0	0,0	0,0	0,0	0,0	0,0	0,0	1,0	0,0	0,2	0,0	–0,1	0,0	–0,9	–1,2	–1,5	0,0	–0,9	–1,4	–0,8	0,0	–1,2	64
y_2	0,0	0,0	0,0	0,0	0,0	0,0	0,0	0,0	0,0	–0,7	1,0	–0,4	0,0	–3,8	–2,4	–1,0	0,0	–8,2	2,1	1,7	0,0	0,1	21.650
x_7	0,0	0,0	0,0	0,0	0,0	0,0	1,0	0,0	0,0	0,0	0,0	0,0	0,0	0,0	0,0	0,0	0,0	0,0	0,0	1,0	0,0	0,0	3.000
y_4	0,0	0,0	0,0	0,0	0,0	0,0	0,0	0,0	0,0	–1,0	0,0	0,0	1,0	2,0	0,0	–3,0	0,0	–2,0	7,0	–1,0	0,0	2,0	3.400
x_1	1,0	0,0	0,0	0,0	0,0	0,0	0,0	0,0	0,0	0,0	0,0	0,0	0,0	1,0	0,0	0,0	0,0	0,0	0,0	0,0	0,0	0,0	2.800
x_2	0,0	1,0	0,0	0,0	0,0	0,0	0,0	0,0	0,0	0,0	0,0	0,0	0,0	0,0	1,0	0,0	0,0	0,0	0,0	0,0	0,0	0,0	4.000
x_3	0,0	0,0	1,0	0,0	0,0	0,0	0,0	0,0	0,0	0,0	0,0	0,0	0,0	0,0	0,0	1,0	0,0	0,0	0,0	0,0	0,0	0,0	3.200
x_4	0,0	0,0	0,0	1,0	0,0	0,0	0,0	0,0	0,0	–0,1	0,0	0,1	0,0	–0,1	0,3	0,7	0,0	0,1	0,3	–0,1	0,0	0,3	317
x_5	0,0	0,0	0,0	0,0	1,0	0,0	0,0	0,0	0,0	0,0	0,0	0,0	0,0	0,0	0,0	0,0	0,0	1,0	0,0	0,0	0,0	0,0	5.800
x_6	0,0	0,0	0,0	0,0	0,0	1,0	0,0	0,0	0,0	0,0	0,0	0,0	0,0	0,0	0,0	0,0	0,0	0,0	1,0	0,0	0,0	0,0	5.000
x_4	0,0	0,0	0,0	0,0	0,0	0,0	0,0	0,0	0,0	0,1	0,0	–0,1	0,0	0,1	–0,3	–0,7	1,0	–0,1	–0,3	0,1	0,0	–0,3	5.683
x_8	0,0	0,0	0,0	0,0	0,0	0,0	0,0	0,0	0,0	–0,2	0,0	0,1	0,0	0,9	1,2	1,5	0,0	0,9	1,4	0,8	1,0	1,2	6.936
x_9	0,0	0,0	0,0	0,0	0,0	0,0	0,0	0,0	1,0	0,0	0,0	0,0	0,0	0,0	0,0	0,0	0,0	0,0	0,0	0,0	0,0	1,0	3.500
Zielfunktion	0,0	0,0	0,0	0,0	0,0	0,0	0,0	0,0	0,0	0,2	0,0	0,9	0,0	10,7	11,2	10,7	0,0	5,7	0,3	3,8	0,0	1,3	495.896

Tab. 6.26: Lösungstableau

Die untenstehende Tabelle dient der Interpretation des Lösungstableaus. Die mit x_1 bis x_3, x_5 bis x_7 und x_9 bezeichneten Zeilen stehen für die Zwischenprodukte A bis C, E bis G und I, die vollständig selbst erstellt werden. Die Zeilen x_4 und x_8 gibt es doppelt, da aufgrund der Engpässe nur eine Teilmenge selbst erstellt werden kann und die andere Teilmenge fremdbezogen werden muss. Die entsprechenden Mengenangaben stammen aus der letzten Spalte des Lösungstableaus und sind in die untenstehende Tabelle nur übernommen wurden. Bei dem Wert im letzten Feld des Lösungstableaus handelt es sich mit 495.896 € um die Kostenersparnis, die daraus resultiert, dass die Eigenfertigungsmengen nicht fremdbezogen werden müssen. Die Kostenersparnis bei dem Zwischenprodukt A beträgt beispielsweise 24 €. Multipliziert mit den 2.800 Mengeneinheiten, die selbst gefertigt werden, beträgt die Ersparnis bei diesem Zwischenprodukt 67.200 €.

	A	B	C	D	E	F	G	H	I	A bis I
Bedarf	2.800	4.000	3.200	6.000	5.800	5.000	3.000	7.000	3.500	
Eigenfertigung										
Menge	2.800	4.000	3.200	316,5	5.800	5.000	3.000	64,2	3.500	
eingesparte Mehrkosten Femdbezug	67.200	92.000	64.000	5.697	98.600	77.500	48.000	899	42.000	495.896
Fremdbezug	0	0	0	5.683	0	0	0	6.936	0	

Tab. 6.27: Eigenfertigungs- und Fremdbezugsmengen aus dem Lösungstableau

Teilmengen der Zwischenprodukte D und H müssen fremdbezogen werden. Trotzdem verfügt das Unternehmen noch über Leerkapazitäten bei den Kostenstellen N und P, die im Tableau mit Y_2 und Y_4 bezeichnet werden. Für die Eigenfertigung der angegebenen Mengen benötigt man in Kostenstelle N 388.350 Minuten (6.472 Std.). Bei einer Kapazität von 410.000 Minuten (6.833 Std.) ergibt sich eine nicht genutzte Kapazität von 21.650 Minuten (361 Std.). Der Wert kann der Ergebnisspalte in dem obenstehenden Lösungstableau entnommen werden. Die ungenutzte Kapazität in der Kostenstelle P beträgt entsprechend dem Lösungstableau 3.400 Minuten (57 Std.).

6.2.2 Auftragsfertigung

Bei Unternehmen, die aufgrund von Kundenaufträgen produzieren, spielt die Lagerhaltung im Vergleich zu einer marktgeleiteten Serienfertigung eine untergeordnete Rolle. Basieren die individuellen Kundenaufträge jedoch auf vielen Gleichteilen, dann kommen bei der Vorfertigung die gleichen Prinzipien zum Tragen, die auch für die Serienfertigung gelten. Bei einer Kundenfertigung stellen sich im Wesentlichen zwei Fragen. Wie sind die Kundenaufträge zu kalkulieren? Und wie sollen die Kundenaufträge insbesondere in zeitlicher Hinsicht abgewickelt werden.

Kalkulation von Kundenaufträgen

Die Kalkulation von Kundenaufträgen erfolgt entsprechend der im Unternehmen vorgesehenen Kalkulationssystematik. Zwei Problembereiche stechen hervor. Der eine ist die Verrechnung von Gemeinkosten, der andere die Differenzierung in fixe und variable Kosten. Die **Verrechnung der Gemeinkosten** in Kalkulationen hängt von dem zugrundeliegenden Kostenrechnungssystem ab.

Sehr kleine Unternehmen verfügen oft nicht über eine voll ausgebaute Kostenrechnungssystematik und kalkulieren dementsprechend mithilfe einer **Lohnzuschlagskalkulation**. Eine Kostenstellenrechnung benötigt man für die Lohnzuschlagskalkulation nicht. Die Arbeitsstunden und damit die Lohnkosten werden relativ gut kalkuliert oder resultieren gar auf Zeitaufschreibungen bei einem Kunden. Im ersten Fall basieren die Arbeitsstunden auf vor Auftragsdurchführung erfolgenden Einschätzungen des Unternehmens, die von der tatsächlich für einen Auftrag benötigten Arbeitszeit abweichen kann, im zweiten Fall entstehen erst gar keine Abweichungen, da für die Rechnungsstellung die tatsächlichen Arbeitszeiten maßgebend sind. In beiden Fällen ist ein Verhältnis zwischen Gemeinkosten, Gewinn und Lohnkosten beziehungsweise Arbeitszeiten herzustellen. Dieses Verhältnis basiert auf Erfahrungen, über die das Unternehmen beispielsweise aufgrund der Kostensituation in Vorjahren oder branchenüblichen Werten verfügt und in Form von Zuschlägen verrechnet werden. Materialkosten sind additiv zu berücksichtigen. Bei Unternehmen, die ihre Rechnungen aufgrund von Zeitaufschreibungen bei Kunden erstellen, sind Zuschläge in den Stundensätzen enthalten, bei den anderen Unternehmen berechnet man zunächst die Lohnkosten für einen Auftrag und addiert für Gemeinkosten und Gewinn einen prozentualen Zuschlag. Da viele der Unternehmen, die so kalkulieren über eine wenig komplexe Kostenstruktur und eine vergleichbare Kundenstruktur verfügen, handelt es sich bei der Lohnzuschlagskalkulation um ein adäquates, praxisorientiertes Vorgehen in diesen Unternehmen.

In größeren Unternehmen hat die **differenzierende Zuschlagskalkulation** eine gewisse Verbreitung gefunden. Gemeinkosten werden differenzierter als bei der einfachen Lohnzuschlagskalkulation verrechnet. Grundlage der differenzierenden Zuschlagskalkulation ist eine Kostenstellenrechnung. Zuschläge werden differenziert für Kostenstellen beziehungsweise Zusammenfassungen von Kostenstellen gebildet. Dementsprechend müsste es sich um eine empfehlenswertere Kalkulation handeln, als die zuvor diskutierte Variante, die in den als sehr klein bezeichneten Unternehmen zum Einsatz kommt. In den nicht mehr sehr kleinen und somit größeren Unternehmen nimmt jedoch nicht nur die Zahl der Beschäftigten zu, sondern auch die Unterschiedlichkeit und Komplexität der Aufträge und Kunden. So kommt es in solchen Unternehmen zu einer sehr unterschiedlichen Inanspruchnahme der Gemeinkosten verursachenden Bereiche. Nicht selten erhält man größere Aufträge von Unternehmen, die aufgrund einer professionellen Auftragsabwicklung Gemeinkosten schonend abgearbeitet werden können, während manche kleinen Aufträge aufgrund einer hohen Komplexität die Gemeinkosten verursachenden Unternehmensbereiche stärker belasten, als von den Einzelkosten her absehbar. Eine **prozesskostenbasierte Kalkulation** ist in Unternehmen, für die diese Bedingungen gelten, die zu empfehlende Vorgehensweise bei der Kalkulation.

Während sich die Differenzierung zwischen Einzel- und Gemeinkosten auf die Zurechenbarkeit der Kosten auf die Kostenträger bezieht, richtet sich die Differenzierung der Kosten in variable und fixe Bestandteile auf die kurzfristige Veränderbarkeit der Kosten. Variable Kosten verändern sich mit der Beschäftigung, fixe Kosten bleiben kurzfristig konstant. Beispiele sind manche Versicherungen, Beiträge, Gehälter oder Abschreibungen. Grundsätzlich erzielt man nur Gewinne in einer Periode, in denen die Umsätze die vollen Kosten mindestens abdecken. Ist das nicht der Fall, erwirtschaftet man einen Verlust. Der **Verlust lässt sich in konjunkturell schlechten Zeiten reduzieren**, wenn auf volle Kostendeckung verzichtet wird, sofern hierdurch zusätzliche Aufträge generiert werden. Infolge der gegebenen Marktsituation geht ein Unternehmen bei planmäßiger Auslastung (100 %) nur von einem ausgeglichenen Ergebnis aus. Die variablen Kosten belaufen sich auf 40 %, die fixen Kosten auf 60 % des Umsatzes. Im weiteren Verlauf zeigt sich, dass bei unveränderten Preisen die Auslastung jedoch auf 80 % sinken würde. Dann entsteht ein Verlust in Höhe von 15 % des Umsatzes. Verzichtet man bei den fehlenden 20 % der Auslastung auf Vollkosten deckende Absatzpreise und reduziert diese beispielsweise um 10 %, dann verringert man den Verlust um 83 %. Im Beispiel der folgenden Tabelle würde man bei 80 % Auslastung einen Verlust in Höhe von 600 T€ erzielen (Beschäftigungsszenario II). Im Szenario III würde man die Absatzpreise für die restlichen 20 % Auslastung um 10 % senken. Der Umsatz sinkt dann für diese 20 % von 1.000 T€ auf 900 T€. Es werden zusätzliche Deckungsbeiträge in Höhe von 500 T€ realisiert, sodass ein hoher Anteil des Verlusts vermieden werden kann. Natürlich sollte eine solche Preispolitik auf reine Zusatzaufträge beschränkt bleiben, bei denen sichergestellt ist, dass zum einen die anderen Auftraggeber keinen entsprechenden Preissenkungen in der gleichen Periode erwarten und zum anderen Ausstrahlungen auf Preiserwartungen der Kunden in zukünftige Perioden ausgeschlossen werden können.

Beschäftigung	**I**	**II**		**III**	
	100 %	**80 %**	**80 %**	**20 %**	**100 %**
Preissenkung				10 %	
Umsatz (T€)	5.000	4.000	4.000	900	4.900
variable Kosten (T€)	2.000	1.600	1.600	400	2.000
fixe Kosten (T€)	3.000	3.000	3.000		3.000
Gewinn (T€)	0	–600	–600	500	–100
Umsatzrendite	0 %	–15 %	–15 %	56 %	–2 %

Tab. 6.28: Auswirkungen nicht Vollkosten deckender Preise auf das Ergebnis

Abwicklung von Kundenaufträgen

Kundenaufträge sind entsprechend den vertraglichen Vereinbarungen abzuwickeln. Zu unterscheiden ist zwischen Kundenaufträgen, die am Fertigungsstandort produziert werden und solchen, die vor Ort auf Baustellen abgewickelt werden. Die Fertigung von Kundenaufträgen in der Fabrik sind mit anderen Produktionsaufträgen abzustimmen. So wirkt sich die **Auftragsreihenfolge** auf die anfallenden Kosten aus. Kostenvorteile können sich ergeben, wenn ähnliche Aufträge zusammengefasst beziehungsweise nacheinander abgearbeitet werden. Beispiel: Ein Fensterhersteller stellt entsprechend den Kundenwünschen Fenster aus Fensterprofilen verschiedener Hersteller her. Die Zusammenfassung von Kundenaufträgen mit gleichen Fensterprofilen ermöglicht Kosteneinsparungen, da anstelle von mehreren Bestellungen eine Bestellung für mehrere Aufträge ausreicht. Weitere Kosteneinsparungen ergeben sich beim Transport der Profile zum Fensterhersteller. In der Produktion lassen sich Rüstvorgänge reduzieren. Nicht zu vermeidender Verschnitt bei einem der Aufträge kann vielleicht bei einem der anderen Aufträge verwendet werden.

Findet die **Fertigung auf Baustellen** statt, sind diese einzurichten. Auf Baustellen im Hochbau benötigt man beispielsweise einen oder mehrere Baukräne, Gerüste und Baumaschinen verschiedenster Art. Der Einsatz dieser technischen Geräte verursacht aufgrund der Kapitalbindung hohe Kosten, auch wenn sie nur ungenutzt auf einer Baustelle stehen. Deswegen ist es wichtig, den zeitlichen Ablauf der Fertigung auf Baustellen genau zu planen und durch ein effektives Baustellencontrolling zu überwachen.

6.2.3 Marktproduktion

Bei der Marktproduktion ist das Produktionsprogramm vor dem Hintergrund der vermuteten Nachfrage unabhängig von konkreten Aufträgen zu planen. Der erste Schritt besteht darin, die Nachfrage für einen bestimmten Zeitraum zu prognostizieren. Daran anschließend wird vor dem Hintergrund der Bestände an fertigen Erzeugnissen das Produktionsprogramm bestimmt.

Prognose der zukünftigen Absatzentwicklung

Systematische Prognosen für zukünftige Perioden können mit Korrelations- und Regressionsrechnungen erstellt werden. Voraussetzung ist, dass Einflussgrößen mit zeitlichem Vorlauf existieren, die für die zukünftige Nachfrageentwicklung bestimmend sind. Beispiele für Einflussgrößen sind aktuelle Werbeaktivitäten, bereits erfolgte oder zukünftig geplante Preisveränderungen, Veränderungen im Absatzprogramm, Produktveränderungen, gesamtwirtschaftliche Größen (Inflation, Arbeitslosigkeit, Bruttoinlandsprodukt), sonstige Größen (aktuelle oder erwartete Temperaturen, Jahreszeiten, Urlaubszeit, Feiertage). Bei den potenziellen Einflussgrößen, zum Beispiel Werbung oder Absatzpreise, sind nicht nur die Größen des eigenen Unternehmens, sondern auch die Größen von Wettbewerbern zu berücksichtigen.

In Abhängigkeit der Lagerreichweiten und Lagerfähigkeit der Erzeugnisse ist die Nachfrage für eine zukünftige Periode, zum Beispiel Woche, Monat oder Quartal, zu prognostizieren. In einem ersten Schritt ist mithilfe des Korrelationskoeffizienten zu prüfen, zwischen welchen Einflussgrößen und dem Absatz zeitverschoben ein Zusammenhang besteht.

Im Beispiel wird die Berechnung anhand einer Einflussgröße, deren Werte für die Monate Dezember bis September vorliegen, gezeigt. Zu prognostizieren ist der Absatz für den Monat Oktober. Besteht zeitverschoben eine Korrelation zwischen dem Wert der Einflussgröße im Vormonat bezogen auf den zu prognostizierenden Monat, dann kann diese Einflussgröße zur Absatzprognose herangezogen werden. Folgende Daten liegen für die zu prüfende Einflussgröße und den Absatz der betreffenden Monate vor:

Monat	Dez	Jan	Feb	Mär	Apr	Mai	Jun	Jul	Aug	Sep
Absatz	1.430	810	840	1.290	1.190	1.150	990	860	890	1.190
Einflussgröße	150	180	270	230	220	190	170	160	210	240

Tab. 6.29: Ausgangsdaten zur Berechnung des Korrelationskoeffizienten

Mit dem Korrelationskoeffizienten (r)

$$r = \frac{\sum_{i=1}^{n}(x_i - \bar{x})(y - \bar{y})}{\sqrt{\sum_{i=1}^{n}(x_i - \bar{x})^2 \sum_{i=1}^{n}(y_i - \bar{y})^2}}$$

lässt sich der Zusammenhang zwischen Absatz (y) und Einflussgröße (x) überprüfen. Untersucht wird, ob zeitverschoben eine Korrelation zwischen Absatz und Einflussgröße vorliegt. Als Zeitverzug wird im Beispiel ein Monat angenommen. Die Wahl eines längeren, also über einen Monat hinausgehenden, Zeitverzugs kann bei längeren Produktionszeiten sinnvoll sein. Darüber hinaus ist festzulegen, wie viele Monate in die Berechnung einbezogen werden sollen. Bei einem Monat Zeitverzug kann auf Basis der Daten im Beispiel der Korrelationskoeffizient für neun Monate berechnet werden. Mit einem Wert von r = 0,9411 für den Korrelationskoeffizienten besteht ein hoher, zeitverschobener Zusammenhang zwischen Absatz und Einflussgrüße. Kein Zusammengang ergibt sich übrigens bei nicht zeitverschobener Berechnung des Korrelationskoeffizienten.

Aufgrund des festgestellten Zusammenhangs eignet sich die Einflussgröße zur Absatzprognose. Mithilfe der Regressionsfunktion

$$y' = a + bx$$

lässt sich der Absatz für den Monat Oktober prognostizieren. Der Parameter b berechnet sich wie folgt:

$$b = \frac{\sum_{i=1}^{n}(x_i - \bar{x})(y - \bar{y})}{\sum_{i=1}^{n}(x_i - \bar{x})^2}$$

Der Parameter b hat den Wert 4,4887. Eingesetzt in die Regressionsfunktion ergibt sich für a der Wert 135,58 und nach einsetzen des Werts der Einflussgröße für den Monat September in Höhe von 240 erhält man als Prognoseabsatz für den Monat Oktober 1.213 Mengeneinheiten.

Zur Verbesserung der Prognosequalität sollten mehrere Einflussgrößen berücksichtigt werden. Entweder stellt man für alle Einflussgrößen eine gemeinsame Regressionsfunktion auf oder man berechnet getrennt für die verschiedenen Einflussgrößen die Absätze und bildet anschließend das arithmetische Mittel. Durch Einbeziehen der in den vergangenen Monaten eingetretenen Abweichungen zwischen Prognoseabsätzen und tatsächlich erzielten Absätzen lassen sich Absatzober- und Absatzuntergrenzen berechnen (vgl. ausführlich zur Absatz- bzw. Umsatzprognose *Reichmann et al.* 2017, S. 170 ff.).

Ableitung des Produktionsprogramms

Im vorstehenden Beispiel beträgt der Prognoseabsatz für ein Erzeugnis 1.213 Mengeneinheiten, unter Berücksichtigung weiterer Einflussgrößen soll sich ein Prognoseabsatz von 1.200 Mengeneinheiten ergeben. Liegt der Lagerbestand zum Ende des Monats September bei 240 Mengeneinheiten und soll der Lagerbestand ausgehend vom Prognoseabsatz eine Reichweite von einem halben Monat haben, dann wären im Oktober 1.560 Mengeneinheiten (1.200 ME + 600 ME – 240 ME) zu produzieren.

6.2.4 Koordination der Produktion in Konzernen

In einem Konzern verlieren einzelne Produktionsstandorte als rechtlich selbständige Gesellschaften ihre wirtschaftliche Eigenständigkeit, wenn sie mehrheitlich Teil eines dominierenden anderen Unternehmens sind. Dies gilt, wenn Produktionsstandorte einer einheitlichen Leitung unterliegen. Bei einer einheitlichen Leitung werden grundlegende betriebswirtschaftliche Entscheidungen zentral getroffen. Beispiele sind Fragen zur Strategie und zur Finanzierung.

Konzernunternehmen unterliegen weiterhin als Einzelgesellschaft den rechtlichen Regelungen, auch im Rechnungswesen sind entsprechend den gesetzlichen Bestimmungen eigenständige Abschlüsse zu erstellen. Hinzu kommen die Anforderungen seitens der übergeordneten Muttergesellschaft. Die Zugehörigkeit zu einem Konzern öffnet einzelnen Unternehmen Vorteile im Rahmen ihrer weiteren Entwicklung, über die sie als Einzelgesellschaft nicht verfügen. So profitieren Einzelunternehmen in vielerlei Hinsicht von der Finanzkraft, der wirtschaftlichen Bedeutung und der Wahrnehmung des Konzerns in der Öffentlichkeit. Einzelunternehmen können die Forschungs- und Entwicklungskompetenz eines Konzerns nutzen und auf Konzernressourcen zugreifen, wenn beispielsweise für bestimmte Aufgaben Personal benötigt wird.

In großen, weltweit tätigen produzierenden Konzernunternehmen werden oft an mehreren Standorten nicht nur gleiche Komponenten und Teile in die Enderzeugnisse verbaut, sondern auch an mehreren Standorten produziert. Um die Vorteile der Konzernzugehörigkeit (economies of scale) voll auszuspielen, sollten nicht nur möglichst viele einheitliche Komponenten und Teile in den verschiedenen Erzeugnissen enthalten sein, sondern die Fertigung gleicher Komponenten und Teile zentral gesteuert und gegebenenfalls nur an einem oder wenigen Standorten produziert werden.

Kennzeichnend für die weltweit verteilten Standorte in großen Konzernen sind die regional feststellbaren unterschiedlichen Entwicklungen. Befindet sich eine Region im asiatischen Raum gerade im Aufschwung, so mag die Nachfrage in einem europäischen Land, in dem der Konzern über vergleichbare Produktionsstätten verfügt, sich momentan keiner großen Nachfrage erfreuen. So ist es naheliegend, die nicht ausgelasteten Produktionskapazitäten in Europa für die überbordende Nachfrage in Asien zu nutzen. Die Wirtschaftlichkeit solcher Maßnahmen ist vom Konzerncontrolling zentral zu prüfen. Darüber hinaus ist vom Konzerncontrolling ein Konzept zu entwickeln, mit dem systematisch und schnell für den Konzern erkennbar ist, an welchen Standorten sich Produktionsverlagerungen anbieten. Neben den regional differierenden konjunkturellen oder saisonalen Nachfrageentwicklungen können auch temporäre Veränderungen der Wechselkurse, Zölle oder anderer Abgaben Anlass für begrenzte Produktionsverlagerungen sein. Streiks der Beschäftigten oder Probleme mit örtlichen Lieferanten lassen sich mit begrenzten Produktionsverlagerungen entschärfen oder bereits im Vorfeld verhindern.

6.3 Anpassung an temporäre Mengen- und Preisveränderungen in den Märkten

Produktion und Nachfrage sind in vielen Unternehmen nicht in allen Teilperioden (Monate) der operativen Jahresplanung konstant, sondern unterliegen Veränderungen. Die Veränderungen können danach unterschieden werden, ob deren Ursachen vom Unternehmen mitbegründet sind oder nicht. Bei den außerhalb des Unternehmens begründeten Ursachen für kurzfristige Veränderungen von Produktion und Nachfrage kann ferner danach differenziert werden, in welchem Ausmaß sie vorhersehbar sind.

In vielen Unternehmen wirken sich **saisonale beziehungsweise jahreszeitbezogene Aspekte** auf die Produktion und den Absatz aus. Diese sind nachfragebedingt, wenn Kunden im Sommer keine Winterkleidung kaufen wollen oder weiterverarbeitende Unternehmen nicht das ganze Jahr über kontinuierlich Erzeugnisse eines Unternehmens nachfragen, zum Beispiel aufgrund eigener Werksferien. Sie sind produktionsbedingt, wenn beispielsweise die Verarbeitung landwirtschaftlicher Erzeugnisse an Erntezeiten gebunden ist. Saisonale Verläufe sind gut planbar, sodass sich Unternehmen darauf einstellen können. In der nach Monaten differenzierten Jahresplanung ist die für die Plankosten relevante Planbeschäftigung differenziert in den Teilperioden anzusetzen.

Die Vorhersehbarkeit **konjunktureller Veränderungen** gestaltet sich schwieriger, da in der globalisierten Welt, viele Einflussfaktoren wirksam werden. Zudem muss die konjunkturelle Entwicklung branchenspezifisch betrachtet werden. So reagieren einige Branchen früher oder später sowie stärker oder schwächer auf konjunkturelle Veränderungen. Erwartungen über konjunkturelle Veränderungen fließen in Planungen ein. Die Wahrscheinlichkeit einer Fehleinschätzung einer gesamtwirtschaftlichen Entwicklung ist im Vergleich zu den regelmäßigeren saisonalen Veränderungen ungleich höher.

Noch weniger beziehungsweise nicht mehr vorhersehbar sind **Naturkatastrophen, Epidemien, Pandemien und gesellschaftliche Unruhen oder kriegerische Situationen** sowie deren Auswirkungen. Während beispielsweise die ersten beiden Risiken regional beschränkt bleiben, ist das bei einer Pandemie nicht mehr der Fall. Auch bei fehlender Vorhersehbarkeit macht es Sinn, solche Situationen als weitsichtiges Unternehmen mit im Fokus zu haben. In Autos baut man auch seit vielen Jahren Airbags ein, wobei jedem Autofahrer zu wünschen ist, dass sie nie benötigt werden.

Neben den ausschließlich extern identifizierbaren Gründen für Nachfrage- und Produktionsveränderungen sind Sachverhalte zu nennen, die von einzelnen Unternehmen ausgehen beziehungsweise von Unternehmen in gewissem Umfang mitbestimmt werden. Hierzu zählen **Streiks** im eigenen Unternehmen oder in Unternehmen der Kunden. Streiks stellen ein komplexes Problem dar. Auf der Kostenseite stellt sich die Frage, wie man bei ausbleibender Produktion die Kosten zurückfahren kann. Zu Produktionsstockungen oder Produktionsausfällen können fehlende Zulieferungen von **Lieferanten** führen. Die ausbleibenden Lieferungen können ihre Ursache in produktionstechnischen oder anderen Problemen der Lieferanten haben. Bei Unternehmen, die bestimmte Einsatzstoffe nur von einem Lieferanten beziehen (single sourcing), besteht das Risiko, dass Zulieferer ihre Lieferungen bewusst aussetzen, um bessere Konditionen bei den Herstellern zu erzielen. In Unternehmen, die mit einem kleinen Kundenkreis zusammenarbeiten, kann der Ausfall eines wichtigen **Kunden** zu einem spürbaren Einbruch der Auslastung führen, die über mehrere Monate beziehungsweise über einen längeren Zeitraum anhält.

Die Auflistung der genannten Beispiele ist naturgemäß nicht vollständig. Sie zeigt aber, dass sich jedes Unternehmen mit dem Problem temporärer Produktions- und Nachfrageveränderungen, insbesondere von Veränderungen gegenüber der operativen Planung, fundiert auseinandersetzen muss. Vor diesem Hintergrund werden drei Themen behandelt: das Absenken der Gewinnschwelle, kurzfristige Möglichkeiten der Reduzierung fixer Kosten (Fixkostenmanagement) und eine temporäre Stilllegung der Produktion.

6.3.1 Gewinnschwelle senken

Bei Unternehmen, die mit hohen Produktions- oder Nachfrageschwankungen leben müssen, ist das Gewinnschwellen-Management ein wichtiges Steuerungsinstrument. Erreicht man die Gewinnschwelle (Break-even-Point) erst bei einer hohen Auslastung, dann ist die Gefahr von Verlusten relativ groß. Voraussetzung für die Gewinnerzielung sind positive Deckungsbeiträge. Ein Gewinn wird erst dann erzielt, wenn die Deckungsbeiträge (DB) einer Periode die fixen Kosten (K_f) übersteigen:

$$DB > K_f$$

Berechnen lässt sich der Break-even-Point durch Gleichsetzen der Umsatzfunktion (U(x)) mit der Kostenfunktion (K(x)):

$$U = K$$

$$p \cdot x = K_f + k_v \cdot x$$

Nach entsprechender Umformung erhält man den Break-even-Point:

$$x = \frac{K_f}{p - k_v}$$

Eine Reduzierung der Gewinnschwelle lässt sich durch verschiedene Maßnahmen erreichen. Man kann an den Verkaufspreisen ansetzen und diese erhöhen oder alternativ die Kosten senken. Eine Erhöhung der Verkaufspreise führt unweigerlich zu einer Absenkung der Gewinnschwelle, wenn sich zum einen die Absatzmengen und die Kosten nicht verändern. In preissensiblen Märkten führen Preisveränderungen in der Regel jedoch zu Absatzveränderungen. Aus diesem Grund soll der Sachverhalt für folgende Preis-Absatz-Funktion untersucht werden:

$$p = 1.200 - 0{,}12 \cdot x$$

Bei einer Verkaufsmenge von 4.000 ME/Periode ergibt sich ein Verkaufspreis von 720 €/ME. Die fixen Kosten liegen bei 1,8 Mio. €/Periode, die variablen Kosten setzen sich aus den Materialkosten von 180 €/ME und sonstigen variablen Kosten von 60 €/ME zusammen. Auf Basis dieser Daten lassen sich folgende Berechnungen durchführen:

- Bei einem Umsatz von 2.880.000 € beträgt der Gewinn 120.000 €.
- Die Gewinnschwelle liegt bei 3.750 ME.
- Der Sicherheitskoeffizient berechnet sich als Differenz zwischen Absatz und Gewinnschwelle dividiert durch die Gewinnschwelle. Er beträgt 6,25 %.

Als erstes soll eine Preiserhöhung von 720 €/ME auf 750 €/ME geprüft werden. Der Deckungsbeitrag steigt und damit verbessert sich auch die Gewinnschwelle. Sie liegt nicht mehr bei 3.750 ME, sondern sinkt auf 3.529,4 ME. Entsprechend der Preis-Absatz-Funktion sinkt aufgrund des höheren Preises der Absatz von 4.000 ME auf nur noch 3.750 ME. Das führt letztendlich zu einer Gewinneinbuße um 7.500 € auf 112.500 €. Im Beispiel ist eine einfache Erhöhung der Verkaufspreise nicht der optimale Weg zur Absenkung der Gewinnschwelle, da die Absenkung mit Gewinneinbußen erkauft wird.

In Veränderung zur vorstehenden Vorgehensweise plant das Unternehmen eine Absatzpreisveränderung unter Einsatz des absatzpolitischen Instrumentariums. Konkret will man die Kunden durch verbesserte Werbung ansprechen, bei der die hohe Qualität des Erzeugnisses im Vordergrund steht. Die Werbung kostet 24.000 €. Man geht davon aus, höhere Preise mit geringeren Auswirkungen auf den Absatz durchsetzen zu können. Grundlage der Überlegungen ist eine angepasste Preis-Absatz-Funktion:

$$p = 1.200 - 0{,}115 \cdot x$$

Basierend auf einer weniger anspruchsvollen Preiserhöhung auf 740 €/ME lassen sich pro Periode 4.000 ME verkaufen. Die Gewinnschwelle sinkt von 3.750 ME auf 3.648 ME, der Gewinn steigt auf 176.000 €.

Die gewinnoptimale Absatzmenge liegt aufgrund der geänderten Kostenfunktion bei knapp 4.174 ME, bei einem Absatzpreis von 720 €. Der Gewinn liegt in diesem Fall bei 179.478 €. Da sich die fixen Kosten um die Kosten für die Werbemaßnahmen erhöhen, steigt der Break-even-Point auf 3.800 ME. Eine Gewinnschwellensenkung würde man nicht erreichen.

Geht es in erster Linie darum, die Gewinnschwelle zu senken, gelingt das vielleicht eher über niedrigere Kosten. Kostenveränderungen können an den variablen und **fixen Kosten** ansetzen. Eine Reduzierung der fixen Kosten um 100.000 € führt im Beispiel zu einer Absenkung der Gewinnschwelle auf 3.542 ME (–5,6 %), der Sicherheitskoeffizient verbessert sich von 6,25 % auf 11,46 % (+83 %). Eine tiefergehende Behandlung der fixen Kosten ist Bestandteil des folgenden Gliederungspunkts.

Die Reduzierung **variabler Kosten** führt direkt zu einem höheren Deckungsbeitrag. Neben vielen kleineren Einsparmöglichkeiten bergen große Kostenblöcke hohe Kostensenkungspotenziale. In weniger automatisierten oder handwerklich orientierten Unternehmen stehen die Personalkosten für einen wesentlichen Anteil an den gesamten Kosten. In anderen produzierenden Unternehmen dominieren die Materialkosten als größter Kostenblock. Sie machen oft mehr als 50 % der Gesamtkosten aus. Im Beispiel betragen die Materialkosten bei einer Absatzmenge von 4.000 ME 720.000 €, der Anteil an den Gesamtkosten liegt dabei lediglich bei 26,1 %. Im Einkauf gibt es verschiedene Anknüpfungspunkte zur Verbesserung der Wirtschaftlichkeit. Hierzu zählen niedrigere Einkaufspreise. Niedrigere Einkaufspreise können durch einen Lieferantenwechsel erzielt werden. Unternehmen mit entsprechender Einkaufsmacht gegenüber seinen Lieferanten gelingt es immer wieder, die Einkaufspreise deutlich abzusenken. Nicht unbekannt sind Versuche der Industrie, Einkaufspreissenkungen von bis zu 20 % zu fordern. Im hier behandelten Beispiel sollen die Einkaufspreise um 8 % vermindert werden. Bezogen auf den Materialverbrauch sind dies 14,40 €/ME, die Materialkosten sinken somit auf 165,60 €/ME. Der Deckungsbeitrag verbessert sich um 57.600 € pro Periode, die Gewinnschwelle sinkt auf 3.641 ME, der Sicherheitskoeffizient verbessert sich von 6,25 % auf 8,98 % (+43,69 %). Die Absenkung der Einkaufspreise ist für Unternehmen mit entsprechender Durchsetzungsfähigkeit bei Lieferanten somit ein Weg, um die Gewinnschwelle erfolgreich abzusenken. Als Gewinn wird in diesem Fall ein Betrag von 177.600 € realisiert.

6.3.2 Fixkostenmanagementorientierte Kostenrechnung

Die Kostenrechnung informiert über die Kostensituation eines Unternehmens. Kosten sind in vielen Fällen ein wichtiges Kriterium, um zu den richtigen Entscheidungen zu kommen. Der dritte Entwicklungsschritt der Kostenrechnung kann im Kostenmanagement gesehen werden. Im Kostenmanagement geht es darum, die Kosten nicht als gegeben hinzunehmen, sondern zu gestalten. Mit dem Fixkostenmanagement besteht ein Instrument, um im operativen Planungszeitraum neben den sich automatisch veränderbaren variablen Kosten bei Produktions- und Nachfrageveränderungen auch die Veränderbarkeit der fixen Kosten mit einzubeziehen. Hierzu werden die fixen Kosten in einen veränderbaren und einen nicht veränderlichen Teil aufgespalten. Die fixen Kosten fallen für Potenzialfaktoren an, die im Eigentum des Unternehmens stehen und an die man aufgrund von Verträgen gebunden ist. Im ersten Fall spricht man von Eigentumspotenzialen, im zweiten Fall von Vertragspotenzialen. Bei den hier behandelten kurzfristig eintretenden Produktions- und Nachfrageveränderungen soll es sich nicht um dauerhafte, sondern nur um **vorübergehende, aber vom Umfang her bedeutende Beschäftigungsschwankungen** handeln, sodass neben den variablen Kosten auch eine Anpassung fixer Kosten sinnvoll ist.

Zu den fixen Kosten für **Eigentumspotenziale** zählen unter anderem zeitabhängige Abschreibungen, Kapitalbindungskosten, zeitabhängige Inspektionen und

Wartungen sowie Versicherungen. Will man diese Kosten vermeiden, weil man beispielsweise für einen Zeitraum von 6 bis 12 Monaten mit einer sehr niedrigen Beschäftigung rechnet, dann führt ein schneller Verkauf und späterer Neukauf zu einem temporären Abbau dieser Kosten. Zu berücksichtigen ist dabei, dass der Verkauf und die spätere Wiederanschaffung mit zusätzlichen Kosten verbunden sein können. Voraussetzung für diese Vorgehensweise bei Eigentumspotenzialen ist das Vorhandensein eines entsprechenden Marktes. Dieser ist bei bestimmten Vermögensgegenständen gegeben, beispielsweise bei standardmäßigen Lastkraftwagen oder Gabelstaplern. Bei einem solchen Vermögensgegenstand kann man den beim Verkauf erzielten Veräußerungserlös zwischenzeitlich gewinnbringend verwenden. Bei einem Neukauf steht einem somit eine größere Summe zur Verfügung. Außerdem lässt sich aufgrund der technischen Weiterentwicklung gegebenenfalls ein moderneres Ersatzobjekt erwerben. Die meisten sich im Eigentum des Unternehmens befindlichen Vermögensgegenstände werden sich jedoch nicht für einen kurzfristigen Verkauf und einer anschließenden Wiederbeschaffung eignen. Dies gilt insbesondere für die im Unternehmen eingesetzten Produktionsanlagen. Bei den im Eigentum des Unternehmens befindlichen Verwaltungs-, Produktions- und Lagergebäuden kann jedoch geprüft werden, in welcher Form Teilvermietungen an Dritte sinnvoll sind. Falls weder ein temporärer Verkauf noch eine Teilvermietung möglich ist, können Vermögensgegenstände temporär stillgelegt und der betrieblichen Nutzung entzogen werden, um zumindest bei den laufenden Kosten, zum Beispiel den Reinigungskräften, bei diesen Objekten Einsparungen zu erzielen.

Während bei den Eigentumspotenzialen gegebenenfalls im Einzelfall Verkäufe, Teilvermietungen oder Stilllegungen temporär zu prüfen sind, gibt es für Vertragspotenziale eine vorstrukturierte Vorgehensweise, wie diese systematisch bei größeren Beschäftigungsschwankungen kostenrechnungstechnisch behandelt werden können. Beispiele für Vertragspotenziale sind

- Arbeitsverträge,
- Leasing- und Mietverträge (z. B. Fuhrpark, Hardware, Software, Gebäude, Telefon, Büroausstattung),
- Versicherungsverträge,
- Verträge für Dienstleistungen (z. B. Abfallbeseitigung, Transport, Raumpflege, Instandhaltung, Mitgliedschaften, Abonnements, Beratung, Prüfung, Personal von Fremdfirmen für Verwaltung, Empfang, Hausmeister, Grundstückspflege, Sicherheit etc.).

Sämtliche Vertragspotenziale sind digitalisiert nach einheitlichen Kriterien zu erfassen und zu managen. Folgende Informationen sind zu hinterlegen:

- Vertragsnummer,
- Vertragspartner (Firmenbezeichnung, Ansprechpartner, Anschrift),
- Vertragsobjekt (Kennzeichnung, Beschreibung),
- Vertragsbeginn und Bindungsdauer,
- Verlängerungsintervall, bei Verstreichen des Kündigungstermins,
- Kündigungsfristen (monatlich, quartalsweise, jährlich),
- Zahlungsbeträge und -fristen,
- Vertragsprüftermine,
- Zuständiger Bereich im Unternehmen.

Grundlegend für das Konzept ist, dass alle Verträge immer wieder einer Prüfung unterzogen werden. Hierdurch soll vermieden werden, dass Verträge weiterlaufen und über Jahre hinweg Kosten verursachen, obwohl der Grund für diese Verträge nicht mehr besteht. Aus diesem Grund gibt es für jeden Vertrag im Unternehmen einen zuständigen Bereich, der für einen Vertrag verantwortlich ist. Dieser Bereich beziehungsweise die verantwortliche Person muss zu gegebenen Zeitpunkten schriftlich in digitalisierter Form mit Begründung bestätigen, dass ein Vertrag fortbestehen soll. Die Vertragsprüfungstermine werden im Vorfeld festgelegt, sodass der für einen Vertrag Verantwortliche zeitgerecht, beispielsweise zu möglichen Kündigungsterminen, über die Fortführung des Vertrags befinden kann.

Controlling und Management verfügen systemgestützt jederzeit einen vollständigen Überblick über den Stand des aktuellen Vertragsmanagements. Folgende Abfragen sollten beispielsweise möglich sein:

- alle innerhalb eines bestimmten Zeitraums kündbaren Verträge,
- Anzahl kurzfristig kündbarer Verträge an der Gesamtzahl,
- Abbauanalysen nach Bereichen,
- Anpassungsvolumen bei variierenden Betriebsbereitschaftsgraden.

Im Produktionsbereich eines Unternehmens können die im System hinterlegten Informationen zu den Fixkosten verursachenden Produktionsfaktoren im Rahmen der Kostenplanung verwendet werden. Die Sollkosten einer Kostenstelle basieren üblicherweise auf einer Trennung zwischen fixen und variablen Kosten. Fasst man die geplanten Kosten aller Kostenstellen zusammen und erstellt unter Berücksichtigung der Einzelkosten eine Betriebsergebnisrechnung, so soll für ein Profitcenter eines Unternehmens folgende Betriebsergebnisrechnung für einen Monat bei Planbeschäftigung gelten:

Betriebsergebnisrechnung	Planbeschäftigung (100 %)
Umsatz	500.000
variable Herstellkosten	175.000
fixe Herstellkosten	200.000
Herstellkosten	375.000
Verwaltung/Vertrieb	100.000
Gewinn	25.000

Tab. 6.30: Geplantes Betriebsergebnis

Unterliegt der Geschäftsbereich starken Beschäftigungsschwankungen, dann sinkt entsprechend dem Beschäftigungsrückgang der Umsatz und die variablen Kosten. Bei einer Beschäftigung von 80 % beziehungsweise 60 % lassen sich planmäßig folgende Betriebsergebnisse erzielen:

Betriebsergebnisrechnungen	Ist-Beschäftigung 80 %	Ist-Beschäftigung 60 %
Umsatz	400.000	300.000
variable Herstellkosten	140.000	105.000
fixe Herstellkosten	200.000	200.000
Herstellkosten	340.000	305.000
Verwaltung/Vertrieb	100.000	100.000
Gewinn	-40.000	-105.000

Tab. 6.31: Geplante Betriebsergebnisse bei einem Beschäftigungsgrad von 80 % bzw. 60 %

Mit –40.000 € beziehungsweise –105.000 € werden bei den Beschäftigungsrückgängen auf 80 % oder 60 % keine positiven Ergebnisse mehr erzielt. Umsatz und variable Kosten sinken entsprechend dem Beschäftigungsrückgang, die fixen Kosten bleiben unverändert. Nach einer eingehenden Analyse der fixen Kosten zeigt sich, dass 90.000 € der fixen Kosten kurzfristig nicht abgebaut werden können. Bei einem Beschäftigungsgrad von 80 % sollen jedoch 50.000 € der fixen Kosten abbaufähig sein, bei einem Beschäftigungsgrad von nur noch 60 % sollen weitere 60.000 € abgebaut werden können. Mit dieser Erkenntnis lassen sich folgende modifizierte Betriebsergebnisrechnungen erstellen:

Betriebsergebnis-rechnungen	Planbeschäftigung 100 %	Ist-Beschäftigung 80 %	Ist-Beschäftigung 60 %
Umsatz	500.000	400.000	300.000
variable Herstellkosten	175.000	140.000	105.000
Fixe Herstellkosten			
abbaufähig bei 80 %	50.000	–	–
abbaufähig bei 60 %	60.000	60.000	–
nicht abbaufähig	90.000	90.000	90.000
Summe fixe Kosten	200.000	150.000	90.000
Herstellkosten	375.000	290.000	195.000
Verwaltung/Vertrieb	100.000	100.000	100.000
Gewinn	25.000	10.000	5.000

Tab. 6.32: Geplante Betriebsergebnisse bei einem Beschäftigungsgrad von 80 % bzw. 60 %

In der Tabelle sind bei einer Ist-Beschäftigung von 60 % bei den fixen Kosten nur noch die nicht abbaufähigen fixen Kosten enthalten. Bei einem Beschäftigungsgrad von 80 % beinhalten die fixen Kosten mit 60.000 € auch noch den Betrag, der erst bei einem Beschäftigungsgrad von 60 % abgebaut werden kann. Bei der Planbeschäftigung von 100 % sind die fixen Kosten vollständig angegeben. Erweitert man die Kostenplanung um abbaufähige fixe Kosten, dann können auch bei einer stärker sinkenden Beschäftigung deutlich bessere Ergebnisse erzielt werden. Voraussetzung ist, dass beispielsweise anhand der Auftragseingänge die Beschäftigungsrückgänge vom Controlling prognostiziert und kommuniziert werden und die verantwortlichen Unternehmensbereiche die Kostenanpassungen rechtzeitig vornehmen.

Vor dem Hintergrund der deutlichen Auswirkungen abbaufähiger fixer Kosten auf das Ergebnis bei Beschäftigungsschwankungen erscheint es naheliegend, bereits bei dem **Aufbau fixe Kosten verursachender Produktionsfaktoren** an die Möglichkeiten der temporären Einflussnahme auf die Höhe der fixen Kosten zu denken. Sinnvoll ist es, dass Niveau kurzfristig nicht abbaufähiger fixer Kosten geringzuhalten, beispielsweise begrenzt auf eine Betriebsbereitschaft von 60% bis 70%. Bei einer höheren Betriebsbereitschaft sind kurzfristig weitere Produktionskapazitäten aufzubauen. So könnte man bis zu einer Betriebsbereitschaft von 80% Kapazitäten aufbauen, die man halbjährlich oder quartalsweise wieder abbauen kann. Um eine Betriebsbereitschaft von 80% bis 90% sicherzustellen, könnte man vornehmlich Kapazitäten nutzen, die man nach einem Quartal oder Monat wieder abbauen kann. Bei einer Betriebsbereitschaft zwischen 90% und 100% wären Potenzialfaktoren sinnvoll, die man bereits nach einem Monat wieder abbauen kann.

Flexible abbaufähige Potenzialfaktoren verursachen bei ihrer Nutzung mehr Kosten, als weniger flexible Potenzialfaktoren. Der Vorteil flexibel auf- und abbaufähiger Potenzialfaktoren liegt darin, dass Kosten nur dann anfallen, wenn mit ihnen auch eine Leistung verbunden ist. Je stärker Unternehmen von Beschäftigungsschwankungen betroffen sind, umso wichtiger sind flexible Auf- und Abbaumöglichkeiten bei den fixen Kosten. Die folgende Abbildung zeigt für einen mehrjährigen Zeitraum diese Vorgehensweise. Erkennbar sind anhand der geschwungenen Linie starke Beschäftigungsschwankungen. Der Block im unteren Teil der Abbildung steht für den Anteil der Kapazität, der kurzfristig nicht verändert werden kann. Bei höherer Beschäftigung erfolgt ein stufenweiser Aufbau der Kapazität, beginnend mit Potenzialfaktoren, an die man ein ganzes Jahr gebunden ist. Blockweise mit kürzeren Auf- und Abbauterminen werden je nach Prognose der weiteren Beschäftigungsentwicklung Fixkosten verursachende Potenzialfaktoren aufgebaut und genutzt.

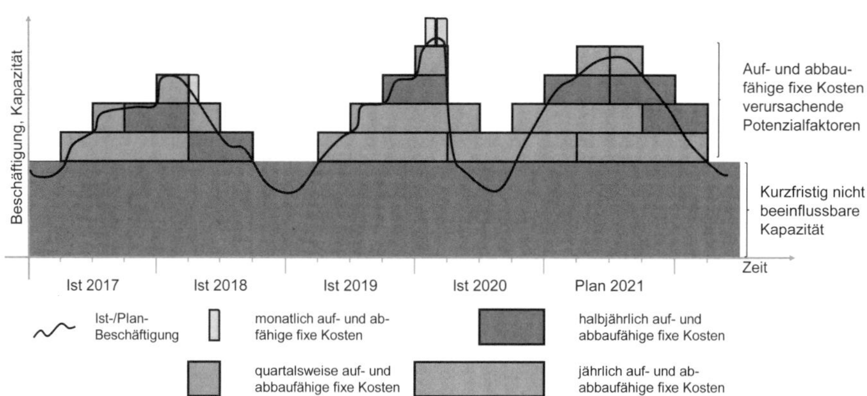

Abb. 6.5: Auf- und Abbau fixer Kosten bei schwankender Beschäftigung

6.3.3 Temporäre Stilllegung der Produktion

Das im vorhergehenden Abschnitt entwickelte Konzept, fixe Kosten dahingehend zu gestalten, dass sie kurzfristig in gewissem Umfang auf- oder abgebaut werden können, wird anhand eines Fallbeispiels auf temporäre Stilllegungsentscheidungen hin angewendet. Der Jahresumsatz eines Unternehmensbereichs beträgt 9.840 T€, in den Monaten September bis Mai beträgt der Umsatz 800 T€ in den Sommermonaten Juni bis August können 880 T€ erzielt werden. Die Materialeinsatzquote beträgt 50 %, für weitere variable Kosten liegt die Quote bei 10 %. Die fixen Kosten belaufen sich auf 3.600 T€. Damit liegt das Betriebsergebnis bei rund 3,4 %. Die fixen Kosten lassen sich in solche differenzieren, über die monatlich, quartalsweise, halbjährlich oder langfristig disponiert werden kann. Langfristig bedeutet, dass man innerhalb eines Jahres diesen Fixkostenblock weder auf- noch abbauen kann. Die Verteilung der differenziert abbaufähigen fixen Kosten, sowie der Deckungsbeiträge und Betriebsergebnisse zeigt die folgende Tabelle (Wertangaben in T€):

Monat	1	2	3	4	5	6	7	8	9	10	11	12
Deckungsbeitrag	320	320	320	320	320	352	352	352	320	320	320	320
Fixe Kosten												
– monatl. abbaufähig	32	32	32	32	32	48	48	48	32	32	32	32
– pro Quartal abbauf.	128	128	128	128	128	128	128	128	128	128	128	128
– halbj. abbaufähig	96	96	96	96	96	96	96	96	96	96	96	96
– langfristig gebunden	40	40	40	40	40	40	40	40	40	40	40	40
Summe fixe Kosten	296	296	296	296	296	312	312	312	296	296	296	296
Betriebsergebnis	24	24	24	24	24	40	40	40	24	24	24	24

Tab. 6.33: Planung für einen Unternehmensbereich

Aufgrund der höheren Produktion und Verkäufe in den Sommermonaten steigen nicht nur die variablen Kosten, sondern auch fixe Kosten. Der Anstieg der fixen Kosten bleibt auf die monatlich abbaufähigen fixen Kosten beschränkt.

Das Controlling erstellt in jedem Monat einen Forecast. Bereits in den ersten Monaten des Jahres gewinnt man im Unternehmen die Erkenntnis, dass sich ab März die wirtschaftliche Lage für das Unternehmen dramatisch verschlechtern wird und die Planung überarbeitet werden muss. Die höheren Deckungsbeiträge in den drei Sommermonaten wird man nicht realisieren können. Diese höheren Deckungsbeiträge resultierten daraus, dass man ausschließlich in diesen drei Monaten einen speziellen Kunden in einem Land beliefert hätte, dass kürzlich die Einfuhrzölle drastisch erhöht hat, sodass die Lieferungen keinen Sinn mehr machen. Somit fallen die zusätzlichen Umsätze in diesen drei Monaten und die variablen Kosten weg. Da ausschließlich für diese Lieferungen jedes Jahr zusätzliche Kapazitäten aufgebaut werden, wird es in diesem Jahr nicht zu dem Aufbau kommen. Im konkreten Fall handelt es sich um monatlich abbaufähige fixe Kosten. Die 48 T€ in den Monaten Juni bis August können um 16 T€ auf 32 T€ reduziert werden. Hierdurch verschlechtert sich das Betriebsergebnis von ursprünglich 336 T€ für das Gesamtjahr auf 288 T€. Bei einem Umsatz von 9.600 T€ beträgt die Umsatzrentabilität genau 3 %.

Schlimmer als die ausbleibenden zusätzlichen Lieferungen in den drei Sommermonaten werden sich aufgrund der Überlegungen im Controlling jedoch die Verschlechterungen der wirtschaftlichen Lage insgesamt auswirken. Man rechnet ab März mit einem Rückgang des Deckungsbeitrags um 30 % von 320 T€ auf 224 T€ bis zum Jahresende. Zu einem solchen Rückgang kann es beispielsweise kommen, wenn sich die Absatzpreise oder die Absatzmenge um 12 % verschlechtert. Natürlich können sich Absatzmenge und Absatzpreis auch gemeinsam verschlechtern. Zu dem gleichen Ergebniseffekt würde es kommen, wenn die Rohstoffpreise um 24 % ansteigen würden. Grundsätzlich können sich auch die Kosten für alle anderen Produktionsfaktoren verändern. Die Gründe können also vielfältiger Natur sein. Das verdeutlicht umso mehr, dass monatlich ein qualifizierter Forecast erstellt werden sollte, um mögliche Veränderungen zu erkennen und rechtzeitig darauf reagieren zu können. Die folgende Tabelle zeigt die Auswirkungen auf das Betriebsergebnis.

Monat	1	2	3	4	5	6	7	8	9	10	11	12
Deckungsbeitrag	320	320	224	224	224	224	224	224	224	224	224	224
Fixe Kosten												
– monatl. abbaufähig	32	32	32	32	32	32	32	32	32	32	32	32
– pro Quartal abbauf.	128	128	128	128	128	128	128	128	128	128	128	128
– halbj. abbaufähig	96	96	96	96	96	96	96	96	96	96	96	96
– langfristig gebunden	40	40	40	40	40	40	40	40	40	40	40	40
Summe fixe Kosten	296	296	296	296	296	296	296	296	296	296	296	296
Betriebsergebnis	24	24	-72	-72	-72	-72	-72	-72	-72	-72	-72	-72

Tab. 6.34: Forecast für den Unternehmensbereich

Auf das Jahr gerechnet beträgt das Betriebsergebnis –672 T€. Oberhalb der Tabelle stehen verschiedene Gründe, die zu einem niedrigeren Deckungsbeitrag führen können. Angenommen wird, dass die Gründe auch in einem Mengenrückgang liegen. Das bedeutet, dass gegebenenfalls die zu fixen Kosten führende Kapazität heruntergefahren werden kann. Möglich soll das bei den monatlich abbaufähigen fixen Kosten sein, die ab März von 32 T€ auf 24 T€ zurückgeführt werden können. Die folgende Tabelle zeigt die dementsprechend anfallenden Kosten und Ergebnisse. Das Betriebsergebnis für das Gesamtjahr verbessert sich um 80 T€ auf –592 T€.

Monat	1	2	3	4	5	6	7	8	9	10	11	12
Deckungsbeitrag	320	320	224	224	224	224	224	224	224	224	224	224
Fixe Kosten												
– monatl. abbaufähig	32	32	24	24	24	24	24	24	24	24	24	24
– pro Quartal abbauf.	128	128	128	128	128	128	128	128	128	128	128	128
– halbj. abbaufähig	96	96	96	96	96	96	96	96	96	96	96	96
– langfristig gebunden	40	40	40	40	40	40	40	40	40	40	40	40
Summe fixe Kosten	296	296	296	296	296	296	296	296	296	296	296	296
Betriebsergebnis	24	24	–64	–64	–64	–64	–64	–64	–64	–64	–64	–64

Tab. 6.35: Forecast nach teilweisem Abbau monatlich disponierbarer Fixkosten

Eine noch immer unbefriedigende Situation. Geprüft werden soll deshalb, ob eine vorübergehende Stilllegung der Produktion zu einem besseren Ergebnis führt. Ab Januar des nächsten Jahres wird wieder mit „normalen" Verhältnissen gerechnet. Falls im aktuellen Jahr die Produktion eingestellt wird, soll nach heutigen Erkenntnissen im Folgejahr die Produktion wiederaufgenommen werden. Somit stellt sich die Frage, ob und gegebenenfalls wann die Produktion bis zum Jahresende stillgelegt wird.

Eine Stilllegung kommt gegebenenfalls ab dem Monat März infrage. Dementsprechend ist jeder einzelne Monat zu prüfen, ob stillgelegt werden soll. Abhängig ist die Stilllegungsentscheidung davon, ob positive Deckungsbeiträge über die beeinflussbaren Kosten hinaus, zu denen auch die abbaufähigen fixen Kosten zählen, anfallen. In jedem Monat fällt als positiver Deckungsbeitrag über die variablen Kosten ein Betrag in Höhe von 224 T€ an, der vermindert um die monatlich abbaufähigen fixen Kosten genau 200 T€ ergibt.

- Im März wird mit 200 T€ ein positiver Deckungsbeitrag erzielt. Eine Stilllegung ist deshalb nicht ratsam.
- Im April fallen wiederum 200 T€ an. Hinzu kommen die quartalsweise abbaufähigen fixen Kosten von 384 T€ (3 Monatsbeträge multipliziert mit 128 T€). Kumuliert man die Deckungsbeiträge aus März und April, dann ergeben sich 16 T€ (200 T€ + 200 T€ – 384 T€). Der kumulierte Deckungsbeitrag für den Zeitraum März und April ist niedriger, als der positive Deckungsbeitrag für den Monat März. Würde es im Entscheidungsmodell nur diese beiden Monate geben, was nicht der Fall ist, dann wäre eine Stilllegung zum Ende des Monats März sinnvoll.
- Im Mai erzielt man wieder einen positiven Deckungsbeitrag nach Abzug monatlich abbaufähiger Kosten von 200 T€. Kumuliert über die Monate März, April, Mai beträgt der Deckungsbeitrag 216 T€ und ist damit bis jetzt am höchsten. Die im April monatlich ausgewiesenen, aber nur quartalsweise disponierbaren fixen Kosten von 128 T€ sind für den Einzelmonat Mai irrelevant, da sie nur für den Gesamtzeitraum April, Mai, Juni disponiert werden können. Entscheiden kann man über den Gesamtbetrag – wie geschehen – im April.
- Im Juni sind folglich wie in den Vormonaten 200 T€ als Deckungsbeitrag zu berücksichtigen. Weitere disponierbare Kosten gibt es nicht. Der kumulierte Deckungsbeitrag für den Zeitraum März bis Juni beträgt 416 T€.

- Im Juli kann man über die 200 T€ hinaus wieder weitere Kosten disponieren. Dies sind 384 T€ für das Quartal Juli, August, September und 576 T€ für das zweite Halbjahr. Wenn man im Juli nicht mehr produzieren will, dann könnte man die halbjährlich abbaufähigen fixen Kosten von 6 Monaten mal 96 T€ beziehungsweise insgesamt 576 T€ im zweiten Halbjahr abbauen. Wenn man sich dafür entscheidet, kann man auch in den Folgemonaten nicht produzieren, da die entsprechende Kapazität fehlt. Der Deckungsbeitrag für den Monat Juli liegt bei –760 T€ (224 T€ – 24 T€ – 128 T€ · 3 Monate – 96 T€ · 6 Monate). Kumuliert für den Zeitraum März bis Juli ergeben sich –344 T€.

Die folgende Tabelle enthält die beeinflussbaren Deckungsbeiträge für jeden einzelnen Monat und die kumulierten Deckungsbeiträge für den jeweils betrachten Zeitraum:

Monat	1	2	3	4	5	6	7	8	9	10	11	12
beeinflussbare Deckungsbeitrag (monatlich)			200	–184	200	200	–760	200	200	–184	200	200
Kumulation der beeinflussbaren Deckungsbeiträge			200	16	216	416	–344	–144	56	–128	72	272

Tab. 6.36: Kumulierte Deckungsbeiträge zur Bestimmung des optimalen Stilllegungszeitpunkts

Den größten kumulierten Deckungsbeitrag erhält man zum Ende des Monats Juni mit 416 T€. Damit ist der optimale Stilllegungszeitpunkt bestimmt. Würde man bis Ende Juli, August oder gar bis zum Dezember arbeiten, würde man für den Gesamtzeitraum keinen höheren Deckungsbeitrag erwirtschaften.

6.4 Literaturhinweise zum sechsten Kapitel

Bieg, H.; Kußmaul, H.; Waschbusch, G.: Investition, 3. Aufl., München 2016.

Blohm, H.; Lüder, K.; Schaefer, C.: Investition, 10. Aufl., München 2012.

Coenenberg, A. G.; Fischer, T.; Günther, T.: Kostenrechnung und Kostenanalyse, 9. Aufl., Stuttgart 2016.

Corsten, H.; Gössinger, R.: Produktionswirtschaft, 14. Aufl., Berlin/Boston 2016.

Däumler, K.-D.; Grabe, J.: Kostenrechnung 3, 9. Aufl., Herne 2015.

Deimel, K.; Erdmann, G.; Isemann, R; Müller, S.: Kostenrechnung, Hallbergmoos 2017.

Friedl, B.: Kostenrechnung, 2. Aufl., München 2010.

Friedl, G.; Hofmann, C.; Pedell, B.: Kostenrechnung, 3. Aufl., München 2017.

Grunwald, G.; Hempelmann, B.: Angewandte Marketinganalyse, Berlin/Boston 2017.

Homburg, C.: Marketingmanagement, 6. Aufl., Wiesbaden 2017.

Horváth, P.; Gleich, R.; Seiter, M.: Controlling, 14. Aufl. München 2020.

Kilger, W.; Pampel, J. R.; Vikas, K.: Flexible Plankostenrechnung und Deckungsbeitragsrechnung, 13. Aufl., 2012.

Reichmann, T.; Kißler, M.; Baumöl, U.: Controlling mit Kennzahlen, 9. Aufl., München 2017.

Riebel, P: Einzelkosten- und Deckungsbeitragsrechnung, Wiesbaden 1979.

Schmidt, A.: Kostenrechnung, 8. Aufl., Stuttgart 2017.

Schneider, D.: Investition, Finanzierung und Besteuerung, Wiesbaden 1989.

Schwellnuß, A.: Fixkostenmanagement, in: Vahlens Großes Controllinglexikon, hrsg. von P. Horváth und T. Reichmann, 2. Aufl., München 2003, S. 251–252.

Schwellnuß, A.: Preisobergrenzen, in: Vahlens Großes Controllinglexikon, hrsg. von P. Horváth und T. Reichmann, 2. Aufl., München 2003, S. 554–555.

Schwellnuß, A.: Preisuntergrenzen, in: Vahlens Großes Controllinglexikon, hrsg. von P. Horváth und T. Reichmann, 2. Aufl., München 2003, S. 556–558.

Steger, J.: Kosten- und Leistungsrechnung, 5. Aufl., München 2010.

7 Kennzahlen in produzierenden Unternehmen

Mit Kennzahlen analysieren und planen

Kennzahlen sind eine schnelle Informationsquelle für das Management. Kennzahlen sind einzelne quantitative Werte, zum Beispiel die Anzahl der gefertigten Erzeugnisse in einer Periode. Um Entwicklungen zu erkennen, kann man sich die Zahlen im Zeitverlauf ansehen. Oder man vergleicht sie mit prognostizierten oder vorgegebenen Zahlen. Man kann sie auch auf einen Beschäftigten in der Produktion beziehen, in dem man die Anzahl der gefertigten Erzeugnisse in einer Periode durch die Anzahl der Mitarbeiter dividiert. Solche Größen eignen sich zum Vergleich mit Branchenzahlen, um zu erkennen, welche Unterschiede sich zwischen dem eigenen Unternehmen und der Branche insgesamt ergeben.

Kennzahlen sind ein vielseitiges Instrument. Die Aussagekraft einer einzelnen Kennzahl ist begrenzt. Man muss sie immer im Zusammenhang mit einem konkreten Unternehmen sehen. Befindet sich ein Unternehmen in der Gründungs- und Wachstumsphase, sind andere Kennzahlen relevant als in Unternehmen, die schon seit vielen Jahren ihren Markt gefunden haben. In der Praxis sind Unternehmen gefordert, die für sie relevanten Kennzahlen zu finden und ein Kennzahlensystem zu entwickeln.

Kennzahlen informieren in quantitativer Form über Sachverhalte in Unternehmen. Sie resultieren aus einer bewusst vorgenommenen Verdichtung singulärer Informationen und sind ein zentrales Managementinstrument, wie das folgende Praxisbeispiel zeigt:

Praxisbeispiel: Kennzahlen im VW-Konzern

„Abgeleitet aus unseren strategischen Zielen basiert die Steuerung des Volkswagen Konzerns auf neun Spitzenkennzahlen:

- Auslieferungen an Kunden
- Umsatzerlöse
- Operatives Ergebnis
- Operative Umsatzrendite
- Forschungs- und Entwicklungskostenquote (F&E-Quote) im Konzernbereich Automobile
- Sachinvestitionsquote im Konzernbereich Automobile
- Netto-Cash-flow im Konzernbereich Automobile
- Netto-Liquidität im Konzernbereich Automobile
- Kapitalrendite (RoI) im Konzernbereich Automobile“

Volkswagen Geschäftsbericht 2019, S. 56

Absolute und relative Kennzahlen

Bei **absoluten Kennzahlen** handelt es sich um einzelne Größen, beispielsweise dem Umsatz eines Unternehmens in einer bestimmten Periode. Können die Zahlen nicht direkt einer Datenquelle entnommen werden, so ergeben sich absolute Kennzahlen durch Bildung von Summen, Differenzen oder Mittelwerten. Absolute Kennzahlen gewinnen ihre Aussagekraft durch **Vergleiche**, entweder mit den auf gleiche Art und Weise zustande gekommenen Zahlen anderer Perioden, mit Vorgabe- oder

Prognosezahlen im Rahmen der Planung oder mit Branchenzahlen oder Zahlen konkreter anderer Unternehmen, insbesondere Kennzahlen direkter Wettbewerber.

Relative Kennzahlen lassen sich genauso wie absolute Kennzahlen vergleichen. Darüber hinaus besitzen sie eine eigene Aussagekraft, da sich ihr Wert bereits aus einer Gegenüberstellung von Zahlen in Form eines Bruches ergibt. Von **Gliederungszahlen** spricht man, wenn berechnet wird, welchen Anteil der Wert im Zähler des Bruches an dem Wert im Nenner ausmacht. Beispiele sind die Anteile des Sachanlagevermögens (Sachanlageintensität) oder des im Materialbestand gebundenen Vermögens (Materialintensität) am Gesamtvermögen eines Unternehmens. So wird das Gesamtvermögen eines hochautomatisierten produzierenden Unternehmens eine entsprechend hohe Sachanlageintensität aufweisen. Erfolgen die Belieferungen des Unternehmens darüber hinaus Just-in-Time oder Just-in-Sequenze, dann wird die Materialintensität nur einen geringen Wert aufweisen.

Bei **Beziehungszahlen** handelt es sich ebenfalls um relative Kennzahlen. Zwei von der Art her unterschiedliche Größen werden im Zähler und Nenner eines Bruches einander gegenübergestellt. Die Größe im Zähler oder Nenner eines Bruches ist also nicht ein Teil der jeweils anderen Größe des Bruches. Zu den Beziehungskennzahlen gehören **Rentabilitätskennzahlen**, so die Kennzahl Gesamtkapitalrentabilität, aber auch **Häufigkeiten**, die ausdrücken, wie oft etwas in einer Periode geschieht, etwa die Umschlagshäufigkeit der fertigen Erzeugnisse oder **Reichweiten**, die angeben, wie lange im Fall der Reichweite fertiger Erzeugnisse der vorhandene Erzeugnisbestand ausreicht.

Indexzahlen dokumentieren die Entwicklung einer Größe im Zeitablauf. Sie werden beispielsweise vom statistischen Bundesamt veröffentlicht. Die folgende Abbildung zeigt entsprechende Werte für den Umsatz im Hochbau, den Umsatz im Tiefbau sowie die Anzahl der im Bauhauptgewerbe beschäftigten Personen:

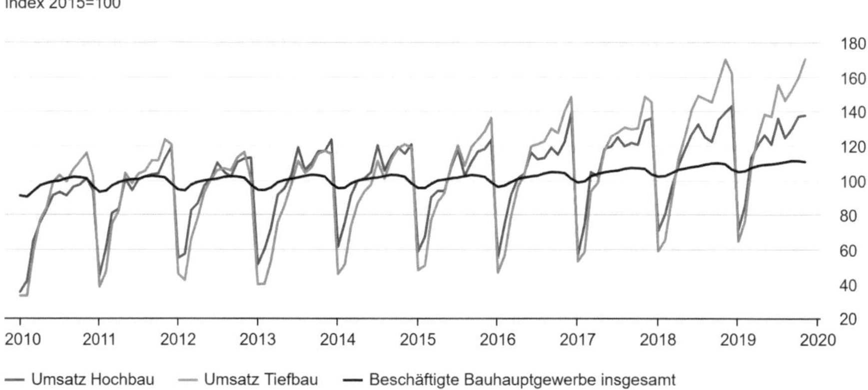

Abb. 7.1: Indexzahlen für Umsatz und Beschäftigte im Bauhauptgewerbe

Enthalten sind die Zahlen bis einschließlich November 2019. Die Indexwerte betragen im November 2019 für den Hochbau 137,8, für den Tiefbau 170,5 und für die Beschäftigten im Bauhauptgewerbe 110,7. Im Vergleich zum November 2018 betragen die Werte im Hochbau 139,5, im Tiefbau 170,1, für die Beschäftigten 109,4. Im Jahresvergleich ist der Umsatz im Hochbau somit um 1,2 % gesunken, während er im Tiefbau um 0,2 % gestiegen ist. Die Anzahl der im Bauhauptgewerbe Beschäftigten verbesserte sich um 1,2 %.

Aggregation von Größen in einer Kennzahl ist nicht immer unproblematisch

Unternehmen, die ohne Rückgriff auf Kennzahlen externe Adressaten über das Unternehmen informieren oder intern keine Kennzahlen als Informations- und Managementinstrument nutzen, sind nur schwer vorstellbar. Mit Kennzahlen werden generalisierende Aussagen über umfassendere Sachverhalte getroffen. Kennzahlen setzen sich aus Teilgrößen zusammen. Eine Kennzahl kann sich insgesamt positiv entwickeln, Teile der Kennzahl jedoch negativ. In der folgenden Tabelle wird dies am Beispiel des Umsatzes für zwei Perioden eines Unternehmens gezeigt. Fünf unterschiedliche Kunden beziehungsweise Kundengruppen sind Bestandteil der Umsatzbetrachtung. In einem Bericht wird als Kennzahl nur der Umsatz des gesamten Unternehmens im Vergleich zum Vormonat gezeigt, der um knapp 12 % gestiegen ist. Die Geschäftsführung des Unternehmens freut sich über die Umsatzentwicklung und kann sich einem anderen Thema zuwenden. In Wirklichkeit zeigt der untere Teil der Abbildung, dass der Grund für die positive Einschätzung nur aus dem Unternehmensbereich A resultiert, die anderen Unternehmensbereiche jedoch alle eine negative Umsatzentwicklung aufweisen. Ein höchst dramatischer Zustand. Kennzahlen können zu einer **Fehleinschätzung** der tatsächlichen wirtschaftlichen Lage führen. Vermieden werden können solche Fehlbeurteilungen, wenn die Geschäftsführung durch **Drill-down** rechnergestützt grundsätzlich Bestandteile, Zusammensetzung und Berechnung einer Kennzahl einsehen kann. Bei der Erstellung der Berichte im Controlling ist darauf zu achten, dass die Controller sich selbst immer mit den einzelnen Komponenten einer Kennzahl detailliert auseinandersetzen müssen. Man darf sich nicht darauf beschränken, Kennzahlen nur aggregiert zu betrachten, sondern muss diese tiefergehend analysieren.

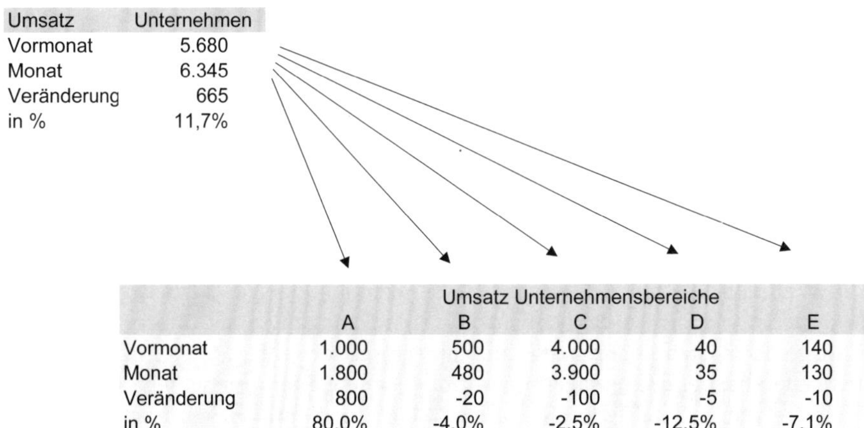

Umsatz	Unternehmen
Vormonat	5.680
Monat	6.345
Veränderung	665
in %	11,7%

	Umsatz Unternehmensbereiche				
	A	B	C	D	E
Vormonat	1.000	500	4.000	40	140
Monat	1.800	480	3.900	35	130
Veränderung	800	-20	-100	-5	-10
in %	80,0%	-4,0%	-2,5%	-12,5%	-7,1%

Abb. 7.2: Vergleich der Umsätze eines Unternehmens mit dem Vormonat

Strukturierung von Kennzahlen

Kennzahlen lassen sich unterschiedlich strukturieren. Entsprechend der folgenden Abbildung können Kennzahlen nach den Bereichen beziehungsweise Ebenen differenziert werden, für die sie ermittelt werden:

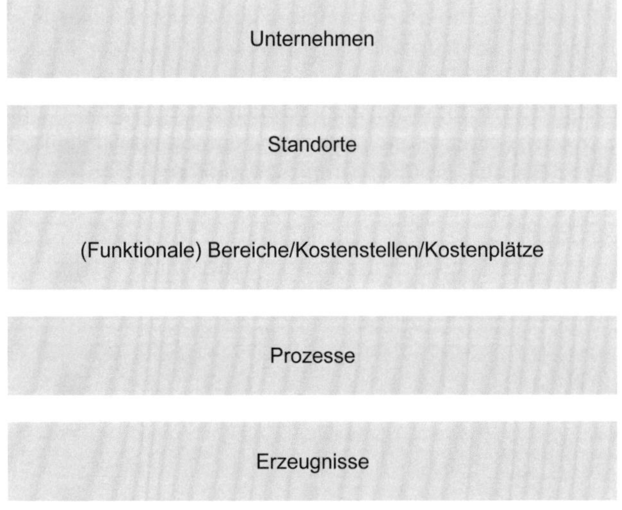

Abb. 7.3: Untersuchungsbereiche von Kennzahlen

An oberster Stelle steht das gesamte produzierende **Unternehmen**, für das Kennzahlen bestimmt werden. Beispiele sind Kennzahlen zur Finanzierung, die externen Kapitalgebern die für die Finanzierung des Unternehmens notwendige Sicherheit geben, dass der Kapitaldienst für Investitionen oder das Working Capital geleistet werden kann. Das Unternehmen selbst kann sich auf dieser Ebene mit wichtigen Wettbewerbern vergleichen. Hier interessieren beispielsweise die vorhandenen

Produktionskapazitäten, die Auslastung und die Produktions- beziehungsweise Absatzmengen und in strategischer Hinsicht die daraus resultierenden Marktanteile.

Produzierende Unternehmen verfügen oft über mehrere **Produktionsstandorte**. An verschiedenen Produktionsstandorten können jeweils die gleichen Erzeugnisse produziert werden. Bei schweren, großflächigen und aus technischer Sicht weniger komplexen Erzeugnissen, wie sie bei der industriellen Produktion von Betonfertigteilen vielfach vorzufinden sind, ist dies ein Weg, um Logistikkosten einzusparen. Typischerweise werden an verschiedenen Produktionsstandorten eines Unternehmens oder Konzerns nicht nur unterschiedliche Erzeugnisse hergestellt, sondern auch mit der Produktion verbundene Tätigkeiten in unterschiedlichem Umfang durchgeführt. So muss man sich in solchen Unternehmen entscheiden, an welchen Standorten welche Forschungs- und Entwicklungsarbeiten realisiert werden sollen. Investitionsbudgets der Standorte sind festzulegen. Mit zunehmenden Aktivitäten an einem Standort steigt dessen Bedeutung in der Unternehmensgruppe. Die Wachstums- und Beschäftigungsmöglichkeiten verbessern sich. Standorte stehen zueinander im Wettbewerb und kämpfen um die begrenzten finanziellen Mittel. Kennzahlen spielen bei der Verteilung der Mittel eine wesentliche Rolle.

Mehrere Produktionsstandorte gibt es aber nicht nur in größeren Unternehmen beziehungsweise Konzernen, sondern auch in kleineren, mittelständischen Unternehmen. Ein noch junges Unternehmen mit einer neuen Geschäftsidee mietet Räumlichkeiten an, die sich für die Aufnahme der Produktion eignen. Schnell wird man möglicherweise feststellen, dass die Räume nicht mehr ausreichen. Mit Glück kann man weitere Flächen im gleichen Gebäude mieten oder zumindest in der Nähe zum ersten Standort. Im letzten Fall gibt es zumindest einen ersten weiteren Standort für die Produktionstätigkeit.

Innerhalb eines Standortes kann man nach **Funktionen, Kostenstellen und Kostenplätzen** differenzieren. Lassen sich wirtschaftliche Kennzahlen in den beiden zuerst beschriebenen Fällen zu einem wesentlichen Teil dem Zahlenmaterial des externen Rechnungswesens entnehmen, wird man nunmehr nicht mehr ohne eine ausgebaute Kostenrechnung auskommen. Das eröffnet weitere Möglichkeiten, die in der Leistungsfähigkeit einer Kosten- und Leistungsrechnung begründet sind. Durch die Kostenspaltung in variable und fixe Bestandteile finden Daten der Kostenrechnung Verwendung in kurzfristigen Entscheidungsrechnungen. Durch Prognose und Vorgabe von Kosten und den damit verbundenen Abweichungsanalysen wird die Kostenrechnung als Managementinstrument eingesetzt.

Kostenstellen sind räumlich abgrenzbare Bereiche in einem Unternehmen. **Prozesse** verbinden Kostenstellen über einheitliche Tätigkeiten hinweg. Der Prozess Auftragsabwicklung beginnt etwa mit der Bestellung des Kunden im Vertrieb und endet mit der Bezahlung seitens des Kunden. Dazwischen wird das Fertigungsmaterial beschafft, der Produktionsablauf geplant und realisiert sowie anschließend das fertige Erzeugnis an den Kunden ausgeliefert. Eine Kennzahl zur Beurteilung des Prozesses ist die für die Abwicklung des Gesamtprozesses benötigte Zeit, aber auch Fertigungszeiten und Stillstandzeiten für den gesamten Prozess oder Teile des Prozesses.

Erzeugnisse sind die eigentlichen Objekte der Leistungserstellung in einem produzierenden Unternehmen. Zur Fertigung der Erzeugnisse benötigt man Maschinen,

Personal und Werkstoffe, die wirtschaftlich eingesetzt werden müssen. Aus Sicht der Wettbewerber konkurrieren die Erzeugnisse des eigenen Unternehmens mit den Erzeugnissen dieser Wettbewerber. Die Kosten, die Qualität, die Anzahl der Varianten und die benötigte Zeit bis zur Auslieferung an den Kunden sind Beispiele für Kennzahlen auf Erzeugnisebene.

Hinsichtlich des **Zeitbezugs** von Kennzahlen kann zwischen Kennzahlen differenziert werden, die als Ist-Größen tatsächlich eingetreten sind und solchen, die als geplante Größen eintreten sollen oder vermutlich eintreten werden. Soll-Kennzahlen basieren auf vorgegebenen und zu erreichenden Zielen. Prognostizierte Kennzahlen zeigen eine zukünftige Entwicklung auf, die entweder gewünscht aber auch unerwünscht sein kann. Will man eine unerwünschte Entwicklung vermeiden, so ist durch entsprechende Maßnahmen dem entgegenzuwirken.

Die Führung eines Unternehmens basiert auf den **Zielen**, die mit dem Unternehmen verfolgt werden. Bei zahlreichen betriebswirtschaftlichen Instrumenten steht das Ziel der Gewinnorientierung im Fokus. Gleich wichtig ist eine ausreichende Liquidität, um die Existenz eines Unternehmens nicht zu gefährden. Da jede unternehmerische Tätigkeit mit Risiken verbunden ist, benötigt man zur Führung eines Unternehmens auch Informationen zur Risikoposition. Nachhaltigkeit ist eine schon seit Langem in der Gesellschaft und in Unternehmen diskutierte Thematik, heutzutage ist Nachhaltigkeit ein zentraler Aspekt der Unternehmensführung. Sämtliche Zielsetzungen sollten bei der Bildung von Kennzahlen in einem System Berücksichtigung finden.

In den folgenden Gliederungspunkten werden die wichtigsten Kennzahlen behandelt, beginnend mit unternehmens- und standortbezogenen Kennzahlen. Da es unterschiedlichste Formen einer Produktionstätigkeit gibt, werden diese Kennzahlen in allgemeiner Form behandelt. Kennzahlen sind Bestandteil des Reportings in Unternehmen. Verbreitete Berichte im Controlling sind Tages-, Wochen- und Monatsberichte.

7.1 Standort- und unternehmensbezogene Kennzahlen

Kennzahlen für einzelne Produktionsstandorte und Unternehmen

Wertorientierte Kennzahlen

- Economic Value Added
- Weighted Average Cost of Capital

Abschlussbasierte Kennzahlen

- Bilanz
  - Intensitätskennzahlen
    - Sachanlagenintensität
    - Intensität der Roh-, Hilfs- und Betriebsstoffe
    - Intensität der unfertigen und fertigen Erzeugnisse
  - Eigenkapitalquote
  - Fremdkapital
    - langfristig, mittelfristig, kurzfristig
    - zu verzinsen, zinsfrei
  - Anlagendeckung

  - Working Capital
  - Liquiditätsgrade
  - Statischer Verschuldungsgrad
- Gewinn- und Verlustrechnung
  - Anteile einzelner Aufwendungen/Erträge an den gesamten Aufwendungen/Erträgen
  - Erfolgsspaltung
    - Betriebsergebnis
    - Betriebsfremdes Ergebnis
    - Außerordentliches Ergebnis
    - Ordentliches Ergebnis
  - Segmentergebnisse
  - Earnings before-Kennzahlen
  - Umsatzrentabilität
- Kapitalflussrechnung
  - Cashflows
  - Zahlungsmittelfond
- Kombination von Kennzahlen aus unterschiedlichen Rechenwerken
  - Kapitalumschlagshäufigkeit
  - Eigenkapitalrentabilität
  - Gesamtkapitalrentabilität
  - Return on Investment
  - Dynamischer Verschuldungsgrad

Unternehmensbezogene Kennzahlen gehen über den reinen Produktionsbereich hinaus. Sie informieren über das gesamte Unternehmen. In produzierenden Unternehmen hat die Fertigung einen wesentlichen Anteil an der Wertschöpfung und leistet einen entscheidenden Beitrag zur Wirtschaftlichkeit des Unternehmens. Die Produktion verlangt finanzielle Mittel, die von den Kapitalgebern nur bereitgestellt werden, wenn der Standort aus Sicht der Kapitalgeber insgesamt überzeugt. Aus diesem Grund wird in diesem Abschnitt ein Überblick über wesentliche Kennzahlen für einzelne Standorte und das gesamte Unternehmen gegeben.

Wertorientierte Kennzahlen

Wertorientierte Kennzahlen spielen vor allem in kapitalmarktorientierten Unternehmen eine Rolle. Weite Verbreitung haben Übergewinnkennzahlen, wie die Kennzahl Economic Value Added (EVA®) *(EVA® ist ein eingetragenes Warenzeichen der Unternehmensberatungsgesellschaft Stern Stewart & Co)*, gefunden, die in vielfältiger Weise und unterschiedlichen Benennungen in der Praxis eingesetzt werden. Kennzeichnend für diese Kennzahlen ist der Ansatz von Kapitalkosten, die die **Kosten für das Eigenkapital** berücksichtigen. Im Gegensatz hierzu werden bei der Gewinnermittlung im externen Rechnungswesen nur Zinskosten für das Fremdkapital angesetzt. Hierdurch wird eine Brücke zum internen Rechnungswesen geschlagen. In der Kostenrechnung ist es seit jeher üblich, Kapitalkosten auch für das im Unternehmen benötigte Eigenkapital anzusetzen.

Die Berechnung der Kapitalkosten basiert auf dem Konzept des **Weighted Average Cost of Capital** (WACC). Diese Form der Berechnung hat mittlerweile auch ihren Eingang in die Kostenrechnung gefunden. Die Kapitalkosten werden getrennt für den Anteil des zu verzinsenden Fremdkapitals am gesamten Fremdkapital und das Eigenkapital ermittelt. In der Praxis gehen die Unternehmen von konstanten Eigen- und Fremdkapitalanteilen aus, die auf unternehmensinternen Vorstellungen in relativ pauschaler Form beruhen. So findet man Unternehmen, die über Jahre hinweg unterstellen, dass das Verhältnis zwischen Eigen- und zu verzinsendem Fremdkapital konstant 50 % zu 50 %, 60 % zu 40 % oder 2/3 zu 1/3 beträgt. Bei der Berechnung der Zinskosten für das Eigenkapital wird zwischen einem risikolosen Zinsanteil und einer mit einem unternehmensindividuellen Beta-Faktor zu multiplizierenden Rendite eines Marktportfolios differenziert. Börsennotierte Unternehmen orientieren sich bei der Rendite des Marktportfolios an einem adäquaten Aktienindex. Der Beta-Faktor gilt als unternehmensindividueller Risikomaßstab, der sich aufgrund der Aktienkursschwankungen des Unternehmens im Verhältnis zu den Schwankungen des Vergleichsmaßstabs berechnen lässt. Hier gibt es in der Praxis Unternehmen, die diesen Beta-Faktor Jahr für Jahr immer wieder neu berechnen, aber auch Unternehmen, die den Beta-Faktor über Jahre hinweg beispielsweise unverändert bei 1,0 belassen. Die tatsächlich zu zahlenden Fremdkapitalzinsen reduzieren den Gewinn und die Steuerbelastung. In der Praxis setzen die Unternehmen die Steuerbelastung derzeit mit 30 % an.

Zur Kostenrechnung und damit zur internen Steuerung von Unternehmen wird eine zweite Brücke geschlagen, indem Übergewinnkennzahlen nicht nur für das gesamte Unternehmen, sondern auch für Teilbereiche des Unternehmens beziehungsweise Konzerns berechnet werden. Berichtet wird über betriebliche Bereiche, getrennt von betriebsfremden Aktivitäten. So lässt sich die Kennzahl für einzelne Geschäftseinheiten oder Standorte ermitteln. Investitionsentscheidungen erfolgen in manchen Unternehmen nicht unabhängig von den Auswirkungen auf diese Kennzahlen.

Abschlussbasierte Kennzahlen

Viele Kennzahlen werden auf Basis von Abschlüssen berechnet. Grundlage **abschlussbasierter Kennzahlen** sind Abschlüsse, die von Unternehmen korrespondierend zu den geltenden Rechnungslegungsvorschriften erstellt werden. Da es nicht nur unterschiedliche Rechnungslegungsvorschriften gibt, sondern Rechnungslegungsvorschriften auch immer wieder geändert werden, ist für die Aussagekraft dieser Kennzahlen entscheidend, wie eng die berechneten Kennzahlen den konkreten Rechnungslegungsvorschriften entsprechen oder in welchem Umfang sie sich von diesen emanzipieren. Relevant ist dieser Aspekt für Zeitvergleiche oder für Vergleiche von Standorten, deren Rechnungslegung auf unterschiedlichen Rechnungslegungsvorschriften basiert. In der Literatur wird die Ansicht vertreten, „dass die in einem Jahresabschluss veröffentlichten Informationen nicht den Anforderungen einer Bilanzanalyse gerecht werden" (*Coenenberg et al.* 2018, S. 1049).

Grundlegende Abschlussbestandteile sind Bilanzen, Gewinn- und Verlustrechnungen und Kapitalflussrechnungen. Bei den einzelnen Daten in diesen Rechenwerken handelt es sich um hochaggregierte Daten, die bereits Kennzahlencharakter haben. Durch Zusammenfassungen und Berechnungen lassen sich weitere Kennzahlen bilden.

Beschränkt auf die **Bilanz** können Gliederungskennzahlen für Positionen der Aktiv- und Passivseite gebildet werden. Auf der Aktivseite informieren diese Kennzahlen über die Vermögensstruktur. Für diese Kennzahlen findet auch der Begriff Intensitätskennzahlen Verwendung (vgl. *Bitz et al.* 2014, S. 519). Für produzierende Unternehmen sind die Kennzahlen Sachanlageintensität und Vorräteintensität von Interesse. Die Sachanlageintensität spiegelt die relative Bedeutung des Maschinenparks für produzierende Unternehmen an der Bilanzsumme wider. Die Vorräteintensität ist weiter aufzuspalten. Getrennt werden sollte mindestens zwischen Roh-, Hilfs- und Betriebsstoffen auf der einen Seite sowie unfertigen und fertigen Erzeugnissen auf der anderen Seite. Auf der Passivseite dominieren als Gliederungskennzahlen die Eigenkapitalquote. Das Fremdkapital kann hinsichtlich der Fristigkeit in kurz-, mittel- und langfristiges Fremdkapital sowie hinsichtlich der Kosten in zu verzinsendes und nicht zu verzinsendes Fremdkapital differenziert werden.

Weitere sich ausschließlich auf die Bilanz beziehende Kennzahlen sind solche, die Positionen der Aktiv- und Passivseite miteinander verbinden oder sich auf inhaltlich unterschiedliche Positionen nur einer Seite der Bilanz beziehen. Zur ersten Gruppe gehören die Kennzahlen zur Anlagendeckung, das Working Capital sowie die Liquiditätsgrade. Mit den Kennzahlen zur Anlagendeckung soll über die fristengerechte Finanzierung eines Unternehmens informiert werden. Fristengerecht heißt, dass langfristig gebundenes Vermögen langfristig finanziert sein sollte. Bei der Kennzahl Anlagendeckung I wird der Quotient aus Eigenkapital zum Anlagevermögen berechnet, bei der Anlagendeckung II addiert man zum Eigenkapital noch das langfristige Fremdkapital hinzu. In einem produzierenden Unternehmen mit hohem Sachanlagevermögen können nicht ausreichende langfristig dem Unternehmen zur Verfügung stehende finanzielle Mittel das weitere Wachstum bremsen, sodass dieser Kennzahl Bedeutung beizumessen ist. Übersteigen die langfristig dem Unternehmen zur Verfügung stehenden finanziellen Mittel das Anlagevermögen, dann ist das Working Capital, berechnet als Differenz zwischen Umlaufvermögen und kurzfristigem Fremdkapital, positiv.

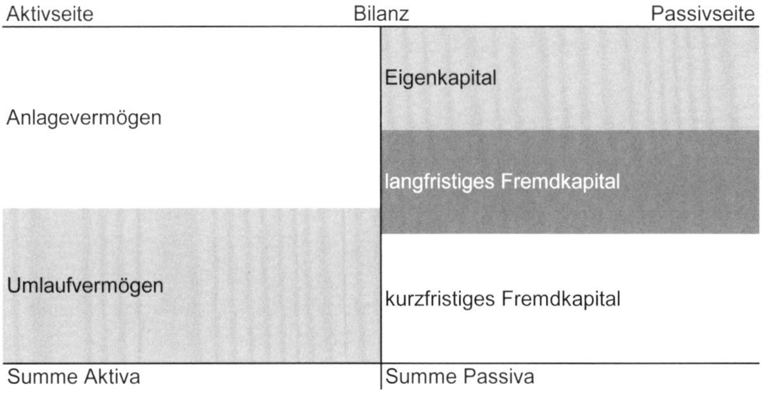

Aktivseite	Bilanz / Passivseite
Anlagevermögen	Eigenkapital
	langfristiges Fremdkapital
Umlaufvermögen	kurzfristiges Fremdkapital
Summe Aktiva	Summe Passiva

Anlagendeckung II: $\frac{\text{Eigenkapital} + \text{langfristiges Fremdkapital}}{\text{Anlagevermögen}} > 100\%$

Working Capital: Umlaufvermögen ./. kurzfristiges Fremdkapital > 0

Abb. 7.4: Zusammenhang zwischen Anlagendeckung und Working Capital

In der Literatur werden drei Liquiditätsgrade genannt. Im Nenner steht jeweils das kurzfristige Fremdkapital, im Zähler stehen abhängig vom jeweiligen Liquiditätsgrad entweder nur die liquiden Mittel, die Summe aus liquiden Mitteln und kurzfristigen Forderungen oder das gesamte Umlaufvermögen, im Wesentlichen bestehend aus liquiden Mitteln, kurzfristigen Forderungen und den Vorräten. Da die Vorräte hinsichtlich ihrer Liquiditätswirksamkeit aus zwei unterschiedlichen Positionen bestehen, einmal vor allem den fertigen Erzeugnissen, die nur noch verkauft werden müssen, und zum anderen den Roh-, Hilfs- und Betriebsstoffen, aus denen erst noch fertige Erzeugnisse entstehen müssen, kann gegebenenfalls ein vierter Liquiditätsgrad als Kennzahl sinnvoll sein. Andererseits wirkt sich gerade bei diesen Kennzahlen die Stichtagsbezogenheit von Abschlüssen deutlich auf die Aussagekraft aus. Hat man vor dem Abschlussstichtag ein hohes langfristiges Darlehen aufgenommen, dann verfügt man zum Abschlussstichtag über einen höheren Bestand an liquiden Mitteln, der aber kurze Zeit später nicht mehr besteht, wenn man die Liquidität für größere Investitionen benötigt. Die Liquiditätsgrade gehören zwar zum verbreiteten Instrumentarium bei der Berechnung von Kennzahlen, ihre Aussagekraft ist jedoch begrenzt.

Bei dem statischen Verschuldungsgrad handelt es sich um eine Kennzahl, die sich auf inhaltlich unterschiedliche Positionen der Passivseite der Bilanz bezieht. Der statische Verschuldungsgrad ergibt sich durch Division des Fremdkapitals durch das Eigenkapital. Da viele Unternehmen über mehr Fremdkapital als Eigenkapital verfügen, zeigt diese Kennzahl, über wieviel mehr Fremdkapital ein Unternehmen gegenüber dem Eigenkapital verfügt. Interessant ist diese Kennzahl im Zusammenhang mit dem in Kapitel 2 behandeltem Leverage-Effekt.

Die **Gewinn- und Verlustrechnung** enthält Aufwendungen und Erträge sowie Ergebnisse. Ähnlich der Vorgehensweise in der Bilanz können Strukturkennzahlen berechnet werden, zum Beispiel der Anteil der Personal- oder Materialaufwendungen an den gesamten Aufwendungen. Gewinn- und Verlustrechnungen enden mit dem Ergebnis, dass sich nach Abzug der Aufwendungen von den Erträgen ergibt. Neben diesem Ergebnis sind je nach Format der Gewinn- und Verlustrechnung Zwischenergebnisse bereits enthalten oder können berechnet werden. Verfügt man nur über die Gewinn- und Verlustrechnung ohne zusätzliche Erläuterungen, dann beschränkt sich die Bildung von Zwischenergebnissen auf die Angaben in der Gewinn- und Verlustrechnung. Sind weiterführende Informationen im Anhang enthalten, dann können diese in die Berechnung von Zwischenergebnissen einfließen. Verfügt man neben den entsprechend den Rechnungslegungsvorschriften erstellten Gewinn- und Verlustrechnungen über weitergehende interne Informationen, dann lassen sich eine Vielzahl von differenziert berechneten Ergebnissen zusammenstellen, die in der Praxis weite Verbreitung haben.

Grundlegend für die Erfolgsanalyse ist eine Aufspaltung des Ergebnisses in betriebliche und betriebsfremde Komponenten. Das Betriebsergebnis kann hierbei tiefergehend entsprechend dem vorhandenen Datenmaterial differenziert und analysiert werden. Entsprechend den internationalen Rechnungslegungsvorschriften ist für berichtspflichtige Segmente „eine Bewertung des Gewinns oder Verlusts vorzulegen“ (IFRS 8.23) und unter anderem über Umsatzerlöse, Abschreibungen und andere wesentliche Posten zu berichten. Unter Nutzung ergänzender interner

Daten können berichtspflichtige Segmente tiefergehend analysiert werden, zum einen hinsichtlich der Aufwands- und Ertragsdaten und zum anderen hinsichtlich einer weiterführenden Differenzierung der Segmente. Betriebliche und betriebsfremde Ergebnisse können neben ordentlichen Ergebniskomponenten auch außerordentliche Ergebnisbestandteile enthalten und sind gegebenenfalls entsprechend zu differenzieren.

Weit verbreitet sind in der Praxis Ergebnisberechnungen, bei denen bestimmte Ergebniskomponenten nicht berücksichtigt werden. Hierzu zählen insbesondere die folgenden Kennzahlen:

- Earnings before Taxes (EbT)
- Earnings before Interest and Taxes (EbIT)
- Earnings before Interest, Taxes, Depreciation and Amortization (EbITDA)

Diese Kennzahlen können für das gesamte Unternehmen und für einzelne Teilbereiche berechnet werden.

Ergebnisse können in Relation zu Größen der Gewinn- und Verlustrechnung und zur Bilanz gesetzt werden. Bei der Umsatzrentabilität wird das Ergebnis durch den Umsatz dividiert. Dabei ist darauf zu achten, dass das Ergebnis nur solche Ergebnisbestandteile beinhaltet, die sich auf den Umsatz beziehen. Bei der Eigen- und Gesamtkapitalrentabilität dividiert man das Ergebnis durch die entsprechende Kapitalgröße. Bei der Gesamtkapitalrentabilität mindern Zinsaufwendungen nicht das Ergebnis, da diese nur für das Fremdkapital anfallen und ansonsten Eigen- und Fremdkapital bezüglich der Verzinsung unterschiedlich behandelt werden würden. Diese Kennzahlen können nicht nur für das gesamte Unternehmen, sondern auch für einzelne Teilbereiche ermittelt werden.

Wichtige sich aus der **Kapitalflussrechnung** ergebende Kennzahlen sind die verschiedenen periodisch ermittelten Cashflows sowie der Stand der Zahlungsmittel und Zahlungsäquivalente zu Beginn und zum Ende einer Periode. Im Zusammenhang mit dem Schuldenstand in der Bilanz wird von Banken der dynamische Verschuldungsgrad berechnet, der sich als Division der gesamten Verschuldung zu einem bestimmten Stichtag durch den Cashflow einer Periode ergibt. Der dynamische Verschuldungsgrad vermittelt einen Eindruck über den fiktiven Zeitraum, den ein Unternehmen benötigen würde, wenn es auch in zukünftigen Perioden einen ähnlich hohen Cashflow erzielen würde, um damit die Schulden insgesamt zu tilgen.

7.2 Prozess- und produktionsfaktorbezogene Kennzahlen

Prozess- und produktionsfaktorbezogene Kennzahlen und Datengrundlagen

Kennzahlen zur Produktionsleistung

- (Brutto-/Netto-) Leistungsmengen (täglich, monatlich, kumuliert) für wesentliche Leistungsarten
- Zeiten (Lieferzeiten, Durchlaufzeiten, Bearbeitungszeiten, Rüstzeiten)
- Kundenanfragen, Auftragsbestätigungen
- Einhaltung von Terminen
- Bestände an verschiedenen Leistungen
- Lagerreichweiten

Material

- Verbräuche an Roh-, Hilfs- und Betriebsstoffen
- Materialkosten
- Materialproduktivitäten
- Abfallquote
- Bestände an Roh-, Hilfs- und Betriebsstoffen
- Materialreichweiten

Personal

- Anzahl Mitarbeiter
- Zeiten (Arbeitszeiten, unproduktive Zeiten, Überstunden)
- Personalkosten
- Überstundenquote
- Arbeitsproduktivität
- Leistungsgrad
- Fehlzeitenquote (Krankheit, Unfall)
- Unfallhäufigkeit

Maschinen

- Einsatz der Betriebsmittel im Produktionsprozess
  - Zeiten (Produktion, Rüsten, Instandhaltung, Stillstand)
  - Kosten (Maschinenstundensatz, Reparatur-/Instandhaltungskosten
  - Auslastung (Beschäftigungsgrad, Kapazitätsauslastungsgrad)
  - Maschinenproduktivität
- Zustand der Betriebsmittel
  - Anlagenabnutzungsgrad
  - Abschreibungsquote
- Investitionspolitik
  - Wachstumsquote

Kennzahlen zur Produktionsleistung

Kennzahlen zum Produktionsprozess informieren über das Produktionsgeschehen. Leistungen werden unter Einsatz von Produktionsfaktoren erstellt. Somit bilden **Informationen zur Leistung** eine Gruppe der interessierenden Kennzahlen. Bei der Leistung kann es sich um innerbetriebliche Leistungen, um Zwischen- und Endprodukte handeln. Benötigt werden Angaben zur **Leistungsmenge in einer Periode für die verschiedenen Leistungsarten**. Da die Leistungsmengen für innerbetriebliche Leistungen, Zwischen- und Endprodukte in unterschiedlichen Kostenstellen erbracht werden, können die Daten zugleich zur Analyse der in Kostenstellen anfallenden Kosten eingesetzt werden. Informationen zur Leistungsmenge benötigt man für die verschiedenen Leistungsarten differenziert für die **Brutto- und Nettoproduktion**, um Aussagen über Produktionsverluste treffen zu können. Leistungen sind nicht nur insgesamt für eine Periode (z. B. Monat) zu erfassen, sondern auch für einzelne Zeitabschnitte (z. B. Schicht, Stunde) in einer Periode.

Neben Produktionsmengen sind Zeitgrößen ein weiteres Element zur Bildung von Kennzahlen. Die **Durchlaufzeit** in der Fertigung beginnt mit der Aufnahme der Produktion eines Erzeugnisses und endet mit der Übergabe in den Verantwortungsbereich des Vertriebs. Entsprechend der folgenden Abbildung besteht ein Teil der Durchlaufzeit aus der Zeit, für die Produktionsanlagen benötigt werden. Produktionsanlagen werden nicht nur für die eigentliche Bearbeitung der Erzeugnisse benötigt, sondern müssen für die Bearbeitungsvorgänge vorbereitet werden.

Die für die Einrichtung der Maschinen anfallenden Rüstzeiten erhöhen die Durchlaufzeit für ein Erzeugnis, wenn in einem mehrstufigen Produktionsprozess mit der Umrüstung erst begonnen wird, wenn die Bearbeitung in der vorhergehenden Bearbeitungsstufe abgeschlossen ist. Eine Verkürzung der Durchlaufzeit ist möglich, wenn durch Überlappung der Rüstzeiten nachfolgender Produktionsstufen mit den Bearbeitungszeiten vorhergehender Produktionsstufen Zeit eingespart werden kann. Umrüstvorgänge einer nachfolgenden Produktionsstufe finden bereits statt, wenn in der vorhergehenden Produktionsstufe noch produziert wird. Hierdurch vermeidet oder reduziert man Wartezeiten der unfertigen Erzeugnisse zwischen Produktionsstufen. Die Belegungszeiten der Produktionsanlagen selbst verringern sich dadurch jedoch nicht.

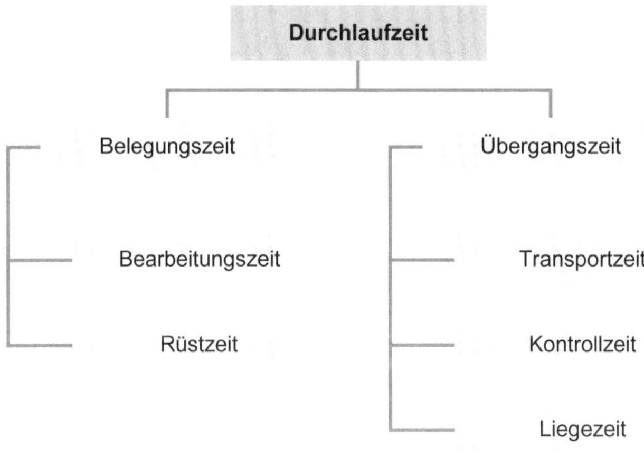

Abb. 7.5: Durchlaufzeit

Der zweite Teil der Durchlaufzeiten wird durch sogenannte Übergangszeiten bestimmt. Hierzu zählen Zeiten, die für Transportvorgänge zwischen den einzelnen Bearbeitungsstufen benötigt werden sowie die Zeiten für Kontrollen, die im Anschluss an einem Arbeitsschritt vorgenommen werden. Diese produktionstechnisch notwendigen Zeiten werden durch Liegezeiten ergänzt. Liegezeiten sind technisch begründet, wenn nach einem Arbeitsschritt ein Erzeugnis nicht sofort weiterverarbeitet werden kann, da es beispielsweise erst noch abkühlen oder aushärten muss. Zwischenlager werden benötigt, wenn vor einem nächsten Produktionsschritt die dafür benötigte Menge an Vorprodukten noch nicht vorliegt. Zwischenlager entstehen, wenn beispielsweise aufgrund von Störungen nicht unverzüglich weitergearbeitet werden kann.

Nicht selten beanspruchen Übergangszeiten einen höheren Zeitanteil an der Durchlaufzeit als die Belegungszeit. Neben den absoluten Zeitangaben können als Kennzahlen die Anteile der Belegungszeit und der Übergangszeit an der Durchlaufzeit angegeben werden. Darüber hinaus können die Zeitanteile für die Bearbeitung und das Rüsten an der Belegungszeit oder der Durchlaufzeit insgesamt sowie die Zeitanteile für Transport, Kontrollen und Liegen an der Übergangszeit oder der Durchlaufzeit insgesamt berechnet werden. Diese Berechnungen können periodisch und durchschnittlich für alle Erzeugnisse gemeinsam und differenziert für ausgewählte Erzeugnisse und Aufträge erfolgen. Werden bestimmte Erzeugnisse mehrfach in einer Periode aufgelegt, dann gleichen sich kurze und lange Durchlaufzeiten bei einem Erzeugnis aus, sodass man sich auch mit der gesamten Spannbreite der Zeiten beschäftigen muss.

Die Analyse der Durchlaufzeiten beschränkt sich auf die in der Fertigung benötigte Zeit. Bei Kundenaufträgen ist nicht nur die Durchlaufzeit, sondern die **Lieferzeit** entscheidend. Die Lieferzeit beginnt mit der Auftragsannahme und endet mit der Übergabe der Leistung an den Kunden. Liegt zwischen ersten Anfragen seitens des Kunden und der Auftragsvereinbarung ein gewisser Zeitraum, ist zu untersuchen, ob der Zeitraum zwischen erster Anfrage und Auftrag vom Kunden oder vom Unternehmen zu vertreten ist. Liegt der Grund beim Unternehmen, beispielsweise aufgrund einer schlechten Beratung, dann besteht die Gefahr, dass allein aus diesem Grund in Zukunft Aufträge bei anderen Unternehmen platziert werden. Dementsprechend sind bereits Kundenanfragen im System festzuhalten. Als Kennzahl bietet sich an, periodisch den Anteil der eingegangenen Auftragsbestätigungen an den gesamten Anfragen zu messen.

Aus dem Blickwinkel der Kundenzufriedenheit spielt die Einhaltung vereinbarter Termine eine wichtige Rolle. Die Problematik beginnt damit, ob überhaupt konkrete Terminzusagen gegeben werden (z. B. Lieferung am 14.07. gegen 14:00 Uhr), anstelle eines konkreten Termins nur ein Zeitraum genannt wird (z. B. Lieferung in der 17. Woche) oder ob Liefertermine weitgehend offenbleiben (z. B. wir wickeln den Auftrag so bald wie möglich ab). Werden Termine oder Zeiträume vereinbart, so können die Anzahl der Aufträge, die termingerecht hergestellt und ausgeliefert werden in Relation zu den gesamten Auslieferungen als Kennzahl angegeben werden. Anstelle der oder zusätzlich zur Anzahl der Aufträge kann der Umsatz gewählt werden. Sinnvoll ist das dann, wenn Unterschiede bei kleineren und größeren Aufträgen vermutet werden.

Setzt man den Bestand an lagerfähigen Leistungen beziehungsweise Erzeugnissen in Relation zum Verbrauch in einer Periode bei zu verbrauchenden oder weiterzuverarbeitenden Zwischenerzeugnissen oder in Relation zum Verkauf in einer Periode, dann berechnet man die **Reichweite dieser Leistungen** beziehungsweise Erzeugnisse. Die Reichweiten sind Grundlage für die kurzfristige Produktionsplanung. Werden pro Jahr 100.000 Mengeneinheiten eines bestimmten Erzeugnisses verkauft, dann reicht ein Bestand von 1.000 Mengeneinheiten bei 365 Tagen pro Jahr nicht ganz 4 Tage. Die Berechnung basiert auf einem durchschnittlichen Tagesabsatz von rund 274 Mengeneinheiten. Bei stärkeren Absatzschwankungen an einzelnen Tagen ergeben sich andere Reichweiten. Muss damit gerechnet werden, dass an mehreren Tagen in Folge eine Nachfrage nach 400 Mengeneinheiten besteht, dann reicht der Bestand nur 2,5 Tage. In Abhängigkeit der angestrebten Lieferbereitschaft fließen diese Überlegungen in die kurzfristige Produktionsprogrammplanung ein. Anstelle der Kalendertage kann die Kennzahl auch auf Basis der Arbeits- oder Verkaufstage berechnet werden.

Produktionsfaktorbezogene Kennzahlen

Material, Personal und Betriebsmittel sind die im Produktionsprozess zentralen Produktionsfaktoren, für die Daten benötigt werden, um Kennzahlen zu berechnen. Entsprechend den Leistungen kann es sich bei den Daten, die für Produktionsfaktoren erfasst werden, bereits um Kennzahlen handeln. Das eingesetzte **Material** umfasst in Form von Betriebsstoffen Material, das für den Produktionsprozess selbst benötigt wird. Beispiele sind Energie und Schmierstoffe, die im Rahmen der Produktionstätigkeit verbraucht werden. Wie das folgende Praxisbeispiel zeigt, spielt der Energieverbrauch in Unternehmen eine immer wichtiger werdende Rolle. Der Energieverbrauch beziehungsweise die Kosten können als absolute Größen in Mengen- und Geldeinheiten sowie in Abhängigkeit anderer Größen beispielsweise als Energieverbrauch je Fertigungsstunde oder als Energiekosten je Erzeugniseinheit angegeben werden.

Praxisbeispiel: Fortlaufende Verbesserung der Energieeffizienz und des Energiemanagements

„Der Energieverbrauch des Konzerns belief sich im Geschäftsjahr 2018 / 2019 auf mehr als 70 Terawattstunden (TWh).

Energieeffizienz spielt bei thyssenkrupp seit jeher eine wichtige Rolle. Seit fünf Jahren läuft unser weltweites Konzernprogramm GEEP (Groupwide Energy Efficiency Program), das Maßnahmen wie die bessere Nutzung von Abwärme, die Reduzierung von Stand-by-Zeiten und die Erneuerung von Anlagenkomponenten umfasst. Für das Berichtsjahr hatten wir uns im Programm GEEP das Ziel gesetzt, die Energieeffizienz im Gesamtkonzern um 200 GWh zu steigern. Dieses Ziel haben wir mit 325 GWh übertroffen. Rechnerisch haben wir mit diesen Effizienzgewinnen Treibhausgasemissionen von rund 100.000 t vermieden.

Für das Geschäftsjahr 2019/2020 streben wir Effizienzgewinne in Höhe von 150 GWh an. Zudem sollen bis 2019/2020 alle energierelevanten Aktivitäten mit einem Energiemanagementsystem nach ISO 50001 abgedeckt werden. Das heißt unter anderem, dass für jede der entsprechenden Konzerngesellschaften konkrete Energieziele gesetzt, Energieflüsse gemessen und die organisatorischen und technischen Abläufe optimiert werden. Zum 30. September 2019 ist diese Vorgabe für über 50 Unternehmen im Konzern relevant; zum Ende des Berichtsjahres entsprechen alle relevanten Unternehmen bereits dem Standard. Bezogen auf den Energieverbrauch entspricht das Energiemanagement bei thyssenkrupp damit zu mehr als 90 % dem ISO-50001-Standard."

(Thyssenkrupp Geschäftsbericht 2018/2019, S. 100)

Rohstoffe, Fertigteile und Komponenten gehen als Fertigungsmaterial direkt in die Endprodukte ein. Hilfsstoffe sind gleichfalls Bestandteile der Endprodukte. In der Kostenrechnung differenziert man zwischen Hilfsstoffen, die als Einzelkosten geplant und verrechnet werden und somit zum Fertigungsmaterial zählen von solchen Hilfsstoffen, die weniger genau als Gemeinkosten behandelt werden. Bei der Berechnung von Kennzahlen zum Verbrauch, zu den Kosten und zu den Beständen an Fertigungsmaterial ist dieser Aspekt zu berücksichtigen. Aufgrund des hohen Kostenanteils dieser Stoffe an den gesamten Kosten produzierender Unternehmen, sind Bestände, Beschaffungsvolumen, Verbräuche und Preise differenziert nach Materialarten zu erfassen und Bestandteil verschiedener Kennzahlen.

Materialproduktivitäten informieren über die Effizienz des im Produktionsprozess eingesetzten Materials. Andere Materialproduktivitäten gegenüber der Planung ergeben sich beim Produktionsvollzug beispielsweise bei abweichenden Materialeigenschaften oder einer nicht effizienten Zuführung und Verarbeitung des Materials im Produktionsprozess. Schlechtere Materialproduktivitäten können sich aufgrund hoher Abfallmengen oder Materialverlusten aus anderen Gründen ergeben. Mit der Abfallquote ermittelt man den Anteil des Abfalls bei einer Materialart in Geld- oder Mengeneinheiten am Verbrauch dieser Materialart. Die Materialproduktivität kann für einzelne Roh- und Hilfsstoffe berechnet werden, in dem die von einer Leistungsart hergestellte Menge durch die Menge eines eingesetzten Roh- oder Hilfsstoffes dividiert wird. Materialreichweiten lassen sich in Abhängigkeit des Verbrauchs berechnen. Beträgt der Materialbestand 120 Tonnen und werden jährlich 7.500 Tonnen verbraucht, dann beträgt die Materialreichweite bei 365 Kalendertagen knapp 6 Tage. Wird allerdings nur 250 Tage im Jahr produziert, kann die Kennzahl auch auf Basis der Arbeitstage berechnet werden. Die Reichweite beträgt dann 4 Arbeitstage. Unter Berücksichtigung der Sicherheitsbestände, Beschaffungsrisiken und Beschaffungszeiten werden Bestellungen disponiert.

Die Bedeutung der im Fertigungsprozess tätigen **Mitarbeiter** wird vom Automatisierungsgrad der Fertigung beeinflusst. Bei hoher Automatisierung bestimmen Maschinen das Arbeitstempo und die Leistungserstellung, bei niedriger Automatisierung hängen diese Größen von den Beschäftigten ab. Zu erfassen sind die Anzahl der Beschäftigten (eigene Mitarbeiter und Leiharbeiter), die Arbeitszeiten, differenziert für Produktions- und Rüstvorgänge sowie getrennt für die verschiedenen Leistungen. Ergänzt um unproduktive Zeiten ergeben sich die Anwesenheitszeiten. Zur Berechnung der Arbeitsproduktivität werden die Leistungen in Relation zu einer Zeitgröße der Beschäftigten berechnet.

Die Arbeitsproduktivität kann anstelle der Arbeitszeit auch in Abhängigkeit der Anzahl der Mitarbeiter berechnet werden. Misst man die Arbeitsproduktivität auf diese Weise, dann führen Überstunden zu einer höheren Arbeitsproduktivität, aber auch zu höheren Kosten, da pro Mitarbeiter nicht nur mehr Arbeitsstunden anfallen, sondern auch Überstundenzuschläge zu berücksichtigen sind. Insofern sind die Überstundenquote und die damit verbundenen höheren Kosten weitere den Produktionsfaktor Personal betreffende Kennzahlen. Die Arbeitskosten können auf Fertigungsstunden, für Leistungseinheiten, pro Mitarbeiter und pro Umsatzeinheit berechnet werden. Die Kennzahl Leistungsgrad berechnet sich als Division der Leistung der Beschäftigten durch eine zuvor zu definierende Normalleistung. Eine über der Normalleistung liegende Ist-Leistung führt zu einer besseren Arbeitsproduktivität.

Hinsichtlich der Fehlzeiten kann die Krankheitsquote als Quotient der durch Krankheit bedingten Fehlstunden oder Tagen zur Anzahl der Soll-Arbeitsstunden oder Tage berechnet werden. Gleiches gilt für die durch Arbeitsunfälle bedingten Fehlzeiten. Mit der Division der Anzahl der Unfälle durch die Anzahl der Beschäftigten berechnet sich die Unfallhäufigkeit.

Bezüglich der **Betriebsmittel** interessiert der tägliche Einsatz im Produktionsprozess sowie in längerfristiger Hinsicht der Zustand der Produktionsanlagen sowie die Investitionspolitik des Unternehmens. Für den Einsatz der Betriebsmittel im Produktionsprozess sind die Zeiten und Kosten festzuhalten, die für Produktions-, Rüst- und Instandhaltungsmaßnahmen anfallen. Produktions-, Rüst- und geplante Instandhaltungszeiten auf der einen Seite sind von ungeplanten Reparaturen, Maschinenausfällen und sonstigen ungenutzten Maschinenzeiten zu trennen. Die Anteile der genannten Zeiten können im Verhältnis der gesamten zur Verfügung stehenden Maschinenzeit berechnet werden.

Bei der Kapazität einer Maschine kann zwischen der planmäßigen Kapazität, zum Beispiel die Kapazität in einem Zweischichtbetrieb, und der technisch möglichen Kapazität differenziert werden. Die technisch mögliche Kapazität kann gegebenenfalls auf Basis von 365 Tagen im Jahr abzüglich technisch notwendiger Zeiten für Instandhaltungsmaßnahmen berechnet werden. Darf aus rechtlichen Gründen an bestimmten Tagen oder zu bestimmten Zeiten nicht produziert werden, dann kann die Kennzahl entsprechend reduziert werden. Von der planmäßigen beziehungsweise technisch maximal möglichen Kapazität ist die Plan-Beschäftigung zu unterscheiden, die sich auf die geplante Auslastung einer Maschine in einer bestimmten Periode (Monat, Jahr) bezieht. Hiervon zu unterscheiden ist die Ist-Beschäftigung, die sich aufgrund der tatsächlichen Auslastung ergibt. Die Maßstäbe für die Kapazität und die Beschäftigung können in Mengen- oder Zeiteinheiten gemessen werden. Misst man die Ist-Beschäftigung anstelle von Mengen- in Zeiteinheiten, dann kann man bei der Messung in Zeiteinheiten zu unterschiedlichen Ergebnissen kommen. Beträgt die planmäßige Fertigungszeit für ein Erzeugnis eine Stunde und werden von diesem Erzeugnis 700 Einheiten hergestellt, dann lässt sich die Ist-Fertigungszeit einerseits mit 700 Fertigungsstunden retrograd berechnen, sie kann aber auch direkt gemessen werden und wird dann sicherlich aufgrund von irgendwelchen Abweichungen über oder unter 700 Fertigungsstunden liegen.

Die Maschinenproduktivität spiegelt das Verhältnis zwischen Output und Maschinenstunden wider. Der Beschäftigungsgrad als Quotient zwischen Ist- und Planbeschäftigung informiert über die Auslastung von Betriebsmitteln in Abhängigkeit der Planbeschäftigung. Bei dem Kapazitätsauslastungsgrad rückt an die Stelle der Planbeschäftigung die Kapazität, die unternehmensindividuell bestimmt werden kann.

Die Kosten sind entsprechend den Zeiten differenziert zu erfassen. So benötigt man die Kosten getrennt für die eigentliche Leistungserstellung, das Rüsten und die Instandhaltung. Zu differenzieren ist zwischen Ist- und Sollkosten. Maschinenstundensätze können pro Zeiteinheit berechnet werden. Die Kostensätze können nach Kostenarten weiter differenziert werden und pro Mengeneinheit der zu erstellenden Leistung berechnet werden.

Die Instandhaltungsmaßnahmen sind zu differenzieren zwischen solchen, die ungeplant oder geplant erfolgen. Die ungeplanten Instandhaltungsmaßnahmen führen nicht nur zu ungeplanten beziehungsweise höheren Instandhaltungskosten, sondern auch zu Maschinenausfällen. Bei Vollbeschäftigung kann bei gegebener Intensität die vorgesehene Produktionsmenge nicht geleistet werden. Die Maschinenausfallquote berechnet sich durch Division der in Zeiteinheiten bemessenen, ausfallbedingten Maschinenstillstände durch die vorgesehene Maschinenlaufzeit. Die Instandhaltungskosten können in Relation zu den Abschreibungen oder dem Wert der Produktionsanlagen in Beziehung gesetzt werden.

Über den Zustand der Produktionsanlagen und der Investitionspolitik erhält man ein Bild anhand der Kennzahlen Anlagenabnutzungsgrad, der Abschreibungs- und der Wachstumsquote. Der Anlagenabnutzungsgrad, berechnet als Quotient der kumulierten Abschreibungen durch die Anschaffungs- oder Herstellungskosten, lässt Rückschlüsse auf das Alter und damit dem technischen Zustand der Produktionsanlagen zu. Bei weitgehend verbrauchten Anlagen berechnet sich für diese Kennzahl ein relativ hoher Wert. Beschränkt man sich im Zähler anstelle der kumulierten Abschreibungen auf die Abschreibungen einer aktuellen Periode, dann handelt es sich um die Kennzahl Abschreibungsquote. Die Abschreibungsquote vermittelt ein Bild über das Abschreibungsvolumen in einer Periode im Verhältnis zu den Anschaffungs- und Herstellungskosten der Produktionsanlagen. Einen hohen Wert für diese Kennzahl erhält man bei Vornahme außerplanmäßiger Abschreibungen. Außerplanmäßige Abschreibungen sind gegebenenfalls erforderlich, wenn Produktionsanlagen aus technischen Gründen außerplanmäßig an Leistungsfähigkeit verlieren oder die mit den Produktionsanlagen erzeugten Produkte aufgrund von Nachfrageveränderungen nicht mehr wie geplant verkauft werden können. Hohe Abschreibungen in einer Periode können auch planmäßig begründet sein. Hohe Investitionen in einer Periode in Kombination mit kurzen Nutzungsdauern führen zu hohen Abschreibungsbeträgen in dieser und in den folgenden Perioden.

Ob ein Unternehmen in einer Periode mehr investiert hat als abgeschrieben, lässt sich mit der Kennzahl Wachstumsquote feststellen. Bei der Kennzahl dividiert man die Nettoinvestitionen in das Sachanlagevermögen durch die entsprechenden Abschreibungen.

7.3 Qualitätsbezogene Kennzahlen

Qualitätsbezogene Kennzahlen im Überblick

Kosten (absolut/relativ)

- Kosten zur Gewährleistung der Qualität (Fehlerverhütung)
- Interne und externe Kosten infolge von Mängeln (Fehlerfolgekosten)

Einkauf

- Kosten Eingangskontrollen
- Anzahl, Umfang von Eingangskontrollen
- Anzahl Fehllieferungen
- Fehlerquote

Produktion

- Qualitätsgrad
- Ausschuss und Nachbearbeitung
  - Kosten
  - Mengen
- Ausschussquote
- Quote Nachbesserungen
- Ausfall Betriebsmittel (in Stunden, in % der Kapazität)

Erzeugnis

- Arbeitszeit für Überprüfungen (in Summe/pro Erzeugnis)
- Qualitätsgrad
- Kosten der Endkontrollen
- Kosten für Nachbesserungen

After Sales

- Kosten und Erlöse für planmäßige Inspektionen und Wartungen
- Reparaturen
  - Kosten, davon im Rahmen von Gewährleistungen oder Garantien
  - Erlöse
  - Reparaturzeiten
- Kosten und Erlöse für Produktverbesserungen

Ziel des Qualitätsmanagements in der Produktion ist die Gewährleistung der qualitativen Anforderungen des Unternehmens, die sich aus dem Spannungsfeld der Kundenanforderungen und den damit im Unternehmen anfallenden Kosten ergeben. Im Fokus des operativen, produktionsbezogenen Qualitätsmanagements stehen die Erzeugnisse, die in der vereinbarten Qualität an die Kunden auszuliefern sind. Qualitätseinbußen resultieren aus Fehlern, die unter Beachtung der vorhandenen Kenntnisse und Vorgaben zur Prozessdurchführung grundsätzlich vermeidbar wären und solchen, deren Ursachen nicht ohne weiteres erkennbar sind. Auf Basis des vorhandenen Wissens vermeidbare Fehler sind abstellbar, sie beruhen beispielsweise auf nicht sachgerechten Arbeitsabläufen oder Maschineneinstellungen. Bei der anderen Gruppe von Fehlern müssen die Erkenntnisse zur Fehlervermeidung erst erarbeitet werden.

Es gibt verschiedene Konzepte deren Ziel es ist, Fehler gar nicht erst entstehen zu lassen oder zu vermindern. Mit dem Konzept des **Total Quality Managements** wird eine ganzheitliche Sichtweise angestrebt, bei der nicht nur die Produktqualität, sondern qualitative Anforderungen für das ganze Unternehmen unter Einbindung der Mitarbeiter im Fokus stehen. Die **Fehlermöglichkeits- und Einflussanalyse** (FMEA) ist eine formalisierte Methodik, verbunden mit dem Ziel, Fehler im Voraus zu vermeiden, damit sie erst gar nicht eintreten. Diese Methode basiert auf der Überlegung, dass Fehler umso höhere Kosten verursachen, je später sie erkannt werden.

Qualitätskostenbasierte Kennzahlen

Die mit dem Qualitätsmanagement verbundenen Kosten lassen sich in Kosten differenzieren, die anfallen, um eine definierte Qualität zu gewährleisten und solche Kosten, die daraus resultieren, dass Fehler eingetreten sind. Zu diesen Kosten gehören die Kosten für Qualitätskontrollen, die für beide der zuvor genannten Kostenkategorien anfallen. Die **Kosten zur Sicherstellung einer definierten Qualität** setzen sich aus den **Entwicklungskosten für das im Unternehmen einzusetzende Qualitätsmanagementkonzept** und den Kosten für das laufende Qualitätsmanagement zusammen. Ein systematisch betriebenes Qualitätsmanagement beruht auf einem Konzept, dass zuvor aufzustellen ist. Unternehmen können ein solches Konzept mit eigenen Mitarbeitern erstellen oder externe Unterstützung in Form einer Unternehmensberatung nutzen. Während die Kosten für die Unternehmensberatung aufgrund der Rechnungsstellung leicht feststellbar sind, ist der zeitliche Einsatz der Mitarbeiter nicht ohne weiteres bekannt, es sei denn, die Arbeitszeit wird für die anfallenden Tätigkeiten konkret erfasst. Die **regelmäßig anfallenden Kosten zur Sicherstellung der Qualität** beinhalten die laufenden Kosten zur Planung, Durchführung und Kontrolle der qualitätssichernden Maßnahmen sowie die Kosten für die diese Maßnahmen begleitenden Tätigkeiten, die etwa im Rahmen der Schulung der Mitarbeiter anfallen.

Kosten im Rahmen des Qualitätsmanagements, die **aufgrund von eingetretenen Fehlern anfallen**, lassen sich in interne und externe Fehlerkosten differenzieren. **Interne Fehlerkosten** resultieren aus den Kosten für Ausschuss, wenn ein Erzeugnis nicht wie vorgesehen verwendet werden kann. Bei den Kosten für den Ausschuss sind nicht nur die bis zur Feststellung der Fehlleistung angefallenen Kosten zu berücksichtigen, sondern auch die zusätzlich anfallenden Kosten für die Abfallbeseitigung. Arbeitet das Unternehmen an der Kapazitätsgrenze, können Opportunitätskosten aufgrund entgangener Deckungsbeiträge hinzukommen. Kommt es anstelle des Ausschusses nur zu einer Wertminderung der erstellten Leistung, dann bestimmt die Wertminderung die aufgrund der fehlerhaften Qualität anzusetzenden Kosten. Zusätzliche Kosten fallen an, wenn Nacharbeiten notwendig sind. Interne Fehlerkosten entstehen, wenn die Fehler bereits im Unternehmen erkannt werden. Erfolgt die Fehlererkennung durch den Kunden, dann handelt es sich um **externe Fehlerkosten**. Diese Kosten resultieren aus Gewährleistungen, Garantien und Kulanzgewährungen. Zu einer vollständigen Kostenbetrachtung zählt auch die zeitliche Inanspruchnahme der Beschäftigten im Unternehmen, die sich mit Reklamationen der Kunden beschäftigen. So mag es gegebenenfalls sinnvoll sein, Kunden bei kleineren zu erstattenden Beträgen entgegenzukommen, um anderenfalls anfallende höhere Kosten im Unternehmen einzusparen.

Qualitätsbezogene Kennzahlen: Einkauf, Produktion, Erzeugnis, After Sales

Qualitätskontrollen zur Sicherstellung der Produktqualität lassen sich vier Bereichen zuordnen. Erste Qualitätskontrollen fallen beim Zugang des Materials an. Qualitativ minderwertige Materialien führen nicht nur zu höheren Kosten in der Produktion, sondern auch zu qualitativen Abstrichen bei den Enderzeugnissen. Im Anschluss an die Belieferung ist im gesamten Produktionsprozess die Einhaltung der qualitativen Standards sicherzustellen. Den Abschluss der Produktion bildet das fertige Erzeugnis, dass vor Auslieferung eingehend zu überprüfen ist. Als vierte und letzte Stufe ist der After Sales Bereich zu nennen. Hierzu gehören die Aktivitäten, die im Anschluss an den Verkauf im Rahmen der Gewährleistung und gegebener Garantien anfallen.

Im Einkauf sind **Lieferungen** vollständig oder stichprobenartig zu überprüfen. Angenommen werden fehlerfreie Materialien, zu beanstandende Lieferungen werden abgewiesen oder gegebenenfalls zu einem reduzierten Preis eingekauft. Handelt es sich um Systemlieferanten, sind Lösungen für zukünftige Lieferungen des Lieferanten zu finden. Kennzahlen über fehlerbehaftete Lieferungen informieren über den Umfang der Fehllieferungen beziehungsweise Beanstandungen und über die Form der Behebung. Die Angaben sind für einzelne Materialien, unterschiedliche Gruppen von Materialien und für einzelne Lieferanten getrennt zu erheben. Die Berechnung der Fehlerquote eines konkreten Lieferanten ergibt sich durch Division der Anzahl der Reklamationen durch die Anzahl der Lieferungen. Weitergehende Analysen und Kennzahlenberechnungen, so etwa die Berechnung der durchschnittlichen Wiederbeschaffungszeit verschiedener Materialien oder die Berechnung durchschnittlicher oder konkreter Reaktionszeiten von Lieferanten aufgrund von Anfragen können im Beschaffungscontrolling erfasst und analysiert werden. Die

Anzahl fehlerhafter Lieferungen oder Teile kann in Relation zur Anzahl der Lieferungen, Prüfungen oder Teile einer Lieferung angegeben werden.

In mehrstufigen Produktionsprozessen finden während der **Produktion** und zum Ende jeder Produktionsstufe Kontrollen statt. Fehler in vorhergehenden Stufen können zu Störungen im Produktionsablauf führen. Ziel ist die Produktion qualitativ hochwertiger Erzeugnisse. Zentrale Kennzahl ist somit der Qualitätsgrad, berechnet als Anzahl der fehlerfreien Erzeugnisse in Relation zu der insgesamt produzierten Leistungsmenge. Liegen qualitative Mängel vor, ist zwischen Ausschuss und Nachbesserungen zu differenzieren. Die Ausschussquote bezeichnet den Anteil der Ausschussmenge im Verhältnis zur gesamten Produktionsmenge. Analog ist die Quote für nachzubessernde Teile zu berechnen. Sind aus technischen Gründen Betriebsmittel nicht einsetzbar, dann sind die aufgrund der Produktionsstörungen anfallenden Ausfallzeiten absolut und in Relation zur insgesamt zur Verfügung stehenden Kapazität anzugeben. Fehlerquoten können für einzelne Maschinen zusammengestellt und kostenstellenbezogen analysiert werden. Qualitätsprobleme in der Produktion führen zu höheren Kosten, über die zu berichten ist.

Je nach Komplexität des auszuliefernden **Erzeugnisses** stehen gegebenenfalls umfangreiche Qualitätsuntersuchungen an. Somit ist die für Qualitätskontrollen anfallende Arbeitszeit eine wichtige Kenngröße, die für bestimmte Erzeugnisse insgesamt sowie pro Einheit eines Erzeugnisses anfällt. Die Kosten für die Qualitätsüberprüfungen sind getrennt von den Kosten für Nachbesserungen auszuweisen. Die Kosten für Nachbesserungen sollten auf genauen Zeitaufschreibungen und Kostenberechnungen, beispielsweise für zusätzliche Materialverbräuche, basieren und nicht nur vereinfacht auf pauschalen Annahmen, um gezielt das Einsparvolumen, das mit weniger Nachbesserungen erzielt werden kann, zu verdeutlichen. Als Maßstab für die Qualität des Produktionsergebnisses insgesamt gilt der abschließende Qualitätsgrad.

Bei vielen technischen Erzeugnissen endet die Geschäftsbeziehung zwischen Kunde und Unternehmen nicht mit dem Verkauf, sondern umfasst eine manchmal mehrjährige Phase (**After Sales**), in der seitens des Unternehmens Inspektionen, Wartungen und Reparaturen vorgenommen werden. Hierbei kann es sich um planmäßige Maßnahmen im Rahmen der Instandhaltung handeln. Es kann sich aber auch um Leistungen handeln, die aufgrund von Reklamationen seitens des Kunden aufgrund von Gewährleistungen oder Garantien zu erbringen sind. Ursache der zuletzt genannten Maßnahmen sind qualitative Mängel, über deren Art, Anzahl und Kosten in Form von Kennzahlen zu informieren ist. Aus Sicht der Kundenzufriedenheit sind gegebenenfalls differenziert zu erhebende Kennzahlen sinnvoll, mit denen Aussagen zum Zeitbedarf formuliert werden, der für die Bearbeitung der Beschwerden anfällt. Von Interesse ist die Zeit, die bis zum Beginn einer Reparatur verstreicht, sowie die für die eigentliche Reparatur selbst benötigte Zeit. Im Maschinenbau und anderen Branchen entwickeln Hersteller ihre Erzeugnisse ständig weiter. Diese Entwicklungen wirken sich auf Kosten, Leistung und/oder Qualität der Produktionsanlagen aus. Werden vorhandene Anlagen der Kunden um diese Weiterentwicklungen ergänzt, können die Anzahl der Verbesserungen, die Kosten und Erlöse festgehalten werden.

7.4 Kennzahlen zu Innovationen, Forschung und Entwicklung

Die **Bedeutung von Forschung und Entwicklung** differiert in Branchen und innerhalb der Branchen in den einzelnen Unternehmen. So gibt es auch in forschungsintensiven Branchen einzelne Unternehmen mit nur geringer Forschungstätigkeit. Anstelle eigener Forschungs- und Entwicklungsanstrengungen können Forschungsergebnisse Dritter gegen Entgelt genutzt werden. Nicht selten erhalten größere Unternehmen durch Beteiligungen an forschenden Unternehmen einen Zugang zu deren Forschungsergebnissen. Mit Entwicklungen können andere Unternehmen beauftragt werden. Zulieferer im Industriegeschäft entwickeln gemeinsam mit den später zu beliefernden Herstellern Komponenten für neue Produkte.

Kenntnisse über den Umfang und die Bedeutung der Forschungs- und Entwicklungsaktivitäten erhält man über die **Kosten** für Forschung und Entwicklung in einer Periode sowie über die Anzahl der in diesem Bereich tätigen **Beschäftigten**. Diese Zahlen können im Zeitverlauf, im Verhältnis zu Planzahlen und im Verhältnis zu Branchenzahlen betrachtet werden. Die Kosten können in Relation zu den insgesamt angefallenen Kosten oder den Umsätzen, die Mitarbeiter zu den insgesamt im Unternehmen Beschäftigten in Beziehung gesetzt werden. Setzt man die Kosten für Forschung und Entwicklung in Beziehung zu den Umsätzen der gleichen Periode, dann informiert die Kennzahl über die Angemessenheit der Anstrengungen in Forschung und Entwicklung. Sie informiert nicht über den Erfolg von Forschung und Entwicklung, da die daraus resultierenden Umsätze erst in späteren Perioden erzielt werden. Bei stärker schwankenden Umsätzen bietet sich alternativ die Leistung einer Periode an oder der durchschnittliche Umsatz mehrerer Perioden.

Nähert sich der **Lebenszyklus einer Technologie** dem Ende, so muss ein Unternehmen in neue Technologien investieren. Die Investitionen zeigen sich in hohen Kosten für Forschung und Entwicklung in den aktuellen Perioden. Der Erfolg wird sich allerdings erst in späteren Perioden einstellen. Vor diesem Hintergrund ist es wichtiger zu sehen, in welchem Verhältnis die aktuellen Kosten für Forschung und Entwicklung zu den zukünftigen Umsätzen stehen. Würde man hier ein Missverhältnis erkennen, dann vermindert das die Glaubwürdigkeit und Akzeptanz der Planung.

Hohe Forschungs- und Entwicklungskosten oder viele in diesem Bereich tätige Mitarbeiter sind kein Garant für eine hohe Leistung in diesem Bereich. Ein Indikator für die Leistung sind die Anzahl der **Patente**. Patente können danach unterschieden werden, ob sie entsprechend dem Territorialitätsprinzip nur für das Land gelten, für das sie erteilt wurden, oder ob es sich um ein europäisches oder internationales Patent handelt. Die Kosten für Forschung und Entwicklung sowie die Anzahl der Beschäftigten können zur Anzahl der Patente in Beziehung gesetzt werden. Anstelle der gesamten Kosten für Forschung und Entwicklung sowie aller in diesem Bereich tätigen Mitarbeiter, kann man – sofern eine entsprechende Differenzierung möglich ist – Kosten und Mitarbeiter der Bereiche in Forschung und Entwicklung, die grundsätzlich nicht mit Patentarbeiten im Zusammenhang stehen, bei der Berechnung der Kennzahlen außen vorlassen. Hierzu würden etwa die Kosten und die Mitarbeiter zählen, die ausschließlich Entwicklungen im Kundenauftrag betreiben, bei denen es üblicherweise nicht zu neuen Patenten kommt. Alternativ zu den Kosten und der Anzahl der Beschäftigten kann die Anzahl der Patente zu den Umsätzen der Periode oder den durchschnittlichen Umsätzen mehrerer Perioden in Beziehung gesetzt werden. Ein Patent ist das Ergebnis konkreter Forschungs- und Entwicklungsarbeiten. Werden im Rechnungswesen die Kosten für Forschungs- und Entwicklungsarbeiten differenziert für einzelne Projekte erfasst, dann können die entsprechenden Kosten den erwarteten Umsätzen gegenübergestellt werden. Unter zusätzlicher Berücksichtigung der nach Produktionsaufnahme anfallenden Fertigungskosten lässt sich der Wert eines solchen Projektes quantifizieren.

Mit der **Innovationsquote** wird ausgedrückt, welcher Anteil am gesamten Umsatz auf junge Erzeugnisse entfällt. Voraussetzung für die Ermittlung der Kennzahl ist die Kenntnis über das Alter der Erzeugnisse. Werden häufiger Veränderungen an Erzeugnissen vorgenommen, dann sollten eindeutige Regelungen bestehen, wann bei bestimmten Veränderungen ein Erzeugnis als neu anzusehen ist. Grundsätzlich können die gesamten Umsätze eines Unternehmens nach dem Alter der Erzeugnisse in Jahren differenziert werden. Für das laufende Reporting wird es ausreichend sein, weniger differenziert nur über den Umsatzanteil der Erzeugnisse zu informieren, die beispielsweise mit Erzeugnissen erzielt werden, die jünger als zwei Jahre sind. Die Kennzahl informiert über den Verkaufserfolg neuer Erzeugnisse. Sie ist zugleich ein Maßstab zur Beurteilung des Entwicklungsbereichs sowie ein Signal für die Geschäftsleitung über richtig oder falsch getroffene Entscheidungen ausgewählte Neuentwicklungen im Markt zu platzieren.

Wie hoch die Umsatzanteile mit neuen Produkten sein sollen, kann nicht allgemeingültig gesagt werden. Besondere Bedeutung hat die Kennzahl in innovativen Branchen mit kurzen Produktlebenszyklen. Einen anderen Wert nimmt die Kennzahl durch höhere Umsätze mit neuen Erzeugnissen, aber auch durch geringeren Verkauf oder Preisreduzierungen alter Erzeugnisse an. Eine eindeutige Verbesserung ist nur im ersten Fall gegeben. Im zweiten Fall wäre der Umsatzanteil mit neuen Erzeugnissen auch bei unveränderten oder sogar leicht niedrigeren Umsätzen mit neuen Erzeugnissen höher, sofern der Umsatz mit alten Erzeugnissen einen stärkeren Rückgang aufweist.

Anstelle der Umsätze dividiert man bei der Kennzahl **Produktumschichtung** die Anzahl der neuen Produkte durch die Anzahl der nicht veränderten Produkte. Interessant ist diese Kennzahl beispielsweise bei Herstellern von Nahrungsmitteln. Sie informiert darüber, wie erfolgreich neue Produkte im Handel platziert werden können. Gelingt dies nicht, ist das entweder ein Anzeichen für nicht marktgerechte Produkte oder eine schlechte Marktbearbeitung.

7.5 Umweltbezogene Kennzahlen

Die in diesem Abschnitt behandelten umweltbezogenen Kennzahlen beziehen sich ausschließlich auf die **ökologische Umwelt** produzierender Unternehmensstandorte. Außen vor bleiben andere Blickwinkel der Unternehmensumwelt, beispielsweise politische oder gesellschaftliche Aspekte. Umweltgerechtes Verhalten steht nicht erst in jüngster Zeit auf den vorderen Plätzen in Unternehmen und Gesellschaft. Relevanter werden die an Unternehmen gestellten Ansprüche, je mehr sich eine Gesellschaft ein umweltschonendes Verhalten leisten kann. Je entwickelter eine Gesellschaft, umso stärker finden Umweltaspekte Beachtung.

Umweltgerechtes Verhalten beginnt mit einem Ressourcen schonenden Verbrauch von Produktionsfaktoren, die in einer umweltverträglichen Produktion zu umweltgerechten Erzeugnissen verarbeitet werden. Der umweltgerechte Herstellungsprozess sollte durch einen ebenso umweltschonenden Vertriebsprozess fortgesetzt werden. Da Erzeugnisse irgendwann nicht mehr ihrem ursprünglichen Einsatzzweck entsprechend Verwendung finden können, gehört als letzte Phase die Entsorgungsphase mit zu einem geschlossenen Produktkreislauf.

Aus produktionstechnischer Sicht ist dem Ressourceneinsatz, der eigentlichen Produktion und dem späteren Recycling der Erzeugnisse Bedeutung beizumessen. Der **Ressourceneinsatz** beginnt mit dem Betriebsgrundstück, dass in einer für den speziellen Produktionszweck geeigneten Lage liegen sollte. Da für die Produktion Fertigungsmaterial und Betriebsstoffe benötigt werden, sollten diese Stoffe nicht aus zu weiter Entfernung vom Betriebsgrundstück beschafft werden müssen. Andererseits sollten Ressourcen am Betriebsgrundstück nicht über Gebühr beansprucht werden und ökologische Kreisläufe stören. So kann ein hoher Wasserverbrauch zu einer spürbaren Absenkung des Grundwasserspiegels führen, mit gravierenden Auswirkungen auf die Ökosysteme. Energieintensive Unternehmen, beispielsweise Rechenzentren, wählen Standorte, an denen regenerative Energien (z. B. Wasserkraft) zum Einsatz kommen können. Der Thyssenkrupp-Konzern strebt eine fortlaufende Verbesserung der Energieeffizienz und des Energiemanagements an (siehe Praxisbeispiel Gliederungspunkt 7.2).

Der seit Jahrzehnten zu verzeichnende Anstieg der Kohlenstoffdioxid-Emissionen führt weltweit zu einer Erwärmung, Gletscher schmelzen, der Wasserspiegel der Weltmeere steigt. Die damit verbundenen negativen Auswirkungen auf die Lebensbedingungen sollen eingedämmt werden. Die Emissionen werden zu einem großen Teil durch Verbrennung fossiler Brennstoffe verursacht. Hinzukommen unter anderem verschiedene **industrielle Produktionsprozesse**, aber auch die Landwirtschaft. Unternehmen streben an, ihren CO_2-Ausstoß zu verringern. In der neuen Factory 56 des Daimler-Konzerns wird laut Ola Källenius, dem Vorstandsvorsitzenden, vom ersten Tag an CO_2-neutral produziert (https://www.welt.de/wirtschaft/article214927572/Mercedes-S-Klasse-Daimlers-Factory-56-setzt-Massstaebe-das-Auto-nicht.html, 04.09.2020).

Weit von Kunden entfernt liegende Produktionsstätten führen zu hohen Logistikkosten und Emissionen, die bei ganzheitlicher Betrachtung der ökologischen Auswirkungen der **Erzeugnisse** zu berücksichtigen sind. In der **Entsorgungsphase** der Produkte gibt es vielfältige Recyclingansätze. In der Zementindustrie wird beispielsweise nicht verbrauchter Frischbeton und Bauschutt recycelt. In anderen Branchen gibt es ähnliche Recyclingansätze.

Zur Dokumentation der wirtschaftlichen Auswirkungen der von Unternehmen betriebenen Maßnahmen zum Schutz der Umwelt kann das **Investitionsvolumen für Umweltprojekte** und die mit dem **Umweltschutz verbundenen Kosten** zusammengestellt werden. Ausgaben und Kosten fallen beispielsweise für öffentliche umweltbezogene Abgaben, Filteranlagen, Isolierungen, technische Anlagen zur umweltgerechten Energieerzeugung und Abfallbeseitigung an. Die Ausgaben und Kosten für die umweltbezogenen Aktivitäten können im Verhältnis zu verschiedenen Größen betrachtet werden, so etwa zu einzelnen Produkten, zur Summe der Investitionen, zur Summe der Kosten oder zum Umsatz. Produktbezogen kann der Anteil der umweltbezogenen Kosten an den Herstellkosten beziffert werden. Sind einzelne Kosten von besonderem Interesse, zum Beispiel die Kosten für Recycling, umweltgerechter Entsorgung oder die Kosten für regenerative Energien, so können deren Anteile an den Herstellkosten insgesamt oder den Herstellkosten einzelner Erzeugnisse gesondert berechnet werden.

Neben den Kosten und Ausgaben für Investitionen interessieren **technische Größen**. Hierzu zählen die Schadstoffemissionen differenziert nach Schadstoffarten, zum Beispiel Staub, Feinstaub, Gase, Flüssigkeiten, sonstige Stoffe sowie Lärm- und Geruchsbelastungen. Ziel ist es, die Emissionen schädlicher Stoffe zu reduzieren. Mit der **Recyclingquote** wird berechnet, welcher Anteil in der Produktion aus recycelten Stoffen dem Produktionskreislauf wieder zugeführt wird.

7.6 Literaturhinweise zum siebten Kapitel

Bitz, M.; Schneeloch, D.; Wittstock, W.; Patek, G.: Der Jahresabschluss, 6. Aufl., München 2014.

Britzelmaier, B.: Controlling, 2. Aufl., Hallbergmoos 2017.

Coenenberg, A. G.; Haller, A.; Schultze, W.: Jahresabschluss und Jahresabschlussanalyse, 25. Aufl., Stuttgart 2018.

Gottmann, J.: Produktionscontrolling, 2. Aufl., Wiesbaden 2019.

Krause, H.-U.: Controlling-Kennzahlen für ein nachhaltiges Management.

Küting, P.; Weber, C.-P.: Die Bilanzanalyse, 11. Aufl., Stuttgart 2015.

Lachnit, L.; Müller, S.: Bilanzanalyse, 2. Aufl., Wiesbaden 2017.

Meyer, C.: Betriebswirtschaftliche Kennzahlen und Kennzahlen-Systeme, 6. Aufl., Sternenfels 2011.

Reichmann, T.; Kißler, M.; Baumöl, U.: Controlling mit Kennzahlen, 9. Aufl. München 2017.

Sihn, W.; Sunk, A.; Nemeth, T.; Kuhlang, P.; Matyas, K.: Produktion und Qualität, München 2016.

Steger, J.: Kennzahlen und Kennzahlensysteme, Herne 2014.

Steven, M.: Handbuch Produktion, Stuttgart 2007.

Thyssenkrupp Geschäftsbericht 2018/2019.

Volkswagen Geschäftsbericht 2019.

Weber, J.; Schäffer, U.: Einführung in das Controlling, 15. Aufl. Stuttgart 2016.

Sachverzeichnis